물 문제 해결을 위한 기초와 응용

상하수도공학

| 물 관리와 기본계획 |

안영호 지음

청문각

The only true wisdom is in knowing you know nothing...

And

Wisdom begins in wonder.

(Socrates, 470~399 BC)

모든 국민은 건강하고 쾌적한 환경에서 생활할 권리를 가지고 있으며,

국가와 국민은 환경보전을 위하여 노력하여야 한다.

(대한민국 헌법 제35조 1항)

머리말

오늘날 전 세계적으로 인류는 물, 에너지 그리고 기후변화라는 필연적인 화두에 직면하고 있다. 글로벌 미래를 연구하는 UN산하 그룹인 밀레니엄 프로젝트(The millennium project)는 미래보고서에서 급격한 자원고갈, 지속발전, 기후변화 그리고 깨끗한 물은 인류가 직면한 가장 큰 도전이라고 규정하였고, 그 대응 방안으로 2000년 새천년개발목표(MDGs, millennium development goals)와 그 후속조치인 2016년 지속발전목표(SDGs, sustainable development goals)를 설정하였다.

상하수도시설은 지난 2세기 동안 인류를 구원한 혁신적인 기술임에 의심의 여지가 없다. 관로 개념의 도입과 물 정화기술의 발전은 도시배수와 질병의 위험을 크게 줄이는 데 기여하였다. 그러나 현재에도 양질의 물 부족과 지역 간 불균형은 전 세계적인 문제이며, 이는 지속가능한 물환경 확보를 위해 미래에도 여전히 중요한 이슈가 될 것이다. 급격한 산업발달로 인하여 일반적 개념의 유기물질과 수인성질병의 원인으로 국한되었던 오염물질은 이제 제약 및 개인위생용품(PPCPs, pharmaceutical and personal care products)과 환경호르몬(EDCs, endocrine disrupting compounds) 물질 등과 같은 미량유해물질(micro-constituents)로 확대되었고, 그 결과 다양한 오염물질에 대한 고도의 정화기술과 안정한 물환경 관리방안이 요구되고 있다.

지속가능한 물관리, 물재이용 및 대체수자원의 안정적 확보는 물산업(water industry)의 핵심어이다. 단순히 배수와 오염정화라는 전통적인 관점을 벗어나 이제 상하수도는 정보통신(ICT), 생명, 화학 및 나노공학 등과 융합하며, 물산업 인프라 전반에 걸친 스마트화로 그 개념과 범위가 빠르게 진화하고 있다. 더욱이 신재생에너지 개발과 활용에 대한 시대적 필요성은 하수처리시설에 대해 물재생 기능 이상을 넘어 에너지 생산 및 자립화라는 추가적인 역할까지 요구하고 있다.

이러한 시대적인 요구에 부응하여 이 책은 상하수도공학을 전문으로 하는 토목 및 환경공학자로 하여금 변화하는 사회에 대응하여 물문제를 해결할 수 있는 적합한 해법을 찾을 수 있도록 기초개념에서부터 응용에 이르기까지 초심자와 실무설계자에게 도움이 되고자 편성하였다. 특히 기본개념과 정의를 강조하고 가능한 국내외 자료를 포괄하여 비교하였다. 당초계획보다 그 내용과 분량이 늘어나 불가피하게 상하수도 기본계획 분야와 오염물질 처리처분기술로 구분하게 되었다. 따라서 전편에서는 물관리와 상하수도 기본계획 분야로 제한하여 구성하였고, 오염물질 처리처분(상하수처리, 재이용 및 바이오가스화)분야에 대해서는 후편으로 별도 발행할 예정이다.

저자는 현재나 미래 문제에 대한 해답은 과거에 있다고 믿는 사람이다. 따라서 이 책은 환경오염문제에 대한 과거와 현재의 재인식으로부터 시작하고자 하였다. 전체적으로 이 책은 총 13장으로 이루어져 있다. 1장에서는 환경오염문제의 태동과 공학적 해결에 대한 역사적 고찰과 함께 기후변화와 물문제, 물산업의 발전 및 국내 물산업의 육성방향에 대한 전반적인 내용을 언급하였다. 2장에서는 우리나라의 물관리 역사와 제도를 논하였으며, 3장에서는 물관리의 미래에 대해 국내외적인 관점에서 정리하였는데, 비교적 최근에 유럽에서 시도되고 있는 신개념 생태위생시설을 추가하였다. 4장에서는 환경영향평가제도에 대해 설명하였고, 5장에서는 물의 특성과 수질요소를 정의하였으며, 6장에서는 우리나라의 수질환경기준과 규제기준을 정리하였다. 7장에서는 수질기준 설정의 근거가 되는 위해도 평가과정을, 8장에서는 자연수에서 수질 변화 특성을 논하였다. 9장에서는 물의 이용과 하·폐수처리계획을, 10장에서는 수자원의 특성과 취수시설 설계, 11장에서는 펌프장의 설계에 대해 다루었다. 12장과 13장에는 각각 급수시스템과 하수집수시스템의 설계와 운영 및 해석모델에 대하여 설명하였다. 기본적으로 수량과 수질 측면에서 설계에 유용한 많은 내용을 포함하고자 하였다. 이러한 내용은 그 내용과 특성에 따라 다섯 개의 파트로 구분하여 편집하였다.

환경공학 분야에 입문한 지 어느덧 30년이 되었다. 그동안 해외 교재와 국내외 시설기준을 활용하여 강의를 해왔으나 우리나라의 관점에서 작성된 이해하기 쉬운 교재가 늘 아쉬웠다. 빈약한 지식에 애써 욕심을 내어 그동안의 강의노트를 보완하여 정리하고 선후배 기술자들의 새로운 내용을 추가하였다. 미흡하나마 독자들이 가능한 숲과 나무를 함께 볼 수 있도록 노력하였으며, 이를 설계에 직접적으로 참고할 수 있고자 하였다. 새로운 기술과 개념은 그 내용을 편견 없이 요약하고, 또한 훌륭한 예들은 선별하여 소개하였다. 과학자는 때로 편견과 제한된 정보로 합리적인 판단을 하지 못할 때가 많다. 그러한 실수를 스스로 범하지 않기를 늘 노력하였으나 부족한 부분이 너무나 많음을 잘 알고 있다. 깊이 반성하며 앞으로도 꾸준히 보완하고자 한다.

이 책이 출판되도록 도와주신 청문각 여러분께 감사드리며 수정 및 교정작업을 도와준 윤우현 님과 김병수 군에게도 감사의 마음을 전하고자 한다. 늘 마음에 담고 있는 성현의 글을 되새기며 이 기회를 빌어 그동안 학문의 성장에 도움을 주신 모든 분들께 머리 숙여 감사드린다.

學而不思則罔 思而不學則殆

배우고 생각하지 않으면 얻는 것이 없으며, 생각하고 배우지 않으면 위태롭다.

(논어 학이편 論語 學而篇, 공자 孔子, 551-479 BC)

2016년 봄의 길목에서

무향제(撫香齊)

차 례

PART 01

환경오염 문제
(Environmental Problems)

PART 02

물관리
(Water Management)

PART 05

급수 및 하수관거시스템
(Water Supply and Sewage Collection System)

제13장 하수집수시스템 481

부록

PART 1

Environmental Problems

환경오염 문제

The development of water sanitation has been the greatest medical advance in the last 166 years.

- The original champions of the sanitary revolution were John Snow, who showed that cholera was spread by water, and Edwin Chadwick, who came up with the idea of sewage disposal and piping water into homes.-

(British Medical Journal, 2007)

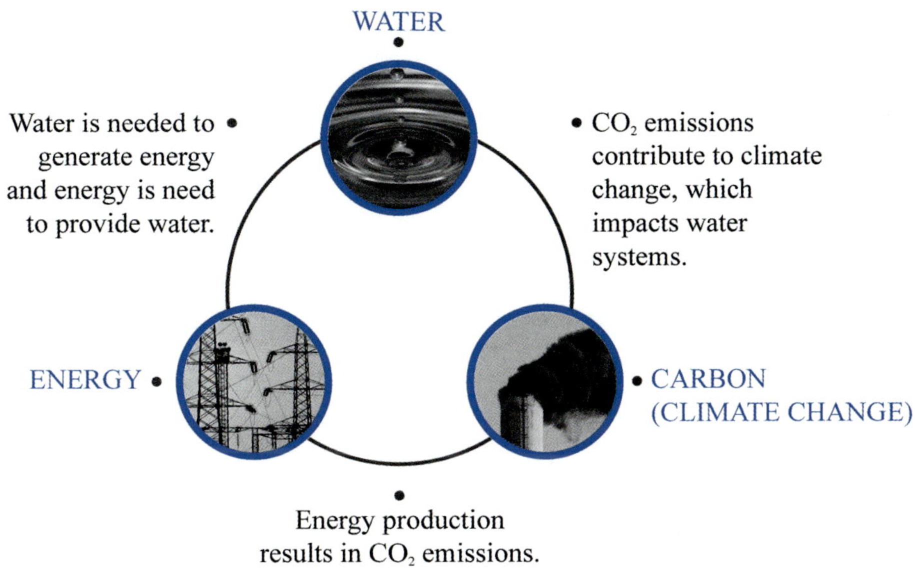

Souce: IBM Corporation (2009)

일반적으로 과학(science)의 특성은 관찰(observation)과 이해(reasoning)를 통해 자연계를 이해하는 데 있으며 이를 위해 관찰(observation) – 가설(hypothesis) – 예측(expectation) – 실험(experiment) – 결론(conclusions) 도출의 체계적 접근법을 따르지만 공학(engineering)은 본질적으로 과학적 지식을 바탕으로 우수한 수학적 기법과 독창성으로 문제를 해결할 기술적 해법(solutions)을 찾는다.

Chapter 01

환경오염 문제와 공학적 해결

"Sewerage as a Beverage"

Source: Plate 7 of Sewers: Ancient & Modern, by Cyrenus Wheeler, Jr. From the Collections of the Cayuga County Historical Society, 5 (1887).

Sewer gas lamps circa 1890's- 1940's.

One renewable energy (biogas) utilization method developed in England.

To beneficially use the large amputs of methane being generated in their larger sanitary sewers (Source: Jon Schladweiler, http://www.sewerhistory.org/photosgraphics/gas-lamps/).

1.1 환경공학과 상하수도공학

환경공학(environmental engineering)은 인간을 포함한 생태계의 건강과 자연환경의 질적 향상을 목표로 이와 관련한 다양한 환경문제를 해결하기 위해 필요한 모든 자연과학과 공학적 원리를 도입 적용하는 융합적인 특성을 지닌 응용과학기술 분야이다. 환경공학자(environmental engineers)는 급수(water supply) 및 수처리(water treatment), 폐수처리(wastewater treatment), 수질관리(water quality management), 고형 폐기물관리(solids waste management) 등 지역 차원의 문제뿐만 아니라 산성비(acid rain), 대기오염(air pollution) 및 기후변화(climate change) 등의 전 세계적인 환경문제에 대하여 탐구하고 그 해결방법을 제시한다.

역사적으로 환경공학은 과거 수인성질병(waterborne diseases)과 관련한 공중위생(public health) 문제를 주로 다루는 위생공학(sanitary engineering)을 바탕으로 발전하였다. 지난 2세기 동안 인류의 건강을 획기적으로 개선한 다양한 기술적 발전 중 물 위생(water sanitation)은 항생제나 백신의 개발보다도 앞서는 가장 위대한 업적으로 과학자들은 평가하고 있다(BBC, 2007). 19세기 중반 수인성질병의 확산에 대응하여 제기된 음용수(상수)와 하수용 관로 설치의 필요성을 제안한 채드윅(Edwin Chadwick, 1800~1890)의 아이디어는 그 동안 도시배수와 질병의 위험을 크게 줄이는 데 기여하였다. 그러나 부적절한 위생문제는 현재에도 여전히 전 세계적인 주요 관심사로, 특히 저개발국가나 개발도상국에서는 매우 중요한 이슈이며 미래에도 역시 공중위생의 향상에 중요한 역할을 담당할 것임에는 의심의 여지가 없다. 위생공학은 우리나라에서는 용어상의 오해를 피하기 위해 상하수도공학(water and wastewater engineering)으로 표현한다. 이러한 학문영역은 물리, 화학, 생물학 등의 다양한 기초과학 분야를 포함하여 점차 더 넓은 의미의 환경공학이라는 학문 분야로 발전하였으며, 최근에는 나노소재, 생명 또는 신재생에너지 등 각종 첨단 기술 분야와 연합하여 새로운 환경문제의 근본적인 해결을 위해 도전하고 있다.

환경오염은 문명의 발전과 산업화의 결과로 불가피하게 발생되며 그 특성상 물(water), 공기(air) 및 토양(soil) 등의 매체로 구별할 수 있는데, 대상 오염물질은 크게 액상(liquid phase), 기체상(gas phase) 및 고체상(solids phase)으로 구별한다. 그러나 궁극적으로 모든 환경오염 문제는 물오염 문제로 수렴하는 특징이 있다. 예를 들어 대기오염에 있어 효과적인 정화는 빗물에 의해 이루어지며, 대기층을 씻어낸 그 빗물은 결국 하수관거로 통해 이는 결론적으로 수질문제가 된다. 마찬가지로 토양오염의 경우 역시 최종적으로는 오염된 지하수의 경로로 나타날 것이며, 또한 쓰레기 매립장의 경우도 효과적인 침출수 관리가 가장 핵심적인 대응 방안이다.

상하수도공학은 협의의 환경공학이라 할 수 있는데, 먹는물(drinking water)확보와 오물(waste)처리 문제는 초기 환경공학의 중요 관심분야였으며, 기본적으로 물오염 제어(water pollution control), 즉 수질오염방지공학뿐만 아니라 이송·배수를 위한 관거 부분 등을 포함하고 있다. 따라서 상하수도공학은 급수(water supply), 상수관거(water distribution network) 및 하수관거(sewer system), 정수(water treatment) 및 하수처리(wastewater treatment) 등 상하수도 시설물의 기본계획과 관거 및 수처리 기술 등 환경기반시설물(environmental infrastructure)의 설계 및 유지관리와 연관된 모든 시설을 포함한 사실상의 거의 모든 수질환경 분야 전반을 다루고 있다(그림 1-1).

일반적으로 하수관거시스템을 통과하는 모든 폐수를 도시폐수(municipal wastewater)로 총칭하고, 한 배수구역 내에서 발생하는 도시폐수를 처리하는 시설을 도시폐수처리장(municipal wastewater treatment plant)으로 정의하지만, 우리나라에서는 하수(sewage) 그리고 하수종말처리장이라고 표현한다. 도시폐수, 즉 하수는 발생 특성에 따라 생활오수(domestic wastewater)와 산업폐수(industrial wastewater)로 구분하며, 각 별도의 처리장으로 운영되기도 하는데, 집단화된 공업단지(industrial complex)의 경우는 폐수종말처리시설(industrial wastewater treatment plant)을 설치·운영하고 있다. 상수와 하수의 중간개념으로 인식되는 중수도는 물 재이용시스템(water reclamation system)을 말한다. 이미 전 세계는 지역적으로 물이용에 있어 수요와 공급의 심각한 불균형 문제에 직면하고 있으며, 지속가능한 수자원의 개발과 재이용 그리고 대체수자원의 안정적인 확보는 물산업(water industry)의 핵심어이다. 따라서 하수처리장은 이미 단순

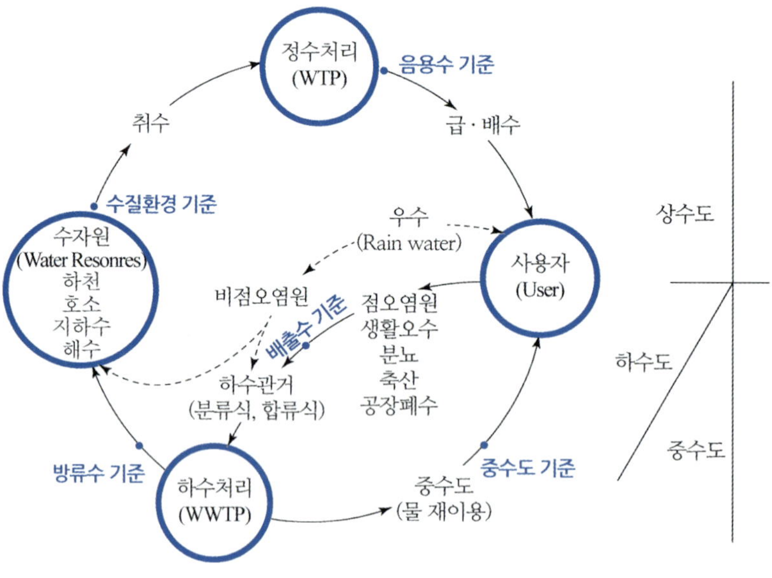

그림 1-1 상하수도 분야의 개괄도

히 오염제어의 측면을 넘어 물 재이용시설로 자리하고 있으며 그 개념과 명칭도 점차 변화하고 있는 추세이다. 더욱이 신재생에너지 개발과 활용에 대한 시대적 필요성에 따라 미래의 하수처리장은 훌륭한 신재생에너지 생산시설로 자리할 것으로 예측되며, 선진외국에서는 이미 그 노력이 가시적인 성과를 보이고 있다.

1.2 환경공학의 역사

인류의 생존과 문명의 발전은 인류공동체의 형성과 공역(work together)의 필요성에 의해 비군사공학(non-military engineering), 즉 토목공학(civil engineering) 기술의 발달이 그 원동력이 되었다. 환경공학의 역사는 이러한 오랜 인류의 역사와 함께 하며, 또한 인류의 역사는 물과 에너지의 역사이기도 하다. 원시시대 이래 인류는 하천, 호수, 우물 등 자연수를 자유로이 이용하다가 점차 인구의 증가, 집중화 및 도시화가 진행됨에 따라 물수요량의 증가로 수도의 필요성이 대두되었으며, 이는 오늘날 우리의 일상생활과 산업활동에 필수적인 기본시설로서 국민 복지증진을 위한 주요 도시 계획시설이며, 또한 국가기간산업 발전을 위한 핵심 사회간접시설(infrastructure)이다.

현재까지 밝혀진 바에 따르면, 약 45억 년이라는 나이를 가진 우리의 지구는 약 35억 년 전쯤에 이르러서야 생태학적인 행성으로 모습을 갖추게 되고, 약 20~15만 년 전 아프리카 지역에서 현재 인류의 시조격인 호모사피엔스(Homo Sapiens)가 출현하게 된다. 이후 약 9천 년 전 비옥한 초생달 지역(fertile crescents)이라 불리는 터키 에나폴리아 고원지역에서 최초의 농경(야생밀, 야생콩 재배) 활동과 함께 대표적인 4대문명 중 하나인 메소포타미아 문명이 발전하였으나 이 문명은 당시의 농업용수로 사용된 하천(티그리스-유프라테스 강)의 활용으로 인한 농지의 염화 현상과 대규모 숲의 무분별한 파괴로 인해 결국 쇠퇴의 길로 접어들게 된다. 이는 환경오염과 자연의 파괴가 번창하던 한 문명에 끼친 첫 번째 대재앙의 기록으로, 당시의 관개시설이나 약 70~80배에 이르는 곡식 수확, 그리고 지금까지 남아 있는 토양 내 염해의 기록들은 그 문명의 발전과 몰락의 과정을 잘 보여주고 있다.

물과 인간의 활동에 대한 역사는 물을 이송·배수하는 시설(pipe)과 오염물의 정화(purification)로 구별해 볼 수 있다. 공동체 생활을 시작한 인류는 어떠한 방식이든 물을 운반하고자 노력했을 것이며 최초의 물이송관으로는 대나무나 목관을 사용했을 것으로 추측한다. 기록에 남아 있는 가장 오래된 중앙급수 및 배수시설로는 약 5천 년 전 고대 메소포타미아(수메르) 도시인 니푸르(nippur, 바그다드 남동부)의 시설이 있다. 최초의 인공적인 상수시설 중 하나로 볼 수 있는 우물은 기원전 3000년경 이집트와 기원전 2000년경 아프리카 북동부 에티오피아 누비아, 이집트 카이로의 깊이 90미터짜리의 우물 기록이 있다. 또 약 2천7백 년 전 고대 이란의 도시 고나바드(Gonabad)에는 카나트(Qanat)라는 관개용 물관리 시스템을 사용했는데, 약 71 km 이상의 큰 규모로 이 시설은 현재까지도 약 4만 명의 시민들에게 음용수와 농업용수를 공급하고 있다.

고대 상수도 시설 중 가장 주목받는 것은 로마 수로(Roman Aqueduct)라 할 수 있다(그림 1－2). 당시 로마는 점점 팽창하며 도시화하면서 식수의 공급에 압박을 받게 되었고, 중요 상수원인 티베르 강(Tiber River)의 물은 이미 오염되었으며 오랜 샘터나 우물 등이 마르면서 수요와 공급의 균형을 잃게 되었다. 이에 기원전 312년 로마 정부는 정치가 카에쿠스(Appius Claudius Caecus)를 임명하여, 길이가 16 km인 최초의 수로 아피아(Aqua Appia) 건설을 시작으로 90 km에 이르는 가장 긴 수로인 마르키아(Aqua Marcia)를 포함하여 기원후 226년에 완성된 알렉산드리나 수로(Aqua Alexandrina)까지 약 500년 동안 총 400 km 이상에 이르는 11개의 수로를 만들었다. 기원후 300년까지 오늘날의 유럽, 중동, 아프리카에 위치한 로마 제국 안에 대략 200개 도시에 600개 이상의 로마 수로가 만들어졌는데, 프랑스의 퐁뒤가르(Pont du Gard)와 스페인의 세고비아 수로(Aqueduct of Segovia)는 현재까지 유명한 유적으로 남아 있다. 아피아 수로(Aqua appia)는 로마 도시 동쪽으로 유입되어 16.4 km를 흘러 티베르 강으로 흘러 들어가는데, 대부분 지하 갱도로 원거리의 수원으로부터 물을 수송하기 위해 아치형 수로교(연장 80 km)를 건설하였다(그림 1－3). 로마공화정 말기에는 11개의 수로로 거의 백만 명의 주민들에게 한 사람당 하루에 1,000리터의 물을 공급할 수 있는 능력이 있었다고 한다.

기원전 220년경 고대 스리랑카의 수도인 아누라다푸라(Anuradhapura)에서는 대규모 관개수리공사의 기록이 있으며, 기원전 1700년 바빌로니아인들은 관개용 양수(pumping)를 위한 풍륜

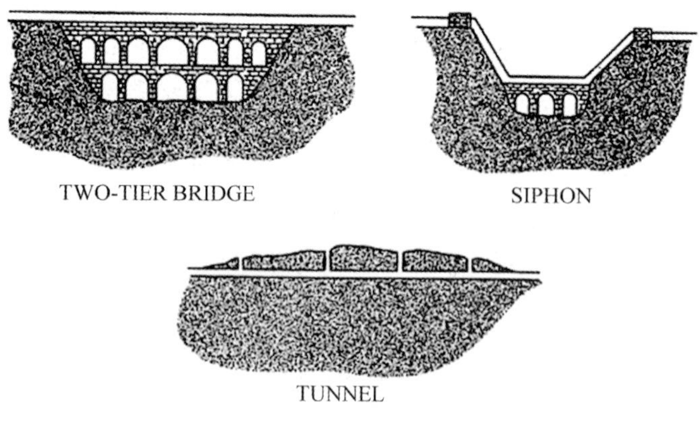

그림 1－2 **로마 수로 구조(Michael Cote, 2010)**

그림 1-3 **프랑스의 퐁뒤가르(Pont du Gard) 수로(Emanuele, Wiki, 2007)**

(wind wheels) 개발 기록이 있다. 1412년 독일의 아우크스부르크에서는 주철관을 처음 사용했으며, 최초의 펌프는 1527년 독일의 하노버(Hanover) 펌프였고, 1582년에는 런던교(London Bridge)에 배수용 펌프 역시 설치된 바 있다.

16세기 초 유럽은 늘어나는 인구로 인해 많은 사회문제가 많이 발생했고, 특히 발전 속도가 가장 빨랐던 영국에서는 오늘날과 같은 수도운영체계(New River management, 1619)를 설립하여 제한적 급수를 시작하였다. 또 주철관을 수도파이프로 도입하고, 증기기관을 이용한 펌프(1751)를 사용하였다.

근대적인 음용수 처리 방법이 처음 등장한 것은 19세기 초반으로 볼 수 있다. 1804년 스코틀랜드의 페이즐리(Paisley)에서는 하루 5 m 이내로 천천히 모래층에 통과시켜 깨끗한 물을 만드는 완속여과법(slow sand filtration)을 도입되었고, 이는 첼시수도회사에 의해 1829년 런던 템스 강에서 처음으로 운영되었다. 그러나 당시 세균에 대한 이해는 부족했으며, 이는 단지 물속의 탁도를 제거하는 수준이었다.

19세기 초 인도 콜카타(Kolkata)에서부터 시작된 콜레라(cholera)는 아시아와 아프리카, 유럽 등 전 세계적으로 다수에 걸쳐 확산되었다. 당시 영국은 유럽의 다른 나라들보다 도시 위생면에서 앞서 있었지만 수세식 화장실은 극히 드물었다. 도시 하수도는 사실상 빗물 배수용이었고, 도로에는 오물이 넘치곤 하였다. 수세식 화장실이 보급되면서, 런던 시 당국은 하수도를 정비하고 화장실 오물을 하수도로 연결하도록 의무화하였다. 그런데 처리되지 않은 오물이 하천으로 그대로 방류되자 템스 강 전체가 심각하게 오염되었다. 당시 런던 시내의 오물이 하구(사우스 엔드)까지 흐르는 데는 45~70일이 걸렸다고 하며, 오물로 인한 악취와 전염병 발병은 심각한 문제였다. 실제로 1849년 그리고 1853~1854년에 확산된 전염병(콜레라)으로 2만 명에 달하는 사상자를 내었다. 이 전염병이 식수로 인해 감염될 수 있다는 사실(John Snow,

1854, Robert Koch, 1885)이 밝혀짐에 따라 모든 판매용 식수는 반드시 여과해야 한다는 식수여과법(1857년)이 제정되었으며, 1873년에 이르러서 부분적인 연속급수체계가 도입되기 시작하였다. 또 1885년 현미경 관찰을 통해 완속여과처리된 물속의 박테리아가 줄어든다는 사실(Edward Frankland, 1825~1899)이 알려진 후 완속여과법은 장치가 비교적 간단하고, 저렴한 유지비용으로 인해 유럽의 여러 나라로 급속히 전파되기 시작하였다.

이후 정수처리기술은 황산철을 사용한 응집기술을 활용한 급속여과법(A. Hyatt 1884, 미국)으로 한 단계 더 발전하는데, 최초의 특허기술로써 같은 해 뉴저지 주의 썸머빌에서 최초로 적용되었다. 완속여과법에 비해 여과속도가 10배 이상 빠른 이 방법은 대량의 물을 빨리 정수처리해야 하는 대도시의 정수장에 적합하여 현재까지 세계 각국 대부분의 정수장에서 이용하는 기술로 자리하게 되었다.

19세기 상수도가 본격적으로 보급된 이후에도 수인성 전염병은 여전히 사라지지 않았다. 인류가 고통받고 있는 질병 중 약 80% 정도가 수인성질병이 원인으로, 1850년 특정한 질병들이 물에 의해 전염된다는 사실이 밝혀지면서 전염병이 발생된 동안에는 상수에 하이포아염소산염(hypochlorite)에 의한 염소 소독(chlorination) 응급조치가 보편적으로 행해졌다. 1886년 프랑스 드 메리땅(De Meritens)은 오존을 이용한 세균 살균 실험에 성공하였고, 1893년 네덜란드 정수장에 오존에 의한 정수처리가 처음으로 도입된 후 오존의 수요는 급속히 증가했으나, 제1차 세계대전 중 저렴한 비용의 염소가스가 개발되면서 오존의 수요는 감소했다. 현재 상수도용으로 가장 많이 사용되는 소독 방법인 염소 소독은 1893년 독일의 함부르크에서 처음 사용되었으며, 이후 벨기에(1902), 영국(1904), 미국 시카고(1908)와 뉴저지(1909) 등으로 점차 확대되었다.

생활오수, 분뇨와 쓰레기 배출 등은 집중화된 대도시에서는 악취와 전염병(수인성질병) 발생의 주요 원인으로, 특히 고대와 중세도시에서 심각한 사회문제였던 전염병을 제어하기 위해 식수원을 오염시키지 않도록 하수도의 건설이 필요하였다. 4천 년 전 인더스의 고대 하라파 문명(Harappan civilization)으로 알려진 몇몇 도시(인도 북서부, 지금의 파키스탄) 지역에서는 포장도로 양쪽 가장자리에 도자기로 만들어진 초기 형태의 하수관거가 발견되었으며, 모헨조다로 지역에서는 수세식 형태의 화장실도 있었다고 한다. 또 기원전 1122~221년경 중국의 주왕조 시대에도 하수관거가 존재하였다고 하며, 중세 유럽에는 소규모의 천연수로가 폐수를 배출하는 데 사용되었고 이는 악취문제로 후에 복개된 형태로 변화한다.

현존하는 세계에서 가장 오래된 하수도는 고대 로마의 대하수구, 클로아카 맥시마(Cloaca Maxima, Greatest Sewer라는 의미)로 아직도 사용하고 있는 세계에서 가장 오래된 오수와 빗물을 내보내는 하수도이다(그림 1-4, 1-5). 약 기원전 600년 에트루스크인들에 의해 건설된 이 시설은 원래 로마 시내의 습지로부터 물을 배수하기 위해 설치된 도랑과 운하로 광장이

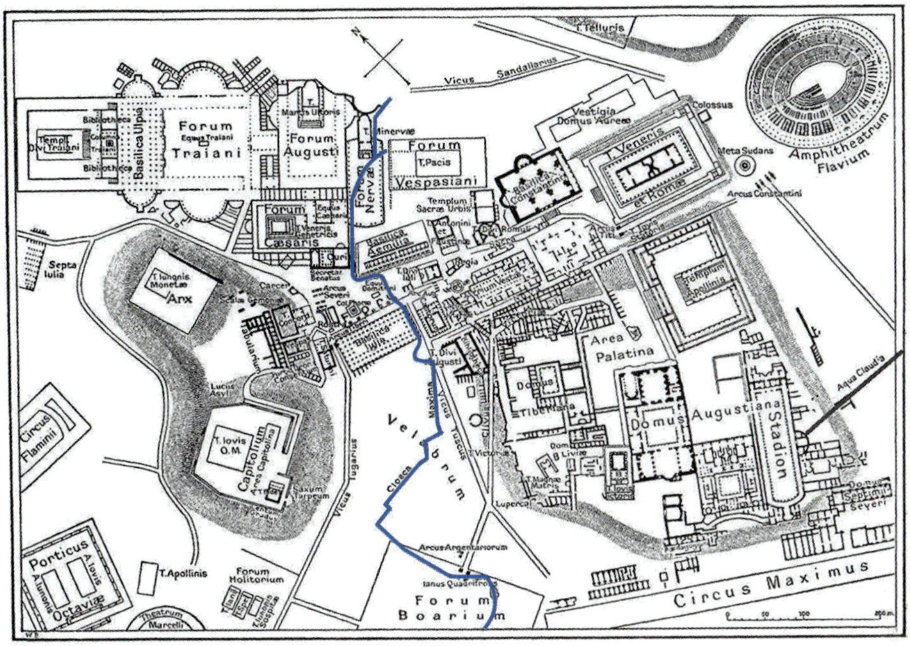

그림 1-4 **Map of central Rome during the time of the Roman Empire, showing Cloaca Maxima in red(Gradvmedusa, Wiki, 2006)**

설립된 후에 하수도로 바뀌어 공중목욕탕, 분수대, 화장실 도로 유출수 등 각종 오물을 티베르 강으로 배출하는 통로로 사용되었다. 로마절정기에는 이러한 하수도가 7개가 있었다고 한다. 부유층을 위한 개인위생시설 외에 일반 평민들은 공공위생시설과 공중화장실을 사용하였다. 특히 가정에서는 요강을 사용하였고, 모아진 오물은 나중에 하수구나 개울에 투기하거나 길거리 투기도 일반적이었다고 한다. 베스파시아누스(Vespasian) 황제 때는 역사상 처음으로 유료 공중 화장실을 운영하였고, 오줌을 별도로 수거하기도 하였다. 비록 오줌의 분리수거가 재정확보차원

(a) outfall at Eckersberg(Lalupa, Wiki, 2005) (b) sewer interior(The history blog, 2012)

그림 1-5 **Roman Cloaca Maxima**

에서 이루어진 것이라 할지라도 로마인들은 동물가죽을 무두질하는 데 오줌을 사용하거나 모직류 옷의 세탁과 표백을 위해 오줌 속의 암모니아를 사용하기도 하였다.

하수관거나 물의 사용이 필요 없는 건조위생시스템(dry sanitation systems)을 활용하는 시기에는 생활하수(gray water), 오줌(urine)과 배설분(feces)으로부터 유효자원의 회수와 비료로서의 재사용은 이미 아시아뿐만 아니라 아메리카 대륙을 포함한 거의 모든 문명에서 사용되어 왔다. 최초의 수세식 화장실은 역시 로마의 공중화장실로부터 볼 수 있다. 큰 방 가장자리 둘레에 둥그런 변좌가 한 줄로 연결된 형태로 아래에는 수로에서 흘러 들어온 물이 계속적으로 오물을 흘려 하수도로 연결시키는 구조이다. 이러한 시설은 로마 콜로세움이나 터키 에페수스(Ephesus)에 그 유적이 남아 있다(그림 1-6).

근대식 수세식 화장실(flush toilets)은 영국에서 시작된다. 당시 유럽 변기는 소변과 분을 모두 분리하는 형태였다. 14세기 무렵 길거리의 분뇨투기가 심각한 사회문제로 부각되자 영국왕실은 법률로 금지시키기도 하였다. 1596년 왕실의 풍자 시인이었던 해링턴에 의해 수세식 원리가 고안된 이후 1775년 커밍스가 밸브 클로셋이라는 수세식 변기를 발명하였고, 1889년 보스텔에 의해 오늘날의 형태와 유사한 워시다운(washdown)형 변기가 등장하였다. 수세식 변기의 등장과 개량은 이렇듯 중세 유럽의 도시화와 그에 따라 도시 위생이 심각해지면서 비롯되었는데, 수세식의 원리는 생태순환적 처리방식이 아니라 문명의 이기를 통해 분뇨를 도시로부터 최대한 멀리 강바다로 흘려 보내는 접근방식이었다.

넘쳐나는 오물과 악취, 템스 강의 오염문제를 해결하기 위해 1855년 영국의회는 수도공사국을 만들어 바젤게트(Joseph Bazalgette, 1819~1891)를 책임자로 해결방법을 찾기 시작하였다. 그는 하수가 강으로 직접 유입되는 것을 막기 위해 하천과 평행한 큰 하수도를 설치하였는데

그림 1-6 **Ancieut Roman latrines, Ostia Antica (Fubar Obfusco, 2004)**

그림 1-7 **프랑스 알비(Albi)의 아치형 하수거 (안영호, 2005)**

바젤게트는 템스 강 북쪽과 남쪽의 인구를 230만 명과 115만 명으로 평가하고, 1인당 1일 평균 하수배출량을 140리터로 추정하였다. 그리고 차단용 하수도를 북쪽과 남쪽에 각각 3개와 2개를 설치하고 런던 다리 하류 약 19 km 지점에 하수의 출구를 설치하였다. 이 프로젝트는 1875년에 완료되었으나, 출구 하류로 몰린 오수는 범람하였으며 문제는 계속해서 발생되었다.

프랑스의 경우 오스만(Baron Haussmann, 1809～1891) 남작은 파리 시 경계정비와 함께 하수도 400 km를 건설하였다(1853). 19세기 벽돌로 만들어진 프랑스의 아치형 하수거는 오늘날 관광명소가 되었다(그림 1－7).

초기 하수처리는 오물(생활하수, 오줌과 배설분)을 이용한 유효자원의 회수와 비료로서의 재사용 그리고 초기 혐기성 분해기술(anaerobic process)의 발전 차원에서 평가될 수 있다. 이러한 방식은 아시아를 포함해 거의 모든 문명에서 하수관거의 발전과 함께 자생적으로 발전해 왔다.

1840년 영국 솔즈베리(Salisbury) 시에서는 도시하수에 포함된 비료성분을 이용하고자 하수를 관개용수로 농지에 활용하였고, 악취와 전염병 등의 문제로 인해 출구에 침전지와 화학처리 시설을 도입하기도 하였다.

1859년 인도 봄베이(Bombay)에서는 초기 형태의 혐기성 소화조를 이용하여 오물처리를 시도하였다. 하수관거에서 배출되는 가연성의 바이오(메탄)가스를 활용하는 관거가스 연소등(sewer gas destructor lamp)에 대한 특허기술과 그 활용에 대한 기록도 있다. 즉 도시 하수관거로부터 발생되는 메탄가스를 포집하여 직접 연소방식의 가로등을 설치 운영하였는데, 이는 관거 내 발생하는 가스와 그 유해요인을 제거하기 위함이었다. 프랑스 나폴레옹 3세 시절 파리에는 약 3만 개의 가스 등이 운영되었으며(1863), 영국 데번 주 엑서터(Exeter, 1895)에서도 그 흔적을 찾아볼 수 있다.

흔히 사용하는 오물을 장기간 저장하는 방식인 부패조(septic tank)는 저장과정에서는 혐기성 미생물에 의한 분해효과가 있다. 1898년 가장 간단한 부패조 형태의 살수여상(trickling filter) 방식의 오물 처리기술이 베링(Varing Jr.)에 의해 개발되었고, 1907년에는 독일의 공학자 임호프(Karl Imhoff, 1876～1965)에 의해 초기 형태의 혐기성 하수처리기술인 임호프 탱크(Imhoff tank)가 개발되었다.

오늘날 하수처리에 대표적으로 사용하고 있는 활성슬러지공정(activated sludge process)은 1913년 영국의 두 기술자(Edward Ardern과 W. T. Lockett)에 의해 발견되었다(Beychok, 1967). 1912년 맨체스터 대학의 파울러(Gilbert Fowler) 박사는 조류(algae)로 덮힌 병에서 하수에 공기를 주입하는 연구를 수행했는데, 당시 그의 연구동료인 아덴과 로켓은 유입/유출방식의 반응조(draw-and-fill reactor) 유출수에서 높은 수준의 하수처리수를 발견하게 된다. 이후 하수를 약 한 달 이상 계속 폭기(aeration)한 결과 완전한 질산화(nitrification) 현상을 관찰했는데, 이들은 슬러지가 활성화가 될 수 있다고 생각하여 활성슬러지로 명명하였다. 그러나 오래지 않아 고농도의 생물학적 유기체(미생물)가 그 원인임을 밝혀내게 된다. 이 연구결과는 1914년 발표되었는데, 2년 뒤 우스터(Worcester)에서 첫 번째 실규모 연속흐름 방식의 처리시스템 설치로 이어진다.

1차 세계대전 이후 활성슬러지공정은 미국, 덴마크, 독일, 캐나다 등으로 급격히 보급되어 1930년대 후반에는 가장 일반적인 생물학적 폐수처리기술로 자리하게 되었다. 당시 이 기술은 주로 유기물질의 제거나 질소의 산화반응이 주 역할이었으나, 질소산화반응의 결과물(NOx)에 대한 위해도 문제가 계속 제기되면서, 1962년 질소 제거를 목표로 한 기술 개발(Ludzack and Ettinger, 1962; Mirvish, 1977; Wuhrmanns, 1964)이 이루어지게 되었다. 이후 상수원오염을 방지하기 위한 영양소(질소와 인) 제거의 필요성이 강조되면서 1980년 이후에 다양한 영양소 제거기술(EBPR, enhanced biological phosphorus removal)들이 개발되었으며 현재에 이르러서는 유한 자원의 회수(resource recovery)라는 측면이 점차 강조되고 있다.

1.3 기후변화와 물문제

기후변화(climate change)란 현재의 기후계가 자연적인 요인과 인위적인 요인에 의하여 점차 변화하는 것을 의미한다. 기후의 정의를 나타내는 30년 평균기후의 변화로서 단순하게 표현하려는 견해도 있지만 기후변화기본협약에 따른 기후변화의 정의는 "직접적 또는 간접적으로 전체 대기의 성분을 바꾸는 인간 활동에 의한, 그리고 비교할 수 있는 시간 동안 관찰된 자연적 기후 변동을 포함한 기후의 변화"로 규정한다(IPCC, 2007).

지난 100년 동안(1906~2005년) 지구표면온도는 온실효과로 인해 0.74±0.18℃ 상승했는데, 이는 과거 1만 년 동안 1℃ 상승한 것과 비교할 때 매우 높은 증가 추세이다. 21세기 기후변화의 가속화 전망을 분석한 기후변화에 관한 정부간 패널(IPCC, Intergovernmental Panel on Climate Change)의 4차 보고서(2008)에서는 현재와 같은 화석연료 사용 추세를 바탕으로 할 경우 21세기 말까지 지구의 평균기온은 최대 6.4℃ 상승하고 해수면 상승은 59 cm에 이를 것으로 전망하고 있다. 기후변화로 인한 주요 영향은 지구온난화, 빙하감소와 해수면상승, 이상기후 증가 등으로 그 결과 세계의 주요 강과 호수의 지하수면이 낮아질 것이며, 또 원인물질인 이산화탄소의 양이 현재보다 2배 정도 증가한다면 온도 상승은 물의 증발과 강우를 모두 증가시켜 전 세계의 기본적인 물순환패턴을 변화시킬 것이라고 경고하고 있다(박재현, 2011)

유엔 산하의 글로벌 미래를 연구하는 그룹인 밀레니엄 프로젝트(The Millennium Project, United Nations)는 미래보고서(2012)에서 2030년 모든 것이 고갈되고 성장이 멈추는 시기에

표 1-1 물과 새천년개발목표 (IPCC, 2008)

목표	물과의 직접적인 관련성	물과의 간접적인 관련성
목표 1: 빈곤과 기아 퇴치	• 물은 농업, 채소, 가축 등 생산 활동의 요소 • 물고기, 산림작물 및 다른 음식 등의 지속적인 생산	• 생태계의 파괴 감소는 지속가능한 발전을 향상시킴 • 신뢰할 수 있는 물 공급과 저렴한 식량을 통한 도시빈곤 퇴치
목표 2: 보편적 교육 달성		• 개선된 건강을 통한 교육 향상
목표 3: 젠더 평등성 제고	• 젠더 물관리 프로그램 개발	• 물서비스 개선을 통한 건강 개선
목표 4: 유아사망률 감소	• 식수 접근성 및 위생여건 제고	
목표 5: 모성보건증진	• 산모 및 아기의 건강증진	
목표 6: HIV/AIDS, 말라리아 퇴치	• 식수 및 위생여건 개선 • 건강프로그램 개선	
목표 7: 환경적 지속가능성 확보	• 물관리 체계의 개선을 통한 물 소비 감소 및 물 재생 활성화 • 빈곤가구 위생대책 개선 • 저소득층 위생서비스 향상 • 슬럼지역 환경 및 건강 개선	• 지속적 시스템 개발 및 운영
목표 8: 글로벌 파트너십 구축	• 저개발국 및 빈곤국에 대한 지원 협력	• 수인성질병 확산억제 • 의약품 접근성 • 신기술, ICT 기술 전파

자료: IPCC, 「Climate Change and Water」, IPCC Technical Paper VI, 2008. 재구성

도달할 것이며, 지속발전과 기후변화 그리고 깨끗한 물은 인류가 직면한 가장 큰 도전이라고 규정하고 있다. 그 대응 방안으로 새천년개발목표(MDGs, millennium development goals)(2000~2015)를 마련하였고(표 1-1), 그 후속조치인 지속발전목표(SDGs, sustainable development goals)(2016~2030)를 설정하였다(ICSU, ISSC, 2015). 물은 우리의 가장 중요한 천연자원으로 물부족(water scarcity)은 현재 세계가 직면한 가장 저평가된 자원문제이며, 기후변화, 인구증가 및 물수요량 증가로 인해 2025년 전 세계 인구의 2/3가 물부족에 직면할 것이라고 예측하고 있다(그림 1-8). 또 미국 NIC(National Intelligence Council)는 경제성장과 인구급증으로 인한 수자원 수요의 증가는 수자원 부도사태의 보편화를 초래할 것이고, 그로 인하여 2025년에는 전 세계 곡물생산량의 30%가 감소할 것으로 전망하였다(박동균 외, 2010).

우리나라의 경우 지난 100년간(1912~2008년) 평균기온 상승률은 1.7℃로 지구의 평균기온 상승률(0.74±0.03℃)에 비해 높으며, 특히 1950년대 이후는 20세기 전체 기간에 비하여 약 1.5배 이상 증가하였다. 우리나라의 경우 최근 37년(1973~2010년) 동안의 계절별 평균온도 상승현상(표 1-2)은 겨울과 봄에 가장 뚜렷한데, 특히 최근 10년간 겨울철 평균온도는 산악과

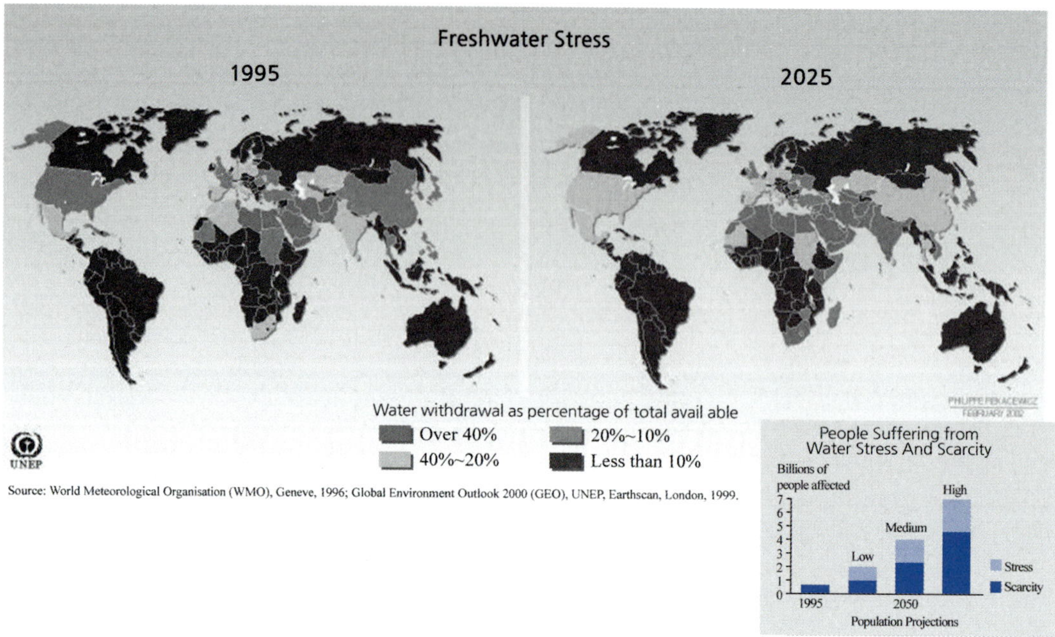

그림 1-8 **Water stress**

표 1-2 **우리나라의 연 · 계절별 기온, 강수량 변화율(1973~2010년)**

요소	평균기온(°C/10년)	최고기온(°C/10년)	최저기온(°C/10년)	강수량(mm/10년)
연	0.27^{**}	0.27^{**}	0.30^{**}	55.45
봄	0.24^{**}	0.26^{**}	0.25^{*}	−5.75
여름	0.10	0.08	0.18	55.20^{*}
가을	0.31^{**}	0.29^{*}	0.38^{**}	6.89
겨울	0.5^{**}	0.51^{*}	0.52^{*}	0.15

* 유의수준 $\alpha = 0.05$, ** 유의수준 $\alpha = 0.01$
자료: 권형준, 2010

중부지역에서 각각 1.6℃, 1.0℃씩 상승하였으며, 봄철에는 중부와 산악지역에서 0.8℃ 상승한 반면, 여름철의 온도 상승은 지역에 관계없이 다른 계절에 비해 약한 상승(0.2~0.6℃) 경향을 보였다(기상청, 2009; 권형준, 2010).

RCP(representative concentration pathways) 시나리오를 바탕으로 한 21세기 한반도 및 지역별 기후변화 전망보고서(기상청, 2012b)에 따르면, 연평균 풍속, 상대습도, 운량 등은 큰 변화가 없는 반면 강수량, 폭염일수, 열대야일수와 같은 기온 관련 극한지수는 급격한 증가를 전망하고 있다(표 1-3).

표 1-3 **RCP 시나리오에 따른 한반도 21세기 기후변화 중 기온 및 강수량 전망**

구분	단위	현재값 (1981~2010)	21세기 전반기 (2011~2040)		21세기 중반기 (2041~2070)		21세기 후반기 (2071~2100)		경향성 (10년당)	
			RCP4.5	RCP8.5	RCP4.5	RCP8.5	RCP4.5	RCP8.5	RCP4.5	RCP8.5
평균기온	℃	11.0	12.4	12.5	13.4	14.4	14.0	16.7	0.33	0.63
일최고기온	℃	16.6	17.9	18.1	18.9	19.9	19.4	22.2	0.31	0.62
일최저기온	℃	6.2	7.7	7.7	8.6	9.7	9.3	12.0	0.34	0.64
강수량	mm	1,162.2	1,234.3	1,201.1	1,283.7	1,342.1	1,348.1	1,366.9	20.66	22.74

주) 1. RCP 시나리오: Representative Concentration Pathways
2. 4.5·8.5: 복사강제력으로 온실가스 등으로 대기 중의 에너지의 평형을 변화시키는 영향력의 정도(단위: W/m^2)
3. 10년당 경향성은 21세기 후반기와 현재 기후값(1981~2010)의 차이를 10년당 변화값으로 환산
자료: 기상청, 2012b

우리나라의 지난 100년간(1912~2008년) 평균 연강수량은 712~1929 mm로 변동성이 매우 크다. 최근 10년(1999~2008년)은 20세기 초반의 10년에 비해 약 19%(220 mm) 정도 증가하였고, 1일 100 mm 이상 집중호우 발생 빈도는 1970~1980년에 비해 1.7배 증가하였으며, 계절별 강수량은 특히 여름에 집중하여 증가하는 추세를 보이고 있어 기후변화로 인하여 안정적인 물 확보를 위한 수자원 계획 수립에 불확실성이 점차 높아지고 있다(기상청, 2012a).

지난 20여년 동안 국내 하천 및 호소의 수온은 97개 권역 중 57개에서 수온이 상승하는 경향을 보였으며, 기후변화로 인해 2100년에는 하천과 호소의 평균수온이 2008년 대비 2.45℃ 및 2.14℃ 상승할 수 있으며, 이로 인해 수서생태계의 특성에도 영향을 줄 것으로 전망되었다. 기온상승은 생활·공업·농업용수뿐만 아니라 하천유지용수 등 모든 부분에서 수요 증가 및 부족을 초래하고, 비가 많이 오는 기간이 6~8월에서 7~9월로 이동함에 따라 농업용수 수요가 많은 6월 강수량의 감소로 농업생산량 저하도 예상된다. 수질 및 하천환경에 대한 영향은 수온상승에 따른 하천 및 호소 밑바닥 저·무산소(hypoxia) 현상으로 인한 어류집단 폐사 등 수생태에 악영향이 발생하고, 강우강도의 증가와 갈수기간의 장기화로 탁도(turbidity) 증가 및 수질악화가 예상된다. 또 토사의 댐 내 유입에 따른 탁수 발생과 함께 높은 수온으로 인해 조류 및 병원균 성장 촉진으로 원수의 수질은 더욱 악화될 것이고, 국지성 집중호우로 짧은 시간 내 비점오염물질이 자정과정 없이 호소로 유입되어 상수원의 안정성이 저하될 것으로 예측된다.

우리나라의 물수급 전망은 그리 밝지 않다(표 1-4). 물수급 전망이란 하천유역의 미래 물수요(생활, 공업, 농업용수 및 하천유지용수)를 예측한 후 유역 내 공급가능한 수자원(하천수, 댐 및 저수지, 지하수 등)과의 균형 분석을 수행하여 수요와 공급의 향후 대책을 수립·제시하는 과정을 말한다. 향후 유출량 감소로 인해 물부족은 더욱 심해질 것이며, 한강유역의 경우 2006년

수자원장기종합계획에서 예측한 물수요가 더 이상 증가하지 않는다고 가정하더라도 기후변화로 인한 물공급의 감소 등으로 인해 물부족량은 최대 3.5배 증가하는 것으로 분석되었다. 2006년 기준 우리나라의 물공급량은 34,014백만 m^3으로 약 364백만 m^3가 부족한 상황이었으며, 2011년에는 약 340백만 m^3가 부족하였고, 다가오는 2020년에는 434백만 m^3의 심각한 물부족이 예상된다(건설교통부, 2006). 기준수요 시나리오를 기반으로 목표연도 2020년의 생활·공업·농업용수에 대한 분석 결과, 과거 최대 가뭄 발생 시 전국적으로 약 4.3억 m^3의 물이 부족하며, 권역별로는 한강 0.4억 m^3, 낙동강 0.9억 m^3, 금강 0.5억 m^3, 영산강 1.5억 m^3, 섬진강 1.0억 m^3으로, 영산강 권역의 물부족량이 가장 크게 나타날 것으로 전망하고 있다(국토해양부, 2011).

표 1-4 **우리나라의 물수급 전망** (단위: 백만 m^3)

구분 \ 연도		2006년	2011년	2016년	2020년
용수수요량		34,378	35,498	35,800	35,568
-생활용수		7,877	8,103	8,180	8,195
-공업용수		2,787	3,178	3,562	3,422
-농업용수		15,977	15,849	15,690	15,583
-유지용수		7,737	8,368	8,368	8,368
용수공급량		34,014	35,158	35,321	35,134
과 부족량	전국	▽364	▽340	▽479	▽434
	지역별	▽842	▽791	▽961	▽916

주) 수요관리 절감량이 고려된 용수수요량임
자료: 수자원장기종합개발계획 보완(안)(건설교통부, 2006), 제주도 제외.

표 1-5 **권역별 생활·공업·농업용수 수급 전망(기준수요 시나리오)** (단위: 백만 m^3/년)

구분 \ 권역	전국	한강	낙동강	금강	영산강	섬진강	제주·울릉
수요량	26,390	7,895	7,335	6,347	2,577	1,883	354
-생활용수	7,786	4,090	1,850	1,187	342	187	130
-공업용수	3,205	807	1,123	737	124	394	20
-농업용수	15,399	2,998	4,362	4,423	2,111	1,302	204
공급가능량	25,956	7,858	7,249	6,293	2,425	1,778	354
과 부족량	▽ 434	▽ 37	▽ 86	▽ 54	▽ 152	▽ 105	-

주) 과거 최대 가뭄 시 권역별 부족량임
자료: 수자원장기종합계획(2011~2020)(국토해양부, 2011)

1.4 물산업의 변화와 발전

지속가능한 물관리(sustainable water management)는 최근 국제사회의 중요한 이슈로 등장하였다. 이러한 배경에는 물순환의 급격한 변동을 수반하는 기후변화와 지속적인 인구증가 그리고 인구 집중화에 따른 메가시티(글로벌 비즈니스 창출이 가능한 경제 규모를 갖추고 인구가 1,000만 명 이상인 거대 도시로, 대개 핵심 도시를 중심으로 일일 생활이 가능하도록 기능적으로 연결된 대도시권으로 구성) 형성 등이 자리잡고 있다. 특히 기후변화로 인한 큰 홍수와 가뭄은 물의 공급과 관리 측면에서 어려움이 있고, 인구증가와 대도시의 급격한 확산은 수요와 공급 차원에서 그 어려움을 가중시키고 있다. 이러한 환경변화는 물관리의 관점에선 큰 위기로 작용하나 반면 산업적 관점에선 오히려 큰 기회가 되고 있다. 그 결과 물산업(water industry)에 대한 정의 및 범위가 점차 변화하고 있다. 기존 물산업에 대한 정의는 상하수도를 중심으로 공업용수, 생수, 설비시장 등의 관점에서 정의되었지만, 오늘날 물산업은 전문화 및 기술혁신을 통한 상하수도의 진보와 함께 기후변화에 따른 가뭄, 홍수에 대한 대응, 삶의 질 개선 등을 포함한 좀 더 광의의 개념, 즉 물환경에 대한 지속적 관리 개념으로 확장 · 정의되고 있다. 컨설팅 업체인 맥킨지는 2009년 'Charting Our Water Future' 보고서를 통해 기존 상하수도 시장 중심이 아닌, 통합물관리의 관점에서 물산업을 새롭게 정의하였다(그림 1-9).

이처럼 향후 물산업에 있어서는 과거와 달리 시장의 범위를 새롭게 인식하여 상하수도는

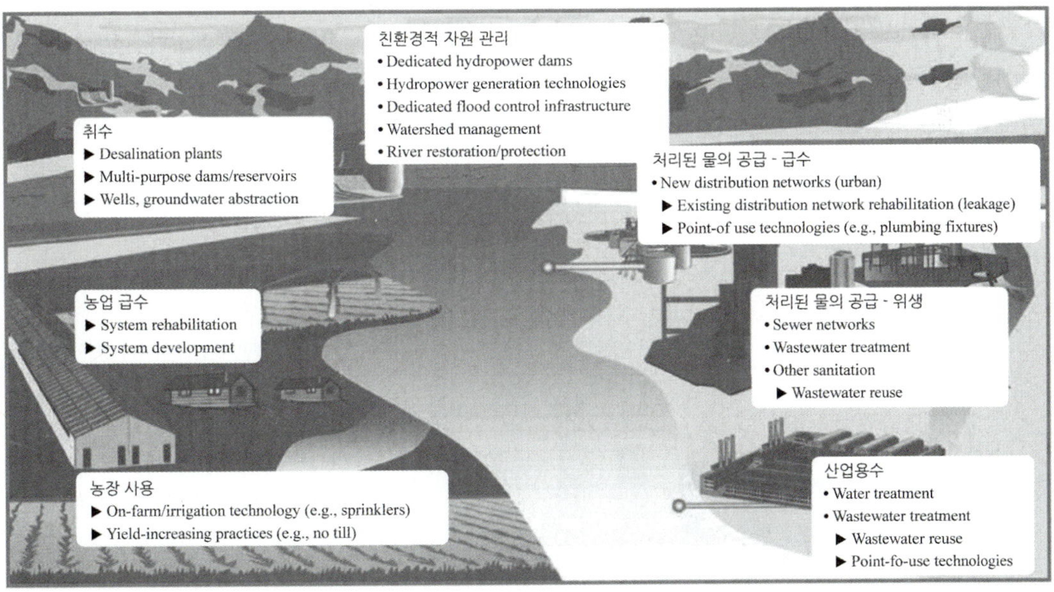

그림 1-9 새로운 물산업의 정의(McKinsey, 2009)

표 1-6 새로운 물산업의 정의

구분	유역종합개발	상하수도	대체수자원
Hardware (건설, 제조)	• 댐건설, 친수도시 • 발전설비, 수문 등	• 정수장, 관로 등 • Plant, 부속설비	• 해수담수화 등 • 막제조, 부속설비
Software (엔지니어링, IT)	• PM, 공정기술 등 • Smart River	• PM, 공정기술 등 • Smart Water Grid	• PM, 공정기술 등 • Smart Water Grid
Operation (운영 · 관리)	• 하천운영관리	• 상하수도 운영	• 단위시설운영

자료: 국토교통부, 2015

물론 대체수자원 개발, 그리고 이수와 치수, 생태를 포함한 유역종합개발 사업 등 포괄적 관점에서의 접근이 요구된다(표 1-6).

현재 세계 물시장은 급성장하고 있으며, 이는 통합물관리사업의 새로운 기회가 되고 있다. 2025년을 기준으로 일본에서는 상하수도와 해수담수화, 공업용수 중심으로 약 8,650억 $ 규모로 예측하였으며, 독일에서는 Cleantech 분야를 포함시켜 약 1조 4,070억 $ 규모로 전망하고 있다(그림 1-10). 특히 재이용수 분야의 급성장으로 2007년 0.1백억 $에서 2025년 2.1백억 $로 21배 가량이나 증가할 것으로 전망하고 있다. 이러한 긍정적인 전망에 따라 네덜란드에서는 2002년 전통적인 상하수도 중심의 물산업 개념에서 탈피, 수자원과 하천 관리, 친수개발 부문을 델타기술(delta-technology)이라 하여 광의의 물산업 접근 전략을 선택하였다. 그 결과 2000년 40억 €이던 네덜란드의 물산업 수출 규모는 2009년 172억 €로 증가하였으며, 이중 델타기술이 물 분야에서 차지하는 비중은 43.6%에 이르고 있다(Netherlands Water Partnership, 2011).

국내 물산업의 규모는 2007년 8.9조 원의 시장규모에서 향후 10년간 연 5.5%씩 성장하여 2016년 13.8조 원의 시장규모로 확대되고, 국내 산업용수 시장도 2016년에는 1조3천억 원에

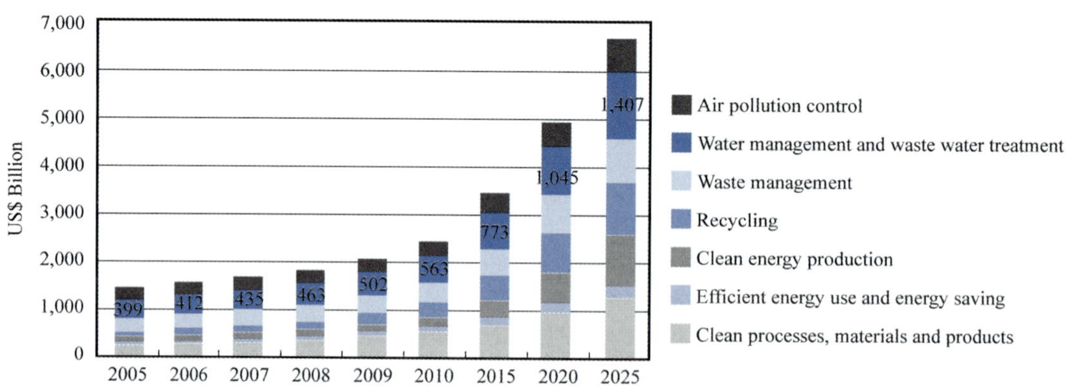

그림 1-10 **Cleantech 시장 전망(2005~2025) (Helmut Kaiser Consultancy, 2007).**

달할 것으로 전망하고 있다(GWI, 2008; 국토교통부, 2015; 녹색성장위원회, 2010).

전 세계 물산업은 광역화 경향이 뚜렷하게 나타나고 있다. 영세한 사업구조, 비효율적 운영을 해소하기 위해 주요 국가들은 상하수도사업의 광역화를 추진하고 있고, 또한 소비자의 기술적 요구수준이 높아지면서 물기업의 전문화 경향이 빠르게 확산되고 있다. 다국적 물기업[베올리아(Veolia), 수에즈(Suez) 등], 대형 전문 물공기업(브라질의 SABESP, 로마의 ACEA 등)과 함께 민간기업(China Water Industry Group 등)의 활동도 두드러지고 있다. 로컬 민간기업의 등장 등은 지방정부의 직접 경영이 아닌 전문 물기업에 의한 위탁 운영을 촉진시키는 한 원인이 되고 있다. 2013년 기준 전문 물기업에 의한 상하수도 서비스 인구는 10억4,9800만 명으로 지난 10년간 2배 이상 증가하였는데, 이는 2015년 세계 인구의 16%(11억3,700만 명), 2025년에는 16억7,200만 명까지 증가할 것으로 전망되고 있다(Pinsent Masons LLP, 2012; GWI, 2013).

전문화 과정에서 나타나는 주요 특징은 다양한 전공분야 간의 협력으로 물기업에 있어 핵심 경쟁요인은 토탈솔루션 역량이며, 물산업은 다양한 전공 분야의 기술을 요구한다. 따라서 개별 기업이 모든 역량을 내부화하는 것은 현실적으로 어려움이 있으며, 기업 간 기술제휴 및 아웃소싱 등을 통해 토탈솔루션 역량을 확보하는 데 주력하고 있다. 실제, 베올리아 등과 같이 그룹 내부적으로 설계·제조·건설·운영 등 토탈솔루션 역량을 갖춘 물기업의 경우에도 국내외 프로젝트 수주 방안으로 대부분 컨소시엄을 구성하고 있다. 물산업 분야 선진기업들의 핵심 성공요인은 차별화된 가치 제공과 역량의 집중에 있다. 물산업 전체 가치체인(value chain)의 프로젝트 추진 역량을 갖추되, 내부적으로는 가장 경쟁력 있는 분야에 핵심역량을 구축함으로써

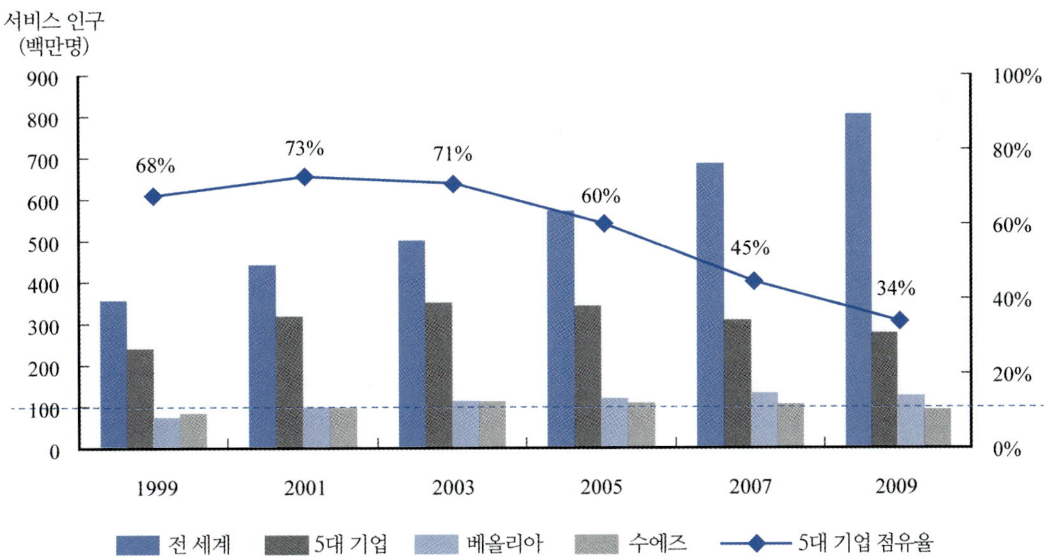

그림 1-11 **글로벌 물기업의 시장점유율 변화(Pinsent Masons, 2010)**

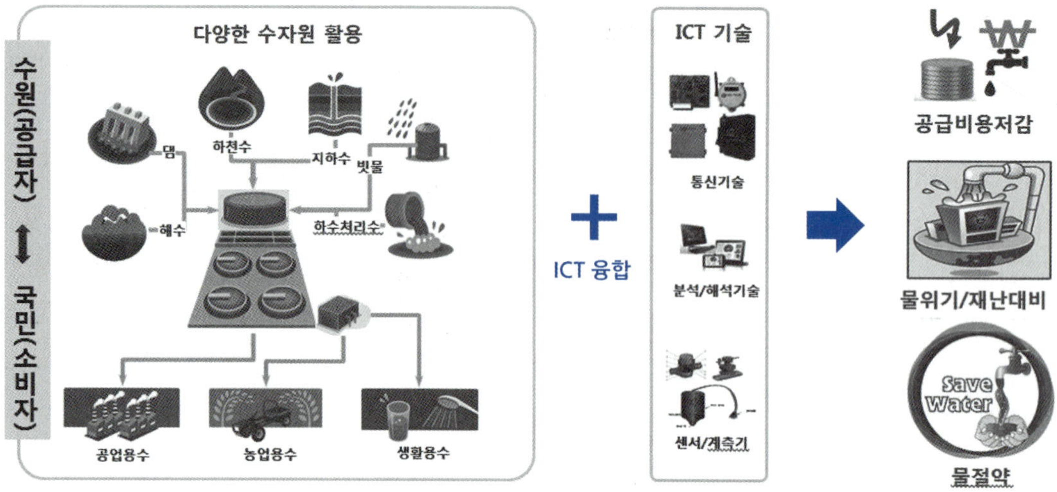

그림 1-12 스마트 워터그리드(국토교통부, 2015)

최상의 기술적 서비스를 목표로 한다.

기술혁신은 막(membrane)을 기반으로 하는 수처리 기술혁신과 IT를 활용한 물공급의 스마트화를 들 수 있다. 상수도의 경우 전통적으로 수처리는 응집-침전-여과 등 물리화학적 공정으로, 하수도의 경우에는 미생물 등을 활용한 생물화학적 공정이 주류를 이루었으나, 최근에는 정밀여과막(MF, micro-filtration), 한외여과막(UF, ultra-filtration), 나노여과막(NF, nano-filtration), 역삼투(RO, reverse osmosis) 등 다양한 막이 개발되었을 뿐만 아니라, 막의 제조비용도 낮아져 상수, 하·폐수처리, 해수담수화에 전통적 수처리 방식을 빠르게 대체해 가고 있다. 이와 더불어, IT를 기반으로 물산업 인프라의 스마트화가 동시에 진행되고 있다. 즉 수요자와 공급자 간의 쌍방향 정보교류를 통해 물의 이용을 최대화하고, 깨끗한 수질을 유지하며, 가뭄·홍수 등 재해에 대응하는 등 통합수자원관리의 최적화를 추구하고 있는 것이다. 현재 물산업 인프라의 스마트화는 초기단계로 IBM, EU 등의 적극적인 투자를 통해 새로운 사업군을 형성하고 있다(그림 1-12).

1.5 국내 물산업 육성 방향

우리나라의 물산업 육성방향은 크게 첨단 막여과 및 스마트 상수도 등 물산업 원천기술 개발, 토탈솔루션 역량의 전문 물기업 육성, 물산업 해외진출 기반 구축 등을 주요 내용(그림 1-13)으로 하고 있다(녹색성장위원회, 2010). 정부의 물산업 육성전략은 2020년까지 8개의 글로벌 물기

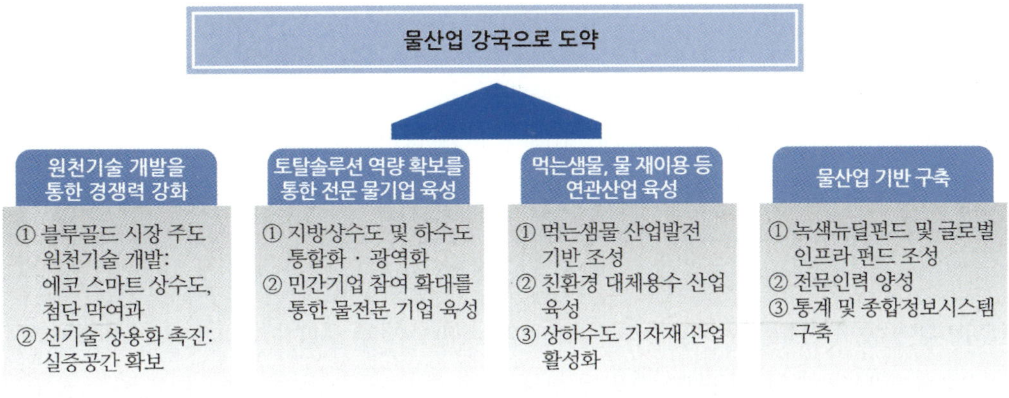

그림 1-13 **물산업 육성전략(녹색성장위원회, 2010)**

업 육성과 이를 통한 일자리 창출과 함께 세계 물산업 강국으로 도약한다는 목표를 설정하고 있다.

원천기술 개발의 경우, 블루골드 시장을 주도할 첨단기술의 실용화 및 해외시장에서의 기술경쟁력 확보 그리고 IT기반의 지능형 물생산 · 공급시스템을 개발하여 상하수도 기술의 고도화를 이루며, 향후 고도 수처리에 필요한 첨단소재의 분리막과 공정, 운영 · 관리 기술개발 등을 그 주요 내용으로 하고 있다. 또 대규모 해수담수화 개발기술 확보와 해수담수화 시장의 60%를 차지할 것으로 기대되는 역삼투압방식의 수처리 기술 및 핵심소재 개발이 추진 중에 있다. 아울러 국내외 기업과 연구기관, 교육기관 등을 연계하는 물산업 클러스터와 물산업 인프라 시설(인천 · 대전 · 부산 · 상주 등)을 마련하여 기술의 상업화와 해외시장 진출을 유도하고 있다.

토탈솔루션 역량을 갖춘 물 전문기업 육성을 위해 현재 시 · 군별로 운영되는 164개 지방상수도를 2020년까지 39개 권역으로 통합하며, 최종 2030년까지 5개 권역으로의 광역화를 계획하고 있다. 이러한 광역화 상수도 사업은 공기업 등에 위탁 물기업의 전문경영능력과 토탈솔루션 역량을 강화하는 데 주목적이 있으며, 현재 민간기업에 위탁 관리되고 있는 하수도사업 또한 유역단위로 통합을 추진하고, 이를 전문 민간 물기업이 위탁 운영하도록 하는 등 전체적인 운영시스템의 변화를 계획하고 있다. 먹는샘물 산업발전을 위해서는 다양한 샘물자원의 발굴과 관리가 중요하며, 물 재이용산업 육성을 위해서는 하 · 폐수 처리수 재이용사업 등을 점차 확대 추진하고, 투자재정의 안정적인 확보와 물 재이용 의무화대상 건물을 확대, 그리고 물 재이용과 관련된 내수시장의 확대를 목표로 하고 있다. 또 상하수도 기자재 품질기준의 강화, 수도기자재 위생안전기준 인증제 실시, 국가 간 상호인증 등 기자재 산업의 해외진출이 집중 고려되고 있다.

참고문헌

- BBC (2007). (http://news.bbc.co.uk/2/hi/health/6275001.stm)
- Beychok, Milton R. (1967). Aqueous Wastes from Petroleum and Petrochemical Plants(1st ed.). John Wiley & Sons Ltd.
- Emanuele (2007). Pont du Gard, Roman Empire. (https://commons.wikimedia.org/wiki/File:Pont_du_Gard_Oct_2007.jpg)
- Fuar Obfusco (2004). Ancient Roman latrines, Ostia Antica. (https://commons.wikimedia.org/wiki/File:Ostia-Toilets.JPG)
- Fubar Obfusco (2004). Roman public toilets, Ostia Antica. (https://en.wikipedia.org/wiki/Toilet)
- Global Water Intelligence (2008).
- Global Environment Outlook 2000 (GEO).
- GWI (2013), Market Profile: The year in private water.
- Hansen, Roger D. (1983). Water and Waste Water in Imperial Rome. Water Resources Bulletin. 19, 263-269.
- Helmut Kaiser Consultancy (2007).
- https://en.wikipedia.org/wiki/Activated_sludge
- https://en.wikipedia.org/wiki/Cloaca_Maxima
- https://en.wikipedia.org/wiki/Imhoff_tank
- https://en.wikipedia.org/wiki/Mesopotamia
- https://en.wikipedia.org/wiki/Qanat
- http://en.wikipedia.org/wiki/Sanitation_in_ancient_Rome
- https://en.wikipedia.org/wiki/Sewer_gas_destructor_lamp
- https://en.wikipedia.org/wiki/Septic_tank
- http://www.millennium-project.org/
- http://www.waterhistory.org/histories/rome
- ICSU, ISSC (2015). Review of the Sustainable Development Goals: The Science Perspective. Paris: International Council for Science (ICSU).
- IPCC (2007). Climate Change 2007: Synthesis Report.
- IPCC (2008). Climate and Water, IPCC Technical Report VI.
- Ludzack, F. J., Ettinger, M. B. (1962). Controlling operation to minimize activated sludge effluent nitrogen. Journal Water Pollution Control Federation, 920-931.
- Mary Bellis (2010). The History of Toilets.

- McKinsey (2009), Charting Our Water Future.
- Metcalf & Eddy, Inc. (2003). Wastewater engineering: treatment and reuse(4th ed.). McGraw–Hill, USA.
- Michael Cote (2010). Aqueducts and Wastewater Systems of Rome. (http://courses.umass.edu/latour/Italy/Aqueducts_Wastewater_Systems_Rome/)
- Mirvish, S. S. (1977). N-nitroso compounds, nitrite and nitrate: Possible implications for the causation of human cancer. Prog. Water Technol., 8, 195.
- Netherlands Water Partnership (2011), Water 2020. Wereldleiders in water.
- Patent Number GB189408193; Application Number 8193, 25 April, 1894; Complete Specification Left 24 January 1895; Accepted 2 March, 1895. Joseph Edmund Webb of 223 New John Street West, Hockley, Birmingham, Builder and Contractor.
- Pathak, Bindeshwar (1995). History of toilets. In: International Symposium on Public Toilets.
- Pinsent Masons LLP (2010). Pinsent Masons Water Yearbook 2009～2010.
- Pinsent Masons LLP (2012). Pinsent Masons Water Yearbook 2001～2012.
- Smith, Norman (1978). Roman Hydraulic Technology. Scientific American, 238, 154-161.
- The history Blog (2012). (http://www.thehistoryblog.com/archives/21511)
- UNEP, Earthscan, London (1999).
- World Meteological Organisation (WMO), Geneba (1996).
- Wuhrmann, K. (1964). Nitrogen removal in sewage treatment process. Verh Int Ver Liminol, Vol. XV, 580-596.
- 권형준 (2010). 기후변화에 대응한 국가 물관리 역량강화 방안. 저널 물 경제 정책.
- 건설교통부 (2006). 수자원장기개발계획 보완(안).
- 건설교통부 (2006). 수자원장기종합계획.
- 국토해양부 (2011). 제4차수자원장기종합계획 제2차수정계획(2011～2020).
- 국토교통부, K-water (2015). 물과 미래.
- 녹색성장위원회 (2010). 제9차 녹색성장위원회 보고자료.
- 기상청 (2009). 기후변화 이해하기－한반도 기후변화: 현재와 미래.
- 기상청 (2012a). 문명의 전환점이 될 기후변화, “우리나라 지역별 적응정책 제언” 보도자료.
- 기상청 (2012b). 한반도 및 지역별 기후변화 전망보고서.
- 미래자원연구원 (2009). 기후변화대응을 위한 미래지향적 물관리체계 구축 방안 연구. 중간보고자료.
- 박동균, 이행준 (2010). 기후변화에 따른 물부족 문제의 위기관리 방안, 한국위기관리논집, 6(2).

- 박영숙, 제롬 글렌 (2012). 2030 유엔미래보고서, 교보문고.
- 박재현 (2011). 기후변화와 국가물관리전략, 저널 물 경제 정책.
- 최의소 (2003) 상하수도공학, 청문각.
- 환경부 (2011). 물 재이용 기본계획(2011~2020).

PART 2 Water Management

물관리

The Goal of Water Quality Management is "Fishable and swimmable"....

(The Clean Water Act, 1972, USA)

Chapter 02

우리나라의 물관리

Tiber Creek Sewer Flushing Gates, Washington, D.C.

Source: "The Tiber Creek Sewer Flush Gates, Washington, D.C." Engineering News and American Railway Journal, February 8, 1894.

2.1 물의 기능과 수자원 개발동향

물의 기능은 크게 치수(water management), 이수(water utilization) 및 환경(water environment) 기능으로 구분할 수 있다. 일반적으로 치수는 홍수통제나 하·폐수의 원활한 배수, 수자원의 효율적 배분 등으로, 이수는 물의 이용성 측면으로, 환경적인 측면은 자연환경 보전뿐만 아니라 친수공간이나 지역적 구분까지도 광범위하게 포함한다(표 2-1). 이러한 물의 기능적인 측면에서 볼 때 우리나라의 물관리 역사는 과거의 시대상을 반영한다(표 2-2). 즉 1950년 해방 이후 우리나라는 극단적으로 피폐한 환경하에서 식량과 에너지 확보를 위해 저수지 개발과 단일목적용 수력발전에 주력하다, 1970년 이후부터는 극심한 지역 간의 수량적 불균형 문제를 해결하기 위해 다목적 댐이나 광역 용수공급체계를 구축하게 된다. 그러나 1990년 전후 연속적으로 발생되는 주요 수자원의 오염 문제로 인하여 물환경 보전의 중요성이 대두되었으며, 그 결과 수량(water quantity)과 수질(water quality)을 통합관리하는 물관리 개념으로 국가의 기본정책이 변화하는 계기가 된다.

표 2-1 물의 기능

구분	주요내용
치수 (water management)	• 홍수소통 및 통제, 피해경감 • 지하수의 분배 및 이용 • 하·폐수의 효과적인 배수 • 토사이송 등
이수 (water utilization)	• 생활, 공업, 농업용수 및 하천유지용수 • 산업-수력발전, 어업, 골재채취 • 교통-수운 • 여가생활 활용 등
환경 (water environment)	• 친수공간-위락(수상 및 수변공간), 정서함양 • 공간적-방재, 지리적 분할 • 자연보전-자정작용, 수환경보전, 생태환경보호 등

표 2-2 우리나라 수자원개발동향

구분	수자원개발	주요내용
1950~1960년대	이수	• 농업용 저수지 개발 • 단일목적 수력발전용 댐 개발 • 전국 4대강 유역조사 등
1970~1980년대	이수 및 치수	• 대규모 다목적 댐 개발 • 광역 용수공급체계의 구축 • 하천개수사업 가속화 등
1990~2000년대	이수, 치수, 수자원환경보전	• 유역단위의 수자원 종합관리체계(수량, 수질) 수립 • 대규모 댐에서 중소규모 댐 개발로 전환 • 수계별 치수사업 촉진

2.2 우리나라의 물관리 역사

고대의 물관리는 농경과 수리시설과 관련이 깊다. 3000년 전 한반도 전역에서 벼농사가 진행된 청동기 시대 이전부터 이미 상당한 수리기술이 발달되어 있었음을 추측할 수 있고, 삼한시대의 저수지 제방과 보 축조기술로 벽골제(김제), 공검지(상주) 및 의림지(제천) 등의 유적이 있다. 대규모 제언(堤堰) 축조는 삼국시대에 두드러지는데, 삼국사기에는 백제 구수왕 9년(222년)과 고이왕 9년(242년)에 각각 제방 개축에 대한 기록이, 신라 일성왕 11년(144년)과 눌지왕 13년(429년)에는 상당한 규모의 제방 축조기록이 있다.

《고려사》에 따르면 고려시대에는 수부(水部)라는 전문 물관리 기구가 있어 치수 관련 정책 등을 담당하였고 지방의 제(堤)나 언(堰) 등을 새로 쌓거나 기존의 시설을 수리하여 안정된 유량을 확보하는 것은 지방수령의 중요한 직무 중의 하나였다. 또 효율적인 제방관리를 위한 수로인 거(渠)의 관리를 강조하거나(명종 18년, 1188년), 뿐만 아니라 관개용수를 퍼 올리기 위해 중국에서 수차(水車)를 도입했다는 기록(공민왕 11년, 1362년)도 있다.

《경국대전》에 따르면 조선시대 물관리를 담당했던 기구로는 공조(工曹)가 있었는데, 이들은 못을 비롯해 수운(水運) 등의 관리를 담당하기도 하였다. 농본정책을 바탕으로 한 조선은 물관리를 더욱 중요시하였고, 제언(堤堰)의 보수(補修)나 관리가 수령의 능력을 평가하는 척도로 활용되기도 하였다. 또 세종 때에는 측우기를 개발하여 강수량을 측정하기도 하였다.

대한제국 이후에도 수리 및 농지관리사업을 시행하였지만 대부분 수리시설은 일본인들에 의해 기존시설의 이용차원으로 운영되어 왔고, 1906년 수리조합조례의 공포를 통해 새로운 수리개발사업의 노력이 이루어졌으나, 이 역시 일제의 농촌 지배정책에 기초한 것으로 발전적인 수리정책과는 거리가 있다. 상수도가 급속도로 전파된 시기는 1920~1930년대 이후로 볼 수 있는데, 이 역시 당시의 일본거류민들과 상류층 일부의 생활용수 공급을 위한 것이었다.

해방 이후 1947년 남한 총 인구 1780만 명 가운데 급수인수는 18.5%인 328만 명이었고 상수도 시설용량은 하루 24만 m^3(66 Lpcd)이었다. 1950년 한국전쟁 이후 전후 복구와 산업화, 도시화가 급속히 진행되면서 1960년 제1차 경제개발5개년 계획(1962~1966)에 따라 수자원종합개발 계획을 수립하였다. 1962년 정부는 경제기획원 산하 국토건설청에 국토보전국을 설치하여 산업입지, 도시·주택 건설 및 수자원개발 등 각종 국토건설업무를 총괄하도록 하였으며, 제1차 경제개발 계획이 성공적으로 진척됨에 따라 정부는 수자원개발 재원 확보와 지속적인 사업추진을 위해 수자원개발촉진법, 특정다목적댐법, 한국수자원개발공사법 등 관련법령 제정과 함께 1967년 지금의 수자원공사의 전신인 한국수자원개발공사를 설립하였다.

전국 단위의 수질보전대책 수립은 1989년 '맑은물 공급종합대책'을 시작으로 2006년 수립되어 현재까지 시행 중인 '물환경관리기본계획(2006~2015)'에 이르고 있다. 1990년대 상반기까지의 수질보전대책은 주로 대형오염사고에 대한 후속조치의 일환이었다. 이 시기에 발생된 낙동강을 포함한 주요 하천에서의 각종 수질오염사고(페놀, 유기용제 등)는 우리나라 물관리 정책변화에 큰 전환점을 마련하게 된다. 그 결과 1995년 수질관리 개선대책 수립과 함께 전국 18개 고도정수처리시설을 도입하게 되고 체계화된 먹는물관리법의 제정과 4대강 물관리종합대책(2002)이 수립되었다. 자연환경용량의 개념의 수질오염총량관리제도가 2004년 부산시를 시작으로 도입되었고, 2006년 수립된 물환경관리기본계획은 BOD 등 이화학적 오염물질 관리 위주의 물환경 정책에서 탈피하여 국민 건강과 생태적 건강성을 정책의 최우선에 두고 생태적 건강하천과 유해물질로부터의 안전한 물환경 조성을 목표로 한 물환경관리를 추진하였다.

2008년 12월에는 약 22조 원의 예산을 투입하여 약 4년간의 대하천 정비 사업(일명 4대강 사업)이 추진되었다. 이 사업은 낙동강을 포함한 4대강을 준설하고 친환경 보(洑)를 설치해 하천의 저수량을 대폭 늘려서 홍수통제와 하천 생태계 복원을 명분으로 진행하였으나, 녹조대번성 등 하천생태계의 악영향을 가져왔다. 녹조 발생의 근본적 해결을 위해 2013년부터는 관계부처(국립환경과학원, 환경산업기술원, 한국과학기술연구원, 수자원공사, 농어촌공사, 생명공학연구원) 협업 R&D를 통해 발생기작, 모니터링, 사후 제거에 이르는 전 과정에 대한 연구를 추진 중에 있다.

1965년을 시작으로 한 수자원종합개발계획 수립과정은 지난 50여년간 미래 수자원 발전방향을 주도해왔으며, 최근 제4차 수자원장기종합계획(2011~2020)에서는 장래 물수급 상황에 대한 예측과 안전한 물공급, 홍수방지 및 하천환경의 보전·복원, 그리고 기후변화에 대응한 미래 수자원 전망과 세계 물 관련 시장 진출 방안을 마련하는 데 있다.

표 2-3 **우리나라의 이·치수 및 수자원개발사**

시대	연도	내용
삼국시대	144	신라가 지방의 주·군에 제방축조 장려(삼국사기)
	222	백제에서 전국에 제방축조 명령
	330	김제의 벽골제 축조
	531	신라 법흥왕 18년 3월 제방수리
	612	살수대첩(고구려 영양왕 23년 을지문덕이 살수의 물을 이용하여 수양제 100만 대군 격퇴)
통일신라	718	신라 성덕왕 18년, 漏刻·更漏(물시계의 일종) 제작
	749	신라 경덕왕 8년 漏刻博士를 둠
	790	벽골제 증축

(계속)

조선시대	14C	간척사업의 시작, 몽고침입 시 군민의 식량확보 목적
	1414	태종: 치수시설의 실태조사 지시
	1438	세종: 자격루 제작
	1441	세종: 측우기 제작(Italy. Gastelli. 1639년 제작)
	1442	세종: 전국에 수표설치
	1536	중종: 경기도 광주에 축성공사
	1602	선조: 선천군에 수도 12 km 개착
	1662	헌종: 제언사목 발표, 제언사 설치
	1778	정조: 제언절목 발표
	1782	전국 제언총수 조사 실시(전국 3378개소)
	1902	광무6년 수륜원 설치(치수 · 관개를 맡아보던 기관)
일제강점기	1915～1928	제1기 하천조사(14개 하천)
	1926～1931	부전강 수력발전소 건설
	1928～1939	제2기 하천조사
	1937～1943	수풍 수력발전소 건설
대한민국	1960	**수자원종합개발계획 수립**
	1962	**국가경제개발계획시작**, 남강댐 착공
	1965	한강유역 합동조사단 구성, 조사 시작
		섬진강 다목적댐 준공(1965.10.20)
		수자원 종합개발 10개년 계획 [1차](1966～1975) – 다목적댐 개발
	1966～1971	한강, 낙동강 유역 조사사업
	1967	소양강 다목적댐 착공(1967.4.15)
		한국수자원개발공사 발족(1967.11.23)
	1968～1972	금강유역 합동조사 실시
	1971	안동 다목적댐 착공(1971.04.10)
	1973	소양강 다목적댐 준공(1973.10.15)
	1974	팔당댐 준공
	1975	대청 다목적댐 준공(1975.03.27)
		건설부 치수사업 11개년 장기종합계획 확정(1975.7.1)
	1976	안동 다목적댐 준공(1976.12.)
	1978	충주 다목적댐 착공(1978.06.)
	1980	**수자원장기종합개발계획 수립 [2차](1981～2001) – 댐 개발 및 치수사업** 대청 다목적댐 착공

(계속)

1981	영산강 하구둑 준공(1981.12)
1983	낙동강 하구둑 공사 착공(1983.04.)
	금강 하구둑 공사 착공(1983.12.)
1984	주암 다목적댐 착공 금강 하구둑 공사 착공(1984.09.)
	임하 다목적댐 착공(1984.12.)
1985	충주댐 건설(200 m^3/sec), 충주 하구둑 준공(1985.10.)
1986	광동댐 착공(1986.06.)
1988	낙동강 하구둑 준공(1988.06)
1989	합천댐 준공(1989.12.)
1990	**수자원장기종합개발계획 수립 [3차](1991~2011)-수자원 개발 및 관리**
1991	주암댐 준공(1991.12)
1992	임하댐 준공(1992.05)
1995	**수도건설사업 시행주체 전환(국가 → 수공)** (1995.09.)
1996	**수자원장기종합개발계획 수립 [3차-1차 수정](1997~2011)-환경친화적 수자원 개발관리**
2001	**수자원장기종합개발계획 수립 [4차](2001~2020)-건전한 물활용 및 안전한 물환경 조성**
2006	**수자원장기종합개발계획 수립 [4차-1차 수정](2006~2020)-사람과 자연의 지속가능한 물관리**
2009~2012	대하천 정비사업(4대강 사업, 2008.12~2012.4)
2011	**수자원장기종합개발계획 수립 [4차-2차 수정](2011~2020)-녹색국토를 위한 물강국 실현**

주) 제언사: 저수지 및 보 관리기관(조선 초에 설치되었다가 한때 폐지, 1662. 현종 3년 때 다시 설치)

표 2-4 **물환경관리 및 상수도 관련사**

7~10C (통일신라)	상하수도용 관로 사용 추측(1974 경주 안압지 발굴출토자료)
(조선시대)	우물 사용
1884 (고종 1년)	보수천 상류 집수거 설치(일본 거류민단 경영) 완속여과지 설치/대동청 배수지 설치
1900~1902	구덕사 계곡 구덕수원지(근대 정수법의 도입) 완속여과지 설치(2,000톤/일 규모)
1903 (광무7년)	미국인 Colebrane, Bostowick 기업단 고종황제로부터 상수도의 시설, 경영허가 수락
1905 (광무9년)	상수도의 시설, 경영허가를 영국인들에 양도, 한국 수도회사(Korea Water Work Co.) 설립 -미국 기업단 5개 도시에 수도시설 도입, 1906(광무 10년)착공, 1908(융희 2년)준공 -KWWC가 운영

(계속)

1908	서울시 뚝도정수장 준공
1911	(일)지택재단 매수, 조선총독부에 매도
~1945	전국 총 83개 도시, 계획급수 200만 명, 1일 최대급수량 27만 톤 －대부분 우물, 용천수 사용
1947	남한 총 인구 1,780만 명 중 급수인구 328만 명, 시설용량 24만 톤(66 Lpcd)
1950~1954	6.25 전쟁/국제연합 원조
1960~	제1차, 2차 경제개발5개년계획, 수자원종합개발계획 수립
1961	수도법 제정, 전국 64개 도시, 60만 톤/일, 급수인구 440만 명 102 Lpcd
1966	전국 83개 도시, 144만 톤/일, 급수인원 647만 명 110 Lpcd 수자원종합개발10개년(1966~1975)계획 수립
1967	한국 수자원개발공사 발족
1970	서울, 부산, 대구 2차시설 확장
1975	내무부 농촌지역 상수도 5개년 계획 발표(1975.1) 상수도 보호구역 설정
1979	한강 하류 등뼈가 휜 물고기 발견
1981	환경부 전국 주요 하천 기초조사 실시(유역 기초자료, 오염원 및 오염부하량, 수질관리현황 등)
1982	한강유역 환경보전종합계획(아시아개발은행 ADB차관사업) 환경부 전국 주요 하천 기초조사 실시(수질조사, 하천 자정능력 평가, 수리수문학적 조사 등)
1983	환경부 전국 주요 하천 기초조사 실시(장기 목표수질과 연차별 달성목표 설정, 수질관리방안)
1984	한강 종합개발계획 수립, 낙동강유역 환경보전종합계획
1985	서남해권(금강 · 영산강유역) 환경보전종합계획
1986	**물관리종합대책**
1987	**환경보전장기종합계획[1차](1987~2001)**: 한강, 낙동강, 서남해권 종합계획을 통합 수정 전국평균 311 Lpcd
1988	하천수질조사지점 406개소
1989	**맑은물 공급종합대책(국가 수질관리 기본계획) (1989.9)** 수질환경기준개정(하천호소 분리, 호소에 총인－총질소 기준 추가)
1990	팔당호, 대청호 수질보전특별대책지역 지정
1991	**낙동강 페놀오염사고 및 낙동강 · 영산강 수질 악화** 수도법 전문개정, 광역상수도도입, 상수도보호구역지정(환경처 장관) 4대강 대권역 및 11개 중권역 수계구분 고시 및 수질보전대책 수립 수계 영향권역 설정, 고시
1992	음용수 수질기준 등에 관한 법률(보사부령), 상수원관리규칙(총리령) 수계 영향권별 관리대책수립

(계속)

1993	**맑은물 공급종합대책(1993～1997) 수립** (5개년, 31개 단위과제 16조 투입, 광역상수도, 고도정수처리시설 등) 하천수질측정망 1,348개소
1994	**낙동강 유기용제 오염사고** 전국평균 408 Lpcd(보급률 82.1%) 국무총리실주관 수질관리 개선대책 수립 고도정수처리기술 자문위원회 결성 시화방조제 조성(1987～1994), 시화호 담수화 사업(농지, 산업단지 용수공급 목적)
1995	고도정수처리시설 전국 총 18개소 도입, 먹는물관리법 제정 수도건설사업 시행주체 전환(국가 → 수자원공사) 양재천 생태하천사업(1995～2000)
1996	**환경보전장기종합계획[2차](1996～2005): 환경비전21** **물관리종합대책(1996～2005) 수립**(27조 투입, 물부족 문제해결, 환경기초시설 확충, 하수도보급률 80% 계획 등) 환경부 시화호 수질개선 대책 수립(1996.7)
1997	수계 영향권별 관리대책 완성 하천수질측정망 1,445개소
1998	**4대강 수계 물관리종합대책(1998～2005)** – 맑은물 공급종합대책 후속대책 유역관리기법(watershed management) 4대강 수질보전대책 수립 한강수계 상수원 수질관리 종합대책 조류예보제 실시(팔당호 · 대청호 · 충주호 · 주암호 · 운문호 · 용담호 등 8개 호소 대상)
1999	한강수계 상수원수질개선 및 주민지원 등에 관한 법률 제정 **한강수계 오염총량관리제(TMDL, Total Maximum Daily Loads) 지침 고시** 낙동강수계 물관리종합대책 녹조방지사업(1999～2005, 570억 원 투입)
2000	금강수계 물관리종합대책, 영산강수계 물관리종합대책 낙동강 · 금강 · 영산강 · 섬진강 수계별 특별법 제정 시행 오염총량관리제 의무 실시 시화호 담수화 포기 해수화 복원 선언
2001	하천수질측정망 1,826개소
2002	낙동강수계, 금강수계, 영산강 섬진강수계 수질개선 및 주민지원에 관한 법률 제정
2003	하천 · 호소의 새로운 수질환경기준을 제시하는 '수질환경기준 선진화 방안 마련 청계천 복원사업(2003.7～2005.9)
2004	「수질환경보전법」을 개정 대권역 기본계획을 10년 단위 장기계획수립으로 전환 수질 TMS(Tele-Monitoring System) 제도 도입 폐수배출업소 TMS(Tele-Monitoring System) 관리계획 수립 부산광역시 수질오염총량관리제 시행(2004.12)
2005	**국가환경종합계획[3차](2006～2015): 국가환경보전의 기본계획**

(계속)

	대구광역시 수질오염총량관리제 시행, 수질환경보전법 개정(2005.3.) 조류예보제 2개소 추가(안계호, 남강호)
2006	조류예보제 대상 확대(한강 하류 5개 취수장 등 6개 시 · 도의 호소 및 하천 포함) **물환경관리 기본계획수립(2006～2015)(2006.9)** : 물환경 조성과 수생태계 보전에 관한 최상위 물환경관리계획 : 생태독성 통합관리제도(WET, Whole Effluent Toxicity), 업종별 배출허용기준 체계 구축(생태적 건강하천과 유해물질로부터 안전한 물환경 조성목표－BOD 등 오염물질관리 탈피)
2007	수질 및 수생태계 환경기준 입법화(등급세분화, 건강보호기준 추가, 수질 등급별 생물지표종 도입) 시화호 2단계 종합관리계획(2007～2011) 수립(해수부) 전국 1,476개 공공수역 수질측정망, 56개소 수질자동 측정망 운영 환경관리공단 수질 TMS 관제센터 설치 태안 기름유출사건 발생 생태하천 만들기 10개년 계획
2008	58개 지방지치단체 오염총량관리제 시행 20개 호소에 조류예보제 확대실시 대하천 정비사업(4대강 사업, 2008.12～2012.4)
2009	전국 주요 점오염원 수질 TMS 가동시작(공공하 · 폐수처리시설 75개소, 폐수배출 1종사업장 115개소, 중규모 공공하 · 폐수처리시설 147개소) **COD 및 총인(T-P) 하천 수질환경기준에 추가(2009.7)**
2014	음용수공급용 해수담수화 시설 도입(부산 기장)
2015	**국가환경종합계획[4차](2016～2035)**: 지류총량관리 도입, 모든 상수원 1등급화(2025) TOC 기준 하천수질관리 도입, 수질오염지표확대(20 → 40개, 2035) 물환경관리 기본계획[2차] (2016～2025) －매10년마다 수립, 국가물환경관리 정책의 최상위계획으로 활용
2016	대권역 물환경관리 계획수립연구(2016.8～2017.6) －중권역 및 소권역 계획의 기본이 되는 총괄계획

표 2-5 **하수도 관련사**

1394 (태조 3년)	한양 환도 이후 도성 내 청계천 개수정비
1411 (태종 11년)	주택부족, 하상준설, 분뇨, 오물문제 초래, 개천도감, 간선배수시설
1444 (세종)	최초의 수질논쟁－다리 밑 악취, 오물투기금지, 개천공사
1759 (영조)	하천준설 및 정비, 우물오염 준설, 모래산 형성　(1760 → 1차 산업혁명, 인구이동) (1765 → 템스 강 오염, 연어감소)
1773	석축 제방시설　(1810 → 런던 일반가정에 수세식 화장실 설치)
1833 (고종 2년)	2차 준설

(계속)

1866	3차 준설 (1875 → 일본 공중위생법) **(1898 → Varing Jr. Trickling Filter Process)** (1908 → 일본 동경시 하수도 설계고시, 합류식) **(1914 → Ardem & Lockett, Activated Sludge Process)** (1934 → 일본 최초의 합류식 하수거)
1948	내무부 토목국 도시계획과 (1949 → 일본 동경시 하수거에 분뇨투입) (1956 → 일본 미나마타병 발생) (1958 → 일본 하수도법 공포) (1959 → 일본 최초 분뇨처리장, 소화식, 활성오니방식)
1954	전후 복구사업과 함께 하수도 개수사업 재개
1960	1, 2차 경제개발계획에 따른 급격한 공업화, 도시화로 인한 하천오염문제 제기
1961	경제기획원, 국토건설청, 국토보전국, 도시과
1963	**공해방지법**
1966	**하수도법 제정(공공하수처리시설 설치 등)**(→ 일본 분뇨처리시설기준)
1967	보사부 환경위생과(→ 일본 하수도행정 건설성 일원화)
1968	건설부 주택도시국 상수도계(→ 일본 습식산화 기술)
1970	건설부 하수도료 징수방침 결정(1970.10)
1971	폐수배출허용기준, 폐수배출시설(화학공업 등 9개 제조시설) 설치허가제도 도입 부산 위생처리시설 도입(600 kl/일, 습식산화방식)
1972	**서울 서부위생처리장(600 kl/일, 습식산화방식) 건설(1988년 이전 악취문제로 폐쇄)**
1973	보사부 위생국 공해과
1975	보사부 환경위생국
	서울시 북부위생처리장(400 kl/일, ASM + 슬러지건조상) 건설 (국내기술도입)
1976	**서울 청계천 하수처리장 준공(15만 톤/일, 영국 Simmom Hartley)** 서울 동부위생처리장(600 kl/일, 습식산화 + ASM w/dilution) 준공
1977	**환경보전법** 환경오염물질(55종), 수질환경기준(하천 및 소호) 및 수질규제기준(폐수배출기준 23종), 방류수수질기준(하수, 폐수 및 분뇨처리시설에 적용) 마련 분뇨처리시설 구조설계 지침
1978	서울 중랑천 하수처리장(36만 톤/일)
1979	건설부 상하수도국 하수도과 서울 중랑천 하수처리장 준공(21만 톤/일)
1980	**환경청**(수질보전국 수질제도과 · 수질관리과 · 해양보전담당관) **자원재생공사 발족**
1984	수질오염물질 23개 항목 설정

(계속)

1987	환경관리공단 환경보전 장기종합계획(1987~2001)
1990	환경처(수질보전국 수질제도과 · 수질관리과 · 폐수관리과 · 해양보전과) 건설부 상하수도국 하수도과, 수질관리과 환경정책기본법, 수질환경보전법
1991	오수 · 분뇨 및 가축분뇨의 처리에 관한 법률 제정 · 시행 분뇨처리시설 구조지침 및 해설
1994	건설교통부와 보건사회부로부터 상하수도국(수도정책과 · 상수도과 · 음용수관리과 · 하수도과) 이관
1995	**환경부** **먹는물관리법 제정** 전국 비점오염원 조사
1996	수질보전국의 해양보전과를 신설 해양수산부로 이관 **방류슈 수질기준(BOD/COD, 부유물질 등)에 총인, 총질소 항목 추가** 폐수배출시설 분류체계를 141개 공정단위시설로 변경(한국표준산업 분류체계 도입) 자연형 하천복원기술 개발(공공기반기술개발G-7연구사업)
1997	호소 부영양화 방지 위한 팔당호, 대청호, 낙동강 및 낙동강 하구언 유역 사업장 총질소 · 총인 항목 배출허용기준 도입
1998	수질오염물질 29개 항목 설정 4대강 물관리종합대책에 비점오염원 관리대책 포함
2000	폐수배출시설 분류체계를 82개 공정단위시설로 조정
2002	방류수 생태독성시험 실시(어류-송사리, 물벼룩, 조류 등 이용) 하천복원 가이드라인
2003	**총질소 · 총인 항목 배출허용기준 전국 확대 적용** 하수관거정비 원년
2004	비점오염원관리 종합대책 수립(2004~2020) 시행(환경부 · 건설교통부 · 농림부 합동)
2005	**수질환경보전법을 「수질 및 수생태계 보전에 관한 법률」로 개정** 비점오염저감시설 설치 의무화(수질환경보전법 개정)
2006	가축분뇨의 관리 및 이용에 관한 법률 제정
2007	**생태독성 오염물질 규정 개념 도입** 가축분뇨 방류수 수질기준에 BOD와 SS 외 총질소와 총인 추가
2008	물환경정책국(물환경정책과 · 유역총량제도과 · 수생태보전과 · 산업수질관리과)과 상하수도정책관(수도정책과 · 물산업육성과 · 생활하수과 · 토양지하수과) 수질오염물질 40개 항목 설정
2009	수질오염물질 중 건강상 위해를 줄 우려가 큰 특정수질유해물질 지정(19종)
2010	4대강 수질개선을 위한 총인처리시설 설치 사업추진(2014기준 355개소, 녹조원인 총인 기준 강화)
2012	**하수처리장 방류수 총인기준 강화**

2.3 국가 물관리 기구

물환경관리업무는 복잡다양하고 그 범위가 매우 광범위한 관계로 환경부 단독으로 수행할 수 없다. 환경정책을 총괄하는 환경부 외에도 국토해양부 등 정부의 각 부처가 직·간접적으로 일부 환경업무와 관련하고 있다. 대표적인 사례로는 국토의 대부분을 차지하고 생태계의 핵심인 산림을 관리하는 산림청, 환경문제와 분리될 수 없는 국토이용계획, 수량관리 및 하천관리, 대기오염과 밀접한 관련이 있는 교통정책 및 해양오염을 관리하는 국토해양부, 대기오염문제와 관련되는 에너지 수급정책, 오염물질을 배출하는 산업체에 대한 육성 및 관리정책을 담당하는 지식경제부 등이 있다.

우리나라의 물관리 기구는 크게 수량관리, 수질관리 및 재해관리 분야로 구분할 수 있는데, 관련 법률에 따라 수량관리는 대표적으로 국토해양부를 중심으로 행정안전부, 농림수산식품부 및 지식경제부가 담당하고 있으며, 수질관리 분야는 환경부가, 그리고 재해관리 분야는 행정안전부 및 농림부가 주 업무를 담당하고 있다. 안정한 물관리 차원에서 수량과 수질은 분리할 수 없는 중요한 두 요소이므로 이원적인 구조체제로 설명되기도 하는데, 능동적인 물관리의 효율성과 형평성 측면에서 조직개편의 필요성이 제기되기도 한다. 예를 들어 하천 크기에 따라 국가하천은 국토해양부, 지방하천(1, 2급)은 광역자치단체, 소하천은 기초자치단체가 관리하며, 둑은 국토해양부가 하천과 댐의 수질보전은 환경부가 맡고 있다. 수질관리 측면에서는 환경부, 유역환경관리청, 시·도(환경보건국), 시·군·구, 한국수자원공사 등으로 조직이 분산되어 있다. 또 상수도 관리권의 경우 광역상수도는 국토해양부로, 지방상수도는 환경부로, 마을상수도는 시장·군수 또는 구청장으로 세분화되어 있다.

국가 물환경보전의 주무부처로 환경부는 중앙환경분쟁조정위원회, 국립환경과학원, 국립생물자원관, 국립환경인력개발원 및 8개 지방환경관서를 두고 있으며, 산하공공기관으로는 환경관리공단, 한국환경자원공사, 국립공원관리공단, 수도권매립지관리공사, 한국환경기술진흥원 및 친환경상품진흥원을 두고 있다. 참고로 환경정책에 대한 심도 있는 연구와 정책개발, 환경영향평가서 검토업무를 담당하는 한국환경정책·평가연구원이 국무총리실 소속으로 설치되어 있다. ① 환경법령의 제·개정, 환경관련 제도 도입 등 국가 환경관리를 위한 환경행정 기본체계의 확립, ② 환경보전을 위한 중장기 종합대책의 수립 및 시행, ③ 각종 규제기준의 설정, ④ 지방환경관서 및 자치단체의 환경관리를 위한 행·재정적 지원, ⑤ 남북 간 환경협력 ⑥ 국가 간 환경보전협력 등을 담당하고 있다.

4대강 수계 유역관리 등을 수행하기 위한 특별지방행정기관으로 한강·낙동강·금강·영산강 유역환경청과 원주·대구·전주지방환경청 및 8개 환경출장소(부산, 울산, 구미, 포항, 청주,

여수, 경인, 춘천)를 두고 있다. 지방환경관서는 영향권별 환경관리계획의 수립 및 시행, 사전환경성검토 협의 및 환경영향평가 협의, 자연생태계 보전 등 자연환경보전, 환경오염원 조사 및 환경오염도 측정 · 분석, 환경관련산업체 육성 · 지원, 지정폐기물 배출업소 및 처리업체 관리 및 환경기초시설 운영에 대한 지도 · 감독 등의 업무를 처리하고 있다. 지방환경관서 중 한강 등 4개 유역환경청은 이외에도 수계관리위원회 운영, 수계관리기금의 운용, 자치단체 수질개선

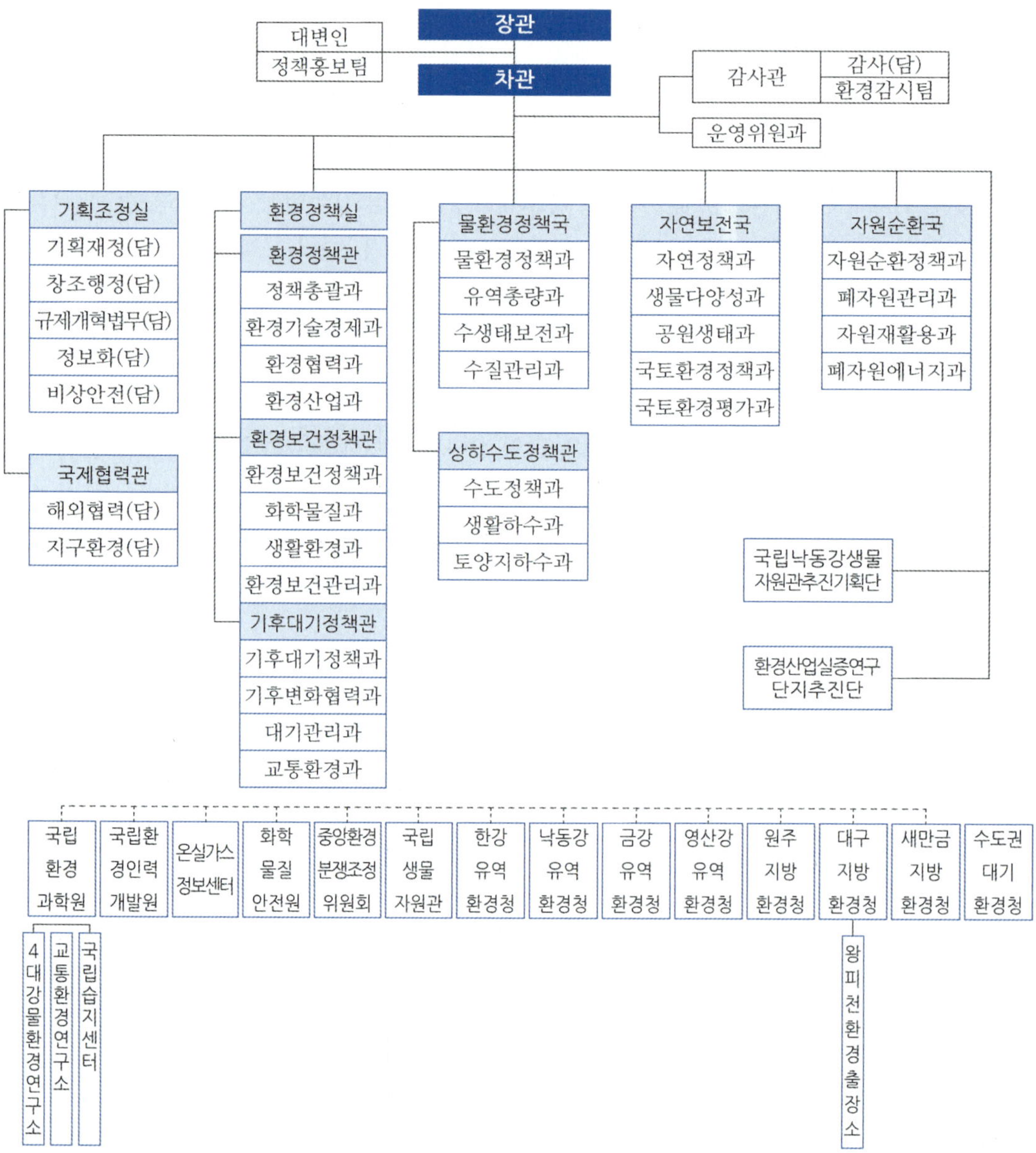

그림 2-1 **환경부 조직도표**

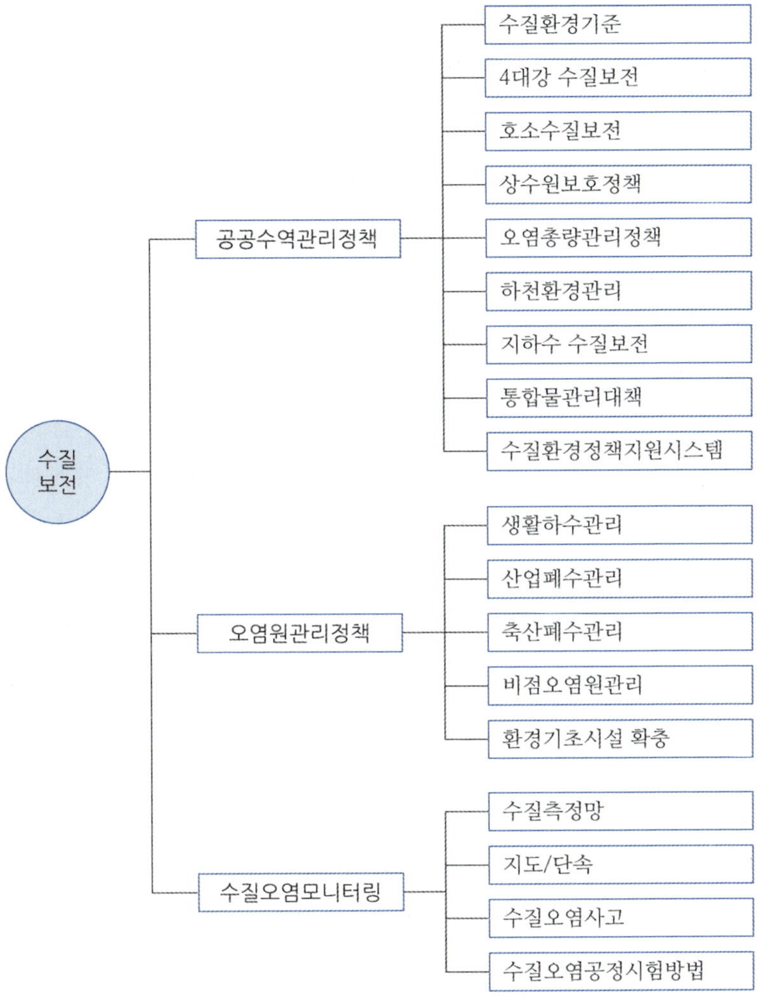

그림 2-2 **주요 물관리정책구분**

사업의 승인, 수질오염총량관리 시행계획의 승인 및 평가, 전용수도사업자에 대한 물이용부담금 부과・징수 등 수계 특별법에 의한 업무를 추가로 수행하고 있다.

2.4 물관리 법제

우리나라의 물관리정책은 크게 공해방지법시기(1963~1979), 환경보전법시기(1980~1989) 및 수질환경보전법시기(1990~1999)를 거쳐 현재 유역관리법(2000~)에 의한 유역관리 기반의 정책으로 변화해왔다. 유역관리 이전의 물관리정책은 행정구역을 중심으로 한 오염물질의 사후

처리 차원에서 배출시설 허가, 배출허용기준의 농도규제, 배출부과금, 상수원보호구역지정 등이 주된 내용이었다. 1990년 초 한강수계 팔당호 수질 악화, 낙동강 페놀오염사고(1991)와 유기용제 유출사고(1994)가 발생함에 따라 그간 사후처리 위주의 수질정책을 사전예방적 물관리정책, 행정구역을 초월한 유역단위 차원의 물관리정책으로 개선의 필요성이 대두되었고, 그 결과 범정부 차원의 4대강 물관리종합대책(2002), 그리고 이를 뒷받침할 4대강 수계법(한강법 1999.2., 낙동강 · 금강 · 영산강법 2002.1.)과 수질오염총량관리제, 수변구역 지정, 토지매수와 물이용부담금에 의한 수계관리기금 조성, 수계관리위원회 등이 도입되었다.

오염 사전예방 정책은 특정지역에 대하여 오염을 야기하는 일정 행위를 제한하는 입지제한 정책이 대표적이다. 환경법제에 의한 것으로는 환경정책기본법에 의한 수질보전특별대책지역, 수도법에 의한 상수원보호구역, 4대강특별법에 의한 수변구역, 수질 및 수생태계 보전에 관한 법률에 의한 배출시설 설치제한지역이 있다. 이중 수변구역 지정제도는 규제지역을 최소화하면서 수질과 하천생태계에 민감한 지역을 집중적으로 관리하기 위해 도입되었다. 토지법제에 의한 것으로는 국토의 계획 및 이용에 관한 법률에 의한 자연환경보전지역과 개발제한구역, 수도권정비계획법에 의한 자연보전권역, 산업집적 활성화 및 공장설립에 관한 법률에 의한 자연보전지역, 산업입지의 개발에 관한 통합지침에 의한 상수원 상류 일정거리 공장입지 제한, 산림법에 의한 보전임지 · 보안림 등이 있다.

우리나라의 물관리 법률들은 국토해양부 소관 하천법을 중심으로 환경부, 행정안전부, 농림수산식품부 등 다양한 부처들에 분산되어 있다. 물관리에 관한 법령은 1961년에 최초로 하천법이 제정된 이래 여러 소관부처의 그때그때의 사회적 필요에 따라 단편적으로 제정되고 개정되어 왔다. 이들 물관리 법률을 크게 수량관리, 수질관리 및 재해관리 분야로 구분할 경우 수량관리 분야에는 국토해양부가 관장하는 하천법, 댐 건설 및 주변지역 지원 등에 관한 법률, 지하수법과 행정안전부가 관장하는 소하천정비법, 농림수산식품부가 관장하는 농어촌정비법, 지식경제부가 관장하는 전원개발에 관한 특례법 등이 있고, 수질관리 분야에는 환경부가 관장하는 환경정

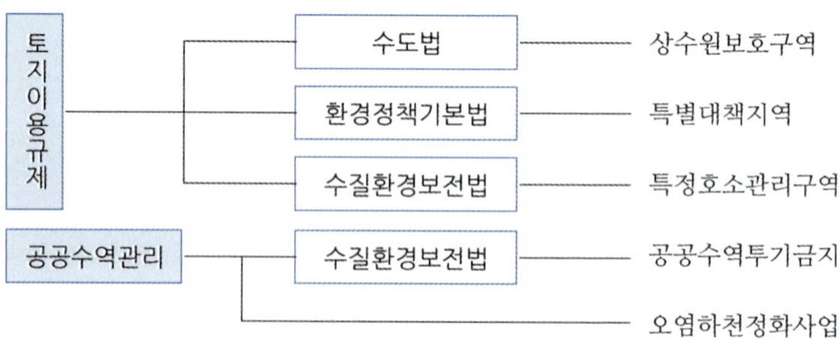

그림 2-3 수질보전을 위한 토지이용규제와 관련법규(최의소, 2003)

책기본법, 수질 및 수생태계 보전에 관한 법률, 수도법, 하수도법, 먹는물관리법, 4대강수계 물관리법 등이 있으며, 재해관리 분야에는 행정안전부가 관장하는 자연재해대책법과 농림부가 관장하는 농어업재해대책법 등이 있다(표 2-6).

표 2-6 **물관리 법령 및 주무부처**

a) 수자원이용관련

법률명	제정일	주요내용	주관부처
수산업법	1953.09.09	• 수산자원 조성, 보호, 수산업의 발전 도모, 보호수면의 지정·관리 등(全文改正 1990.08.01)	국토교통부
공유수면관리법	1961.12.19	• 공유수면의 보전·이용 기타 관리에 필요한 사항 • 공해예방·경감, 그 이용증가, 공공의 복리에 기여함을 목적	농림수산식품부
하천법	1961.12.30	• 하천의 유수로 인한 피해를 예방하고 하천사용의 이익증진과 하천의 자연친화적인 정비·보전을 위하여 하천의 지정·관리·사용 및 보전 등에 관한 사항을 규정	국토교통부
수도법	1961.12.31	• 수도에 관한 종합적 계획, 수도의 적정한 설치 및 관리에 관한 사항	환경부
방조제관리법	1963.12.05	• 간척지를 보존하여 농수산물의 재해방지 및 국민경제의 발전과 국토 보존	농림수산식품부
내수면 어업개발촉진법	1975.12.31	• 내수면 어업의 종합적 개발 촉진을 위한 제반규정(내수면어업법으로 全文改正 2000.01.28)	농림수산식품부
온천법	1981.03.02	• 온천의 적절한 보호와 효율적 이용 도모와 환경개선에 이바지	행정안전부
한국수자원공사법	1987.12.04	• 수자원 및 수도시설의 종합적인 이용·개발을 위한 시설의 운영·관리에 관한 사항	국토교통부
지하수법	1993.12.10	• 지하수의 조사, 개발·이용과 적절한 보전·관리에 관한 사항 규정	국토교통부
소하천정비법	1995.01.05	• 소하천의 정비·이용관리 및 보전에 관한 사항을 규정	행정안전부
자연재해대책법	1995.12.06	• 방재기준계획 수립, 풍수해예방, 구호 및 응급복구에 관한 사항 등을 규정(풍수해대책법 폐지)	행정안전부
댐 건설 및 주변지역 지원 등에 관한 법률	1999.09.07	• 댐의 건설·관리 및 댐 건설에 따른 환경대책, 지역주민에 대한 지원 사항(특정다목적댐법 폐지)	국토교통부
물의 재이용 촉진 및 지원에 관한 법률	2010.06.08	• 물의 재이용 촉진 및 물자원 효율적 활용에 관한 사항	환경부
친수구역 활용에 관한 특별법	2010.12.29	• 친수구역지정, 친수구역조성사업, 하천관리기금, 위원회 등 규정	국토교통부

(계속)

b) 수질보호관련

법률명	제정일	주요내용	주관부처
수산업법	1953.09.09	• 수산자원 조성, 보호, 수산업의 발전 도모, 보호수면의 지정 · 관리 등(全文改正 1990.08.01)	해양수산부
하수도법	1966.08.03	• 상 · 하수도의 설치 · 관리기준과 사용, 보존 및 공용부담에 관한 사항을 규정	환경부
수질 및 수생태계 보전에 관한 법률	1990.05.21	• 수질 및 수생태계 보전, 점 · 비점요염원 관리, 기타수질오염원 관리, 폐수처리업에 관한 사항을 규정	환경부
환경정책기본법	1990.08.01	• 환경의 보존 · 관리를 위한 기준, 피해구제, 환경보전장기계획 수립 등에 관하여 규정	환경부
환경개선비용부담법	1991.12.13	• 환경개선투자재원 및 오염방지 사업의 비용부담 등에 관한 사항을 규정	환경부
환경기술개발 및 지원에 관한 법률	1994.12.22	• 환경기술 개발종합계획 · 인증, 방지시설업, 환경친화기업지정, 환경표지 등에 관한 사항을 규정	환경부
먹는물관리법	1995.01.05	• 먹는물의 수질관리, 영업의 시설기준, 영업의 허가 및 지도감독 등에 대한 사항	환경부
습지보전법	1999.02.08	• 습지를 효율적으로 보전 · 관리하기 위하여 제정된 법률	환경부
한강수계 상수원수질개선 및 주민지원 등에 관한 법률	1999.02.08	• 한강수계 상수원의 관리와 주민지원사업 등에 관한 사항 규정	환경부
낙동강수계물관리 및 주민지원 등에 관한 법률	2002.01.14	• 낙동강계 상수원의 관리와 주민지원사업 등에 관한 사항 규정	환경부
금강수계물관리 및 주민지원 등에 관한 법률	2002.01.14	• 금강수계 상수원의 관리와 주민지원사업 등에 관한 사항 규정	환경부
영산강 · 섬진강수계물관리 및 주민지원 등에 관한 법률	2002.01.14	• 영산강 · 섬진강수계 상수원의 관리와 주민지원사업 등에 관한 사항 규정	환경부
가축분뇨의 관리 및 이용에 관한 법률	2006.09.27	• 가축분뇨의 사전관리 · 처리 · 이용촉진 및 관련영업에 관한 사항을 규정	환경부
물의 재이용 촉진 및 지원에 관한 법률	2010.06.08	• 물의 재이용을 촉진하여 물자원을 효율적으로 활용하고 수질에 미치는 해로운 영향을 줄이기 위한 사항을 규정	환경부
지하수의 수질보전 등에 관한 규칙	2012.09.24	• 지하수의 수질보전 및 정화에 관한 사항과 그 시행에 관하여 필요한 사항을 규정	환경부

1) 하천법

물관리 최초의 하천 이용 및 개발관련 법령(1961)으로 하천사용의 이익을 증진하고 하천을 자연친화적으로 정비, 보전하며 하천의 유수로 인한 피해예방을 위해 하천의 지정 · 관리 · 사용 및 보전 등에 관한 사항을 규정하고 있다. 이 법령에서는 하천공사를 하천의 기능을 높이기 위하여 하천의 신설·증설·개량 및 보수 등을 하는 공사로 정의하고 있으며, 하천형상 변경을 주목적으로 수행하는 현재의 하천생태계 복원방식은 하천법상 하천공사에 해당하며, 특별한 사정이 없는 한 이 법률에 준한다.

2) 수질 및 수생태계 보전에 관한 법률

우리나라의 환경보전 법규는 1963년에 마련된 공해방지법을 모태로 하고 있다. 공장이나 사업장 폐수와 하수처리장의 공해안전기준을 제시한 이 법률에 생활하수 등 공공하수도의 정비에 관한 사항을 포함하여 하수도법(1966)이 제정되었다. 이후 대기, 수질 및 소음진동으로 분리 규정된 환경보전법(1977)이 수립되었으나 우리나라의 환경법제의 실질적인 개혁은 환경정책기본법(1990)부터로 볼 수 있다. 이 법률은 수질환경보전법을 포함하여 각 8개의 세부 단행법으로 분리하여 국가환경시책의 기본이념과 방향을 제시하였다는 평가를 받고 있다. 특히 환경분쟁의 조정과 구체적인 절차를 마련한 환경오염피해 분쟁조정법, 유독물질의 종합체계를 도입한 유해화학물질관리법, 원인자 부담방식을 도입한 폐기물관리법이 포함되어 있으며, 오수·분뇨 및 축산폐수의 처리에 관한 법률(2006.9.「가축분뇨의 관리 및 이용에 관한 법률」로 변경)이 분리되었고, 국제해양오염 방지협약상의 유해물질규제를 위해 해양오염방지법이 도입되었다. 1997년에는 호소수질관리법이 분리 제정되었으나, 2000년 규제개혁 일환으로 폐지되고 다시 수질환경보전법 내에서 포괄적으로 다루게 되었다. 이후 이 법률은 수질 및 수생태계 보전에 관한 법률(2007)로 변경되는데, 공공수역의 수질뿐만 아니라 수생태계도 효과적으로 관리함으로써 기존의 법령에서 간과하고 있는 생물학 한계를 극복하고자 하였다.

3) 상수도 관련법

먹는물 보호 및 관리를 위한 대표적인 법으로는 수도법(1961), 먹는물관리법(1995) 및 지하수법(1997) 등이 있다. 이 법들은 수도에 관한 종합적인 계획을 수립하고 시설물을 적정하고 합리적으로 설치·관리함으로써 공중위생의 향상과 생활환경의 개선에 이바지함을 목적으로 하고 있다. 나아가 수돗물이용자와 상류지역 주민의 이해 조정을 위해 한강수계 상수원수질개선 및 주민지원 등에 관한 법률(한강수계법, 1999)을 포함하여 낙동강수계물관리 및 주민지원 등에 관한 법률(낙동강수계법), 영산강·섬진강수계물관리 및 주민지원 등에 관한 법률(영산강수계법), 금강수계물관리 및 주민지원 등에 관한 법률(금강수계법) 등(2002) 이른바 4대강 수계법이 제정되기에 이르렀다.

4) 4대강 수계법

국가 수자원오염방지대책은 상수원보호구역(수도법), 특별대책지역(환경정책기본법) 및 자연보전권역(수도권정비계획법) 등으로 유역별로 지정 운영되고 있음에도 불구하고, 국가 대하천의 수질오염 개선은 크게 효과를 보지 못하였다. 이러한 상황을 극복하기 위하여 4대강유역의 특성에 맞는 수자원을 보호하고, 이들 강유역에서의 각종 행위제한으로 인해 생활상 불편을 받고 있는 주민들에 대한 지원대책을 강구하기 위하여 1999년 소위 4대강 수계유역별 대책법(이하 4대강법)들을 제정하였다. 4대강법들의 주요내용으로는 상수원보호지역 인근에서의 수변구역의 지정, 강수계의 지방자치단체별 오염총량제의 실시, 강수계별 수자원 최종소비자에 대한 물이용부담금의 징수, 그리고 환경기초시설의 설치 운영비 및 주민지원사업비 지원제도 등이 있으며, 각각 강수계관리위원회의 설치와 그 기능에 대하여도 규정하고 있다.

5) 하수도 관련법

하수도법(1966)은 초기 공해방지법(1963) 이후 다수에 걸쳐 개정되어 하수도법 시행령(1994)과 시행규칙(1995), 표준하수도 사용조례기준(1995)이 수립되었다. 종래의 가정하수는 이원화된 관리체계하에서 관리 · 규제되었는데, 즉 개별 건축물 내의 하수는 과거의 오수 · 분뇨 및 축산폐수의 처리에 관한 법률에 의해 1차 관리되고, 하수처리구역 내의 하수는 하수도법에 따라 2차적으로 관리(하수처리구역 밖은 오수 · 분뇨 및 축산폐수의 처리에 관한 법률 규정 적용)되었다. 그러나 이러한 관리체계는 동일물질을 이중적으로 관리함으로 인해 조직, 인력 및 예산운영에 있어 비효율적이며, 중복규제로 인해 일관성이 결여되는 등 다수의 문제점이 제기되었다. 이에 2006년 개정법에서는 오수 · 분뇨 및 축산폐수의 처리에 관한 법률 중에서 오수와 분뇨 관련 규정을 하수도법으로 통합하고 관리체계를 일원화하는 전면 개정을 단행하였다.

6) 지하수 관련법

현재 지하수는 이용목적에 따라 환경부, 국토교통부, 농림축산식품부, 안전행정부, 국방부, 교육부, 보건복지부 등 9개 부처가 14개 관련 법률에 의거, 분산 관리하고 있다(표 2-7). 지하수 수질기준은 지하수를 이용하기 위한 목적 이외에도 지하수 오염방지 및 오염된 지하수를 정화하기 위한 목적에 적합하도록 지하수를 관리하고 있다. 2010년 2월 「지하수의 수질보전 등에 관한 규칙」을 개정하여 적용하고 있다.

표 2-7 지하수 관련 업무부처 및 법률

부처	관장업무	관련법률
환경부	<지하수 수질관리 총괄> • 지하수 수질기준 제정 • 지하수 수질오염방지 및 수질검사 • 먹는샘물 및 상수원용 지하수 관리	• 지하수법(환경부령) • 먹는물관리법 • 수도법
국토교통부	<지하수 수량관리 총괄> • 지하수관리기본계획 수립 • 지하수 기초조사, 지하수 개발 · 이용 관리 • 하천 인접지역 지하수 조사 • 공동주택 비상급수시설	• 지하수법 • 하천법 • 주택법
농림축산식품부	• 농 · 어업용 지하수 관리	• 농어촌정비법
안전행정부	• 온천 개발 및 관리 • 민방위 비상급수시설 관리	• 온천법 • 민방위기본법
국방부	• 군사목적의 지하수시설 관리	• 국방군사시설사업에 관한 법률
교육부	• 학교음용수 수질관리	• 학교보건법
기획재정부	• 양조용 용수관리	• 주세법
문화체육관광부	• 물놀이형 유기시설 및 유기기구용 용수관리	• 관광진흥법
보건복지부	• 식품관련 용수 수질관리 • 목욕장 용수 관리	• 식품위생법 • 공중위생관리법

7) 물 재이용 촉진 및 지원에 관한 법률(2015)

국민의 생활수준이 향상되고 경제활동이 증가함에 따라 물사용량은 늘어나는 경향이나 반면에 국가가 보유하고 있는 수자원은 한정적이고 더욱이 기후변화로 인하여 앞으로 물수급의 지역적인 불균형이 나타날 것으로 전망되고 있다. 이러한 배경하에서 기존 물자원에 대한 의존도를 줄이고 그동안 버려졌던 빗물, 오수 및 하 · 폐수처리수를 생활용수 등 각종 용수로 재이용함으로써 물자원을 효율적으로 이용하기 위한 제도적 기반을 마련하고, 기후변화로 인한 물부족에 능동적으로 대처하려는 목적으로 이 법률은 제정되었다. 이 법률은 물의 재이용을 촉진하고 관련 기술의 체계적인 발전을 위하여 물 재이용 정책위원회의 심의를 거쳐 10년마다 수립되는 물 재이용 기본계획을 기반으로 하고 있다. 표 2-8에는 국가 물관리정보시스템에 대해 요약하였다.

표 2-8 **물관리정보시스템**

기관명	정보명	주요내용	웹주소
국토교통부	국가수자원관리 종합정보시스템	수자원단위지도, 수위유량정보, 댐운영정보, 지하수정보, 기상정보, 하천정보, 수질정보, 용수이용정보	http://www.wamis.go.kr
	물관리정보유통 시스템	5개 부처 11개 기관의 물관리정보를 온라인으로 실시간 유통하기 위한 유관기관 담당자 전용 시스템	http://www.wins.go.kr
	하천관리지리정보 시스템	하천관련 행정업무지원 및 정보제공을 위한 웹기반시스템(국가하천전자지도, 홍수위험지도, 하천기본계획보고서, 한국하천일람, 하천이력 등의 정보 제공)	http://www.river.go.kr
	국가지하수정보 시스템	지하수에 관한 각종 정보(현황과 관리, 개발이용 안내, 관련법령, 관련부서・업체, 수질검사 등)	http://www.gims.go.kr
환경부	물환경정보시스템	물환경전문정보(수생태환경, 호소환경, 유역환경, 오염원조사 등), 측정자료조회, 수질오염총량관리제도	http://water.nier.go.kr
	수질측정망	측정지점(전국 1,954개소, BOD, PH 등)	
	상하수도종합정보 시스템	상/하수도 통계, 전국 정수장 수질자료공개 등	http://www.waternow.go.kr
	환경영향평가정보 지원시스템	댐건설사업 등 환경영향평가서 원문 및 협의 의견 등 공개	http://eiass.go.kr
K-water	실시간자료	댐수문자료(강우량, 유량, 저수위), 댐수질자료, 정수장수질정보, 하천수위자료	http://www.kwater.or.kr
	사이버수질도서관	국가별 수환경기준 및 정책, 오염물질정보, 정수처리, 수질관련정보	
	waterpedia	인터넷기반 수도기술 백과사전	http://www.waterpedia.net
	지하수정보DB	지하수 개발・운영현황, 지하수 수질	http://www.gims.go.kr
	한국하천정보 시스템	하천정보조회, 하천지도(우리가람길라잡이), 유역도 제공	http://river.kwater.or.kr/garam
기상청	기상정보DB	기온, 강수량, 풍향, 풍속, 습도, 증기압 등	http://www.kma.go.kr
한국농어촌공사	수리시설DB	저수지, 양수장, 배수장, 지하댐, 관정 등	http://www.ekr.or.kr
	저수관리DB	유효저수량, 가뭄빈도, 유출계수, 수로손실 등	
	농어촌용수DB	지표수, 지하수, 농업용수, 양수장, 하천, 측후소 등	
	지하수DB	지질, 수맥	
	농촌용수종합정보 시스템	농촌용수 관련정보(저수지 시설현황, 수위, 수질), 농촌용수 관리/계획 등	http://rawris.ekr.or.kr

2.5 상하수도 관리시스템

효과적인 상하수도 관리는 국가 물환경 관리시스템의 큰 축으로 공공수역의 수질확보와 맑은 물 공급대책 수립 및 수생태계의 건강성을 복원하는 근간이 된다.

1) 상수도 관리시스템

상수도(water supply system)는 수도사업의 근거법인 수도법의 규정에 의해 일반수도와 공업용수도, 전용수도로 구분된다. 일반수도는 지방자치단체가 공급주체가 되는 지방상수도와 마을상수도(간이상수도) 그리고 국가(한국수자원공사에 위탁)가 공급하는 광역상수도로 구분된다. 지방상수도는 지방자치단체가 관할 지역주민 · 인근 지방자치단체 또는 그 주민에게 원수 또는 정수를 공급하는 일반수도이며, 광역상수도는 둘 이상의 지방자치단체에 원수 또는 정수를 공급하는 일반수도를 말한다. 국가는 수도에 관한 종합적인 계획수립과 시책강구 그리고 수도사업자에 대한 기술 및 재정적 지원의 역할을 한다. 통상 수도사업은 국토해양부 관할의 광역상수도와 환경부 관할의 지방상수도로 구분된다(그림 2-4). 마을 상수도란 지방자치단체가 대통령령으로 정하는 수도시설에 따라 100~2500명 이내의 급수인구에게 정수를 공급하는 일반수도로 1일 공급량이 20~500 m^3 미만인 또는 이와 비슷한 규모의 수도를 의미하며, 해당 지자체의 시장, 군수 혹은 구청장이 지정한다. 참고로 중수도는 상수도에 의해 공급 중인 용수 중 음용수와 동일한 정도의 청정을 필요로 하지 않는 용도에 적합한 수질의 물을 급수하는 것을 의미하며, 사람이 마시거나 인체에 접하지 않는 물을 공급하는 시설의 총체라고 정의되며, 기본적으로 음용수 이외의 용도(예를 들어 화장실용수, 살수용수, 공업용수, 농업용수 등)로 사용할 것을 목적으로 제조되는 물을 의미한다.

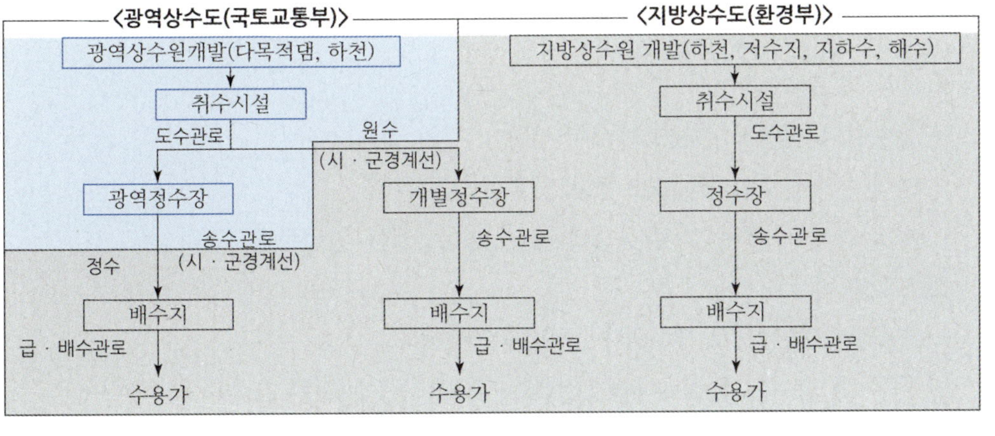

그림 2-4 **상수도 공급 체계도**

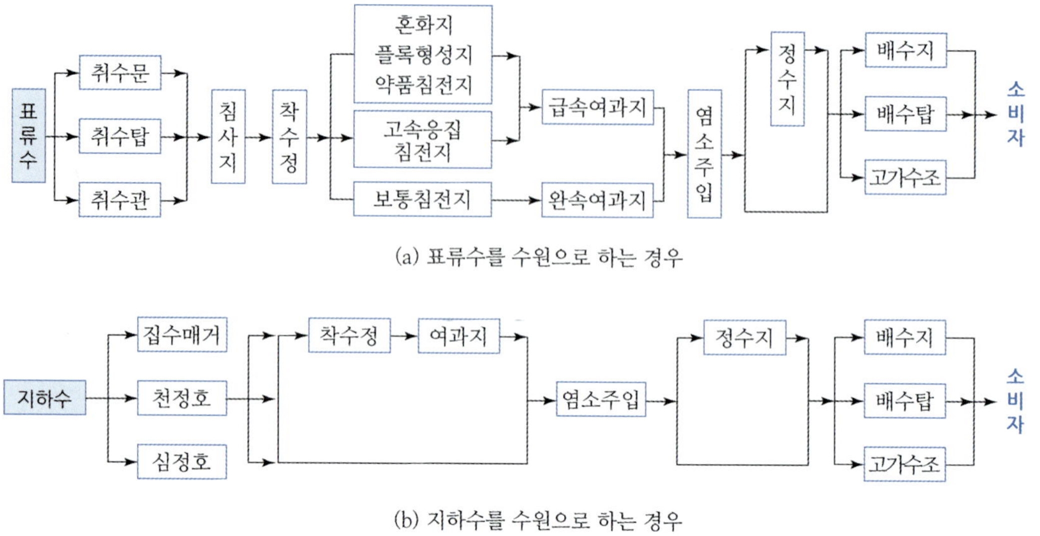

그림 2-5 **상수도의 구성(최의소, 2003)**

상수도 시스템은 수원(water sources), 취수(intake), 도수(conveyance), 정수장(purification), 송수(transmission), 배수지(water reservoir), 배수관망(distribution), 그리고 급수시설(water service) 순으로 구성된다(그림 2-5). 상수처리의 필요성은 크게 1) 병원성 세균(pathogens)과 다른 건강상 유해물질로부터 사용자를 보호하고 또한 2) 사용하고자 하는 물의 용도(예, 음용수, 공업용수 등)에 적합한 수질을 확보하기 위함이다. 주요 대상물질로는 탁도(turbidity)유발 입자성물질, 우선오염 유해물질(priority pollutant), 부식토(humus)와 같은 천연 유기물질(NOMs, natural organic matters) 등이 있다. NOMs은 상수처리의 최종단계인 염소 소독 시 trihalomethane (THM)이라는 발암물질을 생성하게 되므로 상수처리장에서의 주요 관심대상 중 하나이다. 표 2-9에는 최근 상수도 통계현황을 정리하였는데, 상수도 계통에서의 주요 관심사항과 문제점을 요약하면 다음과 같다.

① 취수원 및 원수
- 상수원의 지역적 불균형과 수량부족
- 폐쇄수역의 오염가중으로 인한 양질의 원수부족
- 지역 간의 수리권 및 환경생태파괴 등으로 인한 민원문제

② 정수시설
- 조류과다 출현으로 맛, 냄새 등 정수수질저하
- 원수 내 함유된 특정유해물질(VOCs, SOCs 등)에 대한 효율적인 처리
- 운영의 최적화 및 시설의 compact화

③ 급·배수관망

- 관의 노후 및 부실시공에 따른 누수문제
- 지하매설물 및 지하공간개발 등에 따른 관 파손, 부식, 전식 등의 유지관리 문제발생
- 관내의 수질오염문제

표 2-9 **상수도 통계현황**

a) 급수량 및 유수율

구분	2005	2006	2007	2008	2009	2010	2011	2012
총급수량(백만 m^3)	6,002	5,749	5,747	5,804	5,760	5,910	6,021	6,029
유수수량(백만 m^3)	4,761	4,601	4,659	4,744	4,759	4,920	5,025	5,063
유수율(%)	79.3	80.0	81.1	81.7	82.6	83.2	83.5	84.0
누수량(백만 m^3)	845	819	734	709	658	638	629	626
누수율(%)	14.1	14.2	12.8	12.2	11.4	10.8	10.4	10.4

※ 관망개선을 통한 유수율 제고는 지방상수도 통합운영사업의 일부분으로 추진 중인 사업임

b) 고도정수처리시설 도입현황(1994~2008)

구분	시설(개소)	시설용량(천톤/일)	사업비(백만원)			
			계	1994~2008	2007년	2008년까지
계	20	5,050	4,573	4,506	11	56
한강	3	241	333	278	–	56
낙동강	15	4,743	4,090	4,079	11	–
금강	2	66	149	149	–	–

2) 하수도 관리시스템

하수도(sewerage system)는 크게 공공하수도와 개인하수도로 구분할 수 있는데, 최근 하수도 보급률은 90% 이상 상회하고 있으며 점차 개인하수도의 비중은 약화되고 있는 경향이다. 하수도의 주요기능은 이송대상 물질의 특성에 따라 하수 및 우수배제로 구분할 수 있으나, 최근 기후변화로 인한 집중호우 빈도가 증가하면서 도심침수 예방 등 우수배제의 기능이 강조되고 있는 실정이다. 관할구역에서 발생하는 하수를 적정 처리하는 것은 지방자치단체의 고유한 책무로서 하수도 시설은 지방자치단체가 시설설치·관리를 책임지고 있다. 지방자치단체는 공중위생 및 생활환경의 개선과 수질환경기준을 유지하기 위하여 관할구역 내의 하수를 유역별로 나누고 20년 단위로 하수도 재정비 기본계획을 수립하여, 환경부장관의 승인을 받고 5년마다 타당성여부를 검토하여 이를 반영한다. 공공하수도 사업의 기본적인 업무체계는 그림

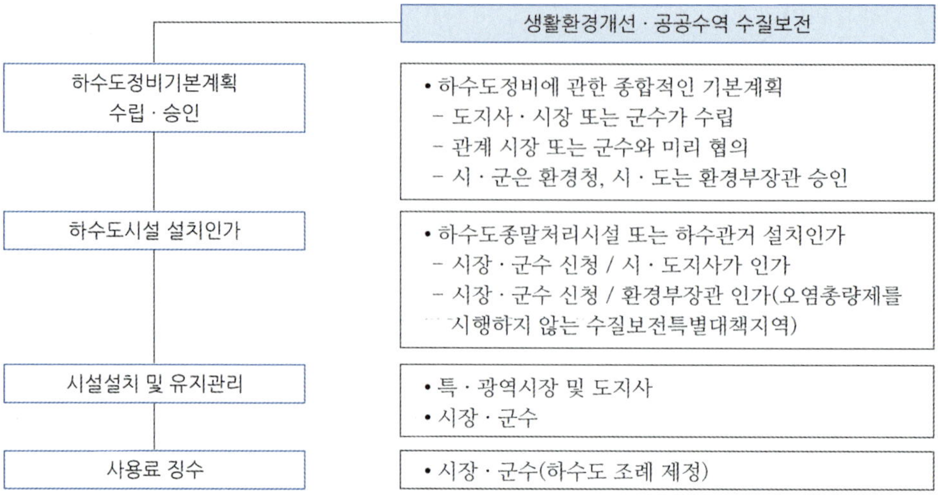

그림 2-6 **하수도 업무체계**

2-6과 같다. 농어촌지역 등 오염원이 산재되어 하수관거 설치비가 과다하게 소요되는 등의 사유로 공공하수도가 보급되지 못한 지역에 대해서는 개인하수처리시설을 설치하여 처리하고 있다(그림 2-7).

그림 2-7 **하수도 관리체계**

표 2-10 하수도 통계현황

구분	2004	2005	2006	2007	2008	2009	2010	2011	2012	2013
총인구(천명)	49,053	49,268	49,624	50,034	50,394	50,644	51,435	51,717	51,881	52,127
처리인구(천명)	39,924	41,157	42,450	43,570	44,631	45,263	46,358	47,034	47,538	48,016
처리시설(개소)	268 (1,153)	294 (1,404)	344 (1,681)	357 (1,905)	403 (1,991)	438 (2,332)	470 (2,594)	505 (2,858)	546 (3,067)	569 (3,205)
보급률(%)	81.4	83.5	85.5	87.1	88.6	89.4	90.1	90.9	91.6	92.1
시설용량(천톤/일)	21,617	22,568	23,273	23,942	24,568	24,925	25,118	25,228	25,297	25,330

㈜ ( )는 500톤/일 미만 시설수

표 2-11 하수관거 보급현황

구분		2008	2009	2010	2011	2012
계획연장		150,540	156,444	159,051	161,321	162,633
시설 연장	총계	102,078	107,843	113,494	118,329	123,309
	합류식	49,460	49,386	47,976	47,510	45,683
	분류식	52,618	58,457	65,519	70,820	77,627
하수관거보급률(%)		67.8	68.9	71.4	73.4	75.8

하수도 시설은 오수와 우수를 배재하는 하수관거, 오수를 정화하는 하수처리장, 하수 찌꺼기를 처리하는 하수슬러지 처리시설 등으로 구성된다. 일반적으로 하수도 발전단계별로 1세대는 오수·우수배제, 2세대는 유기물질처리, 3세대는 영양염류처리, 4세대는 자원재활용, 5세대는 미량유해물질처리로 구분되며, 하수도의 역사가 길고 투자가 많이 이루어진 하수도 선진외국은 4세대에서 5세대에 진입 중이나, 우리나라의 하수도는 최근에 집중투자됨에 따라 여러 단계가 결합되어 2세대와 4세대에 걸쳐있는 상황이다(표 2-12).

수거식 화장실 분뇨와 정화조 및 오수처리시설의 청소과정에서 발생되는 찌꺼기 등의 대부분

표 2-12 하수도 발전단계

				대비필요
			초기단계	5세대 하수도
		보급저조	4세대 하수도	미량유해물질처리
	보급저조(농어촌)	3세대 하수도	자원재활용	자원재활용
관거미흡	2세대 하수도	영양염류처리	영양염류처리	영양염류처리
1세대 하수도	유기물질처리	유기물질처리	유기물질처리	유기물질처리
오수·우수배제	오수·우수배제	오수·우수배제	오수·우수배제	오수·우수배제

은 분뇨처리시설(2012년, 196개소)에 유입·처리하고 있는데, 전체 분뇨처리시설 중 75.0%인 147개소는 공공하수처리시설과 연계 처리하는 체계로 되어 있다. 분뇨는 하수관거의 확충에 따라 대부분 공공하수처리시설과 연계하여 처리를 유도하고 있다.

일반적으로 하수처리의 필요성은 방류수역의 수질을 보호하기 위함이며, 하수의 특성을 결정하는 오염물질은 하수관거의 종류에 따라 상이한 특성을 가진다. 하수관거를 통과하는 도시하수(municipal wastewater)는 가정하수(domestic wastewater), 상업폐수(commercial wastewater), 공장폐수(industrial wastewater), 불명수(unaccounted water), 그리고 빗물로 이루어진다. 이중 빗물, 즉 우수를 제외한 다른 폐수의 집합을 오수(sanitary wastewater)라 칭하며 이를 배제하는 하수관을 오수관(sanitary sewer)이라 하며, 반면에 빗물만을 대상으로 하는 관거를 우수관(storm sewer)으로 구별한다.

하수배제방식으로는 합류식(combined sewer system)과 분류식(separated sewer system)으로 구분하는데, 이는 관거 내 빗물의 포함여부에 따라 구별하여 칭하는 것이다. 일반적으로 오래된 도시나 분류식화가 이루어지기 용이하지 않은 도시에서는 주로 합류식 하수관거로 운영되고 있으나, 신규 관로 설치에는 분류식으로 설치하는 경향이 많다. 도시 하수 내 포함된 주요 오염물질로는, 유기물질, 부유물질, 영양소(질소, 인), 병원성 미생물(pathogens) 및 각종 유해 중금속 등을 들 수 있으며, 합류식 관거의 경우 빗물에 의한 오염물질의 희석효과로 다소 낮은 농도를 보인다.

높은 강우강도로 강우가 발생될 경우 합류식 관거에서는 설계용량을 초과하여 하수가 발생되는데, 이러한 현상은 차집관거나 하수처리장에 과부하를 초래할 가능성이 있다. 즉 하수처리장의 침수나 하수관거 설계용량의 초과를 피하기 위해 차집관거 연결부분에서 지표면으로 직접적으로 우회하여 배출하는 하수를 합류식 하수관거 월류수(CSOs, combined sewer overflows)라 한다(그림 2-8).

일반적으로 도시하수의 처리는 예비(preliminary) 및 1차 처리(primary treatment), 2차 처리

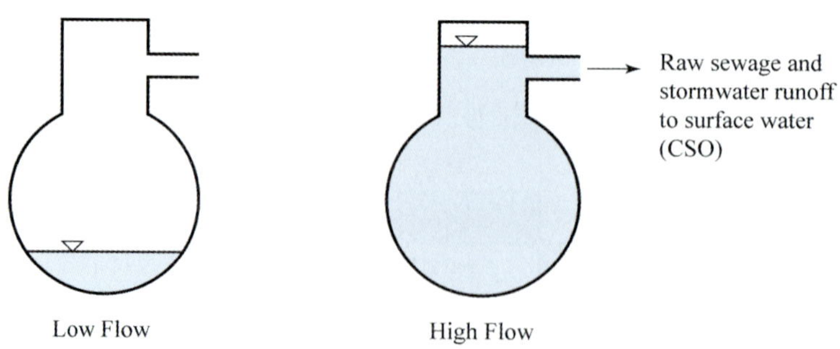

그림 2-8 **건기 및 우기 시의 합류식 하수관거의 특성**

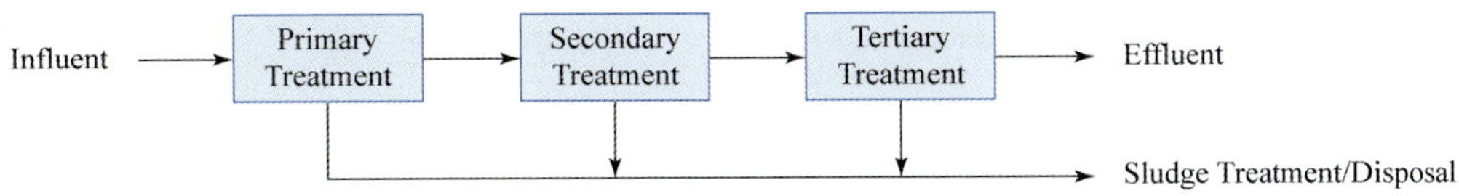

그림 2-9 도시하수 처리개요

(secondary treatment)와 3차 처리(tertiary treatment)로 이루어지며, 3차 처리를 고도처리(advanced treatment)라 칭하기도 한다. 처리 기술의 선택은 유입하수의 특성, 도시의 규모 및 유출수의 목표 방류수질 등에 준한다(그림 2-9).

예비처리 단계는 펌프나 다른 기계장치의 마모나 파손을 방지하기 위해 필요한 것으로 스크린(screen), 분쇄기(comminutors) 및 침사지(grit chamber) 등으로 구성된다. 1차 처리는 통상적으로 침전지(sedimentation tank)를 의미하는데, 부유물질(suspended solids)의 제거에 주목적이 있다(그림 2-10).

하수처리에 있어서 2차 처리 단계는 통상적으로 생물학적인 방법(biological process)을 사용하는데, 이는 경제적이면서도 효과적인 오염물질 분해가 가능하기 때문이다. 2차 처리에서는 물에 녹아 있는 상태, 즉 용존성 고형물(dissolved solids)이나 1차 처리 단계에서 제거되지 않은

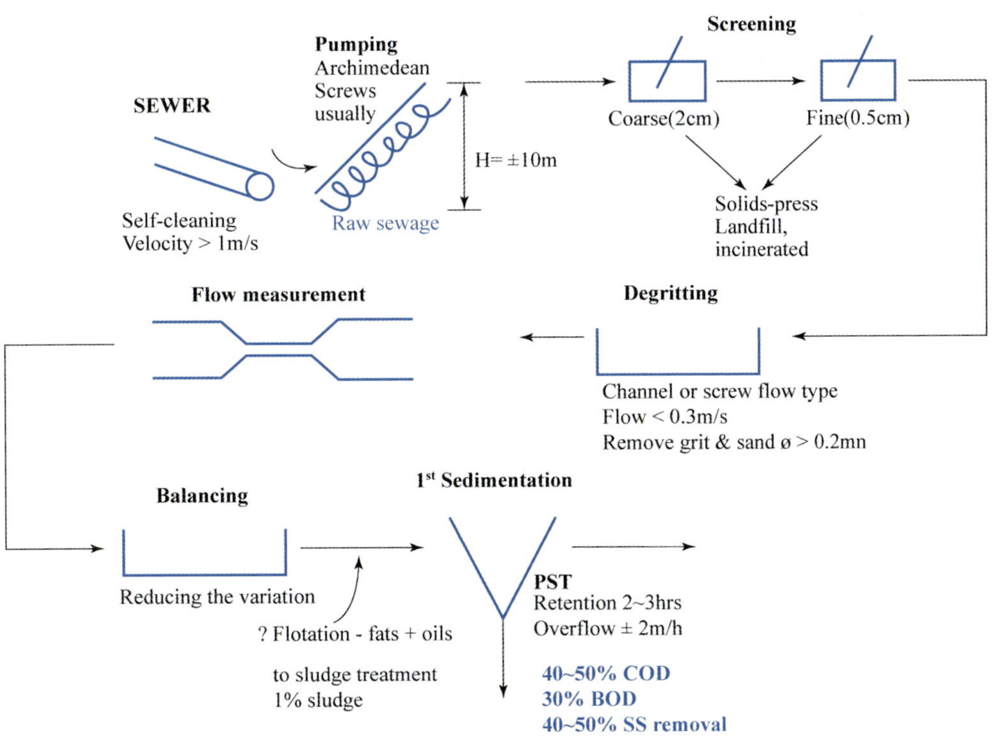

그림 2-10 일반적인 도시하수의 1차 처리

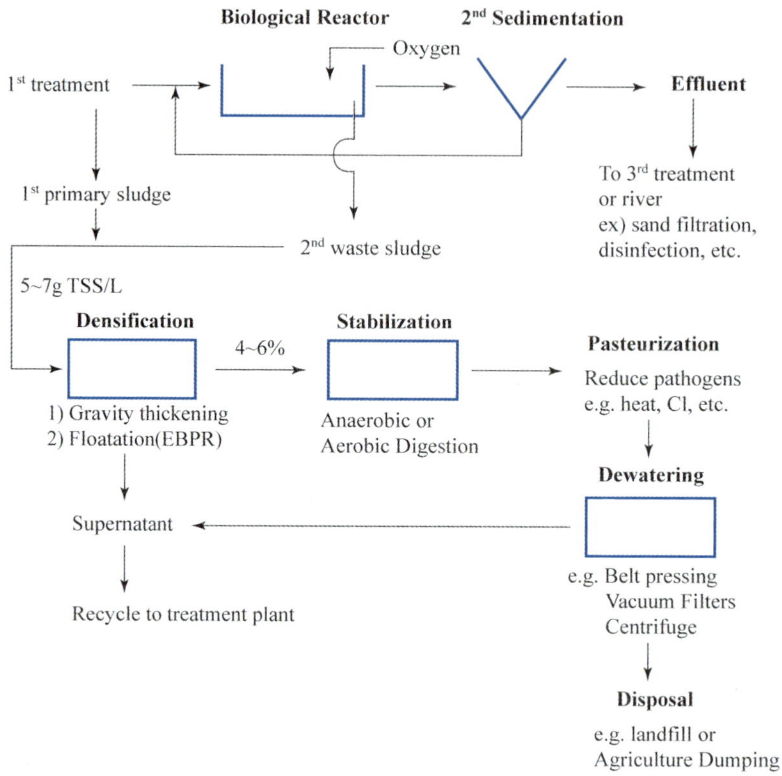

그림 2-11 일반적인 도시하수의 2차 처리

유기성(organics) 및 무기성 고형물(inorganic solids)이 주 처리대상으로, 전통적으로 활성슬러지 공법(activated sludge process)을 이용한다(그림 2-11).

3차 처리는 처리수의 용도와 방류수역의 목표수질에 따라 도입여부가 결정되는데, 이 경우는 2차 처리 단계에서 제거되지 않은 각종 오염물질(영양소, 미량유기물질 등)을 대상으로 하며 생물학적 방법뿐만 아니라 화학적인 처리방법도 고려된다(표 2-13).

상하수도 시설 건설과 시행은 수요자 요구(주민, 정책)-타당성 조사-기본계획-기본 및 실시설계-건설-운영-공급 등의 순으로 진행되며, 단계별 시행방법에는 일반적으로 턴키방식(turn-key base)에 준한다. 이는 일괄계약 방식(design-build or design-construct)의 특별한 경우로 일괄시공업자가 건설 공사에 대한 재원조달, 토지구매, 설계와 시공, 운전 등의 모든 서비스를 발주자를 위하여 제공하는 방식이다. 민간기술업자의 참여방법으로는 다음의 네 가지 방식이 있다.

표 2-13 **3차 처리 시 제거대상 물질별 적용가능기술**

제거대상	적용가능기술
고형물(SS) 제거	여과(filtration)
미량 유기물질 제거	흡착(carbon adsorption)
용존 무기물질 제거	이온교환(ion exchange), 증류(distillation), 역삼투(reverse osmosis)
살균	염소(chlorination), 오존(ozonation), 자외선(UV)

1) 건설-소유-운영(BOO, build-own-operate)
2) 건설-운영-양도(BOT, build-operate-transfer)
3) 건설-양도-운영(BTO, build-transfer-operate)
4) 개선-운영-양도(ROT, refurbish-operate-transfer)

2.6 유역기반 수질오염총량관리제도

물관리는 수자원 이용의 최적화를 위한 계획(planning), 개발(developing), 분배(distributing) 및 관리(managing)하는 일련의 물순환관리(water cycle management) 활동으로 정의할 수 있다. 이상적인 물관리는 지역적으로 발생하는 경쟁적 물수요(water demands)에 대해 합리적이며 효율적인 배분원칙에 따라 모든 사용자를 공히 만족하도록 하는 것이나, 이는 인류가 가진 다른 모든 자원의 효율적인 관리와도 같이 사실상 매우 어려운 일이다. 따라서 물관리의 최종목표는 수자원의 유용한 사용을 위해 물을 보호하고 회복시키는 것이며, 동시에 인류건강을 보호하기 위함이다.

이러한 물관리 정책은 크게 수량(water quantity, Q)과 수질(water quality, C)로 구분할 수 있다. 수량적 측면에서의 관리정책은 기본적으로 수요와 공급의 원칙에 따라 안정된 양을 확보하고 공급할 수 있도록 하며, 때로는 공학의 기본특성인 경제성 논리를 벗어나기도 한다. 수질관리 측면에서는 수용가능한 수질특성요소(water quality parameters)의 선택은 실질적으로 해당수역의 특성에 따라 결정되는데, 이는 "물고기가 살 수 있는(fishable) 그리고 수영이 가능한(swimmable)"으로 정의되는 일반적인 항목(Clean Water Acts 1972, USA)과 특정오염물질에 대한 항목 등으로 구분할 수 있다(the fifteenth annual report of the Council on Environmental Quality, USA, 1984).

수질관리 측면에서는 사실상 농도만으로는 효율적인 관리가 어렵다. 따라서 해당수역에 가해지는 오염물질의 양을 효율적으로 표현할 수 있는 방법으로 질량부하(mass loading, M)의 개념이 사용되는데, 이는 유량(Q, m^3/d)과 농도(C, mg/L)의 곱(kg/d)으로 표현된다. 수질환경기준(water quality standards)의 만족을 전제로 한 상태에서 임의수역이 하루에 받아들일 수 있는 오염물질의 최대량으로 정의되는 일일 부하 총량을 기준으로 한 관리 방법이다. 이를 수질오염총량관리제도(TMDL, total maximum daily load)라고 하는데, 이는 과학적 토대 위에서 수계구간별 목표수질을 설정하고, 그 목표수질을 달성·유지하기 위한 허용부하량을 산정하여 해당 단위 유역 내에서 배출되는 오염물질의 총량이 목표수질을 달성할 수 있도록 허용부하량 이내로 관리하는 제도를 말한다(USEPA, 1991). TMDL 평가는 1992년 미국의 환경보호청(USEPA)에 의해 수립된 이후 많은 수역에서 광범위하게 적용이 확대되고 있다. 이 제도는 다음과 같이 유역 내 발생되는 점오염원(point source)와 비점오염원(nonpoint source pollutants) 모두를 대상으로 하고 있다(Shirmohammadi et al., 2006).

$$TMDL = WLA + LA + MOS$$

where WLA, the waste load allocation for point sources,
LA, the load allocation for nonpoint sources, and
MOS, the margin of safety.

1989년 초 수돗물에 대한 수질오염이 사회문제화되면서 우리나라의 물관리정책은 지역적 관리에서 전국 단위의 수질관리차원으로 변하는 전환점을 맞이하게 된다. 즉 1989년 마련된 '맑은물 공급종합대책'에서부터 현재까지 시행 중인 '물환경관리기본계획'(2006)으로 전환되는데, 이는 1991년 페놀오염사고 및 낙동강, 영산강 수질악화, 1994년 초 낙동강 유기용제 사고 등 대형오염사고에 대한 후속조치의 일환이었다.

유역특성에 대한 분석과 수질예측기법을 활용한 과학적인 대책의 수립은 1998년 '한강대책'과 1999년 '낙동강대책' 수립과정에서 비로소 적용되었다고 할 수 있다. 1998년부터 2002년까지 5년에 걸쳐 우리나라 환경정책사에 큰 획을 긋는 유역관리중심의 4대강 물관리종합대책이 완성되었는데, 이는 지속가능한 유역공동체 건설이라는 궁극적인 목표를 달성하기 위하여 오염총량관리제도, 수변구역제도, 물이용부담금제도, 상수원지역 주민 지원 및 토지매수제도 등의 강력하고 선진적인 물관리정책을 포함하고 있다.

쾌적한 환경을 보전하고 오염으로부터 사람의 건강을 보호하기 위한 기준인 수질환경기준이 농도(concentration, mg/L)의 개념이라면 환경용량(environmental capacity)은 부하(mass load, kg/d)의 개념이라고 할 수 있다. 환경용량은 이미 선진국에서 사용하고 있는 수질오염총량관리제도(TMDL, total maximum daily load)의 근거가 되는 개념으로 임의의 수계유역을 기준으로 할 때 그 수계의 수질회복(자정)이 가능한 허용오염부하량을 말한다. 이때 허용오염부하량은 각 소유역에 적절히 분배하여 수질과 오염부하를 관리하게 되는데, 수질환경기준농도와 유량을 기준으로 산정하게 된다. 수질환경기준은 수계의 자정능력을 평가할 수 있는 유기물질을 포함한 다양한 오염물질(BOD, COD, T-N, T-P)의 농도를 기준으로 적용가능하며, 유량은 평수 시의 유량을 일반적으로 이용하게 된다. 우리나라에서 이러한 환경용량 개념도입의 필요성은 1996년 낙동강 수질보전대책의 수립과정에서 처음 제기되었다(대구광역시, 1996).

환경용량의 개념을 바탕으로 하고 있는 수질오염총량관리제는 과학적 바탕 위에서(scientific), 수질관리의 효율성을 제고하고(efficient), 각 경제 주체들의 책임성을 강화하여(responsible), 행정목표(목표수질)를 적기에 달성하고자 하는 제도이다. 즉 '환경과 개발'을 함께 고려하여 지속가능성을 확보하고, 공공수역의 수질보전은 물론 유역공동체의 경제적 · 환경적 형평과 상생을 꾀하는 선진 유역관리제도이다.

우리나라 수계 특성상 하천의 환경기준 달성에 근본적으로 한계가 있으므로 오염부하량의 양적 증가를 적절하게 통제하기 위하여 1998년 수립된 '팔당호 등 한강수계 상수원수질관리특별종합 대책'에서 부분적으로 처음 도입된 이후 낙동강 등 3대강 종합대책에 반영되었고 4대강 특별법에서 그 제도적 뒷받침을 하고 있다. 즉 낙동강, 금강, 영산강 · 섬진강 등 3대강 수계는 지자체에서 목표수질을 달성하지 못하는 경우 의무적으로 오염총량관리제를 시행하도록 규정하였고, 2004년 8월 낙동강수계 부산 및 대구광역시를 시작으로 2013년 10월 104개 지자체에서 오염총량관리제가 시행되고 있다(표 2-14).

표 2-14 **수계별 의무 오염총량관리제 시행시기**

낙동강수계	광역시	2004. 8월부터
	시	2005. 8월부터
	군	2006. 8월부터
금강 · 영산강수계	광역시	2005. 8월부터
	대청 · 주암호 유역 군	2006. 8월부터
	기타 군	2008. 8월부터
한강수계	서울 · 인천 · 경기	2013. 6월부터
	강원 · 충북 · 충남	2018. 6월부터(예정)

수질오염총량제를 시행하는 지자체에서는 승인 받은 개발계획 및 삭감계획 등을 포함한 총량관리계획의 추진실적에 대하여 매년 이행평가 실시를 통해 계획에 대한 사후관리를 강화하고 계획의 실효성을 확보해야 한다(그림 2-12). 총 66개 시·군(낙동강 26, 금강 23, 영산강·섬진강 17)에 대한 1단계(2004~2010) 수질오염총량제 시행평가를 실시한 결과 시행 초기임에도 총량계획에서 정한 목표수질 및 연차별 할당부하량을 준수하는 등 수질오염총량제도가 시스템적으로 안정화되는 추세를 보였다.

오염총량제는 점차 임의제에서 의무제로 전환되고 있으며, 수계에 포함되어 있지 않더라도 수질오염이 심각한 지역으로 확대·지정하는 경향이며, 오염총량관리 대상항목을 기존 BOD 외 T-P을 추가하고, 낙동강수계를 대상으로 수질오염물질 배출권 거래제도 시범사업(2014~2015)이 도입될 예정이다.

환경부장관은 총량관리지역의 오염총량 목표수질을 정하여 고시하게 되는데, 이때 수계하단지점의 오염총량목표수질, 시·도경계지점의 오염총량목표수질 및 수계구간별 오염총량목표수질을 정의하여야 하며(시행령 제3조), 총량관리대상 단위유역의 수질은 목표수질이 설정된 지점별로 연간 30회 이상 평균 8일 간격으로 안정된 분석자료가 확보되어야 한다. 또 환경부장관은 해당수역의 시·도지사 및 관련기관과의 협의를 거쳐 다음과 같은 오염총량관리기본방침을 수립하며, 시도지사에게 통보하도록 되어 있다.

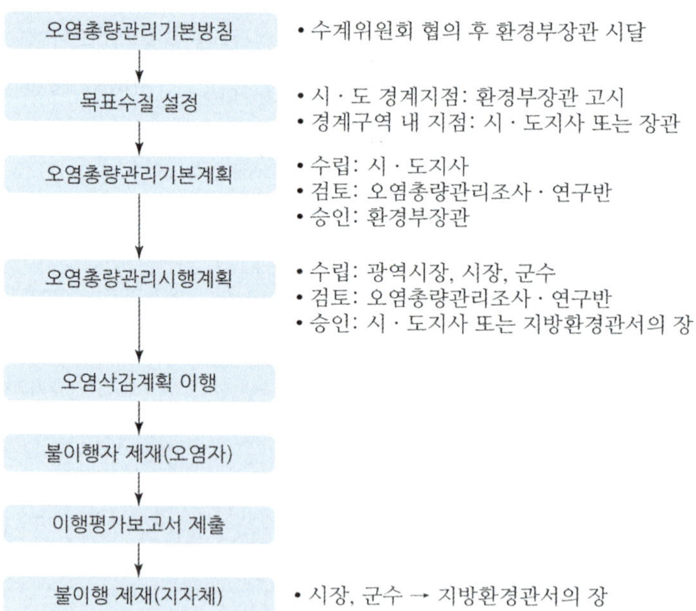

그림 2-12 **수질오염총량관리제도 시행절차**

• 오염총량관리의 목표
• 오염총량관리의 대상 수질오염물질의 종류
• 오염원의 조사 및 오염부하량 산정방법
• 오염총량관리기본계획의 주체, 내용, 방법 및 시한

2.7 물환경 관리

(1) 기본구조

물환경 관리의 기본정책구조는 하천 및 공공수역에 대하여 사전오염예방(특정지역에 대하여 오염을 야기하는 일정한 행위제한 등 입지제한), 오염물질 지정과 배출기준의 설정(배출원 관리 – 생활하수, 산업폐수, 가축분뇨, 비점오염원 등), 수생태계 보전 · 복원 · 관리(이화학적 수질관리와 수생태계 동시관리) 및 모니터링 평가(수질측정망관리) 등으로 이루어져 있다.

(2) 하천

우리나라 대하천(4대강) 유역관리는 앞서 언급한 4대강 물관리종합대책과 4대강 수계법, 수질오염총량관리제, 수변구역, 토지매수와 물이용부담금에 의한 수계관리기금 및 수계관리위원회 운영 등을 기반으로 이루어지고 있다.

4대강 본류의 친수활동(수영 등 레저활동) 보호 및 수생태계 보호를 위해 2012년부터 4대강 16개 보 구간을 대상으로 수질예보제를 실시하고 있다(표 2-15). 수질예보제는 오염원, 하천유량, 기상관측 자료 등을 토대로 IT기반의 수치모델링 기법을 활용해 수온, 클로로필-a 농도 등 수질 정보를 일주일 간격으로 예측하여 관계기관에 예보하는 제도이다. 수질개선조치가 필요한 정도로 조류가 발생할 것으로 예측될 경우 수질관리단계를 발령하고 단계별로 대응조치를 취하게 된다. 수질관리단계는 클로로필-a 농도, 초과비율, 지속기간, 남조류 세포수에 따라 표 2-15와 같이 관심, 주의, 경계, 심각의 4단계로 구분 적용되고 있다.

또 상수원 호소 외에 상수원으로 이용되는 하천에 대한 조류경보제 적용 필요성이 제기됨에 따라 조류경보제의 하천적용성 검토를 위해 2013년 2월부터 낙동강 8개 보 중 하천수를 직접 상수원수로 취수하는 3개 보 구간을 대상으로 낙동강 조류경보제 시범운영을 실시하고 있다. 대상지점은 칠곡보(고령광역취수장 상류 2 km), 강정고령보(구미광역취수장상류 2 km), 창녕함안보(칠서취수장 상류 4 km) 구간이다. 조류경보 발령 기준은 현재 호소에 적용하는 조류경보제를 준용하되, 조류독소(microcystine)를 추가 측정하고 기존 '조류주의보' 단계의 명칭을 '출현알

표 2-15 **수질관리단계 수질예보제 발령 기준**

클로로필-a 예측농도(mg/m³) \ 남조류 세포수(세포/mL)	10,000 미만[1)]	10,000 이상	50,000 이상	2×10^5 이상
35 mg/m³을 초과하고 7일 중 4일 이상 유지	–	관심단계[2)]	주의단계	경계단계
70 mg/m³을 초과하고 7일 중 4일 이상 유지	관심단계	주의단계	경계단계	심각단계
105 mg/m³을 초과하고 7일 중 4일 이상 유지	주의단계	경계단계	심각단계	심각단계
140 mg/m³을 초과하고 7일 중 4일 이상 유지	경계단계	심각단계	심각단계	심각단계
175 mg/m³을 초과하고 7일 중 4일 이상 유지	심각단계	심각단계	심각단계	심각단계

주) 1. 남조류 세포수는 유해남조류인 Anabaena, Aphanizomenon, Microcystis, Oscillatoria 속 세포수의 합으로 한다.
2. 클로로필-a 농도가 70 mg/m³을 초과하여 수질관리단계 최초 발령 시에는 초과한 날 이후 전반적으로 농도 상승이 예상될 경우 발령한다.
3. 1)남조류 세포수가 10,000 미만일 경우, 수질관리단계 발령을 위한 클로로필-a 농도 기준은 각각 70 mg/m³, 120 mg/m³, 160 mg/m³, 200 mg/m³ 초과 시로 완화한다.
4. 2)남조류 세포수가 10,000 초과 시에는 클로로필-a 예측 농도값과 관계없이 '관심'단계를 발령한다.

림'으로 변경하여 예방단계의 의미를 명확히 하였으며, 대응조치도 '조류경보' 단계에서 방류량 증대 및 조류 직접제거 등 실질적인 조치를 취하도록 하고 있다.

(3) 호소

호수의 수질관리는 성층화(stratification)와 부영양화(eutrophication)를 방지하는 것이 중요한데, COD, 총인(T-P) 및 총질소(T-N)에 대한 환경기준을 두고 주요 호소(49개)에 대해 목표수질기준과 달성기간을 설정관리하고 있다. 1일 취수량 30만 톤 이상과 만수위 면적이 0.5 km² 이상인 호소에 대해 호소수의 이용상황, 수질 및 수생태계 현황, 수질오염원의 분포상황 및 수질오염물질 발생량 등을 정기적(1~3년)으로 조사하여 그 결과를 호소수질관리정책수립에 반영된다.

호소의 수질 및 수생태계 보전을 위하여 녹조발생의 원인물질인 질소, 인 등 영양염류의 관리는 매우 중요하며, 사전에 차단하기 위하여 하·폐수 처리시설 등 환경기초시설 방류수 수질기준 강화와 질소·인 제거를 위한 고도처리시설의 도입이 강력히 추진되고 있다. 또 2012년 말 22개 호소에서 조류경보제를 실시하고 있다. 조류경보제는 클로로필-a 농도와 남조류 세포수를 기준으로 발생 정도에 따라 주의보-경보-대발생의 단계로 구분하여 발령하고 있다(표 2-16). 발령기준은 2회 연속 측정하여 클로로필-a 농도와 남조류 세포수 모두가 기준에 해당될 때이며, 해제기준은 2회 연속채취 시 클로로필-a 농도 15 mg/m³ 미만이거나, 남조류 세포수 500 cell/mL 미만인 경우에 해당한다.

표 2-16 **조류경보제 발령기준**

구분	조류주의보	조류경보	조류대발생
클로로필-a 농도(mg/m^3)	15 이상	25 이상	100 이상
남조류 세포수(세포/mL)	500 이상	5,000 이상	1,000,000 이상

(4) 지하수

지하수의 수질관리는 지하수 수질측정망을 통해 이루어지고 있으며, 2008년부터 국가측정망과 지역측정망으로 구분·운영하고 있고, 지방환경청 및 시·도에서 운영하고 있는 지하수 수질측정망은 지역측정망으로 분류하고, 환경부에서 직접 설치하게 되는 수질전용측정망과 국토교통부·농림축산식품부에서 고유목적으로 설치한 지하수 관측망을 활용하여 국가측정망으로 관리체계를 갖추고 있다(표 2-17). 2012년 12월 말 기준 우리나라 지하수 수질측정망은 국토교통부 국가 관측망과 농림축산식품부 농촌 관측망 432개소를 포함하여 총 2,569개소가 지정되어 있다(그림 2-13). 조사항목은 특정유해물질 15개 항목(카드뮴, 비소, 시안화물, 수은, 유기인화합물, 페놀, 납, 6가크롬, 트리클로로에틸렌, 테트라클로로에틸렌, 1,1,1-트리클로로에탄, 벤젠, 톨루엔, 에틸벤젠, 크실렌)과 일반오염물질 4개 항목(수소이온농도, 총대장균군, 질산성질소, 염소이온), 현장측정항목인 전기전도도 등 20개 항목이며, 매년 상·하반기 2회 실시한다.

지하수는 지하수 관정 및 폐공, 가축매몰지 등에 의해 2차 오염될 가능성이 매우 높다. 특히 2003년부터 꾸준히 발생하고 있는 AI, 구제역 등 가축매몰지로 인한 환경관리를 위해 「가축매몰지 환경관리지침」(2010. 11), 「가축매몰지역 환경조사지침」(2012. 2) 등이 개정되어 매몰지 환경 및 먹는물 안전에 대한 관리를 강화하였다. 뿐만 아니라 자연방사성물질에 대한

표 2-17 **지하수 수질측정망 기관별 업무**

기관	업무
환경부 토양지하수과	• 측정망 설치·측정계획 수립 및 측정기관 지도·감독 • 측정자료의 대외공표 • 환경오염 측정·분석기법의 개발 및 표준화(국립환경과학원) • 수질오염공정시험방법 제·개정 운영 • 토양지하수 정보시스템을 통한 측정자료 통계·분석처리 • 측정기관 담당자에 대한 정보시스템 운영·관리교육
국토교통부(한국수자원공사) 농림축산식품부(한국농어촌공사)	• 국가지하수관측망에 대한 설치·운영 총괄(지하수 수질측정 포함) • 농촌지하수관리관측망에 대한 설치·운영 총괄
측정기관 ((지방)환경청, 시·도)	• 측정망 설치·운영 및 유지관리 • 측정·분석장비 관리(기기의 정도관리 및 운영) • 측정자료의 분석·보고 등

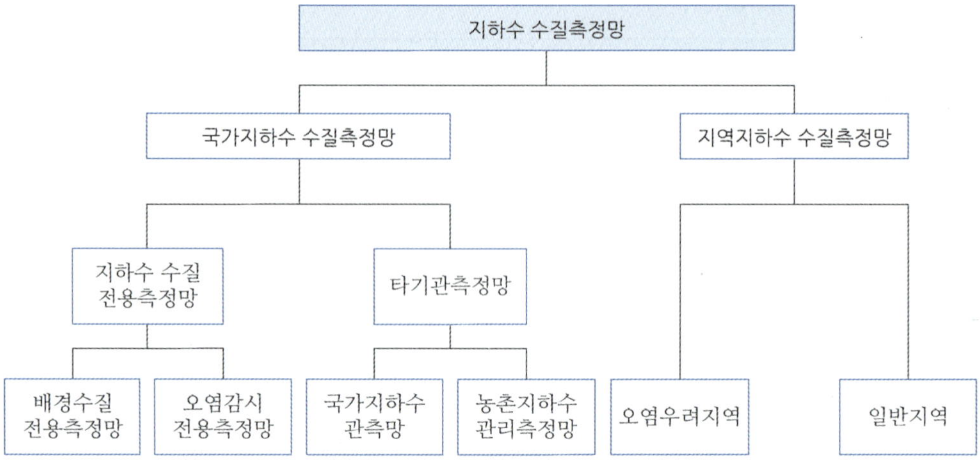

그림 2-13 **지하수 수질측정망 설치 · 운영체계**

국내의 관심이 높아짐에 따라 2007년부터 2016년까지 10년간 '전국적인 지하수 중 자연방사성물질 함유실태 및 정밀조사'를 지속적으로 실시하고 있고 이를 토대로 향후 지하수 중의 자연방사성물질 관리기준 등을 수립하여 자연방사성물질 종합관리대책이 수립될 예정이다.

2.8 비점오염원 관리

비점오염원(non-point sources)은 점오염원(point sources)에 대한 상대적 개념으로, 농지에 살포된 농약, 축사에서의 유출물, 도로상 오염물질, 도시지역의 먼지와 쓰레기, 지표상 퇴적오염물질 등이 강우 시 빗물과 함께 유출되어 수질오염을 유발하는 것을 말한다. 일반적으로 공장, 생활하수 등 점오염원은 대부분 관로를 통하여 배출되기 때문에 배출지점이 명확하고 수집이 용이하여 비교적 제어하기 쉽고, 처리과정에서 처리효율이 높다. 반면, 비점오염원은 배출지점이 불특정하여 제어가 어렵고 오염원의 배출량이 강우량에 크게 좌우되어 계량적인 관리에 어려움이 있다(표 2-18).

비점오염원이 4대강 수계에 미치는 오염부하(BOD)는 2003년 기준으로 전체의 52.6%, 2010년에는 68.3%를 차지하고, 개발면적 증가 및 도시화 지역 확대 등으로 2020년에는 72.1%로 증가할 것으로 전망되고 있다(환경백서, 2013). 비점오염원관리는 제도개선과 처리시설설치 차원의 2004년 '4대강 비점오염원관리 종합대책'을 시작으로 2012년에는 기후변화 등 물환경 여건변화를 반영한 중점관리체계로 전환하였다(제2차 비점오염원관리 종합대책, 2012~2020).

표 2-18 **점오염원과 비점오염원의 특성비교**

구분	점오염원	비점오염원
배출원	공장, 생활하수, 분뇨처리장, 가두리양식장, 축산농가 등	논, 밭, 임야, 대지, 도로 대기 중의 오염물질 등
특징	- 인위적 - 배출지점이 특정 - 한 지점으로 집중적 배출 - 자연적 요인에 영향을 적게 받아 계절적인 변화 작음 - 차집 용이, 처리효율 높음	- 인위적 및 자연적 - 배출지점이 불특정 - 희석, 확산되면서 넓은 지역으로 배출 - 계절에 따른 변화가 심하여 예측이 곤란함 - 차집 곤란, 강우의 영향을 받아 처리효율이 일정치 않음

즉 도시 · 농촌 · 산림 등 토지이용별 특성에 따라 구분되는데, 도시지역에서는 불투수면 및 오염원 증가가 예상됨에 따라 강우유출수로 인해 발생되는 비점오염의 사전예방적 관리를 위해 도시계획단계에서부터 고려하여 계획 · 설계하는 저영향 개발(LID, low impact development) 기법 등을 적용하고, 유수지 및 생태유수지 조성, 하수관거월류수 저류시설을 도입하고 있다. 농촌 · 축산지역에는 비점오염 저감형 영농법을 확대하고, 가축분뇨 등 유기성폐기물 종합자원 단지 및 생태습지 등을 조성하여 강우 시 초기유출수에 포함되어 하천 · 호소 등으로 직접 유입되는 농약, 미처리 가축분뇨 등으로 인한 비점오염물질 저감이 중요하다.

참고문헌

- Shirmohammadi, A., Chaubey, I., Harmel, R. D., Bosch, D. D., Muñoz-Carpena, R., Dharmasri, C., Sexton, A., Arabi, M., Wolfe, M. L., Frankenberger, J., Graff, C., Sohrabi, T. M. (2006). Uncertainty in TMDL Models. Transactions of the American Society of Agricultural and Biological Engineers 49 (4): 1033–1049. doi:10.13031/2013.21741.
- The Clean Water Act, 1972, USA.
- The fifteenth annual report of the Council on Environmental Quality, USA (1984).
- U.S. Environmental Protection Agency (EPA). (1991). Guidance for Water Quality-Based Decisions: The TMDL Process. Doc. No. EPA 440/4-91-001. April, Washington, D.C., USA.
- 국토교통부 (2015). 2015 물포럼, 차세대 물관리 시스템.
- 대구광역시 (1996). 대구 위천국가산업단지조성에 따른 낙동강 수질보전대책.
- 최의소 (2003). 상하수도공학.
- 환경부 (2010). 환경30년사(1960~2009).
- 환경부 (2014). 환경백서.

Chapter 03

물관리의 미래

A boat trip through the Paris sewer (1896)
Source: Paris Sewers and Sewermen by Donald Reid, 1991.

It was the pride of Paris, so much so, that they turned it into a tourist attraction. "Sewerman" became a profession and tours were given by these sewermen on weekends. Surreal illustrations and photographs from the era show tourists, ladies included, wearing their Sunday best in a boat ride through the sewage systems of Paris like it was Disneyland (http://static.messynessychic.com).

3.1 물관리 정책 패러다임의 변화

기후변화, 인구증가 그리고 산업화로 인한 과중한 물오염은 지구 생태계의 정상적인 물순환(hydrological cycle) 체계를 불안정하게 만들고 있다. 이용가능한 수자원의 지역적 불균형과 물수요의 계속적인 증가는 안정적인 수요와 공급체계를 맞추기 어려울 정도에 이르렀고, 하수발생량 증가와 함께 심화된 오염 현상은 지금까지 운영되어 오던 전체 물관리 체계에 대한 세계적인 패러다임을 변화시키고 있다. 이러한 변화는 운영시스템에서부터 법제, 산업, 과학기술의 융합 등 다양한 측면에서 일어나고 있다. 과거 풍부하고 안정적 자원으로 취급되었던 물이 희소성이 있는 경제재로 인식됨에 따라 통합적이고 종합적인 관점에서 지속가능한 물관리가 필요하다는 인식으로 전환되고 있는 것이다. 이미 물산업은 지속발전적인 성장차원을 넘어 21세기 신성장 산업으로 많은 국가에서 블루골드(blue gold)로 인식하기 시작하였고, 새로운 미래성장동력 중 하나로 여겨지고 있다(IPCC, 2007, 2008).

오늘날 물관리에 관한 국제적인 동향은 유역중심의 기후변화, 수량, 수질 및 생태계를 아우르는 유역기반 통합물관리체계(integrated water management)로 변화하는 추세이며(그림 3-1, 3-2), 더욱이 한층 발전된 정보통신기술(ICT)과도 융합하는 형태(그림 3-3)로 전환되고 있다(Pnina, 2009). 최근 국내에서도 물관리 법제의 적합성 제고를 위한 물관리기본법의 제정과 함께 체계적인 국가물관리계획수립에 대한 필요성도 제기된다(최동진, 2005; 김성수 외 2012).

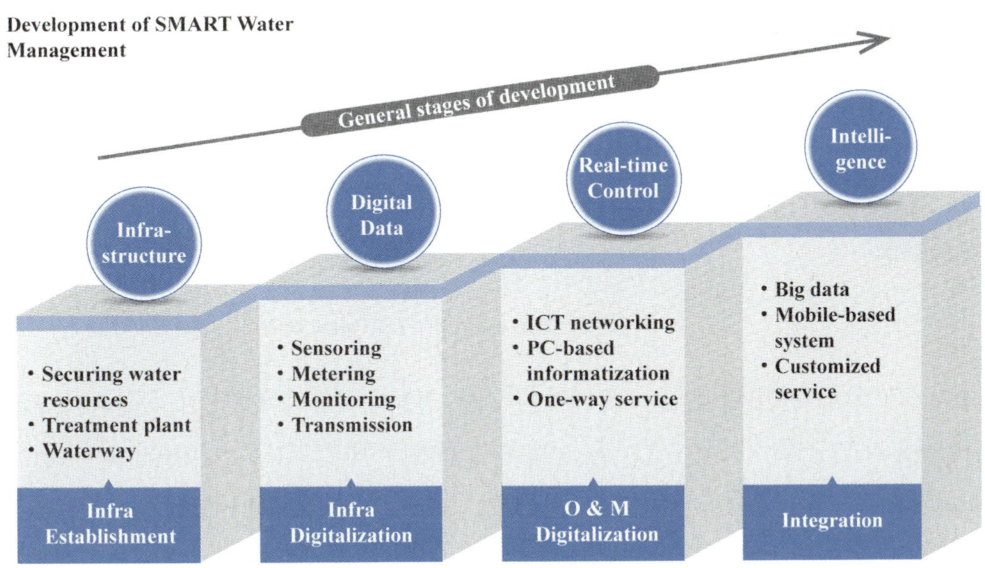

그림 3-1 물관리 시스템의 발전(국토교통부, 2015)

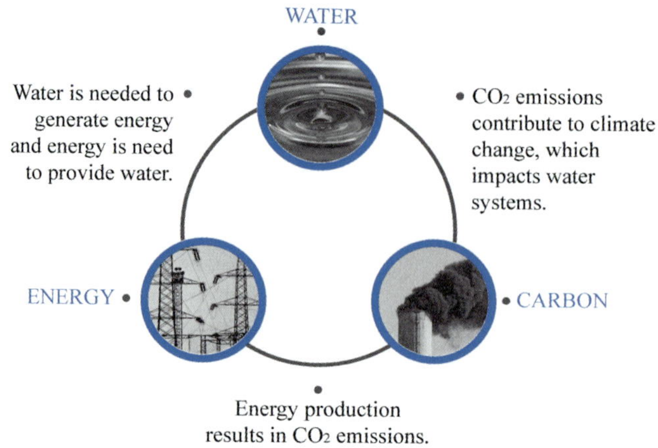

그림 3-2 물, 에너지, 탄소배출의 상관관계(Pnina, 2009)

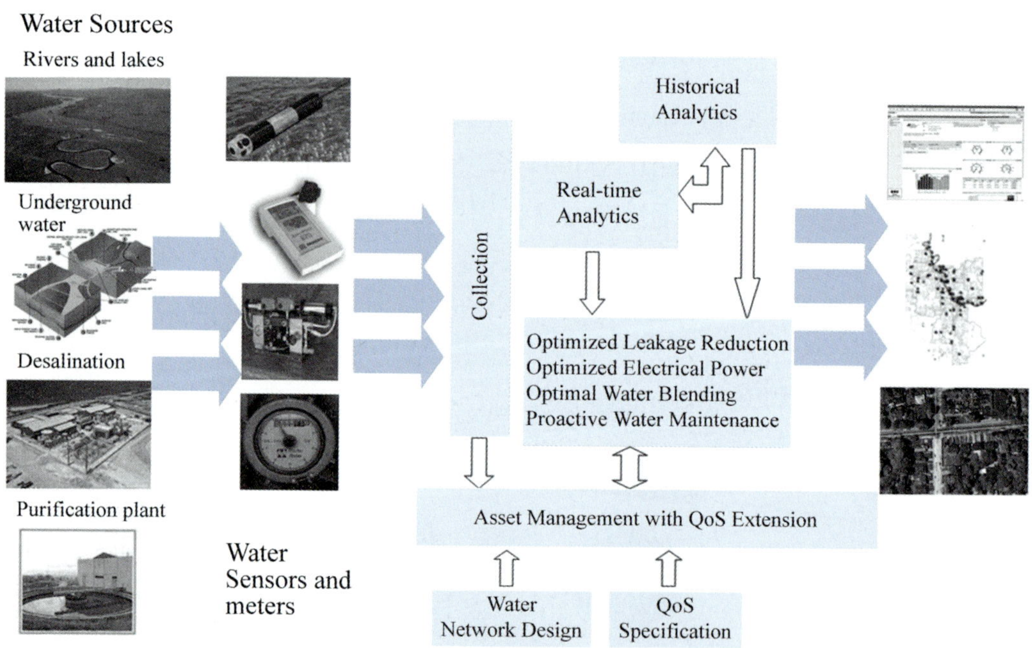

그림 3-3 지능형 통합 물관리의 개요(Pnina, 2009)

2015년 제7차 세계물포럼에서는 이러한 세계적인 경향에 부응하여 차세대 물관리시스템으로 기존의 물관리 기술과 정보통신(ICT)을 융합하여 스마트 워터그리드 기반(SWMI, smart water management initiative) 물관리시스템이 소개된 바 있는데, 문제인식과 대응이 실시간으로 진행된다는 점이 특징이다. 국토부는 2014년 파주시 시범사업을 걸쳐 이러한 스마트 물관리사업을 매년 2~3개 도시로 점차 확대하는 것을 계획하고 있다(국토교통부, 2015).

인류의 역사가 물과 에너지로 인해 영향을 받았듯이 물오염 문제해결과 에너지 소모의 최소화 그리고 기후변화에 대응하기 위한 '물(Water) + 에너지(Energy) + 기후(Climate)' 연합 개념에 대한 중요성 또한 강조되고 있다. 재이용가능 수자원으로서 하수의 가치는 점차 상승하고 있고, 또한 낮은 에너지 소모량으로 초고도처리를 달성할 수 있는 미래지향적 물관리기술 개발이 요구되고 있다. 궁극에는 기존의 하수처리장이 안전한 물재생센터 내지는 신재생에너지센터로서의 역할로 발전할 수 있으리라 기대된다. 즉, 모든 오염물질은 재생가능한 잠재적 자원이라는 관점에서 인류의 활동과정에서 끊임없이 발생되는 오염물질로부터 신재생에너지의 회수에 대한 전략적인 접근이 필요하며, 이는 새로운 신개념 하수시설도입에 대한 필요성과 함께 지속발전적 물순환 달성에 중요한 역할을 담당할 것으로 보인다.

3.2 신개념 위생시설

하수관거시스템의 기술적 전환은 19세기를 정점으로 이루어졌다고 볼 수 있으나 2000년 이후 유럽에서는 생태학적인 위생시설(EcoSan, ecological sanitation)에 대한 비교적 새로운 시도가 일어나고 있었다(그림 3-4). 이는 농업과 위생설비 그리고 에너지의 순환고리를 안전하게 연결하고자 하는 접근방식으로, 오염된 물과 폐기물로부터 위생 관련 위험을 줄이고 지하수와 지표수의 오염을 예방하며, 동시에 폐기물에 포함된 에너지와 영양소를 회수하여 재사용하는

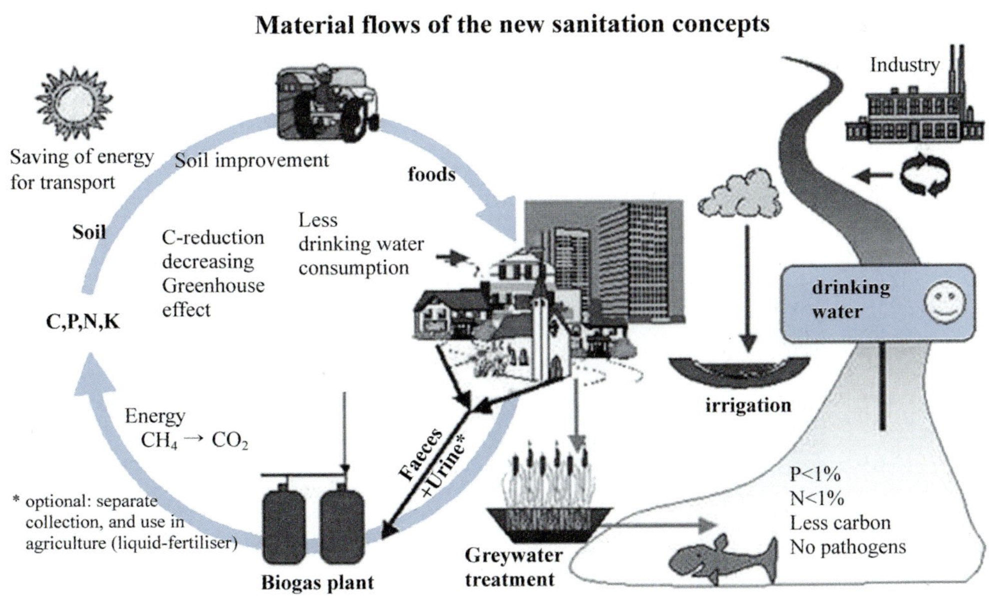

그림 3-4 **EcoSan** 시스템의 개념**(Otterpohl, 2000)**

것에 목적이 있다(GTZ, IWA, 2003).

하수관거나 물의 사용이 없는 건조위생시스템(dry sanitation systems)을 활용하는 생활하수(gray water), 오줌(urine)과 배설분(feces)으로부터 유효자원의 회수와 비료로서의 재사용은 이미 아시아뿐만 아니라 아메리카 대륙을 포함한 거의 모든 문명에서 사용되어 왔으므로 전혀 새로운 것이 아니라고 할 수 있을지도 모른다. 하수관거를 사용하지 않는 이러한 위생시스템(non-sewered sanitation systems)은 19세기에 들어 도시인구의 증가와 농경지와의 거리확대, 물수요량의 증가와 수세식 변기(flush toilet)의 보급, 저렴한 합성비료(synthetic fertilizers)의 생산 그리고 악취 등 도시환경의 악영향에 대한 정치적·사회적 합의에 따라 점차 도시하수관거의 보급 확대로 이어지고, 이로써 더 이상 유효자원의 회수와 재이용을 위한 노력은 줄어들었다. 하지만 관거기반 위생시스템(sewer-based sanitation system)으로 대체된 상황하에서도 하수(원수, 처리수 등)의 재사용이나 하수슬러지의 농지적용은 부분적으로 이루어져 왔으며, 이와 동시에 악취문제나 위생상의 문제가 꾸준히 제기되어 왔다.

생태학적인 위생시설은 1998년 스웨덴 국제개발협력청(SIDA, Swedish International Development Cooperation Agency) 설립기금을 바탕으로 수행된 스톡홀름 환경연구소(Stockholm Environment Institute, 2002~2011)의 한 프로그램(EcoSanRes programme)의 운영결과로 알려지게 되었다. 독일 역시 정부사업(GIZ)으로 10년간의 대규모 EcoSan 프로그램(2001~2012)을 진행하였고, 이 프로그램은 지속가능 위생시설(sustainable sanitation)로 변경되었으며, 2007년 공식적으로 지속가능 위생연합(Sustainable Sanitation Alliance)이라는 기구가 설립되었다. EcoSan은 기본적으로 유효자원으로서 생활하수의 가치를 강조하며 비료로서 재사용이나 지구상의 무한한 자원인 인(P)의 회수(그림 3-5)에 중점을 두고 있다(Driver et al., 2001).

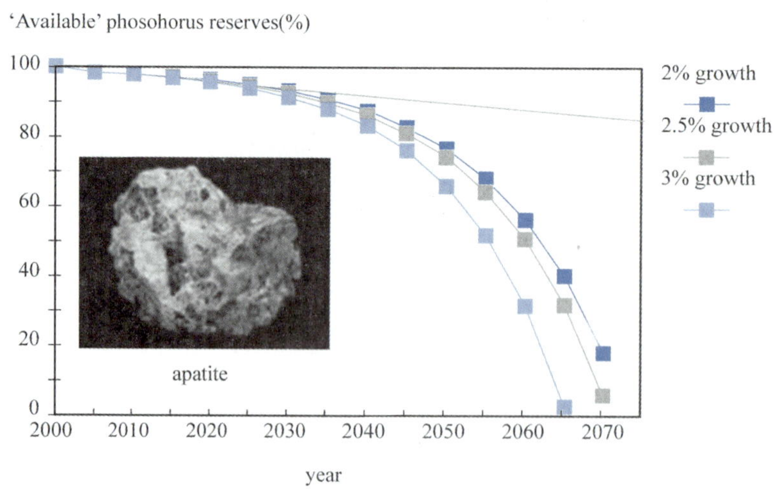

그림 3-5 **Global depletion of P reserves(Driver et al., 2001)**

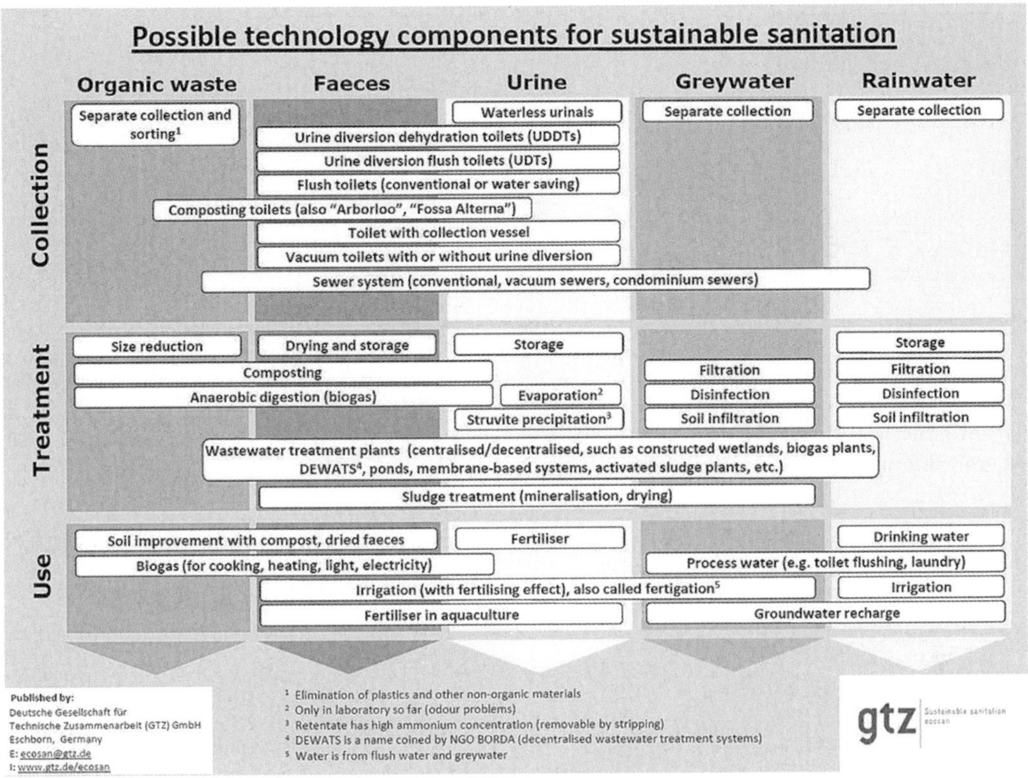

그림 3-6 **지속가능한 위생을 위해 적용가능한 기술(Wiki, 2015)**

EcoSan은 분산형(decentralized)과 중앙집중형(centralized) 그리고 고급(high-tech)과 저급기술(low-tech) 등을 결합하는 유연한 체계를 특징으로 하고 있다. 즉, 생활하수(gray water), 오줌(urine-yellow water)과 배설분(feces-brown water)으로 상이한 폐수특성에 따라 오염원을 분리 제어하여 처리와 안전한 재이용이 더욱 용이한 방식을 사용한다. EcoSan의 가장 일반적인 기술은 오줌을 분리하는 건조형 변기(urine-diverting dry toilet)와 진공형 변기(vacuum toilets) 등을 활용하여, 바이오가스(메탄) 발생장치, 인공습지(constructed wetlands), 퇴비화 변기(composting toilets) 등과 결합하는 방식이다(그림 3-6, 3-7).

1995년 스톡홀름에는 160명의 주민이 거주하는 51개의 아파트에 오줌 분리시설이 도입되었는데(그림 3-8), 수거된 소변은 잔류 가능한 병원성균의 제거를 위해 6개월 정도 별도 저장한 뒤 농지에 직접 살포하고 있다(Johansson, 2001). 또 2003년 유럽연합 프로젝트(LIFE03 ENV/D/000025)의 일환으로 독일 Stahnsdorf에서는 오줌분리 건조형 변기(중력식과 진공식)를 활용한 신개념 위생시설을 도입하기 위해 pilot 규모의 연구를 성공적으로 수행한 바 있다(Peter-Frohlich, et al., 2004). 그 결과 진공식(약 6 L/p·d)의 경우는 중력식(15 L/p·d)이나 일반형 변기(25~40 L/p·d)에 비해 물소모량은 상당히 낮게 평가되었을 뿐만 아니라, 중력식 분리형 변기 및 퇴비화

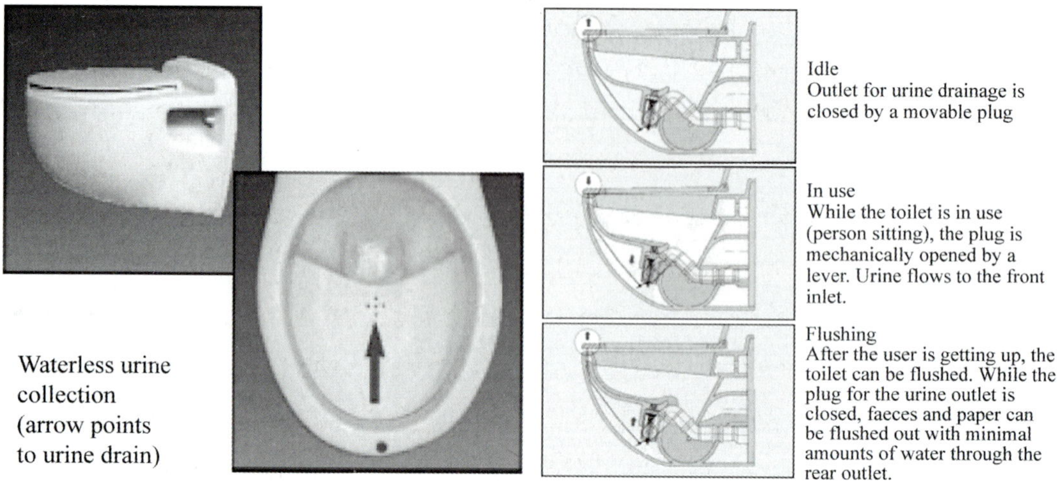

그림 3-7 중력식 오줌분리 건조형 변기(gravity separation urine-diverting dry toilet) (Roediger, 2001)

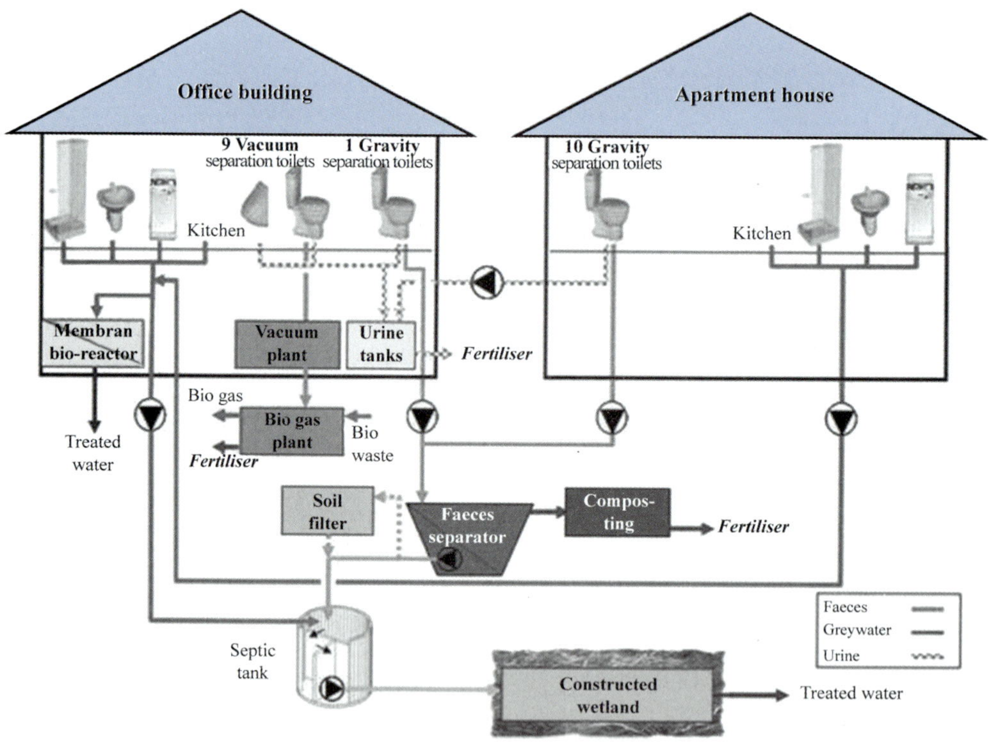

그림 3-8 New sanitation concepts with gravity separation toilets in the office building and with vacuum separation toilets in the apartment house of the WWTP Stahnsdorf (Peter-Frohlich, et al., 2004)

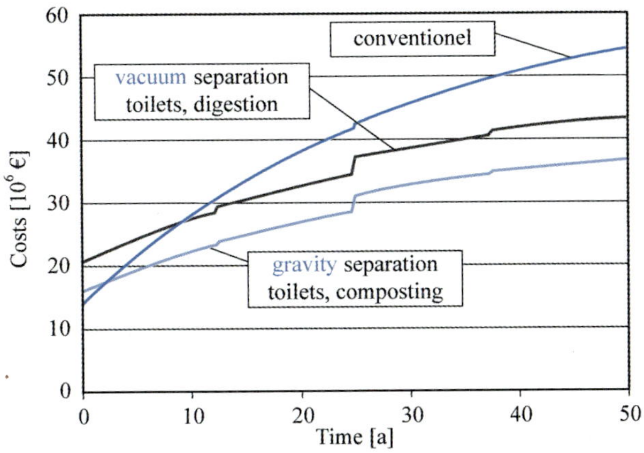

그림 3-9 **Total project costs for the conventional and the new saniation concepts(5,000 inhabitants) (Peter-Frohlich, et al., 2003)**

기술(그림 3-9)을 적용한 경우가 가장 우수한 경제성을 보였다(Peter-Frohlich, et al., 2003, 2009). 2012년 전 세계적으로 324개의 EcoSan 프로젝트(Jordan, Beijing, Lima, Sweden, Germany, Netherlands 등)가 진행 중이며, 매우 긍정적인 결과를 보이고 있다(GIZ, 2012; Susana, 2013; Mels, A. et al., 2005).

3.3 수처리의 고도화 및 물 재이용 확대

현재 하수도는 과거의 우수·오수배제, 유기물질과 영양소 제거의 차원을 넘어 자원재활용(4세대)과 미량유해물질처리(5세대)단계로 진화하고 있는데, 이러한 기술적 진화는 안전한 물에 대한 수요와 공급의 불균형을 해소할 불가피한 선택이다. 세계적으로 물 재이용 관련 기술은 막여과를 이용한 고도처리 및 지능형 물생산·공급시스템으로 발전하고 있다. 막여과시스템 시장은 연평균 19.6% 이상 성장할 것으로 전망(2007년 61억$, 2016년 303억$)하고 있으며, IT를 접목한 상하수도 공급망 및 관망유지, 수요관리 등을 위한 관리기술(Smart Water Grid)로 발전하고 있다.

일반적으로 하수재이용 처리기술은 재이용수의 용도에 맞는 수질과 경제성에 따라 적용되는데(그림 3-10), 예를 들어 2차 처리수(secondary effluent)는 간접적인 식용 작물을 위한 농경용수와 식품공업을 제외한 냉각수용로 제한하며, 3차 처리(tertiary effluent)는 무제한적 농경용수, 조경용수 및 공업용수로 사용가능하다. 또 역삼투막과 고도산화처리에 의해 생산된 처리수는

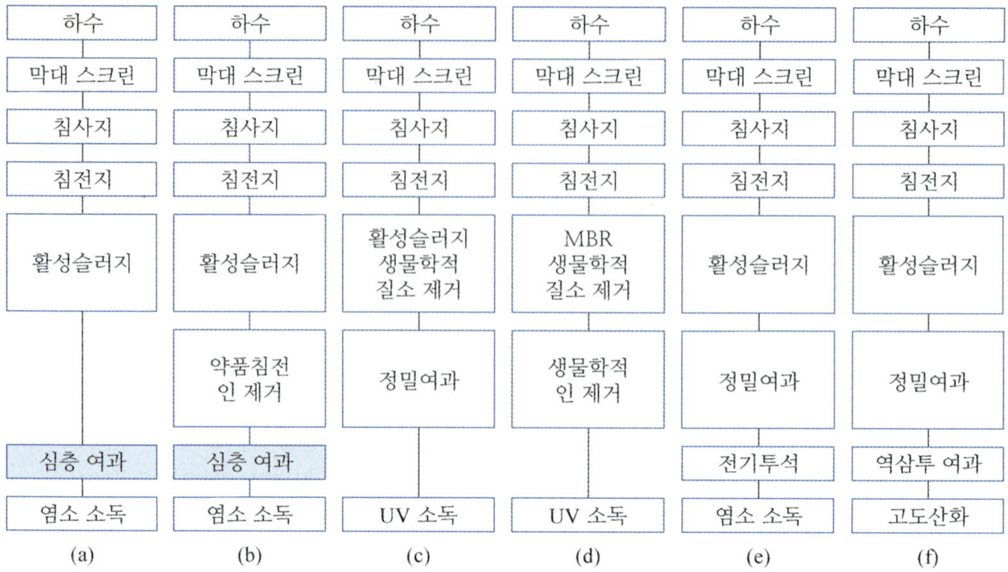

(a) 농업용(심층여과는 선택), (b) 골프코스관개용(심층여과는 선택), (c) 조경관개와 공업용 냉각탑용, (d) 장식용 인공폭포(ornamental water features), (e) 조경관개용, (f) 지하수/지표수 충전(Asano et al., 2007)

그림 3-10 **전형적 물 재이용을 위한 하수처리 공정**

생활용수 사용과 초고순도의 물을 필요로 하는 공업용수로 사용가능하다. 국내에서 적용되고 있는 재이용수 용도별 재처리공정은 최종단계에서 모래여과, 막여과(membrane filtration)와 역삼투(reverse osmosis) 등 기술이 주로 검토되고 있다(표 3-1).

표 3-1 **용도별 재처리 공정분류 사례**

구분	용도	처리방법
범용 재이용수	청소용수	모래여과
	도시조경용수	모래여과
	친수용수	모래여과/활성탄
	하천유지용수	모래여과, MF
	관개용수	모래여과, MF
인체 접촉 및 직접 영향 재이용수	인체접촉 세척용수	MF/RO, 생물반응조 내 침지막 설치/RO
	직접관개용수	MF/RO 이상
고도환경용수	습지용수	모래여과/활성탄, MF/RO, 생물반응조 내 침지막 설치/RO
	지하수충진	모래여과/활성탄, MF/RO, 생물반응조 내 침지막 설치/RO
	음용수자원보충	MF/RO, 생물반응조 내 침지막 설치/RO
공업용수		위 처리공법 조합 모두 가능

세계의 지역별 총 도시 하수재생설비는 약 3,000여개 이상으로 확인, 일본이 1,800개 이상으로 가장 많은 설비를 보유하고 있으며 북미(835), 오세아니아(456), 유럽(234) 순으로 나타난다 (Asano et al., 2007). 라틴 아메리카 지역은 주로 농경관개용 물 재이용이 두드러지며 80% 이상의 도시하수처리설비가 2차처리 공정으로 주로 사용하고 있다. 중동 및 지중해 지역에서는 50% 이상의 설비가 2차처리 기술이며 걸프 지역 국가들은 식량작물 관개, 조경관개 또는 지하수 충진을 위해 고도하수처리기술을 사용하기 시작하였다. 쿠웨이트의 Sulaibiyah에서는 하수처리 플랜트에서 한외여과와 역삼투압 여과와 같은 분리막을 활용한 공정이 적용되어 무제한적 비식수용 재생수를 생산하고 있다.

유럽, 오세아니아와 북미 지역은 농경 관개, 지하수 충진, 환경 및 친수용수 관련 도시용수 재이용을 위해 3차처리 공정을 적용하고 있고, 유럽에서는 음용수수준의 수질을 생산하기 위한 다층개념(multi-barrier concepts)의 기술이 적용되고 있는데, 다층개념이란 상수처리에서 적용되는 원리로 병원체와 유해 유기 및 무기성 오염물질이 수처리 시스템으로 들어가는 것을 방지하기 위해 여러 장치를 제공하는 것으로 이는 여러 폐수처리 공정의 조합으로 나타나거나 환경적 버퍼(environmental buffer)의 형태로 나타난다.

우리나라의 물 재이용 정책의 기본방향(그림 3－11)은 빗물 및 중수도 이용확대, 하수처리수 및 폐수처리수 재이용 확대로 법제도 개선과 지역별 물순환 시스템연계, 물산업육성 및 기술개발, 수요처 발굴 등으로 요약된다(환경부, 2011). 표 3－2에는 장래의 물 재이용 목표를 나타내었다.

우리나라는 물 재이용 관련 업무를 효율적으로 추진하기 위해 물 재이용시설 운영 · 관리 업무지침(환경부, 2014)을 제정하였다. 이는 「물의 재이용 촉진 및 지원에 관한 법률」 제2조 제2호의 규정에 정의된 대표적인 "물 재이용시설" 중 빗물이용시설, 중수도, 하수처리수 재이용 시설, 온배수 재이용시설을 주요 대상으로 하고 있으며, 이러한 물 재이용시설의 운영 · 관리와

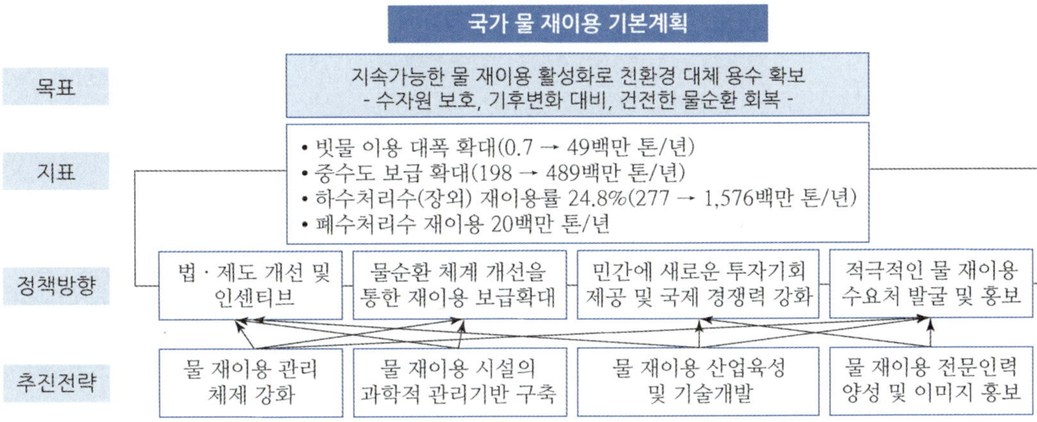

그림 3－11 국가 물 재이용 기본계획 추진전략(환경부, 2011)

표 3-2 **목표연도별 물 재이용 목표** (단위: 백만 m^3/년)

단계 구분		현재	1단계	2단계	3단계
목표연도		2008	2011~2012	2013~2016	2017~2020
빗물		0.7	5.2	17.6	48.6
중수도		198	256	364	489
공공하수도	공업용수	15	105	353	507
	농업용수	27	50	85	106
	유지용수	214	279	527	778
	기타 도시용수	21	70	125	185
	소계	277	503	1,090	1,576
	장내용수	401	401	401	401
폐수		–	–	8	20
총계		**877**	**1,165**	**1,881**	**2,535**

관련된 업무처리 절차, 유지관리 체계 등을 규정하고 있다. 표 3-3~표 3-5는 이러한 시설의 관련법령, 법적의무대상 및 시기별 적용기준을 정리하였다.

표 3-3 **빗물이용시설의 시기별 적용기준**

구분	2001.9.29.~2011.6.8.	2011.6.9.~2014.7.16.	2014.7.17.~
해당법령	「수도법」 제11조의3, 시행령 제15조의3	「물의 재이용 촉진 및 지원에 관한 법률」 제8조, 시행령 제10조	「물의 재이용 촉진 및 지원에 관한 법률」 제8조
법적 의무대상	• 운동장 또는 체육관(지붕면적 2,400 m^2 이상이고 관람석 수가 1,400석 이상)	• 종합운동장, 실내체육관 • 공공업무시설(군사, 국방시설 제외) • 공공기관의 청사 ※ 지붕면적 1,000 m^2 이상	• 종합운동장, 실내체육관, 공공업무시설(군사, 국방시설제외), 및 공공기관의 청사(지붕면적 1,000 m^2 이상) • 공동주택(건축면적 4,000 m^2 이상) • 학교(전부, 유치원 제외) 「유통산업발전법」 제2조 제3호에 따른 대규모점포(매장면적의 합계 3,000 m^2 이상) • 골프장(부지면적 10만 m^2 이상)
설치 용량	• 지붕면적×0.05(m) 이상	• 지붕집수면적×0.05(m) 이상	• 지붕집수면적×0.05(m) 이상 • 연간 물사용량의 40% 이상을 활용가능한 용량(골프장)

표 3-4 **중수도시설의 시기별 적용기준**

구분	2001.9.29.~2007.9.27.	2007.9.28.~2011.6.8.	2011.6.9. 이후
해당법령	「수도법」 제11조, 시행령 제15조	「하수도법」 제26조, 시행령 제21조	「물의 재이용 촉진 및 지원에 관한 법률」 제9조, 시행령 제11조
법적 의무대상	• 숙박업 또는 목욕장업 • 공장(1일 폐수배출량이 1,500 m^3 이상) • 대규모 점포 • 여객자동차 터미널 및 화물터미널, 철도역사 • 공항시설, 항만시설 및 종합 여객시설 • 업무시설, 교도소 • 방송국, 전신전화국 (※ 공장 이외에는 모두 건축연면적 60,000 m^2 이상)	• 숙박업 또는 목욕장업 • 공장(1일 폐수배출량이 1,500 m^3 이상) • 대규모 점포 • 운수시설(집배송시설 제외) • 업무시설 • 교정시설 • 방송국, 전신전화국 (※ 공장 이외에는 모두 건축연면적 60,000 m^2 이상)	• 숙박업 또는 목욕장업 • 공장, 발전시설(1일 폐수배출량이 1,500 m^3 이상) • 대규모 점포, 물류시설 • 운수시설, 업무시설, 교정시설 • 방송국, 전신전화국 • 지자체 조례로 정하는 시설 (※ 공장 이외에는 모두 건축연면적 60,000 m^2 이상이고 아래 항목은 건축연면적 해당 없음) • 관광단지 및 도시개발사업 • 산업단지 및 택지개발사업
재이용량	• 물사용량의 10% 이상	• 물사용량의 10% 이상	• 물사용량의 10% 이상

※ 물사용량의 10% 이상을 하폐수처리수 재처리수로 공급받거나 빗물을 이용하는 경우 제외

표 3-5 **하수처리장 설치 인가 시기별 법적의무 대상과 재이용량**

구분	2008.9.29~2011.6.8	2011.6.9 이후
관련법	하수도법	물의 재이용 촉진 및 지원에 관한 법률
법적 의무대상	신설·증설 해당	신설·증설 해당(총인(개량) 제외)
대상용량	5천 m^3/일 이상	5천 m^3/일 이상
재이용량	1일 하수처리수 양의 5% 이상	1일 하수처리수 양의 10% 이상

참고문헌

- Asano et al. (2007). Water reuse: issues, technologies, and applications, McGraw-Hill.
- Driver et al. (2001). Global depletion of P reserves.
- GIZ (2012). Worldwide list of 324 documented ecosan projects by various organisations (http://www.susana.org/en/resources/library/details/1423). Gesellschaft für internationale Zusammenarbeit (GIZ) GmbH, Eschborn, Germany.
- GTZ, IWA (2003). Ecosan - closing the loop - Proceedings of the 2nd international symposium, 7th–11th April 2003, Lübeck, Germany. Deutsche Gesellschaft für Technische Zusammenarbeit (GTZ) GmbH and International Water Association (IWA).
- https://en.wikipedia.org/w/index.php?title=Ecological_sanitation&redirect=no
- http://www.kompetenz-wasser.de/SCST.22.0.html?&L=1
- IPCC (2007). Climate Change 2007-Synthesis Report.
- IPCC (2008). Climate and Water-IPCC Technical Report VI.
- Johansson, M. (2001). Urine Separation, VERNA Ecology, Stockholm, Sweden, Final report on the R&D project: Source separated human urine.
- Mels, A. et al. (2005). Ecosan – some examples of multiple use of household wastewater.
- Otterpohl, R., Abold, A. and Oldenburg, M. (1999). Source Control in Urban Sanitation and Waste Management: Ten Systems with Reuse of Resources. Wat. Sci. Tech., 39(5), 153-160.
- Peter-Fröhlich, A., Luck, F., Kraume, I., Gnirß, R., Lesjean, B., & Meinhold, J. (2004). Sanitation Concepts for Separate Treatment of Urine, Faeces and Greywater, Demonstration Project in Berlin, Germany. In 4th IWA World Water Congress and Exhibition, Marrakech, Morocco, 19-24.
- Pnina, V. (2009). Advance Water management-Smart Water. IBM Haifa Research lab.
- Roediger (2001). Roediger-No Mix Toilet. (www.roevac.com)
- Susana (2013). "Case studies of sustainable sanitation projects" (http://www.susana.org/en/resources/case-studies). Sustainable Sanitation Alliance. 2013. Retrieved 18 October 2014.
- UN, The Millennium Project. (http://www.millennium-project.org/)
- 국토교통부 (2015). 2015 물포럼, 차세대 물관리 시스템.
- 김성수 외 (2012). 기후변화 대응을 위한 지속가능한 물관리 법제에 관한 연구. 연세대학교 산학협력단.

- 최동진 (2006). 물관리체계 개편과 물 기본법. 2006춘천 물포럼 자료집.
- 환경부 (2011). 물 재이용 기본계획 2011~2020.
- 환경부 (2014). 물 재이용시설 운영·관리 업무지침(제정).

Chapter 04

환경영향평가

"Pumping Sewage on Crops for Fertilizer"

Source: Harper's Weekly, 1890, Photo IV.1; from The Search For The Ultimate Sink by Joel A. Tarr, The University of Akron Press, 1996.

4.1 개요

환경영향평가제도란 개발사업의 사업계획을 수립함에 있어서 해당 사업으로 인하여 환경에 미치는 해로운 영향을 미리 예측 · 분석하고 부정적인 환경영향을 줄이는 방안을 마련하는 계획 과정의 일환이며 의사결정을 지원하는 하나의 수단이다. 환경영향평가제도는 자연생태계의 파괴와 환경오염문제가 갈수록 심각해짐에 따라 오염물질의 처리 등 사후대책만으로는 환경문제에 대한 근본적인 해결이 어려우므로 각종 개발계획의 추진단계에서 환경적인 측면을 미리 고려하기 위한 사전예방적 정책수단으로 도입되었다. 환경영향평가제도는 개발사업을 수립 · 시행하는 데 있어 경제적 · 기술적 측면 이외에 환경적 측면까지 종합적으로 고려하도록 함으로써 환경상태의 악화를 예방하고 환경적으로 건전하고 지속가능한 개발을 달성하기 위한 중요한 수단이 되고 있다.

4.2 환경영향평가의 변천

우리나라에서는 1977년 「환경보전법」을 제정하면서 행정기관이 시행하는 도시개발, 산업입지의 조성, 에너지개발 등에 대한 협의근거를 마련함으로써 처음 도입되었으나 동법 제5조에 '사전협의'라는 제목 하에 환경에 영향을 미치는 사업의 계획을 수립하고자 하는 행정기관의 장이 주체가 되어 미리 협의할 것을 규정하는 형식을 빌린 제한된 환경영향평가제도가 도입되었다.

1979년 12월 「환경보전법」의 개정을 통해 제5조의 제목을 '환경영향평가 및 협회'로 바꾸어 현재와 같은 환경영향평가제도를 도입하였다. 1981년에 환경청(지금의 환경부)의 발족과 함께 '환경영향평가서 작성에 관한 규정(환경청고시 제81-4호)'이 제정 · 고시됨에 따라 본격적으로 실시되었으며, 이후 「환경보전법」의 개정을 통해 대상사업을 확대하면서 행정기관뿐만 아니라 정부투자기관 등 공공기관 및 민간이 시행하는 사업까지 포함되었다. 1990년 환경청이 환경처로 승격되면서 환경법체계를 전면 개편함에 따라 환경영향평가에 관한 사항을 「환경정책기본법」에 규정하고, 주민 의견수렴 및 사후관리제도를 도입하였다.

환경정책의 기본방향을 정하고 있는 「환경정책기본법」에서 환경영향평가 대상 사업의 범위, 시기, 협의절차 등 구체적 · 집행적 사항까지 정해야 하는 등 입법상의 문제와 제도운영상 나타난 문제점을 개선하기 위하여 1993년 법률 제4567호로 단일법으로서 「환경영향평가법」을 제정하여 시행하였고, 이 후 평가대상사업이 16개 분야 59개 사업으로 확대되고, 주민의견수렴을 위한 설명회 또는 공청회를 의무적으로 실시토록 하는 한편, 평가서 협의요청 및 사후관리를 사업승인기관이 담당하도록 하였다.

1999년에는 「환경, 교통, 재해 등에 관한 영향평가법」으로 통합되어 운영하였으나 여러 가지 문제점으로 인하여 2008년에 「환경영향평가법」이 제정됨으로써 교통, 재해, 인구 영향평가를 삭제하고 환경영향평가를 대폭 강화했다. 기존 운영되었던 '사전환경성검토' 및 '환경영향평가' 제도가 동일 목적의 사전 협의 제도임에도 불구하고 환경정책기본법과 환경영향평가법으로 각각 분리 운용되고 있어 처리절차가 복잡하고 그 적용에 있어서도 일부 혼선이 발생하는 등의 문제점이 있었으므로 2011년 7월 이를 보완한 「통합환경영향평가법」이 공포 · 시행하게 되었다.

4.3 전략환경평가와 환경영향평가

환경평가(environmental assessment)란, 전략환경평가(SEA, strategic environmental assessment), 환경영향평가(EIA, environmental impact assessment) 등 정책 계층구조와 관계있는 정책(policy), 계획(plan), 프로그램, 프로젝트가 환경에 미칠 영향을 종합적으로 예측하고 분석 · 평가하는 과정(그림 4-1, 표 4-1)으로서, 궁극적으로는 환경파괴와 환경오염을 사전에 방지하기 위한 정책수단으로서 환경적으로 건전하고 지속가능 개발(ESSD, environmentally sound and sustainable development)을 유도하여 쾌적한 환경을 유지 · 조성하는 것을 목적으로 한다(Fischer, 2007; Maughan, 2013). 환경영향평가제도는 1969년 미국의 「연방환경정책법」에서 최초로 법제화되었으며, EIA 대상에 정책, 계획도 포함되어 SEA 개념이 도입되었다. 이후 전세계적으로 자국의 사회환경과 특성을 고려한 다양한 형태의 환경평가제도가 운영되고 있다 우리나라도 2012년 7월 개정(그림 4-2)을 통하여 '전략환경영향평가', '환경영향평가', '소규모 환경영향평가'로 구분하여 진행하고 있다(환경부, 2012).

첫째, '전략환경영향평가'란 환경에 영향을 미치는 상위계획을 수립할 때에 환경보전계획과의 부합 여부 확인 및 대안의 설정 · 분석 등을 통하여 환경적 측면에서 해당 계획의 적정성 및 입지의 타당성 등을 검토하여 국토의 지속가능한 발전을 도모하는 것을 말한다(2011.7. 개정

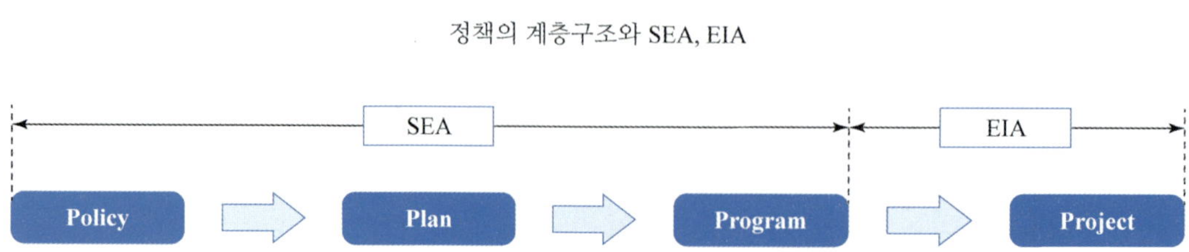

그림 4-1 환경평가제도

표 4-1 **환경영향평가와 전략환경영향평가 비교**

환경영향평가(EIA)	전략환경영향평가(SEA)
• 의사결정 마지막 단계에서 실시	• 의사결정 초기단계에서 실시
• 제안된 개발계획에 대한 수동적 접근	• 제안된 개발계획에 대한 능동적 접근
• 환경상 영향에 관한 구체적 규명	• 지속가능 발전, 환경적 연관성 규명
• 대안검토 곤란	• 광범위한 잠재적 대안 고려 가능
• 누적영향에 대한 검토 곤란	• 누적영향에 대한 조기 경고
• 환경영향 최소화 방안에 중점	• 환경 적합 목적성 충족 및 자연환경시스템의 유지에 중점
• 좁은 범위에서 매우 상세한 검토	• 덜 상세하지만 넓은 안목에서 비전과 포괄적 프레임워크 제시 가능

환경영향평가법 제2조). 둘째, '환경영향평가'란 환경에 영향을 미치는 실시계획 · 시행계획 등의 허가 · 인가 · 승인 · 면허 또는 결정 등을 할 때에 해당 사업이 환경에 미치는 영향을 미리 조사 · 예측 · 평가하여 해로운 환경영향을 피하거나 제거 또는 감소시킬 수 있는 방안을 마련하는 것을 뜻한다. 마지막으로 '소규모환경영향평가'란 환경보전이 필요한 지역이나 난개발이 우려되어 계획적 개발이 필요한 지역에서 개발사업을 시행할 때에 입지의 타당성과 환경에 미치는 영향을 미리 조사 · 예측 · 평가하여 환경보전방안을 마련하는 것을 의미한다(환경부, 2012).

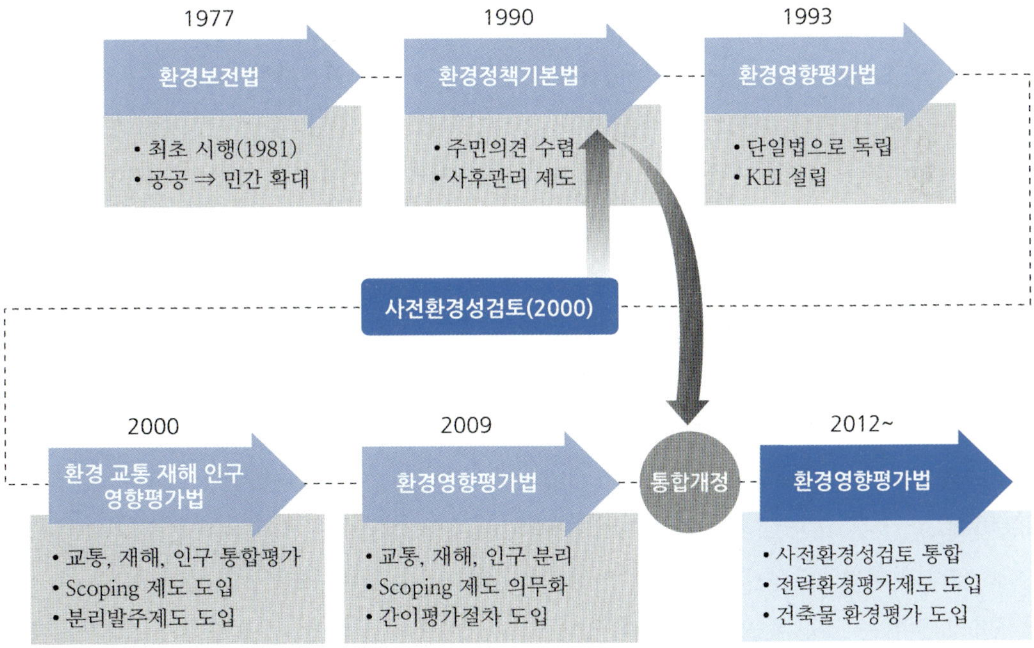

그림 4-2 **우리나라 환경영향평가제도의 변천**

4.4 전략환경영향평가의 대상계획 및 절차

전략환경영향평가를 실시해야 하는 대상계획은 그 성격을 고려하여 '정책계획'과 '개발기본계획'으로 분류되어 있는데, 정책계획이란 '국토의 전 지역이나 일부 지역을 대상으로 개발 및 보전 등에 관한 기본방향이나 지침 등을 일반적으로 제시하는 계획'으로서 유통산업발전기본계획 및 시행계획, 도로정비기본계획, 댐건설장기계획, 국가철도망구축계획, 관광개발기본계획, 권역별관광개발계획, 온천발전종합계획, 사방사업기본계획, 산림기본계획, 산림문화・휴양기본계획, 산촌진흥기본계획, 농어촌정비종합계획, 농업생산기반정비계획, 폐기물처리기본계획 등 15개 계획에 해당한다. 개발기본계획이란 '국토의 일부 지역을 대상으로 하는 계획으로서 구체적인 개발구역의 지정에 관한 계획 또는 개별 법령에서 실시계획 등을 수립하기 전에 수립하도록 하는 계획으로 실시계획 등의 기준이 되는 계획'을 말한다. 혁신도시개발예정지구의 지정, 도시・군관리계획 등 86개 계획으로서 전략환경영향평가 전체 대상계획의 수는 총 101개이다. 2012년 시행령 개정 시 종전의 사전환경성검토대상 행정계획에 추가하여 13개의 전략환경영향평가대상을 확대하였는데, 향후 전략환경영향평가제도의 목적 달성을 위해서는 개발을 전제로 이루어지는 핵심적인 상위계획의 추가가 고려되고 있다.

사전환경성검토(행정계획) 및 환경영향평가시 각 단계에서 주민의견수렴과정이 전제되어 있으며, 사전환경성검토 단계에서 환경영향평가에 준하는 의견수렴을 실시한 경우에는 환경영향평가 단계에서는 생략할 수 있었으나, 사전환경성검토(행정계획)의 의견수렴은 그 절차와 방법이 구체적으로 규정되어 있지 않았으므로 행정단계에서 의견수렴에 대한 규정의 강화가 필요하다. 개정법에서는 개발기본계획에 대한 전략환경영향평가 시에도 주민이 요구할 경우 공청회 개최, 주민의견 재수렴, 주민 등의 의견수렴 결과와 반영여부 공개 등 세 가지 규정이 의무화되어 있어 기존 사전환경성검토(행정계획) 의견수렴 절차에 비해 그 의무가 다소 강화된 부분이 있으나, 정책계획의 경우는 계획의 성격상 전 국토를 대상으로 하거나, 구체적인 입지가 없는 것 등을 고려하여 주민의견 수렴의무 절차를 생략하여 전체적으로는 전략환경영향평가의 구분별 특성에 따라 그 절차를 합리화하기 위한 개정이라고 볼 수 있다. 의견수렴 절차의 일부 조정에도 불구하고, 기존 제도에서 의견수렴에 대한 중복이행을 피하기 위해 개별 법령에 따른 의견수렴 절차에서 전략환경영향평가서(개발기본계획) 초안에 대한 의견을 수렴한 경우 생략 가능하게 한 것은 그대로 반영하였으며, 개발기본계획 의견수렴 시 환경영향평가의 내용을 포함하였다면 환경영향평가 시 의견수렴 절차를 생략할 수 있는 규정은 기존과 동일하다. 환경평가협의 절차는 그림 4-3에 나타나 있다.

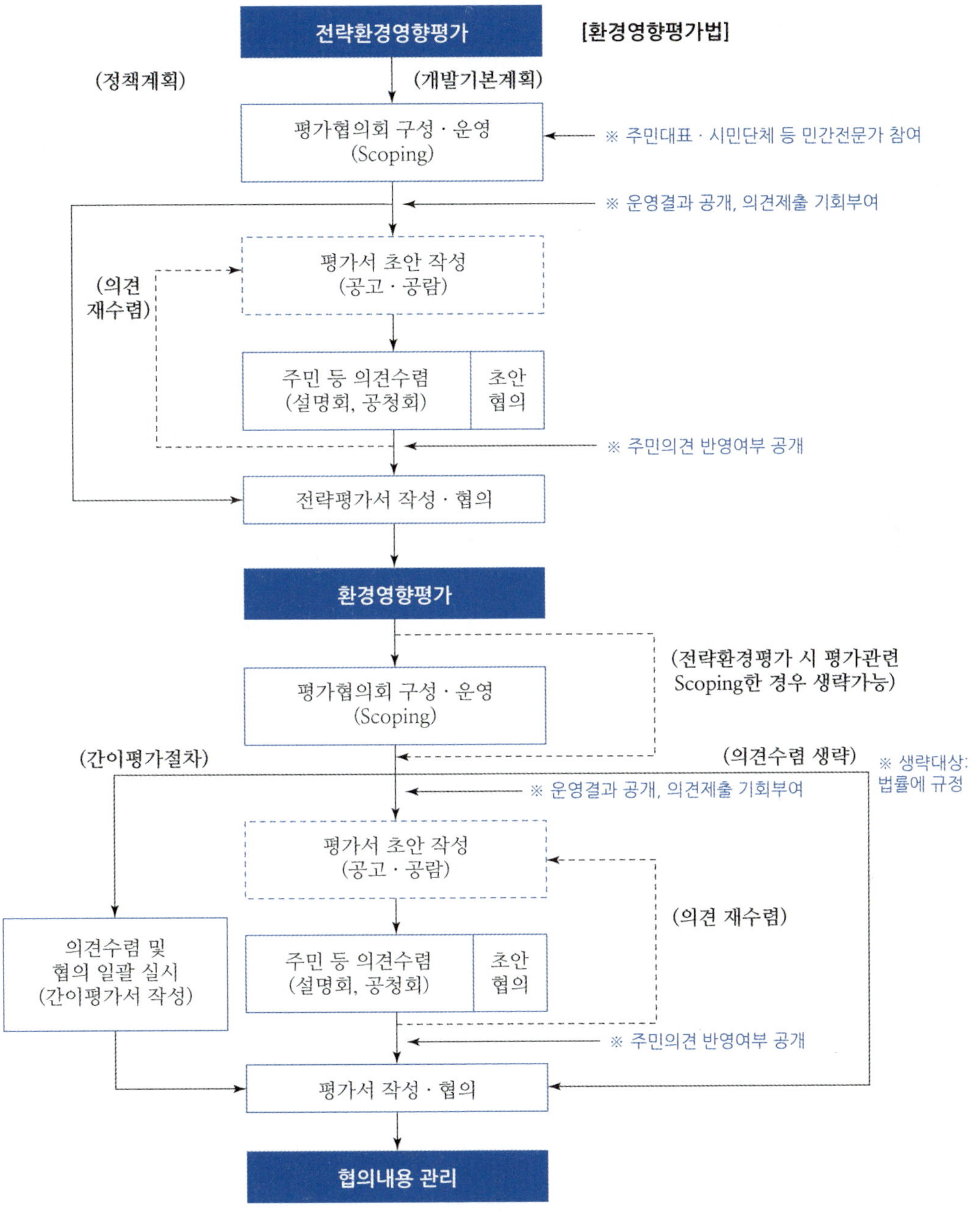

그림 4-3 환경평가협의 절차

4.5 환경영향평가의 절차 및 내용

환경영향평가대상사업은 1977년 12월 제정된 「환경보전법」에서는 행정기관이 시행하는 사업에 국한되었으나, 1986년 법률 개정 시 민간개발사업을 평가대상사업에 포함하였으며, 이후 대상사업이 지속적으로 확대되어 현재 17개 분야 78개 사업에 이르고 있다. 환경영향평가를 해야 하는 대상사업은 도시개발, 산업입지 및 공업단지조성, 에너지 개발(광업, 해저광업, 발전소-원자력, 화력, 회처리장, 저탄장, 송전소-변전소, 저유시설 등), 항만건설, 도로건설, 수자원개발(하천, 댐, 하구언 건설 등), 철도(도시철도) 건설, 공항건설, 하천의 이용 및 개발, 매립 및 개간사업, 관광단지개발 및 공원조성, 산지 개발(묘지, 초지조성, 채석, 채토 등의 산림훼손 등), 특정지역의 개발, 체육시설의 설치(골프장, 스키장, 경륜경정시설 등), 폐기물처리시설(매립, 소각시설) 및 분뇨처리시설, 하수종말처리장의 설치, 국방·군사시설의 설치사업, 토석·모래·자갈·광물 등의 채취사업(추가 1995. 04.), 친수구역조성 등 환경에 영향을 미치는 시설로서 대통령령으로 정하는 시설의 설치사업 등이 해당된다.

환경영향평가의 항목이란 대상사업의 시행으로 영향을 받게 되는 환경인자를 말하며, 대기환경, 물환경, 자연생태환경, 생활환경 등 6개 분야 21개 항목으로 구성되어 있다. 자연환경에는 기상, 지형·지질, 동식물상, 해양환경 등이, 생활환경에는 토지의 이용, 대기질, 수질(지표·지하수), 토양, 폐기물, 소음·진동, 악취, 전파장해, 일조장해, 위락, 경관, 위생·공중보건 등이, 사회·경제 환경에는 인구·주거·산업·공공시설·교육·교통·문화재 등이 평가항목으로 규정되어 있다. 평가서는 평가항목을 모두 포함해 작성하는 것을 원칙으로 하되 환경영향요소와 평가항목을 비교·평가해 환경에 미치는 영향이 경미하다고 판단되거나 평가항목에 해당사항이 없는 경우에는 해당평가항목을 생략할 수 있다.

환경영향평가 자체는 현실적 실상과 자료를 바탕으로 미지의 불확실성에 대해 예측·평가하는 기법인 만큼 이에 대한 예측의 오차를 줄이기 위해서는 고도의 전문적 환경기술과 수많은 자료 및 경험의 축적을 필요로 하는 제도이다. 따라서 완벽한 평가기법을 도출하는 데는 매우 어려운 한계가 있다. 즉 변화의 예측을 완벽하게 수행하기 어렵다는 점, 대안이 한정되어 있고 대안의 가치에 대한 확실성이 결여되기 쉽다는 점, 환경가치의 객관화·계량화가 어려워 대안 간의 비교가 곤란하다는 점, 개발과 보전의 조화수준과 이에 대한 판단기준이 모호하다는 점 등의 한계성을 갖는다. 따라서 환경영향평가의 기본 원칙은 첫째, 경제적·기술적으로 실행할 수 있는 범위에서 환경영향평가 대상사업의 시행에 따른 해로운 환경영향을 피하거나 줄일 수 있는 방안을 강구한다. 둘째, 환경보전방안은 과학적으로 조사·예측된 결과를 근거로 한다. 셋째, 환경영향평가 대상사업에 충분하게 정보를 제공하여 환경영향평가 과정에 주민 등의 참여가 원활히 이루어질 수 있도록 한다.

환경영향평가서의 작성주체는 개발사업의 시행주체인 사업자이며, 평가항목의 선정에 관한 사항, 평가 항목별 작성방법과 기타 평가서 작성에 필요한 사항은 '환경영향평가서 작성 등에 관한 규정(환경부 고시)'에서 정하고 있다.

참고문헌

- https://en.wikipedia.org/wiki/Strategic_environmental_assessment.
- Fischer, T. B. (2007). Theory and Practice of Strategic Environmental Assessment, Earthscan, London.
- International Association for Impact Assessment (1999). Principle of Environmental Impact Assessment Best Practice.
- Maughan, J. T. (2013). Environmental Impact Analysis: Process and Methods. CRC Press.
- United States. National Environmental Policy Act, P.L. 91-190, 83 Stat. 852, 42 U.S.C. § 4321 et seq. Approved January 1, 1970.
- 환경부 (2014). 환경백서.
- 환경부 (2012). 환경영향평가법.
- 환경부 (2012). 환경영향평가법 개정법률 설명자료.

PART 3 Water Quality

수질

The parameters for characterizing acceptable water quality vary substantially from on water body type to another, and tend to be both general, such as the "fishable and swimmable" goal of the Clean Water Act, and specific, using water quality criteria for pollutants.

(The fifteenth annual report of the Council on Environmental Quality, USA, 1984)

Chapter 05

수질요소

Drawing of Death bringing cholera, in Le Petit Journal (1912)

Source: Wikipedia 2010.

5.1 물의 특성

(1) 물의 이화학적 특성

물의 이화학적 특성(water properties)은 다음과 같이 정리할 수 있다. 이러한 물의 특성은 수자원의 질을 설명하는 데 중요한 기초가 된다.

- 순수한 물(pure water, H_2O)은 수증기(water vapor)에서 얻을 수 있으며, 이때 수소이온(pH)의 농도는 7이다.
- 풍부하다(abundant) – 지구표면의 약 70%를 커버하고 있으며, 생물권(biosphere)에서 가장 풍부한 화학물질이다.
- 밀도(density)는 4℃에서 최대(999.975 kg/m^3)이다. 즉, 물은 얼었을 때 팽창하는 특성을 지닌 가장 일반적인 물질이다. 따라서 호수는 표면에서 얼고 또한 열적 성층현상(thermal stratification)을 일으키며, 암반의 풍화작용(weathering)과 상수관(압력관) 파손의 원인이 된다.
- 녹는점(melting)과 끓는점(boiling point) – 유사한 분자량을 가진 다른 물질에 비해 물은 비정상적으로 높은 끓는점을 가지는데 이로 인해 상온에서 액체로 존재한다.
- 열량(heat capacity)(4.184 kJ/kg) – 물의 열량은 다른 액체보다 더 높다. 따라서 물은 천천히 데워지고 천천히 식는 특성을 가진다. 따라서 대규모 수역(water body)은 기후변화를 완화하는 효과를 가지고 급속한 열적 변화(thermal fluctuations)에 대응하여 생명을 보호한다.
- 증발열(heat of vaporization)(2,258 kJ/kg) – 모든 액체 중에서 가장 높은 종류에 속한다. 따라서 수증기는 비이상적으로 다량의 에너지를 저장하며, 대기순환을 통하여 에너지를 분배하는 데 중요한 역할을 한다.
- 용매(solvent)로서의 물 – 물은 극성(polar)을 띠고 있으며, 이로 인해 극성물질(polar substances)을 녹이는 특성을 가진다. 다른 일반적인 용매보다 물은 더 많은 물질을 녹이는 특징이 있다.

(2) 자연수 내의 불순물

우수한 용매라는 물의 특성은 수질오염이라는 일반적인 환경문제를 야기시키는 주요 원인이 된다. 즉, 물은 공기 중에 포함된 다양한 가스상 물질(CO_2, O_2, N_2, SO_2, NO_2 등)을 녹이며, 그 결과 물의 pH는 낮아지게 된다.

지표수의 수질특성은 시간과 공간에 따라 변화하는데, 표면유출(surface runoff)에 의해 광물질이 용해되기 때문에 불순물(impurity)의 농도는 증가하게 된다. 실트(silt)와 미세입자들은 지표수에 의해 이동되어 하천을 탁하게 만들고, 흐름이 느린 수로와 정체수역에서는 식물과 조류 증식이 발생하기도 한다. 지표수는 대부분 각종 처리수를 방류하여 이송하는 데 사용되는데, 미량의 오염물질은 하천의 수질에 영향을 미칠 수 있으며, 때로는 불순물의 종류와 양을 증가시키기도 한다.

지하수는 용존 광물질(dissolved minerals)을 녹여 칼슘염, 마그네슘염, 나트륨염, 칼륨염, 중탄산염, 염소산염, 황산염, 질산염이 포함된다. 납, 구리, 비소, 망간과 같은 미량 이온과 다양한 유기 화합물 또한 일반적으로 나타난다. 무기물(inorganics)은 지하수와 지표수 모두에 녹지만 일반적으로 무기물은 토양과 더 많이 접하는 지하수에서 더 높은 용해염 농도를 나타낸다.

유기 화합물은 다음의 네 가지 주요한 발생원으로부터 발생한다. 식물성과 동물성 물질의 분해, 농촌지역의 유출(agricultural runoff), 폐수, 유해 폐기물 배출의 부적절한 관리가 그것이다. 화합물에는 휴믹(humic)물질과 세제, 살충제, 제초제, 용매로 사용되는 합성 유기물까지 다양한 범위가 포함된다. 표 5-1에는 대부분의 자연수에서 발견되는 일반적인 불순물을 나타내었다 (Applebaum, 1968; Camp and Meserve, 1974).

표 5-1 **물에서 발견되는 주요 화학적, 생물학적 불순물(Applebaum, 1968; Camp and Meserve, 1974)**

기원	불순물	
	이온성, 용존성	
	양이온	음이온
광물질, 토양, 바위와 접하고 있는 물	Calcium(Ca^{2+}) Iron(Fe^{2+}) Magnesium(Mg^{2+}) Manganese(Mn^{2+}) Potassium(K^{+}) Sodium(Na^{+}) Zinc(Zn^{2+})	Bicarbonate(HCO_3^-) Carbonate(CO_3^{2-}) Chloride(Cl^-) Fluoride(F^-) Nitrate(NO_3^-) Phosphate(PO_4^{3-}) Hydroxide(OH^-) Borates($H_2BO_3^-$) Silicates(H_3SiO_4) Sulfate(SO_4^{2-})
대기, 비	Hydrogen(H^+)	Bicarbonate(HCO_3^-) Chloride(Cl^-) Sulfate(SO_4^{2-})
환경 중에 있는 유기물질의 분해	Ammonium(NH_4^+) Hydrogen(H^+) Sodium(Na^+)	Chloride(Cl^-) Bicarbonate(HCO_3^-) Hydroxide(OH^-) Nitrite(NO_2^-) Nitrate(NO_3^-) Sulfide(HS^-) Organic radicals
환경 중에 있는 살아있는 유기체		
도시, 산업, 농업 기원 및 다른 인간의 활동	중금속을 포함한 무기이온	무기이온, 유기분자, 색

(계속)

기원	불순물		
	콜로이드성	부유성	기체
광물질, 토양, 바위와 접하고 있는 물	Clay Silica(SiO_2) Ferric oxide(Fe_2O_3) Aluminum oxide(Al_2O_3) Magnesium dioxide(MnO_2)	점토, 실트, 모래 및 기타 무기성 토양	Carbon dioxide(CO_2)
대기, 비		분진, 화분	Carbon dioxide(CO_2) Nitrogen(N_2) Oxygen(O_2) Sulfur dioxide(SO_2)
환경 중에 있는 유기물질의 분해	식물성 색도물질, 유기성 폐기물	유기성 토양(표토), 유기성 폐기물	Ammonia(NH_3) Carbon dioxide(CO_2) Hydrogen sulfide(H_2S) Hydrogen(H_2) Methane(CH_4) Nitrogen(N_2) Oxygen(O_2)
환경 중에 있는 살아있는 유기체	박테리아, 조류, 바이러스 등	조류, 규조류, 미세동물, 어류 등	Ammonia(NH_3) Carbon dioxide(CO_2) Methane(CH_4)
도시, 산업, 농업 기원 및 다른 인간의 활동	무기 및 유기성 고형물, 색도물질, 염소계 유기화합물, 박테리아, 기생충 바이러스	점토, 실트, 그리트 및 기타 무기성 고형물, 유기성 화합물, 유분, 부식산물 등	Chlorine(Cl_2) Sulfur dioxide(SO_2)

수질을 정의하기 위한 인자(water quality parameters)로 여러 가지를 사용할 수 있지만, 일반적으로는 물리적(physical), 화학적(chemical) 및 생물학적(biological)인 요소로 분류된다. 이러한 분류방법은 때로는 그 경계가 모호한 경우(부유물질, 냄새, 알칼리도, 경도, 생물화학적 산소요구량 등)도 있지만, 이러한 세분화된 인자들의 구분과 설명은 비교적 용이하게 사용될 수 있으므로 가장 보편적으로 사용된다. 중금속이나 독성유기화합물 등 특정 항목의 경우는 중요 관심사항으로 특별한 용도로 적용될 경우의 수질을 표현하기 위해 주로 사용된다. 물리·화학적 및 생물학적 수질특성은 수원의 고유특성과도 매우 관련이 깊다. 또한 최적의 수처리 기술을 선택하기 위한 기준이 되기도 하며, 나아가 유지 관리상의 문제와 그 경제성에도 깊이 관여되는 중요한 척도가 된다.

5.2 단위

물의 물리적, 화학적 및 생물학적 특성을 표현하기 위해 사용되는 단위(concentration units)는 다음과 같다.

(1) 중량 백분율(weight percent, %)

$$P = \frac{W}{W + W_0} \times 100$$

여기서, P = 중량에 의한 물질의 백분율, %

W = 물질의 중량(grams)

W_0 = 물의 중량(garms)

(2) 질량농도(mass concentration, C)와 ppm(part per million)

$$C = \frac{Mass_{solute}}{volume_{solute}}$$

여기서, $1\ mg/L = 10^{-3}\ gram/L \approx 1\ ppm$(하・폐수에 주로 사용)

$1\ \mu g/L = 10^{-6}\ gram/L \approx 1\ ppb$(상수에 주로 사용)

물을 대상으로 할 경우 주로 mg/L나 g/m³을 사용하고 공기의 경우 mg/m³, 토양의 경우 μ/kg의 단위를 사용한다.

$$1\ ppm = \frac{1\ mg}{1{,}000{,}000\ mg(=1\ kg)} \approx \frac{1\ mg}{1\ L} \quad \text{for water}$$

$$= \frac{1\ mg}{1{,}000{,}000\ mg} \times 100 = \frac{1}{10{,}000}\%$$

$$\rightarrow 1\% = 10{,}000\ ppm \approx 10{,}000\ mg/L \quad \text{for water}$$

(3) 몰 농도(molar concentration, M)

Molarity(M) = 용액(solution) 1 L에 녹은 용질(solute)의 몰 수로, Molarity(M)는 다음과 같이 mg/L로 전환된다.

$$mg/L = Molarity \times MW \times 10^3 = \frac{Moles}{Liter} \times \frac{g}{mole} \times \frac{10^3 mg}{g}$$

예) 1 mole $Na^+ = 23$ g

1 mole $Ca^{2+} = 40$ g

1 mole $H_2SO_4 = (1 \times 2) + (1 \times 32) + (4 \times 16) = 98$ g

→ 1 M H_2SO_4 = 1 mole H_2SO_4/1 L = 98 g/L

예제 5 - 1) 몰 농도로의 전환

주기율표(periodic table)를 참고하여 500 mg/L HCO_3^-를 몰 농도로 전환하면 다음과 같다.

element	atomic mass(g)	no. in HCO_3^- molecule	Total(g)
H	1	1	1
C	12	1	12
O	16	3	48
Total			61

즉, 61 g of HCO_3^- = 1 mole HCO_3^-

500 mg/L HCO_3^- (mass conc.)		1 g	$= 8.2 \times 10^{-3} \frac{mole}{L}$
	$\frac{61 \text{ g } HCO_3^-}{1 \text{ mole } HCO_3^-}$	1000 mg	or 8.2 mmole HCO_3^-

(4) 노르말(등가)농도(normality, equivalent concentration, N)

노르말농도(N)는 용액 1 L에 녹은 당량(equivalent weights)의 수(주로 이온용액을 다룰 때 사용)로 당량(gram equivalent weight)은 1 gram당 수소(or 어떤 양성원소)와 결합할 수 있는 화합물의 중량을 말한다.

$$\text{당량} = \text{분자량} / \text{전체 산화수(reaction capacity)}$$

예) 1 E.W. H_2SO_4 = 98 gram/2 = 49 gram

1 E.W. HCl = 36.5 gram/1 = 36.5 gram

노르말농도는 다음 식으로 표현된다.

$$N = \frac{\text{g equivalent weight}}{\text{L}}$$

$$1\ N\ H_2SO_4 = \frac{1\ \text{E.W.}\ H_2SO_4}{1\ \text{L}} = 49\ \text{gram/L}$$

$$1\ N\ HCl = \frac{1\ \text{E.W.}\ HCl}{1\ \text{L}} = 36.5\ \text{gram/L}$$

예제 5-2) 당량의 결정

i) 몰 농도로부터 노르말농도로의 전환

$3.2 \times 10^{-3}M\ Ca^{2+}$ (2 charges/molecule. n = 2)

$$3.2 \times 10^{-3}M\ Ca^{2+} \times 2\ \frac{\text{eq}}{\text{mole}\ Ca^{2+}} = 6.4 \times 10^{-3}\ \text{eq/L}\ (= \text{Normality})$$

ii) mg/L 단위에서 등가농도로의 전환

60 mg/L SO_4^{2-} (S = + 6, O = − 2)

1) 1 mole of SO_4 = 96 g(32 + 4(16))

2) charge/mole(2개의 수소 이온이 양이온을 대체하기 위해 필요하다.)

3) $\dfrac{\dfrac{96\ \text{g}\ SO_4^{2-}}{\text{mole}\ SO_4^{2-}}}{\dfrac{2\ \text{equivalent}}{\text{mole}\ SO_4}} = \dfrac{48\ \text{g}\ SO_4^{2-}}{\text{eq}}$ $\quad \dfrac{60\dfrac{\text{mg}}{\text{L}}SO_4^{2-}}{\dfrac{48000\ \text{mg}\ SO_4^{2-}}{\text{eq}}} = 1.25 \times 10^{-3}\ \text{eq/L}$

예제 5-3) 노르말농도의 전환

100 mg/L $CaCO_3$를 등가농도로 전환하면 다음과 같다.

$CaCO_3 \rightarrow Ca^{2+} + CO_3^{2-}$(Ca = +2, C = +4, O = − 2)

1) atomic mass → 1 mole = 100 g(= 40 + 12 + 3(16))

2) 2개의 수소이온이 칼슘이온을 대치할 수 있으므로(i.e., n = 2)

+2 +4 −2		+1 +4 −2
$CaCO_3$	→	H_2CO_3

3) $N = \dfrac{100\ \text{mg}\ CaCO_3}{\text{L}} \times \dfrac{1}{100{,}000\dfrac{\text{mg}}{\text{mole}}} \times \dfrac{2\text{eq}}{\text{mole}} = 2 \times 10^{-3}\ \text{eq/L}$

5.3 물리적 요소

수질의 특성을 정의하는 물리적 요소(physical parameters)는 대부분 심미적인 영향과 관련이 있다. 즉, 고형물질(solids-suspended solids or total solids), 탁도(turbidity), 색도(color), 맛(taste), 냄새(odor), 그리고 온도(temperature) 등은 중요한 물리적 항목으로 포함된다.

(1) 고형물질

물속의 모든 오염물질은 기본적으로 건더기(고형성) 물질로 표현될 수 있다. 이러한 고형물은 무기성(inorganic) 및 유기성(organic) 입자물질와 비혼합성 액체(immiscible liquids-oils, greases)로 구분되는데, 그 크기와 상태에 따라 구분되며, 또한 화학적 특성과 입자의 크기분포에 의해 구분할 수 있다. 무기성 입자물질에는 점토(clay), 실트(silt) 및 금속류(metals)이, 유기성 입자로는 식물(vegetation), 조류(algae), 폐기물(음식류, 동물성, 분변) 등을 예로 들 수 있다. 주요 발생원으로는 자연적 침식작용(natural erosion), 사람의 활동에 의한 침식, 육상식물(terrestrial vegetation), 수생식물(aquatic vegetation), 가정 및 산업폐수(domestic and industrial wastewater), 지표면 유출(surface runoff), 영양소(nutrient inputs) 등을 들 수 있다.

고형물질이 수질에 미치는 영향은 다음과 같다.

- 물속의 투명도를 악화시켜 햇빛의 침투를 제한하여 수생식물의 성장에 영향을 미친다.
- 각종 화학물질과 질병유발 유기체를 흡수하는 매개체(carrier)가 될 수 있다.
- 만(bays), 저수지(reservoirs), 항구(harbors) 접경지역에서 퇴적물(sediment)을 형성한다.
- 수생생물(aquatic organisms) 성장에 긴장(stress)을 야기한다.
- 심미적 관점에서의 불편함을 야기한다.

일반적으로 상수 및 폐수 내 고형물질은 크기에 의해 침전성(settleable solids), 부유성(suspended solids), 콜로이드성(colloidal solids), 용존성(dissolved solids) 등 네 가지로 구분할 수 있다(그림 5-1). 일반적으로 부유성 입자의 크기는 1×10^{-6} meter(0.001mm = 1 μm)와 그 이상의 크기로 정의된다. 침전성 고형물은 1 L 용량의 임호프콘(imhoff cone)에서 1시간 동안 침전된 고형물의 양을 측정함으로써 결정된다. 통상적으로 부유성과 침전성 고형물의 차이점은 1~10 μm의 크기로 구분된다.

진흙(clay)을 구성하는 미세입자 성분은 대표적인 콜로이드성 고형물로 자연수와 상수분야를 제외하고는 콜로이드성 고형물이라는 용어는 거의 쓰이지 않는다. 하・폐수분야에서의 고형물은 두 개의 큰 그룹, 즉 용존성(콜로이드와 작은 부유성 입자를 포함)과 부유성(침전성을 포함)으

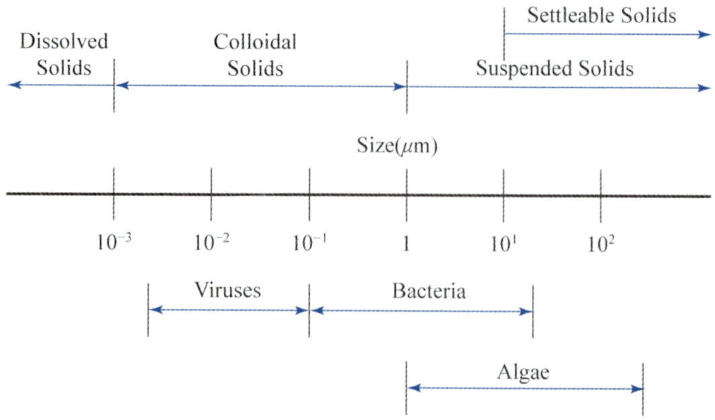

그림 5-1 **입자크기에 따른 고형물질의 분류**

로 구분하며, 이를 분리하기 위해 약 1.2 μm 의 공극 크기의 여과막(membrane filter)을 이용하여 분석한다. 통상적으로 여과막을 통과하는 입자는 용존성(혹은 여과성)이고, 남는 입자는 부유성(비여과성)으로 판단한다. 용존성 및 부유성 고형물의 총합을 총고형물(total solids)이라고 칭한다. 또 고형물은 무기성의 재(ash)로 구성되는 비휘발성(non-volatile/fixed)인지 휘발성(volatile) 인지에 따라 구분되기도 한다. 이때 휘발성이란 550℃의 온도에서 태울 때 휘발가능한 물질이란 뜻으로 유기성 고형물(즉, 유기물질)에 해당한다. 휘발성 평가에 대한 실험은 실험대상 고형물이 유기성인지 또는 무기성인지를 구별하기 위해서 주로 사용한다. 그림 5-2는 이러한 고형물의 특성에 따른 상관관계를 나타낸 것으로 고형물질 물질수지(solids-based material balance)를 수립에서 유용한 방법이다. 일반적으로 도시하수의 경우 침전성 고형물질은 하수처리장 1차침전지(primary sedimentation tank)에서 약 50~60% 정도의 제거효율을 가진다. 또 분산형 고형물(dispersed solids)은 주로 화학적 혹은 생물학적 처리기술로 제거가 용이하다.

그림 5-2 **고형물의 상관관계**

예제 5-4) 부유성 고형물질의 계산

하천시료를 대상으로 유리섬유여과지를 이용하여 부유고형물을 측정하였다. 다음 실험결과를 활용하여 부유고형물을 계산하시오.

시료 부피 = 200 mL

여과지 무게 = 1.3255 g

여과지 + 고형물의 무게 = 1.3286 g

풀이)

1. 여과지에 남은 고형물의 질량을 계산한다.

여과지 + 고형물의 무게 = 1.3286 g

여과지의 무게 = 1.3255 g

차이 = 0.0031 g = 3.1 mg

2. 부유고형물을 mg/L 단위로 계산한다.

SS = 3.1 mg / 0.2 L

= 15.5 mg/L

(2) 탁도

물의 깨끗함을 표현하는 첫 인자는 아마 물의 투명도일 것이다. 물의 투명도를 표현하는 효과적인 방법으로 탁도를 사용한다. 대부분의 자연수도 다소의 탁도를 가질 수 있는데, 그 이유는 식물 등의 자연분해과정에서 발생되는 탄닌(tannin)과 함께 유기물질에 의한 색도 등이 원인이 되기도 한다.

물속의 입자(부유물질과 콜로이드)가 축적되면 빛은 산란되고 물은 탁해지게 되는데, 그 탁도는 기준 광원을 이용한 빛의 투광도를 측정함으로써 결정된다. 이 실험은 비교적 깨끗한 물 이외에는 거의 의미가 없지만 상수처리과정이나 음용수의 수질을 분석하는 데 유용하게 쓰인다.

콜로이드(colloid)는 브라운 운동(brownian motion)을 하는 침전 및 여과되지 않는(non-settled and filtered) 입자를 말한다. 따라서 이 물질은 특히 앞선 고형물질 여과실험(SS test)에 의해서는 측정되지 않는다. 콜로이드의 구조는 일반적으로 그림 5-3과 같이 이중층(double layers) 또는 삼중층(triple layers)이론으로 설명되는데, 입자에 작용하는 제타 전위(zeta potential)와 반데르발스힘(van der waals force) 그리고 중력(gravity)이 전기동력학적으로 균형을 이루는 평형상태(electro-kinetically equilibrium)로 정의된다. 콜로이드의 입자크기는 $1 \times 10^{-9} \sim 1 \times 10^{-6}$ meter 정도로 이는 화학적 흡착(chemical adsorption-coagulation)이나 미생물 대사(microbial metabol-

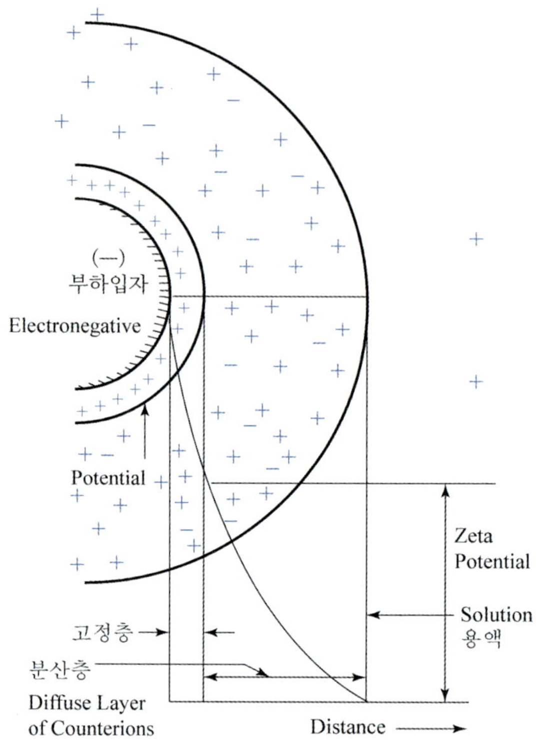

그림 5-3 콜로이드의 구조와 전기부하

ism)에 의해 제거가 가능하다.

탁도를 측정하기 위한 방법으로는 세키 디스크(secchi disk)을 이용한 투영도(secchi depth) 측정방법(그림 5-4)과 탁도계(turbidimeter/nephelometer)를 이용한 직접측정법이 있다. 탁도계는 입자가 많을수록 빛의 흡수분산이 크게 나타나 빛 투과율이 높은 경우 더 낮은 탁도를 나타낸

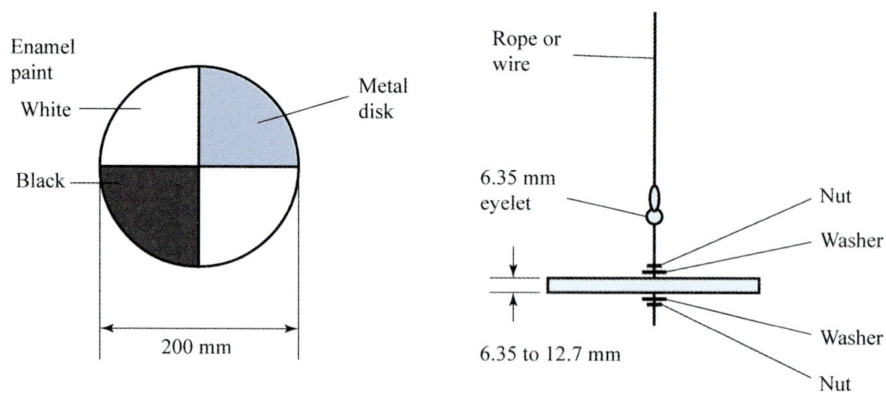

그림 5-4 물속의 빛 투과를 평가하기 위한 세키 디스크

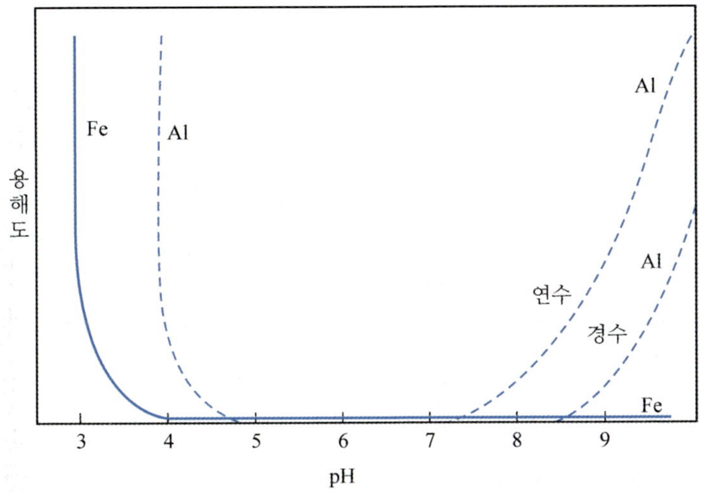

그림 5-5 **pH 및 경도에 따른 응집제 용해도의 관계**

다. 탁도는 음용수 수질분석에서 특히 중요하며, 음용수의 수질기준은 0.5 NTU로 규정되어 있다.

물속에서 전기동력학적으로 안정된 평형상태를 유지하는 콜로이드 물질의 제거는 이러한 힘의 균형을 파괴함으로써 가능하다. 즉, 제타전위의 감소를 통해서만 가능한데, 이러한 제타전위의 감소는 힘의 균형을 깨트리기 위한 전하물질과 응집제(coagulant)의 투입에 의해서만 가능하며, 이를 응집공정(coagulation process)이라고 부른다. 이때 양이온 입자가 다량 함유된 알루미늄염(alum, $Al_2(SO_4)_3$)이나 철염(ferric salts, $Fe(SO_4)_3$)을 응집제로 사용한다. 양이온 물질과 콜로이드의 접촉은 빠른 시간 내에 이루어져야 하므로 급속혼합(rapid/flush mixing)형태의 운전방식이 필요하다. 응집제의 용해도(solubility)는 pH 및 경도에 영향을 많이 받는데(그림 5-5), 경도가 낮은 연수(soft water)의 경우 최적의 pH 조건은 알루미늄염의 경우 4~8이며, 철염의 경우 3 이상이다. 응집제의 소요량 결정은 Jar Test에 따른다.

(3) 색도

물에서 나타나는 많은 색은 대부분 콜로이드성(용존형) 고형물질에 의해 나타나는 것으로, 자연수에서 대부분의 색은 식물 분해로 인한 유기물질과 금속산화물(metal oxides)로부터 발생된다. 이는 옅은 담갈색(brown)으로 용존형태의 탄닌(natural tannins)과 리그닌(lignins), 그리고 휴믹(humics)물질이 해당된다. 또 산업폐수에서도 다양한 색상이 포함될 수 있는데, 주로 염료, 유기성 폐기물, 펄프 및 종이, 금속산화물 등이 그 원인이 된다. 색도는 수계에 심미적 및 생태학적 악영향을 끼치므로 폐수처리시설에서 적절히 규제되어야 한다. 특히 색도는 상수처리장

(water treatment plants)에서 천연유기물질(NOMs, natural organic matters)의 유입 여부를 나타내는 주요 지표(indicator)로 사용하기도 한다. 색도의 측정은 분광광도계(spectrophotometer, 420~810 nm)를 사용하거나 색도계(colorimeter)를 사용하여 분석한다. 단위 표준색도(one standard color unit)는 1 mg/L of platinum과 0.5 mg/L of metallic cobalt가 혼합된 색으로 정의된다.

(4) 냄새와 맛

물과 관련이 있는 냄새(odor)는 일반적으로 유기물질이 분해되거나 광천수의 경우 박테리아에 의한 황의 환원으로 황화수소(hydrogen sulfide)가스의 발생에 기인한다. 유기물질은 수계바닥 저부 침적물에 다량 축적되어 혐기성 상태하에서 분해과정이 일어나는데, 이때 유독한 기체를 발생시키게 된다. 이러한 유기물의 근원은 하천으로부터 씻겨 유입된 식물조각, 동물의 사체, 미생물, 배출된 폐수 등을 들 수 있다. 표 5-2에는 물에서 나는 불쾌한 냄새의 종류를 구분하였다(Moncrieff, 1967). 이러한 냄새는 사실상 분리 구분하기가 매우 어려우며, 또한 검출 및 정량적인 평가 역시 매우 어렵다. 냄새에 대한 민감도는 사람에 따라 매우 다를 뿐만 아니라 냄새에 연속적으로 노출되면 민감도는 떨어지게 되므로 이러한 실험은 상당히 주관적일 수 있다.

표 5-2 **물에서 나는 불쾌한 냄새의 분류(Moncrieff, 1967)**

화합물	화학식	냄새 묘사
Amines	$CH_3(CH_2)_nNH_2$	비린내
Ammonia	NH_3	암모니아 냄새
Diamines	$NH_2(CH_2)_nNH_2$	고기 썩는 냄새
Hydrogen sulfide	H_2S	달걀 썩는 냄새
Mercaptans	CH_3SH; $CH_3(CH_2)_nSH$	스컹크 분비물 냄새
Organic sulfide	$(CH_3)_2S$; CH_3SSCH_3	채소 썩는 냄새
Skatole	$C_8H_5NHCH_3$	분변 냄새

상수처리장에서는 특히 유기물질의 관리가 중요한데, 그 이유는 상수처리의 최종단계에서 적용되는 소독공정에서 주로 사용되는 염소가 유기물질과 반응하여 맛과 냄새를 내는 염소계부산물(chlorinated organic compound)이 발생할 수 있기 때문이다. 대표적인 부산물로 trihalomethanes(THM)과 haloacetic acids(HAA)를 들 수 있다. Trihalomethane(THMs)과 염소계 탄화수소의 생성은 이 화합물이 발암성 물질이 될 수 있기 때문에 문제가 된다. 일반적으로, trihalomethane 화합물은 할로겐족(염소, 브롬, 요오드)물질이 유기물질과 반응할 때 형성된다. 상수 및 폐수 처리에 관련 있는 주요 trihalomethane은 (1) $CHCl_3$(chloroform), (2) $CHCl_2Br$(bromodichloromethane), (3) $CHClBr_2$(chlorodibromo-methane), (4) $CHBr_3$(bromoform)이다. 따라서 염소

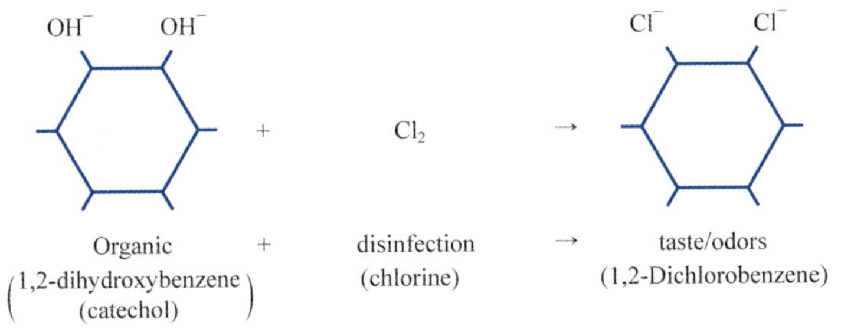

그림 5-6 **살균과정에서 발생가능한 부산물의 형성 예**

소독단계는 이러한 부산물의 생성을 억제하기 위하여 매우 세심한 주의를 요한다.

(5) 온도

수질요소로 물의 온도가 중요한 이유는 화학반응속도(rate of chemical reactions), 생물학적 활성도(biological activity) 및 물의 순환(circulation)에 크게 영향을 미치기 때문이다. 즉 화학적 및 생화학적 반응은 온도에 따라 크게 증가하며(그림 5-7), 아울러 온도가 상승함에 따라 기체 용해도는 감소하고 미네랄 용해도는 증가한다. 수중생물의 증식과 호흡속도는 온도에 매우 민감하게 변화하는데, 대부분의 생물은 번식하고 성장하는 최적의 온도범위를 가지고 있다. 일반적으로 대부분의 친온성(mesophilic) 생물의 경우 생물학적 활성도(물질대사율)는 0~40℃ 사이에서 활동적이며, 35℃ 부근에서 최대활성도를 가진다.

자연수의 조건에서 온도는 유기체에 의해 소비되거나 생산되는 물질의 반응속도를 결정한다. 예를 들어 하천변에 건설된 발전소에서 냉각수로 하천수를 활용하고 하천에 방류하였을 때 발전소 부근에서의 하천수의 온도가 약 8℃ 이상 증가하였다면 조류의 성장속도의 증가, 부유물질의 증가, 물속의 유기물질의 증가(조류 배출물의 영향), 하류 정수장에서 소독부산물의 발생 등이 예견될 수 있으며, 동시에 용존산소 결핍과 수생생물의 안정성에 악영향을 미칠 수 있다. 또 생물학적 처리기술을 이용하는 하수처리장에서는 폐수의 온도와 공정의 운전온도가 낮을수

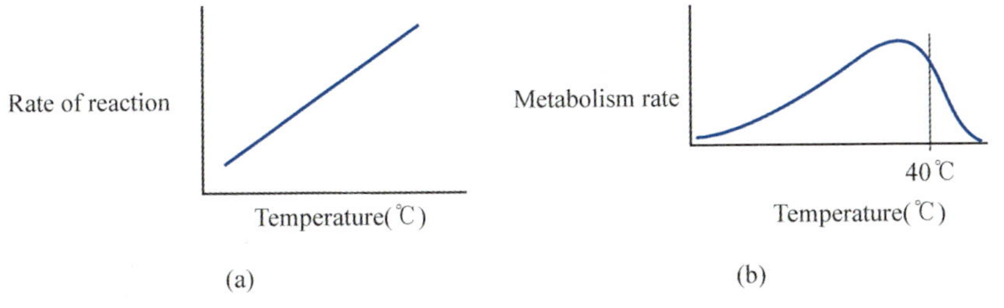

그림 5-7 **(a) 화학반응과 (b) 물질대사에 미치는 온도영향**

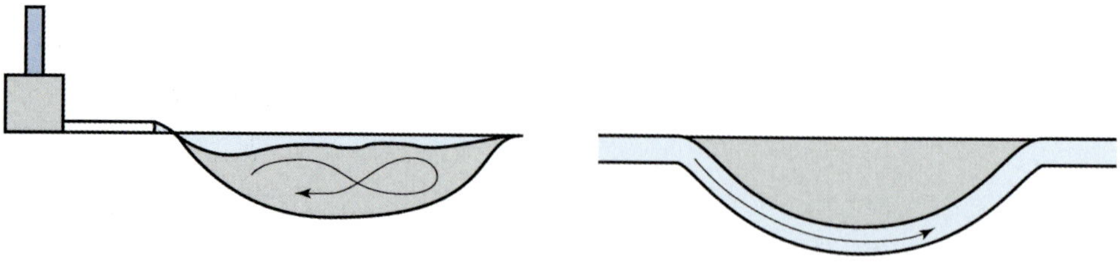

(a) 따뜻한 발전소 유출수 유입　　　(b) 찬 하천수의 유입

그림 5－8 **온도가 호소 물순환에 미치는 영향**

록 동일한 처리효율을 얻기 위해서는 더 긴 체류시간(혹은 더 큰 용량)으로 운전하여야 한다.

온도가 물의 순환에 영향을 미치는 이유는 온도에 따른 물의 밀도(density of water) 변화로 인한 것이다(그림 5－8). 물의 밀도는 4℃에서 최대가 되므로 온도변화에 따라 낮은 밀도의 물은 높은 밀도의 물 위에 층을 이루게 된다. 이러한 현상은 성층현상(stratification)으로 설명된다. 예를 들어 호소로 배출되는 발전소의 방류수는 호소의 수면으로 흘러 들어갈 것이며, 가을-겨울에 온도가 낮은 하천이 따뜻한 호소로 유입할 경우 물은 호소의 바닥으로만 흘러 들어갈 것이다. 이 경우 하천의 흐름으로 함께 유입된 오염물질은 호소의 표면에서는 검출되지 않을 것이다.

5.4 화학적 요소

(1) 개요

화학적 수질요소(chemical parameters)는 물속에 포함된 화학적 성분(무기물질과 유기물질) 그리고 물 화학(산 염기반응 등)과 관련된 항목이 포함된다. 일반적인 수질의 특성은 각종 이온 사이의 결합과 상호 작용을 반영한 것으로 칼슘, 마그네슘・납과 같은 특정 이온의 존재여부 분석에서부터 알칼리도 및 경도와 같은 복합화된 항목이 수질을 정의하는 데 사용되기도 한다. 물은 다양한 화학적 구성요소(표 5－1)를 가지고 있으며, 이러한 항목들은 상수 및 하・폐수의 화학적 특성을 평가하기 위해 사용된다.

자연수를 포함한 모든 물은 용존성 또는 비용존성 이온성분을 포함하고 있고 또한 이는 무기성 및 유기성 성분으로 구분할 수 있다. 지표수와 지하수에 존재하는 주된 이온성분은 표 5－3과 같다. 이러한 이온성분은 여러 가지 금속 퇴적물과 물의 반응(물리・화학적 및 생물학적)에 의한 미네랄의 용출 결과로 칼슘, 마그네슘, 나트륨의 중탄산염, 황산염, 염화물 등이 주종이다.

표 5-3 자연수 내에서 존재하는 일반적인 이온성분

Cations	Anions
Calcium Ca^{2+}	Bicarbonate HCO^{3-}
Magnesium Mg^{2+}	Sulfate SO_4^{2-}
Sodium Na^{+}	Chloride Cl^{-}
Potassium K^{+}	Nitrate NO_3^{-}
(Hydrogen ion) H^{+}	(Hydroxide ion) OH^{-}

이러한 성분들은 일반적으로 미량으로 존재하며, 칼륨은 유기물질 분해, 토양 광물질 및 식물과 나무를 태운 재로부터 발생하고, 질산이온은 질소화합물에 대한 질산화 반응의 최종결과물이다. 그 성분 분포는 생태환경의 조건, 지질학적 위치와 수계의 특성(체류시간) 등에 따라 변화한다.

무기성 성분(inorganic constituents)들은 주요소(major elements-C, H, O)와 미량요소(minor elements-N, S, P, Ca, Mg, K, Mn, Fe 등)로 구분되는데, 일반적으로 주 제한영양소(major limiting nutrients)는 호소의 경우 인(P)과 질소(N)성분 그리고 해양의 경우 철(Fe)성분이다. 과잉의 영양소는 조류대번성(algal bloom), 산소고갈 등으로 수생생물에 악영향을 미치게 된다. 질소성분의 유출원인은 주로 비료(fertilizers)와 각종 폐기물의 배출에 따른 것이며, 비료, 세척제 및 인광산(phosphate mining) 활동 등은 인의 주요 배출원으로 여겨진다. 또 암모늄, 탄산, 황과 같은 미량 이온성분 중 일부는 박테리아(bacteria)와 조류(algae)의 활동 때문에 근거하기도 한다.

유기성 성분(organic constituents)은 발생특성에 따라 천연유기물질(natural organics)과 합성유기물질(Synthetic organics)로 구분할 수 있다. 이는 주로 자연적인 발생과 인간 활동에 의한 발생으로 구분하기도 하는데, 자연적인 물속에 포함된 유기성분은 대부분 분해된 식물과 동물 그리고 인간에 의해 발생된 폐기물에 의한 것이다. 일반적으로 유기물질은 탄소, 수소, 산소, 질소, 인, 황 등으로 구성된 탄소화합물이다(그림 5-9). 대표적인 천연유기물질(NOMs, natural organic matters)인 휴믹산(humic acids)은 식물의 분해에서 나온 분자량이 큰 화합물로 대부분의

1) Hydrocarbon (HC)
- saturated
- unsaturated
- aromatic

2) Chlorinated Hydrocarbons (Cl replaces H)

3) O-containing
- Alcohols
- Ethers
- Carbonyls
- Carboxylics
- Aldehyldes
- acids
- ketones
- esters

4) N-containing
- Amines
- Amides
- Ureas

5) S-containing
- Thiols
- Sulfides
- Sulfonyls
- sulfades

그림 5-9 유기물질의 구분

지표수에서 발견된다. 세제 및 농약류(pesticides)를 포함한 각종 합성 유기화학물질 역시 중요한 원인이 된다. 물속에 유기물이 다량 존재할 경우 색도, 맛과 냄새, 수계의 산소고갈, 수처리 공정의 부하증가, 소독부산물 생성 등 다양한 문제가 발생된다.

합성유기화학물질(synthetic organic chemicals)은 1940년 이후 현재까지 약 10만 종 이상 개발되었는데, 대부분은 널리 사용되지 않지만 일부 성분은 전 세계적으로 사용 중이며 또한 어느 곳에서나 흔하게 발견되고 있다. 합성세제로 사용되는 알킬벤젠술폰산염(alkyl-benzene-sulfonate, ABS), 선형알킬술폰산염(linear-alkyl-sulfonate, LAS)과 같은 계면활성제(surfactants), 살충제와 농약류(herbicide, insecticides, fungicide 등) 그리고 다양한 세척용매(cleaning agent-아세톤, 벤젠, 사염화탄소, 에틸 알코올, 헵탄, 메틸 알코올, 파인오일, 톨루올, tetrachloroethylene-PCE, trichloroethylene-TCE, 1,1,1-trichloroethane 등)가 있다. PCE와 같은 기름제거용제(degreasing agent)는 각종 엔진세척과 드라이크리닝에서, TCE는 가정용 에어로졸(home aerosols) 성분으로 주로 사용된다. 이러한 유기용제는 가정과 산업에서 광범위하게 사용하고 있다. 문제가 되는 것은 이런 합성 유기화합물은 대부분 생물학적으로 분해가 어렵거나(low biodegradability) 불가능한 성분(non-biodegradable)이 많으며, 물보다 무거운 물성으로 인하여 지표수뿐만 아니라 지하수까지도 오염시킬 수 있고, 또한 발암성(carcinogenicity)이거나 극도로 낮은 농도에서도 인간과 다른 생태계 구성원에게 돌연변이(mutagenicity)를 일으킬 수 있어 그 위해도는 매우 높다. 현재까지 농약류는 약 600종 정도 알려져 있으나 농업용으로 사용하는 화학물질은 약 5만 종에 이른다. 염소계 탄소수소 종류(chlorinated hydrocarbons: DDT, Lindane, Chlordane, Aldrin 등)는 잔류성이 매우 특성을 가지고 있으며, 유기인 종류(organo-phosphate-Malathion, Parathion, Diazinon 등)는 일부 생분해 특성을 가지지만 생체 내에서 신경전달에 영향을 미친다. 탄산염(carbonates) 종류의 경우는 좀 더 높은 생분해 특성을 가진다.

이러한 합성 유기성분에 사람과 수생생물이 장기간 노출될 경우 조직세포에 축적이 일어날 수 있으며, 발암성과 돌연변이성 등에 대한 장기간 건강위해도 영향(long term health effects)은 아직 밝혀지지 않았다. 음용수에서 약 250종 이상의 합성화학물질 검출이 보고된 바 있으며, 이러한 물질을 효과적으로 제거하기 위해서는 더 세심한 정수과정이 필요하다. 대부분의 자연수 내에 포함된 생물학적 분해불가능한 유기물질(non-biodegradable organic matters)의 함량은 일반적으로 낮다(<10 mg C/L).

이러한 물질 외에도 제약 및 개인위생용품(PPCPs, pharmaceutical and personal care products)이나 환경호르몬(EDCs, endocrine disrupting compounds) 등과 관련한 미량 유해물질(micro-constituents)에 대한 관심은 최근 매우 높다(WHO, 2012, 2013). 제약 물질(pharmaceutical)은 질병 치료와 완화 및 진단 등을 위한 의약용 화학 물질(항생제, 진통제, 조절제 등의 약물)을 말하며,

표 5-4 **PPCPs 와 EDCs 의 특징**

	Description
Contaminant	• Pharmaceuticals • Personal Care Products • Endocrine Disrupting Compounds and their metabolites
Sources of Contaminant	• Elimination from the body • Flushing of unused, or expired product • Leachate from landfills • Rinse off from showering or bathing • Agricultural runoff
In water as	• Multiple organic and inorganic forms
Potential Health Effects	• Levels in finished drinking water supplies are 10^3 to 10^6 times lower than therapeutic dose, or effect levels and given that no health effects have been attributed to these compounds at these low concentrations. • However, consumer sensitivity(emotional) to the presence of these compounds have brought them to the forefront of the industry and led to the development of testing to evaluate performance capabilities of residential treatment devices.
Maximum Contaminant Level	Not Applicable – Several compounds are listed on EPA's Contaminant Candidate List III (CCL III)
Treatment Methods	• Active media(carbon) • Reverse Osmosis • Peroxidation

자료: Water Quality Association (2013).

개인위생용품(personal care products or protective care products)은 화장품, 향수, 세제, 방충제, 태양 스크린제, 피부 노화 방지제 및 소독제 등의 화학물질을 말한다. 기능성 생리활성 화학물질(nutriceuticals) 등도 PPCPs에 포함된다. 환경호르몬, 즉 내분비 교란 화학 물질(endocrine disruptor)과 잠재적 내분비계 장애 물질은 살충제, 금속, 첨가제, 식품첨가물질, 오염물질 및 개인위생용품 등 대부분 인간이 만든 다양한 재료로 인한 것이다. 내분비계 장애 물질은 남성과 여성에서 생식기능 이상, 암 발생, 비정상적 성장패턴 및 소아 신경 발달지연 그리고 면역 기능의 변화 등의 문제를 일으키는 것으로 보고되고 있다. 이러한 물질의 유출경로는 결국 발생원에서부터 하수도시스템으로 연결되므로 하수처리시설에서 이들의 효율적인 제거가 강조되고 있다(Lee, et al., 2009). 표 5-4에는 PPCPs 와 EDCs 의 특징을 요약하였고, 선정된 일부 PPCPs/EDCs 화학물질에 대하여 계산된 음용수에서의 안전성 예가 표 5-5에 나타나 있다.

표 5-5 선정된 PPCPs/EDCs 화학물질과 음용수에서 안전성 계산 예

Chemical	Type (EDCs/PPCPs)	Finished Water Concentration (ng/L)	Safety Level (DWEL)
Meprobamate	Anti-anxiety	38~42	6000
Phenytoin	Anti-convulsant	2.3	210
Atenolol	Beta blocker	1.2~18	2700
Carbamazepine	Anti-seizure	6.3	670
Naproxen	Analgesic	0.52	40,000,000
Bisphenol A	Plasticizer	25	72,000
Linuron	Herbicide	6~6.2	8,400
Nonyl Phenol	Surfactant	100	16,000

자료: Water Quality Association (2013).

(2) pH

pH(power of hydrogen ion)는 물속에 존재하는 수소이온의 농도(산도)를 표시하는 방법으로 물질의 산성과 염기성의 정도를 표현하는 방법이다. 이는 물속의 수소이온의 활성도를 표현하는 척도로 수질오염의 기본이 되는 물 화학(water chemistry)의 기초가 된다. 이온화된 물은 다음과 같은 반응식으로 표현된다.

$$H_2O \rightleftharpoons H^+ + OH^- \qquad \frac{[H^+][OH^-]}{[H_2O]} = K$$

물의 평형상수(equilibrium constant, K_w) = $[H^+][OH^-] = 10^{-14}$(i.e., $pK_w = 14$)에 따라 산성과 염기성은 다음과 같이 구별된다.

$[H^+] < [OH^-]$ = 염기성(basic) $pH > 7$

$[H^+] = [OH^-]$ = 중성(neutral) $pH = 7$

$[H^+] > [OH^-]$ = 산성(acidic) $pH < 7$

따라서 물의 pH는 다음과 같이 표현된다.

$$pH = -\log\ [H^+] = 1/2\ pK_w$$

25℃의 순수한 물의 경우에 물의 $pH = -\log[10^{-7}] = 7$이 된다. pK_w는 온도의 함수로서의 온도가 낮아지면 감소하므로 pH값은 증가하게 된다. 또 H^+나 OH^-로 이온화될 수 있는 오염물질이 물에 용해될 경우 H_2O, H^+, OH^- 간의 평형상태가 변하고 이에 따라 pH값은 변화하게 된다. 그림 5-10에는 다양한 성분에 따른 pH 크기를 나타내고 있다.

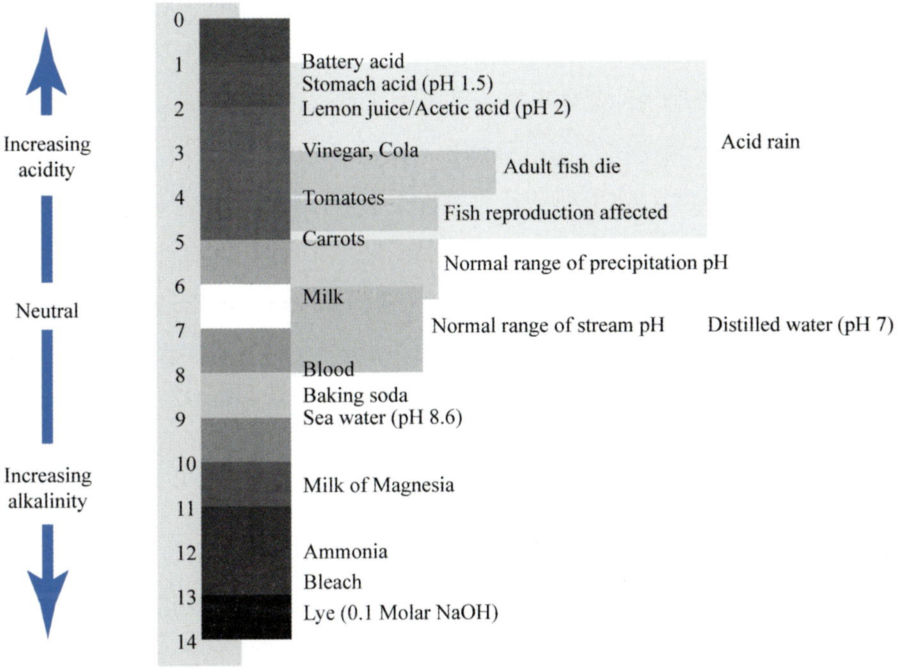

그림 5-10 **다양한 성분에 따른 pH 농도(modified from USGS, http://water.usgs.gov/edu/ph.html)**

(3) 탄산염 완충시스템

물 화학에서 가장 중요한 산-염기 시스템은 탄산염 완충시스템(carbonate buffer system)으로, 이는 자연수를 포함한 대부분의 생태계에 있어서 pH 조건을 제어한다. 탄산염 완충시스템은 화학적 평형상태를 유지하기 위해 기체와 용존된 형태의 이산화탄소(CO_2), 탄산(carbonic acid,

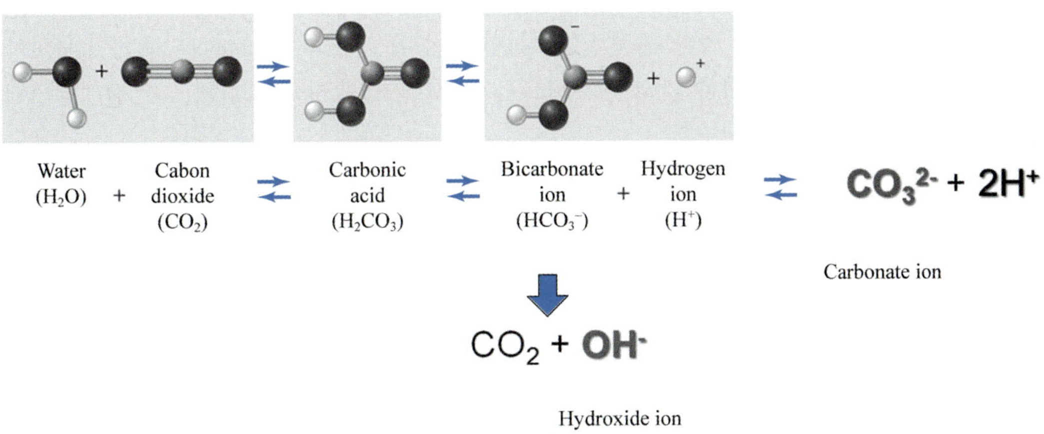

그림 5-11 **탄산염 완충시스템의 반응과정**

H_2CO_3), 중탄산이온(bicarbonate ion, HCO_3^-), 탄산염이온(carbonate ion, CO_3^{2-}), 수산화이온(hydroxide ion, OH^-) 등 성분들의 상호반응에서 비롯된다. 이 반응은 다음과 같이 공기 중에 포함된 이산화탄소 가스와 물 입자의 단계적 반응으로 설명된다.

이 반응에 따라 HCO_3^-와 CO_3^{2-} 그리고 OH^- 성분은 산(acids)을 중화시킬 수 있는 완충능력(buffering capacity)을 가지고 있기 때문에 수질분야에서는 매우 중요한 반응이다. 용존된 이산화탄소 농도가 증가하면 CO_3^{2-} 농도는 무시할 수 있는데, 이러한 결과는 물속의 H^+ 농도를 증가시키게 된다. 일반적으로 강우는 미량의 금속성분을 함유하고 있으므로 이상의 상호반응에 대한 결과로 강우 pH는 일반적인 환경하에서 약 5.6(25°C 기준)으로 약산성을 띠게 된다(Tchobanoglous and Schroeder, 1985). 또 상수관로 내에서의 탄산염 반응은 관로의 부식을 방지하며, 공기 중의 이산화탄소 농도는 해양의 탄산염 순환시스템에 의해 영향을 받는다.

(4) 알칼리도

알칼리도(alkalinity)는 산을 중화시키는 물의 능력으로 정의된다(반대로 산도는 염기를 중화시키기 위한 능력이다). 이는 물의 완충능력을 측정하는 데 사용된다. 알칼리도는 순수 탄산용액에 상응하도록 pH를 4.5까지 적정함으로써 측정한다. 일반적으로 알칼리도는 물속의 중탄산이온(bicarbonate ion, HCO_3^-), 탄산염이온(carbonate ion, CO_3^{2-}), 수산화이온(hydroxide ion, OH^-) 성분농도와 관련이 있다. 만약 물속에 HPO_4^{2-}, $H_2PO_4^-$, HS^- 성분이 존재한다면 이 역시 영향을 미칠 수 있으나 일반적이지는 않다. 알칼리도는 다음과 같이 몰농도나 당량 또는 mg/L $CaCO_3$(1 meq/L $CaCO_3$ = 50 mg/L $CaCO_3$) 단위로 표현된다.

$$\text{Alkalinity}(\text{mol/m}^3) = [HCO_3^-] + 2[CO_3^{2-}] + [OH^-]$$

$$\text{Alkalinity}(\text{eq/m}^3) = (HCO_3^-) + (CO_3^{2-}) + (OH^-)$$

그림 5-12에는 물의 pH에 따라 측정된 일반적인 알칼리도 측정곡선(titration curve)이 나타나 있는데, 각 지점에 따라 아래와 같이 정의된다. pH와 알칼리도의 상관관계는 그림 5-13에 나타내었다.

~ pH 11(12)	$\mathbf{OH^-} + H^+ \rightarrow H_2O$	carbonate equivalent point (hydroxide alkalinity)
~ 8.2(8.3)	$\mathbf{CO_3^{2-}} + H^+ \rightarrow HCO_3^-$	bicarbonate equivalent point (carbonate alkalinity)-phenolphthalein(P) alkalinity
~ 4.5	$\mathbf{HCO_3^-} + H^+ \rightarrow H_2CO_3^-$	carbonic acid equivalent point (bicarbonate alkalinity)-methylorange(M) alkalinity

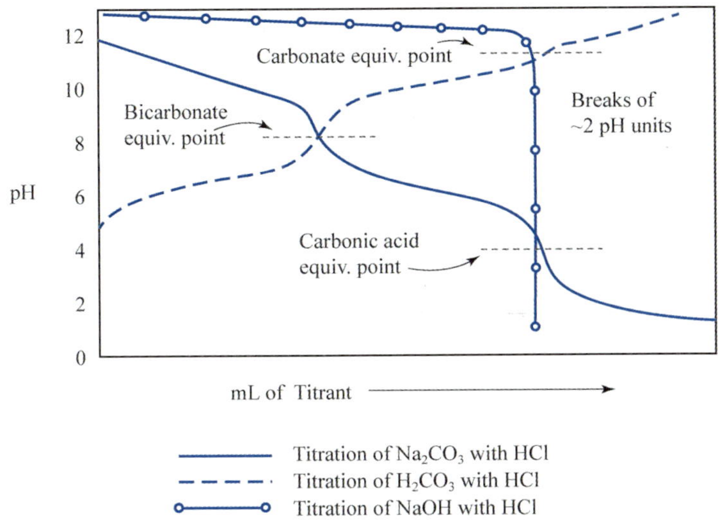

그림 5-12 **pH에 따른 물속의 탄산염/중탄산염/탄산의 측정곡선**

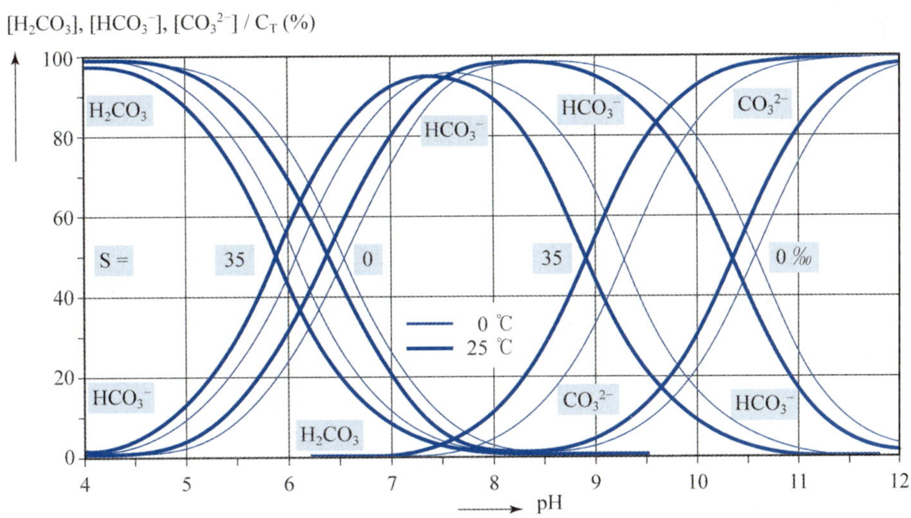

그림 5-13 **pH와 알칼리도의 상관관계(IAEA, 2003)**

예제 5-5) 알칼리도의 계산

탄산, 중탄산, 수산화이온이 각각 20, 488 및 0.17 g/m³인 물의 알칼리도를 구하라.

풀이)

1. 각각의 종류에 대한 등가농도(eq/m³)를 결정한다.

성분	원자량, g	당량, g/eq	eq/m^3
CO_3^{2-}	60	30	0.67
HCO_3^-	61	61	8.00
OH^-	17	17	0.01

2. 알칼리도를 계산한다.

$$A.\ eq/m^3 = (HCO_3^-) + (CO_3^{2-}) + (OH^-)$$
$$= 8.00 + 0.67 + 0.01$$
$$= 8.68\ eq/m^3$$

(5) 경도

경도(hardness)는 비누(soap)를 소모하는 물의 특성(물리적인 관점) 또는 다원자가 양이온(Ca^{2+}, Mg^{2+}, Fe^{2+}, Mn^{2+}, Sr^{2+} 등)이 존재할 때 비누를 소모하는 물의 능력(화학적 관점)으로 정의되나 우리나라에서는 간단히 물의 세기의 정도라고 표현하기도 한다. 빗물이 공기층을 통해 떨어져 이산화탄소가 녹고, 지하로 침투된 물은 미생물의 대사작용으로 인해 발생된 탄산과 반응하여 용해된다. 이 물이 지하의 석회암층을 통과할 경우 석회암층의 주성분인 칼슘이나 마그네슘을 녹여 물속에 미네랄로 존재하게 되며, 이는 결국 경도유발의 원인물질이 된다(그림 5－14).

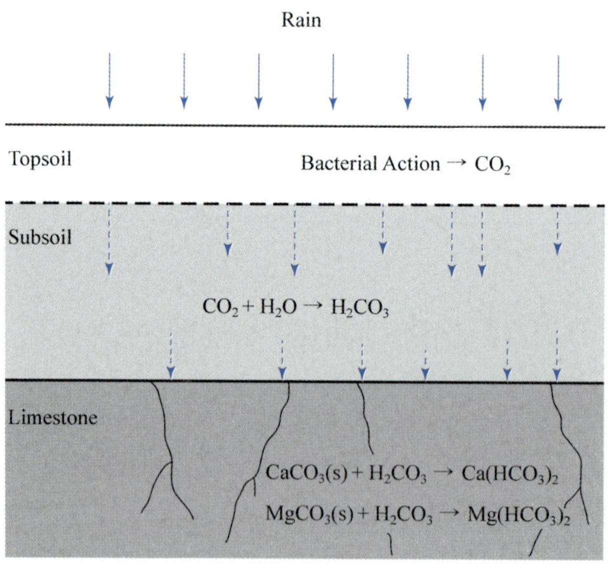

그림 5－14 **경도 발생과정**

$$CaCO_3 + H_2CO_3 \rightarrow Ca(HCO_3)_2$$

$$MgCO_3 + H_2CO_3 \rightarrow Mg(HCO_3)_2$$

마그네슘, 칼슘과 같은 다원자가 양이온은 자연수에서 비교적 높은 농도로 발견되는데, 이 이온들은 쉽게 침전되는 특성이 있고, 특히 비누와 반응하여 제거하기 어려운 찌꺼기(스컴)를 형성한다. 이러한 금속이온이 물속에 존재하면 파이프, 가열기 등에서 스케일이 형성되어 문제가 될 수 있다. 대부분의 경우 물의 경도는 칼슘과 마그네슘 농도의 합으로서 mg/L as $CaCO_3$ 또는 eq/m^3(meq/L)로 표현한다.

$$\text{Hardness(mg/L as CaCO}_3) = M^{2+} \times \frac{50}{\text{eq. wt of } M^{2+}}$$

여기서, M^{2+}: 금속 2가 양이온(대부분 Ca^{2+}, Mg^{2+})

50: Ca^{2+}의 당량(equivalent weight)

	$CaCO_3$	Ca^{2+}
M.W	100	40
N	50(=100/2)	20

Ca^{2+} 20 gram = 50 gram $CaCO_3$

1 meq/L $CaCO_3$ = 50 mg/L $CaCO_3$ = 20 mg/L Ca^{2+}

경도는 HCO_3^-, CO_3^{2-}와 관련 있는 탄산경도(carbonate hardness)와 Cl^-, SO_4^{2-}와 음이온과 관련 있는 비탄산경도(non-carbonate hardness－영구경도)가 있다(그림 5－15). 탄산경도와 비탄산경도 사이의 균형유지는 경도의 제거과정(연수화 반응)과 스케일 형성반응에 중요한 영향을 미치게 된다. 표 5－6에 칼슘과 마그네슘을 기준으로 한 경도에 따른 물의 분류를 정리하였다. 음용수로 적당한 기준이 되는 연수(soft water)는 50 mg as $CaCO_3$/L 이하의 수준이다.

표 5－6 **경도에 따른 물의 분류(칼슘과 마그네슘 기준)**

Hardness range		Description
(mg/L as $CaCO_3$)	(meq/L)	
0～50	0～1.0	Soft
50～150	1～3	Moderately hard
150～300	3～6	Hard
>300	>6	Very hard

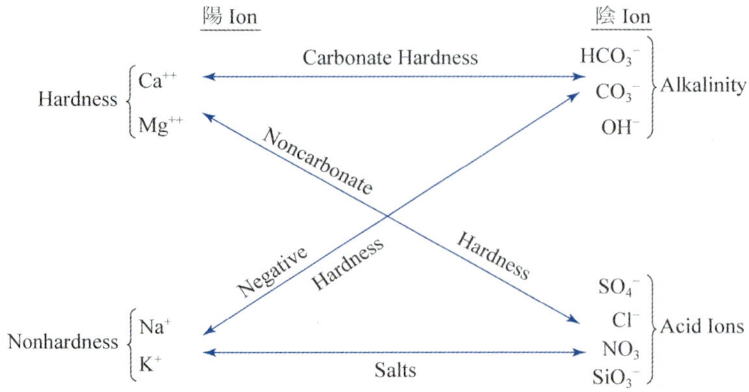

그림 5-15 **경도와 알칼리도의 상관관계**

예제 5-6) 경도의 계산

두 개 시료의 용존 성분에 대해 분석하였다. 분석의 일부 결과를 아래에 나타내었다. 각 시료의 총 경도(TH), 탄산경도(CH), 비탄산경도(NCH)를 구하라.

성분	농도, eq/m^3	
	시료 1	시료 2
Ca^{2+}	5	2
Mg^{2+}	1	4
HCO_3^-	3	7
Cl^-	2	4

풀이)

1. 총 경도(TH)

   a. 시료 1 : $TH = (Ca^{2+}) + (Mg^{2+}) = 5 + 1 = 6\ eq/m^3 = 300\ g/m^3$ as $CaCO_3$

   여기서, $1\ eq/m^3\ CaCO_3 = 50\ g/m^3\ CaCO_3$

   b. 시료 2 : $TH = (Ca^{2+}) + (Mg^{2+}) = 2 + 4 = 6\ eq/m^3 = 300\ g/m^3$ as $CaCO_3$

2. 탄산경도(CH)

   a. 시료 1 : $CH = (HCO_3^-) = 3\ eq/m^3 = 150\ g/m^3$ as $CaCO_3$

   b. 시료 2 : $CH = (HCO_3^-) = 7\ eq/m^3$

   중탄산의 양이 총 경도를 초과하므로, 탄산경도를 $6\ eq/m^3$으로 계산한다. 그러므로

$$CH = 6\ eq/m^3 = 300\ g/m^3 \text{ as } CaCO_3$$

3. 비탄산경도(NCH)

a. 시료 1 : NCH = TH – CH = 6 – 3 = 3 eq/m^3 = 150 g/m^3 as $CaCO_3$

b. 시료 2 : NCH = TH – CH = 6 – 6 = 0 eq/m^3

(6) 전기전도도

물의 전기화학특성을 나타내는 요소로 전기전도도(conductivity)를 들 수 있다. 전기전도도는 전류를 흐르게 하는 용액의 능력을 말한다. 전류는 용액 내 이온농도와 관련이 있으므로 전기전도도는 이온농도가 증가함에 따라 비례하여 증가한다. 전기전도율은 용액에 두 개의 백금 전극을 설치하고 용액에 의한 저항을 측정한다(용액 1.0 cm^3의 전도율 기준). 전기전도율은 μS/cm(SI 단위) 또는 μmho/cm로 표현하며(두 단위는 동일한 값을 의미한다), 전기전도도계(conductivity meter)를 이용하여 측정한다. 전기전도도는 다음 관계식으로 표현된다.

$$EC = \sum_i (C_i \times f_i)$$

여기서, EC : 전기 전도도, μS/cm

C_i : 용액 내 이온종 i의 농도, meq/L, mg/L

f_i : 이온종 i에 대한 전기전도도 계수(APHA, 2010)

(7) 질소

질소(N, nitrogen)는 산화 및 환원상태에 따라 다양한 성분으로 존재가능한 매우 복잡한 원소로, 자연계의 질소순환은 수질 및 생태환경에 중요한 영향을 미치므로 주된 관심의 대상이 된다(Ahn, Y.H., 2006). 질소는 유기성(organic-N) 및 무기성 질소(inorganic N)로 구분되는데, 무기성 질소에는 암모니아성 질소(NH_3-N), 아질산성 질소(nitrite, NO_2-N), 질산성 질소(nitrate, NO_3-N) 및 요소($CO(NH_2)_2$), 질소가스(N_2)가 포함된다(그림 5–16). 세균과 식물은 무기성 형태의 질소로부터 질소를 포함한 유기 화합물, 즉 단백질을 생산한다.

일반적으로 물속에 포함된 총 질소량(total nitrogen, T-N)은 다음 식으로 표현된다. 유기성 질소는 단백질(protein)과 그 구성성분(peptide, amino acids, nucleic acid), 요소(urea), 그리고 합성 유기화학물질 등이 포함된다.

$$\text{T-N} = \text{TKN} + NO_2\text{-N} + NO_3\text{-N}$$

여기서, TKN(total kjeldahl nitrogen) = Org-N + NH_3-N

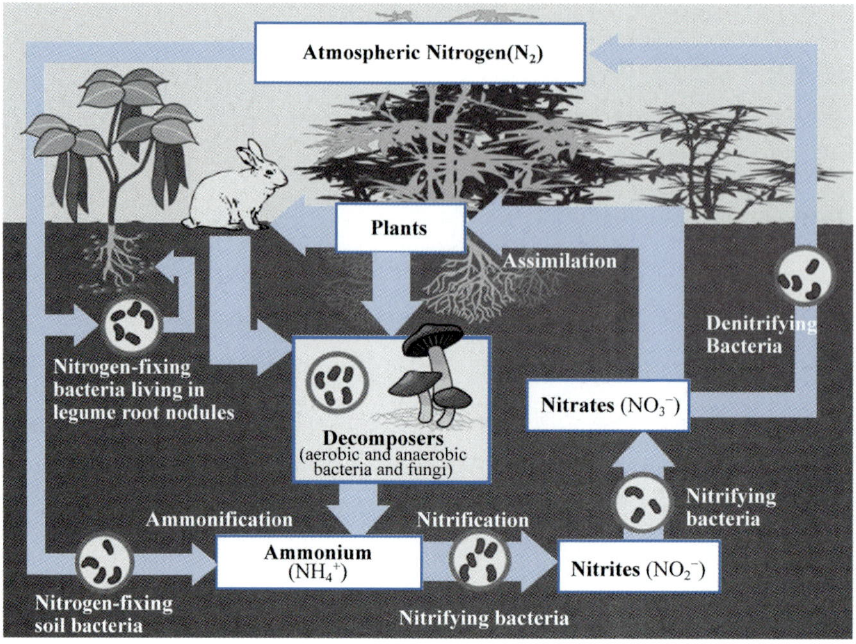

그림 5－16 **Nitrogen cycle(Wiki, 2009)**

암모니아질소는 pH 조건에 따라 암모니아(free saline NH_3)와 암모늄이온(NH_4^+)으로 존재하는데 그 반응식은 다음과 같다.

$$NH_3 + H_2O \rightleftharpoons NH_4^+ + OH^- \qquad pK = 9.2$$

pH가 떨어지면 이 반응은 오른쪽으로 진행하며, 높아지면 왼쪽으로 진행한다. 물속의 pH와 암모니아 농도의 상관관계는 그림 5－17과 같다.

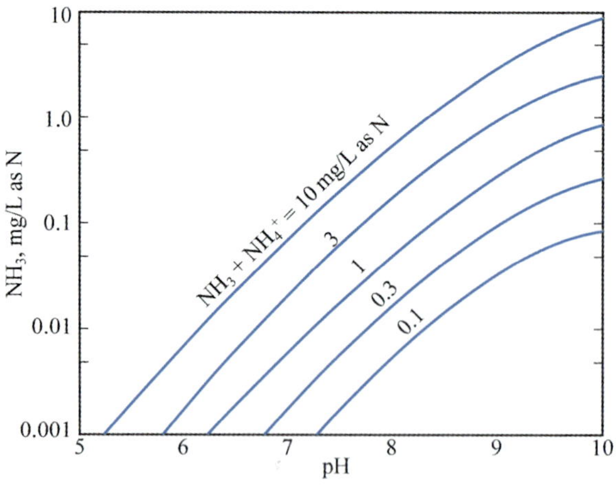

그림 5－17 **물속의 pH와 암모니아 농도의 상관관계**

아질산성 질소(NO_2-N)는 암모니아성 질소의 산화된 형태이다. 매우 불안정한 물질인 이 성분은 그 특성상 하천이나 자연수에서 검출되기 어렵다. 단 안정화 공정에서는 오염의 지표로 사용되며, 통상적으로 하수처리장 유출수에는 1 mg/L 이하 그리고 지표수(또는 지하수)의 경우에는 0.1 mg/L 이하 수준이다.

질산성 질소(NO_3-N)는 최종적인 질소산화 단계로 하수처리장 유출수에는 0~20 mg/L 정도로 처리기술의 수준에 따라 상이하게 나타난다. 이 성분은 혈액 속의 산소전달체인 헤모글로빈과의 반응에서 비가역적인 반응을 일으켜 질병(청색증, blue baby 또는 met-hemoglobinemia)을 야기시키므로 대표적인 음용수 수질항목(10 mg/L 이하)으로 설정되어 있다.

$$Hb + O_2 \rightleftharpoons HbO_2 \quad : \text{가역반응(정상반응)}$$

$$Hb + NO_3^- \rightarrow HbNO_3 \quad : \text{비가역반응}$$

사람을 포함한 동물은 대기나 무기성 질소화합물로부터 단백질을 생산할 수 없으며, 반드시 유기성 형태의 질소를 필요로 한다. 단백질은 박테리아 활동에 의해 요소와 암모니아로 분해되며, 요소 또한 효소반응에 의해 암모니아로 전환된다. 즉 질산화 반응(nitrification, 암모니아-아질산성 질소-질산성 질소 순으로 산화분해반응)과 탈질반응(denitrification, 질산성 질소-질소가스로 환원반응)은 수중에서 발생하는 일반적인 질소순환으로, 이는 모두 미생물에 의한 질소순환과정이다. 그림 5-18은 시간 또는 거리를 함수로 한 질소의 변화과정을 보여주고 있다. 우리나라 하수의 총 질소 및 암모니아성 질소 농도는 각각 25~30 mg N/L 및 17~20 mg N/L 정도이다.

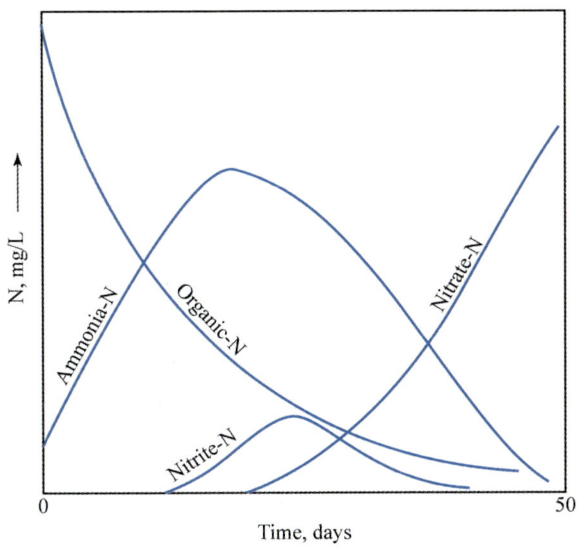

그림 5-18 시간에 따른 질소의 변화과정

질산화 반응

$2NH_4^+ + 3O_2$	$\rightarrow 2NO_2^- + 4H^+ + 2H_2O$ Nitrosomonas
$2NO_2^- + O_2$	$\rightarrow 2NO_3^-$ Nitrobacter
(Overall reaction) $NH_4^+ + 2O_2$	$\rightarrow NO_3^- + 2H^+ + H_2O$ Nitrifier (aerobic/autotrophic)

탈질반응

$NO_3^- + 1/3\ CH_3OH$	$\rightarrow NO_2^- + 1/3\ CO_2 + 2/3\ H_2O$
$NO_2^- + 1/2\ CH_3OH$	$\rightarrow N_2\uparrow + 1/2\ CO_2 + 1/2\ H_2O + OH^-$
(Overall reaction) $NO_3^- + 5/6\ CH_3OH$	$\rightarrow N_2\uparrow + 5/6\ CO_2 + 7/6\ H_2O + OH^-$ Denitrifier (facultative/heterotrophic)

최근에는 질소순환에 대한 다양한 새로운 정보들이 밝혀지고 있고 또 공학적으로 경제성을 고려한 응용기술이 개발되고 있다. 예를 들어 부분아질산화(partial nitritation), 질산성세균의 탈질(nitrifier denitrification), 혐기성암모늄산화(anaerobic ammonium oxidation, Anammox) 및 Canon(completely autotrophic nitrogen removal over nitrite) 등이 있다. 이러한 새로운 기술들은 질소순환이 반드시 산소에 의한 산화조건만 필요한 것이 아니며, 산소가 없는 무산소(anoxic) 혹은 혐기성(anaerobic) 조건하에서도 질소순환이 가능함을 보여주는 것이다. 표 5-7은 다양한

표 5-7 **다양한 질소제거반응의 비교(Ahn, 2006)**

Reaction	First phase		Second phase	
	Oxygen ($g\ O_2/g\ N$)	Alkalinity ($g\ CaCO_3/g\ N$)	Alkalinity ($g\ CaCO_3/g\ N$)	Organic[1] (g COD/g N)
Nitrification - Denitrification	4.57[4.18]	7.14[7.07]	(3.57)	3.7
Nitritation - Denitritation	3.43[3.16]	7.14[7.07]	(3.57)	2.3
Partial nitritation[2] – Anammox	1.71 ~ 2.06	3.57	0.24	–
CANON	1.94	3.68	–	–

[ ] Calculated by combined dissimilation-synthesis equations

( ) Alkalinity production in heterotrophic denitrification/denitritation

주) 1. Based on methanol.

2. 50 to 60% partial nitritation.

질소순환과정에서 반드시 필요한 산소와 알칼리도 그리고 유기물질의 소요량을 정리한 것이다(Ahn, 2006).

(8) 인

질소와 같이 인(phosphorous)은 수질 환경과 상하수도 시스템에서 매우 중요한 수질요소이다. 인화합물은 일반적으로 비료, 합성세제, 산업 냉각수 시스템, 상수공급에서 부식제어 등에 주로 사용한다. 수질과 관련하여 중요한 인화합물은 다음과 같다.

- ortho-phosphate: PO_4, HPO_4, H_2PO_4,(비료성분)
- condensed(poly) phosphate: PO_3, P_2O_7, P_3O_{10}(상수처리장, 보일러 용수 내)
- organically bound phosphate: 대부분 가정하수, 슬러지 내에 포함되어 있다.

자연계에는 일반적으로 칼슘과 인이 주성분인 무정형 인결정(amorphous phosphate) 형태인 인회석(apatite)이 존재하며(그림 5-19), 수산화이온과 결합한 구조인 하이드록시 아파타이트(hydroxyapatite, $Ca_5(PO_4)_3(OH)$)는 척추동물의 뼈나 인광석의 주성분으로, 인공뼈, 인공 치근 등의 재료에 사용되는 물질이다. 자연계의 일반적인 인결정화물을 요약하여 그림 5-20에 나타내었다(Nriagu and Moore, 1984; Ahn and Choi, 2004). 우리나라 도시 하수의 인 농도는 약

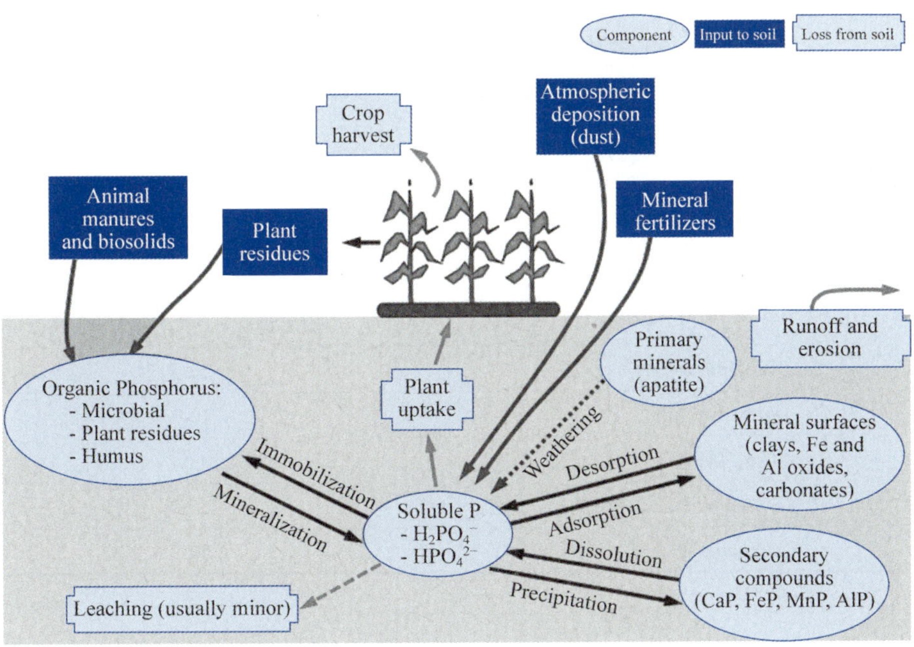

그림 5-19 **Phosphorus cycle(Wiki, 2014)**

▶ **Amorphous Phosphate - Calcium/Magnesium phosphate**

1) Apatite*	$Ca_5(PO_4, CO_3)_3$ (F, OH, Cl) : common in nature : −OH(*Hydroxyapatite*)
2) Brushite*	$CaHPO_4 \cdot 2H_2O$
3) Dahlite	Calcium bicarbonate phosphate
4) Whitlockite*	$Ca_9(Mg, Fe)\,H(PO_4)_7$
5) Newberyite*	$MgHPO_4 \cdot 3H_2O$
6) Monetite*	Calcium phosphate
7) Hannayite*	Magnesium phosphate
8) Bobierrite	$Mg_3(PO_4)_2 \cdot 8H_2O$: from sea water

▶ **Tri-phosphate*** **$Mg(NH_4)(PO_4) \cdot 6H_2O$: *Struvite***

▶ **Vivianite** **$Fe_3(PO_4)_2 \cdot 8H_2O$**

(*, Kidney stones)

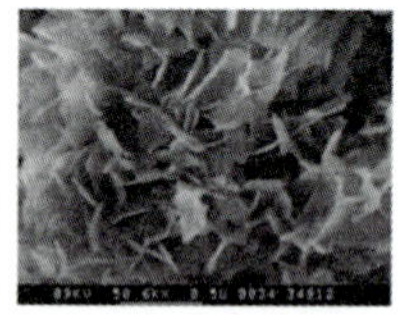

HAP(Dr. P.W. Brown)
(http://bioeng.psu.edu/faculty/brown.html)

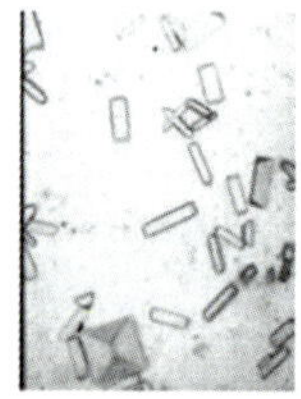

Struvite from Urine
(http://www.medvet.umontreal.ca/clinpath/bang-im/urology/struvites.htm)

그림 5-20 **인결정물의 다양성(Nriagu and Moore, 1984, Ahn and Choi, 2004)**

3~4 mg P/L로 외국의 경우에 비해서는 비교적 낮은 수준이다. 인은 조류와 다른 수중생물의 증식에 필수성분이기 때문에 하수처리 유출수에 과잉의 인이 미처리상태로 수역으로 배출되었을 때 심각한 문제를 일으킬 수 있다.

남세균(cyanobacteria)과 같이 제어가 어려운 조류 증식에 있어서 인은 질소성분과 함께 주요 원인으로 판단되므로 수역에 방류하는 인의 농도에 대한 규제는 점차 강화되고 있다. 표 5-8에는 하수처리에 사용되는 미생물 슬러지(biosludge) 내 포함된 인의 구성성분을 보여주고 있다(Hwang, 1998).

표 5-8 **Type of P in biosludge(Hwang, 1998)**

Type of P	(%)
Soluble P	16.4
Adsorbed P	10.7
Fe-, Al-P	6.9
Ca-, mg-P	15.9
Organic P	50.1

(9) 용존산소

용존산소(DO, dissolved oxygen)는 물속에 용해되어 있는 분자상의 산소(O_2)농도를 말하는데, 이는 수질의 특성을 나타내는 매우 중요한 요소 중 하나이다. 물속에 녹을 수 있는 가스의 용해도는 일반적으로 무차원의 헨리상수(dimensionless henry's constant, $H_{cc} = C_{aq}/C_{gas}$)로 표현할 수 있는데, 분자상의 산소가스(3.2×10^{-2})의 헨리상수는 이산화탄소의 경우(8.3×10^{-1})보다도 낮다(Sander, 2015). 즉, 산소는 일반적으로 물에 용해되기 어려운 물질로 물속에 용해가능한 산소의 최대 포화도(saturated DO)는 약 8~12 mg O_2/L 수준으로 이는 온도에 따라 다르게 나타난다. 반면에 물속에서의 용존산소 소모량은 수중에 포함된 유기물질의 농도에 비례하고, 또한 수온이 증가할수록 물속의 용존산소 농도는 감소한다. 따라서 수중에서 낮게 유지되는 용존산소 농도는 가장 보편화된 수질문제로 수생생태계의 안정성에 심각한 악영향을 끼치게 된다. 물속의 산소농도에 영향을 미치는 주요 요소로는 조류증식(algal production), 공기의 재폭기(reaeration), 미생물의 물질대사(microbial metabolism) 등을 들 수 있다. 용존산소의 용해도는 때때로 %포화도(% saturation)로 표현되기도 한다.

표 5-9 **헨리법칙 상수(gases in water at 298.15 K) (Sander, 2015).**

식	$K_H^{pc} = \frac{p}{c_{eq}}$	$H^{cp} = \frac{c_{aq}}{p}$	$K_H^{px} = \frac{p}{x}$	$H^{cc} = \frac{c_{aq}}{c_{gas}}$
단위	$\frac{L \cdot atm}{mol}$	$\frac{mol}{L \cdot atm}$	atm	dimensionless
O_2	770	1.3×10^{-3}	4.3×10^{4}	3.2×10^{-2}
H_2	1300	7.8×10^{-4}	7.1×10^{4}	1.9×10^{-2}
CO_2	29	3.4×10^{-2}	1.6×10^{3}	8.3×10^{-1}
N_2	1600	6.1×10^{-4}	9.1×10^{4}	1.5×10^{-2}
He	2700	3.7×10^{-4}	1.5×10^{5}	9.1×10^{-3}
Ne	2200	4.5×10^{-4}	1.2×10^{5}	1.1×10^{-2}
Ar	710	1.4×10^{-3}	4.0×10^{4}	3.4×10^{-2}
CO	1100	9.5×10^{-4}	5.8×10^{4}	2.3×10^{-2}

(10) 유기물질과 산소요구량

수중에 존재하는 유기물질(organics)의 종류는 단백질(proteins), 탄수화물(carbohydrates), 지방(fats), 지질(lipids), ABS, 농약류 등을 포함하여 새로이 합성되는 다양한 합성 유기화학물질에 이르기까지 매우 다양하다. 이러한 모든 항목을 정성·정량화하기는 거의 불가능하다. 특히 오염의 정도에 따라 물속의 유기물질의 함량은 1 ppm에서부터 10^{-3} ppb에 이르기까지 다양하게 나타날 수 있다. 따라서 일반적으로 사용되는 유기성분의 정량화 방법으로 수중의 총 유기탄소(TOC, total organic carbon) 농도나 유기물질을 분해하는 데 필요한 산소요구량(oxygen demand)을 사용한다.

산소요구량(oxygen demand)은 크게 총 산소요구량(TOD, total oxygen demand), 화학적 산소요구량(COD, chemical oxygen demand) 및 생화학적 산소요구량(BOD, biochemical oxygen demand)로 구분한다. COD 실험은 화학적인 실험방법, BOD는 미생물을 이용하는 생화학적 실험이며, TOC와 TOD는 전문적인 분석기기를 사용한다. BOD와 COD 측정에 있어서 민감성 및 방해작용을 제거하기 위해 TOC를 측정하나 이 경우 생분해성(BD, biodegradable)과 난분해성(NBD, nonbiodegradable) 성분의 구별이 어려운 단점이 있다. 미량 유기물질은 기체 크로마토그래피(GC, gas chromatography)와 질량 분광기(MS)와 같은 기기를 활용하여 정성 · 정량분석이 가능하다. 만약 화합물의 개별적인 화학적 조성비를 알 수 있다면 화학양론식에 따라 이론적 산소요구량(ThOD, theoretical oxygen demand)을 계산할 수 있다.

1) 이론적 산소요구량과 산소당량

이론적 산소요구량(ThOD)은 유기물질의 화학구조식에 따라 양론적 평가에 의해 계산이 가능하다. 이때 유기물질 1 g을 산화시키는 데 필요한 산소요구량을 산소당량(oxygen equivalent)이라고 정의한다. 유기물질을 완전 산화시키는 데 필요한 산소의 양은 각 원소에서 유기 화합물에 처음 존재하던 산소의 양을 뺀 후 산화에 필요한 산소요구량과 같다.

일반적으로 인(p), 황(S), 질소(N)성분 또한 이론적으로 산소 소모반응를 유발할 수 있으나 일반적으로 유기물질 내 포함된 인(p)과 황(S)성분은 미량이므로 무시할 수 있고, 질소 또한 산화과정을 경유하지 않고 암모니아로만 존재한다고 가정하면(즉, 질산화가 일어나지 않을 경우) ThOD는 다음과 같이 단순화된다.

$$\text{COD} \fallingdotseq \text{ultimate BOD} \fallingdotseq \text{ThOD}$$

표 5－10에 다양한 화합물의 산소당량을 정리하였다.

표 5－10 **다양한 화합물의 산소당량**

Chemicals	Structure	Oxygen equivalents	
Acetic acids	CH_3COOH	1.067 g O_2/g HAc	2.67 g O_2/g C
Glucose	$C_6H_{12}O_6$	1.067 g O_2/g glu	2.67 g O_2/g C
Sucrose	$C_{12}H_{22}O_{11}$	1.12 g O_2/g suc	2.67 g O_2/g C
Methanol	C_2H_5OH	1.5 g O_2/g Me-OH	4 g O_2/g C
Ethanol	CH_3OH	2.087 g O_2/g Et-OH	4 g O_2/g C
Nitrogen	NH_4	3.56 g O_2/g NH_4	4.57 g O_2/g N
Algae	$C_{106}H_{263}O_{110}N_{16}P$	1.29 O_2/g algae	147 O_2/g P

예제 5-7) 산소당량 산정

포도당(glucose, $C_6H_{12}O_6$)의 산소당량은 얼마인가?

풀이)

$$C_6H_{12}O_6 + 6O_2 \rightarrow 6CO_2 + 6H_2O$$
$$180\ g \quad\quad 192\ g$$

포도당의 산소당량 = 192/180 = 1.067 g O_2 / g glucose

예제 5-8) 이론적 산소요구량 산정

250 mL의 증류수에 자당(sucrose, $C_{12}H_{22}O_{11}$)이 2 g 녹아 있다면 이 시료의 ThOD는 얼마인가?

풀이)

$$C_{12}H_{22}O_{11} + 12O_2 \rightarrow 12CO_2 + 11H_2O$$
$$342 \quad\quad 12\times(16\times2)$$
$$2\times1000/0.25 \quad\quad x$$

x(= ThOD) = 8,982.46 mg O_2/L(= BOD_{ult} = COD)

2) 화학적 산소요구량

화학적 산소요구량(COD) 실험은 일반적으로 자연수, 도시 하수, 산업 폐수의 유기물질 함량을 측정하는 데 사용된다. 이 실험은 화학적인 강산화제인 중크롬산칼륨($K_2Cr_2O_7$)과 촉매제(황산은)를 이용해 고온에서 측정된다. 그 반응식은 다음과 같다.

$$C_aH_bO_c + Cr_2O_7^{2-} + H^+ \xrightarrow[\text{촉매}]{\text{가열}} Cr^{3+} + CO_2 + H_2O$$

유기물질의 양은 CO_2, H_2O, NH_4^+, PO_4^{3-}, SO_4^{2-} 등으로 유기물을 산화하는 데 사용된 등가의 산소량(산소당량)으로 표현된다. COD 실험은 짧은 시간(약 3시간) 내 측정이 가능하기 때문에 광범위하게 사용되나 이 실험에서는 생물학적으로 산화가능한 물질과 불가능한 물질의 차이를 구분할 수 없는 단점이 있고, 유기물질이 생물학적으로 산화되는 속도도 파악하기 어려우며, 뿐만 아니라 염소와 같은 무기물은 시험에 방해를 줄 수 있다. 이러한 성분이 존재할 경우 실험 전에 반드시 방해물질을 제거한 후 측정하여야 한다. 산화제로서 과망간산칼륨($KMnO_4$)을 사용해 COD(COD_{Mn})를 측정하는 경우도 있으나 이는 $K_2Cr_2O_7$을 사용한 경우에 비해 산화력이 떨어지고(60% 이하로) 완벽하게 유기물질을 정량화하기 어려우므로 일반적으로 권장할 수 없는 방법이다.

3) 생화학적 산소요구량

자연수에서 더 중요한 반응은 생화학적 반응으로 이 반응은 유기물질(탄소)은 주로 박테리아와 같은 미생물의 대사활동에 의해 가장 낮은 에너지 상태인 CO_2로 산화되며, 그 외의 생성물에는 에너지, 물, 새로운 세포 및 광물질로 전환된다.

$$\text{유기물질} + O_2 + \text{영양물질} \xrightarrow{\text{미생물}} CO_2 + H_2O + \text{새로운 세포} + \text{영양물질} + \text{에너지}$$

대부분의 유기물질은 이러한 반응에 준하여 생분해가 가능하다. 그러나 어떤 화합물(셀룰로오스, 리그닌, 합성 석유화학물질)은 생물학적으로 분해되지 않거나(non-biodegradable) 혹은 난분해성(hardly biodegradable)인 물질도 있다. 여기서 생분해 가능한 유기물의 물질대사에서 사용되는 산소량을 생화학적 산소요구량(BOD)이라고 한다. 대부분의 시스템에서 유기물질은 복합적인 성분으로 구성되며, 또한 용해성(soluble) 및 불용성(insoluble) 형태가 혼재되어 있다. 그러므로 BOD값은 단순히 순수한 화합물보다는 혼합된 불특정 유기화합물질 중 탄소물질의 산화에 필요한 산소량(CBOD, carbonaceous BOD)으로 측정된다. 탄소물질의 산화반응에서 주요 최종생성물은 이산화탄소(CO_2), 암모니아(NH_3), 물(H_2O)이다. 질산화(nitrification)는 암모니아가 질산염으로 전환되는 생물학적 산화반응으로, 질소계물질의 생화학적 산소요구량(NBOD, nitrogenous BOD)이며 이는 탄소물질의 산화반응에 의한 산소소모량(CBOD)과 구별된다.(그림 5-21).

BOD 실험은 일정 용량의 BOD 측정용 유리용기에 생분해성 유기물질과 용존산소, 그리고 박테리아의 식종에 의해 수행된다. 통상적으로 반응의 시작단계에서 5~7일간 선형(1차) 반응특

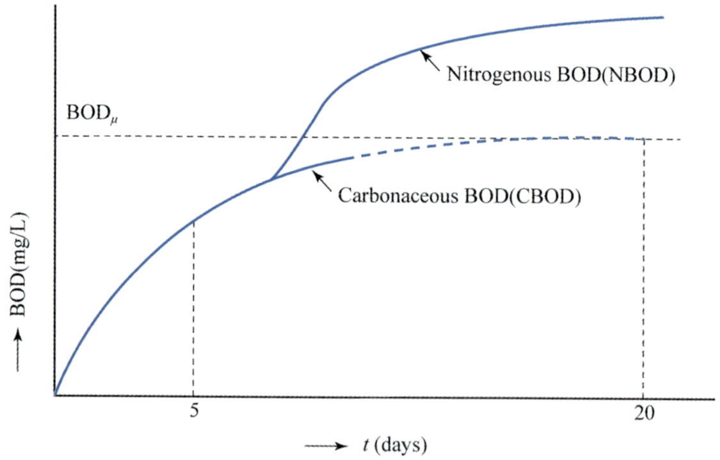

그림 5-21 **CBOD와 NBOD 반응곡선의 구분**

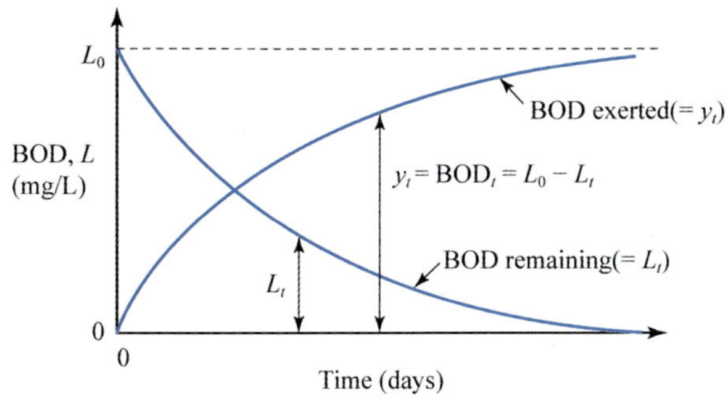

L_0 = 시간 0에서 용액의 총 BOD(L_0 = BOD_u)
L_t = 시간 t에서 남아 있는 BOD
y_t = 시간 t에서 소모된 BOD(또는 사용된 O_2의 양, y_t = BOD_t)

그림 5-22 **BOD 반응곡선에서 소모된 BOD와 남아 있는 BOD와의 상관관계**

성을 나타내며, 20일경에는 완전히 반응이 끝나는 최대의 산소 소모시점을 보인다. 따라서 5일 BOD(BOD_5)와 최종 BOD(BOD_u, ultimate BOD)는 중요한 인자로 고려된다. 시간의 경과에 따른 반응특성을 보면 2일 BOD의 경우는 BDCOD의 33~35%, 5일 BOD의 경우는 BDCOD의 67% 그리고 20일 BOD는 BOD_u로 BDCOD와 유사한 값에 해당한다. 이론적으로 미생물의 경우 NBDCOD는 COD의 약 20% 정도이며, 측정된 최종 BOD는 이론적인 최종 BOD의 약 87%에 해당한다. 따라서 5일 BOD와 최종 BOD 간에는 다음 관계가 성립한다.

$$BOD_5 \fallingdotseq 0.67 \times (0.87\ BOD_u) = 0.58\ BOD_u$$

$$BOD_u \fallingdotseq BOD_5 \times 1.72$$

BOD 실험에서 산소소모율(rate of O_2 consumption)은 다음과 같이 일차반응식(first-order reaction)으로 표현된다(그림 5-22).

$$\frac{dL}{dt} = -kL$$

여기서, L = 시간 t에서 산화가능한 탄소유기물질의 양
k = 반응속도상수(BOD reaction rate constant)
t = 배양시간(incubation time)

즉, 소모된 BOD는 소모된 DO와 같다. 임의의 시간 t에서의 y_t를 결정하기 위해 $L = L_0$ 및 L_t를 적분하면, 다음과 같이 y_t 관련식을 얻을 수 있다. 여기서 BOD 반응속도상수(k)는 0.23 d^{-1}(log로 표현 시에는 $k' = 0.1\ d^{-1}$)로 고려된다.

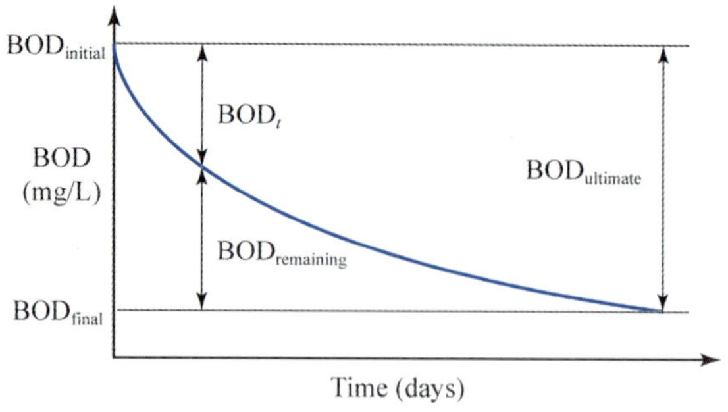

그림 5-23 **시간에 따른 BOD 변화곡선**

$$\int_{L_0}^{L_t} \frac{dL}{L} = -k\int_0^t dt$$

$$\ln L \mid_{L_0}^{L_t} = \ln\left(\frac{L_t}{L_0}\right) = -kt$$

여기서, $L_t = L_0\ \exp(-kt)$ = 시간 t에 남아 있는 BOD

$y_t = L_0 - L_t = L_0 - L_0\ \exp(-kt) = L_0[1-\exp(-kt)]$

= 시간 t에서 소모된 BOD

예제 5-9) BOD 계산

일반적인 도시폐수의 BOD_5가 220 mg/L라 할 때 최종 BOD는 얼마인가?(단 k = 0.23/day) 또한 3일 BOD는 얼마인가?

풀이)

$$y_t = L_0 - L_t = L_0 - L_0\ \exp(-kt) = L_0[1-\exp(-kt)]$$

$$L_0 = \frac{y_t}{1-e^{-kt}} = \frac{220\ \text{mg/L}}{1-e^{(-0.23/\text{day})(5\text{days})}} = \frac{220\ \text{mg/L}}{0.68} = 322\ \text{mg/L}$$

$$y_t = L_0[1-\exp(-kt)] = (322\ \text{mg/L})(1-\exp^{(-0.23/\text{day})(3\text{days})})$$
$$= 161\ \text{mg/L}$$

화학양론적 화학반응은 상대적으로 온도에 크게 영향을 받지 않으나, BOD 반응속도는 온도 변화에 큰 영향을 받는다. BOD 반응에 대한 온도의 영향은 속도상수 변화로 설명이 가능한데, 이는 다음과 같이 van't Hoff-Arrhenius 보정식으로 표현된다.

$$k_t = k_{20}\theta^{T-20}$$

여기서, T: 온도(℃)

k_T: 온도 T에서 반응속도상수

k_{20}: 20℃에서의 반응속도상수

θ: 온도계수(경험적으로 1.047; 1.135 for 4~20℃, 1.056 for 20~30℃)

BOD_u와 k는 다음과 같이 최소제곱법(least-squares method)으로 결정할 수 있는데, 이때 시간에 따른 BOD_t 측정값이 필요하다. 이 방법은 1차 반응(1st order reaction)으로 표현이 가능한 경우에 사용될 수 있다.

$$na + b\Sigma y - \Sigma y' = 0$$

$$a\Sigma y + b\Sigma y^2 - \Sigma yy' = 0$$

여기서, $y = y_t = BOD_t$ (mg/L)

n =자료의 수

$b = -k(\text{day}^{-1})$

$a = -bBOD_u$(mg/L day)

$y' = (y_{n+1} - y_{n-1})/2\Delta t$

예제 5-10) BODu와 k의 결정

Day	1	2	3	4	5	6
BOD_t	15.8	25.7	35.5	46.3	52.1	60.1

풀이)

1) 아래와 같은 표를 만들어 계산한다.

t (d)	y (mg/L)	y^2 (mg/L)^2	y' (mg/L) d^{-1}	yy' (mg/L)^2 d^{-1}
0	0	–	–	–
1	15.8	249.6	12.9	203.0
2	25.7	660.5	9.9	253.1
3	35.5	1260.3	10.3	365.7
4	46.3	2143.7	8.3	384.3

5	52.1	2714.4	6.9	359.5
6	60.1	3612.0	−	−
Σ	235.5	10,640.5	48.2	1,565.6

2) k와 BOD_u를 계산한다.

$$6a + 235.5b - 48.2 = 0$$

$$235.5a + 10{,}640.5b - 1{,}565.6 = 0$$

$$a = 17.2,\ \ b = -0.23$$

따라서 $k = -b = 0.23/\text{day}$

$BOD_u = -(a/b) = 73.6\ \text{mg/L}$

BOD 실험에 의하여 BOD는 다음과 같은 식으로 결정된다.

$$BOD_t = \frac{DO_i - DO_f}{\dfrac{V_s}{V_b}}$$

여기서, $\dfrac{V_s}{V_b}$ = 시료의 희석률

BOD_t = 시간 t에서의 BOD(mg O_2/L)

DO_i = BOD 병 내의 초기 DO(mg O_2/L)

DO_f = BOD 병 내의 최종 DO(mg O_2/L)

V_b = 시료병의 용적(300 mL)

V_s = 시료용적(mL)

예제 5 - 11) BOD 계산

폐수처리장의 유입수로부터 시료를 채취하여 BOD 실험을 수행하였다. 300 mL BOD 병에 시료 10 mL을 넣고 희석액으로 나머지를 채웠다. 혼합액의 초기 DO가 8.5 mg/L였고, 혼합액을 20℃에서 5일 동안 어두운 배양기에서 배양시킨 다음 DO 측정값은 3 mg/L였다. 이 시료의 BOD_5는 얼마인가?

풀이)

이 실험에서 희석비율은 300 mL/10 mL이므로 BOD_5는 다음과 같이 계산된다.

$$BOD_t = \frac{DO_i - DO_f}{\dfrac{V_s}{V_b}} = \frac{(8.5-3)\ \text{mg/L}}{\dfrac{10\ \text{mL}}{300\ \text{mL}}} = 165\ \text{mg/L}$$

예제 5-12) 유기물질 분석

250 mL의 증류수에 sucrose($C_{12}H_{22}O_{11}$)이 2 g 녹아 있다면 BOD 측정을 위해서 필요한 시료의 양은 얼마인가?

풀이)

$$C_{12}H_{22}O_{11} \quad + \quad 12O_2 \quad \rightarrow \quad 12CO_2 \quad + \quad 11H_2O$$
$$342 \qquad\qquad 12 \times 32$$

$$2 \times 1000/0.25 \qquad x$$

$$x(= COD) = 8982.46\ mg/L = BOD_u$$

$$BOD_5 = 8982.46/1.72 = 5222.36\ mg/L$$

$$y(mL) \times 5222.36\ mg/L = 1.4\ mg \qquad \therefore\ y = 0.268\ mL$$

여기서, BOD 병의 산소량 1.4 mg에 대한 계산근거는 다음과 같다.

BOD 병 = 0.3 L
DO saturated @ 20℃ = 9.07 mg O_2/L
0.3 × 9.0 = 2.7 mg O_2
2.7 mg × 0.5 = 1.4 mg O_2

다음은 BOD와 COD 및 SS의 상관관계를 요약한 것이다. 이러한 상관관계를 통하여 생물학적 분해불능물질의 함량을 유용하게 결정할 수 있다.

Total BOD(TBOD) = soluble BOD(SBOD) + insoluble BOD(IBOD)

Total COD(TCOD) = soluble COD(SCOD) + insoluble COD(ICOD)

Total COD(TCOD) = biodegradable COD(BD COD) + nonbiodegradable COD(NBD COD)

$$BD\ COD = BOD_u = K \times BOD_5$$

$$NBD\ COD = COD - BOD_u$$

$$ICOD(= VSS) = BD\ ICOD + NBD\ ICOD$$

$$BD\ ICOD = IBOD_u = K \times IBOD_5$$

$$NBD\ ICOD = ICOD - IBOD_u$$

예제 5-13) 유기물질 분석

어떤 폐수시료로부터 다음과 같은 분석결과를 얻었다. 이들 자료를 이용하여 ICOD, $IBOD_5$, FSS, BOD_u, NBD COD, NBD SS를 결정하시오. 또한 COD, ICOD, VSS 기준으로 볼 때 생물학적 분해불능의 함량은 각각 얼마나 되는가?

(unic mg/L)

	하수-1 DWW-1	하수-2 DWW-2	분뇨 Nightsoil	정화조폐액 Septage	Remark
TCOD	427	200	48000	32000	
SCOD	180	80	26000	12000	
$TBOD_5$	234	100	19000	8000	
$SBOD_5$	107	50	12500	4300	
TSS	192	120	25000	18000	
VSS	159	70	21000	12000	

풀이) 각 폐수의 계산결과는 다음과 같다.

ICOD	247	120	22000	20000	TCOD－SCOD
$IBOD_5$	127	50	6500	3700	$TBOD_5 - SBOD_5$
FSS	33	50	4000	6000	TSS－VSS
BODu	402	172	32680	13760	$k*BOD_5(k=BODu/BOD_5$ ratio)
SBODu	184	86	21500	7396	$k*SBOD_5$
IBODu	218	86	11180	6364	$k*IBOD_5$
	218	86	11180	6364	TBODu－SBODu
NBD COD	25	28	15320	18240	TCOD－BODu
NBD SCOD	－4	－6	4500	4604	SCOD－SBODu
NBD ICOD	29	34	10820	13636	ICOD－IBODu
	25	28	10820	13636	NBD COD－NBD SCOD
NBD VSS	16	16	10328	8182	VSS*NBD ICDD/ICOD
NBD SS	49	66	14328	14182	FSS+NBD VSS
NBD fraction(%)					
COD basis	5.7	14.0	31.9	57.0	NBD COD*100/TCOD
ICOD basis	9.9	23.3	49.2	68.2	NBD ICOD*100/ICOD
VSS basis	9.9	23.3	49.2	68.2	NBD VSS*100/VSS
BOD rate constant(k)	0.174	0.174	0.174	0.174	$BOD_5=BODu*[1-\exp(-5k)]$

[참고사항]

이 예제는 수질분석자료를 활용하여 폐수의 생물학적 분해 분율을 평가할 수 있는 중요한 예제이다. 하수-1의 경우는 외국의 사례이며, 하수-2와 분뇨, 정화조 폐액의 경우는 우리나라에 해당하는 일반적인 농도이다. 이를 참고로 볼 때 우리나라의 하수는 외국에 비하여 생물학적으로 분해가 불가능한 유기물질 함량이 2배 이상 높으며, 분뇨와 정화조 폐액의 경우는 상당히 높다는 것을 알 수 있다. 이때 ICOD와 VSS는 표현하는 단위가 다를 뿐 그 의미는 동일하므로 같은 비율로 계산된다.

5.5 생물학적 요소

(1) 개요

물의 생물학적 특성(biological parameters)은 일차적으로 미생물을 포함한 수서 생태계의 군집 특성(population dynamics)과 관련이 깊으며, 이는 수질을 정의하는 데 직접적으로 영향을 미친다. 가장 중요한 영향은 물에 존재하는 병원성 미생물(pathogens group)의 특성과 공학적 활용 그리고 생물오염 및 독성평가와 같은 중요한 요소들이 있다.

일반적으로 생명의 다양성은 3개의 도메인(domain)과 6개의 계(kingdoms)로 구분되는데 (Woese et al., 1990; Cavalier-Smith, 1998), 세균(박테리아-bacteria), 고세균(archea), 식물계 (plantae), 균계(곰팡이-fungi), 동물계(animalia), 원생생물계(protista)가 그것이다(그림 5-24) (Doridí, 2013). 이 중에서 미생물(micro-organisms)이란 박테리아, 곰팡이, 조류(algae), 원생동물 (protozoa)을 포함하며, 여기에는 엄격하게 생명이 아니나 유사 흉내를 내는 바이러스(virus)도 포함하고 있다. 이러한 미생물은 총칭하여 병원성 미생물이라고도 한다. 미생물은 일반적으로 세포안의 핵(cell nucleus)이 핵막(nuclear membrane)에 뚜렷하게 싸여 있는가 아닌가에 따라 유핵(eucaryotic) 또는 무핵(procaryotic)으로 분류되나 최근에는 미생물의 유전자(DNA, deoxy-ribonucleic acid) 구조에 기초를 두고 분류하고 있다.

미생물 명명법(nomenclature)은 계(Kingdom), 문(Phylum), 강(Class), 목(Order), 과(Family), 속(Genus), 종(Species) 등으로 규모가 증가되는 집단 순서로 분류하며, 이에 따라 어떤 유기체의 학술명은 속과 종 이름으로 규정된다. 먼저 표기되는 속명은 항상 대문자로 표현하며, 두 명칭

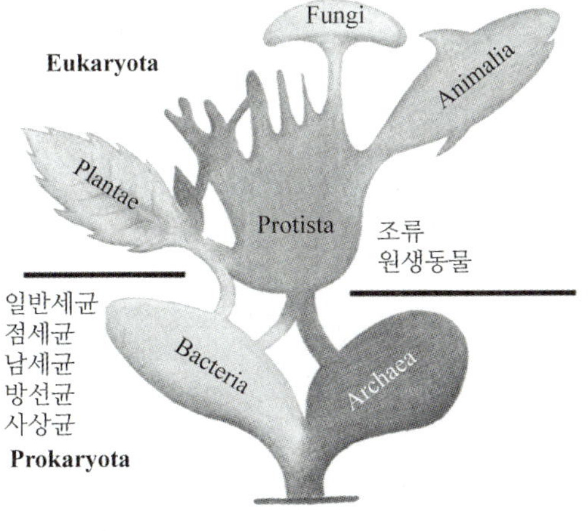

그림 5-24 생명의 다양성(Doridí, 2013)

표 5-11 탄소원 및 에너지원에 따른 미생물의 분류

Classification	Energy Source	Carbon Source	Representative organisms
Photoautotrophs	Light	CO_2	Higher plants, algae, Photosynthetic bacteria
Photoheterotrophs	Light	Organic matter	Photosynthetic bacteria
Chemoautotrophs	Inorganic matter	CO_2	Bacteria
Chemoheterotrophs	Organic matter	Organic matter	Bacteria, fungi, protozoa, animals

모두 이탤릭(예, *Microcystis aeruginosa*)으로 표기한다(예를 들어 인간의 학술명은 *Homo sapiens*이다. 즉, 인간은 sapiens 종 Homo 속이라는 말이다. 또한 확장하여 인간은 Hominidae과, Primate 목, Mammalia 강, Chordata 문, 마지막으로 Animal계에 포함된다).

단세포 박테리아를 포함한 유기체(organisms)들은 증식을 위한 새로운 세포의 합성(cell synthesis)과 유지에 필요한 에너지 생산(energy production)에 필요한 물질들을 주위 환경으로부터 얻게 되는데, 즉 유기체는 탄소원(carbon source)과 에너지원(energy source)에 따라 분류할 수 있다. 세포 합성을 위해 필요한 탄소원은 이산화탄소와 유기물질로 구분되는데, 이산화탄소로부터 탄소를 흡수·합성한다면 독립영양(autotrophs)이라 하고, 유기성 탄소를 이용한다면 종속영양(heterotrophs)이라 부른다. 또 세포합성에 필요한 에너지는 빛(light)과 화학물질(유기/무기물질)의 산화환원반응에 의해 얻어지는데, 빛을 이용하는 경우를 광영양(phototrophs), 그리고 화학적 에너지원을 이용하는 경우를 화학영양(chemotrophs)이라고 정의한다. 이러한 탄소와 에너지원에 따른 미생물의 분류를 표 5-11에 정리하였다. 미생물은 탄소와 에너지원 외에도 질소, 인과 같은 영양물질(macro-nutrients)과 황, 칼륨, 칼슘, 마그네슘과 같은 미량원소(micro-nutrients)도 필요하다(실제 자연적으로는 90개 이상의 성분(elements)이 존재하지만 세포 내에 상당량으로 존재하는 성분은 단지 12가지이다. 즉, 탄소, 수소, 산소, 질소는 주성분(major elements)으로, 그리고 나트륨, 염소, 칼슘, 인, 칼륨, 황, 철, 마그네슘 등은 미량 성분(minor elements)이지만 매우 중요한 역할을 한다).

세포조직의 주요 요소일 뿐만 아니라 세포성장에 중요한 역할을 담당하는 것으로 산소가 있다. 자유산소분자(free O_2)에 대한 미생물의 반응을 기준으로 미생물은 세 가지 종류로 구분한다.

- 호기성 미생물(aerobic microorganism): 물질대사(metabolism)에 있어서 분자상태의 자유산소를 필요로 하는 미생물
- 혐기성 미생물(anaerobic microorganism): 분자 산소의 존재가 독성으로 작용하는 미생물(세포합성에 필요한 산소는 화학물질로부터 이용한다)
- 임의성 미생물(facultative microorganisms): 산소가 있거나 없거나 성장할 수 있는 미생물

표 5-12 **수인성질병의 원인(미국: 1971~1985)**

원인	발생빈도, %
원생동물	22.0
바이러스	6.3
세균	13.0
화학물질	3.4
원인불명	55.3

또 자연계의 미생물은 환경에 따라 다양하게 적응하여 저농도의 산소에서 가장 잘 활동하는 미생물도 있는데 이를 미량 호기성(micro-aerobic) 미생물로 분류하기도 한다. 미생물의 성장에 필수적인 영양물질 외에 미생물의 성장과 번식에 미치는 환경인자(pH, 산소, 온도, 빛 등)의 영향도 매우 중요하다.

인간에게 질병을 옮기거나 발생시킬 수 있는 물속의 유기체를 병원성 미생물(pathogen group)이라고 한다. 이는 자연수뿐만 아니라 상수와 하・폐수와 직접적으로 관련이 있다. 중요한 병원균체로는 바이러스(virus), 박테리아(bacteria), 균류(fungi), 조류(algae), 원생동물(protozoa) 및 벌레류(연충(worms)-윤충(rotifers), 갑각류(crustaceans)) 등이 있다. 물속에 존재하는 이러한 병

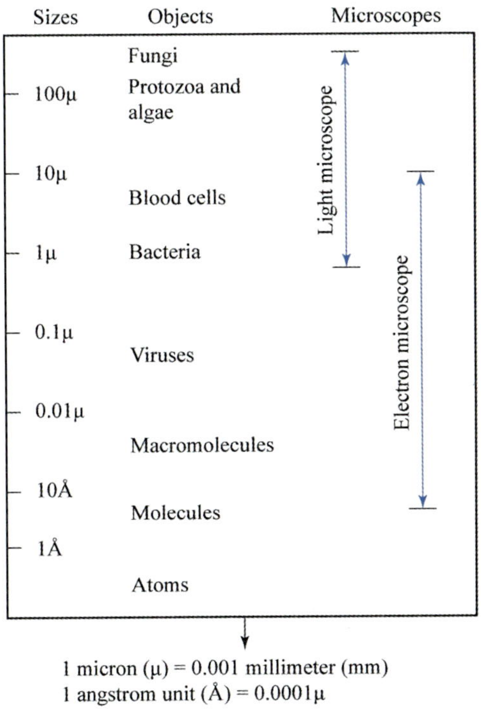

그림 5-25 **미생물의 상대적인 크기(Rhodes and Rooyen, 1958)**

원균 체를 모두 분석하는 것은 많은 비용이 요구되므로 일반적으로 수질오염에 대한 지표(예를 들어 대장균 분석)로서 사용가능한 간단한 분석방법 사용이 선호된다. 대표적인 수인성질병(waterborne diseases)으로는 신경계(nervous system)와 세포막을 공격하는 수막염, 뇌막염(meningitis), 특히 유아들에게 잘 발생하는 소아마비(poliomyelitis), 전염성 감염(infectious hepatitis) 등이 있다. 표 5-12에는 미국의 경우에 대하여 수인성질병의 주요 원인으로 보고된 자료를 정리하였고, 그림 5-25에는 미생물의 상대적인 크기를 나타내었다(Rhodes and Rooyen, 1958).

(2) 바이러스

바이러스(viruses)는 단백질로 구성된 막 내부에 유전정보물질(DNA와 RNA)만으로 이루어진 절대 기생성(obligate parasites) 물질로, 숙주(host)가 없이는 새로운 화합물을 합성하지 못하므로 엄밀하게는 생명체라고 정의하기 어렵다. 그러나 이는 살아있는 세포에 침투해서 숙주 세포의 성장과 유지 활동을 새로운 바이러스성 입자의 번식을 위한 세포 활동으로 바꾸게 한다. 감염된 세포가 죽으면 많은 수의 바이러스가 다른 세포를 전염시키기 위해 방출된다. 모든 바이러스는 숙주에 대해 특정적인 특성이 있으므로 어떤 바이러스는 단지 한 종류의 생물체만 공격한다. 또 유전적 변종(돌연변이)으로 특히 감염되기 쉽거나 면역이 될 수 있는데, 감기바이러스(influenza virus)가 일반적인 예이다. 바이러스는 환경 중에서 장기간 생존이 가능하며, 수많은 바이러스성 질병은 흔히 물에 의해 전파된다. 바이러스는 숙주 종류에 따라 크게 동물, 식물 및 세균 바이러스(bacteriophage)로 구분한다.

장바이러스(enterovirus)는 대표적인 수질오염 바이러스로, 이는 수계에 있는 바이러스 중에서

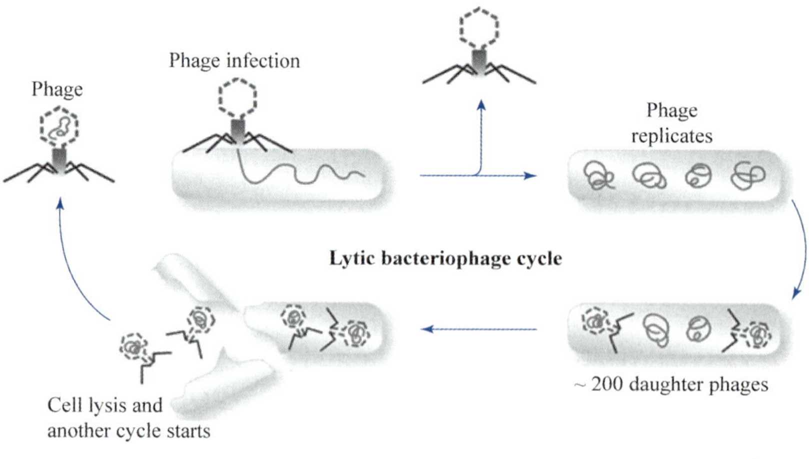

그림 5-26 박테리오파지의 세균감염기작

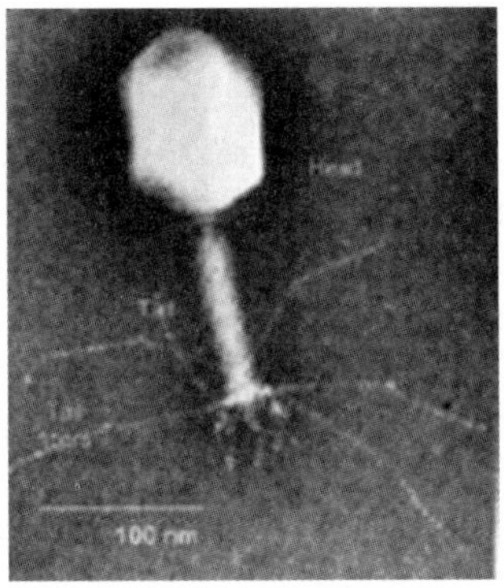

그림 5-27 **박테리오파지 T4의 전자현미경사진(Sander, 2009).**

가장 많고 흔히 질병을 유발하는 종류에 해당한다. 이는 소아마비, 수막염, 호흡기 질환 및 설사의 원인(특히 유아 및 소아에게 발병률이 높다)이 된다. 주요 전파경로로는 온혈동물을 숙주로 하여 환자의 대변과 함께 배설되어 수계로 유입하여 수질오염을 발생하여 감염시키며, 이는 또한 하수처리 후 방류수에도 존재가 가능하여 자연수 및 음용수원으로 쓰이는 지하수나 표층수도 이로 인하여 오염될 수 있으므로 특별한 관리가 요구된다. 현재까지 약 110종류 이상(*Poliovirus, Coxasackievirus, Echovirus* 등)이 알려져 있으며, 직경 20~85 nm(nm = 10억분의 1 m)의 미세크기로 분리 및 정량적 분석을 위해서는 적절한 숙주와 함께 특수한 분석기술이 필요하다.

수생환경 중에는 반드시 부정적인 영향만을 끼치는 바이러스만 존재하는 것은 아니다. 예를 들면 박테리아 분해 바이러스(bacteria eating virus)로 불리는 박테리오파지(bacteriophage 혹은 phage)는 동물이나 식물 또는 인체에 전혀 영향을 주지 않는 상태에서 특정 박테리아만 파괴하는 매우 독특한 특성을 가지고 있다. 이러한 파지는 주변의 물, 토양 환경에 다양하게 분포하며 특정 세균에 부착하여 자신의 유전물질을 숙주 세포에 주입시킨 후 숙주 세포의 효소를 이용하여 유전물질과 단백질을 합성하여 세포 내에서 새로운 파지를 형성하고 자신의 효소를 이용하여 박테리아의 세포벽을 분해시키는데, 박테리아는 삼투압을 버티지 못하게 되고 새로운 박테리오파지가 방출하면서 박테리아를 파괴시키게 된다(그림 5-26, 5-27).

이러한 현상은 1896년 갠지스(Ganges) 강에서 처음 그 현상이 발견된 이후 1917년 프랑스 파스퇴르 연구소 월트(Twort)와 펠릭스(Félix d'Hérelle)에 의해 공식적으로 정의되었다. 이러한 바이러스의 응용기술은 현재까지 주로 식품공학(햄, 치즈산업), 의학(파지요법(phage therapy)-항생제 내성균 제어), 약학(차세대 항생제) 등 기초과학 분야를 중심으로 활발하게 연구개발 중에 있다. 최근에는 하수처리기술 중에서 생물학적 질소제거능력 향상 및 슬러지 팽화(sludge bullking)현상 제어와 생물막오염(membrane biofouling) 및 항생제 내성균 제어를 위한 환경기술로 박테리오파지기술을 응용한 사례가 있으며, 향후 다양한 측면에서 기술개발이 이루어질 가능성이 높다(Bhattacharjee et al., 2015; Choi, 2012).

(3) 박테리아

단세포 원생생물로 분류되는 박테리아(bacteria)는 악취를 내거나 불쾌한 환경조건을 초래하고 심지어 수인성질병(위장질환(gastroentestinal diseases), 콜레라(cholera), 장티푸스(typhoid), 위장염(gastroenteritis) 등)을 일으키는 등 대부분 환경위생문제(sanitary problems)의 원인이 된다. 그러나 각종 유기물질과 고등식물 및 동물을 공격하여 분해하는 특성이 있어 하수처리장에서는 유기물질의 안정화 단계에 매우 유용하게 사용된다. 박테리아는 세포구조와 먹이섭취방법의 특이성에 따라 가장 기본적인 단위 식물(basic plant unit)로 분류된다. 그러나 이는 일반적으로 녹색의 엽록소(chlorophyll)를 가지고 광합성(photosynthesis) 작용을 하는 고등식물과는 구별되지만, 일부 광합성을 하는 박테리아, 예를 들어 남세균(cyanobacteria) 종류도 있다.

용존상태의 먹이(soluble food)를 섭취하는 이 단세포 유기체는 이분법(binary fission) 방식에 의해 증식하며, 매우 유연한 세포구조에 대부분 종속영양 및 화학합성을 위주로 한다. 외형은 원형(coccus, 직경 1～3 μm), 막대형(rod형, bacillus, 직경 0.3～1.5 μm, 길이 1.0～10.0 μm), 곡선 및 나선형(curved rod, spiral), 그리고 사상성(filamentous)의 형태를 띠고 있다. 대표적인 막대형 박테리아인 대장균(*Escherichia coli*)은 주로 인간의 배설물에서 발견되는 유기체로, 폭이 0.5 μm, 길이가 2 μm 정도이다. 굴곡 막대형 박테리아로는 비브리오(vibrios)균이 있고 이것은 폭이나 혹은 직경이 0.6～1.0 μm, 길이가 2～6 μm로 크기가 다양하다. 나선형 박테리아는 나선균(spirillum)이 알려져 있는데, 길이가 50 μm 이상이다. 사상성 박테리아는 이름이 다양하고 100 μm 정도로 크거나 그 이상일 수도 있다. 박테리아의 일반적인 구조는 그림 5－28과 같다.

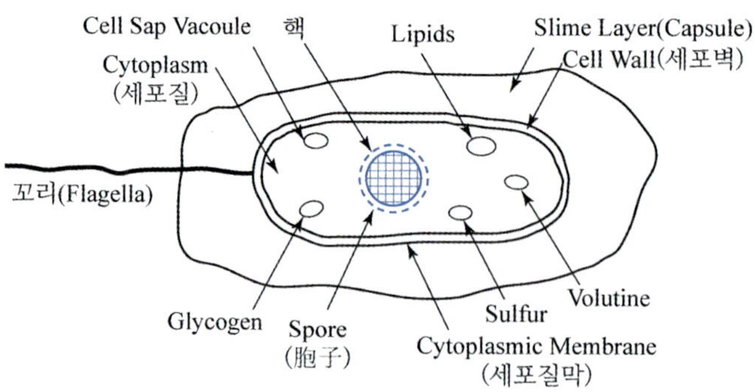

그림 5－28 박테리아 구조

표 5-13 **호기성 및 혐기성 박테리아의 화학적 조성비교(Ahn, 2000)**

Researcher	Composition, %				Formula	mg COD /mg VSS	Ratio, %			Substrate /Reactor	
	C	H	N	O			C	N	P		
Anaerobic											
McCarty, P L(1972)	–	–	–	–	$C_5H_7O_2N$	1.42	–	–	–	–	–
Speece, R E(1985)	–	–	–	–	$C_5H_7O_2NP_{0.62}S_{0.1}$	–	100	23	3.1	–	–
Sam-Soon, et al.(1989)	–	–	–	–	–	1.23	–	–	–	Glucose	UASB
Takashi, K(1991)	–	–	–	–	–	–	100	9	6.4	MWS	–
	–	–	–	–	–	–	100	24～25	2.1～3.4	TCL	UASB
Ahn, YH(2000)	48.2	6.8	10.9	22.6	$C_5H_9O_3N$	1.22～1.43	100	19.4～23.3	3.5	Sucrose w.	UASB
	39.5	5.9	8.4	33.1	$C_{5.5}H_{10}O_{3.5}N$	1.20～1.22	100	21.3	–	Dairy w.	UASB
	20.2	2	1.4	55.5	–	0.34	100	6.9	–	Acid w.	UASB
Aerobic*											
Mayberry, et al.(1968)	47	7.8	12.5	32.6	$C_4H_8O_2N$	1.1	100	26.6	–	–	–
Hoover, et al.(1982)	53	6	12	29	$C_5H_7O_2N$	1.42	100	22.6	–	Skim milk	AS
McKinney, R E(1982)	49～50	7～8	10～12	32	$C_5H_8O_{2.5}N$	1.31	100	21.7～24	–	–	–
Anon(?)	–	–	–	–	$C_5H_9O_3N$	1.22	–	–	–	–	–

MWS: municipal waste sludge; TCL; thermal conditioning liquor; AS; activated sludge
* ref) McKinney, R E(1990)

박테리아는 세포외부에 다당류(polysaccharide)로 이루어진 슬라임 층(slime layer)을 가지고 있는 경우도 있으며, 편모(flagella)가 있어 운동성을 가진다. 호기성 및 혐기성 박테리아의 화학적 조성은 표 5-13과 같은데(Ahn, 2000), 일반적인 경험적 구조식은 $C_5H_7O_2N$으로 표현되며, 질소와 인의 구성비는 통상적으로 12/1로 표현된다. 또 세포는 80%의 물과 20%의 고형물(건조중량기준)로 이루어져 있으며, 고형물질 내 유기물질과 무기물질의 비율은 9 : 1 정도로 그 구성성분은 다음과 같다.

- 유기물질

  C: 45～55%(53%), O: 22～28%(29%), H: 5～7%(6%), N: 8～13%(12%)
- 무기물질

  P_2O_5: 50%(50%), K_2O: 6.5%(6%), Na_2O: 10%(10%), mgO: 8.5%(8%), CaO: 10%(9%), SO_3: 15%(15%), Fe_2O_3: 1%(1%)

최근 박테리아 중에서 다수의 항생제에 대한 내성을 가진 다제내성균(슈퍼박테리아)의 출현이 문제가 되고 있는데, 이는 주 발생원인인 병원을 비롯하여 하수처리시설 및 자연수에도 존재하여 물환경의 안전성에 상당한 잠재적 위협이 되고 있다. 표 5-14는 우리나라에서 현재

표 5-14 우리나라에서 감시하고 있는 다제내성균

구분	특징	관련 미생물
VRSA	반코마이신 내성 황색 포도상구균	*Staphylococcus aureus*
MRSA	메타실린 내성 황색 포도상구균	*Staphylococcus aureus*
MRPA	다제 내성 녹농균	*Pseudomonas aeruginosa*
MRAB	다제 내성 아시네토박터균	*Acinetobacter spp.*
CRE	카바페넴 내성 장내세균속균종	*Enterobacteriaceae*
VRE	반코마이신 내성 장알균	*Enterococcus spp.*

집중적으로 감시 중인 다제내성균(multi-antibiotic resistant bacteria, superbacteia)을 나타낸 것으로 포도상구균(*Staphylococcusaureus*)을 포함하는 이들 박테리아는 하수처리장 및 자연계에서도 흔히 발견되는 종류에 해당한다. 특히 반코마이신 내성 포도상구균(VRSA)은 현존하는 가장 강력한 항생제인 반코마이신(vancomysin)에 내성을 갖는 균으로 1997년 처음 발견된 이 균의 출현은 이미 사용하는 모든 항생제에 내성을 가진 세균이 발견되었음을 의미한다. 현재 의학분야에서는 차세대 항생제 개발에 상당한 노력을 기울이고 있다. 이에 대응한 항생제 내성균의 잇단 출현은 장차 환경생태계의 주요 위험요인으로 작용할 가능성이 크며, 상수 및 하수처리장에서는 특별히 소독기술의 고도화가 필요할 것이다.

박테리아 종류 중에는 광합성을 하는 박테리아(photosynthetic bacteria)가 있다. 시아노박테리아(cyanobacteria)라 하는 이 식물성 세균은 시아노파이타(cyanophyta), 남세균(blue green bac-

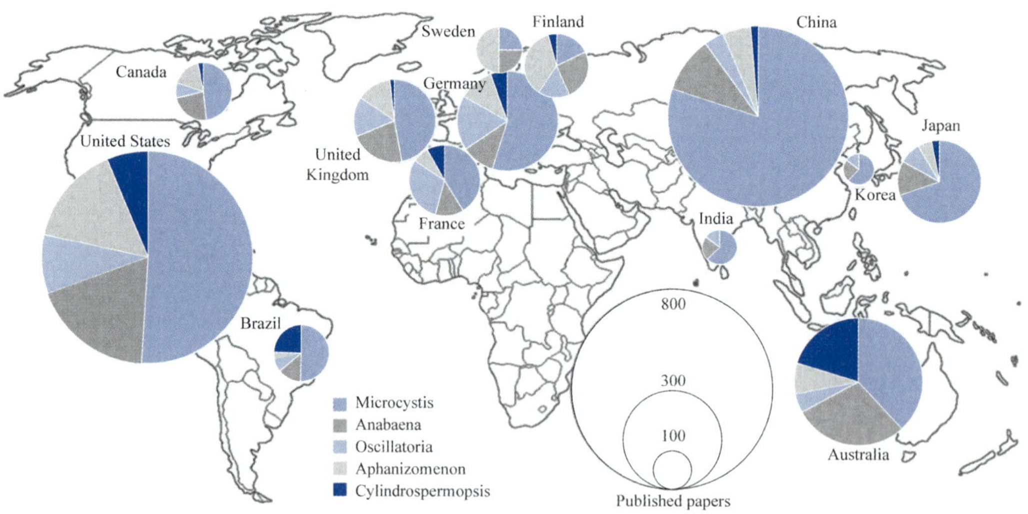

그림 5-29 **Global Studies on CyanoHABs(1970~2014) (안치용 외, 2015).**

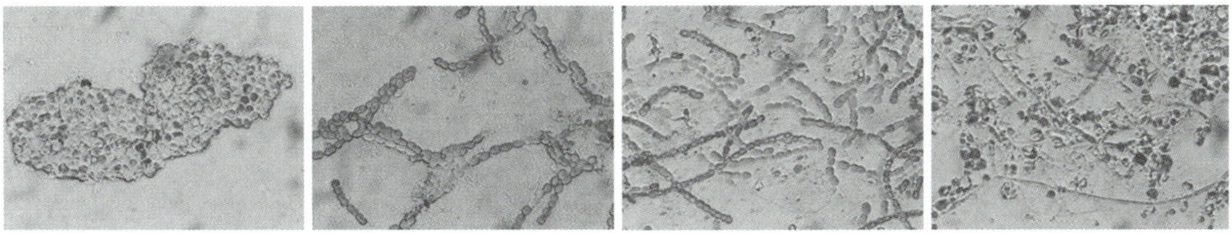

(a) *Microcystis aeruginosa* (b) *Anabaena circinalis* (c) *Aphanizomenon_sp* (d) Natural river sample (*Microcystis sp.* and *Oscillatoria sp.*)

그림 5 - 30 **우리나라의 대표적인 CyanoHABs 원인균(500x, Ahn et al., 2016)**

teria), 남조류(blue-green algae) 등 다양한 이름으로 불리고 있으나 엄밀하게는 남조류라는 명칭은 부적절하며 또한 식물성 플랑크톤이나 일반적인 조류(algae)와는 구별된다. 마이크로시스티스(*Microcystis*), 아나베나(*Anabaena*), 오실라토리아(*Oscillatoria app.*) 등이 대표적이다. 그림 5 - 29에는 지난 44년간 전 세계적인 남세균의 연구사례를 보여주고 있는데, 이를 기준으로 볼 때 남세균은 지역적으로 상이한 특성을 가진 종들이 발생하고 있음을 알 수 있다(안치용 외, 2015; Rajasekhar 외, 2012). 이러한 시아노박테리아의 과잉성장을 Cyanobacterial Harmful Algal Blooms(CyanoHABs)이라 부른다. 시아노박테리아 종들이 만들어 내는 생체독소(toxins)에 대한 장기적인 인체영향에 대한 연구자료는 아직 충분하지 않으나 일반적으로 크게 신경독성물질(neurotoxins)과 간독성물질(hepatotoxins)로 분류하고 있다(James 등, 2001; Rapala and Sivonen, 1998). 이러한 독성물질은 인체와 가축, 조류 등에 이르기까지 폭넓은 피해가 보고되어 있으며, 또한 이 성분은 국제생물무기금지협약(Biological Weapons Convention)의 대표적인 규제대상 독소성분으로 분류된다(http://www.bwckorea.or.kr/). 그림 5 - 30에는 우리나라에서 발생되는 대표적인 CyanoHABs 원인균을 나타내었다.

박테리아 측정은 물에 존재하는 임의의 박테리아 수를 적절하게 희석한 뒤에 고체배지(agar plate)나 액체배지(liquid medium)에 이용하거나 또한 막여과기술(membrane filter technique, pore size 0.45 μm)을 사용하기도 한다. 통상적으로 박테리아(대장균)의 농도는 100 mL당 MPN (most probable number, 최확수) 혹은 cfu(cell forming unit)으로 흔히 표현된다.

(4) 균류

호기성 미생물이며, 다세포 생물인 균류(fungi)는 광합성을 하지 않는 종속영양계 유핵 원생생물에 해당한다. 곰팡이(molds), 효모(yeasts) 및 버섯(mushrooms)으로 크게 분류되는데, 일반적인 균류의 총칭으로 곰팡이라 칭한다. 대부분의 균류는 생물의 사체나 배설물 따위에 붙어살면서 유기물 및 영양분을 흡수하여 생활하는 부생식물(saprophytes)이다. 박테리아와 함께 균류는 생물권에서 탄소 분해를 담당하는 매우 중요한 유기체로 그 크기는 폭 5~10 μm 정도로 사상성(filamentous)에 다양한 모양을 하고 있다. 생태학적으로 균류는 박테리아보다 세 가지의 장점을 갖고 있다. 즉, 균류는 저습지역(low-moisture areas)과 낮은 pH 환경(pH 4.5에서 최적)에서도 잘 자랄 수 있고 또한 박테리아의 1/2 정도에 해당하는 낮은 질소농도에서도 잘 성장한다. 따라서 이러한 생리학적 특징으로 인해 균류는 지상과 수생 환경의 유기물질과 질소순환의 중요한 역할을 담당한다. 균류의 경험식은 $C_{10}H_{17}O_6N$으로 표현되며, 75~80%가 물로 구성되어 있다. 하수처리장의 생물반응조에서 섬유상(filamentous growth)으로 성장하는 이 미생물은 침전지에서 잘 침전되지 않아 팽화(bulking)현상을 발생시켜 침전지(sedimentation tank)에서 고액분리(liquid-solid separation)의 문제를 일으키기도 한다. 균류는 점균류(myxomycetes), 수서 조균류(phycomycetes), 자낭균(ascomycetes), 담자균(basidiomycetes), 불전균류(fungi imperfecti)로 구분되기도 하는데, 수질과 관련해서는 앞선 두 종류가 중요하게 나타난다.

(5) 조류

조류(algae)는 일반적으로 독립영양계이며, 광합성을 하는 엽록소(chlorophylls)를 갖고 있는 단세포 혹은 다세포 생물이다(표 5-14). 조류를 균류와 구분 짓는 주요 특징은 조류에는 엽록소가 있다는 것이다. 뿐만 아니라 엽록소 외에도 오렌지색(carotenes), 청색(phycocyanin), 적색(phycoerythrin), 갈색(fucoxanthin), 노란색(xanthophylls) 등의 색소들이 있는데, 조류는 이러한 색들의 다양한 조합을 한 색을 띠고 있는 것이다. 물질대사 중에 조류는 세포의 탄소합성을 위해 물에 있는 이산화탄소를 이용한다. 세 가지의 색소(chlorophylls, carotenoids, phycobilins)는 광에너지를 흡수하여 세포 번식과 유지를 위해 사용한다.

광합성(photosynthesis) 과정 동안 산소가 생산되고 빛이 존재하지 않는 때에 조류는 호흡작용(respiration)에 의해 산소를 소비하게 된다. 물론 햇빛이 있을 경우에도 호흡반응은 진행하지만 보통 낮 동안에 생산된 산소량은 호흡에 사용되는 양을 초과한다. 조류의 광합성과 호흡을 정의하는 간단한 반응식은 다음과 같다.

$$\text{광합성} : nCO_2 + nH_2O + \text{nutrient} \xrightarrow{\text{Light}} \underset{\text{새로운 조류 세포}}{(CH_2O)_n} + nO_2$$

$$\text{호흡} : (CH_2O)_n + nO_2 \longrightarrow nCO_2 + nH_2O$$

수서환경에서 조류는 박테리아와 공생관계를 이루는데, 만일 조류의 세력이 우세할 경우 야간에 나타나는 산소부족으로 혐기성 상태의 원인이 될 것이며, 결국 용존산소 평형에 영향을 미칠 수 있다. 조류는 세포성장에 필요한 탄소원을 물에 존재하는 중탄산염(HCO_3^-)의 형태로부

표 5-15 조류의 분류 및 서식지

Group	Name	Aquatic habitats
Chlorophyta	Green algae	Fresh water, Salt water
Chrysophta	Diatoms, Golden-brown algae	Fresh water, Salt water
Cryptophta	Cryptomonads	Salt water
Euglenophyta	Euglena	Fresh water
Phaeophyta	Brown algae	Salt water
Pyrrhophyta	Dinoflagellates	Fresh water, Salt water
Rhodophyta	Red algae	Fresh water, Salt water
Xanthophyta	Yellow-green algae	Fresh water, Salt water

터 이용하는데, 이 반응은 다음과 같이 표현할 수 있다.

$$2HCO_3^- \xrightarrow{\text{Algae}} CO_2 + CO_3^{2-} + H_2O$$

이 반응의 결과 물에서부터 중탄산염이 제거되기 때문에 물의 pH는 보통 상승하게 되는데, 경우에 따라서는 pH가 증가하여 탄산칼슘($CaCO_3$)이 침전될 수 있다. 많은 조류들이 맛(taste-producing oil)과 냄새 물질과 관련이 있다. 담수와 염수에서 발견되는 대표적인 조류종들을 표 5-15에 나타내었다. 조류의 경험식은 $C_5H_8O_2N$으로 표현된다. 호소나 정체된 수역에서 조류가 많이 발생할 경우 ① 산소결핍, ② pH 상승, ③ 맛, 냄새 유발, ④ 상수처리장 여과지 막힘 증가 및 ⑤ 상수원수 취수구 막힘현상이 자주 발생하게 된다.

(6) 원생동물

원생동물(protozoa)은 세포벽이 없는 단세포 유핵 미생물로 일부는 위장질환(gastrointestinal disorders)의 원인이 된다. 대부분의 원생동물은 자연계에서 독립생활을 하지만 몇몇 종은 숙주 생물체의 겉이나 속에서 붙어서 기생하는 특성이 있다. 원생동물의 대부분은 호기성이거나 조건 혐기성 종속영양계이지만 몇몇 종은 혐기성인 것도 보고되고 있다. 원생동물의 주요 군집을 표 5-16에 나타내었다.

일반적으로 상수도에서 가장 문제가 되는 원생동물은 람블편모충(Giardia lamblia)이다. 이 편모성 원생동물은 편모충증(Giardiasis)의 원인으로 원생동물에 의한 질병 중 세계적으로 발생되는 가장 널리 알려진 질병이다. 편모충증의 증후는 일반적으로 설사, 구토, 소화불량, 헛배부름, 부기, 피로, 식욕감퇴 및 체중감퇴 등으로 만성질환이 될 가능성이 있다. 보통 이 질병은 야생동물이나 사람에 의해 오염된 지표수를 음용 시 발병 가능성이 있다.

원생동물은 에너지원으로서 박테리아와 조류를 종종 이용한다. 또 낭포(cyst)를 형성하여

표 5-16 대표적인 원생동물

Class	Motility	Members	
		Name	Remarks
Ciliata	Cilia(usually multiple)	*Paramecium*	Free swimming
Mastigophora	Flagella(One or two)	*Giardia lamblia*	Giardiasis
		Trypanosoma gambiense	Sleeping sickness
Sarcodina	Pseudopodia(some flagella)	*Entamoeba histolytica*	Dysentery
Sporozoa	Creeping, nonmotile flagella	*Plasmodium vivax*	Malaria

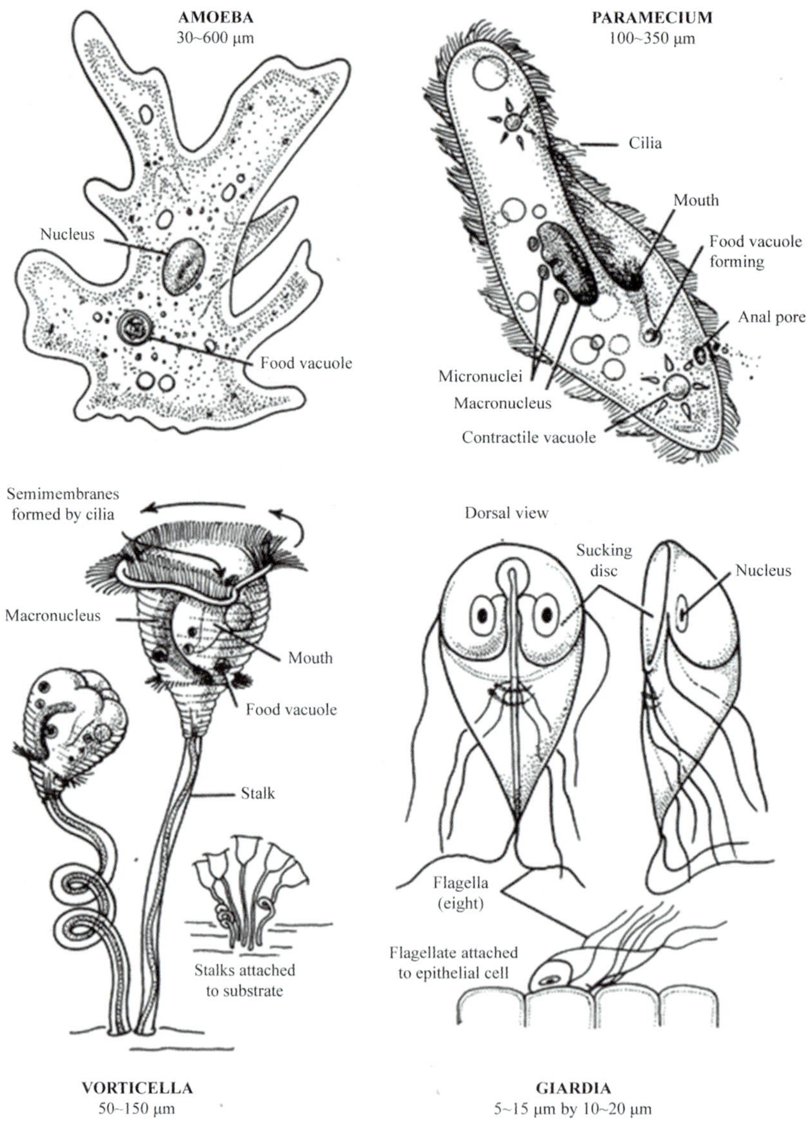

그림 5-31 담수 및 폐수에서 발견되는 대표적인 병원성 원생동물(**Tchobanoglous and Schroeder, 1985**)

살균제 혹은 부적절한 생존조건으로부터 자신을 보호할 수 있다. 이 경우 오존은 효과적인 살균제로 사용할 수 있다. 원생동물은 이분법에 의해 증식하며, 용존성 및 비용존성(입자성) 먹이를 모두 섭취한다. 크기는 약 10~100 μm 정도로 경험식은 $C_7H_{14}O_3N$으로 표현된다. 병원성 원생동물은 그림 5-31과 같다(Tchobanoglous and Schroeder, 1985).

(7) 고등동물

고등동물(higher animals)은 주로 고형물 체류시간(SRT, solids retention time)이 긴 하수 및 폐수처리장의 생물반응조(activated sludge)에서 주로 발견되며, 질병의 관점에서도 매우 중요하다. 그 종류는 윤충류(rotifers), 갑각류(crustaceans), 연충류(worms) 그리고 유충(Larvae) 등이 있다(그림 5-32).

중요한 연충류로는 Platyhelminthes 문의 와충류(flatworm)인 플라나리아(planaria)로 이는 일반적으로 연못과 낮은 유속의 하천에서 볼 수 있다. 완전한 기생성인 와충류에는 흡충(fluke)과

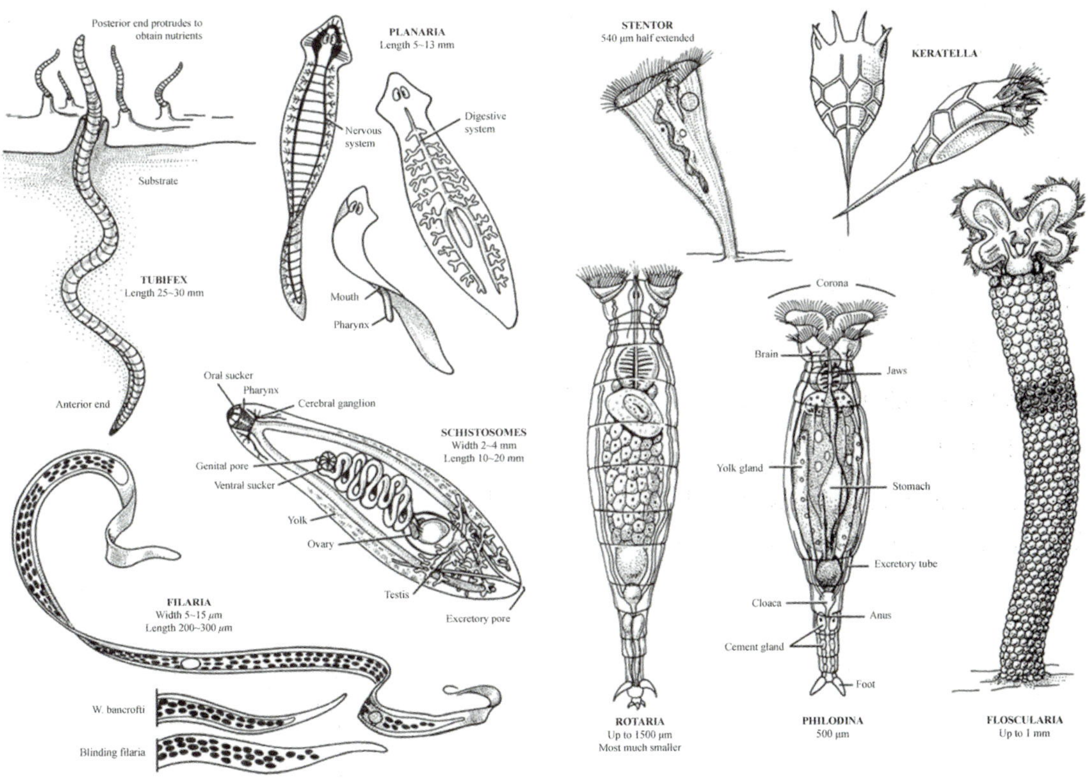

(a) (b)

그림 5-32 담수 및 폐수에서 관찰되는 (a) 연충류와 (b) 윤충류(Tchobanoglous and Schroeder, 1985)

촌충(tapeworm)이 있다. Aschelminthes 문의 대표적인 종류로는 선충류(nematode)가 있는데, 약 10,000종 이상 밝혀져 있다. 이러한 기생충(helminths)은 사람과 동물 폐기물에 직접적으로 접촉하였을 경우 감염증상을 야기시킨다. 윤충류는 가장 단순한 다세포 동물로 머리부분에 위치한 섬모의 회전운동으로 인하여 명명되었다. 섬모는 이동과 먹이 포획을 위해 사용하는 기관이다. 물질대사의 관점에서 윤충류는 호기성 화학유기영양계로 분류되며, 박테리아가 윤충류의 주요 먹이원이다. 또 윤충류와 같이 갑각류는 박테리아와 조류를 잡아먹는 호기성 화학유기영양계이다. 이러한 단단한 껍질로 된 다세포 동물은 물고기의 중요한 먹이가 된다.

(8) 대장균

대장균(coliforms)은 젖당(lactose)을 발효시켜 가스를 형성하는 호기성 및 임의성의 비포아 형성 막대형 박테리아(aerobic and facultative anaerobic nonspore forming rod shaped bacteria)를 말한다(APHA, AWWA, WEF, 2010). 대장균은 일반적으로 온혈동물의 장 내에서 서식하는 분변성 대장균(fecal coliforms)과 토양과 부패된 식물에서 발견되는 비분변성(non-fecal coliforms)으로 구분된다. 대장균의 배출량은 100～400 billion/person/day으로 자연계의 다른 병원성 세균보다 더 많으나 대부분 비병원성(nonpathogenic)으로 분뇨물질에 의한 오염과 인간으로부터 유래된 병원성 미생물의 존재 가능성을 나타내는 지표유기체(indicator organisms)로 주로 사용된다. 이는 특정 병원성 미생물을 측정하기 위해 여러 가지 방법을 유효하게 사용할 수 있지만 모든 병원성 세균을 시험하는 데에는 너무 많은 비용이 필요하기 때문이다.

E. coli(Escherichia coli)는 대장균군 중 가장 널리 알려져 있는 것으로 일반적으로 박테리아 실험에 유용하게 사용되는 미생물이다. E. coli 중에는 일부 독성이 있는 종류도 있다. 인간이나 동물의 장 계통에서 항상 발견되는 다른 세 부류의 미생물은 fecal streptococci(Streptococcus faecalis), clostridia(Clostridium perfringens), 혐기성 lactobacilli의 몇 종에 해당한다. 처음 종은 현재 분변오염의 지표미생물로서 대장균 시험과 함께 종종 사용되는데, FC(fecal coliforms)과 FS(fecal streptococci)의 비율에 의해 오염원의 주체가 인간에 의한 것인지 동물에 의한 것인지 구분이 가능한데, 그 분류기준은 다음과 같다(Geldriech, 1976; Howell et. al., 1995; Raji et. al., 2015).

FC/FS > 4 인간에 의한 오염(human contamination)
FC/FS < 0.1 야생동물에 의한 오염(wild animal contamination)
FC/FS 0.1～4(0.6) 가축에 의한 오염(domestic animal contamination)

최근 특정 장내세균(CRE－카바넴 내성 장내균)은 다양한 항생제내성을 가지거나 전파하는 역할을 수행하는 것으로도 알려져 있어 자연수 및 하·폐수처리시설에서의 직접적인 제어방법이 연구되기도 한다.

(9) 생태독성시험

하수 및 폐수처리수 등의 수질시료에 대한 급성 독성 평가방법으로 수서 무척추동물인 물벼룩을 이용하는 시험법(Acute Toxicity Test method of the Daphnia Magna Straus, Cladocera, Crustacea)이 사용된다(Environment Canada, 2000; KS M ISO 6341, 2003; USEPA, 2000, 2002). 물벼룩은 수중의 독성물질에 의해 쉽게 영향을 받을 수 있으며 그 영향에 의해 유영성을 잃게 되는 특성을 활용하는 유용한 급성 독성 측정방법 중 하나이다. 여러 비율로 희석한 물(시료)에 물벼룩을 넣고 24시간 동안 관찰하여 물벼룩의 50%가 유영저해를 일으키는 반수영향농도(median effective concentration, EC_{50})를 결정하고 단위환산에 의해 생태독성값(TU, toxicity unit)을 계산한다. 생태독성값은 다음과 같이 결정된다.

$$TU = \frac{100}{EC_{50}(\%)}$$

100% 시료에서 물벼룩의 0～10%에 영향이 있을 경우에는 TU를 0으로 하고, 물벼룩의 10～49%에 영향이 있을 경우에는 (0.02 × 영향 받은 퍼센트)로 TU를 계산한다(예: 100% 시료에서 물벼룩의 25%에 영향이 있는 경우 0.02 × 25 = 0.5 TU). 태어난 지 24시간 이내의 시험생물일지라도 가능한 한 동일 크기의 시험생물을 시험에 사용하며, 평상시 물벼룩 배양에서 하루에 배양 용기 내 전체 물벼룩 수의 10% 이상이 죽는 경우는 이들로부터 생산된 어린 물벼룩은 시험생물로 사용하지 않는다. 우리나라의 수질규제기준에 따르면 개별 폐수 배출수 수질기준 및 방류수 수질기준(폐수종말처리시설 및 공공하수처리시설) 등에 의해 생태독성기준은 1 TU 이하로 설정되어 있다.

참고자료

- Ahn, Y.H. (2000). Physicochemical and microbial aspects of anaerobic granular biopellets. J. Environ. Sci. Health, A35(9), 1617-1635.
- Ahn, Y.H. (2006). Sustainable nitrogen elimination biotechnologies: a review. Process Biochemistry, 41(8), 1709-1721.
- Ahn, Y.H., Choi, J.D. (2004). A new approach for resources recovery from municipal sludge. Proc. IWA World Congress on Anaerobic Digestion (AD10), Montreal , Canada, 30 August- 3 Sept., 1229-1232.
- Ahn, Y.H., Ghosal, D., Ayyaru S. (2016). Microscopy images of CyanoHABs species in Korea, Yeungnam University, Gyeongsan, South Korea.
- American Public Health Association, American Water Works Association, Water Environment Federation. (2010). Standard Methods for the Examination of Water and Wastewater, New York., USA.
- Baker, A.L. et al. (2012). Phycokey－an image based key to Algae (PS Protista), Cyanobacteria, and other aquatic objects. University of New Hampshire Center for Freshwater Biology. (http://cfb.unh.edu/phycokey/phycokey.htm 25 Jan 2016)
- Bhattacharjee, A.S., Choi, J.D., Motlagh, A.M., Mukherji, S.T., Goel, R. (2015). Bacteriophage Therapy for Membrane Biofouling in Membrane Bioreactors and Antibiotic-Resistant Bacterial Biofilms, Biotechnology and Bioengineering, 112(8), 1644-1654.
- Choi, J.D., Kotay, S.M., Goel, R. (2012). Viruses to the rescue?, 2012 Water Environment & Technology, 38-41.
- Cavalier-Smith, T. (1998). A revised six-kingdom system of life. Biological Reviews 73(03): 203–66. doi:10.1111/j.1469-185X.1998.tb00030.x.
- Doridí, M. (2013). Tree of Living Organisms. (https://commons.wikimedia.org/wiki/File:Tree_of_Living_Organisms_2.png)
- Environment Canada (2000). Reference method for determining acute lethality of effluents to Daphnia magna, EPA 1/RM/14.
- Geldriech, E.E. (1976) Faecal Coliform and Faecal Streptococcus density relationship in waste discharges and receiving waters. Crit. Rev. Environ. Control, 6, 349-369.
- Howell, J.M., Coyne, M.S., Cornelius, P. (1995). Fecal bacteria in agricultural waters of the bluegrass region of Kentucky. Journal of Environmental Quality, 24(3), 411-419.
- http://www.bwckorea.or.kr/.

- IAEA. Chemistry of Carbonic Acid in Water; 2003; cited 5 March 2008, available from http://www.iaea.org/programmes/ripc/ih/volumes/vol_one/chi_i_09.pdf.
- Johnson, C., Albrecht, G., Ketterings, Q., Beckman, J., Stockin, K. (2005). Nitrogen Basics – The Nitrogen Cycle. Agronomy Fact sheet Series.
- Juliana Azimute (2013). Anabaena. spiroides from a lake in New Hampshire USA. (http://cfb.unh.edu/phycokey/Choices/Cyanobacteria/cyano_filaments/cyano_unbranched_fil/untapered_filaments/heterocysts/no_visible_sheath/ANABAENA/Anabaena_Image_page.html)
- KS M ISO 6341 (2003). 수질-물벼룩 운동성 억제 특성 측정 방법(급성 독성 시험 방법).
- Lee, C.O., Howe, K.J., Thomson, B.M. (2009). State of Knowledge of Pharmaceutical, Personal Care Products, and Endocrine Disrupting Compounds Removal during Municipal Wastewater Treatment. Report to New Mexico Environment Department, U.S.A.
- McKinney, R.E. (1962), Microbiology for Sanitary Engineers, McGraw-Hill Book Company, New York.
- Nriagu, J.O. and Moore, P.B. (1983). Phosphate Minerals, Springer-Verlag, Heidelberg.
- Raji, M.I.O., Ibrahim, Y.K.E., Tytler, B.A., Ehinmidu, J.O. (2015). Faecal Coliforms (FC) and Faecal Streptococci (FS) Ratio as a Tool for Assessment of Water Contamination: A Case Study of River Sokoto, Northwestern Nigeria. The Asia Journal of Applied Microbiology, 2(3), 27-34.
- Rapala, J., & Sivonen, K. (1998). Assessment of environmental conditions that favor hepatotoxic and neurotoxic Anabaena spp. strains cultured under light limitation at different temperatures. Microbial Ecology, 36(2), 181-192.
- Rhodes, A.J., van Rooyen, C.E. (1958). Textbook of Virology. The Williams and Wikins Co., Baltimore, Md.,
- Sander, D.M. (2009). The big picture book of viruses. (http://www.virology.net/Big_Virology/BVHomePage.html)
- Sander, R. (2015). Compilation of Henry's law constants (version 4.0) for water as solvent. Atmos. Chem. Phys. 15: 4399–4981 (doi:10.5194/acp-15-4399-2015).
- Tchobanoglous, G., Schroeder, E.D. (1985). Water Quality. Addison-Wesley Publishing Company.
- Tsukii, Y. (2002). Microcystis sp., Otto-Numa(pond), Tsuchiura city, Ibaraki Pref., Japan. (http://protist.i.hosei.ac.jp/pdb/images/Prokaryotes/Chroococcaceae/Microcystis/Micro

cystis5c.html)
- US EPA (2000). Method guidance and recommendations for Whole Effluent Toxicity(WET) testing(40 CFR Part 136), EPA 821-B-00-004.
- US EPA (2002). Methods for measuring the acute toxicity of effluents and receiving waters to freshwater and marine organisms, EPA- 821-R-02-012.
- USGS, http://water.usgs.gov/edu/ph.html.
- Walker, M.I., Kindersley, D. (2014). Oscillatoria Sp. Cyanobacteria, Lm. (http://fineartamerica.com/featured/oscillatoria-sp-cyanobacteria-lm-mi-walker－dorling-kindersley.html)
- Water Quality Association (2013). WQA Technical Fact Sheet: PPCPs & EDCs.
- Wiki (2009). Nitrogen cycle. (https://en.wikipedia.org/wiki/Nitrogen_cycle)
- Wiki (2014). Phosphorus cycle. (https://en.wikipedia.org/wiki/Phosphorus_cycle)
- Woese, C., Kandler, O., Wheelis, M. (1990). Towards a natural system of organisms: proposal for the domains Archaea, Bacteria, and Eucarya. Proceedings of the National Academy of Sciences of the United States of America 87(12): 4576–9.
- World Health Organization (2012). Pharmaceuticals in Drinking Water.
- World Health Organization (2013). State of the Science of Endocrine Disrupting Chemicals 2012.
- 안치용, 이창수, 최재우, 이상협, 오희목 (2015). 유해 남조류의 세계적 발생현황 및 녹조제어를 위한 질소와 인－제한 전략. Korean J. Environ Biol. 33(1), 1～6.
- 황호재 (1998). 인함유 슬러지의 혐기성 소화시 인 방출과 재고정. 고려대학교 박사학위논문.

Chapter 06

수질기준

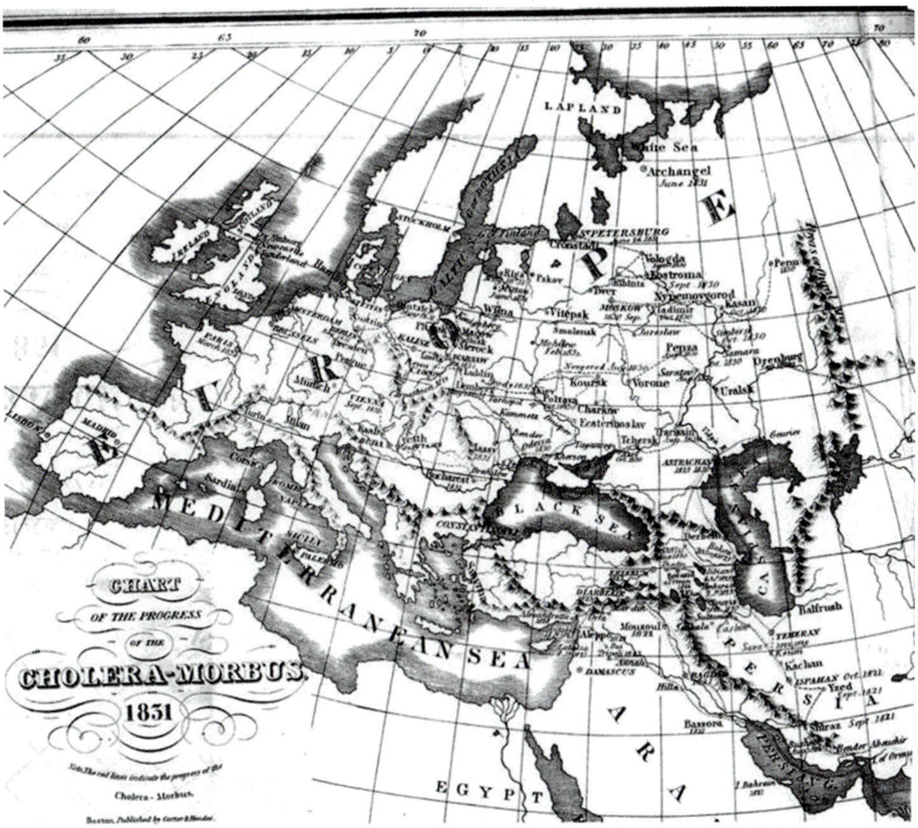

Map depicting the spread of cholera from the Indian Sub-Continent, reaching western Europe in 1831-32

Source: John Snow Archive and Research Companion

6.1 개요

물환경 정책의 목표는 「헌법」 제35조에 규정된 환경권을 물환경 측면에서 구현하는 것으로 수질 및 수생태계 환경기준을 통해 계량적으로 표현된다. 수질 및 수생태계 환경기준은 국민의 건강 보호와 쾌적한 물환경 조성을 위한 국가의 수질관리 목표로서 산업폐수 관리체계, 수질오염총량제 등 각종 관련 정책수립뿐만 아니라 배출허용기준 설정 등 수질오염에 대한 각종 규제수단의 근거가 되고 있다.

6.2 수질 및 생태환경기준

수질 및 수생태계 환경기준은 수자원 상태, 행정적 관리여건, 경제수준 및 국민의 의식수준에 따라 나라와 시대별로 그 항목과 기준치를 달리 정하고 있다. 현재 우리나라의 수질 및 수생태계 환경기준은 하천, 호소 및 지하수로 나누어 정하고 있다.

(1) 하천 · 호소

하천 · 호소의 경우 공통적으로 적용되는 건강보호항목(20개 항목)과 하천(8개 항목) · 호소(9개 항목)에 달리 적용되는 생활환경항목으로 구분하되(표 6-1~표 6-4), 생활환경항목은 수질상태에 따라 7등급으로 구분하고 있으며, 오염물질의 이화학적 농도와 함께 수생태계 내에 존재하는 생물이 받는 영향을 고려하여 정하고 있다. 특히, 기후변화 등으로 증가하고 있는 조류와 화학적 산소요구량(COD) 관리강화를 위해 하천 환경기준에 화학적 산소요구량(COD) 및 총인(TP)을 추가(2009.7.7)하여 2010년 1월1일부터 시행하고 있다. 또 난분해성 유기물질 관리 강화를 위해 하천 · 호소 환경기준에 총유기탄소(TOC) 항목을 추가(2012.11.27)했으며, 2013년부터 총유기탄소의 분석특성을 고려해 하천과 호소의 등급기준을 동일하게 설정하고 있다.

표 6-1 **건강보호기준(하천 · 호소 공통)** (단위: mg/L)

카드뮴 (Cd)	비소 (As)	시안 (CN)	수은 (Hg)	유기인	납 (Pb)	6가크롬 (Cr^{+6})	PCB	PCE	1,4-다이옥세인
0.005 이하	0.05 이하	불검출 (검출한계 0.01)	불검출 (검출한계 0.001)	불검출 (검출한계 0.0005)	0.05 이하	0.05 이하	불검출 (검출한계 0.0005)	0.04 이하	0.05 이하
사염화탄소	**1,2-디클로로에탄**	**디클로로메탄**	**벤젠**	**헥사클로로벤젠**	**클로로포름**	**포름알데히드**	**디에틸헥실프탈레이트**	**안티몬**	**ABS**
0.004 이하	0.03 이하	0.02 이하	0.01 이하	0.00004 이하	0.08 이하	0.5 이하	0.008 이하	0.02 이하	0.5 이하

※ 디에틸헥실프탈레이트(DEHP), 안티몬: 2009년부터 적용, 1,4-다이옥세인: 2014년부터 적용, 포름알데히드, 헥사클로로벤젠: 2015년부터 적용

표 6-2 **생활환경기준(하천)**

등급		상태 (캐릭터)	기준								
			pH	BOD (mg/L)	COD (mg/L)	TOC (mg/L)	SS (mg/L)	DO (mg/L)	T-P (mg/L)	대장균군(군수/100mL) 총 대장균군	분원성 대장균군
매우 좋음	Ia		6.5~8.5	1 이하	2 이하	2 이하	25 이하	7.5 이상	0.02 이하	50 이하	10 이하
좋음	Ib		6.5~8.5	2 이하	4 이하	3 이하	25 이하	5.0 이상	0.04 이하	500 이하	100 이하
약간 좋음	II		6.5~8.5	3 이하	5 이하	4 이하	25 이하	5.0 이상	0.1 이하	1,000 이하	200 이하
보통	III		6.5~8.5	5 이하	7 이하	5 이하	25 이하	5.0 이상	0.2 이하	5,000 이하	1,000 이하
약간 나쁨	IV		6.0~8.5	8 이하	9 이하	6 이하	100 이하	2.0 이상	0.3 이하		
나쁨	V		6.0~8.5	10 이하	11 이하	8 이하	쓰레기 등이 떠 있지 않을 것	2.0 이상	0.5 이하		
매우 나쁨	VI			10 초과	11 초과	8 초과		2.0 미만	0.5 초과		

※ 화학적 산소요구량(COD) 기준은 2015년 12월 31일까지 적용

표 6-3 **등급별 수질 및 수생태계 상태**

등급	수질 및 수생태계 상태	사용가능 용도
매우 좋음	• 용존산소가 풍부하고 오염물질이 없는 청정 상태의 생태계	• 간단한 정수처리(여과 · 살균 등) 후 생활용수
좋음	• 용존산소가 많은 편이고 오염물질이 거의 없는 청정상태에 근접한 생태계	• 일반적인 정수처리(여과 · 침전 · 살균 등) 후 생활용수
약간 좋음	• 약간의 오염물질은 있으나 용존산소가 많은 다소 좋은 생태계	• 일반적인 정수처리(여과 · 침전 · 살균 등) 후 생활용수 또는 수영용수
보통	• 보통의 오염물질로 인하여 용존산소가 소모되는 일반 생태계	• 고도정수처리(여과, 침전, 활성탄 투입, 살균 등) 후 생활용수, 일반적 정수처리 후 공업용수
약간 나쁨	• 상당량의 오염물질로 인하여 용존산소가 소모되는 생태계	• 농업용수 • 고도정수처리 후 공업용수
나쁨	• 다량의 오염물질로 인하여 용존산소가 소모되는 생태계, 산책 등 국민의 일상생활에 불쾌감을 유발하지 않음	• 특수정수처리(활성탄 투입, 역삼투압공법 등) 후 공업용수
매우 나쁨	• 용존산소가 거의 없는 오염된 물로 물고기가 살기 어려움	

* 용수는 당해 등급보다 낮은 등급의 용도로 사용할 수 있음

* 수소이온농도(pH) 등 각 기준항목에 대한 오염도 현황, 용수처리방법 등을 종합적으로 검토하여 그에 맞는 처리방법에 따라 용수를 처리하는 경우에는 당해 등급보다 높은 등급의 용도로도 사용할 수 있음

표 6-4 **생활환경기준(호소)**

등급		상태(캐릭터)	기준								대장균군(군수/100mL)	
			pH	COD (mg/L)	TOC (mg/L)	SS (mg/L)	DO (mg/L)	T-P (mg/L)	T-N (mg/L)	Chl-a (mg/m^3)	총 대장균군	분원성 대장균군
매우 좋음	Ia		6.5∼8.5	2 이하	2 이하	1 이하	7.5 이상	0.01 이하	0.2 이하	5 이하	50 이하	10 이하
좋음	Ib		6.5∼8.5	3 이하	3 이하	5 이하	5.0 이상	0.02 이하	0.3 이하	9 이하	500 이하	100 이하
약간 좋음	II		6.5∼8.5	4 이하	4 이하	5 이하	5.0 이상	0.03 이하	0.4 이하	14 이하	1,000 이하	200 이하
보통	III		6.5∼8.5	5 이하	5 이하	15 이하	5.0 이상	0.05 이하	0.6 이하	20 이하	5,000 이하	1,000 이하
약간 나쁨	IV		6.0∼8.5	8 이하	6 이하	15 이하	2.0 이상	0.10 이하	1.0 이하	35 이하		
나쁨	V		6.0∼8.5	10 이하	8 이하	쓰레기 등이 떠 있지 않을 것	2.0 이상	0.15 이하	1.5 이하	70 이하		
매우 나쁨	VI			10 초과	8 초과		2.0 미만	0.15 초과	1.5 초과	70 초과		

※ 화학적 산소요구량(COD) 기준은 2015년 12월 31일까지 적용

주) 1. 총인, 총질소의 경우 총인에 대한 총질소의 농도비율이 7 미만일 경우에는 총인의 기준을 적용하지 아니하며, 그 비율이 16 이상일 경우에는 총질소의 기준을 적용하지 아니한다.

2. 등급별 수질 및 수생태계 상태는 하천 주)와 같다.

하천의 이화학적 수질환경기준 이외에 생물학적 상태에 대한 이해를 돕기 위해 2007년부터는 수생태계의 상태별 생물학적 특성 이해표(표 6-5)를 마련하였다. 즉 등급별 수질상태에 따라 가장 많이 발견되는 어류와 저서생물 지표종, 서식지 및 생물특성을 제시하였는데, 이는 생물학적 수질평가기법으로 도입 활용이 가능하다. 이러한 생물지표종 평가등급은 물리·화학적 수질평가 기준과의 연계성을 우선 고려하여 하천생태계 건강성의 반영 여부와 선진국의 사례를 고려하여 매우 좋음에서 매우 나쁨까지 4개 등급으로 구분하여 적용하고 있다.

목표수질기준의 설정 및 달성가능한 평가수질 및 수생태계 환경기준 등은 하천·호소 등의 이용목적, 수질 및 수생태계 현황, 오염원의 현황 및 미래전망 등을 고려하여 수계 영향권과 주요 호소별 목표기준과 달성기간을 정하여 규정되고 있으며, 수질 및 수생태계 목표기준 평가규정에 따라 매년 수질모니터링을 통해 목표기준 달성 여부를 평가하고 있다(표 6-6).

표 6-5 물 등급별 생활지표종

물 등급	생물지표종			
	어류		저서생물	
매우 좋음 ~ 좋음	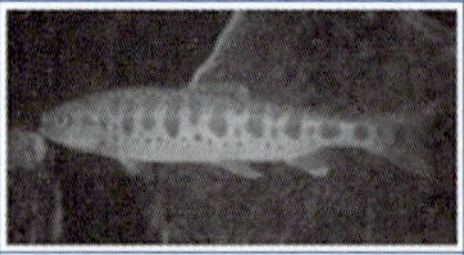		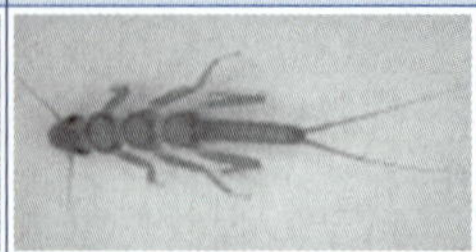	
	산천어	금강모치	강도래	가재
			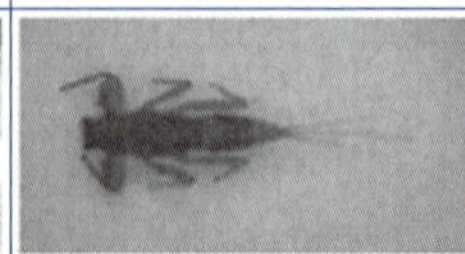	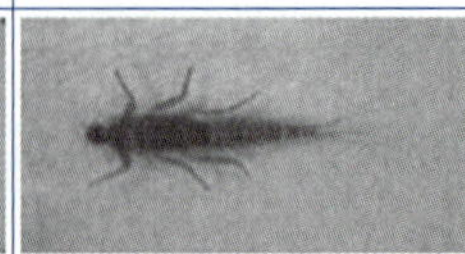
	버들치	열목어	뿔하루살이	민하루살이
좋음 ~ 보통	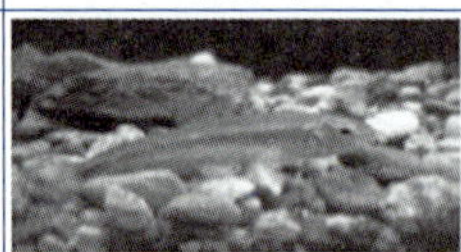		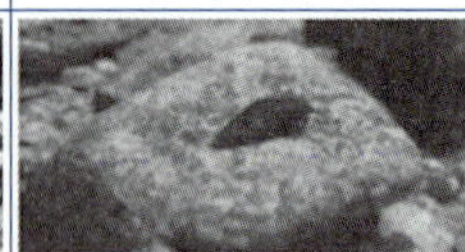	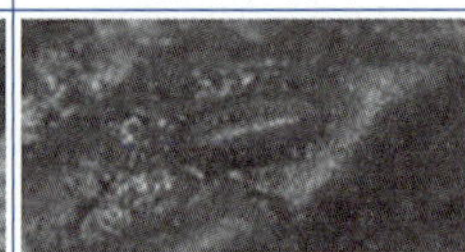
	갈겨니	쉬리	다슬기	조개넙적거머리
	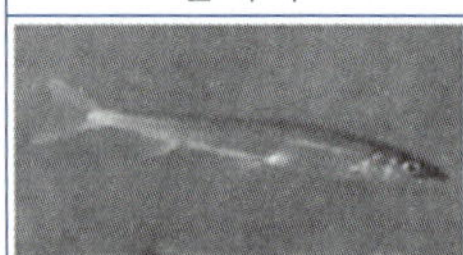	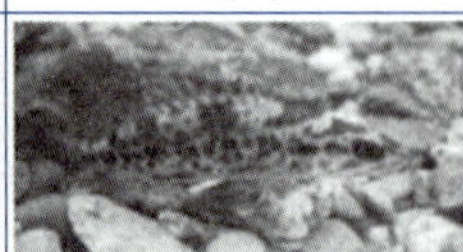	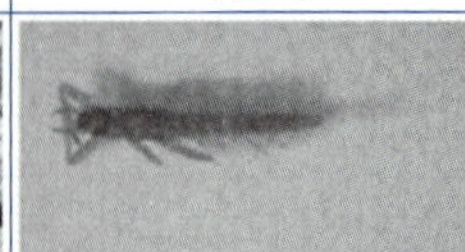	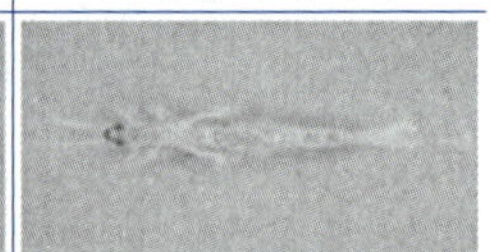
	은어	쏘가리	강하루살이	동양하루살이
보통 ~ 약간 나쁨			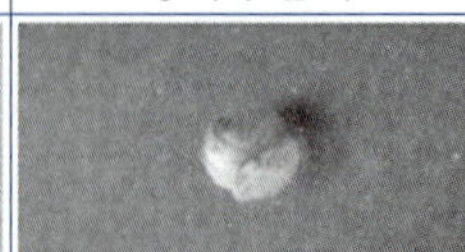	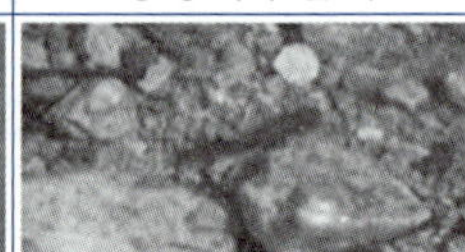
	피라미	끄리	물달팽이	돌거머리
	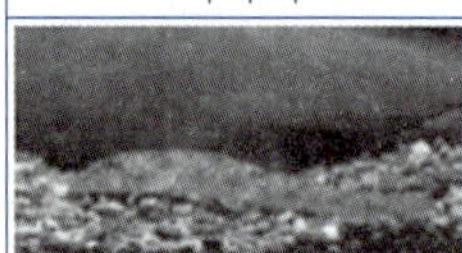	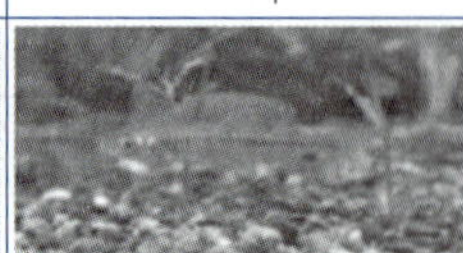	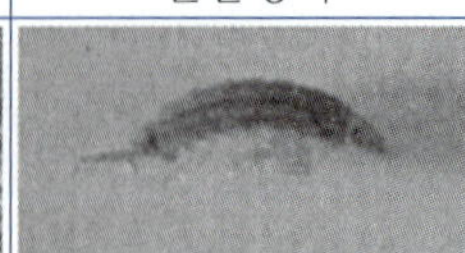	
	모래무지	참붕어	물벌레	밀잠자리
약간 나쁨 ~ 매우 나쁨			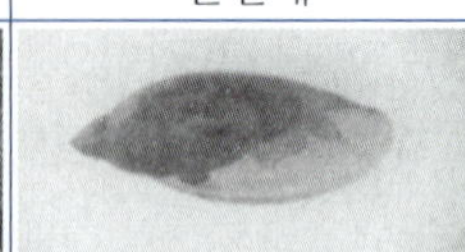	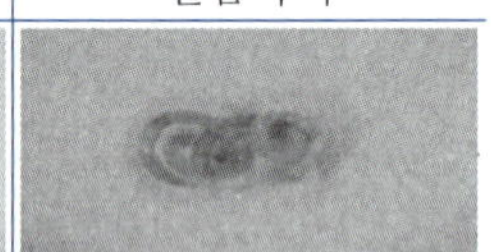
	붕어	잉어	왼돌이물달팽이	실지렁이
	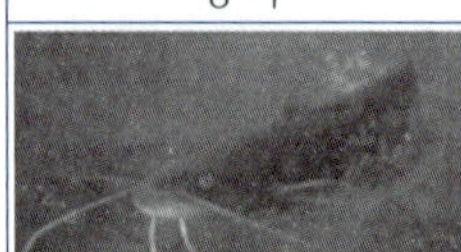	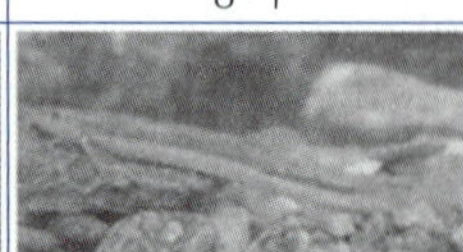		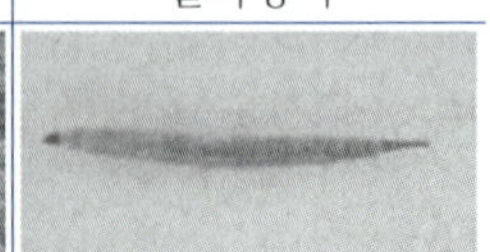
	메기	미꾸라지	붉은깔다구	나방파리류

표 6-6 수질 모니터링 설정기준

구분	하천				호소			
설정범위	115개 중권역				상수원중심의 49개 호소			
목표기준	권역명	목표기준	중권역수	비율(%)	권역명	목표기준	호소수	비율(%)
	전국	계	115	100	전국		49	100
		매우 좋음	37	32		매우 좋음	26	53
		좋음	46	40		좋음	16	33
		약간 좋음	15	13		약간 좋음	4	8
		보통	14	12		보통	3	6
		약간 나쁨	3	3		약간 나쁨	0	0
		나쁨	0	0		나쁨	0	0
		매우 나쁨	0	0		매우 나쁨	0	0

(2) 지하수

지하수 환경기준항목 및 수질기준은 「먹는물관리법」 제5조 및 「수도법」 제18조의 규정에 의하여 환경부령이 정하는 수질기준을 적용한다(표 6-7). 다만, 환경부장관이 고시하는 지역 및 항목은 적용하지 아니한다. 2003년 6월에 개정된 「지하수의 수질보전 등에 관한 규칙」에서는 지하수를 음용수로 사용하는 경우에는 먹는물의 수질기준을 준수하도록 규정하고 있으며, 생활용수에 일반세균 및 BTEX(벤젠, 톨루엔, 에틸벤젠, 크실렌), 1,1,1-트리클로로에탄 등의 항목이 추가되어 있다.

지하수 수질기준은 지하수를 이용하기 위한 목적 이외에도 지하수 오염방지 및 오염된 지하수를 정화하기 위한 목적에 적합하도록 지하수를 관리하기 위하여 총 19개 항목(일반오염물질 4개, 특정오염물질 15개)이 설정되어 있다. 2010년 2월에 개정된 「지하수의 수질보전 등에 관한 규칙」에서는 음용수가 아닌 용도로 사용되는 지하수에 대한 수질기준 중 일반세균 항목을 삭제하고, 시안, 수은, 유기인 등의 항목 기준이 조정되었다.

지하수의 개발·이용을 허가받거나 신고한 자는 「지하수의 수질보전 등에 관한 규칙」에 규정된 지하수 수질기준에 적합한지 여부를 판정하기 위해 지하수 관련 수질검사를 받아야 한다. 지하수 수질기준을 초과할 경우 지하수 개발·이용시설에 오염을 방지할 수 있도록 필요한 조치를 취하도록 하고 있다.

표 6-7 지하수 수질기준(생활용수, 농업 · 어업용수, 공업용수로 이용 시)

항목	이용 목적	생활용수	농업, 어업용수	공업용수
일반 오염물질 (4개)	수소이온농도(pH)	5.8～8.5	6.0～8.5	5.0～9.0
	총대장균군(군수/100 mL)	5,000 이하	–	–
	질산성질소	20 이하	20 이하	40 이하
	염소이온	250 이하	250 이하	500 이하
특정 유해물질 (15개)	카드뮴	0.01 이하	0.01 이하	0.02 이하
	비소	0.05 이하	0.05 이하	0.1 이하
	시안	0.01 이하	0.01 이하	0.2 이하
	수은	0.001 이하	0.001 이하	0.001 이하
	유기인	0.0005 이하	0.0005 이하	0.0005 이하
	페놀	0.005 이하	0.005 이하	0.01 이하
	납	0.1 이하	0.1 이하	0.2 이하
	6가크롬	0.05 이하	0.05 이하	0.1 이하
	트리클로로에틸렌	0.03 이하	0.03 이하	0.06 이하
	테트라클로로에틸렌	0.01 이하	0.01 이하	0.02 이하
	1,1,1-트리클로로에탄	0.15 이하	0.3 이하	0.5 이하
	벤젠	0.015 이하	–	–
	톨루엔	1 이하	–	–
	에틸벤젠	0.45 이하	–	–
	크실렌	0.75 이하	–	–

지하수는 토양의 오염특성과 상당히 밀접한 상관관계가 있다. 고체상, 액체상 및 기체상의 3상(phases)으로 구성되어 있는 토양의 오염은 그 특성상 다른 환경오염과 달리 오염이 상당히 진전될 때까지는 확인하기가 어렵다. 즉, 토양오염은 대부분의 환경오염처럼 한 번 오염되면 그 개선이 어려우면서도 수질오염에 비해 훨씬 더 많은 시간과 비용을 필요로 한다. 현재 우리나라는 「토양환경보전법」상 카드뮴, 구리, 비소, 수은, 유류, 유기용제 등 토양오염의 원인이 되는 21개 물질을 규제대상 토양오염물질로 규정하고 있으며, 각각의 물질에 대하여 사람의 건강 및 재산, 동 · 식물의 생육에 지장을 초래할 우려가 있는 정도의 토양오염도인 토양오염우려기준과 우려기준을 초과하여 사람의 건강 및 재산, 동 · 식물의 생육에 지장을 주어 토양오염에 대한 대책을 필요로 하는 토양오염대책기준을 정하고 있다(표 6-8, 6-9). 우려기준과 대책기준은 각각 지목을 기준으로 1지역, 2지역, 3지역에 따라 차등 적용하는데, 1지역은 전 · 답 · 과수

표 6-8 **토양오염우려기준** (단위: mg/kg)

구분	카드뮴	구리	비소	수은	납	6가크롬	아연	니켈	불소	유기인	PCB	시안	페놀	벤젠	톨루엔	에틸벤젠	크실렌	TPH	TCE	PCE	벤조피렌
1지역	4	150	25	4	200	5	300	100	400	10	1	2	4	1	20	50	15	500	8	4	0.7
2지역	10	500	50	100	400	15	600	200	400	10	4	2	4	1	20	50	15	800	8	4	2
3지역	60	2000	200	20	700	40	2000	500	800	30	12	120	20	3	60	340	45	2000	400	25	7

※ 출처: 토양환경보전법 시행규칙 별표3

표 6-9 **토양오염대책기준** (단위: mg/kg)

구분	카드뮴	구리	비소	수은	납	6가크롬	아연	니켈	불소	유기인	PCB	시안	페놀	벤젠	톨루엔	에틸벤젠	크실렌	TPH	TCE	PCE	벤조피렌
1지역	12	450	75	12	600	15	900	300	800	–	3	5	10	3	60	150	45	2000	24	12	2
2지역	30	1500	150	30	1200	45	1800	600	800	–	12	5	10	3	60	150	45	2400	24	12	6
3지역	180	6000	600	60	2100	120	5000	1500	2000	–	36	300	50	9	180	1020	135	6000	120	75	21

※ 출처: 토양환경보전법 시행규칙 별표7

원・목장용지・대(주거용)・학교용지・구거・공원과 어린이 놀이시설이며, 2지역은 임야・염전・대(주거용 외)・창고・하천・유지・체육용지・유원지 및 잡종지, 3지역은 공장용지・주유소용지・도로・주차장・철도용지 등과 국방・군사시설에 해당한다. 토양오염물질의 지정은 토양환경보전법 제정(1995.1.5 제정, 1996.1.6 시행) 당시에는 구리, 비소 등 11개 물질을 지정・운영하였고, 1999년에 유류항목을 BTEX, TPH로 세분화, 2002년에 '아연, 니켈, 불소, 유기용제류(TCE, PCE)' 등 오염물질항목을 점진적으로 확대하여 왔다. 한편, 2010년부터는 유류에 대한 오염강화를 위해 통합관리하던 BTEX를 벤젠, 톨루엔, 에틸벤젠, 자일렌 등으로 개별관리하고 있다.

(3) 해역

과거에 3등급, 9개 (pH COD, DO, SS, 대장균 , 유지류, 총질소, 총인, 무기물)항목으로 단순히 구분되던 해역의 수질기준은 2011년 국토해양부 고시기준에 따라 새로운 평가기준으로 강화되었다(표 6-10). 개선된 기준에서는 모든 측정항목을 종합적으로 고려하여 5개 등급의 통합수질등급 기준으로 세분화하여 규정하는 한편 우리나라 해역을 5개 해역(동해, 대한해협, 서남해역, 서해중부, 제주해역)으로 구분하여 각 해역별 특성을 고려하여 기준을 적용하도록 하고 있다. 또 해양에 서식하는 생물 및 생태계의 건강성 및 다양성 확보를 위해 해수 내 유해물질 기준이 새롭게 도입되었다.

표 6-10 **해양환경기준(수질)**

(a) 생활환경기준

항목	수소이온농도(pH)	총대장균군(개수/100 mL)	용매추출유분(mg/L)
기준	6.5～8.5	1,000 이하	0.01 이하

(b) 생태기반 해수수질기준

등급	수질평가지수값
Ⅰ(매우 좋음)	23 이하
Ⅱ(좋음)	24～33
Ⅲ(보통)	34～46
Ⅳ(나쁨)	47～59
Ⅴ(아주 나쁨)	60 이상

수질평가지수(WQI, water quality index) = 10 × [저층산소포화도(DO)] + 6 × [(식물플랑크톤 농도(Chl-a) + 투명도(SD))/2] + 4 × [(용존무기질소 농도(DIN) + 용존무기인 농도(DIP))/2]

[참고 1] 수질평가지수 항목별 점수

항목별 점수	대상항목	
	Chl-a(μg/L), DIN(μg/L), DIP(μg/L)	DO(포화도,%), SD(m)
1	기준값 이하	기준값 이상
2	< 기준값 + 0.10 × 기준값	> 기준값 − 0.10 × 기준값
3	< 기준값 + 0.25 × 기준값	> 기준값 − 0.25 × 기준값
4	< 기준값 + 0.50 × 기준값	> 기준값 − 0.50 × 기준값
5	> 기준값 + 0.50 × 기준값	< 기준값 − 0.50 × 기준값

주) 항목별 기준값은 수질평가지수 항목의 해역별 기준값을 적용

[참고 2] 수질평가지수 항목의 해역별 기준값

대상항목 / 생태구역	Chl-a (μg/L)	저층 DO (포화도, %)	표층 DIN (μg/L)	표층 DIP (μg/L)	투명도 SD (m)
동해	2.1		140	20	8.5
대한해협	6.3		220	35	2.5
서남해역	3.7	90	230	25	0.5
서해중부	2.2		425	30	1.0
제주	1.6		165	15	8.0

주) 저층: 해저 바닥으로부터 최대 1 m 이내의 수층

(계속)

(c) 해양생태보호기준 (단위: μg/L)

중금속류	구리	납	아연	비소	카드뮴	크롬(6가)
단기기준*	3.0	7.6	34	9.4	19	200
장기기준**	1.2	1.6	11	3.4	2.2	2.8

주) *: 단기기준 : 1회성 관측값과 비교 적용
**: 연간평균값(최소 사계절 조사 자료)과 비교 적용

(d) 사람의 건강보호기준

등급	항목	기준(mg/L)
전수역	6가크롬(Cr^{6+})	0.05
	비소(As)	0.05
	카드뮴(Cd)	0.01
	납(Pb)	0.05
	아연(Zn)	0.1
	구리(Cu)	0.02
	시안(CN)	0.01
	수은(Hg)	0.0005
	폴리클로리네이티드비페닐(PCB)	0.0005
	다이아지논	0.02
	파라티온	0.06
	말라티온	0.25
	1,1,1-트리클로로에탄	0.1
	테트라클로로에틸렌	0.01
	트리클로로에틸렌	0.03
	디클로로메탄	0.02
	벤젠	0.01
	페놀	0.005
	음이온계면활성제(ABS)	0.5

6.3 먹는물 수질기준

먹는물이란 통상 먹는 데 사용하는 자연상태의 물과 자연상태의 물을 먹는 데 적합하게 처리한 수돗물, 먹는샘물, 먹는해양심층수 등을 총칭하여 부르는 말이다. 먹는물 수질기준(drinking water quality)은 먹는물 중에 검출가능성이 높은 유해물질에 대하여 사람이 평생 섭취해도 유해하지 않은 수준인 최대허용량을 정하고(제7장 건강위해성 평가 참고), 그 나라의 수자원상태, 경제적 수준, 정수처리기술 등을 종합적으로 고려하여 규제대상 물질의 종류나 허용한도를

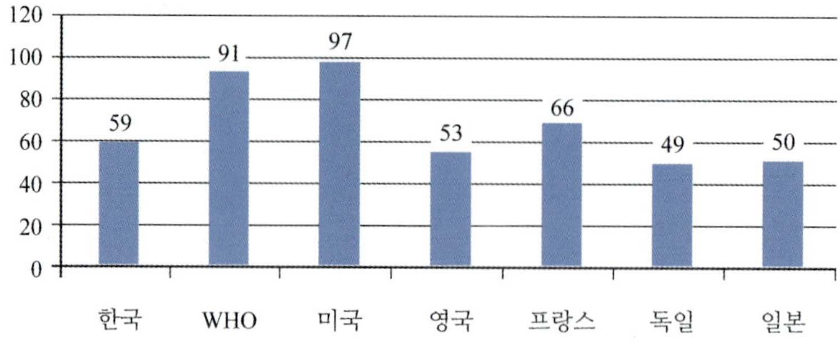

그림 6-1 **국가별 수질기준 항목수 비교(2013 기준)**

법 또는 권장사항으로 설정하고 관리하는 기준을 말한다. 즉, 인체에 미치는 영향을 고려하여 안전한 수준의 함량을 설정한 것으로 우리나라는 1963년 처음으로 「수도법에 의한 수질기준 · 수질검사방법 · 건강진단 및 위생상에 관한 규정」에 의해 먹는물의 수질기준(29개 항목)이 설정되어 1980년대 말까지 운용되었다. 그러나 급격한 하천의 오염으로 하류지역 하천수질이 3급수 이하로 악화되고 매년 수돗물 오염사고가 발생하면서 먹는물의 수질기준도 연차적으로 강화되어 2013년 기준으로 일반세균 등 59개 항목을 운영하고 있다(그림 6-1, 표 6-11). 먹는물 수질기준 외에 오염가능성이 높은 유해물질에 대해 환경부는 '먹는물 수질감시항목제도'를 도입하여 모니터링을 실시하고 있다.

먹는물 수질기준을 초과하였다 하더라도 단기간 내에 건강상 영향을 미치는 것은 아니나 기준을 초과할 경우 수도사업자로 하여금 정수처리 등의 시정조치를 취하거나 다른 물을 공급하는 등의 조치를 취하도록 하는 의미를 가진다고 할 수 있다. 산업의 발달에 따라 상수원수 중에 존재할 수 있는 미량유해물질의 종류가 많아지고 농도 또한 높아질 우려가 있다. 이에 따라 미량유해물질은 물론 바이러스 등 병원성 미생물을 안전한 수준까지 처리해야 할 필요성이 증가하고 있다.

1990년 THM이 추가된 이래로 이듬해 각종 농약류(다이아지논, 말라티온, 파라티온 등)가 추가되었고, 1992~1994년에는 각종 염소화합물(tetrchloroethylene, trichloroethylene, dichloromethane, BTEX 등)이 추가되었다. 1999년과 2001년에 걸쳐 탁도 기준이 2 NTU에서 0.5 NTU 이하로 강화되었으며, 2002년에는 미생물기준(분변성 대장균 불검출/100 mL, 대장균 불검출/100 mL)과 소독부산물(잔류염소기준 상한선 4 mg/L) 기준이 강화되었고, 또한 추가적인 유해영향물질기준 개선이 이루어졌다. 2003년과 2009에는 클로랄하이드레이트 외 7종이 추가되었으며, 2010년에는 중금속(납, 비소, 망간, 크롬) 기준이 강화되었다. 또 미량유해물질인 1,4-다이옥세인(1-4-dioxane)에 대한 새로운 수질기준(2011.1 시행)과 포름알데히드에 대한 기준(2011.12 개정, 2014.1 시행)이 도입되었으며, 병원미생물(노로바이러스)과 브롬산염 등 소독부산물 3종에 대해 새로운 수질 감시항목으로 지정(2010.11)하였다.

표 6-11 **먹는물 수질기준(2015.12.2)**

구분	항목	먹는물(수돗물)	샘물	먹는샘물	먹는물공동시설	먹는해양심층수	염지하수	먹는염지하수
	총계	**59**	**48**	**51**	**48**	**53**	**47**	**54**
미생물	일반세균(Colony Forming Unit)	100CFU/ml	저온(20CFU) 중온(5CFU)	저온(100CFU) 중온(20CFU)	100CFU/ml	저온(100CFU) 중온(20CFU)	저온(20CFU) 중온(5CFU)	저온(100CFU) 중온(20CFU)
	총대장균군	ND/100ml	ND/250ml	ND/250ml	ND/100ml	ND/250ml	ND/250ml	ND/250ml
	대장균	ND/100ml	–	–	ND/100ml	–	–	–
	분원성 대장균군	ND/100ml	–	–	ND/100ml	–	–	–
	분원성 연쇄상구균	–	ND/250ml	ND/250ml	–	ND/250ml	ND/250ml	ND/250ml
	녹농균	–	ND/250ml	ND/250ml	–	ND/250ml	ND/250ml	ND/250ml
	살모넬라	–	ND/250ml	ND/250ml	–	ND/250ml	ND/250ml	ND/250ml
	쉬겔라	–	ND/250ml	ND/250ml	–	ND/250ml	ND/250ml	ND/250ml
	아황산환원혐기성포자형성균	–	ND/50ml	ND/50ml	–	ND/50ml	ND/50ml	ND/50ml
	여시니아균	–	–	–	ND/2000ml	–	–	–
건강상 유해영향 무기물질	납	0.01	0.01	0.01	0.01	0.01	0.01	0.01
	불소	1.5	2.0	2.0	1.5	1.5	2.0	2.0
	비소	0.01	0.05	0.01	0.01	0.01	0.05	0.01
	셀레늄	0.01	0.01	0.01	0.01	0.01	0.05	0.01
	수은	0.001	0.001	0.001	0.001	0.001	0.001	0.001
	시안	0.01	0.01	0.01	0.01	0.01	0.01	0.01
	크롬	0.05	0.05	0.05	0.05	0.05	0.05	0.05
	암모니아성 질소	0.5	0.5	0.5	0.5	0.5	0.5	0.5
	질산성 질소	10	10	10	10	10	10	10
	카드뮴	0.005	0.005	0.005	0.005	0.005	0.005	0.005
	붕소	1.0	1.0	1.0	1.0	1.0	1.0	1.0
	브롬산염	–	–	0.01	–	0.01	0.01	0.01
	스트론튬	–	–	–	–	4	–	4
	우라늄	–	0.03	0.03	0.03	–	–	0.03
건강상 유해영향 유기물질	페놀	0.005	0.005	0.005	0.005	0.005	0.005	0.005
	다이아지논	0.02	0.02	0.02	0.02	0.02	0.02	0.02
	파라티온	0.06	0.06	0.06	0.06	0.06	0.06	0.06
	페니트로티온	0.04	0.04	0.04	0.04	0.04	0.04	0.04
	카바릴	0.07	0.07	0.07	0.07	0.07	0.07	0.07
	1,1,1-트리클로로에탄	0.1	0.1	0.1	0.1	0.1	0.1	0.1
	테트라클로로에틸렌	0.01	0.01	0.01	0.01	0.01	0.01	0.01
	트리클로로에틸렌	0.03	0.03	0.03	0.03	0.03	0.03	0.03
	디클로로메탄	0.02	0.02	0.02	0.02	0.02	0.02	0.02
	벤젠	0.01	0.01	0.01	0.01	0.01	0.01	0.01
	톨루엔	0.7	0.7	0.7	0.7	0.7	0.7	0.7
	에틸벤젠	0.3	0.3	0.3	0.3	0.3	0.3	0.3
	크실렌	0.5	0.5	0.5	0.5	0.5	0.5	0.5
	1,1-티클로로에틸렌	0.03	0.03	0.03	0.03	0.03	0.03	0.03
	사염화탄소	0.002	0.002	0.002	0.002	0.002	0.002	0.002
	1,2-디브로모-3-클로로프로판	0.003	0.003	0.003	0.003	0.003	0.003	0.003
	1,4-다이옥산	0.05	0.05	0.05	0.05	0.05	0.05	0.05
소독제 및 소독부산물질	잔류염소(유리잔류염소)	4.0	–	–	–	–	–	–
	총트리할로메탄	0.1	–	–	–	–	–	–
	클로로포름	0.08	–	–	–	–	–	–
	브로모디클로로메탄	0.03	–	–	–	–	–	–
	디브로모클로로메탄	0.1	–	–	–	–	–	–
	클로랄하이드레이트	0.03	–	–	–	–	–	–
	디브로모아세토니트릴	0.1	–	–	–	–	–	–
	디클로로아세토니트릴	0.09	–	–	–	–	–	–
	트리클로로아세토니트릴	0.004	–	–	–	–	–	–
	할로아세틱에시드	0.1	–	–	–	–	–	–
	포름알데히드	0.5	–	–	–	–	–	–

(계속)

구분	항목	먹는물(수돗물)	샘물	먹는샘물	먹는물공동시설	먹는해양심층수	염지하수	먹는염지하수
심미적 영향물질	경도	300	–	1000	1000	1200	–	1200
	과망간산칼륨 소비량	10	10	10	10	10	10	10
	냄새(소독 외의 냄새)	ND	ND	ND	ND	ND	ND	ND
	맛(소독 외의 맛)	ND	ND			ND	–	ND
	동	1	1	1	1	1	1	1
	색도	5	5	5	5	5	5	5
	세제(음이온계면활성제)	0.5	ND	ND	0.5	ND	ND	ND
	수소이온 농도	5.8~8.5	4.5~9.5	4.5~9.5	4.5~9.5	5.8~8.5	5.8~8.5	5.8~8.5
	아연	3	3	3	3	3	3	3
	염소이온	250	250	250	250	250	–	250
	증발잔류물	500	–			500	–	500
	철	0.3	–	0.3	0.3	0.3	–	0.3
	망간	0.05	–	0.3	0.3	0.3	–	0.3
	탁도(NTU)	0.5	1	1	1	1	1	1
	황산이온	200	250	250	250	200	–	200
	알루미늄	0.2	0.2	0.2	0.2	0.2	0.2	0.2
*방사능	세슘(Cs-137)	–	–	–	–	–	4.0 mBq/L	–
	스트론튬(Sr-90)	–	–	–	–	–	3.0 mBq/L	–
	삼중수소	–	–	–	–	–	6.0 mBq/L	–

*방사능에 관한 기준

비고) 2011년 1월 1일부터 먹는물의 수질기준 중 납은 “0.05 mg/L”에서 “0.01 mg/L”로, 비소는 “0.05 mg/L”에서 “0.01 mg/L (샘물의 경우 0.05 mg/L)로, 망간은 수돗물에 한하여 “0.3 mg/L”에서 “0.05 mg/L”로 각각 강화하고, “6가크롬”을 “크롬”으로 항목을 조정하여 시행하며, 1,4-다이옥산(0.05 mg/L)물질은 2011년 1월 1일부터 시행.

먹는샘물은 암반대수층 안의 지하수 또는 용천수 등 수질의 안전성을 계속 유지할 수 있는 자연상태의 깨끗한 물을 먹는 데 적합하도록 물리적 처리 등의 방법으로 제조한 것으로 ① 암반대수층 내의 지하수, ② 지하수가 수압에 의하여 지표로 흘러나오는 용천수, ③ 강수량의 변화, 계절 및 기온의 변동, 취수전·후의 주변상황 변화 등 자연적·인공적인 상황변경에도 불구하고 수질의 안전성, 수량의 안정성을 계속 유지할 수 있는 자연상태의 물로 원수의 선택을 엄격하게 제한한다. 먹는샘물의 수질기준은 대부분 먹는물(수돗물) 수질기준을 적용하지만 염소소독 등 화학적 처리가 허용되지 않는 먹는샘물 처리과정의 특수성을 고려하여 미생물 등에 관한 기준을 보완하고 있고, 또한 먹는샘물의 원수는 오염되지 않는 심층지하수 등을 원칙으로 하고 있으므로 오염에 취약한 지표수의 경우에는 허용되지 않는다는 점에서 원수의 수질 또한 제품수의 수질과 거의 같은 정도의 청정도를 요구하고 있다. 표 6-12에는 그 동안의 먹는샘물의 개발연혁을 정리하였다.

표 6-12 **먹는샘물의 개발연혁**

연도	내용
1974. 8.	“보존음료수” 제조업 신설(보건사회부 식품위생법시행령에서 허가업종)
1975. 9.	보존음료수 제조업은 전량 수출조건 허가제한
1976. 1.	“다이아몬드정수”가 최초의 허가획득

(계속)

1989. 2.	보존음료수의 시판허용 검토
1989. 8.	수돗물 오염사고를 계기로 시판불허
1990. 7.	시판허용을 위한 대책마련
1991. 3.	보존음료수의 명칭이 "광천음료수"로 변경
1991. 4.	시판유보
1991. 8.	다시 허용하겠다는 발표
1992. 8.	시판여부를 1993년초에 결정 표명 이 과정에서 다이아몬드정수 등 4개 업체가 "먹는샘물의 국내시판 불허위헌" 행정소송제기
1994. 3.	먹는샘물의 국내시판 금지는 국민의 행복추구권과 직업선택의 자유를 침해 위헌 판결 먹는샘물의 국내시판허용 발표, 기존 허가업체에 대해 전량수출이라는 허가조건 철회
1994년초	낙동강, 영산강 수계의 식수오염사고
1994. 5.	수질관리업무 환경부로 일원화, 먹는샘물 관리업무도 보건사회부에서 환경부로 이관
1994. 6.27.	환경부는 먹는샘물의 허가요건과 관리를 엄격히 규제하는 것을 주된 내용으로 하는 "음용수 관리법안"을 마련 국회에 제출
1994.12.16.	국회의 심의과정에서 "먹는물관리법"으로 명칭이 바뀌어 국회 본회의에서 의결
1995. 1. 5.	"먹는샘물"로 개칭하여 법률 제4908호로 제정 공포 환경부는 동 법 하위법령(시행령, 시행규칙, 고시, 훈령, 지침 등) 제정
1995. 5. 1.	시행

6.4 수질규제기준

수질규제기준으로는 환경기준을 달성하기 위한 규제수단의 하나로 배출허용기준과 방류수 수질기준이 있다.

(1) 배출수 허용기준

배출허용기준은 개별배출업소에 적용하는 규제기준으로서 배출수 농도를 규제하는 것인데 환경기준과 하천의 자정능력 등을 고려하여 설정하고 있다. 현행 「수질 및 수생태계 보전에 관한 법률」은 유기물질, 부유물질 및 페놀류 등 42개 항목에 대하여 폐수배출허용기준을 설정하고 있으며(표 6-13, 6-14), 수역별 수질등급 등을 고려하여 지역을 4단계(청정, 가, 나, 특례지역)로 구분하여 적용하고 있다(표 6-15).

표 6-13 **수질오염물질의 배출허용기준**

대상	1일 폐수배출량 2천m^3 이상			1일 폐수배출량 2천m^3 미만		
규모 항목 / 지역구분	생물화학적 산소요구량 (BOD)(mg/L)	화학적 산소요구량 (COD)(mg/L)	부유 물질량 (SS)(mg/L)	생물화학적 산소요구량 (BOD)(mg/L)	화학적 산소요구량 (COD)(mg/L)	부유 물질량 (SS)(mg/L)
청정지역	30 이하	40 이하	30 이하	40 이하	50 이하	40 이하
가지역	60 이하	70 이하	60 이하	80 이하	90 이하	80 이하
나지역	80 이하	90 이하	80 이하	120 이하	130 이하	120 이하
특례지역	30 이하	40 이하	30 이하	30 이하	40 이하	30 이하

주) 1. 하수처리구역에서 「하수도법」 제28조에 따라 공공하수도관리청의 허가를 받아 폐수를 공공하수도에 유입시키지 아니하고 공공수역으로 배출하는 폐수배출시설 및 「하수도법」 제27조제1항을 위반하여 배수설비를 설치하지 아니하고 폐수를 공공수역으로 배출하는 사업장에 대한 배출허용기준은 공공하수처리시설의 방류수 수질기준을 적용한다.

2. 「국토의 계획 및 이용에 관한 법률」 제6조제2호에 따른 관리지역에서의 같은 법 시행령 별표 20 제1호차목 및 별표 27 제2호타목(별표 20 제1호차목에 따른 공장만 해당한다)에 따른 공장에 대한 배출허용기준은 특례지역의 기준을 적용한다.

표 6-14 **페놀류 등 수질오염물질의 폐수배출허용기준(2016년 1월 1일부터 적용되는 기준)**

항목 / 지역구분		청정 지역	가 지역	나 지역	특례 지역
수온이온농도		5.8～8.6	5.8～8.6	5.8～8.6	5.8～8.6
노말헥산추출 물질함유량	광유류(mg/L)	1 이하	5 이하	5 이하	5 이하
	동식물유지류(mg/L)	5 이하	30 이하	30 이하	30 이하
페놀류함유량(mg/L)		1 이하	3 이하	3 이하	5 이하
시안함유량(mg/L)		0.2 이하	1 이하	1 이하	1 이하
크롬함유량(mg/L)		0.5 이하	2 이하	2 이하	2 이하
용해성철함유량(mg/L)		2 이하	10 이하	10 이하	10 이하
아연함유량(mg/L)		1 이하	5 이하	5 이하	5 이하
구리(동)함유량(mg/L)		1 이하	3 이하	3 이하	3 이하
카드뮴함유량(mg/L)		0.02 이하	0.1 이하	0.1 이하	0.1 이하
수은함유량(mg/L)		0.001 이하	0.005 이하	0.005 이하	0.005 이하
유기인함유량(mg/L)		0.2 이하	1 이하	1 이하	1 이하
비소함유량(mg/L)		0.05 이하	0.25 이하	0.25 이하	0.25 이하
납함유량(mg/L)		0.1 이하	0.5 이하	0.5 이하	0.5 이하
6가크롬함유량(mg/L)		0.1 이하	0.5 이하	0.5 이하	0.5 이하
용해성망간함유량(mg/L)		2 이하	10 이하	10 이하	10 이하
불소함유량(mg/L)		3 이하	15 이하	15 이하	15 이하
PCB함유량(mg/L)		불검출	0.003 이하	0.003 이하	0.003 이하
총대장균군수(군수)(ml)		100 이하	3,000 이하	3,000 이하	3,000 이하
색도(도)		200 이하	300 이하	400 이하	400 이하
온도(℃)		40 이하	40 이하	40 이하	40 이하
총질소(mg/L)		30 이하	60 이하	60 이하	60 이하

(계속)

총인(mg/L)	4 이하	8 이하	8 이하	8 이하
트리클로로에틸렌(mg/L)	0.06 이하	0.3 이하	0.3 이하	0.3 이하
테트라클로로에틸렌(mg/L)	0.02 이하	0.1 이하	0.1 이하	0.1 이하
음이온계면활성제(mg/L)	3 이하	5 이하	5 이하	5 이하
벤젠(mg/L)	0.01 이하	0.1 이하	0.1 이하	0.1 이하
디클로로메탄(mg/L)	0.02 이하	0.2 이하	0.2 이하	0.2 이하
생태독성(TU)	1 이하	2 이하	2 이하	2 이하
셀레늄함유량(mg/L)	0.1 이하	1 이하	1 이하	1 이하
사염화탄소(mg/L)	0.004 이하	0.04 이하	0.04 이하	0.08 이하
1,1-디클로로에틸렌(mg/L)	0.03 이하	0.3 이하	0.3 이하	0.6 이하
1,2-디클로로에탄(mg/L)	0.03 이하	0.3 이하	0.3 이하	0.3 이하
클로로포름(mg/L)	0.08 이하	0.8 이하	0.8 이하	0.8 이하
니켈(mg/L)	0.1 이하	3.0 이하	3.0 이하	3.0 이하
바륨(mg/L)	1.0 이하	10.0이하	10.0 이하	10.0 이하
1,4-다이옥산(mg/L)	0.05 이하	4.0 이하	4.0 이하	4.0 이하
디에틸헥실프탈레이트(DEHP)(mg/L)	0.02 이하	0.2 이하	0.2 이하	0.8 이하
염화비닐(mg/L)	0.01 이하	0.5 이하	0.5 이하	1.0 이하
아크릴로니트릴(mg/L)	0.01 이하	0.2 이하	0.2 이하	1.0 이하
브로모포름(mg/L)	0.03 이하	0.3 이하	0.3 이하	0.3 이하
나프탈렌(mg/L)	0.05 이하	0.5 이하	0.5 이하	0.5 이하
폼알데하이드(mg/L)	0.5 이하	5.0 이하	5.0 이하	5.0 이하
에피클로로하이드린(mg/L)	0.03 이하	0.3 이하	0.3 이하	0.3 이하
톨루엔(mg/L)	0.7 이하	7.0 이하	7.0 이하	7.0 이하
자일렌(mg/L)	0.5 이하	5.0 이하	5.0 이하	5.0 이하

비고)

1. 색도항목의 배출허용기준은 별표 4 제2호18)의 섬유염색 및 가공시설, 같은 호 19)의 기타 섬유제품 제조시설 및 같은 호 23)의 펄프・종이 및 종이제품(색소첨가 제품만 해당한다) 제조시설에만 적용한다.
2. 생태독성 배출허용기준은 물벼룩에 대한 급성독성시험을 기준으로 하며, 별표 4 제2호의 3), 12), 14), 17)부터 20)까지, 23), 26), 27), 30), 31), 33)부터 40)까지, 46), 48)부터 50)까지, 54), 55), 57)부터 60)까지, 63), 67), 74), 75) 및 80)에 해당되는 폐수배출시설에만 적용한다. 다만, 해당 사업장에서 배출되는 폐수를 모두 폐수종말처리시설 또는 「하수도법」 제2조제9호에 따른 공공하수처리시설에 유입시키는 폐수배출시설에는 적용하지 아니한다.
3. 생태독성 배출허용기준 초과의 경우 그 원인이 오직 염(산의 음이온과 염기의 양이온에 의해 만들어지는 화합물을 말한다. 이하 같다) 성분 때문으로 증명된 때에는 그 폐수를 다음 각 목의 어느 하나에 해당하는 방법으로 방류하는 경우에 한정하여 생태독성 배출허용기준을 초과하지 아니한 것으로 본다.
   가. 법 제2조제9호의 공공수역 중 항만・연안해역에 방류하는 경우
   나. 법 제2조제9호의 공공수역 중 항만・연안해역을 제외한 곳으로 방류하는 경우(2010년 12월 31일까지 설치허가 또는 변경허가를 받거나 설치신고 또는 변경신고를 한 폐수배출시설로 한정한다). 이 경우 시・도지사는 「환경기술개발 및 지원에 관한 법률」 제12조에 따른 환경기술지원을 받게 하고, 그 결과를 제출하게 할 수 있다.
4. 제3호에 따른 생태독성 배출허용기준 초과원인이 오직 염 성분 때문이라는 증명에 필요한 구비서류, 절차・방법 등에 관하여 필요한 사항은 국립환경과학원장이 정하여 고시한다.
5. 특례지역 내 폐수배출시설에서 발생한 폐수를 폐수종말처리시설에 유입하지 아니하고 직접 방류할 경우에는 해당 지역 구분에 따른 배출허용기준을 적용한다.

표 6-15 **지역구분 적용에 대한 공통기준**

지역구분	공통기준
청정지역	「환경정책기본법 시행령」 별표 1 제3호에 따른 수질 및 수생태계 환경기준(이하 "수질 및 수생태계 환경기준"이라 한다) 매우 좋음(Ia) 등급 정도의 수질을 보전하여야 한다고 인정되는 수역의 수질에 영향을 미치는 지역으로서 환경부장관이 정하여 고시하는 지역
가지역	수질 및 수생태계 환경기준 좋음(Ib), 약간 좋음(II) 등급 정도의 수질을 보전하여야 한다고 인정되는 수역의 수질에 영향을 미치는 지역으로서 환경부장관이 정하여 고시하는 지역
나지역	수질 및 수생태계 환경기준 보통(III), 약간 나쁨(IV), 나쁨(V) 등급 정도의 수질을 보전하여야 한다고 인정되는 수역의 수질에 영향을 미치는 지역으로서 환경부장관이 정하여 고시하는 지역
특례지역	환경부장관이 법 제49조제3항에 따른 공동처리구역으로 지정하는 지역 및 시장・군수가 「산업입지 및 개발에 관한 법률」 제8조에 따라 지정하는 농공단지

주) 1. 「자연공원법」 제2조제1호에 따른 자연공원의 공원구역 및 「수도법」 제7조에 따라 지정・공고된 상수원보호구역은 제2호에 따른 항목별 배출허용기준을 적용할 때에는 청정지역으로 본다.

2. 정상가동 중인 공공하수처리시설에 배수설비를 연결하여 처리하고 있는 폐수배출시설에 제2호에 따른 항목별 배출허용기준(같은 호 나목의 항목은 해당 공공하수처리시설에서 처리하는 수질오염물질 항목만 해당한다)을 적용할 때에는 나지역의 기준을 적용한다.

2015년부터는 특정수질 유해물질 폐수배출시설 적용기준의 도입을 통하여 인체나 동식물 생육에 위해를 줄 우려가 있는 특정수질 유해물질 배출시설에 대한 허가 및 입지 제한기준(2014.11.24)이 개선되었다. 즉, 과거에는 폐수배출시설에서 납, 카드뮴 등 특정물질을 먹는물 기준치보다 낮게 방류하는 경우에도 설치허가를 받아야 했고, 취수시설이 있는 지역, 특별대책지역, 공장설립 제한지역 및 그 상류지역 등 상수원보호구역에서는 입지가 아예 원천 금지됐다.

표 6-16 **특정수질유해물질 폐수배출시설 적용기준(별표 13의 2, 신설 2014.11.24)**

물질명	기준농도(mg/L)	물질명	기준농도(mg/L)
구리와 그 화합물	0.1	셀레늄과 그 화합물	0.01
납과 그 화합물	0.01	벤젠	0.01
비소와 그 화합물	0.01	사염화탄소	0.002
수은과 그 화합물	0.001	디클로로메탄	0.02
시안화합물	0.01	1,1-디클로로에틸렌	0.03
유기인 화합물	0.0005	1,2-디클로로에탄	0.03
6가크롬 화합물	0.05	클로로포름	0.08
카드뮴과 그 화합물	0.005	1,4-다이옥산	0.05
테트라클로로에틸렌	0.01	디에틸헥실프탈레이트(DEHP)	0.008
트리클로로에틸렌	0.03	염화비닐	0.005
페놀류	0.005	아크릴로니트릴	0.005
폴리클로리네이티드바이페닐	0.0005	브로모포름	0.03

그러나 특정수질 유해물질 폐수배출시설 적용기준의 도입으로 인하여 먹는물 기준치 미만으로 특정물질을 배출하는 경우에는 설치가 허용되며, 그 이상을 배출하는 시설에만 제한되게 되었다.

(2) 방류수 수질기준

방류수 수질기준은 하수종말처리시설, 폐수종말처리시설과 분뇨처리시설과 같이 수계 방류 직전에 최종적인 처리단계에서 적용되는 기준으로 유기물질(BOD, COD, SS)과 영양소(총질소, 총인), 총대장균군수와 생태독성(TU, toxic unit) 등으로 정의된다(표 6－17～표 6－21). 과년에 비하여 특히 특정수질유해물질 항목이 점차 확대되었고 생태독성관리제도가 본격적으로 시행된 것은 산업발전에 따른 오염물질의 다양성과 유해성 증가에 그 원인이 있으며, 이에 대응하여 수질 및 수생태계에 영향을 미치는 유해물질의 체계적인 관리와 안전한 물환경 조성의 필요성이 강조된 때문이다. 산업폐수에 함유된 모든 유해화학물질(4,1000여종)에 대하여 배출허용기준을 설정·관리하는 것은 현실적으로 한계가 있기 때문에 미지의 유해물질로 인한 독성을 통합관리하기 위한 수용체 중심의 '생태독성관리제도'를 도입, 산업폐수가 물벼룩에 미치는 영향을 수치화하여 방류수 수질기준으로 포함시켰다.

표 6－17 **폐수종말처리시설의 방류수 수질기준(별표 10, 2013.9.5 개정)**

구분	수질기준(2013.1.1. 이후)			
	Ⅰ지역	Ⅱ지역	Ⅲ지역	Ⅳ지역
생물화학적 산소요구량(BOD)(mg/L)	10(10) 이하	10(10) 이하	10(10) 이하	10(10) 이하
화학적 산소요구량(COD)(mg/L)	20(40) 이하	20(40) 이하	40(40) 이하	40(40) 이하
부유물질(SS)(mg/L)	10(10) 이하	10(10) 이하	10(10) 이하	10(10) 이하
총질소(T-N)(mg/L)	20(20) 이하	20(20) 이하	20(20) 이하	20(20) 이하
총인(T-P)(mg/L)	0.2(0.2) 이하	0.3(0.3) 이하	0.5(0.5) 이하	2(2) 이하
총대장균군수(개/mL)	3,000(3,000)	3,000(3,000)	3,000(3,000)	3,000(3,000)
생태독성(TU)	1(1) 이하	1(1) 이하	1(1) 이하	1(1) 이하

비고)

1. 산업단지 및 농공단지 폐수종말처리시설의 페놀류 등 수질오염물질의 방류수 수질기준은 위 표에도 불구하고 해당 처리시설에서 처리할 수 있는 수질오염물질 항목으로 한정하여 별표 13 제2호나목의 표 중 특례지역에 적용되는 배출허용기준의 범위에서 해당 처리시설 설치사업시행자의 요청에 따라 환경부장관이 정하여 고시한다.
2. 적용기간에 따른 수질기준란의 ( )는 농공단지 폐수종말처리시설의 방류수 수질기준을 말한다.
3. 생태독성 항목의 방류수 수질기준은 물벼룩에 대한 급성독성시험기준을 말한다.
4. 생태독성 방류수 수질기준 초과의 경우 그 원인이 오직 염(산의 음이온과 염기의 양이온에 의해 만들어지는 화합물을 말한다. 이하 같다) 성분 때문이라고 증명된 때에는 그 방류수를 법 제2조제9호의 공공수역 중 항만 또는 연안해역에 방류하는 경우에 한정하여 생태독성 방류수 수질기준을 초과하지 아니하는 것으로 본다.
5. 제4호에 따른 생태독성 방류수 수질기준 초과원인이 오직 염 성분 때문이라는 증명에 필요한 구비서류, 절차·방법 등에 관하여 필요한 사항은 국립환경과학원장이 정하여 고시한다.

표 6-18 공공하수처리시설의 방류수 수질기준(하수도법 제3조제1항제1호 관련)(2014.7.17 개정)

구분		생물화학적 산소요구량 (BOD) (mg/L)	화학적 산소요구량 (COD) (mg/L)	부유물질 (SS) (mg/L)	총질소 (T-N) (mg/L)	총인 (T-P) (mg/L)	총대장 균군수 (개/ml)	생태 독성 (TU)
1일 하수처리용량 500 m^3 이상	Ⅰ지역	5 이하	20 이하	10 이하	20 이하	0.2 이하	1,000 이하	1 이하
	Ⅱ지역	5 이하	20 이하	10 이하	20 이하	0.3 이하	3,000 이하	
	Ⅲ지역	10 이하	40 이하	10 이하	20 이하	0.5 이하		
	Ⅳ지역	10 이하	40 이하	10 이하	20 이하	2 이하		
1일 하수처리용량 500 m^3 미만 50m^3 이상		10 이하	40 이하	10 이하	20 이하	2 이하		
1일 하수처리용량 50 m^3 미만		10 이하	40 이하	10 이하	40 이하	4 이하		

비고)

1. 공공하수처리시설의 페놀류 등 오염물질의 방류수 수질기준은 해당 시설에서 처리할 수 있는 오염물질항목에 한하여 「수질 및 수생태계 보전에 관한 법률 시행규칙」 별표 13 제2호나목 페놀류 등 수질오염물질 표 중 특례지역에 적용되는 배출허용기준 이내에서 그 처리시설의 설치사업 시행자의 요청에 따라 환경부장관이 정하여 고시한다.
2. 1일 하수처리용량이 500 m^3 미만인 공공하수처리시설의 겨울철(12월 1일부터 3월 31일까지)의 총질소와 총인의 방류수 수질기준은 2014년 12월 31일까지 60mg/L 이하와 8mg/L 이하를 각각 적용한다.
3. 다음 각 지역에 설치된 공공하수처리시설의 방류수 수질기준은 총대장균군수를 1,000개/mL 이하로 적용한다.
   가. 「수질 및 수생태계 보전에 관한 법률 시행규칙」 별표 13에 따른 청정지역
   나. 「수도법」 제7조에 따른 상수원보호구역 및 상수원보호구역의 경계로부터 상류로 유하거리(流下距離) 10 km 이내의 지역
   다. 「수도법」 제3조제17호에 따른 취수(取水)시설로부터 상류로 유하거리 15 km 이내의 지역
4. 영 제4조제3호에 따른 수변구역에 설치된 공공하수처리시설에 대하여는 1일 하수처리용량 50 m^3 이상인 방류수수질기준을 적용한다.
5. 생태독성의 방류수 수질기준은 물벼룩에 대한 급성독성시험을 기준으로 하며, 다음의 요건 모두에 해당하는 공공하수처리시설에만 적용한다.
   가. 「수질 및 수생태계 보전에 관한 법률 시행규칙」 별표 4 제2호의 3), 12), 14), 17)부터 20)까지, 23), 26), 27), 30), 31), 33)부터 40)까지, 46), 48)부터 50)까지, 54), 55), 57)부터 60)까지, 63), 67), 74), 75) 및 80)에 해당하는 폐수배출시설에서 배출되는 폐수가 유입될 것
   나. 1일 하수처리용량이 500 m^3 이상일 것

표 6-19 분뇨처리시설의 방류수 수질기준(제3조제1항제2호 관련) 하수도법 [별표2], 2011.2.17 개정

구분 \ 항목	BOD (mg/L)	COD (mg/L)	SS (mg/L)	총대장균군수 (개수/mL)	기타 (mg/L)
분뇨처리시설	30 이하	50 이하	30 이하	3,000 이하	총질소 : 60 이하 총인 : 8 이하

표 6-20 **개인하수처리시설의 방류수 수질기준(하수도법 [별표3], 2011.2.17 개정)**

구분	1일 처리용량	지역	항목	방류수 수질기준
오수처리시설	50 m^3 미만	수변구역	생물화학적 산소요구량(mg/L)	10 이하
			부유물질(mg/L)	10 이하
		특정지역 및 기타지역	생물화학적 산소요구량(mg/L)	20 이하
			부유물질(mg/L)	20 이하
	50 m^3 이상	모든 지역	생물화학적 산소요구량(mg/L)	10 이하
			부유물질(mg/L)	10 이하
			총질소(mg/L)	20 이하
			총인(mg/L)	2 이하
			총대장균군수(개/mL)	3,000 이하
정화조	11인용 이상	수변구역 및 특정지역	생물화학적산소요구량 제거율(%)	65 이상
			생물화학적 산소요구량(mg/L)	100 이하
		기타지역	생물화학적 산소요구량 제거율(%)	50 이상

토양침투처리방법에 따른 정화조의 방류수 수질기준은 다음과 같다.

가. 1차 처리장치에 의한 부유물질 50% 이상 제거

나. 1차 처리장치를 거쳐 토양침투시킬 때의 방류수의 부유물질 250 mg/L 이하

골프장과 스키장에 설치된 오수처리시설은 방류수 수질기준 항목 중 생물화학적 산소요구량은 10 mg/L 이하, 부유물질은 10 mg/L 이하로 한다. 다만, 숙박시설이 있는 골프장에 설치된 오수처리시설은 방류수 수질기준 항목 중 생물화학적 산소요구량은 5 mg/L 이하, 부유물질은 5 mg/L 이하로 한다.

비고)

1. 이 표에서 수변구역은 영 제4조제3호에 해당하는 구역으로 하고, 특정지역은 영 제4조제1호 · 제2호 · 제4호 · 제5호 및 제10호에 해당하는 구역 또는 지역으로 한다.
2. 수변구역 또는 특정지역이 영 제8조에 따라 고시된 예정하수처리구역이나 「수질 및 수생태계 보전에 관한 법률 시행규칙」 제67조에 따라 고시된 기본계획의 폐수종말처리시설 처리대상지역에 해당되면 그 지역에 설치된 정화조에 대하여는 기타지역의 방류수수질기준을 적용한다.
3. 특정지역이 수변구역으로 변경된 경우에는 변경 당시 그 지역에 설치된 오수처리시설에 대하여 그 변경일부터 3년까지는 특정지역의 방류수 수질기준을 적용한다.
4. 기타지역이 수변구역이나 특정지역으로 변경된 경우에는 변경 당시 그 지역에 설치된 개인하수처리시설에 대하여 그 변경일부터 3년까지는 기타지역의 방류수 수질기준을 적용한다.
5. 겨울철(12월 1일부터 3월 31일까지)의 총질소와 총인의 방류수 수질기준은 2014년 12월 31일까지 60 mg/L 이하와 8 mg/L 이하를 각각 적용한다.
6. 하나의 건축물에 2개 이상의 오수처리시설을 설치하거나 2개 이상의 오수처리시설이 설치되어 있는 경우에는 그 오수처리시설 처리용량의 합계로 방류수 수질기준을 적용한다.
7. 영 제8조에 따라 고시된 예정하수처리구역이나 「수질 및 수생태계 보전에 관한 법률 시행규칙」 제67조에 따라 고시된 기본계획의 폐수종말처리시설 처리대상지역에 설치된 오수처리시설에 대하여는 1일 처리용량 50 m^3 미만인 오수처리시설의 방류수 수질기준을 적용한다.
8. 2001년 12월 31일까지 「하수도법」(법률 제7460호로 개정되기 전의 것을 말한다) 제6조에 따라 인가를 받은 하수종말처리시설, 같은 법 제6조의2에 따라 협의를 마친 마을하수도 또는 「수질환경보전법」(법률 제6829호로 개정되기 전의 것을 말한다) 제26조에 따른 승인을 받아 설치된 폐수종말처리시설로 유입하여 처리할 예정인 지역에 해당되는 경우 그 지역에 설치된 오수처리시설의 방류수 수질기준은 2011년 12월 31일까지 아래의 표를 적용한다.

(계속)

지역	항목	1일 처리용량 100 m³ 미만	1일 처리용량 100 m³ 이상 200 m³ 미만	1일 처리용량 200 m³ 이상
특정지역	생물화학적 산소요구량(mg/L)	20 이하	20 이하	20 이하
	부유물질(mg/L)	20 이하	20 이하	20 이하
기타지역	생물화학적 산소요구량(mg/L)	80 이하	60 이하	40 이하
	부유물질(mg/L)	80 이하	60 이하	40 이하
골프장에 설치된 오수처리시설의 방류수 수질기준은 생물화학적 산소요구량 10 mg/L 이하, 부유물질량 10 mg/L 이하로 한다.				
이 표에서 특정지역은 「수도법」 제7조에 따른 상수원보호구역과 같은 법 제3조제17호에 따른 취수시설로부터 유하거리 4 km 이내의 상수원상류지역, 「환경정책기본법」 제22조제1항에 따른 특별대책지역, 「지하수법」 제12조에 따른 지하수보전구역, 「자연공원법」 제2조제1호에 따른 공원구역과 같은 법 제25조에 따른 공원보호구역으로 한다.				

표 6-21 **방류수 수질기준의 지역 구분**

구분	범위
Ⅰ지역	가. 「수도법」 제7조에 따라 지정·공고된 상수원보호구역 나. 「환경정책기본법」 제22조제1항에 따라 지정·고시된 특별대책지역 중 수질보전 특별대책지역으로 지정·고시된 지역 다. 「한강수계 상수원수질개선 및 주민지원 등에 관한 법률」 제4조제1항, 「낙동강수계 물관리 및 주민지원 등에 관한 법률」 제4조제1항, 「금강수계 물관리 및 주민지원 등에 관한 법률」 제4조제1항 및 「영산강·섬진강수계 물관리 및 주민지원 등에 관한 법률」 제4조제1항에 따라 각각 지정·고시된 수변구역 라. 「새만금사업 촉진을 위한 특별법」 제2조제1호에 따른 새만금사업지역으로 유입되는 하천이 있는 지역으로서 환경부장관이 정하여 고시하는 지역
Ⅱ지역	법 제22조제2항에 따라 고시된 중권역 중 화학적 산소요구량(COD) 또는 총인(T-P)의 수치가 법 제24조제2항제1호에 따른 목표기준을 초과하였거나 초과할 우려가 현저한 지역으로서 환경부장관이 정하여 고시하는 지역
Ⅲ지역	법 제22조제2항에 따라 고시된 중권역 중 한강·금강·낙동강·영산강·섬진강수계에 포함되는 지역으로서 환경부장관이 정하여 고시하는 지역(Ⅰ지역 및 Ⅱ지역을 제외한다)
Ⅳ지역	Ⅰ지역, Ⅱ지역 및 Ⅲ지역을 제외한 지역

(3) 규제대상 축사 및 방류수 수질기준

「가축분뇨의 관리 및 이용에 관한 법률」에서는 가축을 소, 젖소, 돼지, 말, 양, 사슴, 닭, 오리, 개로 규정하고 있다. 2013년 말 주요 축종(한육우, 젖소, 돼지, 닭)의 경우 13만8천여 축산농가에서 16,459만 마리의 소, 돼지 등을 사육하고 있는데, 과거에 비해 한우·돼지 사육은 다소 감소하고, 젖소와 닭은 늘고 있다. 또 가축사육 마리 수가 증가함에 반해 축산농가는 감소하고 있어 전업화, 기업화 추세가 지속되고 있다. 관련법률에서는 가축사육 농가를 규모에 따라 허가, 신고 및 신고미만으로 구분하여 허가·신고 등 규제대상시설에 대해서는 가축분뇨처리시설

표 6-22 **규제대상 축사면적 및 방류수 수질기준** (단위: 축사면적 m^2, 방류수 기준 mg/L)

구분		허가내용	신고대상		비고
			중규모	소규모	
축사면적	소・말	900 이상(75마리)	200~900 (17~75마리)	100~200 (8~16마리)	
	젖소	900 이상(75마리)	〃	〃	
		운동장 2,700 이상	운동장 600~2,700	운동장 300~600	
	돼지	1,000 이상(715마리)	140~1,000 (100~715마리)	50~140 (36~100마리)	
	닭・오리・양	-	500	150~500	
	사슴	-	-	500	
	개	-	-	60 이상	
방류수 수질기준	특정지역	BOD, SS: 40 T-N 120, T-P 40	BOD, SS: 120 T-N 250, T-P 100	BOD, SS: 120 T-N 250, T-P 100	
	기타지역	BOD, SS: 120 T-N 250, T-P 100	BOD, SS: 150 T-N 400, T-P 100	BOD, SS: 150 T-N 400, T-P 100	

비고) 「가축분뇨의 관리 및 이용에 관한 법률」에서는 시설면적을 규정하고 있으며, 사육 마리 수는 해당면적에서의 적정 사육 마리 수를 산정한 것임

설치의무를 부여하고 축산농가가 자체 처리시설을 갖추고 BOD, SS, T-N, T-P에 대한 방류수 수질기준을 준수하거나 퇴비・액비 등으로 자원화하여 처리토록 하고 있다(표 6-22). 또 신고 미만 시설에 대해서도 환경보호를 위해 무단방류 금지 등 기본적인 관리의무를 부과하고 있다.

6.5 농업용수의 수질기준

우리나라의 농업용수용 수질기준은 앞선 환경정책기본법과 지하수법에서 각기 서로 다른 기준으로 제시되어 있다. 하천수는 환경정책기본법 제10조 하천수질환경기준의 4급수를, 호소수의 경우 환경정책기본법 제10조 호소수질환경기준의 4급수를 그리고 지하수의 경우에는 지하수법 제13조 지하수 수질기준에 따라 각각 규정되었다. 즉 수원에 따라 서로 상이한 법령에 준하고 있으며, 그 항목과 기준치에 차이를 보이고 있는데, 이는 농업용수의 수질기준이 관개용수 활용의 측면보다 수원관리의 목적에 치중했기 때문이다.

농업활동에 있어서는 용수의 수질기준에 비해 배수조건이 우수한 흙이 우선 조건으로 작용하며, 작물의 성장에 영향을 미칠 수 있는 중요 요소는 염도(salinity)와 관련한 삼투압(osmotic pressure)의 크기, 토양 내에서 칼슘, 마그네슘 등과 치환되는 나트륨과 같은 물질의 농도변화, 특정이온에 대한 독성문제, 병원성균에 의한 위해성 및 질소산화물(NO_3-N)의 영향 등을 들 수 있다.

1) 염도와 삼투압

농업용수로의 이용에 염도가 큰 경우는 삼투압의 증가로 인하여 식물의 성장이 저해된다. 삼투압은 통상적으로 전기전도도(electrical conductivity)와 관련이 깊으며(Hem, 1959) 다음과 같이 표현된다.

$$OP = 0.36\ (EC \times 10^6)$$

여기서, OP: 삼투압(기압)

EC: 전기전도도($\mu\Omega$/cm @25℃)

만약 토양의 배수특성이 양호할 경우 뿌리를 통한 염분배출이 가능하므로 그 영향은 저감되며, 온도가 낮거나 비가 덜 오는 경우는 증가한다. 일반적으로 2,000 $\mu\Omega$/cm 이하의 전기전도도에서는 식물에 대한 영향이 거의 없으며, 4,000~8000 $\mu\Omega$/cm의 범위에서는 대부분의 식물성장에 장애가 된다. 8000 $\mu\Omega$/cm 이상에서는 온도에 강한 식물 외에는 큰 피해를 야기한다.

2) 나트륨 흡착률

농업용수 내 나트륨의 함량이 칼슘이나 마그네슘보다 많을 경우에는 칼슘, 마그네슘 등과 나트륨이 치환되는 현상이 발생되는데, 이 경우 배수가 어려운 토양이 되어 경작에 악영향을 주게 된다. 토양은 치환된 나트륨에 의해 일시적으로 알칼리성이 되며, 토양 수분의 수소이온에 의해 산성으로 전환되어 결국 흙의 구조와 투수성(permeability)이 감소하고, 배수가 불량하여 공기소통이 불안정하게 된다. 농업용수용 수질의 척도로서 일반적으로 나트륨 흡착률(SAR, sodium adsorption ratio)을 활용하는데, 다음과 같이 정의된다.

$$SAR = \frac{Na^+}{\sqrt{\frac{Ca^2 + Mg^{2+}}{2}}}$$

여기서, Ca^{2+}, Mg^{2+}, Na^+: meq/L

SAR의 농도가 0~10의 경우 나트륨 농도가 흙에 미치는 영향은 적은 편이며, 10~18의 경우 중간 정도, 18~26는 비교적 높은 편으로 그리고 26~30의 경우는 매우 높은 편으로 고려된다. 일반적으로 토양허용치는 26 정도이다.

6.6 재이용수 수질기준

일반적으로 물 재이용(water reclamation)이란 법적인 수질기준을 근거로 적정 처리된 하수처리수 등을 추가적인 사용용도에 맞는 수질로 처리해 조경 · 청소, 공업용수 등의 다양한 용도로 이용하는 것을 말한다. 따라서 재이용수의 활용은 용도에 부합한 수질기준의 수립이 중요하다.

우리나라는 "물의 재이용 촉진 및 지원에 관한 법률(2010년 제정)"을 바탕으로 2014년 그동안 분산관리 되어온 재이용수에 대한 관리체계를 빗물이용시설, 중수도시설 및 하수처리수 이용시설 등으로 구분하여 체계적인 운영관리체계를 마련하고, 물 재이용 용도를 인체 접촉 여부와 사용목적을 고려해 용도구분에 맞게 수질기준을 개정하였다(환경부, 2015). 즉, 용도와 관련해서는 인체 접촉여부를 기준으로 '도시 재이용수'를 구분하고, 건물 내부에서 사용하는 '청소 · 화장실용수(접촉)'와 건물 외부에서 사용하는 '세척 · 살수용수(비접촉)'로 구분했다. 또 용도가 유사한 '하천유지용수'와 '습지용수'는 '하천 등 유지용수'로 통합하였다.

수질기준 역시 이전과는 달리 청소 · 화장실용수, 친수용수 등 인체 접촉이 가능한 용도의 경우에는 총대장균군, 결합잔류염소 등의 항목에 대해 더 엄격한 수질기준을 도입하였다. 청소 · 화장실용수 수질기준에서 총대장균군수는 불검출, 결합잔류염소 0.2 이상 그리고 친수 및 용수 수질기준에서 역시 총대장균군수는 불검출, 결합잔류염소 0.1 이상으로 제한하였다. 인체 접촉이 없는 공업용수 등은 물 재이용 촉진을 위해 활용목적 및 현실 여건을 고려해 자율적인 수질기준을 적용하도록 하고 있다. 하 · 폐수처리수의 경우는 이미 방류수 수질기준 등 법적 기준을 충족한 상태로 재이용 시 그 수요처도 제한되어 있기 때문에 수요처와 공급처 간 협의를 통해 수요처의 요구와 용도에 맞게 자율적으로 기준을 정하여 운영하도록 되어 있다. 다음은 각종 물 재이용시설에 대한 수질기준을 정리하였다(환경부, 2015).

(1) 빗물

표 6-23 빗물이용시설 수질권고기준

빗물이용 용도 분석항목	비음용수	
	인체 비접촉 용수*	인체 접촉 용수**
pH	5.8~8.5	
탁도(NTU)	5 이하	2 이하
총대장균군	–	불검출

비고)

1. 항목별 수질검사는 「환경분야 시험 · 검사 등에 관한 법률」 제6조제1항제5호에 따른 수질오염물질 공정시험기준에 따라 검사하여야 한다.

* 구강섭취 가능성이 없는 용수: 예. 화장실세정용수, 조경용수, 살수용수, 청소용수, 세탁용수, 농업용수, 공업용수, 하천유지용수 등

** 구강섭취 가능성이 있는 용수: 예. 분수용수, 비산먼지방지용수 등

(2) 중수도

중수도는 종래 상수도에 의해 급수되고 있는 많은 용수 중에서 반드시 음용수와 똑같은 정도의 청정을 필요로 하지 않는 용도에 적합한 수질의 물, 즉 사람이 마시거나 인체에 직접 접하지 않는 정도의 수질을 목표로 하고 있다. 우리나라 중수도 수질기준은 화장실용수, 살수용수, 조경용수 그리고 세차 및 청소용수로 구분되었던 과거의 하수도법([별표 5], 2011.2.17 개정)을 개정하여 표 6-24와 같이 인체 접촉 여부와 용도별로 수질기준을 세분화하고 일부 광역화 기능까지 포함하고 있다.

최근에 공업용수로서 중수도를 활용하고자 하는 노력이 강조되고 있는데, 공업용수로 재이용하기 위해서는 개별 공업용수의 용도별 목표수질에 대한 검토가 필요하다. 공업용수에 대한 국내의 수질기준은 환경정책기본법, 환경보전법에 정의되어 있으나, 이는 하천 및 호소에서 수역관리를 위한 행정적 목표로서의 기준으로 현재 우리나라에는 하수처리수를 공업용수로 재이용 시 별도로 규정된 수질기준은 아직 없는 상태이다. 수도법에 따르면 "공업용수로 쓰는 중수에 대하여는 사용목적에 따라 별도의 수질목표를 설정하여 유지 관리할 수 있다"고 규정하고 있다. 공업용수의 수질은 각 업종・용도에 따라 다양하며 일반적으로 명확하게 되어 있지 않은 경우가 많은데, 특히 설비의 기능을 보호하기 위하여 부패, 스케일, 슬라임 및 막힘 등이 발생하지 않아야 한다. 비교적 엄격하게 수질을 규정하고 있는 고압보일러의 경우를 제외하고, 일반적으로 수질보다도 수량과 수온이 더 중시된다. 하수처리수를 냉각수(cooling water)로 활용

표 6-24 **중수도의 용도별 수질기준(2015년 1월 1일부터 적용되는 기준)**

구분	도시 재이용수	조경용수	친수용수	하천유지용수	습지용수	공업용수
총대장균군수 (개/100 ml)	불검출	200 이하	불검출	1000 이하	200 이하	200 이하
결합잔류염소(mg/L)	0.2 이상	–	0.1 이상	–	–	–
탁도(NTU)	2 이하	2 이하	2 이하	–	–	10 이하
부유물질(SS)(mg/L)	–	–	–	6 이하	6 이하	–
BOD(mg/L)	5 이하	5 이하	3 이하	5 이하	5 이하	6 이하
냄새	불쾌하지 않을 것	불쾌하지 않을 것	불쾌하지 않을 것	불쾌하지 않을 것	불쾌하지 않을 것	불쾌하지 않을 것
색도(도)	20 이하	–	10 이하	20 이하	–	–
T-N(mg/L)	–	–	10 이하	10 이하	10 이하	–
T-P(mg/L)	–	–	0.5 이하	0.5 이하	0.5 이하	–
pH	5.8~8.5	5.8~8.5	5.8~8.5	5.8~8.5	5.8~8.5	5.8~8.5
염화물(mg Cl/L)	–	250 이하	–	–	250 이하	–

할 경우 Cl 500 mg/L, TDS 500 mg/L, 경도 650 mg/L, 알칼리도 350 mg/L, pH 6.9～9.0, BOD 25 mg/L, Ca 50 mg/L, Mg 0.5 mg/L 이하로 제시하고 있다(WPCF, 1989).

(3) 하수처리수(온배수)

표 6-25 **하 · 폐수처리수 및 온배수 재처리수의 용도별 수질기준**

<table>
<tr><th>구분</th><th>도시
재이용수</th><th>조경용수</th><th>친수용수</th><th>하천
유지용수</th><th colspan="2">농업용수</th><th>습지용수</th><th>지하수
충전</th><th>공업용수</th></tr>
<tr><td rowspan="2">총대장균군수
(개/mL)</td><td rowspan="2">불검출</td><td rowspan="2">200 이하</td><td rowspan="2">불검출</td><td rowspan="2">1000 이하</td><td>직접 식용</td><td>불검출</td><td rowspan="2">200 이하</td><td rowspan="16">「먹는물 수질기준 및 검사 등에 관한 규칙」 별표 1에 따른 먹는물의 수질기준을 준수할 것</td><td rowspan="2">200 이하</td></tr>
<tr><td>간접 식용</td><td>200 이하</td></tr>
<tr><td>결합잔류염소
(mg/L)</td><td>0.2 이상</td><td>–</td><td>0.1 이상</td><td>–</td><td colspan="2">–</td><td>–</td><td>–</td></tr>
<tr><td rowspan="2">탁도(NTU)</td><td rowspan="2">2 이하</td><td rowspan="2">2 이하</td><td rowspan="2">2 이하</td><td rowspan="2">–</td><td>직접 식용</td><td>2 이하</td><td rowspan="2">–</td><td rowspan="2">10 이하</td></tr>
<tr><td>간접 식용</td><td>5 이하</td></tr>
<tr><td>SS(mg/L)</td><td>–</td><td>–</td><td>–</td><td>6 이하</td><td colspan="2">–</td><td>6 이하</td><td>–</td></tr>
<tr><td>BOD(mg/L)</td><td>5 이하</td><td>5 이하</td><td>3 이하</td><td>5 이하</td><td colspan="2">8 이하</td><td>5 이하</td><td>6 이하</td></tr>
<tr><td>냄새</td><td>불쾌하지 않을 것</td><td>불쾌하지 않을 것</td><td>불쾌하지 않을 것</td><td>불쾌하지 않을 것</td><td colspan="2">불쾌하지 않을 것</td><td>불쾌하지 않을 것</td><td>불쾌하지 않을 것</td></tr>
<tr><td>색도(도)</td><td>20 이하</td><td>–</td><td>10 이하</td><td>20 이하</td><td colspan="2">–</td><td>–</td><td>–</td></tr>
<tr><td>T-N(mg/L)</td><td>–</td><td>–</td><td>10 이하</td><td>10 이하</td><td colspan="2">–</td><td>10 이하</td><td>–</td></tr>
<tr><td>T-P(mg/L)</td><td>–</td><td>–</td><td>0.5 이하</td><td>0.5 이하</td><td colspan="2">–</td><td>0.5 이하</td><td>–</td></tr>
<tr><td>pH</td><td>5.8～8.5</td><td>5.8～8.5</td><td>5.8～8.5</td><td>5.8～8.5</td><td colspan="2">5.8～8.5</td><td>5.8～8.5</td><td>5.8～8.5</td></tr>
<tr><td>염화물
(mg Cl/L)</td><td>–</td><td>250 이하</td><td>–</td><td>–</td><td colspan="2">–</td><td>250 이하</td><td>–</td></tr>
<tr><td rowspan="2">전기전도도
(μs/cm)</td><td rowspan="2">–</td><td rowspan="2">–</td><td rowspan="2">–</td><td rowspan="2">–</td><td>직접 식용</td><td><700</td><td rowspan="2">-</td><td rowspan="2">–</td></tr>
<tr><td>간접 식용</td><td><2000</td></tr>
</table>

비고)

1. 농업용수 수질기준 중 직접 식용은 농산물을 조리하지 않고 날것으로 먹는 경우에 적용하고, 간접 식용은 농산물을 조리를 하거나 일정한 가공을 거쳐 먹는 경우에 적용하며, 농업용수의 경우에는 추가적으로 다음 항목에 대한 수질기준을 만족해야 한다.

(단위: mg/L)

알루미늄(Al)	비소(As)	총붕소(B-total)	카드뮴(Cd)	6가크롬(Cr+6)	코발트(Co)	구리(Cu)	납(Pb)
5 이하	0.05 이하	0.75 이하	0.01 이하	0.05 이하	0.05 이하	0.2 이하	0.1 이하
리튬(Li)	망간(Mn)	수은(Hg)	니켈(Ni)	셀레늄(Se)	아연(Zn)	시안(CN)	PCB
2.5 이하	0.2 이하	0.001 이하	0.2 이하	0.02 이하	2 이하	불검출	불검출

2. 항목별 수질검사는 「환경분야 시험 · 검사 등에 관한 법률」 제6조제1항제5호에 따른 수질오염 공정시험기준에 따라 검사해야 한다.
3. 알루미늄(Al), 총붕소(B-total), 코발트(Co), 리튬(Li) 항목은 「환경분야 시험 · 검사 등에 관한 법률」 제6조제1항제6호에

(계속)

따른 먹는물 공정시험기준에 따라 검사해야 한다. 다만, 코발트(Co), 리튬(Li) 항목은 먹는물 공정시험기준의 금속류 – 유도결합플라스마 원자 발광분광법에 준하되, 코발트(Co)는 측정파장 228.616, 정량한계 0.01 mg/L, 리튬(Li)는 측정파장 670.784, 정량한계 0.50 mg/L로 한다.

4. 공업용수 수질기준은 산업용수로 사용하는 경우에 적용하며, 다회순환냉각수, 공정수, 보일러용수 등은 수요처와 협의하여 수질을 정할 수 있다.
5. 하・폐수처리수 재처리수 수질기준은 하수처리수 재처리시설에서 최종 처리하여 송수하는 수질에 대하여 적용하며, 「하수도법 시행규칙」 별표 1에 따른 공공하수처리시설의 방류수 수질기준이 재처리수의 기준보다 강할 경우에는 「하수도법 시행규칙」을 따른다.
6. 공공하수도관리청이 공익적 목적으로 공급하는 도시 재이용수, 하천유지용수, 조경용수, 친수용수, 농업용수에 대한 수질기준은 2013년 6월 9일부터 적용한다.

참고문헌

- Hem, J.D. (1959). Study and interpretation of the chemical characteristics of natural water, UG Geological Water Supply, 1473.
- WPCF (1989). Water reuse, 2ed, MOP SM-3.
- 건설부 (1994). 중수도 시설기준 및 유지관리지침.
- 국토해양부 (2011). 국토해양부고시 제2011-344호 해역별 수질등급기준.
- 최의소, 조광명 (1997). 환경공학, 청문각.
- 환경부 (2014). 물 재이용시설 운영관리 업무지침(제정).
- 환경부 (2014). 환경백서.
- 환경부 (2015). 수질 및 수생태계 보전에 관한 법률 시행규칙 [환경부령 제600호 2015. 06. 16 일부개정].
- 환경부 (2015). 하수도법 시행규칙 [시행 2015.11.6.] [환경부령 제619호, 2015.11.6., 일부개정].

Chapter 07

건강위해도 평가 및 수질기준의 설정

Dr. John Snow(1813-1858).
Source: Creative Commons image

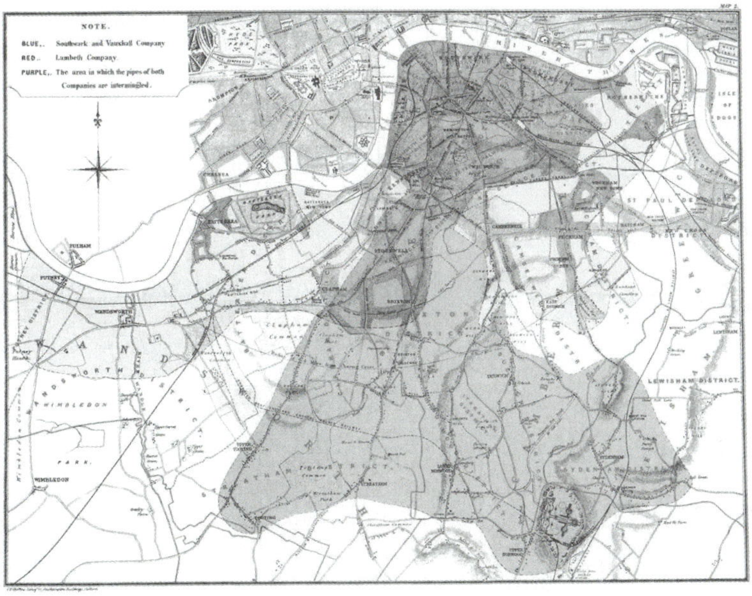

Snow, J., "On the Mode of Communication of Cholera," 1855.

This is Map 2 in John Snow's book. It was used by Dr. Snow to describe the grand experiment of 1854 comparing cholera mortality among persons consuming contaminated water (Southwark and Vauxhall Company - blue, but faded to green on the map) versus cleaner water (Lambeth Company - red). The overlapping area (purple but faded to gray-red on the map) is where John Snow analyzed the results of a natural experiment.
Source: John Snow Archive and Research Companion

7.1 건강위해성 평가

현재 전 세계적으로 유통되고 있는 화학물질 수는 10만여 종에 이르며 매년 2천여 종의 새로운 화학물질이 개발되어 상품화되고 있고, 향후에도 화학물질 관련 산업은 지속적인 성장이 예상되고 있다. 이미 국내에서는 4만 종 이상의 화학물질이 유통되고 있고, 매년 300여 종 이상이 새로이 국내시장에 진입되는 등 화학물질의 사용이 꾸준히 증가하고 실정이다. 가정용 세제를 포함하여 각종 화학물질은 우리의 모든 일상생활에서 광범위하게 사용되고 있으나 그 안전성이 명확하게 검증된 것은 일부에 지나지 않는다. 유해물질은 난분해성, 높은 잔류성 및 높은 독성을 갖는 특성으로 인하여 미량의 농도로도 인간의 건강과 생태계 기능에 심각한 결과를 초래할 수 있으며, 특히 그 특성에 따라 급성 및 만성적인 독성 발현 효과를 가지기 때문에 지속적인 관리가 필요하다. 일반적으로 유해물질의 배출원은 자연적인 배출원(광물질, 금속류, 라돈 등)과 인위적인 배출원(세척액, 농약, 살충제 등 상업적 목적으로 생산, 유통, 폐기되는 화학물질)으로 구분된다.

건강위해성 평가(health risk assessment)는 어떤 독성물질이나 위험상황에 노출되어 나타날 수 있는 개인 혹은 집단의 건강 피해확률을 추정하는 과학적인 정량적 추정 방법이다. 일반적으로 위해성(risk)이란 유해물질의 특정 농도, 용량 또는 유해요인에 노출된 개인, 집단, 생태계에 있어 유해한 결과가 발생할 확률을 일컬으며, 유해성(hazard)이란 어떤 인자가 갖고 있는 본질적이고 내재적인 위험성을 묘사하는 기술적인 용어로 정의된다. 총 위해성은 배경 위해성(특수한 위해성 인자가 없는 상황에서의 위해성-예, 평균 암에 걸릴 확률)과 증가적 위해성(임의의 인자에 의한 위해성-예, 발암물질로 오염된 지역 주변에 살기 때문에 암에 걸릴 확률)의 합으로 표현된다. 생애위해도(lifetime risk)는 일생 동안 질병이 발생하거나 질병으로 사망할 위해도를 말한다. 예를 들어 미국에서 2000년에 태어난 사람들이 당뇨병이 발생할 생애위해도는 남성과 여성 각각 32.8% 및 38.5%라 한다(MedicineNet, 2015). 표 7－1에는 미국에서 조사된 통상적인 위해도의 예를 나타내고 있다(Wilson and Crouch, 1987; The national Center for Health Statistics).

건강위해성 평가는 그림 7－1 과 같이 1) 위험성 확인(hazard identification), 2) 용량-반응평가(dose-response assessment), 3) 노출평가(exposure assessment) 및 4) 위해도 결정(risk characterization)의 4단계로 이루어진다(NRC, 1983, 1998). 위해성 평가 결과는 위해물질의 효과적인 관리, 오염도 및 처리기준의 설정, 오염의 종류 및 지역별 오염특성에 근거한 우선처리순위 선정 등의 정책적 판단에 중요한 기초자료로 활용된다.

표 7-1 미국의 공공 위해성의 예

Action	Lifetime risk
Cigarette smoking, one pack per day	0.25
All cancers	0.22
Death in a motor vehicle accident	0.02
Homicide	0.01
Home accident deaths	0.01
Radon in homes, cancer deaths	0.003
Alcohol, light drinker, cancers	0.001
Sea level background radiation, cancers	0.001
4 tablespoons peanut butter per day(aflatoxin)	0.0006
Typical EPA maximum contaminant level	0.0000001~0.0001

Surce: Based on data given in Wilson and Crouch (1987) and The National Center for Health Statistics.

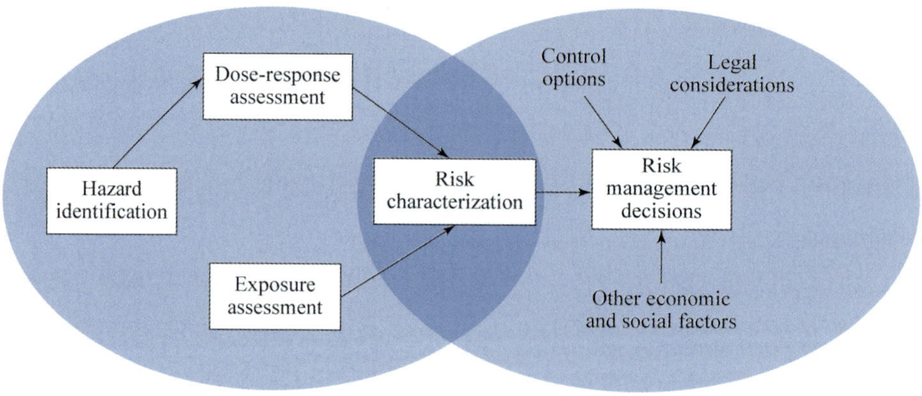

그림 7-1 건강위해성 평가과정(NRC, 1983, 1998)

7.2 음용수 수질기준의 결정

그림 7-2는 음용수 수질에 영향을 미치는 각종 오염물질에 대한 건강의 위해성 평가과정을 보여주고 있다(NRC, 1983; WHO, 1996; 신동천, 1995). 이러한 일련의 평가과정을 바탕으로 기술적 가능성, 경제, 사회적인 측면을 고려하여 음용수 수질을 결정하게 된다. 일반적으로 비발암성 물질의 경우 실제 동물실험에 의한 위해농도의 1/10~1/1000배 수준으로 설정하고 있으며, 발암성 물질의 경우는 100만 명당 1명 이하의 발암 사망률을 목표로 한 농도 설정치를

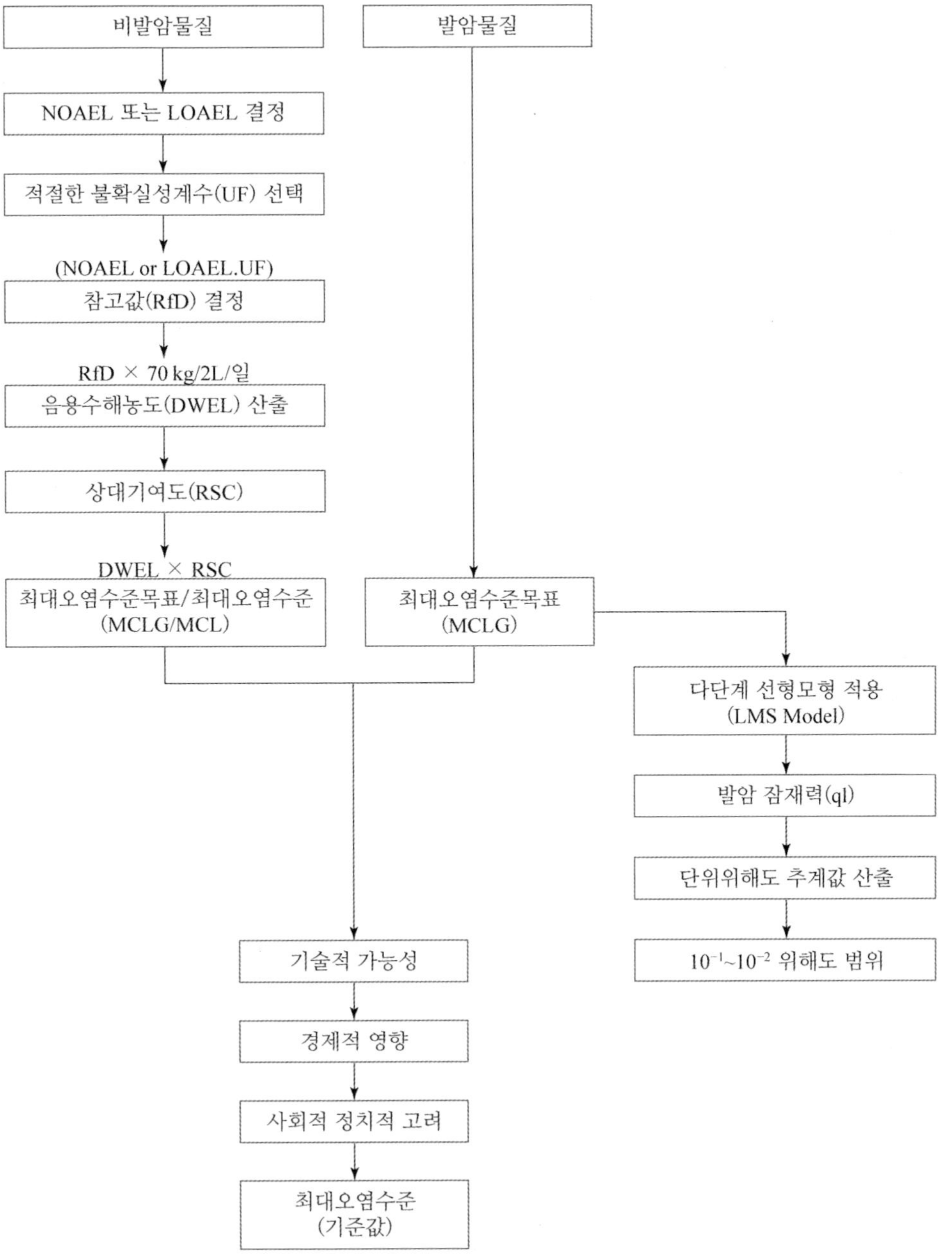

그림 7-2 **음용수 수질에 영향을 미치는 각종 오염물질에 대한 건강의 위해성 평가과정**

기준으로 하고 있다(IARC, 1987). 이러한 평가과정은 오염정화기술의 발전과 사회적인 요구 등에 의해 변화될 수 있다.

(1) 위험성 확인

위험성 확인(hazard identification) 단계는 유해물질의 고유 특성을 바탕으로 발생가능한 질병과 건강상 장애의 종류(즉, 급성독성, 돌연변이, 발암성 등)를 파악한다. 급성독성의 평가지표로 사용되는 반치사량(half lethal dose, LD_{50})은 독성의 크기를 상대적으로 표시하는 대표적인 독성 지표로, 실험동물에 투여하였을 때 50%가 치사하는 용량에 해당하며, 일반적으로 수치가 작을수록 독성이 크다고 볼 수 있다(표 7-2, 그림 7-3). 동물을 이용한 독성실험(ames mutagenicity assay)에서는 단기적(short-term) 및 만성적 발암성 생물검증(chronic carcinogenesis bioassay)으로 구분된다.

표 7-2 **급성독성 등급 및 인체가능 섭취량**

독성 등급	인체에 있어 가능한 섭취 치사량(mg/kg-체중)
1. 실제적 비독성	> 15,000
2. 약한 독성	5,000 ~ 15,000
3. 중간 정도 독성	500 ~ 5,000
4. 높은 독성	50 ~ 500
5. 심한 독성	5 ~ 50
6. 초독성	< 5

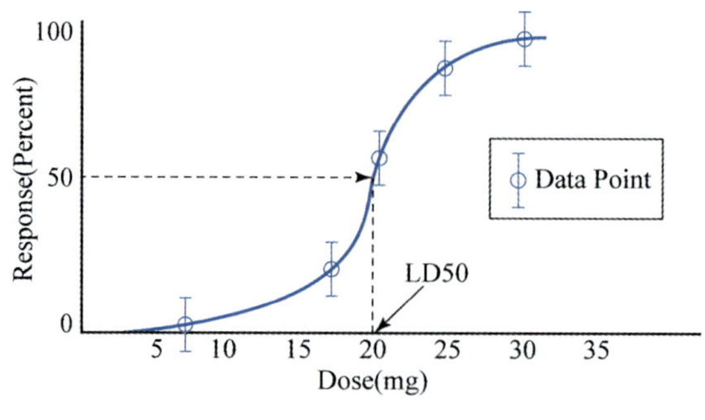

그림 7-3 **LD_{50}의 결정 예**

잠재적 발암물질에 대한 가중치에 따른 분류는 표 7-3과 같은데, 이는 임상조사, 역학조사 및 동물조사 등의 자료에 기반을 두고 있다.

- A군: 인간에 대한 발암물질(충분한 역학증거를 가진 물질)
- B군: 상당한 가능성의 물질(probable)
  - B1: 역학적 증거가 제한적일 때

표 7-3 **EPA 분류기준에 해당하는 화학물질 수(USEPA, 1986; IARC, 1987)**

EPA 분류	분류기준	화학물질 수
category A	발암물질	~24
B	(probable) 발암물질	100~200
C	(possible) 발암물질	300~400
D	충분한 자료도 미흡	~75,000
E	비발암물질	~80

- B2: 인간에 대한 자료가 불충분하나 동물에 있어서 발암성 증거가 충분한 물질

• C군: 가능성이 어느 정도 있는 물질(possible)

- 인간에 대한 자료가 없으나 동물에 제한적인 발암성 증거가 있는 물질

• D군: 분류가 되지 않는 군(not classified)으로 인간과 동물에 대한 자료가 부적절하거나 이용 가능한 자료가 없는 화학물질

• E군: 발암증거가 없는 군으로 적어도 두 가지 동물실험을 기초로 발암성 증거가 없는 화학물질

(2) 용량-반응평가

용량-반응평가(dose-response assessment)는 동물실험을 통하여 유해물질의 노출용량과 독성반응과의 상관관계를 파악하는 단계로, 일반적으로 용량과 반응의 관계에서 비발암성 물질의 경우는 역치(threshold dose)가 존재하나 발암성 물질의 경우 역치가 나타나지 않는 특징이 있다. 특히 실험동물에 투여된 높은 용량의 결과를 인간에 대한 낮은 투여농도에 대한 반응으로 확장 외삽(extrapolation)하는 데 문제점이 있을 수 있다. 외삽을 위해서는 선형 다단계 또는 변형 다단계의 여러 가지 수학적 모델(Mantel-Bryan, Multihit/one-hit, Weibull, Multistage 등)을 적용할 수 있으며, 모델 설정은 주로 정책적 결정에 따른다.

① 비발암물질

비발암물질의 경우 다음과 같은 값들을 결정한다.

- NOAEL(No-Observed-Adverse-Effect Level, 최대 무영향수준)
- LOAEL(Lowest-Observed-Adverse-Effect Level, 최저 영향감지수준)
- RfD(Reference dose): 기준 노출량(투여량), 인체 1일 허용량

$$\text{RfD(mg/kg}\cdot\text{day)} = (\text{NOAEL or LOAEL})/(\text{UF} \times \text{MF})$$

표 7-4 **불확실성상수 사용지침**

10	인체대상연구로서 적절한 기간노출에 의한 타당성 있는 결과로 인정될 경우
100	인체연구결과가 없고 동물실험으로 장기간 노출에 의한 타당성 있는 결과를 인체에 적용할 수 있는 경우
1000	인체연구결과가 없고 동물실험으로서 장기간 노출에 의한 평가가 아닐 경우
1-10	NOAEL 대신에 LOAEL을 대신 쓸 경우
기타	과학적 판단에 의한 불확실성계수

표 7-5 **변형상수 사용지침**

WHO		EPA	
내용	상수	내용	상수
사람에 대한 자료가 유용하지 않아 동물장기 연구의 타당한 결과를 이용한 경우, 동물에서 사람으로의 외삽과정의 불확실성	10	실험동물의 종 차이	1~10
사람에 있어 적절한 노출기간에 따르는 타당한 실험결과를 이용하고 인구집단 내 개인 간의 민감성을 고려한 불확실성	10	실험동물의 종 간 차이	1~10
만성노출의 연구결과를 이용한 경우 노출기간의 외삽과정에서의 불확실성	10	독성자료의 적절서	1~10
NOVEL 대신 LOVEL을 사용한 경우의 불확실성	10	독성의 성상	1~10
변형상수 과학적인 판단에 의거하여 첨가되는 불확실성	10	-	
총 불확실성 상수는 10,000을 넘지 않는다.			

출처) WHO, The International Program on Chemical Safty (IPCS) (http://www.who.int/ipcs/en)

RfD는 NOAEL 또는 LOAEL값을 불확실성 상수(UF, uncertainty factor) 표 7-4와 변형상수(MF, modifying factor) 표 7-5로 나누어준 값으로 표현되는데(그림 7-4), 이는 인체에 영향을 주지 않을 것으로 생각되는 수용가능한 일일 섭취량(ADI, acceptable daily intake)으로 정의된다(WHO, 1996). ADI는 일생 동안 평균화된 값(mg/kg · d)으로 뚜렷한 위해도가 없을 듯한 인체 피폭준위 수준에 해당한다.

불확실성 상수는 집단간의 민감성(sensitivity), 동물실험결과의 활용, 장기간 노출 및 노출경로 등에 대한 불확실성을 보정하고자 함이다. 또 변형상수는 불확실성에 대한 추가적인 요소로 전문가 간의 의견 차이나 실험의 완전성 등을 반영하기 위한 계수로 1과 10 사이 수를 적용한다.

RfD를 음용수에서 수용가능한 일일 섭취량(acceptable daily intake in drinking water), 즉 음용수 등가(상응)수준(DWEL-drinking water equivalent level, mg/L)으로 전환하는 방법은 다음 식과 같다.

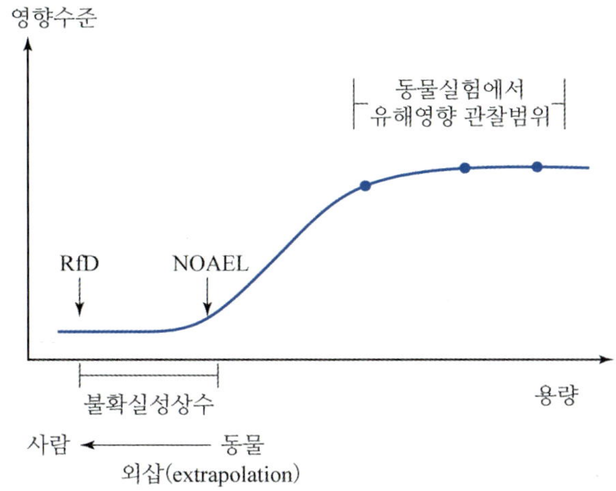

그림 7-4 **NOAEL과 RfD 결정방법**

$$\mathrm{DWEL} = \frac{\mathrm{RfD(mg/kg/d)} \times \text{평균 체중}(70\ \mathrm{kg})}{\text{1일 음용수 섭취량}(2\ \mathrm{L/d})}$$

평생 건강권고값(lifetime health advisories: Lifetime HAS)은 다음과 같이 다양한 환경요인(RSC, relative source contribution)을 고려하여 계산하는데, RSC값은 유기화학물질의 경우 20%, 무기화학물질의 경우 10%로 가정한다.

$$\text{평생 건강권고값}(\mathrm{mg/L}) = \mathrm{DWEL} \times \mathrm{RSC}$$

② 발암성 물질

발암위해도를 결정하기 위해서는 고농도 조건에서 실행된 동물 실험결과로부터 인체에 대한 저농도위해도 평가로의 외삽법(extrapolation)을 사용하며, 이를 바탕으로 안전허용량을 결정한다. 단위위해도로서 10^{-6} 이하의 확률에 해당하는 섭취량을 최대섭취량으로 하며 수돗물의 허용농도(DWEL, Drinking Water Equivalent Level)로 설정하고 있다. 분석에 사용된 모델의 종류와 특성에 따라 위해도 분석결과는 특히 저농도에서 크게 나타나는데, 안전을 위해 위해도가 큰 것을 기준으로 한다.

만성 일일 섭취량(CDI, chronic daily intake)은 다음과 같이 RfD와 같은 개념으로 평가된다.

$$\mathrm{CDI} = \text{총 투여량}(\mathrm{mg})/\text{몸무게}(\mathrm{kg}) \cdot \text{수명}(\mathrm{day})$$

여기서, 총 투여량 = (오염물 농도) × (섭취율) × (노출기간) × (흡수율)

유효인자(PF, potency factor) = (평생추가 암발생 위해도)/(만성적 일일 섭취량, (mg/kg-일))

평생 암발생 추가 위해도 = CDI × PF

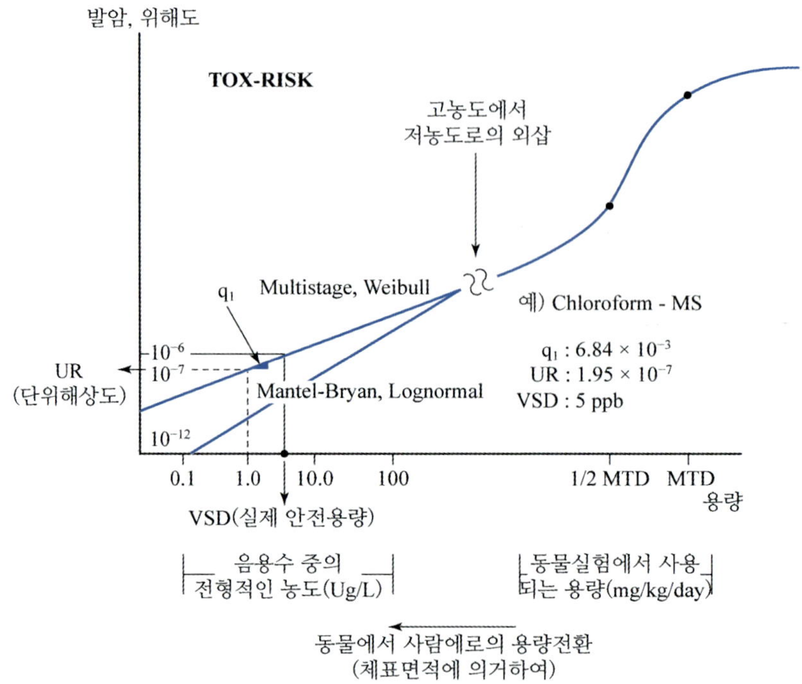

그림 7-5 **발암성 물질의 용량-반응단계 외삽법 적용 예**

그림 7-5는 발암성 물질의 용량-반응단계 외삽법 적용 예를 나타내고 있다. 여기서 발암잠재력(carcinogenic potency, q_1)이란 용량-반응곡선에서 기울기(slope factor) 또는 선형계수(linear coefficient)의 95% 상한값으로, 이는 단위노출량(mg/kg/d)당 초과발암확률을 의미한다. 단위위해도 추계값은 평균체중(일반적으로 70 kg)의 건강한 성인이 단위농도(microgram/L)를 가진 어떤 화학물질로 오염된 물을 기대수명(일반적으로 70년) 동안 마시고 살 때 그로 인해 발생하는 초과발암확률, 즉 오염물질의 단위농도당 초과발암확률을 의미한다. 또 실제적 안전용량이란 허용위해도를 10^{-6}(백만 명당 1명의 초과발암확률)으로 간주할 때 그에 해당하는 대상 오염물질의 농도를 의미한다.

(3) 노출평가

노출평가(exposure assessment)는 인체에 노출된 유해물질의 양을 추정하는 과정으로, 이때 필요한 주요 내용으로는 다음과 같다.

- 유해물질 생산관리와 환경으로의 배출 특성
- 배출량과 농도, 배출지역, 배출시점과 관련한 사항
- 노출인자: 요소 환경으로의 배출 후 이동성, 지속성, 분해 요인 등에 관한 정보

− 인간의 유해물질 흡수도(chemical intake)

현재의 노출환경에서 단위위해도로부터 어느 정도 위해환경에 처해 있느냐를 평가하기 위해서 인구집단의 크기(strength), 빈도(frequency) 및 기간(duration), 노출경로 등에 대한 자료가 필요하다.

일평균 노출량 = 총 노출량 / (체중(kg) × 수명(70년))
총 노출량(total dosage)= 오염물질 농도 × 접촉률(contact rate)
× 노출기간(exposure duration)
× 흡수분율(absorption fraction)

여기서, 접촉률: 흡입, 소화 또는 피부접촉을 통하여 신체가 접촉하는 율
노출기간: 오염물질과의 접촉기간
흡수분율: 오염물질과 접촉하여 인체 내로 흡수되는 유효분율

(4) 위해도 결정

① 비발암물질

노출 안전역(MOE, margin of exposure)은 NOAEL을 노출량(exposure)으로 나눈 값이며, 위해성 지수(HI, hazard index)는 다음과 같이 결정된다. 평생 건강권고값에 비하여 현재의 오염도수준이 높다면 위험수준으로 평가되며, 반면에 낮다면 안전수준으로 평가된다.

HI = Exposure / (RfD(mg/kg-day) × RSC(%))

② 발암물질

개인위해도(individual risk)는 어떤 오염물질에 대해 용량-반응평가를 기준으로 산정된 q_1값에 노출평가를 통해 얻어진 노출량(mg/kg/d)을 곱하여 결정되며, 인구집단의 위해도(population risk)는 개인위해도에 노출 인구집단의 인구수를 곱하여 계산된다.

일반적으로 위해도 평가에는 다양한 많은 불확실성이 수반되기 때문에 결과해석에 아주 유의해야 하며, 위해도 결정단계에 있어 반드시 불확실성에 대한 서술과 분석(uncertainty description & analysis)이 실행되어야 한다. 또 최악의 시나리오에 대한 위해성 평가(최대 독성, 최대 노출량, 복합 위해성에 대한 안전인자 등)가 필요하며, Monte Carlo Simulation(Vose, 1996)과 같은 확률함수 기반의 평가방법이 선호된다(그림 7−6).

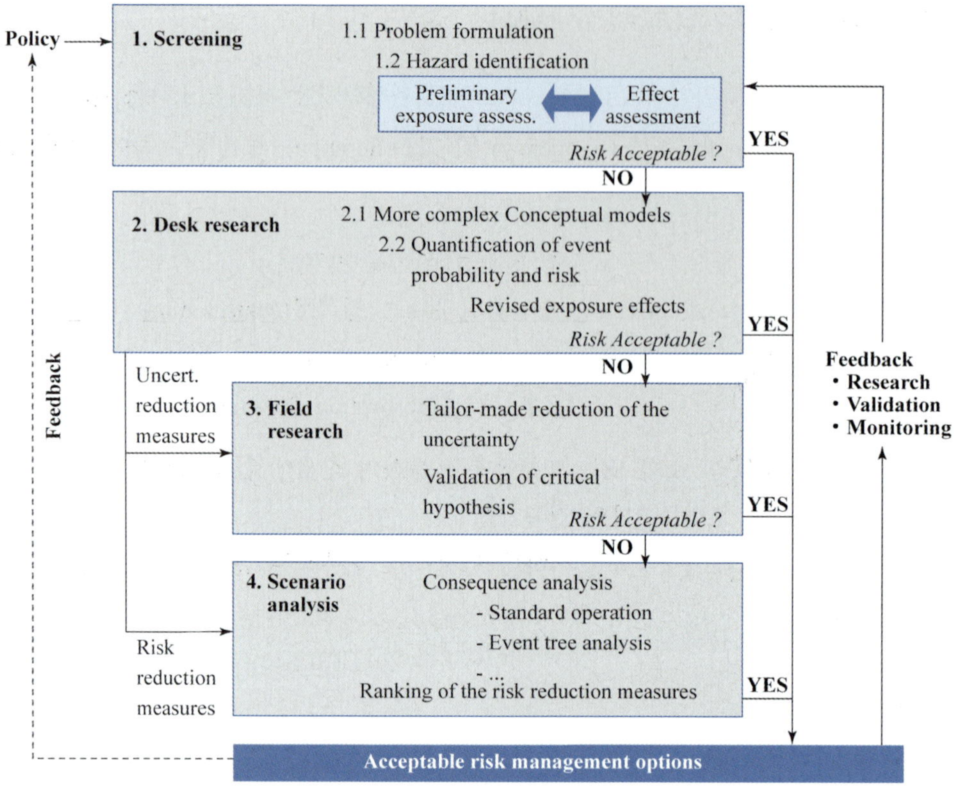

그림 7-6 **A phased approach to model-based risk characterization(Thoeye et al., 2003)**

(5) 복합 위해성

복합 위해성은 다수의 위험물질이 동시에 존재할 경우로 정의되는데, 발암물질의 경우 총 발암위해도는 개별 물질별 발암률을 더하여 표현되고, 비발암물질의 경우 총 위해도 지수는 개별 물질별 위해도 지수를 합하여 표현된다. 총 위해도 지수는 1 이하인 경우에 수용가능하다.

7.3 가정하수에 대한 정량적 위해도 평가 사례

이 절에서는 음용수의 생산을 위해 가정에서 발생된 폐수를 재사용하는 경우에 적용된 정량적 건강위해도 평가(quantitative health risk assessment)를 수행한 사례(Thoeye et al., 2003)를 소개하고자 한다. 이러한 평가는 절대적 위해도를 반영한 것이 아니며, 건강위해도의 이론적인 이해를 돕기 위함이다. 또 폐수처리의 약점을 파악하거나 가장 높은 건강위해도를 일으킬 수 있는 원인을 파악할 수 있다.

평가를 위한 미생물의 선정기준은 건강에 대한 영향(낮은 감염용량, 전염병의 발생), 높은 잔류성 및 내성(high persistence and resistance), 감염용량에 대한 충분한 자료의 확보, 폐수 내의 농도, 처리효율 등이다. 주 병원성그룹 미생물 중 대표종이 적어도 하나 이상 포함되어야 하고, 주로 enteroviruses, *Salmonella typhi*, *Cryptosporidium parvum*, Giardia intestinalis 종이 선별된다.

화학물질의 선정기준은 가정하수에 특정한 화학물질, 화학물질의 독성 자료(ADI, TDI 및 Rfd 등) 확보, 그리고 하·폐수 내 인간에 대한 위해도를 표시하기에 충분한 화학물질의 농도 등이다. 납(Pb), 비소(As), 니켈(Ni), 카드뮴(Cd)과 같은 금속은 일반적으로 가정하수에 있어서 중요한 항목이며, 질소성분(nitrate, nitrite)도 주요 고려에 포함된다. 그 외 의약품과 농약류, 다이옥신 등이 가정하수와 도시유출(urban runoff)에서 검출되므로 평가항목에 포함될 수 있다.

표 7-6에는 이상의 선정된 항목에 대하여 하수 내 농도, 음용수 내 허용농도, 처리요구량(logarithmic reduction, $\log_{10}(C_0/C)$) 등이 요약되어 있는데, 음용수 내 허용농도는 음용수 수질기준 혹은 ADI(또는 infection dose, ID_{50})를 사용하여 계산한 값으로 하루에 한 사람당 2 L(화학물질기준)와 하루에 한 사람당 0.25 L(병원성 미생물 기준)의 물 섭취량을 가정하여 평가된 것이다. 또 이 평가에서는 응집/응결/침전(coagulation/flocculation/sedimentation), 급속여과(rapid filtration), 토양침투(soil passage), 활성탄여과(active carbon filtration), 역삼투(reverse osmosis), 정밀여과(microfiltration), 한외여과(ultrafiltration), 살균(disinfection-chlorination, ultraviolet, ozonation), 완속모래여과(slow sand filtration), 집수구역(water collection basins), 인공습지(constructed wetland), 라군(lagoons), 이온교환(ion exchange), 전기투석(electrodialysis) 등의 다양한 처리기술들이 사용되었다.

계산결과에서는 특히 병원성 미생물에 대한 처리효율을 높여야 하는 것으로 나타났는데, 이는 화학물질보다도 병원성 미생물에 의해 가장 높은 위해도가 야기될 수 있다는 것을 의미한다. 그러나 이러한 결과는 화학물질의 처리요구도가 상대적으로 낮았기 때문이며, 또한 이용가능한 자료가 충분하지 않음으로 인하여 많은 화학물질에 대한 자료가 누락되었기 때문에 조심스럽게 검토해야 한다.

표 7-6 **Summary of organisms and chemicals selected for quantitative health risk assessment**

Component selected	Concentration			Log$_{10}$ removal		
	Raw wastewater (maximum)	Allowed in drinking water	In WWTP effluent	Total required	By WWTP	Required after WWTP
Lead	0.045 mg/L	0.01 mg/L[e]	0.007 mg/L	0.65	0.80	0
Nitrite	na[a]	0.2 mg/L (chronic exposure)[d]	3.9 mg/L	na	n na	1.3
Acetylsalicylic acid	314.5 μg/L	17.5 μg/L[f]	59.8 μg/L	1.25	0.75	0.5
Dioxins	14 pg/L	3 pg/L	1.4 pg/L	0.67	1.0	0
Total pesticides	na[b]	0.5 μg/L[5]	1.95 μg/L	na	na[c]	0.6
Cryptosporidium parvum	6×10^4 oocysts/L	2.6×10^{-5} oocysts/L[h]	5.4×10^4 oocysts/L	9.35	1.1	8.3
Giardia intestinalis	1.5×10^4 cysts/L	5.5×10^{-6} cysts/L[g]	0.6×10^4 cysts/L	9.4	0.4	9.0
Enteroviruses	3×10^5 PFU/L	1.8×10^{-7} PFU/L[g]	1.56×10^5 PFU/L	12.2	0.3	11.9
Salmonella typhi	8×10^4 CFU/L	0.19 CFU/L[g]	8×10^4 CFU/L	5.6	1.0	4.6

CFU = colony forming units; na = not applicable; PFU = plaque forming units; WWTP = wastewater treatment plant

[a] The nitrite concentration in the influent has not been taken into account, since the concentration can increase during active sludge treatment

[b] Data on pesticide concentrations in raw wastewater are not available

[c] Unknown

[d] WHO (1996)

[e] Directive 98/83/EC (Commission of the Duropean Communities, 1998)

[f] Claeys & Van Hoof (2001)

[g] Versteegh, Evers & Havelaar (1997)

[h] Schijven & Hassanizadeh (2000)

예제 7-1)

1,1,1-트리클로로에탄(TCA)에 대한 평생 건강권고값을 결정하시오.

풀이)

동물실험에서 만성적으로 유해영향을 주지 않는 수준(NOAEL)은 35 mg/kg/d이다.
인체 1일 허용량(RfD) NOAEL/(UF × MF) = (35 mg/kg/d) / (1000 × 1) = 0.035 mg/kg/d
DWEL = (RfD × 70) / (2 L/d) = 0.035 × 70/2 = 1.225 mg/L
평생 건강권고값(Lifetime HAS) = DWEL × RSC = 1.225 × 0.2 = 0.245 mg/L

예제 7 - 2)

일반적으로 어떤 발암물질의 평생위해도는 일일 평균 노출량에 용량 – 반응평가 곡선에서 얻은 기울기인자를 곱하여 구한다. 음용수를 염소로 소독할 경우, 부산물로서 발암성을 갖는 클로로포름($CHCl_3$)이 생성된다. 체중 70 kg의 성인이 0.1 mg/L 농도의 클로로포름이 들어 있는 물을 하루에 2 L씩 평생(70년 기준) 마실 경우를 가정하여 다음 사항을 계산하라(단, 클로로포름의 유효인자는 $6.1 \times 10^3(mg/kg/day)^{-1}$으로 가정).

1) 어떤 개인이 평생 클로로포름으로 인하여 직면할 수도 있는 발암위해성의 상한치를 계산하라.
2) 만약 그 도시의 500,000명이 이 물을 공급받고 있다면, 일 년에 몇 명이 클로로포름으로 인해 암에 걸릴 것이라 예상되는가?
3) 수돗물에 포함된 클로로포름에 의한 일 년의 추가 암 발생과 다른 이유로 인한 예상 사망자를 비교하라(한국에서 암에 의한 사망률은 매년 100,000명당 193명으로 가정한다).

풀이)

1) CDI = 1일 평균 섭취량 / 체중 = 0.1(mg/l) × 2(l/day) / 70(kg) = 0.00286
   위해도 = CDI × PF(SF) = $0.00286 \times 6.1 \times 10^{-3} = 1.74 \times 10^{-5}$
2) $500{,}000 \times 1.74 \times 10^{-5} \div 70 = 0.12$명/년
3) $193 \times \dfrac{500{,}000}{100{,}000} = 965$명/년
   따라서 클로로포름에 의한 0.12명은 무시할 수 있는 수준이다.

예제 7 - 3)

지하저장탱크의 누수로 오염물질이 유출되어 지하수를 오염시켰고 부지 바로 밑에 농도가 0.3 mg/L였다. 오염물질은 매일 10 cm의 속도로 1 km 떨어진 우물로 이동하고 있다. 오염물질은 1차 반응으로 감소하며 반감기는 10년이다.

1) 우물에서 예상되는 오염물의 농도는?
2) 오염물의 유효인자가 $0.002(mg/kg\text{-}day)^{-1}$일 때 체중이 70 kg인 사람이 이 물을 10년간 매일 2리터씩 마실 경우 추가적인 암발생 위해도를 구하시오.

풀이)

1) 우물까지 이동에 걸리는 시간 = 1000 m × 100/10 = 10000일
   1차 반응으로 $C(t) = C_0 \cdot e^{-kt}$

$$T_{1/2} = \frac{\ln 2}{K} = \frac{0.69}{K}$$

$k = 0.693/(T_{1/2}) = 0.693/(10 \times 365) = 1.9 \times 10^{-4}\ \text{day}^{-1}$

$C_{(10000)} = 0.3 \times e^{(-1.9 \times 10^{-4} \times 10000)} = 0.045\ \text{mg/L}$

2) $\text{CDI} = \dfrac{0.045(\text{mg/L}) \times 2(\text{L/day}) \times 365(\text{day/year}) \times 10(\text{year})}{70(\text{kg}) \times 365(\text{day/year}) \times 70(\text{year})}$

   Risk = CDI × PF = $1.837 \times 10^{-4} \times 0.002 = 3.673 \times 10^{-7}$

참고문헌

- Claeys C, Van Hoof F (2001). Orienterende studie naar de mogelijke aanwezigheid van farmaceutica in hetaquatisch milieu in België [Introduction on the possible presence of pharmaceuticals in the aquatic environment in Belgium]. SVW Project 2-13, Samenwerking Vlaams Water, Antwerpen.
- Commission of the European Communities (1998). Council Directive 98/83/EC concerning the quality of drinking water.EPA.gov. (http://www.epa.gov/risk/)
- Hunter PR, Fewtrell L (2001). Acceptable risk. In: Fewtrell L, Bartram J, eds. Water quality — guidelines, standards and health: assessment of risk and risk management for water-related infectious disease. London, IWA Publishing.
- IARC (1987). Overall Evaluations of Carcinogenicity: An Updating of IARC Monographs Volumes 1 to 42. Lyon, International Agency for Research on Cancer (IARC Monographs on the Evaluation of Carcinogenic Risks to Humans and their Supplements, Supplement No 7).
- MedicineNet (2015). http://www.medicinenet.com/script/main/hp.asp.
- National Research Council (1983). Risk assessment in the federal government. Managing the process. National Academy Press, Washington, DC.
- National Research Council (1998). Issues in potable reuse: the viability of augmenting drinking water supplies with recycled water. Washington DC, National Academy Press.
- Schijven JF, Hassanizadeh SM (2000). Removal of viruses by soil passage: overview of modelling, processes and parameters. Critical Reviews in Environmental Science and Technology, 30(1): 49–127.
- The national Center for Health Statistics. (http://www.cdc.gov/nchs/)
- Thoeye, C., Van Eyck, K., Bixio, D., Weemaes, M., De Gueldre, D. (2003). Methods used for health risk assessment. In : State of the Art Report Health Risks in Aquifer Recharge Using Reclaimed Water edited by by R. Aertgeerts and A. Angelakis, Water, Sanitation and Health, Protection of the Human Health, WHO.
- Versteegh JFM, Evers EG, Havelaar AH (1997). Gezondheidsrisico's en normstelling voor huishoudwater [Health risks and standardisation for domestic water]. Bilthoven, The Netherlands, Rijksinstituut voor Volksgezondheid en Milieu (RIVM Report 289 202 019).
- Vose D (1996). Quantitative risk analysis: a guide to Monte Carlo simulation modelling.

Chichester, UK, J. Wiley and Son.

- WHO, The International Program on Chemical Safty (IPCS). (http://www.who.int/ipcs/en)
- WHO (1996). Guidelines for drinking water quality. Vol. 2: Health criteria and other supporting information, 2nd ed. Geneva, World Health Organization.
- WHO (2003). Guidelines for drinking water quality, 3rd ed. Geneva, World Health Organization.
- Wilson, R., Crouch, E.A. (1987). Risk assessment and comparisons: an introduction. Science, 236(4799), 267-270.
- 신동천 (1995). 건강위해성평가, 물 2000, 연세대학교 환경공해연구소, 335.
- 최의소 (2001). 상하수도공학, 청문각.

Chapter 08

자연수의 수질변화

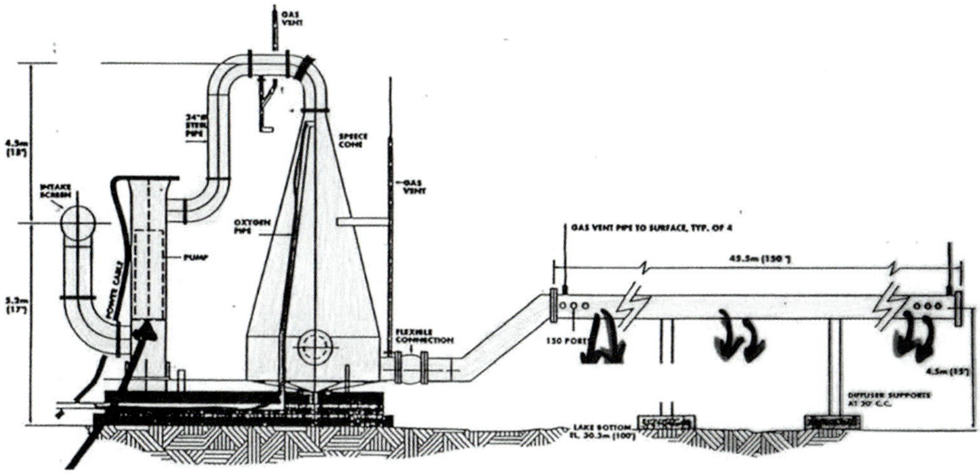

Speece Cone Hypolimnetic Oxygen System (HOS) using a 23-ft-high in Camanche Reservoir, U.S.A.
has proven to be an efficient way to prevent fish kills which historical
resulted in the loss of 300,000 hatchery fish in the late 1980s.

Source : Alex Horne, A SUMMARY FOR CALMS OCTOBER 2014 CONFERENCE, University of California, Berkeley (anywaters@comcast.net). 15 October 2014

8.1 개요

전체 용수량의 약 90% 정도를 호수나 하천수에 의존하고 있는 우리나라는 특히 용수공급을 위한 수원의 질적인 관리가 대단히 중요하다. 즉, 주 오염원으로서 하수와 폐수의 효과적 처리가 필수적이며, 동시에 수자원 자체의 효율적인 수질관리도 요구된다. 자연수의 수질특성은 시간과 공간에 따라 가변적이며 하천유역으로 유입되는 하 · 폐수의 수질특성과도 깊은 관련이 있다. 특히 하천인 경우 유역특성과 기상현상에 따라 유량발생 조건이 변화하며, 비가 오는 경우 하천의 수질은 상류 지표면의 오염물질과 지형 및 지표구성물질에 따라 영향을 받는다. 예를 들어 비교적 하상경사가 급한 지역의 경우 난류의 흐름특성이 빈번하게 나타나고 그 결과 수면에서의 산소전달은 크게 증가하므로, 궁극적으로 하천의 자정능력에 미치는 영향도 크다고 볼 수 있다.

8.2 하천수

(1) 하천의 오염 및 자정작용 과정

유역의 긴 흐름특성을 가지는 하천수(river)의 경우 하수와 같은 오염물질에 의해서 오염되었을 때 하천은 일련의 수질 및 생태 변화과정을 거친다. 호수나 저수지에서처럼 정체된 특성을 가진 수원에서는 바람이나 파도 등의 기타 이유로 인해서 그 변화를 살피기가 곤란하지만 그림 8-1에 주어진 바와 같이 물이 흘러내리는 하천에서는 유하 거리 및 시간에 따라 하천의 수질이

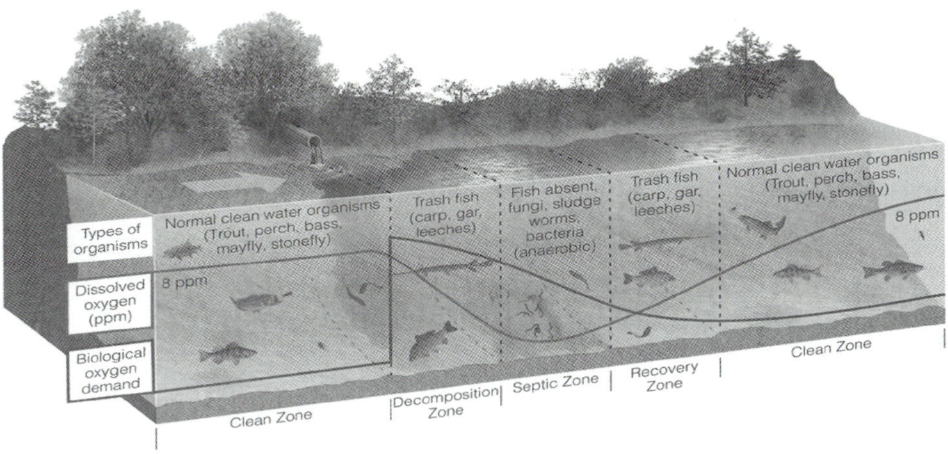

그림 8-1 하천의 오염과 자정작용(Jahagirder, 2015)

변화하는 것을 알 수 있다. 이러한 하천의 오염과 자정현상은 크게 분해지역(zone of degradation/or decomposition), 활발한 분해지역(zone of active decomposition/or septic zone), 회복지역(zone of recovery), 그리고 정수지역(zone of clear water) 등 4단계로 구별된다(Jahagirdar, 2015; Nemerow, 1974).

1) 분해지역

맑은 수질을 유지하는 하천에 오염물질이 유입되면 먼저 분해지역(zone of degradation/or decomposition)이 형성된다. 오염된 물은 물리·화학적 측면에서 수질 저하가 발생하며, 이로 인해 오염에 약한 고등생물은 오염에 강한 미생물에 의해서 교체되기 시작한다. 이 지역은 유기물 혹은 기타 오염물질을 운송하는 하수관거의 방류구와 가까운 하류에 위치하며, 이 지역의 최하류단은 일반적으로 여름철 온도기준 포화용존산소의 45%에 해당하는 수준의 용존산소를 가지는 지점으로 정의된다.

분해지대에서는 세균 수가 급격히 증가하고 유기물을 많이 함유하는 슬러지의 침전이 많아지며 용존산소의 양이 크게 줄어드는 대신에 탄산가스의 양은 증가한다. 분해속도가 점차 증가함에 따라 수중식물이나 고등미생물 대신 오염에 잘 견디는 곰팡이류(fungi)가 번식하기 시작하고, 심하게 번식한 곰팡이류는 하천바닥의 바위나 수중식물의 줄기를 덮으며 성장한다. 유속이 잔잔한 물속에서는 공 모양으로 형성되고, 유속이 빠른 곳에서는 섬유상의 성장특성을 가진다. 색깔은 처음 백색에서 시간이 경과함에 따라 점차 붉은 녹색 혹은 회색빛깔로 바뀌며, 좀 더 시간이 경과하면 녹슨 갈색으로 변한다. 이들 곰팡이류는 분해된 폐기물과 용존산소를 섭취하면서 자라는데, 물속의 용존산소 농도가 포화치의 45% 이하로 떨어지게 되면 또 다른 종류의 미생물이 번식하게 된다. 이들 곰팡이 외에도 *Sphaerotilus Natans*, *Leptamitus*, *Achlya* 같은 하수 내에 번식하는 *Schizomycetes*나 *Phycomycetes* 종들이 이 지역에서 자랄 수 있다. 이들은 섬유상 성장특성을 가지며, 물가의 돌이나 기타 물체 표면에 붙어사는 특성을 지닌다.

하천바닥의 슬러지 침전물 내에서 서식하는 생물로서는 *Tibifex*나 *Limnodrilus* 종 등 여러 종류의 붉은색 벌레들이 있다. 이들은 침전물을 흡수 분해하여 작은 구슬 모양의 찌꺼기를 배설하며, 이들 배설물은 주위의 다른 생물들에 의해 분해된다. 분해지대는 희석효과가 큰 하천에서보다 낮은 하천에서 더 뚜렷이 나타나며, 반면에 재빨리 회복되는 특성을 가진 큰 하천에서는 이 분해지역의 구별이 어려울 수 있다.

2) 활발한 분해지역

활발한 분해지역(zone of active decomposition/or septic zone)은 용존산소가 고갈되고 부패상태에 이르러 부패지역이라 부르기도 한다. 이 지역은 물리적으로 회색 또는 흑색으로 변화하고,

화장실에서 나는 악취나 유화수소에 의한 썩은 달걀냄새가 난다. 또 점성질의 침전물 발생과 함께 수면으로 떠오르는 기포방울이 관찰된다. 이는 혐기성 분해반응의 결과로 수중의 탄산가스 농도와 암모니아성 질소의 농도가 증가하게 된다. 혐기성 세균은 호기성 세균을 교체하여 생화학적 산소요구량(BOD)이 재포기량(reaeration)보다 적어질 때까지 번식한다. 이 지역의 상류에서는 곰팡이는 감소하며, 혐기성 상태로 변하는 것을 관찰할 수 있다. 상류의 분해지대에서처럼 시작지점에서의 곰팡이의 수는 대단히 많지만 이들은 더욱 섬유상으로 길게 나타나며, 결국에는 회색을 띠기 시작하여 흑색으로 변화한다. 완전히 부패상태가 되면 곰팡이는 사라지고, 이 지역에서는 구더기나 기타 꼬리가 긴 곤충의 유충이 관찰되기도 한다.

3) 회복지역

회복지역(zone of recovery)에서는 장거리에 걸쳐서 분해지역과는 반대되는 현상이 일어난다. 물리적으로 물이 차츰 깨끗해져 점성질의 침전물이 다시 동그란 공 모양으로 변하고, 기체방울의 발생이 중단된다. 용존산소의 농도가 점차 증가하고 탄산가스 농도는 감소하며 아질산염(nitrite, NO_2)이나 질산염(nitrate, NO_3)의 농도가 증가한다. 영양분의 공급이 줄어들어 세균 수가 감소하며 그 대신 원생동물(protozoa), 윤충(rotifer) 및 갑각류(crustacean)의 번식이 시작된다. 곰팡이 또한 다시 나타나기 시작하고 동시에 청록색 또는 녹색조류가 번식을 시작하며, 하류로 내려 갈수록 많은 규조류(diatom)가 성장한다. 또 큰 수중식물이 다시 나타나며, 식물 혹은 자갈에 붙어 있는 이끼벌레(태형동물, 내항동물) 등을 볼 수 있게 된다. 이 지대의 상류부분에서는 실지렁이(tubife) 종의 수중벌레가 바닥의 진흙층 내에 서식하며 빨강 지렁이 종류도 관찰된다. 바닥 속에는 조개류나 벌레의 유충이 번식하며 견디는 힘이 강한 생무지, 황어, 은빛 담수어 등의 물고기가 자랄 수 있다.

4) 정수지역

정수지역(zone of clear water)은 마치 오염되지 않은 자연수처럼 보이며 보기에도 깨끗할 뿐만 아니라 용존산소의 양도 많아서 자연적인 수준으로 오염된 물에서 살 수 있는 식물이나 동물이 번식하게 된다. 이 지역에서는 다른 미생물과 마찬가지로 다시 호기성 세균이 나타나고, 낚시를 할 수 있을 만큼 다양한 생태계가 형성되고 물고기도 양호하게 번식한다.

이상에 설명된 네 단계의 과정에서 대장균과 각종 병균은 생존이 어렵거나 혹은 다른 미생물에 먹이로 잡아 먹혀서 그 수가 현격히 줄어든다. 그러나 일부는 계속 남아 있을 가능성이 있기 때문에 비록 깨끗한 하천수라도 한번 오염된 물은 적당한 처리를 하지 않고서는 음용수로서 사용될 수 없다고 생각하는 것이 바람직하다.

자정작용(self-purification)이란 하천에 오염물질이 유입되면 물이 흐르는 동안에 물리(운반, 희석, 확산, 혼합, 여과, 침전 등), 화학(산화, 환원, 흡착, 중화, 응집 등) 및 생물학적(박테리아, 균류 등에 의한 산화분해 등) 작용에 의하여 스스로 정화하여 결국 정상적인 하천상태로 회복되는 현상을 말한다. 일반적으로 하천의 자정작용에서는 물리·화학적인 정화보다는 생물학적 정화작용이 주된 역할을 한다. 그러므로 자정작용은 pH, 온도, 일광, 용존산소 등 생태계의 환경조건에 크게 영향을 받는다. 따라서 여름보다 겨울에 더 활발하며, 수심이 얕고, 와류(渦流)가 심한 하천에서 공기와의 접촉이 효과적이므로 포기(aeration)가 잘 이루어져 자정작용은 더 잘 일어난다고 할 수 있다.

(2) 물리적 공정으로서 희석

희석(dilution)은 오염물질의 농도를 저감시키기 위해 양질의 물(예, 지표수)을 공급하여 혼합시키는 방법(그림 8－2)을 말한다. 희석용량(dilution capacity)은 다음과 같이 물질수지(mass balance) 원칙에 준하여 평가된다. 여기서 Q는 유량(m^3/d), C는 오염물질 농도(mg/L) 그리고 w와 e는 폐수(waste) 및 유출수(effluent)를 의미한다.

이때 염소, 총 용존성 고형물(TDS), 황산염(sulfates) 등과 같은 보전성 물질(conservative matter)은 그 자체로 분해되지 않고, 질량(mass) 또한 변화하지 않는 특성이 있다. 이러한 물질의 농도는 단지 희석과 측면유입수의 혼합(lateral inflow mixing)에 의해서만 변화될 수 있으며, 온도를 포함한 물리·화학적 및 생물학적 반응에 의해서 크게 영향을 받지 않는다. 이러한 보존성 물질의 물질흐름(mass flux, $M = Q \times C$)은 다음과 같이 표현된다.

$$QC = \frac{vol.}{time} \times \frac{mass}{vol.} = \frac{mass}{time} \text{ [단위: kg/일]}$$

하류에서의 농도(downstream concentration)는 이상의 물질수지식에 따라 다음 식과 같이 산정된다.

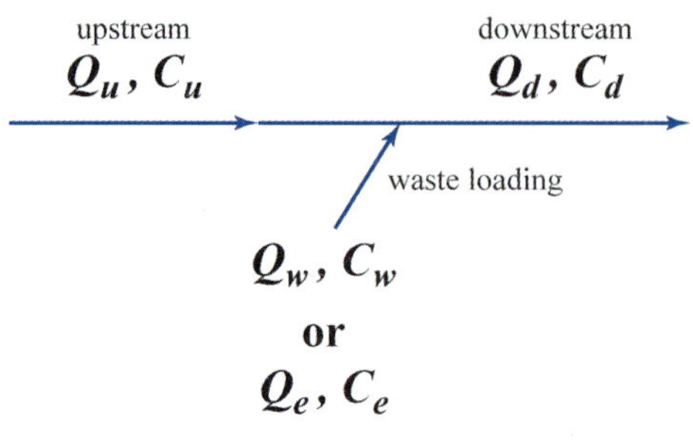

그림 8－2 자연수에서의 물리적 혼합

$$M_u + M_w = M_d$$

$$Q_u C_u + Q_w C_w = Q_d C_d$$

$$C_d = \frac{Q_u C_u + Q_w C_w}{Q_u + Q_w}$$

적절히 처리되지 않은 하수나 미량의 오염물질이 하천으로 유입하는 경우에도 희석효과에 의한 오염물질 총량(total mass) 변화는 없으며, 이는 단지 오염물질의 농도를 낮추는 효과만 있을 뿐이다. 이때 가장 중요한 사항은 자연수(하천이나 호수)가 항상 최소한의 용존산소를 유지할 수 있도록 하는 것이다. 충분한 용존산소를 공급하기 위하여 희석수의 비율을 높여 냄새나 기타 불쾌감이 나타나는 혐기성 상태를 방지하고 물고기가 살 수 있는 환경을 조성하도록 해야 한다. 즉, 하천수의 용존산소 농도에 따라 하천으로 유입하는 하수의 부하량(유량 × 농도)을 적절히 조절해주어야 하며 이를 위해 하수처리의 수준이 결정되기도 한다. 하천의 오염도 및 자정도는 하수가 방출되는 지점의 상류와 하류의 용존산소 분석을 통하여 파악할 수 있다. 추가로 유질물질(BOD 등)의 분석은 하천오염의 원인을 파악하는 데 일차적으로 접근할 수 있는 좋은 방법이다. 자연수 내 포함된 용존산소의 거동특성에 대한 이해는 이러한 문제를 해결한 기초가 된다.

(3) 자연수 내에서 용존산소의 거동

대기(atmosphere)는 질소 약 78.1%, 산소 약 20.9%로 구성되어 있다. 대기 중의 산소는 물속으로 분산 흡수되는데(Fick's Law), 이때 물속으로 흡수되는 산소의 농도는 산소기체의 분압(partial pressure) 크기에 따른다. 이때 물속에 녹아 있는 분자상의 산소(O_2)를 용존산소(DO, dissolved oxygen)라 하고 기체가 물속으로 들어가는 물리적 과정을 포기(aeration)라고 정의한다. 이는 수질요소의 가장 중요한 항목 중의 하나로 용존산소의 소모는 물속에 존재하는 유기물질의 양에 비례한다. 물속의 용존산소량은 수온과 염분(salinity)의 함량이 증가함에 따라 감소하는데, 물에 최대로 녹을 수 있는 용존산소(즉, 포화 용존산소)의 농도는 일반적으로 8～12 mg O_2/L(9.07 mg O_2/L @ 20℃)이다. 표 8－1과 표 8－2에 온도와 대기압 그리고 온도와 염도를 함수로 한 용존산소의 용해도가 주어져 있다.

표 8-1 물속의 포화 용존산소(염도 0% 기준)

온도 (℃)	용존산소 농도(mg/L)									
	대기압(mmHg)									
	735	740	745	750	755	760	765	770	775	780
0	14.12	14.22	14.31	14.41	14.51	14.60	14.70	14.80	14.89	14.99
1	13.73	13.82	13.92	14.01	14.10	14.20	14.29	14.39	14.48	14.57
2	13.38	13.45	13.54	13.63	13.72	13.81	13.90	14.00	14.09	14.18
3	13.00	13.09	13.18	13.27	13.36	13.45	13.53	13.62	13.71	13.80
4	12.66	12.75	12.83	12.92	13.01	13.09	13.18	13.27	13.35	13.44
5	12.33	12.42	12.50	12.59	12.67	12.76	12.84	12.93	13.01	13.10
6	12.02	12.11	12.19	12.27	13.35	12.44	12.52	12.60	12.68	12.77
7	11.72	11.80	11.89	11.97	12.05	12.13	12.21	12.29	12.37	12.45
8	11.44	11.52	11.60	11.67	11.75	11.83	11.91	11.99	12.07	12.15
9	11.16	11.24	11.32	10.40	11.47	11.55	11.63	11.70	11.78	11.86
10	10.90	10.98	11.05	11.13	11.20	11.28	11.35	11.43	11.50	11.58
11	10.65	10.72	10.80	10.87	10.94	11.02	11.09	11.16	11.24	11.31
12	10.41	10.48	10.55	10.62	10.69	10.77	10.84	10.91	10.98	11.05
13	10.17	10.24	10.31	10.38	10.46	10.53	10.60	10.67	10.74	10.81
14	9.95	10.02	10.09	10.16	10.23	10.29	10.36	10.43	10.50	10.57
15	9.73	9.80	9.87	9.94	10.00	10.07	10.14	10.21	10.27	10.34
16	9.53	9.59	9.66	9.73	9.79	9.86	9.92	9.99	10.06	10.12
17	9.33	9.39	9.46	9.52	9.59	9.65	9.72	9.78	9.85	9.91
18	9.14	9.20	9.26	9.33	9.39	9.45	9.52	9.58	9.64	9.71
19	8.95	9.01	9.07	9.14	9.20	9.26	9.32	9.39	9.45	9.51
20	8.77	8.83	8.89	8.95	9.02	9.07	9.14	9.20	9.26	9.32
21	8.60	8.66	8.72	8.78	8.84	8.90	8.96	9.02	9.08	9.14
22	8.43	8.49	8.55	8.61	8.67	8.73	8.79	8.84	8.90	8.96
23	8.27	8.33	8.39	8.44	8.50	8.56	8.62	8.68	8.73	8.79
24	8.11	8.17	8.23	9.29	8.34	8.40	8.46	8.51	8.57	8.63
25	7.96	8.02	8.08	8.13	8.19	8.24	8.30	8.36	8.41	8.47
26	7.82	7.87	7.93	7.98	8.04	8.09	8.15	8.20	8.26	8.31
27	7.68	7.73	7.79	7.84	7.89	7.95	8.00	8.06	8.11	8.17
28	7.54	7.59	7.65	7.70	7.75	7.81	7.88	7.91	7.97	8.02
29	7.41	7.46	7.51	7.57	7.62	7.67	7.72	7.78	7.83	7.88
30	7.28	7.33	7.38	7.44	7.49	7.54	7.59	7.64	7.69	7.75
31	7.16	7.21	7.26	7.31	7.36	7.41	7.46	7.51	7.46	7.62
32	7.04	7.09	7.14	7.19	7.24	7.29	7.34	7.39	7.44	7.49
33	6.92	6.97	7.02	7.07	7.12	7.17	7.22	7.27	7.31	7.36
34	6.80	6.85	6.90	6.95	7.00	7.05	7.10	7.15	7.20	7.24
35	6.69	6.74	6.79	6.84	6.89	6.93	6.98	7.03	7.08	7.13
36	6.59	6.63	6.68	6.73	6.78	6.82	6.87	6.92	6.97	7.01
37	6.48	6.53	6.57	6.62	6.67	6.72	6.76	6.81	6.86	6.90
38	6.38	6.43	6.47	6.52	6.56	6.61	6.66	6.70	6.75	6.80
39	6.28	6.33	6.37	6.42	6.46	6.51	6.56	6.60	6.65	6.69
40	6.18	6.23	6.27	6.32	6.36	6.41	6.46	6.50	6.55	6.59

주) Colt, J. (1984).

표 8-2 물속의 포화 용존산소(대기압 760 mmHg 기준)

온도 (℃)	용존산소 농도(mg/L)									
	염도(%)									
	0	5	10	15	20	25	30	35	40	45
0	14.60	4.11	13.64	13.18	12.74	12.31	11.90	11.50	11.11	10.74
1	14.20	13.73	13.27	12.83	12.40	11.98	11.58	11.20	10.83	10.46
2	13.81	13.36	12.91	12.49	12.07	11.67	11.29	10.91	10.55	10.20
3	13.45	13.00	12.58	12.16	11.76	11.38	11.00	10.64	10.29	9.95
4	13.09	12.67	12.25	11.85	11.47	11.09	10.73	10.38	10.04	9.71
5	12.76	12.34	11.94	11.56	11.18	10.82	10.47	10.13	9.80	9.48
6	12.44	12.04	11.65	11.27	10.91	10.56	10.22	9.89	9.57	9.27
7	12.13	11.74	11.37	11.00	10.65	10.31	9.98	9.66	9.35	9.06
8	11.83	11.46	11.09	10.74	10.40	10.07	9.75	9.44	9.14	8.85
9	11.55	11.19	10.83	10.49	10.16	9.84	9.53	9.23	8.94	8.66
10	11.28	10.92	10.58	10.25	9.93	9.62	9.32	9.03	8.75	8.47
11	11.02	10.67	10.34	10.02	9.71	9.41	9.12	8.83	8.56	8.30
12	10.77	10.43	10.11	9.80	9.50	9.21	8.92	8.65	8.38	8.12
13	10.53	10.20	9.89	9.59	9.30	9.01	8.74	8.47	8.21	7.96
14	10.29	9.98	9.68	9.38	9.10	8.82	8.55	8.30	8.04	7.80
15	10.07	9.77	9.47	9.19	8.91	8.64	8.38	8.13	7.88	7.65
16	9.86	9.56	9.28	9.00	8.73	8.47	8.21	7.97	7.73	7.50
17	9.65	9.36	9.09	8.82	8.55	8.30	8.05	7.81	7.58	7.36
18	9.45	9.17	8.90	8.64	8.39	8.14	7.90	7.66	7.44	7.22
19	9.26	8.99	8.73	8.47	8.22	7.98	7.75	7.52	7.30	7.09
20	9.07	8.81	8.56	8.31	8.07	7.83	7.60	7.38	7.17	6.96
21	8.90	8.64	8.39	8.15	7.91	7.69	7.46	7.25	7.04	6.84
22	8.73	8.48	8.23	8.00	7.77	7.54	7.33	7.12	6.91	6.72
23	8.56	8.32	8.08	7.85	7.63	7.41	7.20	6.99	6.79	6.60
24	8.40	8.16	7.93	7.71	7.49	7.28	7.07	6.87	6.68	6.49
25	8.24	8.01	7.79	7.57	7.36	7.15	6.95	6.75	6.56	6.38
26	8.09	7.87	7.65	7.44	7.23	7.03	6.83	6.64	6.46	6.28
27	7.95	7.73	7.51	7.31	7.10	6.91	6.72	6.53	6.35	6.17
28	7.81	7.59	7.38	7.18	6.98	6.79	6.61	6.42	6.25	6.08
29	7.67	7.46	7.26	7.06	6.87	6.68	6.50	6.32	6.15	5.98
30	7.54	7.33	7.14	6.94	6.75	6.57	6.39	6.22	6.05	5.89
31	7.41	7.21	7.02	6.83	6.65	6.47	6.29	6.12	5.96	5.80
32	7.29	7.09	6.90	6.72	6.54	6.36	6.19	6.03	5.87	5.71
33	7.17	6.98	6.79	6.61	6.44	6.26	6.10	5.94	5.78	5.63
34	7.05	6.86	6.68	5.51	6.33	6.17	6.01	5.85	5.69	5.54
35	6.93	6.75	6.58	6.40	6.24	6.07	5.92	5.76	5.61	5.46
36	6.82	6.65	6.47	6.31	6.14	5.98	5.83	5.68	5.53	5.39
37	6.72	6.54	6.37	6.21	6.05	5.89	5.74	5.59	5.45	5.31
38	6.61	6.44	6.28	6.12	5.96	5.81	5.66	5.51	5.37	5.24
39	6.51	6.34	6.18	6.03	5.87	5.72	5.58	5.44	5.30	5.16
40	6.41	6.25	6.09	5.94	5.79	5.64	5.50	5.36	5.22	5.09

주) Colt, J. (1984).

물속의 낮은 용존산소 농도는 자연수에서 발생하는 가장 일반적인 수질문제로, 이는 수생생태계의 안정성에 심각한 악영향을 끼쳐, 결국 먹이사슬의 상위 포식자인 물고기의 죽음으로 나타난다. 물속에서 용존산소 농도에 영향을 미치는 주된 요소로는 조류(algae)에 의한 산소발생 및 소모, 공기의 재포기(atmospheric reaeration) 그리고 물속 미생물의 물질대사(microbial metabolism) 등을 들 수 있다. 대기로부터 수중으로의 산소용해율은 포화부족량, 수면의 교란상태, 그리고 수온에 따라서 달라진다. 여름철에는 특히 세균 활동이 큰 반면 용존산소량이 적기 때문에 오염된 하천은 항상 최악의 상태에 있게 된다. 산소용해도는 때때로 %포화도(% saturation)로 표현되기도 한다.

물속에서 용존산소의 동력학적 거동(O_2 dynamics)은 일반적으로 용존산소 부족량(DO deficit)으로 표현된다. 용존산소 포화도와 실제 용해도 간의 차이, 즉 불포화(undersaturation)된 산소량을 정량화한 방법으로 다음 식으로 정의할 수 있다.

$$D = C_s - C$$

여기서, C_s = 대기평형상태에서 DO 포화농도(mg O_2/L)(온도, 염도, 압력과 관련)

C = 물속의 DO 농도(mg O_2/L)

산소부족량 변화는 시간(또는 하천유하거리)을 함수로 나타낼 수 있는데, 일반적으로 그림 8－3과 같이 나타난다. 따라서 물속의 산소농도변화는 다음과 같이 DO 결핍량 식을 시간에 대해 미분한 형태로 결정된다. 이 식에 따르면 산소부족량(O_2 deficit)의 변화는 물속의 용존산소의 변화율(rate of change of DO)과 동일하다는 것을 알 수 있다.

$$\frac{dD}{dt} = \frac{d}{dt}(C_s - C) = -\frac{dC}{dt} \quad (C_s\text{는 상수, } \therefore \frac{dC_s}{dt} = 0)$$

$$\frac{dD}{dt} = -\frac{dC}{dt}$$

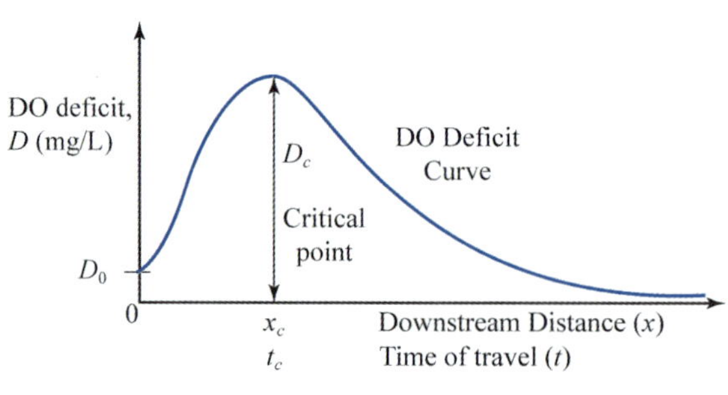

그림 8－3 시간(또는 하천유하거리)을 함수로 나타난 용존산소 결핍량 변화곡선

물속의 용존산소 거동을 설명하는 두 가지 기본요소는 1) 산소소모(oxygen sink)와 2) 산소공급(oxygen source)으로, 이 중에서 산소소모는 단지 BOD 반응에 의해서만 일어나고, 산소공급은 중요한 산소공급원인 대기(atmosphere)로부터 재포기(reaeration) 현상에 의한다고 가정한다.

1) 산소소모(oxygen sink)

이는 BOD를 섭취하여 분해시키는 박테리아(bacteria)나 조류(algae) 등의 호흡작용으로 발생되는 수중의 DO 감소현상으로, 용존산소소모율(rate of DO removal, r_D) 또는 탈산소(deoxygenation)로 표현된다. 앞선 산소부족량 관련식으로부터

$$\frac{dD}{dt} = -\frac{dC}{dt}$$

$$\frac{dy}{dt} = -\frac{dC}{dt} = \frac{dD}{dt}$$

여기에 BOD 방정식($y_t = L_0 - L_t$)을 대입하고 정리하면 다음과 같다.

$$\frac{dy}{dt} = \frac{d}{dt}(L_0 - L_t), \quad L_0\text{는 상수} \quad \therefore \frac{dL_0}{dt} = 0$$

$$\frac{dy}{dt} = -\frac{dL_t}{dt}, \quad \frac{dL_t}{dt} = -kL_t$$

즉, $\frac{dy}{dt} = kL_t$, $\frac{dy}{dt} = -\frac{dC}{dt} = \frac{dD}{dt}$ 로부터

$$\frac{dD}{dt} = kL_t \quad \text{또는} \quad r_D = k_d L_t = k_d L_0 e^{-kt}$$

여기서, r_D = DO 소모율

k_d = DO 소모 속도상수(탈산소계수, deoxygenation rate constant)

k = BOD반응상수(BOD rate constant)

탈산소계수(deoxygenation rate constant, k_d)는 BOD 실험에서 얻어지는 속도상수 k와 다를 수 있는데, 이 값은 수위가 깊고 천천히 흐르는 하천에서는 거의 같으며($k_d \approx k$), 수위가 낮은 빠른 유속의 하천의 경우는 크게($k_d \gg k$) 나타난다. 일반적으로 k_d는 다음과 같은 식으로 표현된다.

$$k_d = k + \frac{v}{h}\eta$$

여기서, k_d: 20℃에서 탈산소계수

k: 20℃에서 BOD 속도상수

v: 하천의 평균유속

h: 하천의 평균수심

η: 하상활동 상수(bed activity coeff.)

탈산소계수 k_d값을 예측하는 방법으로는 최소제곱법(Theriault, 1931), 경사법(Thomas, 1937), 모멘트법(Moore, Thomas & Snow, 1950), logarithmic method(Oxford & Ingram, 1953), Rhome's two point method(Rhome, 1956) 및 일반적인 실험법(Gaudy & Narrow, 1967)을 주로 활용한다.

2) 산소공급(oxygen source)

중요한 산소공급원인 대기로부터 재포기(reaeration) 현상은 용존산소공급율(rate of DO additional, r_R) 또는 재포기율(reaeration rate)로 표현된다. 이는 물속의 산소부족량에 따라 직접적으로 변화하며, 안정화된 조건하에서 물속의 가스상(aqueous gas phase) 물질의 농도와 대기중 농도는 평형상태에 이르는데, 이러한 상태는 물속으로 녹거나 물 밖으로 방출되는 산소분자의 수가 동일하고, 물속에 녹아 있는 산소가스의 농도가 시간에 따라 일정할 때로 정의된다(그림 8-4).

액체에 녹아드는 기체의 농도는 다음과 같이 헨리의 법칙(Henry's law)으로 설명된다. 이는 대상 가스의 종류, 온도, 용액의 농도 등에 따라 변화하며 일반적으로 온도와 용존 고형물(dissolved solids)농도에 비례하는 특성이 있다.

$$C_s = \frac{P}{H}$$

여기서, C_s = 1 atm 평형상태에서 용액 속의 가스포화농도 (equilibrium mole fraction of gas)

따라서 물속의 용존산소 농도는 다음 식으로 표현된다.

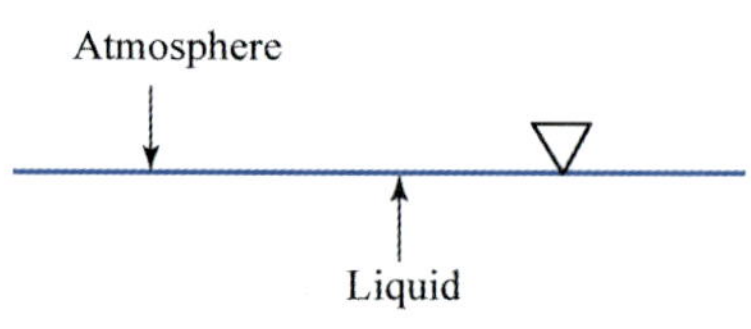

그림 8-4 수면에서의 대기와 공기의 접촉

$$C_s = \frac{\text{moles of gas}}{\text{moles of gas + moles of liquid}} = \frac{N_s}{n_s + n_l}$$

여기서, $p = 1$ atm 가스의 분압(partial pressure)

H = 헨리 상수(Henry's constant)

예제 8 - 1)

하천의 용존산소가 20℃ 조건에서 4.5 mg/L로 측정되었다. 이때 대기에 평형상태로 존재하는 DO 농도는 얼마인가?

풀이)

1. 주어진 조건에 대한 산소의 H 값과 산소분압 $C_{s\,O_2}$를 결정한다.

$$H_{O_2} \text{ at } 20℃ = 4.01 \times 10^4 \text{ atm/mole fraction}$$

$$P_{O_2} = \text{about } 0.21 \text{ atm (approx. 21\% of atmospheric gases)}$$

$$C_{s\,O_2} = \frac{0.21 \text{ atm}}{4.01 \times 10^4 \text{ atm/mole fraction}} = 5.21 \times 10^{-6} \text{ atm/mole fraction}$$

2. 산소농도(mole O_2/L)를 결정한다.

물 1 L의 몰수, $n_{H_2O} = \dfrac{1000 \text{ g/L}}{18 \text{ g/mole}} = 55.6 \text{ mole/L}$

그리고 $C_s = \dfrac{n_{O_2}}{n_{O_2} + n_{H_2O}}$ 식에 의해

$$5.21 \times 10^{-6} = \frac{n_{O_2}}{n_{O_2} + 55.6}$$

$$5.21 \times 10^{-6}(n_{O_2} + 55.6) = n_{O_2}$$

$$n_{O_2} = 2.90 \times 10^{-4} \text{ mole } O_2/L$$

3. 단위를 mg/L로 환산한다.

$$\frac{2.90 \times 10^{-4} \text{ mole } O_2}{L} \times \frac{32{,}000 \text{ mg } O_2}{\text{mole } O_2} = 9.28 \text{ mg/L}$$

즉, 20℃ 기준으로 대기-물 평형상태에서 DO 농도는 9.3 mg/L가 된다. 실제 하천의 DO는 4.5 mg/L였으므로 이 하천은 불포화상태(undersaturated condition)이며, 대기로부터 하천의 수면으로 산소의 분산(diffusion)이 계속하여 발생할 것이다.

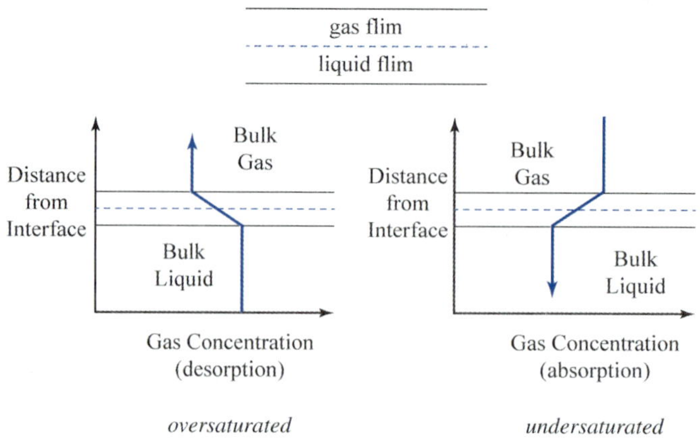

그림 8-5 이중막 이론 모델

가스가 물과 대기층 사이에서 평형상태에 이르지 않았다면 물질은 평행상태를 유지하기 위해 이동을 시작한다. 이러한 물질전달(mass transfer) 현상을 가스전달(gas transfer)이라고 한다. 가스전달은 이중막 이론(two-film theory)이라는 개념적 모델에 기반을 두고 있다(그림 8-5).

기체막에서 액체막으로 이동하는 기체의 이동속도(rate of gas transfer)는 다음과 같이 표현된다.

$$\frac{dC}{dt} = K_a(C_s - C)$$

여기서, C_s = 대기 평형상태에서의 포화농도

C = 액체 속 가스의 농도

K_a = 물질전달속도(mass transfer coefficient)

$(C_s - C)$ = 농도경사(concentration gradient), 산소부족량(DO deficit)

$C_s > C$의 경우 액체 방향으로 가스전달이 일어나고, $C_s = C$에서는 평형상태로 이동이 일어나지 않으며, $C_s < C$에서는 대기층으로 가스이동이 일어나게 된다. 따라서 산소부족량이 클수록 산소전달속도는 더 빠르게 나타난다. 이러한 특성은 물환경과 관련한 여러 가지 측면에서 매우 중요하다. 즉, 자연수에서 용존산소의 감소는 유기물질의 분해 때문이며, 폐수처리장에서는 유기물질의 분해를 위해 인위적인 산소공급이 필요하고 또한 물속의 산소는 원하지 않는 불쾌한 가스성분(황화물(sulfide), 암모니아(NH_3), 탄화수소(hydrocarbons) 등)을 물 밖으로 탈기(stripping)시키기도 한다. 이러한 특성은 때로는 유용한 공학적 기술로 응용되기도 한다.

수중의 온도변화를 고려하여 산소전달률(oxygen transfer rate)은 다음과 같이 정의된다.

$$\frac{dO}{dt} = \alpha K_{La}(\beta C_s - C_t) \times 1.024^{(T-20)}$$

여기서, $\frac{dO}{dt}$: 시간 dt 사이에서의 DO 농도변화(mg/L/hr)

K_{La}: 산소전달속도상수(hr^{-1})

α: 대상시료의 물과 증류수의 표준상태에서의 K_{La} 비율(< 1)

C_s: 증류수의 경우 표준상태(20℃, 1기압)하에서의 산소의 포화농도(mg/L)

β: 대상시료의 물과 증류수의 표준상태에서의 C_s의 비율(< 1)

C_t: 물속의 DO 농도(mg/L)

T: 온도(℃)

20℃의 온도조건하에서 이 식은 다음과 같이 단순화되며, 적분하여 최종적인 산소전달속도상수(K_{La})를 얻을 수 있다.

$$\frac{dO}{dt} = K_{La}(C_s - C_t)$$

$$\frac{dO}{(C_s - C_t)} = K_{La}\, dt$$

$$\int_0^t \frac{1}{(C_s - C_t)} dO = \int_0^t K_{La} dt$$

$$[\ln(C_s - C_t)]_0^t = [K_{La} t]_0^t$$

$$[\ln(C_s - C_t)_0 - \ln(C_s - C_t)_t] = K_{La}(t_0 - t_t)$$

$$\therefore\ K_{La} = \frac{1}{t_0 - t_t}[\ln(C_s - C_t)_0 - \ln(C_s - C_t)_t]$$

일반적으로 하·폐수처리장의 생물학적 산화단계에서 산소를 공급하기 위해 사용하는 폭기기(aerator)의 산소전달능력은 확산폭기기(diffused aerator)가 20～40 mg O_2/L/hr, 표면폭기기(surface aerator)가 60 mg O_2/L/hr, 그리고 터빈 폭기기(turbine aerator)가 80 mg O_2/L/hr 정도이며, α와 β값은 각각 0.9와 0.97 내외로 나타난다(US EPA, 1992).

한편 산소부족량(DO deficit, $D = C_s - C$)으로부터 재포기속도(rate of reaeration)는 다음과 같이 유도된다.

$$C_t = C_s - D_t$$

$$C_t = C_s - D_0 \exp(-k_a t) = C_s - (C_s - C_0)\exp(-k_a t)$$

여기서, $D_t = D_0 \exp(-k_a t)$

$D_0 = C_s - C_0$

$$\frac{dC}{dt} = k_a(C_s - C) = -k_a D$$

또는

$$r_R = k_r D = k_r(C_s - C)$$

여기서, r_R = DO의 재포기속도

k_a = 산소전달속도상수(volumetric reaeration coeff.)

k_r = DO 재포기속도상수(reaeration rate constant)

또는 재산소화 속도상수(reoxygenation rate constant)

재포기속도상수 k_r 값은 대기층에 접촉하는 액체의 표면적(surface area)과 난류(turbulence)의 함수로 다음과 같이 표현된다.

$$k_r = \frac{3.9v^{0.5}}{h^{1.5}}$$

여기서, k_r: 20℃ 기준 재포기속도상수(reaeration rate constant)

v: 하천의 평균유속

h: 하천의 평균수심

또 다음과 같은 실험식들이 사용되기도 한다.

- Streeter(1926)

$$k_r = \frac{CV^m}{H^2}$$

여기서, V: 평균유속(ft/sec)

H: 수심(ft)

C: 수로경사, 조도에 관한 상수

- O'conner & Dobbins(1956)

$$k_r = \frac{294(D_L V)^{1/2}}{H^{3/2}}$$

여기서, D_L: 분자확산계수(m²/day)

v: 평균유속(m/sec)

H: 수심(m)

- 기타 실험식: Churchill 등(1964), Owens 등(1967), Langbein and Durum(1967), Tsivoglou (1967, 1976, 1977), Thackston and Krenkel(1967)

이상의 반응속도상수들은 모두 20℃ 상온기준으로 그 외의 온도조건에 따라 다음 식을 이용하여 보정된다.

$$k_T = k_{20℃}\Theta^{T-20}$$

여기서, T: 온도(℃)

k_T: 온도 T에서의 속도상수

$k_{20℃}$: 20℃에서의 속도상수

Θ: 1.024

3) 용존산소 변화곡선(oxygen sag curve)

앞에서 설명한 산소소모(DO depletion: oxygen sink)와 산소공급(reaerations: oxygen source)의 메커니즘을 연합하여 다음과 같이 물속에서의 용존산소 변화곡선식(oxygen sag curve equation)을 유도할 수 있는데, 이는 Streeter와 Phelps의 DO Model(1925)로 알려져 있다.

$$\frac{dD}{dt} = r_D + r_R = k_d L_t - k_r D$$

이 식은 물속에 유기물질(예, BOD)이 유입되었을 때 나타나는 현상을 표현하는 전형적인 반응식으로, 하천의 용존산소를 예측하기 위해 사용하는 모델링 기법에서 매우 중요한 요소이다. 이 식을 적용한 Streeter-Phelps model은 압출류(PFR, plug-flow reactor) model로, BOD 반응(BOD kinetics) 및 물질전달흐름(mass transfer flux)을 기반으로 하고 있다. DO sag model은 자연수의 수질모델링에 매우 일반적으로 사용되지만 다음과 같은 몇 가지 중요한 가정을 가지고

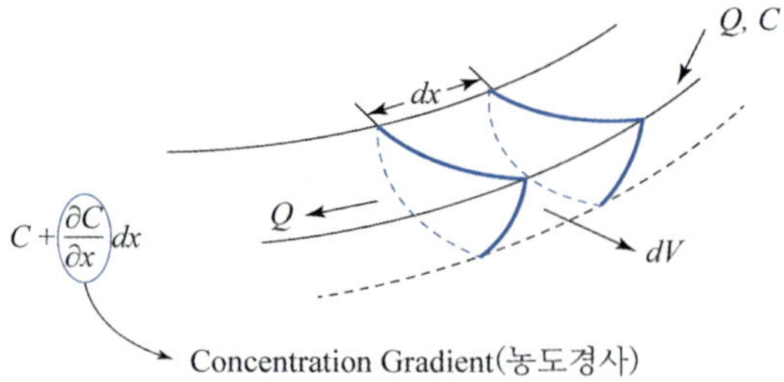

그림 8-6 **하천의 미소구간의 흐름 모형**

있음을 알아야 한다.

- 대상 하천은 PFR과 같이 움직인다.
- 오염물질(wastes)은 토구(outfall)로 일정하게 배출된다.
- 탈산소반응속도(rate of deoxygenation)는 BOD 제거속도에 비례한다.
- BOD는 침전하지 않고, 하상바닥에서 침식작용으로 용출되지 않는다.
- 산소는 퇴적물(sediments)에 의해 소모되지 않는다.
- 모든 반응은 정상상태 조건(steady state conditions)하에서 진행된다.

하천에서 흘러가는 미소구간의 흐름에 대한 모형(그림 8-6)을 기준으로 물질수지(mass balance)를 적용하면 다음과 같다.

$$\text{Accumulation} = \text{Inflow} - \text{Outflow} + \text{Deoxygenation} + \text{Reaeration}$$

$$\frac{\partial C}{\partial t}\Delta V = |QC|_x - |QC|_{x+\Delta x} + r_D \Delta V + r_R \Delta V$$

정상상태(steady-state) 조건하에서 $\frac{\partial C}{\partial t}$는 0으로 접근할 것이며, 이 식을 용적(volume)으로 나누면

$$0 = -Q\frac{dC}{dV} - k_d L_t + k_r(C_s - C)$$

이 식에서 $V/Q = t$(즉, 체류시간(residence time)), $Qdt = dV$이므로

$$\frac{dC}{dt} = -k_d L_t + k_r(C_s - C)$$

그리고 DO 부족량($D = C_s - C$)을 고려하고 재배열하면 다음 식으로 전환된다.

$$\frac{dD}{dt} = -\frac{dC}{dt} = k_d L_t - k_r D$$

$$\frac{dD}{dt} + k_r D = k_d L_0 e^{-k_d t}$$

이때 $t=0$에서의 $D=D_0$로 정의하여 적분하면 다음과 같이 시간을 함수로 한 용존산소 부족량 관련 식이 유도된다.

$$D_t = \frac{k_d L_0}{k_r - k_d}\left[\exp(-k_d t) - \exp(-k_r t)\right] + D_0 \exp(-k_r t)$$

또는

$$D_t = \frac{K_1 L_a}{K_2 - K_1}\left(10^{-K_1 t} - 10^{-K_2 t}\right) + D_a \times 10^{-K_2 t}$$

여기서, D_t: 시간 t에서의 DO 부족량

L_0: $t=0$에서의 BOD(= L_a)

D_0: $t=0$에서의 최초 용존산소부족량(= D_a)

K_d = 탈산소계수(= K_1)

K_r = 재포기계수(= K_2)

이 식으로부터 하천에 배출된 오염물질이 잘 분해되는지 그리고 하천의 생태조건이 수생생물의 성장에 대한 안정성을 확보할 수 있는지 평가하는 데 사용가능하다. 또 이 식에서 시간 t는 하천의 흐름에 대한 이송거리와 관련이 있다.

$$t = \frac{x}{v}$$

여기서, t = 오염물질 배출지점에서부터 하류로 유하한 시간

x = 하류로의 이송거리

v = 유속

하천에서는 물이 하류로 유하하는 과정에서 용존산소가 최소치(min. DO)로 나타나는 임계점(critical point)의 정보(즉 DO 농도, 발생지점, 발생시간)는 매우 중요하다. 임계지점에서의 산소부족량(t_C & x_C, $dD/dt=0$)은 다음과 같이 표현된다.

$$\frac{dD}{dt}+k_r D=k_d L_0 e^{-k_d t}$$

$$D_C=\frac{k_d}{k_r}L_0 \exp(-k_d t_C)$$

임계시간($dD/dt=0$)과 임계점은 다음과 같다.

$$t_C=\frac{1}{k_r-k_d}\ln\left[\frac{k_r}{k_d}\left(1-D_0\frac{k_r-k_d}{k_d L_0}\right)\right]$$

$$x_C=v\times t_C$$

재포기상수와 탈산소상수의 비율을 상수 f로 두면 이상의 식은 간단히 정리되는데, 이때 상수 f를 자정상수(self-purification constant)라 정의한다(Fair, 1939). 일반적으로 f값은 자연수의 상태(표 8-3)에 따라, 그리고 온도(표 8-4)에 따라 변화한다(Fair and Geyer, 1954).

$$f=\frac{\text{Reaeration rate constant}}{\text{Deoxygenation rate constant}}=\frac{k_r}{k_d}$$

표 8-3 **자연수의 조건에 따른 자정상수(f)(Fair and Geyer, 1954)**

상태	f (20℃ 기준)
조그만 연못	0.5~1.0
완만한 하천, 큰 호수, 저수지	1.0~1.5
유속이 낮은 큰 하천	1.5~2.0
보통 유속의 큰 하천	2.0~3.0
유속이 급한 하천	3.0~5.0
급류나 낙차가 있는 곳	5.0 이상

표 8-4 **온도에 따른 자정상수(Fair and Geyer, 1954)**

온도(℃)	상대적 f값
5	1.58
10	1.35
15	1.16
20	1.00
25	0.859
30	0.737

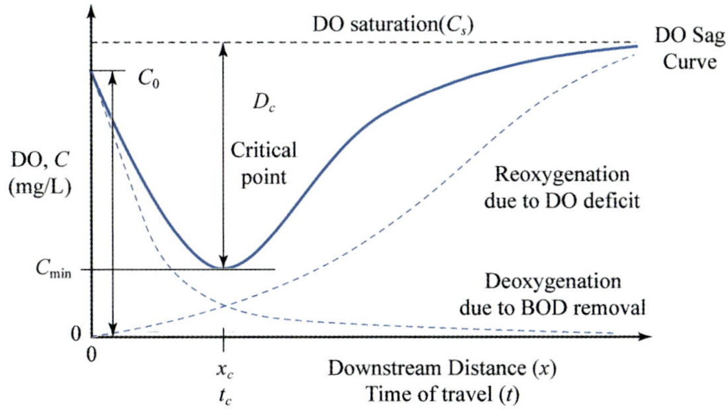

여기서, D_c = 임계 산소부족량(max. DO deficit)

$C_{min} = C_c$ = 임계 DO 농도(min. DO concentration)

t_c = 임계시간(D_c, C_c에 도달한 시간)

x_c = 임계지점

그림 8-7 **용존산소 변화곡선(oxygen sag curve)**

자정상수(f)를 고려하면 임계시간(t_C)은 다음 식으로 표현된다.

$$t_C = \frac{1}{k_d(f-1)} \ln \left[f \left\{ 1 - (f-1)\frac{D_0}{L_0} \right\} \right]$$

한편 DO sag curve에서 복귀율이 가장 큰 변곡점에서의 좌표는 다음 공식을 이용하여 구할 수 있는데, 여기서 t_1과 D_i는 각각 변곡점에서의 시간과 산소부족량을 의미한다.

$$t_1 = \frac{1}{K_1(f-1)} \log f + t_c$$

$$\log D_i = \log\left(\frac{f+1}{f^2}\right) + \log L_a - K_1 t_1$$

앞선 t_c와 D_c 식에서 만약 $f=1$이라면 값을 구할 수 없게 되는데, 이 경우에는 다음 공식을 이용한다.

$$t_c = 0.434\left(1 - \frac{D_a}{L_a}\right)\frac{1}{K_1}$$

$$t_1 = 0.434\left(2 - \frac{D_a}{L_a}\right)\frac{1}{K_1}$$

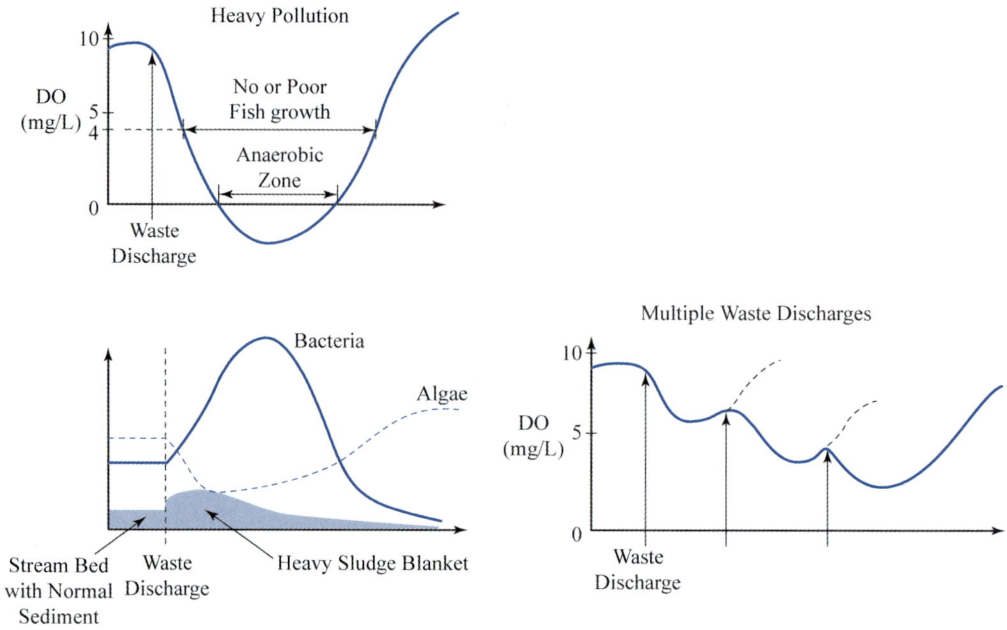

(a) 과도한 오염물질 유입의 경우

(b) 복수의 오염물질 유입의 경우

그림 8-8 **오염물질 유입 시 산소곡선과 하천생태거동**

4) Streeter-Phelps model의 한계와 확장

Streeter-Phelps model은 수질관리모델링에서 가장 일반적으로 적용되는 모델이지만 다음과 같은 부분에 있어서 충분히 고려되지 않아 한계성이 있다.

- 조류에 의한 산소발생(algal O_2 production)
- 다수의 BOD 유입
- 재포기상수 k_r값은 하천의 유역특성에 따라 변화한다.
- 정상상태로 가정(실제 상황에서 유입유량, BOD, k 등의 값은 수시로 변화한다.)

Streeter-Phelps 식은 조류의 광합성 및 호흡반응과 슬러지 침전 등을 고려하여 다음과 같이 확장가능하다.

$$\frac{dC}{dt} = -k_d L_t + k_r(C_s - C) + P - R - S$$

$$D_t = \frac{k_d L_0}{k_r - k_d}\left[\exp(-k_d t) - \exp(-k_r t)\right] + D_0 \exp(-k_r t)$$

$$+ \frac{S + R - P}{k_r}\left[1 - \exp(-k_r t)\right]$$

여기서, $k_d L$: BOD 소모(BOD exertion)

$k_r(C_s - C)$: 재포기반응(reaeration)

P: 광합성(photosynthesis)

R: 조류의 호흡반응(algal respiration)

S: 슬러지 퇴적(sludge deposit)

예제 8 - 2)

다음과 같이 특성을 가진 점오염원이 하천으로 유입하고 있다. 임계점에서의 산소부족량은 얼마인가?

$Q_w = 100\ m^3/day$, $L_w = 500\ mg/L$

$Q_u = 10{,}000\ m^3/day$, $L_u = 0.5\ mg/L$

$u = 3\ km/day$, 포화 DO = 8.5 mg/L

$k_d = 0.23/day$, $k_r = 0.43/day$

풀이)

1. 임계점까지의 시간 t_c

$$L_{mix} = \frac{(500 \times 100) + (0.5 \times 10{,}000)}{10{,}100} = 5.44\ mg/L$$

$$t_c = \frac{1}{k_r - k_d} \ln\left[\frac{k_r}{k_d}\right] \qquad (\because \text{ no initial deficit})$$

$$= \frac{1}{0.43 - 0.23} \ln\left[\frac{0.43}{0.23}\right] = 3.1\ days$$

2. 임계점의 위치(x_c)

$$x_c = u \times t_c = 3\ km/day \times 3.1\ days = 9.3\ km$$

3. 임계점에서의 산소부족량

$$L_0 = \frac{y_t}{1 - \exp(-k_d t)} = \frac{5.44}{1 - \exp(-0.23 \times 5)} = 7.97\ mg/L$$

$$D_c = \frac{k_d}{k_r} L_0 \exp(-k_d t_c) = \frac{0.23}{0.43} \times 7.97 \times \exp(-0.23 \times 3.1)$$

$$= 2.09\ mg/L$$

예제 8 - 3)

산소의 포화농도가 9 mg/L인 하천에서 $t=0$일 때 용존산소 농도가 6 mg/L라면 물이 2일 및 6일 흐른 후 하류에서의 용존산소 농도는 얼마인가? 단 최종 BOD는 10 mg/L이며 K_1과 K_2의 값은 각각 0.1, 0.2/day이다.

풀이)

① 2일 후

$$D=\frac{10\times0.1}{0.2-0.1}\left(10^{-0.1\times2}-10^{-0.2\times2}\right)+3\times10^{-0.2\times2}=3.53\ \text{mg/L}$$

따라서 2일 후 용존산소 농도는 9 mg/L – 3.53 mg/L = 5.47 mg/L

② 6일 후

$$D=\frac{10\times0.1}{0.2-0.1}\left(10^{-0.1\times6}-10^{-0.2\times6}\right)+3\times10^{-0.2\times6}=2.1\ \text{mg/L}$$

따라서 6일 후 용존산소 농도는 9 – 2.1 = 6.9 mg/L

예제 8 - 4)

20℃에서의 f값이 2.0인 하천이 부분적으로 처리된 하수를 희석시킨다. 연중 가장 오염이 심한 때의 온도가 26℃이며 이 온도에서 희석된 하수의 용존산소량은 7 mg/L이다. 만약 하천의 용존산소 농도를 4.0 mg/L까지로 유지하고자 한다면 방출지점에서 희석된 하수의 20℃에서의 5일 BOD는 최대 얼마로 해야 하는가?

풀이)

임계산소 부족량을 구하기 위해서는 하수의 제1단계 BOD값을 가정해야 한다. 20℃에서의 K_1 값을 0.1이라고 하자. 그러면 K의 온도보정식을 이용하여 $K_{1(26)}=0.1317$로 계산된다. 표 8 – 1로부터 하수방출지점에서의 산소부족량 D_a는 8.22 – 7.0 = 1.220 mg/L이다. 20℃에서의 f값이 2.0이므로 26℃에서의 f값은 $\{0.859+(0.737-0.859)\times\frac{1}{5}\}\times2.0=1.67$이다.

1. 먼저 최종 BOD값이 14.0 mg/L라고 가정할 경우

   $t_c=2.21$일, $D_c=4.30$ mg/L가 된다.

   따라서 용존산소량이 8.22 – 4.30 = 3.92 mg/L이며 이 값은 허용치 4 mg/L보다 적으므로 가정을 다시 세워야 한다.

2. 최종 BOD값이 13.0 mg/L라고 가정할 경우

   $t_c=2.19$일, $D_c=4.01$ mg/L가 된다.

   용존산소량은 8.22 – 4.01 = 4.21 mg/L가 되며 허용치 4 mg/L보다 크므로 가정이 합리적이

다. 허용치 4 mg/L와 같게 하기 위해서는 BOD값이 13 mg/L와 14 mg/L 사이에 있어야 한다. 또한 26℃에서 최종 BOD값이 13 mg/L이므로 20℃에서의 최종 BOD값은 11.6 mg/L가 된다. 5일 BOD값의 최종 BOD값의 약 68% 정도이므로 5일 BOD값은 11.6 × 0.68 = 7.9 mg/L 이다.

예제 8 - 5)

한 도시에서 1.33 m^3/sec의 도시하수를 하천으로 방류하고 있다. 하천의 유량과 수온은 각각 8.5 m^3/sec와 15℃이고 용존산소는 90% 포화된 상태이다. 또 하천의 유속은 3.2 km/hr이며, BOD_5는 1 ppm이었다. 하천에 방류되고 있는 도시하수는 수온 20℃, BOD_5 200 mg/L, DO 0 mg/L이다. 이때 $K_1' = 0.3\ day^{-1}$ @ 20℃($\theta_1 = 1.135$), $K_2' = 0.7\ day^{-1}$ @ 20℃($\theta_2 = 1.024$)라 할 때 임계점에서의 DO 부족량, 위치, BOD_5를 결정하고 DO sag curve를 작성하시오.

풀이)

1. 도시하수가 유입되기 전까지 상류부 하천의 DO 농도

 ① 15℃ $DO_{sat.}$ = 10.2 mg/L

 ② 하천의 DO = 0.9 × 10.2 = 9.2 mg/L

2. 혼합된 상태에서 Temp., DO, BOD_5, L_0의 값을 결정한다.

$$C = \frac{Q_1C_1 + Q_2C_2}{Q_1 + Q_2}$$

 ③ Temp. of mixture = (8.5 × 15 + 1.33 × 20) / (8.5 + 1.33) = 15.7℃

 ④ DO of mixture = 8.0 mg/L

 ⑤ BOD_5 of mixture = 27.9 mg/L

 ⑥ $[BOD_5] = [L_0 - L_5] = L_0\{1 - \exp(-k'_1 t)\}$

 L_0 of mixture = 27.9/{1 – exp(– 0.3 × 5)} = 35.9 mg/L

3. 최초의 용존산소 부족량 결정

 ① 15.7℃에서의 용존산소 포화농도 = 10.1 mg/L

 ② Initial Deficit, DO= $C_s - C$ = 10.1 – 8.0 = 2.1 mg/L

4. K_1', K_2'에 대한 온도보정

 ① $K_1' = 0.3(1.135)^{15.7-20} = 0.174\ day^{-1}$

 ② $K_2' = 0.7(1.024)^{15.7-20} = 0.63\ day^{-1}$

5. t_c와 X_c의 결정

① t_c

$$t_c = \frac{1}{k'_2 - k'_1} \ln\left[\frac{k'_2}{k'_1}\left(1 - \frac{D_0(k'_2 - k'_1)}{k'_1 L_{01}}\right)\right]$$
$$= \frac{1}{0.63 - 0.174} \ln\left[\frac{0.63}{0.174}\left(1 - \frac{2.1(0.63 - 0.174)}{0.174 \times 35.9}\right)\right] = 2.46 \text{ days}$$

② $X_c = v \times t_c$ =3.2(km/hr) × 24(hr/day) × 2.46(days) = 188.9 km

6. 임계점에서의 D_c, $(DO)_c$

① D_c

$$D_c = \frac{k'_1}{k'_2} L_0 \exp(-k'_1 t_c) = \frac{0.174}{0.63} \times (35.9 \text{ mg/L}) \times \exp(-0.174 \times 2.46) = 6.5 \text{ mg/L}$$

② $D_c = C_s - C_c$

$(DO)_c = C_c = C_s - D_c = 10.1 - 6.5 = 3.6$ mg/L

7. 임계점에서의 BOD_c

$[BOD_0] = L_0\{1 - \exp(k_1' t)\} = 35.9\{1 - \exp(-0.174 \times 2.46)\} = 12.5$ mg/L

$[L_0]_c = 35.9 - 12.5 = 23.4$ mg/L

$[BOD_5] = [L_0]\{1 - \exp(-k_1' t)\} = 23.4\{1 - \exp(-0.174 \times 5)\} = 18.2$ mg/L

8. 기타 지점에서의 D_o 계산 후 DO sag curve 작성

Distance (km)	0	60	120	188.9	240	300
DO (mg/L)	8.0	5.2	4.0	3.6	3.8	4.1

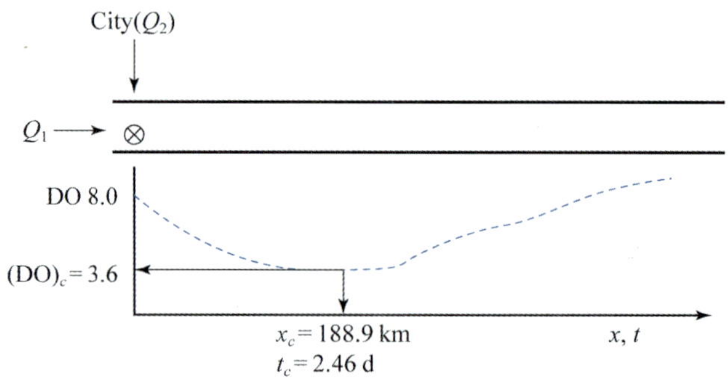

8.3 호수와 저수지

(1) 개요

호수(lake)와 저수지(reservoir)의 수질은 앞서 설명한 유기물질, BOD 및 산소부족량보다 부영양화와 물의 온도와 더 관련이 있다. 산소와 관련된 인자들은 분명히 부영양화와 온도와 상관관계가 깊고 근본적으로는 앞서 설명한 오염 메커니즘과 유사한 현상으로 이루어진다.

호수와 저수지에서의 수질변화과정 역시 단지 하천의 경우와 비교하였을 때 수리학적 물 흐름에 대한 정체성이 있는지 없는지가 상당한 차이를 가진다. 호수나 저수지에서는 일차원적인 흐름 특성이 없으므로 하천에서와 같이 분명한 지역구분특성은 생기지 않는다. 반면 호소와 저수지는 수심에 따른 물의 이동특성이 발생하는데, 그 결과 자정작용과 비자정적 작용이 계절적으로 변화하며 발생할 수 있다. 그 주요 원인은 온도에 따른 물의 밀도 변화이다. 물의 밀도는 4℃에서 최대치(1 kg/L)로 보였다가 0℃로 낮아지거나 15℃로 상승하면 0.999 kg/L로 낮아지고 25℃까지 상승할 경우 0.997 kg/L까지 낮아진다. 계절에 따른 수온의 변화가 물속에서의 열밀도(thermal-density) 측면에서의 구분을 일으키는 것이다. 이러한 특성을 성층현상(stratification)이라 부르며 이와 함께 부영양화(eutrophication) 현상은 대표적인 수질오염의 원인이 된다. 일차원적인 물의 흐름을 가진 하천이라 할지라도 일부 정체된 구간의 수역환경에서는 호수와 저수지의 수질변화특성과 유사한 경향을 보일 수 있다.

저수지 및 호수의 특성은 반드시 체류시간이 길다는 점이다. 긴 체류시간을 가진 시스템은 유입 및 유출에 의해 크게 영향을 받지 않으므로, 혼합을 제어하는 일차적인 인자는 바람과 온도가 된다. 온도와 밀도변화는 대부분에 경우 동일한 영향으로 고려될 수 있으며, 온도의 측정이 용이하므로 이를 기본적인 변수로 사용한다. 호수와 저수지에서의 자정작용은 주로 대기층 바람의 영향으로 인한 표면층의 교란작용과 수직방향 물의 운동에 의한 효과가 지배적이다. 즉, 희석, 재포기, 침전 및 생화학적 작용 등에 의한 유기물질의 제거와 자정작용을 위해 충분한 시간이 확보되어야 한다. 또 유입된 세균은 다른 환경 요소들의 통제를 받아 죽게 된다. 즉 수온, 가용 영양소, 태양에 의한 살균효과, 침전, 그리고 원생동물의 활동에 의해서 제거되며 일반적으로 그 제거율은 유기물 제거속도보다도 느리다. 따라서 비록 저수지물이 오염되지 않는 듯이 깨끗하게 보일지라도 세균에 의한 오염가능성은 존재할 수 있으므로 유의하여야 한다. 소규모 호수는 가끔 심하게 오염되어 있고 용존산소 농도는 매우 낮은 값까지 감소할 수 있으나 만약 유기물의 배출을 적절히 통제하면 상태는 빠르게 변화된다. 또 부영양화 속도가 커지면 영양물질이 재순환되기 때문에 제어하기가 훨씬 더 어려워진다.

(2) 성층(열밀도층)현상

성층현상(stratification)은 그림 8-9에 보인 바와 같이 물의 수직운동이 없는 겨울이나 여름에 일어나는데, 봄과 가을에는 저수지 물의 수직혼합이 활발히 진행되어 분명한 열밀도층의 구별은 없어지게 된다. 즉 겨울에 수면이 얼게 되면 얼음 표면과 그 상부의 대기온도는 0℃보다 낮아져도 얼음 밑의 물은 실제로 0℃에 가까우며 더 깊은 곳의 물은 4℃ 정도에서 최대밀도를 갖게 된다. 이러한 상태에서 물은 비교적 안정된 평형상태에 있고 수직적인 혼합이 없게 된다. 그러나 봄이 되어 얼음이 녹으면 표면 부근의 수온이 높이지기 시작하여 4℃가 되면 밀도가 최대가 되므로 밑으로 운동하게 되고 반면 밑부분의 물이 상부로 이동하게 된다. 봄에서 여름이 되면 물은 점차 따뜻해져서 가벼운 물이 밀도가 큰 물 위에 놓이게 되며 온도차가 커져서 순환현상, 즉 수직운동은 점점 상부층에만 국한된다. 가을이 되어 표면의 수온이 내려가면 수직적인 정체현상은 파괴되고 물은 다시 수직적인 혼합을 이루게 된다. 다시 말해서 겨울과 여름에는 수직운동이 없어서 정체현상이 생겨 수심에 따라 온도와 DO 농도의 차가 크지만 봄과 가을에는 순환현상이 발생하여 수심에 따른 온도나 DO 농도에는 변화가 적다. 겨울과 여름의 정체현상 중에서 여름의 정체가 더 뚜렷이 생긴다. 이와 같이 저수지의 물이 수심에 따라 여러 개의 층으로 분리되는 현상이 발생한다. 그 결과 표수층(epilimnion), 변온약층(thermocline) 그리고 심수층(hypolimnion)으로 정의되는 열밀도층(thermal-density layers) 혹은 열층(thermal layers)이 형성된다. 일반적으로 깊은 저수지에 있어서 표수층과 변온약층은 각각 7 m 정도의 수심을 차지하며 그 하부는 심수층이 된다.

저수지에 오염물이 유입되었을 때에 오염물은 수중미생물에 의해서 섭취 분해되거나 기타 작용에 의해서 자정작용이 일어난다. 이때 수직방향의 물 운동이 없다면, 즉 다시 말해서 저수지가 열밀도층별로 분명히 분리될 경우 수면 가까운 곳에 위치하는 표수층에서는 통상적으로

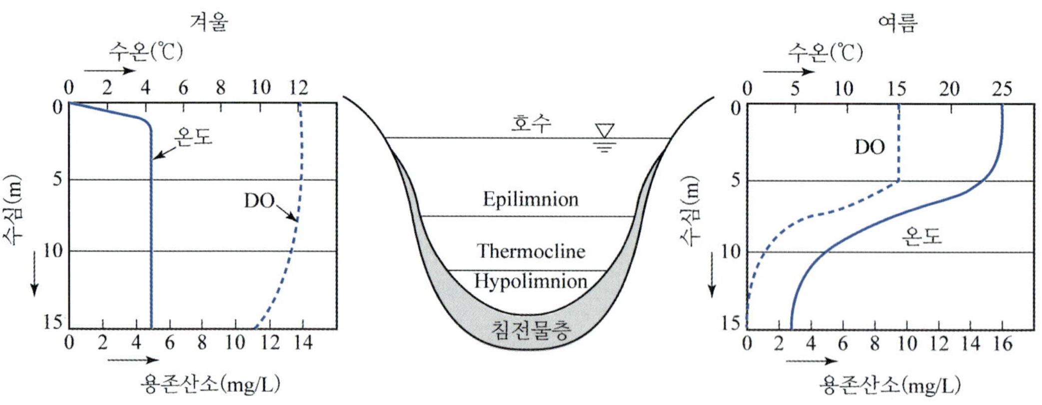

그림 8-9 저수지나 호수의 성층현상의 일례(Deevey, 1951)

공기 중의 산소가 재포기반응을 진행하므로 용존산소 농도가 높아서 호기성 상태가 되나 반면 변온약층 하부의 심수층에서는 용존산소가 부족하거나 혹은 완전히 고갈되어 결국 혐기성 상태가 된다. 이 경우 혐기성 미생물에 의해서 저부 바닥에 퇴적된 유기물이 분해됨으로써 수질은 크게 악화된다.

봄과 가을철의 저수지물의 수직운동은 대기중의 바람에 의해서 더욱 가속되며 이러한 수직운동을 전도현상(turnover)라고 한다. 전도는 영양물질과 온도분포의 변화 그리고 전체를 통한 바닥 퇴적물질의 이동에 의해 수질에 악영향을 미친다. 영양물질은 침전물로서 또는 하부미생물 활동 때문에 호수저부에 축적된다. 이들 물질이 태양광이 강하고 더 높은 온도 및 더 높은 산소농도를 갖는 표면으로 이송되면 부영양화 속도는 가속화된다. 이러한 물이 급수원으로 이용될 경우 전도현상은 대단히 불리한 결과를 초래하는데, 이는 혐기성 상태에 있는 심수층 물의 전도로 인해 수질이 악화된 저수지 물이 취수되기 때문이다.

(3) 부영양화

체류시간(detention time)이 긴 호수나 해협에 유기물이 유입되면 수중의 N, P 등의 영양염류 농도를 증가시켜 수중의 용존산소를 소비하게 된다. 이 단계에서 산소의 공급과 소비의 불균형으로 발생되는 산소결핍현상을 부영양화(eutrophication)라고 정의한다. 부영양화로 인한 주요 피해사례는 ① 어패류 폐사, ② 악취발생, ③ 투명도 저하 및 남세균의 대량번식 그리고 ④ 생태계 변화 등을 들 수 있다.

저수지 내에 물이 오래 머무르면 연속되는 자정효과 수질이 좋아질 것이라고 기대하기 쉬우나 실제는 오염물의 연속적인 유입으로 수역의 자정능력을 초과하며 수질은 점차 악화되고 이러한 현상은 성층현상에 의해서 더 심화된다. 비록 장기간의 저수효과로 오염물로 분해된다 할지라도 반면에 수중미생물의 번식에 따라 무기 영양소들은 축적이 일어나기 쉽다. 그 결과 수중에 맛과 냄새를 초래하는 각종 조류가 번식하고 이로 인해 인체에 질병을 일으킬 수 있다. 죽은 조류는 다시 저수지 바닥에 침전되어 다른 미생물에 의해서 분해되고 분해산물은 또 다시 수중 생명으로의 반복적인 순환으로 이어지고 그 결과 수질은 점점 악화되어 결국 쓸모 없는 늪으로 변모하게 된다. 따라서 저수지에 조류가 많이 번식한다는 것은 그 저수지가 부영양화 과정 중에 있다는 것을 뜻하게 된다. 그림 8-10은 부영양화의 진행과정에서 발생되는 유기물질의 전환과정을 보여주고 있다.

부영양화는 탄소, 질소, 인과 같이 조류의 번식에 양분이 될 물질들이 저수지에 축적될 때 일어나게 된다. 이러한 물질들은 삼림지대의 썩은 식물, 농지 사용비료, 동물의 분뇨, 그리고 합성세제 등에 주로 함유되어 있어 이 물질들이 저수지에 유입될 때 함께 유입된다. 또 가정하수

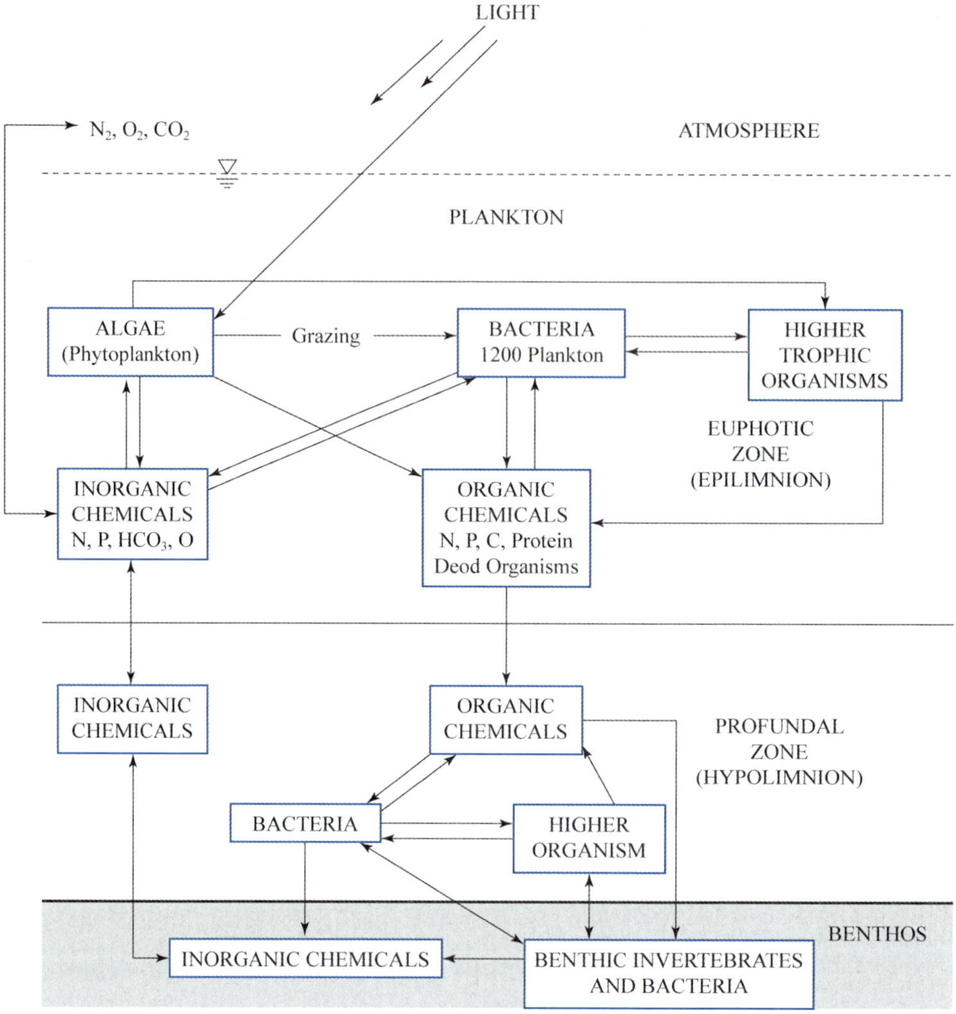

그림 8-10 **부영양화의 진행과정에서 유기물질의 전환**

나 공장폐수 그리고 그 처리수에도 이러한 영양물질을 많이 함유하고 있으므로 그 원인이 된다. 이러한 물질들이 저수지 내로 유입되면 조류는 이 영양소들을 섭취해서 번식하게 되는데, 비록 부영양화는 자연적인 현상이지만 결국 인간이 방출하는 각종 오염물질로 인해 가속화되는 것이다.

호소의 영양성은 크게 빈영양화(oligotrophic), 중영양화(mesotrophic) 및 부영양화(eutrophic)로 구분된다. 호수나 저수지의 엽록소와 인의 농도, 물의 투명도(secchi depth) 등이 평가요소로 사용되고 있다(표 8-5). 또 조류농도는 엽록소 농도의 67배에 해당되는 것으로 알려지고 있다(APHA, WEF 1995)

표 8-5 **호수 및 저수지물의 영양 구분(Lee, et al., 1981)**

영양단계	Chlorophyll(μg/L)	Secchi Depth(m)	T-P(μg/L)	Hypolimnetic O_2 (% Saturation)
빈영양화	<2.0	>4.6	<7.9	>80
빈-중 영양화	2.1~2.9	4.5~3.8	8~11	
중영양화	3.0~6.9	2.7~2.4	12~27	10~80
중-부 영양화	7.0~9.9	2.3~1.8	28~39	
부영양화	≥ 10.0	≤ 1.7	≥ 40	<10

부양화한 저수지가 영양소(SiO_2, Mg^{2+}, Ca^{2+}, Na^+, K^+, HCO_3^- 등)를 적절히 함유하고 약 2 mg/L NO_3-N 및 0.2 mg/L 인(P)이 수중에 존재할 경우 조류는 급격히 성장하는 특성이 있다. 이런 경우에 적당한 물리적 환경만 제공된다면 봄~가을 사이에 조류는 5,000~50,000 cells/mL 정도의 농도로 높게 번식하게 된다. 그러나 조류대번성(algal bloom)에 있어서는 세포의 숫자보다는 조류의 종류가 더 중요한 문제로, 특히 청록색 남세균(cyanobacteria)은 부영양화의 마지막 단계에서 주로 발견된다. 조류의 성장, 죽음, 퇴적 및 분해에 이르는 연속적인 과정은 저수지의 심수층의 용존산소를 급격히 감소시키며 그 결과 혐기성층이 상부의 높은 용존산소를 가진 표수층으로 분산되지 않는 한 저수지의 수질은 점점 악화된다. 표 8-6에는 온화한 기후조건에서 여름철의 성층기간 동안에 부영양화된 저수지의 수질의 예가 나타나 있다. 이러한 현상은 저수지나 호수에서만 생기는 것이 아니며, 하천의 정체수역이나 해역에서도 충분히 발생할 수 있다.

표 8-6 **온대지방에서의 한 여름의 성층시 저수지의 수질(Mitchell, 1972)**

항목	수면으로부터의 깊이(m)			
	1	8	13	20(바닥)
온도(℃)	25+	20	10	10
DO(% 포화도)	150+	100	25	0*
pH	8.5	8.2	8.0	7.5
SiO_2(mg/L)	1	1	6	8
NH_3-N(mg/L)	0.05	0.10	0.80	3.00
P(mg/L)	0.02	0.05	0.20	2.00
조류(cells/mL)	20,000	5,000	1,000	20,000*

주) H_2S의 농도가 10 mg/L 정도될 가능성이 있다.
* 분해 중의 죽은 조류

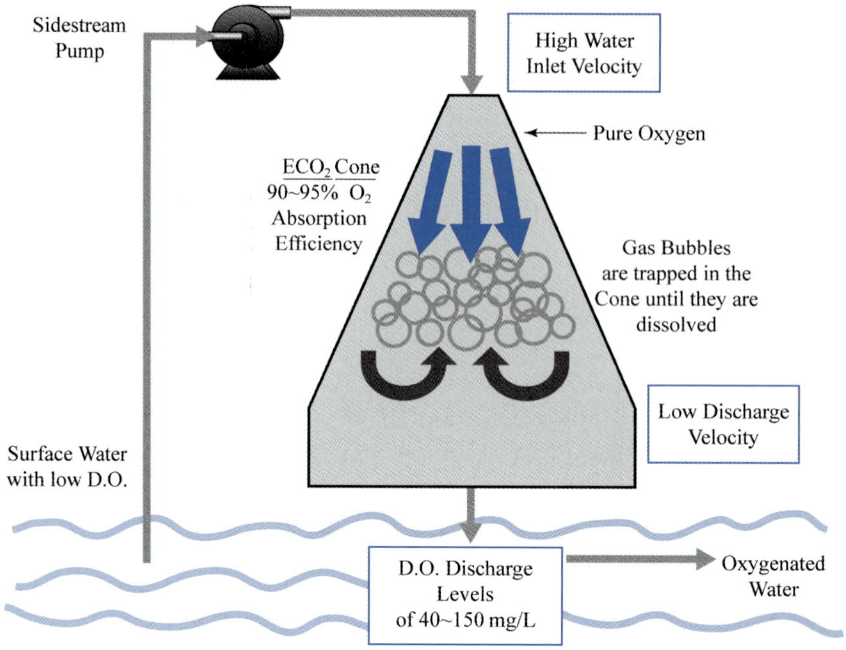

그림 8-11 **Speece Cone - SuperOxygenation Technology(Eco Oxygen Technolgies)**

중요한 영양소 중 하나를 제어함으로써 생물의 과잉번식을 억제시킬 수 있다. 예를 들어 저수지 내로 유입되는 질소나 인의 농도를 감소시키면 조류는 잘 번식하지 못하게 된다. 따라서 조류의 번식을 막기 위하여 인 함유 합성세제의 사용을 억제하고 하수의 고도처리(영양소제어) 기술을 강화할 필요가 있다. 열층화된 저수지는 층간의 물의 밀도 차이가 미미하다고 하더라도 그 차이는 여름철의 잔잔한 바람이 물의 혼합을 일으키는 것을 방지할 수 있을 만큼 충분히 크다. 따라서 수면의 조류는 양분이 고갈될 때까지 번식하며 동시에 바닥에서는 퇴적된 유기물이 분해되면서 그 양분이 물속으로 점차 확산하게 된다. 여름철에는 용존산소를 충분히 가진 물이 양적으로 제한되어 있기 때문에 특히 급수시설에서는 어려움을 겪게 된다. 따라서 조류가 심하게 발생할 경우 양질의 물을 얻기 위하여 저수지에 황산동($CuSO_4$)이나 활성탄(activated carbon) 황토(clay)를 살포하여 조류번식을 억제하는 방법을 사용하고 있다. 또한 양수법(Laurie, 1961), 증기확산법(Ford, 1963), 산소공급시스템(Mello, 2014, Singleton and Little, 2006; Speece, 1994) 등과 같이 다양한 저수지 내에서의 수질개선 방법이 시도되고 있다(그림 8-11, 그림 8-12).

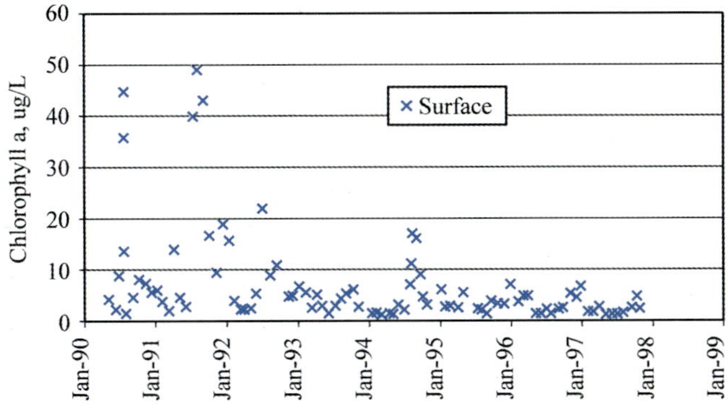

그림 8-12 **Reduction in Chlorophyll a concentrations in Camanche Reservoir surface waters, 1990-1997(Horne, 2014)**

(4) 수치적 접근

호수 및 저수지 모델링은 매우 복잡하다. 수표면으로부터 열전달을 이해하기 위해서는 바람 상태와 주위 온도변화를 주의 깊게 평가해야 한다. 대류에 의한 혼합은 바람에 의한 혼합과 관련이 있고, 성층화된 호수에서는 오히려 성층화의 정도가 중요하다. 이러한 호수 모델링에는 광범위한 현장자료를 필요로 하며, 개론수준 이상의 전문적인 접근방법을 필요로 한다. 모델링을 위한 접근법은 1차원과 다차원 접근법으로 구분된다. 1차원 모델은 중소규모 호수의 혼합특성이 양호한 잘되는 수체(water body)를 기술하는 데 적합하며, 통상적으로 주요 축의 길이는 50 km보다 작은 규모이다. 수심이 낮거나, 성층화가 진행되었고, 또한 매우 큰 수체는 공간적으로 2 또는 3차원 개념으로 시간과 함께 평가되어야 한다(Orlob, 1983; Simons, 1975).

호수와 저수지는 긴 수리학적 체류시간을 갖는 비이상적(임의 흐름) 반응조처럼 거동한다. 심지어는 작은 호수조차도 전형적으로 수십 년의 체류시간을 갖는다. 이러한 시스템은 흐름에 의해 거의 영향을 받지 않으며 주요 교란은 바람과 온도에 의해 발생된다. 이러한 순환은 완전혼합(CSTR, continuous-flow stirred tank reactor)모델에 의해 쉽게 묘사가 가능하며, 시스템의 수질변화를 설명하기에 효과적이다. 수심이 깊고 큰 호수는 수심에 따라 상부와 하부로 구분되어 순환하는 형태를 가지는데 이는 평행 또는 직렬로 이루어진 완전혼합 시스템처럼 거동한다(그림 8-13). 이러한 시스템은 일종의 밀도성층화 현상의 결과이다. 여기서는 CSTR 모델에 대해

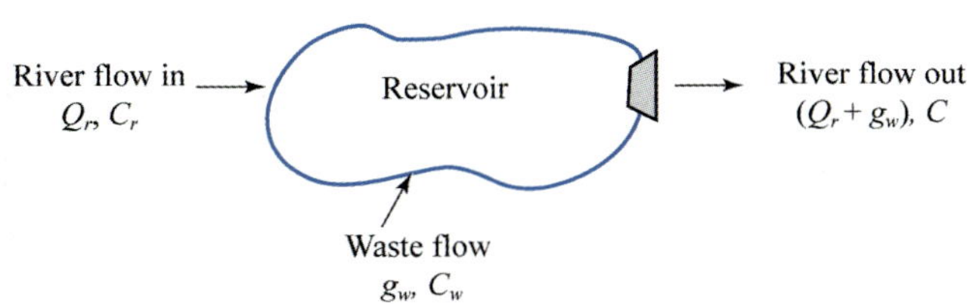

그림 8-13 **CSTR 모델형 저수지 특성**

설명한다.

이러한 수학적 접근법은 기본적으로 저수지를 완전혼합 시스템으로 가정하며, 또한 오염원은 1차원 반응식으로 분해된다고 가정한다. 이때 기본적인 물질수지식은 다음과 같다.

$$\text{Accumuation} = \text{Inflow} - \text{Outflow} - \text{Utilization}(+\text{Re} - \text{De})$$

$$V\frac{dc}{dt} = (Q_r C_r + q_w C_w) - (Q_r + q_w)C - (K'C)V$$

여기서, V: 저수지 용량

$\frac{dc}{dt}$: 시간에 따른 저수지의 오염물질 농도변화

C_r: 저수지의 오염물질 농도

Q_r: 저수지로 유입하는 하천의 유량

C_w: 폐수 속의 오염물질 농도

q_w: 폐수의 유량

K': 오염물질의 1차반응속도 상수(base e)

$W = Q_r C_r + q_w C_w$로 정의하면 수리학적 체류시간(hydraulic detention time)은 다음과 같다.

$$t_o = \frac{V}{Q} = \frac{V}{Q_r + q_w}$$

이 식을 물질수지식에 대립하고, 적분하고 경계조건($t = 0$, $C = C_o$)을 적용하면 다음과 같이 정리된다.

$$\frac{dc}{dt} + C\left(\frac{1}{t_o} + K'\right) = \frac{W}{V}$$

$$C = \frac{W}{\beta V}(1 - e^{-\beta t}) + C_o e^{-\beta t}$$

여기서, $\beta = \frac{1}{t_o} + K'$

C_o: 시간 $t_o = 0$에서의 저수지에서의 농도

시간에 따라 유입과 유출에 변화가 없는 정상상태에서 무한대의 시간조건 ($t = \infty$)에서 평형농도 C_e는 다음과 같이 결정된다.

$$C_e = \frac{W}{\beta V}$$

예제 8-6) CSTR 모델을 이용한 호수의 해석 1

평균길이 90 m, 폭 45 m, 수심 3 m인 저수지에 유량 0.15 m^3/sec, 반감기가 1 day이고 농도 10 mg/L인 방사능 폐기물이 유입되고 있다. 저수지를 CSTR Model로 가정하여 저수지 내 오염물질의 평형상태 농도를 결정하라.

풀이)

① radioactive waste의 K' 결정

$$L_t = L_o e^{-K't} : \frac{1}{2} L_o = L_o e^{-K'_1(1)}$$

$$\therefore K' = -\ln\frac{1}{2} = 0.693 \text{ day}^{-1}$$

② 저수지의 용량

$$V = 90 \text{ m} \times 45 \text{ m} \times 3 \text{ m} = 12{,}150 \text{ m}^3$$

③ 평형상태의 농도, C_e

$$t_o = V/Q = 12{,}150/0.15 \times 86{,}400 = 0.94 \text{ day}$$

$$W = qw C_w = 0.15 \times 86{,}400 \times 10 = 129{,}600 \text{ g/day}$$

$$\beta = \frac{1}{t_o} + K' = \frac{1}{0.94} + 0.693 = 1.76 \text{ day}^{-1}$$

$$C_e = \frac{W}{\beta V} = \frac{129{,}600}{1.76 \times 12{,}150} = 6.1 \text{ g/m}^3 = 6.1 \text{ mg/L}$$

예제 8-7) CSTR모델을 이용한 호수의 해석 2

액상 유기성 폐기물을 운반하는 탱크트럭의 내용물이 사고에 의해 소규모 호수로 누출되었다. 그 결과 호수에서 폐기물의 초기농도가 100 mg/L가 되었다. 호수의 총부피는 10^5 m^3이다. 호수에 유입 · 유출되는 하천의 유량은 1000 m^3/d이다. 만일 용액 중 유기성 폐기물이 0.005 d^{-1}의 속도로 1차 반응형 광화학적 분해($r_c = -kC$)가 이루어진다고 가정할 때 호수에서 폐기물의 농도가 초기치의 5%로 감소될 때까지 필요한 시간을 구하라.

풀이)

1. CFSTR로 모델링될 수 있다라고 가정하고 호수에 대해 물질수지식을 사용한다.

$$\frac{dC}{dt} V = QC_i - QC + (-kC) V$$

축적 = 유입 − 유출 + 생성

2. $t=0$일 때 $C=C_o$인 경계조건을 이용해 C에 대해 물질수지식을 계산한다. 단, 호수로 폐기물이 누출되기 전에는 $C_t=0$이다.

$$\int_{C_o}^{C}\frac{dC}{C}=-\left(\frac{1}{\theta_H}+k\right)\int_0^t dt$$

$$\ln\frac{C}{C_o}=-\left(\frac{1}{\theta_H}+k\right)t$$

3. 기지의 값을 대입하여 t에 대해 푼다.

$$C=0.05C_o$$

$$\theta_H=\frac{10^5\ \text{m}^3}{1000\ \text{m}^3/\text{d}}=100\ \text{d}$$

$$\ln\frac{0.05C_o}{C_o}=-\left(\frac{1}{100}+0.005\right)t$$

$$t=-3.00/(0.015)=200\ \text{d}$$

참고사항: 이러한 상황은 실제로 다수 발생된 바 있다. 보통 누출이 발생되었을 때 그 호수의 동수력학적 정보를 구할 수 없다. 그러한 상황에서 이러한 접근법은 주어진 정도까지 농도가 감소시키는 데 필요한 시간을 대략적으로 평가하는 데 적용될 수 있다. 만일 호수 내의 흐름이 비이상적인 것으로 알려져 있으면 둘 또는 그 이상의 직렬 CSTR로서 접근할 수 있다.

8.4 지하수

(1) 개요

지하수(groundwater)는 지표수에 비하여 안정한 수질특성으로 인하여 대표적으로 사용가능한 음용수 공급원이다. 실제 전 세계적으로 많은 나라들이 주요 급수용으로 사용하고 있으며, 특히 미국의 경우는 공공급수의 약 80%를 지하수원으로부터 이용하고 있다(Hess et al., 1983). 반면에 우리나라는 국가전체 용수 이용량의 약 11% 정도에 지나지 않는다(국토해양부, 2011). 이는 우리나라 강우량의 약 70% 정도가 여름(6~9월)에 집중적인 특성을 가지고 있고 또한 지형적인 특성이 지하수를 장기간 지하에 저장하기에 적합하지 않은 구조라는 데 주된 문제점이 있다. 따라서 우리나라에서는 지하수를 대규모 급수용으로 사용하기에는 무리가 있으며 주로 소규모 급수용 혹은 농업용수 공급용으로 제한적으로 사용하고 있다. 무분별한 지하수의 개발은 지표수의 고갈로 연결될 가능성이 높다.

지하수 수질은 과거 대부분의 경우 주요 관심사가 아니었다. 고유의 양호한 수질특성으로 인해 지하수 처리는 보통 염소소독이나 필요할 경우 철과 망간의 제거, 그리고 기타 특정 성분의

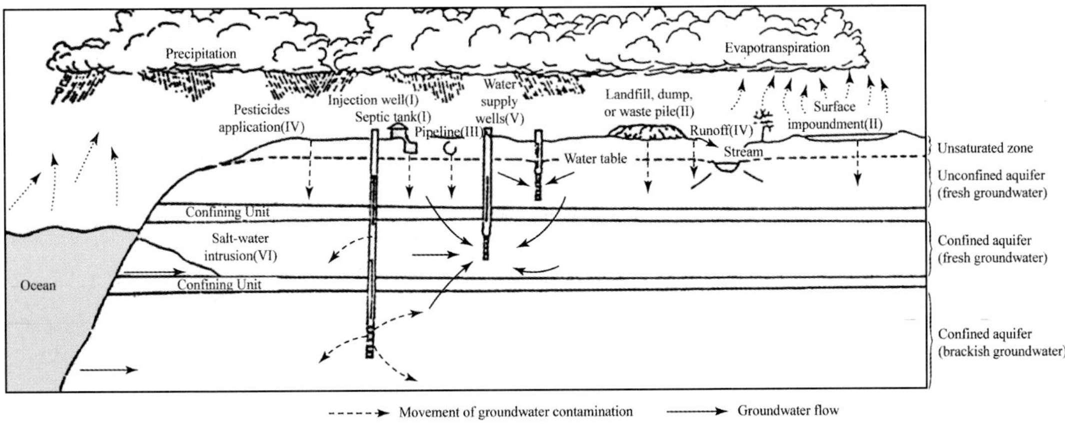

그림 8-14 **지하수오염의 경로(USEPA, 1984)**

제거로 단순하게 이루어졌다. 자연적인 지하수는 다양한 화학물질종과 기체를 포함하고 있다. 앞선 수질요소 부분에서 언급하였듯이 이온종의 대부분은 주위 토양 및 암석으로부터 유도된 것이며, 지하 대수층에 존재하는 토양박테리아도 공극매체 크기에 따라 지하수에 존재할 수 있다. 그러나 산업발달과 더불어 인간은 수많은 종류의 합성 염소계 화합물(synthetic chlorinated compounds)을 생산·활용하여 왔다. 그 결과 자연상태에서 존재하지 않는 수많은 유기성 폐기물이 다량 배출되어 왔으며, 이는 현재 지하수 대수층과 토양에 중대한 환경문제로 제기되고 있다. 지하수에서 발견된 많은 합성 화합물들이 발암성 및 돌연변이성 혹은 그 가능성이 있는 물질로 알려져 있다. 비록 이들 물질의 농도가 낮다 하더라도 이들 물질의 존재는 분명히 지하수의 이용과 관리에 심각한 위협이 되고 있다. 지하수 오염의 경로는 발생오염원에 따라 다르며 다음과 같이 크게 6개의 오염원으로 구분할 수 있다(그림 8-14). 잠재적인 오염원과 오염물질을 표 8-7에 나타내었다.

① 부페조(septic tank), 주입정(injection well)
② 지표저수(surface impoundment), 매립처분(landfill dump or waste pile)
③ 수송용 관로(pipeline)
④ 유출(runoff), 농약살포(pesticide application)
⑤ 급수용 우물(water supply well)
⑥ 염수 침투(salt water intrusion)

표 8-7 지하수 오염물질의 잠재적인 오염원(Tchobanoglous and Schroeder, 1985)

오염원	발생가능한 오염물질
사고에 의한 누출	다양한 유기·무기화학물질
산성비	SO_X 및 NO_X
농업활동	비료, 살충제, 제초제, 훈증제
가축비육장	유기물, 질소 및 인
도로제설	염화물, Na염, Ca염
폐기물 심정주입	다양한 유기·무기화합물, 방사능물질, 방사성물질
유해폐기물 처분지	다양한 무기화합물(특히 중금속류)과 유기화합물(예를 들면, 살충제 및 우선처리대상 오염물질)
산업용 액상폐기물 저장라군	중금속 및 다양한 세척용 용매 그리고 유류제거용 화합물
산업용 매립지	매우 다양한 유기·무기화합물
도시폐기물 매립지	중금속, 기체, 유기·무기화합물(예를 들면, Ca염, Cl염, Na염)
액상/반고체상 산업폐기물 토지처분	유기화합물 중금속, 다양한 세척용 용매, 유류제거용 약품
도시폐기물 및 폐슬러지 토지처분	유기·무기화합물, 중금속, 미생물학적 오염물질 등
광산	광물질 및 산성 광산배수
강우	염소염, 황산염, 유기화합물 등
염수침투	무기염류
정화조 침출상(토양흡수지역)	유기물질, 질소, 인, 박테리아 등
저장조(지하)	유기세척용 화합물, 유기유류제거용 화합물, 석유생산품, 기타 유해폐기물

지하수에 존재가능한 염소계 화합물은 염소계 지방족 탄화수소(Chlorinated Aliphatic Hydrocarbons)와 염소계 방향족 탄화수소(Chlorinated Aromatic Hydrocarbons)로 크게 분류된다(표 8-8). 이 중에서 오늘날 세계적으로 지하수와 토양의 주요 오염원으로 주목받고 있는 물질은 BTEX(benzene, toluene, ethylbenzene, xylenes), Polychlorinated biphenyls(PCBs), dioxin, chlorophenols, chlorinated benzoates와 같은 방향족 염소 화합물, 그리고 PCE, TCE와 같은 휘발성

표 8-8 Common Chlorinated Compounds(안영호, 2006)

Compounds		
Chlorinated Aliphatic Hydrocarbons	Methanes	Carbon Tetrachloride(CT), Chloroform(CF), Dichloromethane(DCM), Chloromethane(CM)
	Ethanes	1,1,1-Trichloroethane(TCA), 1,1,2-Trichloroethane(1,1,2-TCA), 1,1-Dichloroethane(1,1-DCA), 1,2-Dichloroethane(1,2-DCA), Chloroethane(CA)
	Ethylenes	Tetrachloroethylene(PCE), Trichloroethylene(TCE), Dichloroethylene(DCE), Vinyl Chloride(VC)
Chlorinated Aromatic Hydrocarbons		Polychlorinated Biphenyls(PCBs), Pentachlorophenol(PCP), Dioxins

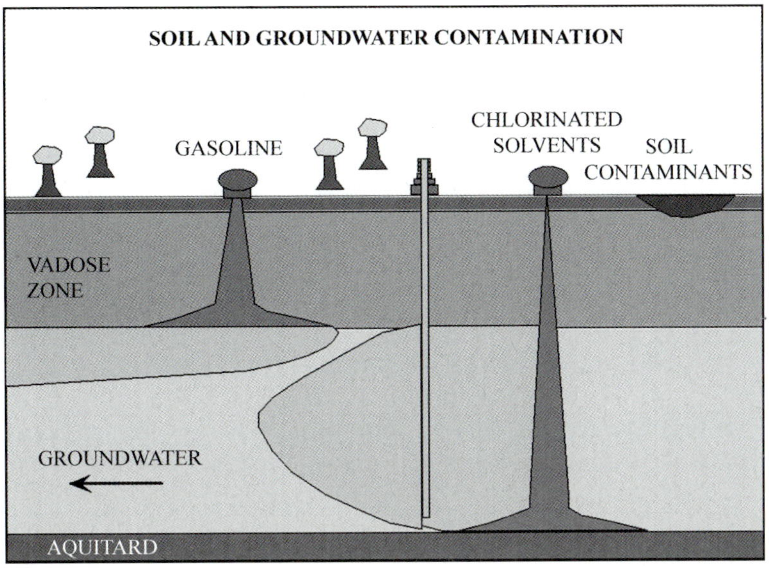

그림 8-15 가솔린과 염소 화합물의 오염확산특성(McCarty, 2002)

지방족 염소 화합물들이다. 그림 8-15는 토양 및 지하수를 오염시키는 가솔린과 염소 화합물의 오염확산특성을 비교하여 나타낸 것이다(McCarty, 2002).

PCE나 TCE와 같은 CAHs는 지하수에 가장 빈번히 검출되는데, 주로 부적절한 처리나 부주의한 관리 등의 문제점으로 인하여 지하로 유출되며, 이 과정에서 토양입자에 흡착하거나 토양입자 사이에 갇히게 된다. 이러한 물질들은 물에 대한 용해도가 낮아서 지하수에 의해서 쉽게 씻겨 내려가지 않으며 분해가 되더라도 그 분해산물들은 독성을 가지게 된다. 특히, PCE는 밀도가 물보다 커서 지하 아래로 이동하여 지하수 바닥의 불투수층에 도달하여 서서히 지하수를 따라 이동한다. 대부분이 지하수 및 토양 오염의 주원인으로 알려져 있는 난분해성 화학물질로써, CAHs들은 지하수 오염원에 상당 부분을 차지하고 있다(US EPA, 1990). PCE를 비롯한 염화에틸렌 종류는 강력한 기름찌꺼기 세척 특성을 가지고 있다. 1821년 처음 패러데이(Faraday)에 의해 합성된 이후 1985년 기준 전 세계적으로 연간 백만 톤 이상 생산되고 있으며(Rossberg et al., 2006), 우리나라에서도 세탁업체 및 각종 화학산업에서 연간 PCE 2,800여 톤, TCE 12,000여 톤이 사용되고 있다(국토교통부, 2002). 이들 염소계 화합물은 동물실험을 통해 발암성이 있는 것으로 확인되었으며, 그 중에서도 Vinyl chloride(VC)는 사람에게 암을 유발하는 물질로 분류되어 있다(IARC, 1995). 따라서 이들 물질에 대한 엄격한 관리와 규정이 필요하다. PCE 및 그 분해부산물(byproducts)에 대한 물리·화학적 특성은 표 8-9에 나타나 있다.

표 8-9 **Physical and chemical characteristics of PCE and its byproducts**[a, b]

	PCE	TCE	cis-DCE	trans-DCE	1,1-DCE	VC	Ethylene	Ethane
Formula	$CCl_2=CCl_2$	$CHCl=CCl_2$	$CHCl=CHCl$	$CHCl=CHCl$	$CCl_2=CH_2$	$CH_2=CHCl$	$CH_2=CH_2$	CH_3-CH_3
Molecular weight	165.83	131.39	96.94	96.94	96.94	62.49	28.05	30.07
Specific gravity	1.623	1.463	1.284	1.257	1.218	0.912	0.6246	0.694
Boiling Point (℃)[c]	121	86.7	60.3	48	31.9	−13.9	−103.7	−88.5
Melting Point (℃)	−22.5	−87	−80.5	−50	−122.1	−153	−162.9	−172
Henry's constant (dimensionless)	0.545	0.296	0.122	0.383[(1)]	1.069[(1)]	0.904	8.094	21.526
Solubility (mg/L)	150	1100	3500	6300	2250	2670	1000	n.a
log K_{ow}	2.53	2.42	1.86	2.06	2.13	1.38	n.a	n.a

[a] Data were adapted from R.J. Lang, T.A. Herrera, DPY. Chang, G. Tchobanoglous, and R.G. Spicher, Trace Organic Constituents in Landfill Gas, prepared for the Californis Waste Management Board, Department of civil Engineering, University of California-Davis, November 1987.

[b] All values are reported at 20℃

[c] Boiling point at 760 mmHg

[(1)] James M. Gossett, "Meassure of Henry's Law Constant for C1 and C2 Chlorinated Hydrocarbons", Environ. Sci Technol., 21(2), 1987 (values are reported at 24.8℃)

George Tchobanoglous, Hilary theisen, Integrated Solid Waste Management. McGraw-Hill, Appendix H.

n.a. not available

표 8-10은 2005년 기준 지하수 수질측정망 운영결과로 항목별 초과 내역을 정리한 것이다. 초과 항목 중 빈도는 일반오염물질이 86%(일반세균, NO_3-N, Cl^-, pH, 대장균 순), 특정유해물질이 14%(TCE, PCE, 6가크롬, 톨루엔, 카드뮴, 비소, 수은, 페놀, 납 순)를 차지하였다. 일반 오염물질에 의한 오염은 전국적인 현상이며, 특정유해물질에 의한 오염은 공장지역을 비롯한 오염 우려지역에서 주로 관찰 되었다(환경부, 2006). 잠재적인 오염원의 범위를 고려할 때 상당한 지하수 오염에 대한 예측이 가능하며, 국가지하수특정망 운영자료 역시 이를 입증하고 있다.

그림 8-14, 8-15에도 나타난 바와 같이 지하수와 이동과 함께 오염물질의 거동은 매우 복잡한 과정을 거친다. 이러한 과정은 토양과 지하수 내의 물리·화학적 및 생물학적 반응을 수반하여 이루어진다. 따라서 지하수의 수질을 이해하기 위해서는 오염원, 지하수 확산이동, 지하수에서 비반응성 성분(non-reactive, conservative contaminats)의 거동, 그리고 반응성 성분(reactive contaminats)의 거동 등에 대한 복잡한 시스템의 이해가 필요하다. 지하수 내 오염물질

표 8-10 **Result of National Groundwater Monitoring Wells(NGMWs) for Korea(환경부, 2006)**

구분		조사 시료	항목별 초과내역														
			계	일반 세균	NO_3-N	대장균	pH	TCE	PCE	페놀	톨루엔	Cl^-	As	카드뮴	납	수은	6가 크롬
계		4,760	252	81	61	15	26	15	9	1	2	33	4	1	1	1	2
오염 우려 지역	소계	1,460	93	41	18	–	–	15	8	–	–	11	–	–	–	–	–
	상반기	732	41	26	7	–	–	3	3	–	–	2	–	–	–	–	–
	하반기	728	52	15	11	–	–	12	5	–	–	9	–	–	–	–	–
일반 지역	소계	2,418	75	40	17	12	1	–	–	1	–	3	–	–	–	–	1
	상반기	1,211	36	22	7	3	1	–	–	–	–	2	–	–	–	–	1
	하반기	1,207	39	18	10	9	–	–	–	1	–	1	–	–	–	–	–
국가 관측망	소계	882	84	–	26	3	25	–	1	–	2	19	4	1	1	1	1
	상반기	441	40	–	15	2	7	–	–	–	–	10	2	1	1	1	1
	하반기	441	44	–	11	1	18	–	1	–	2	9	2	–	–	–	–

의 이동특성을 묘사하기 위해서는 흐름 균형조건 및 다공질 매체자료 확보 및 이용성, 분자 확산계수 및 분배계수 등의 자료가 필요하다. 그러나 이상적 흐름 조건과는 달리 대부분의 현장 지하수 대수층은 비균등 성질이며, 사용가능한 자료의 확보 역시 대부분 용이하지 않다.

오염된 지하 대수층의 제어방법은 오염물질의 특성과 발생원에 따라 달라진다. 오염물질의 발생이 연속적인 배출 또는 일시적인 배출현상인지가 중요하나, 두 가지 모두에 대해 오염원으로부터 오염물질 플룸(flume)의 이동경로를 효과적으로 추적하는 것이 필요하다. 오염물질 플룸은 다수의 지점에서 관측정을 파고 수심을 달리하여 시료를 채취 분석하여 추적한다. 일반적으로 지하수의 흐름을 추적하기 위해서는 염소와 같은 보전성 물질을 활용하여 추적자 실험(tracer test)을 수행한다. 오염원이 식별가능하고 오염물질의 흐름(플룸)을 추적할 수 있다면 그에 적합한 제어 방법을 적용할 수 있다(Jennings and Sholar, 1984).

지하수오염 제어기술은 크게 차단(containment), 제거(removal) 및 처리(treatment)로 구별할 수 있다. 차단은 표면 차폐, 물리적 장벽의 설치 및 수리학적 장벽 등을 사용하여 오염물질의 확산을 억제하기 위한 방법이며, 오염된 장소는 지표면의 오염원(액상 및 슬러지)을 양수와 굴착을 통해 제거하여 깨끗하게 할 수 있다. 직접적인 지하수오염 정화기술(groundwater remediation techniques)은 적용기술의 특성에 물리적, 화학적, 생물학적으로 구분할 수 있으며, 효과적인 지하수 처리는 어느 한 가지 기술만으로는 실효성을 보기 어려우므로 대부분 요소기술의 연합을 통하여 수행된다. 미생물들을 이용해 독성물질을 정화시키고 유해한 폐기물에서 발생되는 물질들을 제거, 감소, 변형시키는 기술을 생물정화(bioremediation)라고 한다. 미생물을 이용한 생물정화는 주요 토양 및 지하수 오염물질인 염소계 탄화수소(방향족 및 지방족)의 현장(in-situ) 정화뿐만 아니라 및 오염기름을 세척한 오・폐수의 정화에 사용되기도 한다. 이들 생물정화 방법은 기존의 물리적, 화학적 정화에 비해 경제적이다. 뿐만 아니라 추가적인 환경오염이나 생태계 파괴로 인한 2차 피해가 적다는 친환경적인 장점을 가지고 있다(Alexander, 1994).

일반적으로 미생물을 이용한 정화방법은 영양분을 첨가해 자생 미생물의 활성을 촉진하는 생물촉진법(biostimulation)과 유류분해 미생물 자체를 첨가하는 생물주입법(bioaugmentation)이 있는데, 미생물촉진법은 영양분 공급으로 인한 추가적인 오염문제를 발생할 가능성이 있다. 그 외에도 bioventing, biosparging, bioslurping 및 phytoremediation 등의 생물학적 처리기술이 있다. 화학적 처리에는 오존 및 산소주입, 화학적 침전, 막 여과, 이온교환, 탄소흡착, 산화, 계면활성제 회수 방법 등이 있으며, 나노물질을 이용하는 경우도 있다. 물리적 처리는 pump and treat, air sparging 그리고 dual phase extraction 등이 있다(Hayman and Dupont, 2001).

1940년대 미국 텍사스 주에서 유정 근처의 오염 정화과정에서 생물학적 방제에 대한 유용성이 처음 제기되었는데, 최근에는 탄화수소분해미생물(hydrocarbon-degrading activities of microbial commun ities)를 활용한 생분해 연구가 활발하다. 이러한 미생물을 탄화수소분해 박테리아(HCB, hydrocarbonoclastic bacteria)라 한다(Yakimov et al., 2007). 유류는 그 특성상 대부분의 생명체에 독성을 보이는 방향족 탄화수소화합물(aromatic hydrocarbon compounds)을 포함하고 있는데, 이러한 기술들은 해양에서의 기름유출사고에서의 생물학적 대응기술과도 상당히 유사하다.

PCE와 TCE 등과 같은 염소계 지방족 탄화수소(CAHs)로 오염된 토양지하수의 경우 일반적인 생물학적 처리공정으로는 처리하기가 매우 어려운 것으로 알려져 있다. 비교적 최근에 개발된 호기성 공동대사(AC, cerobic cometabolism)나 혐기성 환원탈염소화(ARD, anaerobic reductive dechlorination) 공정은 효과적인 생물학적 복원기술로 인식되고 있다. 호기성 공동대사의 경우 산소를 공급하여 TCE를 빠르게 분해할 수 있으나 공동대사 반응을 유도하기 위해 불가피하게 주입되는 추가적인 외부주입물질(톨루엔 등)은 오히려 독성을 유발할 수 있다는 단점이 있다. 뿐만 아니라 호기성 기술로는 염소가 다량으로 포화된 물질을 분해시키기 어렵다. 반면에 혐기성 환원탈염소화 기술은 더 경제적이며, 친환경적인 장점으로 안정된 처리능력을 가진다(Semprini, 1995, 1997; McCarty and Semprini, 1993). 호기성 공동대사란 CAHs와 같은 호기성 미생물이 분해할 수 없는 기질이 단독으로 있는 경우 그 기질을 분해할 수 없으나, 미생물이 분해가능한 1차 기질(growth substrate)과 함께 있는 경우 이 기질을 분해하는 과정에서 형성된 효소(oxygenase)에 의해 분해가 어려운 기질(CAHs)을 함께 분해하는 신진대사를 말한다. 혐기

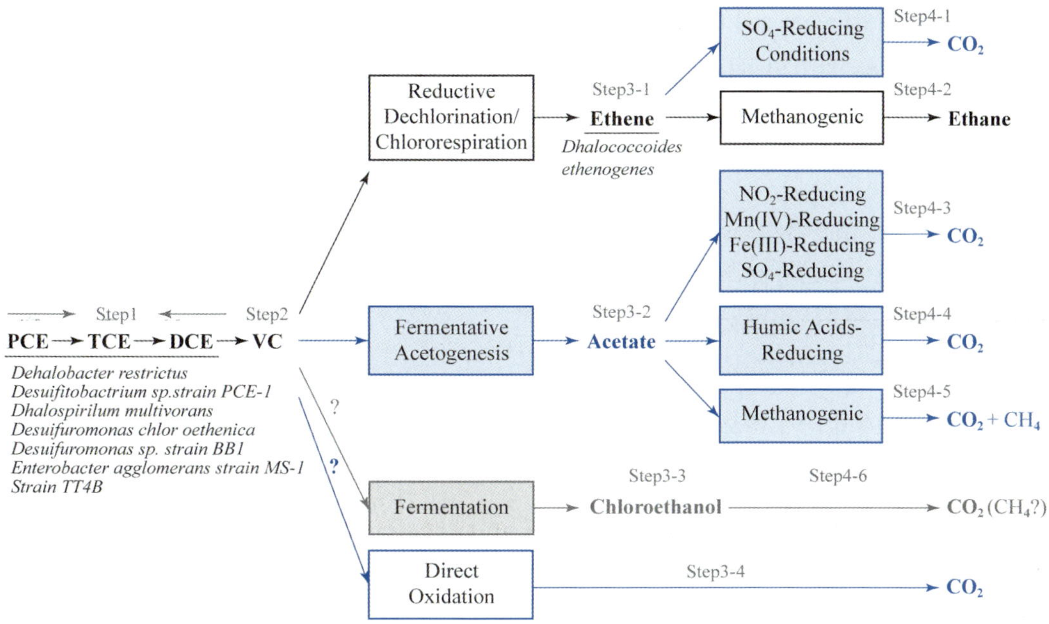

그림 8-16 **PCE의 분해경로**

성 환원탈염소화 공정을 이용한 분해기작은 일반적으로 Hydrogenolysis 반응을 통하여 혐기성 상태에서 PCE가 가지고 있는 염소이온이 수소이온과 치환되어 TCE, cis-DCE, VC 및 Ethylene으로 순차적으로 환원되며, 궁극적으로 인체에 무해한 Ethylene까지 환원되는 반응으로 정의된다. 대표적인 ARD미생물로는 *Dehalobacter restrictus, Dehalospirillum multivorans, Desulfitobacterium sp. strain PCE1, Dehalococcoides ethenogenes* 등이 있으며, 이 가운데 *Dehalococcoides ethenogenes*만이 유일하게 PCE를 ethylene까지 완전히 분해하여 무해화할 수 있는 것으로 알려져 있다(Maymo-Gatell et.al., 1997). 최근 국내에서도 유류로 오염된 토양의 복원기술(최의소 외, 2000)이나 지방족 염소화합물(PCE, TCE 등)로 오염된 토양지하수의 복원기술(김영 외, 2005; 박후원 2005; 안영호 외 2006)에 대한 연구가 활발히 진행되고 있다. 그림 8-16에는 다양한 PCE의 다양한 분해경로를 나타내었다.

(2) 다공질 매체에서의 지하수이동

여기에서는 가장 단순한 형태로 지하수 이동에 대한 이론과 예제를 소개하고자 하며, 지하수 모델링 분야의 더 넓은 이해를 위해서는 좀 더 복잡한 지하수 모델에 대한 탐구가 필요하다 (Tchobanoglous and Schroeder, 1985; Todd, 1980).

다공질 매체를 통한 지하수의 이동을 효과적으로 설명할 수 있는 경험적인 기본관계식은

Darcy의 법칙이다(Freeze and Cherry, 1979; Todd, 1980). 1856년 프랑스 공학자인 Henry Darcy에 의해 처음으로 보고된 이 법칙은 다음 식으로 표현된다.

$$v = -K\frac{dh}{dl}$$

여기서, v: 표면유속, m/s

K: 수리학적 전도도, m/s

dh/dl: 수리학적 경사, m/m

Darcy의 법칙에서 (−) 기호는 손실수두가 음이라는 의미로, 수리학적 전도도(hydraulic conductivity, K)는 다음 식에서처럼 다공질 매체와 유체의 성질에 의해 좌우된다. 이 식에서 Cd^2항은 오로지 다공질 매체의 함수이며, 보통 비투수율(specific/or intrinsic permeability)이라고 한다(Davis and De Wiest, 1966). 표 8−11에는 대표적인 수리학적 전도도의 값을 정리하였다.

$$K = Cd^2\frac{\gamma}{\mu}$$

여기서, C: 비례상수, 무차원

d: 다공질 매체의 입자크기, m

γ: 물의 비중, kN/m^3

μ: 물의 동점성 계수, N · s/m^2

표 8−11 **토양형태별 수리전도도**

토양형태	K, m/s
점토	$< 10^{-8}$
피트	10^{-8} to 10^{-7}
실트	10^{-7} to 10^{-6}
로옴	10^{-7} to 10^{-5}
매우 작은 모래	10^{-6} to 10^{-5}
작은 모래	10^{-5} to 10^{-4}
굵은 모래	10^{-4} to 10^{-3}
자갈이 섞인 모래	10^{-3} to 10^{-2}
자갈	$> 10^{-2}$

출처: Bouwer(1978), De Wiest(1965), Todd(1980).

다공질 매체가 균질하고 물로 포화되어 있다는 가정하에 대수층의 단면적을 통한 배출량은 다음과 같이 표현된다.

$$Q = -AK\frac{dh}{dl}$$

여기서, Q: 수리학적 배출수량, m^3/s

A: 단면적, m^2

예제 8-8) 다공성 매체를 통한 흐름시간의 계산

높은 지역의 호수로부터 낮은 지역의 호수로 물이 흐르는 시간을 결정하라. 단 물과 함께 이동하는 오염물질은 시간에 따라 1차 반응속도로 분해($r_c = -kC$)된다고 가정하고, 아래 자료를 근거로 낮은 지역의 호수에 유입되는 오염물질의 농도를 결정하라.

단면적 $A = 50\ m^2$

손실수두 $h = 40\ m$

흐름 경로 길이 $L = 2{,}000\ m$

수리학적 전도도 $K = 10^{-3}\ m/s$

다공질 매체의 공극도 $a = 0.4$

풀이)

1. 다공질 매체를 통한 표면유속 및 실제 공극 유속을 결정한다.

a. 표면유속

$$v = -K\frac{dh}{dl} = -(10^{-3}\ m/s)\frac{-40\ m}{2{,}000\ m} = 2.0\times 10^{-5}\ m/s$$

b. 공극 내 유속

$$v_p = v/a = 2.0\times 10^{-5}/0.4 = 5.0\times 10^{-5}\ m/s$$

2. 이동에 걸리는 시간을 구한다.

$$t = \frac{2{,}000\ m}{5.0\times 10^{-5}\ m/a} = 4\times 10^7 s = 463\ d$$

3. 낮은 지역의 호수에 유입되는 농도를 구한다.

a. 1차 분해반응식

$$C = C_0 e^{-kt}$$

b. 낮은 지역의 호수로 유입되는 농도는 다음과 같다.

$$C = (100.0\ g/m^3)e^{-0.001(463)} = 62.9\ g/m^3$$

8.5 해역

(1) 개요

세계적으로 대부분의 대도시는 바다의 연안에 자리하고 있다. 그 결과 오염물질의 배출은 자연스럽게 해역으로 방출되며 동시에 내륙에서 발생되는 각종 오염물질도 하천의 이송기능을 거쳐 하구와 연안지역으로 배출된다. 즉, 해양은 하천, 대기 또는 토양을 통한 점오염원과 비점오염원의 오염물질이 최종적으로 모이는 장소이다. 일반적으로 농촌에서 사용되는 농약의 약 25% 정도가 바다로 들어오고 있으며, 각종 유해 독성물질(Pb, Cd, Hg, Se, Zn 등) 역시 바다로 모여 바다 생태계를 위협하고 있다(NASE, 1970).

수은 중독으로 인해 발생하는 신경학적 증상을 특징으로 하는 미나마타병(minamata disease, 1956년 일본 구마모토 현의 미나마타 시에서 메틸수은이 포함된 조개 및 어류를 먹은 주민들에게서 집단적으로 발생)과 대량 카드뮴 중독으로 인한 신장장애와 골연화 증상을 보이는 이타이이타이병(itai-itai disease, 1955년 일본 도야마 현의 진즈 강 하류에서 처음 발생)은 대표적인 공해병으로 이는 모두 하구(estuary)나 해역(coastal area)에서 발생된 대표적인 공해병이다.

해양배출 방식에 의한 오염물질의 처분방법은 전 세계의 많은 나라들이 과거에서부터 적용해 온 일반적인 방법으로 그 대상은 환경기초시설의 처리수, 원자력 발전소를 포함하는 각종 발전소 배출수(냉각수), 축산폐수, 슬러지, 음폐수 등 각종 폐기물에 이르기까지 매우 다양하다. 그러나 최근 해양오염의 심각성을 인식함에 해양투기금지와 관련한 국제적 협약(런던협약, London Dumping Convention)이 가동되었으나 이후에도 아직 개별 국가의 상황에 따라 제한적으로 적용되고 있다.

해양은 적조현상(red tide)이나 기름유출(oil spill) 등의 오염과 생태계 안정성 측면 이상으로 최근에는 대체수자원으로서의 중요성이 강조되고 있다. 즉 수자원 확보의 어려움을 극복하기 위하여 지역적으로는 이미 담수화(seawater desalination)를 통한 용수(공업용수 및 음용수)공급의 시도가 점차 확대되고 있으며, 이는 기술 혁신과 그 필요성에 따라 이미 경제성 논리를 벗어나고 있다(11장 해수담수화 현황 참고). 뿐만 아니라 미네랄이 풍부한 생수(mineral water)자원으로서 해양심층수의 개발 역시 국내에서도 이미 상당한 수준으로 진행되고 있으며, 심지어 해수를 식수로 할 때 적용되는 음용수(염수) 수질기준까지 법적으로 마련되어 있다. 이는 전 세계적으로 물산업을 주도하고 있는 나라들의 일반적인 추세라 할 것이다.

해역은 이제 잠재적인 지속가능한 수자원이자 동시에 오염물질의 최종 배출 공간이 되어 버린 것이다. 그러므로 해역의 수질관리는 과거 어느 때보다도 중요한 시점에 이르렀고 효과적인 해양오염제어 및 정화기술의 개발과 적용이 중요하다 할 것이다.

(2) 바닷물의 물리화학적 특성

1) 물리적 특성

해양오염과 관계되는 바닷물의 물리적 성질로는 온도와 밀도를 들 수 있다. 바닷물의 온도는 생물의 활동, 해류, 염분 농도 등에 영향을 준다. 특히, 해류의 밀도차는 수온과 밀접한 관계를 가지고 있다. 일반적으로 대양의 수온은 －2～30℃이고 깊은 바다 속의 온도는 －1～4℃ 정도이다. 표층수의 수온은 대기 온도와 관련이 있는데, 위도가 증가함에 따라 수온은 낮아지나, 해류의 특성에 따라 수온이 변하기도 한다. 해수의 밀도는 염분농도, 수온, 수압의 함수이며 염분과 수압에 비례하고 수온에 반비례 한다. 순수한 물은 4℃에서 최대의 밀도를 나타내지만 해수는 염분 농도가 증가할수록 최대 밀도를 나타내는 온도는 감소한다. 해양의 밀도는 1.024～1.030 g/cm^3로 해양도 호수와 마찬가지로 수직 혼합이 무시된다면 성층현상이 발달하며 중간 깊이에서 변온약층(themocline layer)이 생기기도 한다. 이 층은 열대 해역에서는 200～1000 m(보통 200 m 이내)의 수심에 형성된다. 우리나라 동해의 경우는 여름철에 10～50 m 사이에 발생하는데, 이러한 현상은 음파의 회절현상을 발생하여 잠수함 활동에 어려움을 주기도 한다.

2) 화학적 특성

생명이 탄생한 약 38억 년 전부터 현재까지 해수의 화학적 성분은 안정상태로 유지하고 있으며 적어도 6억 년 정도 이전부터 현재까지는 거의 변화가 없다고 추정하고 있다. 해수 중에는 약 70여 종의 미량 원소들이 녹아 있는데, 그 대부분은 소금이라고 불리는 염화나트륨(NaCl)이다. 1 kg의 해수 중에 녹아 있는 고체의 총 무게로 정의되는 염분의 일반적인 의미는 해수 중에 녹아 있는 소금의 양을 말하며 통상 천분율(‰, g/kg)로 표시한다. 해수의 염분 농도(salinity)는 33～38‰(평균 35‰)로 나타난다. 그 농도의 차이는 증발과 강수, 담수의 유입, 지역 특성에 따라 상이하다. 일반적으로 저위도 지방은 염분의 농도가 높고(홍해 40‰), 고위도로 올라 갈수록 농도가 낮으며(북극 $<$ 33‰), 우리나라 근해는 약 34.5‰ 정도이다. 해수 중에 존재하는 약 11가지 성분이 전체의 99.7%를 차지한다. 미량 원소를 포함한 해수의 주 성분과 화학적 성분은 표 8－12와 같다. 영양염류는 질산염(NO_3-N), 인산염(PO_4-P) 및 규산염(SiO_2^-)으로 존재하며, 질소와 인의 평균농도는 500 ppb와 70 ppb 정도이다.

해수의 pH는 표면수의 경우 pH 8.2 전후, 중층이나 심층수는 pH 7.6 이상이다. 이는 주로 물속에 녹아 있는 탄산염의 완충작용(buffer capacity)에 의한 것으로 해수에서는 90% 이상이 중탄산이온(HCO_3^-)으로 존재한다. 이로 인해 광합성이 진행되는 빛이 투과하는 깊이까지는 CO_2가 발생하고 pH가 상승하며, 유기물질의 분해가 일어나는 층에서는 pH가 감소하게 된다.

표 8-12 **해수의 주요 성분과 중량비**

성분	농도(g/kg)	중량비(%)
Cl^-	19.35	55.07
Na^+	10.76	30.62
SO_4^{2-}	2.71	7.72
Mg^{2+}	1.29	3.68
Ca^{2+}	0.41	1.17
K^+	0.39	1.10
HCO_3^-	0.14	0.40
Br^-	0.067	0.19
Sr^{2+}	0.008	0.02
B^{3+}	0.004	0.01
F^-	0.001	0.01
합계		99.99

(3) 해양배출과 해양투기금지법

해안에 위치한 도시는 종종 폐수를 수중 배출구를 통해 해양으로 직접 배출하는 방법을 사용한다. 이는 대부분의 경우 도시에서 발생한 폐수를 적절히 수용할 수 있는 하천이 없는 경우에 적용되며, 해양 배출구는 인근의 환경악화를 방지하고 충분히 희석시킬 수 있는 위치에 설치한다. 하수관거 개발과 관련한 초기 역사를 생각한다면 해양배출은 새로운 개념이 아닐 것이다. 오염물질의 무한 소멸원으로 고려되었던 해양이 상대적으로 소량인 폐수로 인해 오염된다는 것을 인지하지 못한 것이다. 그러나 배출구 근처와 연안해역에서의 오염은 다양한 환경문제를 야기시켰고 그 결과 해양배출을 억제하려는 노력이 이루어졌으며, 배출의 영향이 최소화되고 폐수처리가 수용될 수 있다는 전제하에서 해양배출은 허용되어 왔다.

해양으로의 배출구 설계에 있어 온도의 영향은 매우 중요하다. 그 이유 중 하나는 배출수의 밀도는 일반적으로 해수보다 작아서 위로 뜨는 경향이 있기 때문이며, 또 다른 이유로는 국지적인 환경의 온도상승이 배출지역의 생태학적 구성을 변화시키기 때문이다. 발전소로부터의 냉각수와 같이 온도가 높은 방류수는 생물의 성장률을 크게 증가시켜서 수중의 용존산소를 고갈시키고 그 지역의 생물다양성을 변화시킬 수 있다. 이러한 현상을 열 오염(thermal pollution) 또는 열적풍요(thermal abundance)라 표현하기도 한다. 이 경우 고온의 냉각수를 희석수와 혼합하여 배출하거나, 냉각수를 건물난방이나 기타 목적으로 재이용하고 혹은 냉각탑을 이용하여 열을 대기로 확산시키는 방법을 활용하기도 한다.

세계 여러 국가들이 폐기물을 무분별하게 해양에 투기하면서 유럽의 북해 오염이 심각해지자, 1972년 2월 유럽국가들은 오슬로 협약을 체결하게 되는데, 이러한 오슬로 협약을 모체로 만들어진 것이 런던협약(London Dumping Convention)이다. 이는 폐기물의 해양투기로 인한 해양오염을 막기 위한 국제적 협약으로 1975년부터 발효되기 시작하였다. 우리나라는 1992년 12월에 이 협약에 가입하여, 1994년 1월부터 적용되었다. 그동안 우리나라는 해양관리법 시행규칙개정을 통해 하수 슬러지와 가축분뇨의 해양투기 금지(2012), 음폐수의 해양배출 금지(2013), 산업폐수와 폐수오니의 해양배출 금지(2014) 등의 법률을 근거로 2016년 1월부터는 모든 종류의 폐기물의 해양투기가 전면 금지되었다. 그 과정에서 「해양환경관리법」에서는 육상폐기물의 해양배출을 원칙적으로 금지하고 있으나, 해양환경의 보전·관리에 영향을 미치지 않는 범위 안에서 육상에서 처리가 곤란한 폐기물에 한해 한시적으로 해양배출을 허용(2014~2015)하기도 하였다.

(4) 적조현상

해양오염 중에서도 가장 심각한 것은 연안에서 발생하는 적조현상(red tide)이다. 적조현상은 고밀도의 유해 수생 미생물군에 의한 성장(HABs, harmful algal bloom)으로 알려진 해수의 변색현상으로 정의된다. 이는 Karenia brevis 등과 같은 편모충(dinoflagellates)의 플랑크톤이 급격히 증식하여 나타나는데, 단지 붉은색뿐만 아니라 발생 플랑크톤의 색깔에 따라 갈색이나 청색을 띠기도 한다. 적조는 질소, 인 등의 영양염류가 풍부한 도시폐수, 농업폐수, 공장폐수, 분뇨 등이 유입하는 정체해역인 하구(estuarine)와 해양연안(coastal areas)에서 주로 발생하고 담수조류의 축적에 의해서도 발생한다.

이러한 적조는 해수 중의 용존산소고갈뿐만 아니라 적조생물이 내뿜는 독소나 이 생물의 분해과정에서 발생하는 황화수소, 메탄가스, 암모니아 등 유독성물질에 의해 어패류가 떼죽음을 당하게 된다. 또 점액성분이 많은 플랑크톤은 바다생물의 아가미에 부착하여 호흡장애를 유발한다. 그 결과 바닷물 속의 먹이사슬이 파괴되고 수생생태계 전체에 악영향을 미치게 된다. 매년 많은 수의 해우(manatees)가 이 원인으로 죽어가고 있다고 한다. 따라서 적조가 발생하면 해양생태계는 큰 타격을 받게 된다. 우리나라에서 적조현상에 대한 초기 피해사례는 1962년 남해에서의 경우로 이후 매년 전 해역으로 확산되는 추세이며, 이는 수산물 양식에 많은 어려움을 주고 있다. 1992년에는 25회에 걸친 피해액이 194억 원이었고, 1995년에는 피해건수가 65회로 피해액수도 842억 원으로 대폭 증가하였다.

적조는 해마다 반복적으로 발생하고 있고, 적조발생 해역과 원인종이 점차 증가하고 있는 추세이다. 적조문제의 해결은 오염원인의 제거뿐만 아니라 직접적인 예측과 방제에 이르기까지 다양한 차원에서 접근되어야 하며, 이를 위해 해양생물학, 해양물리학, 화학, 지질학, 공학 등 복합적인 지식이 필요하다. 적조의 제거방법은 담수에서의 녹조제거방법과 대체로 유사하다.

(5) 유류오염

기름유출(oil spill)은 비단 바다만의 문제가 아니라 하천, 호수 및 지하수 등 모든 자연수와 토양에 심각한 오염을 야기시키는 중요한 문제이다. 대부분의 유류오염(oil pollution)의 원인은 해상재난, 파손에 의한 불가항력적인 경우와 부주의나 고의에 의한 배출 등이며, 이는 육상이나 해상시설로부터 배출된 경우보다 대규모 선박과 유조선 선박에서 배출된 경우가 훨씬 더 많다.

연안 해역의 유류오염사고는 이 지역에 광범위하게 분포되어 있는 양식장과 어장 등 해양자원에 막대한 피해를 준다. 기름유출에 의해 바다수면에 형성된 기름 막으로 인해 광합성 작용은 억제되고, 가스교환의 방해, 용존산소의 농도감소 및 재포기(reareation) 방해, 기름자체의 독성 등으로 인해 플랑크톤이나 어패류의 성장이 방해되고 결국 연안생물들이 질식되는 등 해양생태계에 악영향을 미친다. 뿐만 아니라 경관저해 및 불쾌감으로 인해 연안지역은 우수한 친수공간으로서의 기능이 상실된다. 특히 기름이 조류(bird)의 깃털에 묻으면 깃털의 보온작용을 약화시켜 조류는 떼죽음을 당하게 된다.

역사상 최대의 유류오염사고로 기록된 경우는 다음과 같다.

- 유조선 엑슨 발데즈(Exxon Valdez)호 기름 유출 사고: 1989년 3월 23일, 알래스카에 위치한 Prince William Sound에서 일어난 사건으로 약 25만 배럴의 기름을 쏟아냈고 손실액은 38억 달러, 수많은 관련 소송이 이후 20년 동안 이어졌다.
- 아모코 카디즈(Amoco Cadiz)호 기름 유출 사고: 1978년 프랑스 해안에서 심각한 태풍 피해로 발생한 유조선 파손사건으로 약 30억 달러의 손실액을 기록하였다. 당시 태풍으로 발생된 거대한 파도로 인해 유출된 기름은 멀리까지 확산되었다. 이로 인해 아름다운 해변과 야생환경에 대한 막대한 손상이 있었다.
- 프레스티지(Prestige)호 기름 유출 사고: 2002년 11월 13일, 스페인의 한 해안에서 전복된 유조선으로 인한 사건으로 당시 실제로 유출된 기름의 양은 약 77,000톤 정도이며, 손실액은 약 28억 달러라고 전한다.
- 익스톡 I(Ixtoc I) 기름 유출 사고: 1979년 멕시코만 유전시설(익스톡 I)에서의 기름 유출 사건(1억4천만 갤론)으로 유출방지에만 약 10개월이 소요된 사건이었다. 약 15억 달러가 복구하는 데 소요되었다.
- 페르시아만(Persian Gulf) 기름 유출 사고: 1991년 걸프전 동안에 이라크에 의한 전략적

기름 유출사건으로 페르시아만에 쏟아진 약 150만 톤의 기름에 의해 약 5억4천만 달러의 손실을 가져왔다.

- 허베이 스피리트(Hebei Spirit)호 기름 유출 사고: 태안기름유출 사고로 알려진 이 사건은 2007년 12월 7일 우리나라의 역사상 가장 비용이 많이 든 사건이다. 이는 홍콩선적 허베이 스피리트호가 국내의 한 크레인 바지선에 충돌하며 일어났는데, 서해바다 태안인근해역으로 약 12.5 kL의 기름이 누출되어 5,156 ha에 이르는 양식장이 피해를 보았고, 손실액은 약 3억3천만 달러였다. 이 사건을 계기로 2010년부터 단일선체를 가지고 있는 선박의 운항을 금지하는 법안이 국제적으로 전파되기 시작하였다.
- 지예발전소(Jiyeh power station) 기름 유출 사고: 2006년 7월 이스라엘과 레바논의 전쟁 중 '지예'라는 레바논 연안도시에 떨어진 폭탄으로 인하여 발생된 사고로 기름은 지중해로 유입하여 연안으로부터 약 100마일이 떨어진 곳까지 영향을 받았다(손실액 2억3십만 달러).
- 셀렌당 에이유(Selendang Ayu)호 기름 유출 사고: 2004년 12월 알래스카의 알류산 열도에서 침몰한 말레이시아 화물선(셀렌당 에이유호)으로 인해 발생된 사건으로 약 33만 갤런의 기름이 스칸만과 마쿠신만에 유출되었다(손실액 1억1천2백만 달러).
- 코스코 부산(Cosco Busan)호 기름 유출 사고: 2007년 11월 7일 오클랜드 베이브리지의 방어시설에 부딪친 코스코 부산호로 인해 약 58,000갤런 이상의 기름이 유출되었다(손실액 7천만 달러).

유조선의 침몰과 해저 유전의 유출 등은 매우 급격하고 심각하게 해양 환경을 파괴하고 있다. 유출된 기름들이 해양 생물체를 죽이는 것은 물론이고, 해류나 조류를 따라 멀리까지 퍼져나가면서 해양 환경 전반에 심각한 영향을 미치고 있다. 1980년대 후반 추정치를 기준으로 할 때 전 세계의 해양으로 유입되는 유류의 양은 연간 236만 톤으로, 이 중에서 35%는 해상운송 및 생산과정에서, 55%가 육상 및 대기로부터, 5%가 자연현상 때문으로 추측하고 있다. 이는 1980년대 말의 석유생산량(연 39억 톤)의 약 0.1%에 해당한다.

최근 20년간(1993~2012년) 통계자료에 따르면 외국의 경우 최근 20년간(1993~2012년) 연간 사고건수와 연간 기름유출량은 기름유출량 8 kL 이상의 사고건수는 총 420건(평균 21건/년), 기름유출량은 총 약 80만 kL(평균 약 4만 kL/년)이었다. 국내 연안에서 총 6,608건의 기름오염사고(평균 약 330건/년)가 발생하여 총 57,328 kL의 기름(평균 약 2,866 kL/년)이 바다에 유출되었다. 국내적으로나 세계적으로 모두 지난 20년간 연간 사고건수와 연간 기름유출량과의 상관관계를 명확하게 정의내리기 어렵고, 사고건수와 유출량이 모두 연도별로 변동 폭이 크지만 해가 거듭될수록 전반적으로 감소하는 경향이다. 일반적으로 사고건수와 유출량은 전반적으로 감소하는 경향이나, 이는 유조선의 대량기름유출사고 유무에 따라 변화를 보였다(Kim, 2013).

우리나라의 경우 해역별 유류오염 발생건수는 남해 45%, 서해 31%, 동해 24%로 수심이 얕은 남해와 서해에서 주로 발생하고 있는 편이다. 해상물동량의 점진적인 증가와 유조선의 대형화 역시 해양유류오염사고의 가능성과 심각성을 높이고 있다. 양적으로 볼 때 전체 유출량의 90% 이상이 100톤 규모 이상의 선박이다. 지구 전체를 대상으로 할 때 주요한 오염원으로 평가되는 제반 오염원들이 우리나라 주변해역에는 어떤 비율로 기여하는지 영해뿐 아니라 동지나해나 발해, 일본의 서해안에 유출되는 양은 얼마인지 현재로서는 신뢰할 만한 추정치가 없다. 페르시아만과 발해만으로부터 한국, 일본으로 수입되는 원유 유조선이 대부분 서해와 대한해협을 통과하고 있으며, 중국과 우리나라, 또 일본과의 교역으로 해상 물동량도 증가하고 있으므로 우리나라 주변해역은 유류유출의 위험이 상존한다고 볼 수 있다.

이러한 유류오염의 억제 및 정화방법으로는 확산억제(containment), 회복(recovery), 이송(transfer) 등의 기계적 방법과 분산, 흡착, 침전 및 연소 등의 물리·화학적 방법이 주로 사용된다. 해양오염방지법은 방제도구로 오일펜스, 유처리제, 유겔화제, 흡착포 등 4종을 규정하고 있다. 또 토양지하수의 생물학적 복원기술과도 같이 최근에 해양 박테리아를 이용한 원유의 생물학적 방제가능성이 꾸준히 연구되고 있다(Hazen et al., 2010). 이러한 생물정화제제는 현행 법규상 해양오염방지 자재·약제에 포함된다. 미생물을 이용한 생물정화는 해양의 원유오염지역, 유정인근 토양정화뿐만 아니라, 오염기름을 세척한 오·폐수 속의 각종 오염물질의 정화를 위해서도 활용가능하다.

유류의 생체 독성에도 불구하고 해양에 오염된 상당량의 기름성분이 탄화수소분해미생물에 의해 생분해가 가능하다(Yakimov et al., 2007). 염기서열이 분석된 최초의 HCB는 *Alcanivorax borkumensis*이다(Martins dos Santos et al., 2008). 1989년 엑슨 발데즈(Exxon Valdez)호 유류유출 사건 이후 유류분해 미생물들의 분해효과가 제기된 바 있는데, 당시 알래스카 일대에 잔존하던 원유의 상당부분의 유류정화과정에 기여하였다고 한다. 태안해역에서 발생한 허베이스피리트(Hebei Spirit)호 기름 유출 사고 이후 국내에서도 유류분해 미생물에 대한 연구가 활발히 진행되고 있다(Chun et al., 2007; Lee et al., 2008).

참고문헌

- Alexander, M. (1994). Biodegradation and Bioremediation, Academic Press. CA, USA, 238-271.
- APHA, WEF (1995). Standard methods for the examination of water and wastewater 19th ed. Washington, DC, USA: American Public Health Association.
- Bouwer, H., (1978). Groundwater Hydrology, McGraw-Hill Book Company, New York.
- Bradley, P.M. (2003). History and ecology of chloroethene biodegradation: A review. Bioremediation. Journal. 7(2), 81-109.
- Chun, M.H., Son, H.J., Kim, C. (2007). A Study on the Isolation of the Oil-degradation Microbes and Treatment Efficiency in the Oil Contaminated Soil with Peat Moss. Korean Journal of Environmental Health Sciences, 33(5), 462-469.
- Colt, J. (1984). Computation of dissolved gas concentrations in water as functions of temperature, salinity, and pressure. American Fisheries Society.
- Davis, S.N., DeWiest, R.J.M. (1966). Hydrogeology, John Wiley and Sons, New York.
- Deevey, E. S. (1951). Life in the depths of a pond. ScientificAmerican,185,68-72.
- De Wiest, R.J.M., (1965). Geohydrology, John Wiley and Sons, New York.
- Fair, G. M., & Geyer, J. C. (1954). Water Supply and Waste-disposal. Wiley.
- Ford, Jr., M.E. (1963). Air injection for control of reservoir-Limnology. J American Water Aorks Association. 55(3), 267-274.
- Freeze, R.A., Cherry, J.A. (1979). Groundwater, Prentice-Hall, Englewood Cliffs, N.J.
- Hayman, M., Dupont, R.R. (2001). Groundwater and Soil Remediation: Process Design and Cost Estimating of Proven Technologies. Reston, Virginia: ASCE Press.
- Hazen, T.C. et. al. (2010). Deep-sea oil plume enriches indigenous oil-degrading bacteria. Science, 330 (6001), 204-208.
- Hess, A.F., Dyksen, J.E., Dunn, H.J. (1983). Groundwater Contamination : Challenge of the 80's. Water Technology, 6(7), 40.
- Horne, A. (2014). A summary for CALMS Oct. 2014 Conference attendees who participated in the Camanche reservoir field trip to observe the hypolimnetic oxygenation system (HOS) using a Speece Cone, University of California, Berkeley.
- IARC (International Agency for Research on Cancer, 1995) "IARC Monographs on the Evaluation of Carcinogenic Risks to Humans", vol. 63, Dry Cleaning, Some Chlorinated Solvents and Other Industrial Chemicals, Lyon, France. 75-221.
- Jahagirdar, S. (2015). DO sag and self-purification of streams. Nagesh Karajagi Orchid College

of Engineering & Technology, Maharashtra, India.

- Jennings, A.A., Sholar, R.L. (1984). Hazardous Waste Disposal Network Analysis. J. Environmental Engineering Division, ASCE, 110(2), 325.
- Kim, K. S. (2013). Overview of Major Oil Spill at Sea and Details of Various Response Actions-1. Number and Volume of Marine Oil Spills in Korea and in the World. Journal of the Korean Society of Marine Environment & Safety, 19(2), 129-137.
- Laurie, A.H. (1961). Water and Waste Treat. J. 8, 231.
- Lee, E.J., Lee, S.M., Lee, G.T., Kim, I.S., Kim, Y.H. (2008). Application of effective microorganisms for bioremediation of crude oil spill in Taean, Korea. Journal of Environmental Science International, 17(7), 795-799.
- Lee, G. F., Jones, R. A., Rast, W. (1981). Alternative approach to trophic state classification for water quality management. Environmental Engineering, Colorado State University.
- Martins dos Santos VA, et al. (2008). Genomic Insights into Oil Biodegradation in Marine Systems. In Díaz E. Microbial Biodegradation: Genomics and Molecular Biology. Caister Academic Press. ISBN 978-1-904455-17-2.
- Maymó-Gatell, X., Chien, Y.T., Gossett, J.M., and Zinder, S.H. (1997). Isolation of a bacterium that reductively dechlorinates tetrachloroethene to ethene. Science. 276, 1568-1571.
- McCarty, P.L. (2002). Biological Processes for Toxic Chemicals in the Environment -Experiences and Concepts in the Making. Stanford University.
- McCarty, P. L., and Semprinim, L. (1994). Ground-water treatment for chlorinated solvents. In: R.D. Norris et.al. (Eds.) Handbook of bioremediation. pp. 87-116. Lewis Publishers, Boca Raton. FL.
- Mello, I. (2014). Drinking Water Supply-New system for adding DO improves seasonal water quality in lakes and reservoirs. (http://www.eco2tech.com/)
- Mitchell, R. (1972). Water Pollution Microbiology. Wiley-Interscience.
- National Academy of Science and Engineering (1970). Waste management concepts for the coastal zone.
- Nemerow, N.L. (1974). Scientific stream pollution analysis. McGraw-Hill.
- Orlob, G.T., (1983), "One-Dimensional Models for Simulation of Water, Quality in Lakes and Reservoirs" in Mathematical Modeling of Water Quality, edited by G.T. Orlob, Wiley Interscience, New York.
- Rossberg, M. et al. (2006). Chlorinated Hydrocarbons" in Ullmann's Encyclopedia of Industrial

Chemistry, Wiley-VCH, Weinheim. (doi:10.1002/14356007.a06_233.pub2)

- Simons, T.J., (1975), "Verification of Numerical Models of Lake Ontario : Part Ⅱ. Stratified Circulation and Temperature Changes," J. Physical Oceanography, vol. 5, no. 1, p. 98.
- Singleton, V.L., Little, J.C. (2006). Designing hypolimnetic aeration and oxygenation systems-a review. Environmental science & technology, 40(24), 7512-7520.
- Speece, R.E. (1994). Lateral thinking solves stratification problems. Water Quality WQI 3:12-15.
- Tchobanoglous, G., Schroeder, E.D. (1985). Water Quality: Characteristics. Modeling, Modification: Addison-Wesley.
- Todd, D.K., (1980). Groundwater Hydrology, 2d ed., John Wiley and Sons, New York.
- US EPA (1984). Environmental Quality - The fifteenth annual report of the Council on Environmental Quality together with The President's Message to Congress.
- US EPA (1990). National Water Quality Inventory 1988 Report to Congress.
- US EPA (1992). Design of Municipal Wastewater Treatment Plants, 1592 pp. WEF Manual of Practice n 8 and ASCE Manual and Report on Engineering Practice n 76. 2 vols.
- Yakimov, M.M., Timmis, K.N., Golyshin, P.N. (2007). Obligate oil-degrading marine bacteria. Curr. Opin. Biotechnol. 18 (3), 257–266. (doi:10.1016/j.copbio.2007.04.006.)
- 국토교통부 (2002). 지하수관리 기본계획 보고서.
- 국토해양부 (2011). 수자원장기종합계획(2011～2020).
- 김영, 김진욱, 김정관, 하철윤, 이한웅, 하준수, 박후원, 권수열, 안영호, 이진우 (2005). 사염화에틸렌으로 오염된 국내 4개 지역 지하수내 사염화에틸렌 탈염소화 활성 및 미생물 군집의 비교. 한국지하수토양환경학회지, 10(2), 52-58.
- 김영, 김진욱, 하철윤, 김남희, 홍광표, 권수열, 안영호, 박후원 (2005). 관측정 자연표류 실험을 통한 트리클로로에틸렌 오염지하수의 생물학적 복원타당성연구. 한국지하수토양환경학회지, 10(3), 38-45.
- 박후원 외 (2005). PCE와 TCE 로 오염된 토양 및 지하수의 현장 생물학적 복원기술개발 및 상용화. ㈜그린환경 컨설팅, 환경부.
- 안영호 (2006). 염화에틸렌으로 오염된 토양 및 지하수 오염 현장 생물학적 복원 기술개발: 혐기성 환원 탈염소화 기술의 적용을 위한 모형실험연구. 한국환경기술진흥원.
- 안영호, 최정동, 김영, 권수열, 박후원 (2006). 반연속 흐름 2단 토양컬럼에서의 사염화에틸렌의 혐기성 완전탈염소화 환원생분해. 한국지하수토양학회지, 11(2), 68-76.
- 최의소 외 (2000). 고속도로 주유소 유류오염 토양 복원기술에 관한 연구. 고려대학교 환경기

술정책연구소, 한국도로공사.
• 최의소, 조광명 (1994). 환경공학. 청문각.
• 환경부 (2006). 지하수 측정망 운영결과.

PART 4 Master Plan

상하수도 기본계획

Inadequate sanitation is still a major problem in the developing world. Clearly, sanitation still plays a vital role in improving public health now and in the future.

(Johan Mackenbach, Erasmus University Medical Centre, Rotterdam, the Netherlands, 2007)

Chapter 09

물의 이용과 하·폐수의 발생

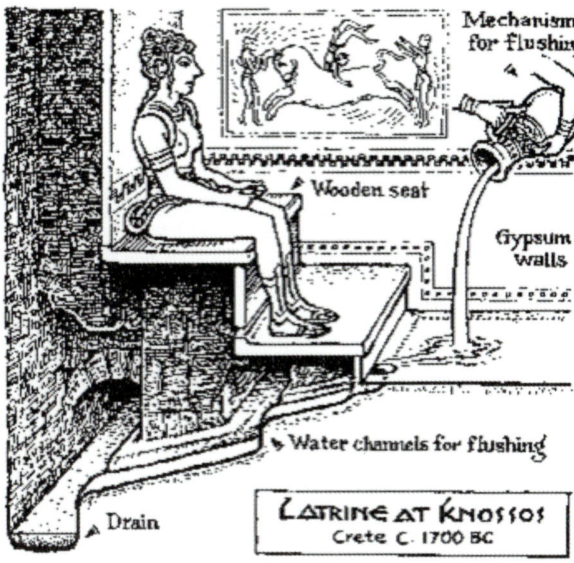

The first flush toilets by the Minoan culture.

The Minoan culture on the island of Crete between 1500-1700 B.C.E. had a highly developed waste management system. They had very advanced plumbing and designed places to dispose of organic wastes.

They also had the first flush toilets, dating back to 18th century B.C.E. They had flushing toilets, with wooden seats and an overhead reservoir. The Minoan royals were the last group to use flushing toilets until the re-development of that technology in 1596.

(http://shitrichcollegekidssay.tumblr.com)

9.1 기본계획

상하수도는 중요한 사회기반시설로서 대상지역의 미래 발전계획과 충분한 조화를 이루어 계획되어야 한다. 상하수도 기본계획(master plan)에 있어 가장 중요한 부분은 합리적인 급수량 평가와 하·폐수의 효과적인 배수 그리고 목표수질을 달성할 수 있는 최적의 오염물질 처리기술에 대한 계획이다. 상하수도 기본계획 시 고려해야 할 중요한 사항은 다음과 같다.

① 해당 지역사회에 대한 과거, 현재 및 미래의 여건: 인구변화, 토지이용실태, 경제상황 변화 등 특히 장래토지이용계획에 유의하여 계획한다.
② 현존시설과의 관계: 기존시설과의 유기적인 연결계획이 필요하다.
③ 설계목표: 상하수도 시설은 지역적인 특성, 기술적 성능, 시설의 설계표준, 경제적 설계기간 등에 따라 적합한 기준으로 적용되어야 한다. 상하수도 시설물의 설계기간은 통상 5～20년 정도인데, 단기계획(정수, 송·배수 설비)은 5년 그리고 장기계획(취수 및 도수설비, 하수도 시설)은 15～20년이 일반적이다(표 9-1).
④ 추천시설: 대부분의 시설계획은 단기와 장기로 구분되는데, 장기적인 측면에서는 장래의 지역여건변화를 수용할 수 있어야 한다. 기본계획 시에는 통상적으로 복수 이상의 계획(안)을 수립하며, 각 사안별 비용분석과 유지관리상의 장단점이 충분히 고려되어야 한다.
⑤ 실행계획: 마련된 기본계획의 실현가능성과 재정계획을 바탕으로 실시계획 및 설계를 수행한다.

상수도 기본계획은 기본적으로 수요와 공급의 관계를 합리적으로 결합하는 데 있다. 수도계획은 수도정비기본계획(수도사업자가 관할구역 내의 수도정비를 목적으로 매 10년마다 작성)과 전국수도종합계획(환경부장관이 매 10년마다 전국의 수도정비기본계획을 바탕으로 국가수도

표 9-1 **상수도 시설물의 계획연도**

항목	내용	계획기간
큰 댐 및 대구경관로	확장이 어렵고 비싸다.	25～50
우물, 배수관로, 여과지	확장이 쉬우나 1) 이자율 3% 이하 2) 이자율 3% 이상	 20～25 10～15
직경 30mm 이상	장기적으로 대체 비율이 비싸다.	20～25
직경 30mm 이하	장기적으로 필요한 크기로 설계한다.	

자료: Fair and Geyer(1964)

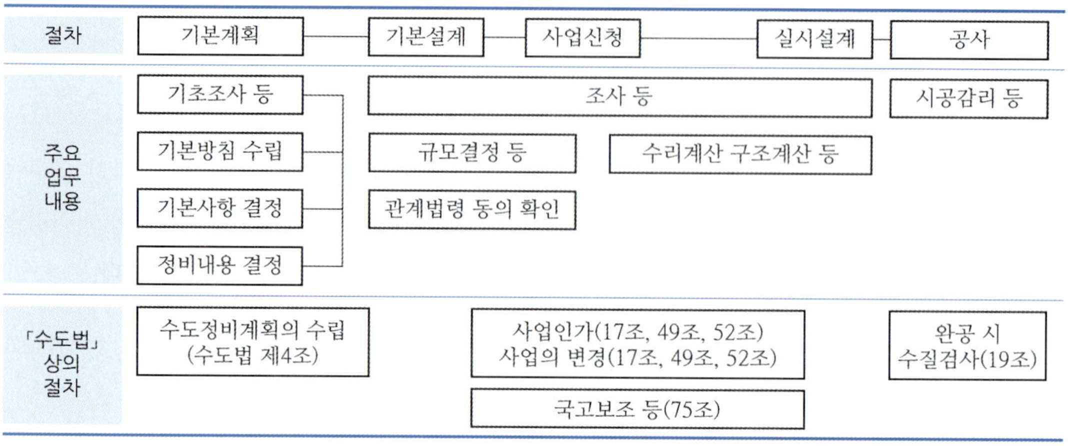

그림 9-1 상수도계획의 절차

정책의 체계적 발전과 용수의 효율적 이용 및 수돗물의 안정적 공급을 위한 계획)으로 구분된다. 기본계획은 수도사업자나 광역상수도사업자 등이 자연적 · 사회적 · 지역적인 여러 가지 조건을 기초로 하여, 미래를 대비하는 수도사업 내용의 근간에 관한 장기적이고 종합적인 계획이어야 한다. 또한 수량 및 수질적인 안전성의 확보, 적정한 수압, 지진 등의 비상대책, 시설의 개량과 갱신, 그리고 환경대책 등을 충분히 고려하여야 한다. 기본계획(그림 9-1)을 수립할 때 기초조사는 필요에 따라 다음과 같이 진행하며, 이때 계획(목표)연도, 계획급수구역, 계획급수인구 및 계획급수량 등의 기본사항이 결정되어야 한다.

① 급수구역의 결정에 필요한 기초 자료의 수집과 조사
② 급수량 결정에 필요한 기초 자료의 수집과 관련 계획 등의 조사
③ 종합적인 상위계획 및 관련 상수도사업계획 또는 상수도용수공급계획에 대한 조사
④ 상수도시설의 위치 및 구조 결정에 필요한 자연적, 사회적 조건의 조사
⑤ 유사하거나 동일한 규모의 기존 상수도시설 및 그 관리실적에 대한 자료수집과 조사
⑥ 각종 수원에 대한 물이용(water use)의 가능성과 수량 및 수질 조사
⑦ 개량하거나 갱신해야 할 시설의 범위와 시기를 결정하기 위한 현재 보유시설의 평가
⑧ 공해방지 및 자연환경보전을 도모하기 위한 환경영향평가의 조사

하수도시설의 목적은 하수의 배제와 이에 따른 생활환경의 개선, 침수방지, 공공수역의 수질보전과 건전한 물순환의 회복 및 지속발전 가능한 도시구축에 기여함에 있다. 따라서 하수도계획은 하수도의 역할이 다양화되고 있는 사회적인 요구에 부응할 수 있도록 장기적인 전망을 고려하여 침수방지계획, 수질보전계획, 물관리 및 재이용계획 및 슬러지 처리 및 자원화 계획

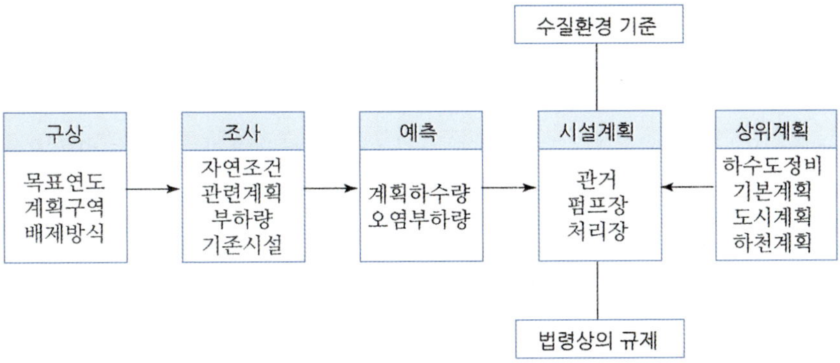

그림 9-2 **하수도계획의 절차**

표 9-2 **하수도계획의 기본방침**

구분	주요 고려사항
기본요건	하수·분뇨의 유출 및 처리·이용, 그리고 슬러지처리·이용
우수배제계획	대상지역의 우수배제와 관련 있는 하천, 농업용 배수로 및 기타 배수로, 하수도를 포함한 종합적인 우수배제계획
하수처리·재이용계획	수질환경기준과 하수도, 하수도정비기본계획, 물 이용계획과 하수도
슬러지처리·재이용계획	슬러지처리·재이용에 관한 계획은 발생슬러지 성상과 지역특성에 따라 슬러지의 자원적 가치를 충분히 이용할 수 있도록 수립
통합운영관리계획	하수도시설의 운영관리 효율화 및 유지관리비용 저감을 주목적으로 유역별 수질관리 체계에 부응하여야 함
친환경에너지·절약계획	해당 지역 여건을 고려하여 친환경, 주민친화적 시설이 되도록 함. 하수도시설은 에너지 절약시설로 계획, 궁극적으로는 에너지 자립률을 최대화하는 것을 목표로 함

등을 포함하여 수립해야 한다. 하수도계획은 구상, 조사, 예측 및 시설계획이 서로 밀접한 관련성을 가지고 있기 때문에 그림 9-2와 같은 절차와 표 9-2에 제시된 주요 기본방침을 따른다.

하수도계획은 시설의 내용연수 및 건설기간이 길고 특히 관거의 경우는 하수량 증가에 대응하여 단계적으로 단면을 증가시키기가 곤란하기 때문에 장기적인 관거계획을 수립할 필요가 있다. 따라서 원칙적으로 목표연도를 20년으로 하여 계획을 수립한다. 계획구역 및 배수계통의 설정, 인구추정, 계획하수량(오수량, 지하수량), 우수유출량, 배제방법(합류식, 분류식), 펌프장, 하수처리장 및 처리방법, 최종방류지점의 선정, 지질조사 등이 기본요소이며, 분뇨·정화조폐액처리, 오수처리시설 그리고 유해폐수의 유입(공장, 공단폐수) 등 기존시설 간의 관계설정도 중요하다. 이때 하수처리구역 내에서 발생하는 수세식분뇨는 관거정비상황 등을 고려하여 하수관거에 투입하는 것을 원칙으로 한다. 또 수거식 화장실에서 수거되는 분뇨는 하수처리시설에서 전처리

후 합병처리하는 것을 원칙으로 하고 있다. 하수도시설 배치, 구조 및 기능에 관한 계획수립 시 고려사항으로는 다음과 같다.

(1) 유지관리상의 조건, 지형 및 지질 등의 자연조건, 방류수역의 상황, 주변환경조건, 시설의 단계적 정비계획, 시공상의 조건 및 건설비 등. 특히, 토구(outfall)의 위치 및 구조는 방류수역의 수질 및 수량에 미치는 영향을 고려하여 결정하며, 방류지점의 계획외수위는 하천의 경우 해당하천의 계획홍수위, 해역의 경우에는 삭망만조위(朔望滿潮位)로 한다.
(2) 하수도시설의 용량은 필요에 따라 적절히 여유를 둔다.
(3) 하수도시설은 사고 및 고장뿐만 아니라 보수 및 점검 시에도 시설로서의 일정한 기능을 유지할 수 있도록 예비시설을 설치하며, 시설의 신뢰성, 확실성 및 안전성을 높이기 위해 복수화를 고려한다.
(4) 관거, 펌프장 및 처리장의 시설계획은 오수의 양과 질의 파악 및 시설의 운전관리를 원활히 하기 위하여 적절한 계장설비를 설치한다.
(5) 장래 하수량의 증감이 예상되는 경우에는 이를 반영한 시설계획을 하여야 한다.

하수도계획은 다음과 같은 광범위한 자료의 수집과 조사를 필요로 한다.

① 자연적 조건: 지역개황, 하천 및 수계현황, 기상 및 재해상황 등
② 조사지역에 관한 장래계획: 국가장기종합계획, 도시계획, 하천정비기본계획 및 하천환경정비사업계획, 오염총량관리계획 및 수계환경관리계획, 자연재해대책계획 및 물수요관리종합계획 및 기타 관련계획(폐기물처리 등)
③ 조사지역의 발생부하량, 삭감부하량, 배출부하량과 방류예정수역의 허용부하량 및 수질관리목표
④ 기존시설: 하수도시설현황 및 계획, 분뇨 · 가축분뇨 및 음식물류 폐기물 탈리액의 처리 · 처분현황, 폐수종말처리시설 현황, 지하매설물 및 기타시설 사항
⑤ 하수의 자원화 및 시설의 유효이용: 처리수의 재이용, 슬러지의 재이용, 시설의 다목적이용

9.2 인구추정

계획지역의 합리적인 인구추정(population forecast)은 그 지역에서 필요로 하는 급수량 산정에서부터 하수발생량에 이르기까지 매우 중요한 사항으로 원단위(L/capita-day) 평가의 근거가 된다.

1) 등차급수법

등차급수법(arithmetical progression)은 계획지역의 인구가 매년 일정한 수로 증가한다고 가정한다. 이는 발전이 느린 도시 혹은 발전 중인 비교적 큰 도시에 주로 해당되는데, 연평균 인구증가수를 기준으로 최소제곱법($Y = aX + b$)을 이용하여 평가한다.

$$p_n = p_0 + n \cdot a$$

여기서, $p_n = n$년 후의 인구수

$p_0 =$ 기준연도의 인구

$n =$ 계획기간

$a =$ 연평균 인구증가 상수

2) 등비급수법

등비급수법(geometrical progression)은 인구증가율이 매년 일정하다고 가정하며, 연평균 증가율이 비교적 일정한 발전적인 도시에 해당한다.

$$p_n = p_0 \cdot (1 + r)^n$$

여기서, $r =$ 연평균 인구증가율

3) 감소증가율법

감소증가율법(decreasing-rate-of-growth method)은 인구가 매년 일정비율로 감소한다는 가정하에 적용하며, 이 식에서는 포화인구의 평가가 우선적으로 요구된다.

$$p_n = p_0 + (k - p_0) \cdot (1 - e^{-bn})$$

여기서, $k =$ 포화인구(가정치)

$b =$ 감소증가율 상수

4) 논리법

논리법(logistic method)은 수리법(mathematical method)이라고도 하며, 다음과 같은 미분방정식과 해(solution)로 표현된다. 이 경우 상수를 산정하기 위해 최소제곱법 또는 삼점법을 사용하는데, 시간간격을 동일하게 할 때 대표적으로 사용가능하며, S형 곡선으로 표현된다.

$$\frac{dx}{dy} = ay(k - y)$$

$$y = \frac{k}{(1 - me^{-ax})} = \frac{k}{(1 + e^{a-bx})}$$

여기서, $y = x$년 후의 인구수

$x =$ 실적연도부터 계획연도까지의 경과연수

$k =$ 포화인구수

$m, a, b =$ 상수(삼점법 혹은 최소제곱법으로 결정)

$$a = \frac{c}{\log e} = \frac{1}{\log e} \cdot \frac{\sum x \sum xy - \sum x^2 \sum y}{n\sum x^2 - \sum x \sum x} \quad (n = \text{자료수})$$

$$b = \frac{n\sum xy - \sum x \sum y}{n\sum x^2 - \sum x \sum x}$$

5) 지수곡선식(Peggy의 함수식)에 의한 방법

이 식은 정수 A와 a를 결정하기 위해 로그(log) 형태의 선형관계로 표현되며, 최소제곱법을 활용하여 결정할 수 있다.

$$p_n = p_a + A \cdot (x)^a$$

여기서, $A, a =$ 상수(최소제곱법으로 결정)

$x =$ 실적연도부터 계획연도까지의 경과연수

6) 비상관법

어느 지역의 인구증가율이 다른 더 큰 지역의 인구증가율과 관계가 있다고 가정하여 예측하는 방법이다.

$$\frac{p_2}{p_{2R}} = \frac{p_1}{p_{1R}} = k_r$$

여기서, $p_2 =$ 추정인구수

$p_{2R} =$ 다른 더 큰 지역의 추정인구

$p_1 =$ 최근 통계인구

$p_{1R} =$ 다른 더 큰 지역의 최근 통계인구

$k_r =$ 비율상수

9.3 급수량

급수량은 상수소비량(water consumption) 또는 상수요구량(water demand)으로 표현되는데, 사용용도에 따라 생활용수(domestic use), 영업용수(commercial use), 공업용수(industrial use), 공공용수(public use) 그리고 불명수(unaccounted-for)로 구분하며, 불명수는 손실 및 누수에 의한 수량을 의미한다.

급수량은 통상적으로 원단위 형태(Lpcd, Liter per capita per day)로 표현된다. 생활용수의 경우에는 목표연도, 급수구역 및 인구, 원단위 급수량 등이 중요한 계획요소이며, 산업용수의 경우에는 목표연도, 부지면적, 업종별 원단위 등이 이에 해당한다.

장래 급수량의 추정은 과거의 통계숫자를 이용하거나, 원단위 사용량을 기준으로 평가할 수 있으며, 대략적인 평가를 위해서는 다음과 같은 Goodrich 공식을 사용하기도 한다.

$$p = 180 \times t^{-0.10}$$

여기서, p: 연평균 소비율에 대한 백분율

t: 시간(일)

소화용으로 사용되는 상수량은 화재발생 시 좁은 지역에서 제한적으로 사용되므로 얼마 되지는 않지만 단시간 내에 많은 수량을 필요로 하기 때문에 소도시의 경우 급수시설의 규모는 소화용수의 양에 따라 영향을 받을 수 있다. 일반적으로 소화용수량은 미국 국립화재보험협회(NBFU, National Board of Fire Underwriters)에서 추천하는 공식(Steel, 1960)을 사용한다.

$$Q = 3.86\sqrt{\frac{P}{1000}}\left(1 - 0.01\sqrt{\frac{P}{1000}}\right)$$

여기서, Q: 소화용수량, m^3/min

P: 인구(명)

이 식은 인구 20만 명 이하의 도시지역을 대상으로 하며, 인구 20만 명 이상의 도시에서는 제2의 화재에 대비하여 10～20 m^3/min을 추가로 계획한다. 이 공식에 근거하여 NBFU는 인구가 1,000명 이하의 경우 4시간, 1,500명 이하일 때 5시간, 2,000명 이하일 때 6시간, 3,000명 이하일 때 7시간, 5,000명 이하일 때 9시간, 그리고 그 이상에서는 10시간 동안의 소화용수가 확보되어야 한다고 규정하고 있다. 또 소화전의 수압은 소방차 유무에 따라 각각 1.4 kg/cm^2 이상과 7 kg/cm^2 이상으로 유지되어야 한다. 화재발생 시 소화 목적으로 사용하는 물의 양은 그 도시의 일최대 상수요구량에 별도로 고려되어야 한다.

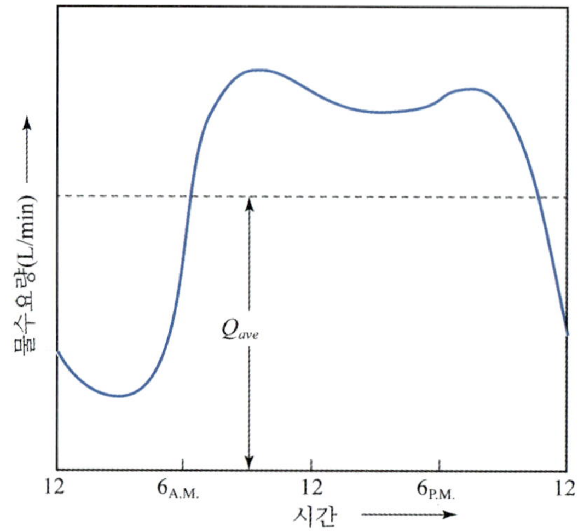

그림 9-3 **물사용량의 변화**

일반적으로 물사용 패턴은 도시의 크기와 위치, 하수도시설의 유무, 구성인구의 성격, 생산시설이나 상가의 크기, 기후, 계량기의 설치 등 여러 가지 요소에 의해 좌우된다(그림 9-3). 중요한 급수량 표현방법으로는 일최대, 일평균 및 시간최대 기준이 있는데, 각각의 상관관계는 다음과 같으며, 유수율은 계량수량과 생산수량의 비를 의미한다.

1인 1일 최대 급수량 = 연간 최대사용수량이 나타난 1인당 급수량

$$1\text{인 } 1\text{일 평균 급수량} = \frac{\text{연간급수량}}{\text{급수인구} \times 365} = \frac{1\text{일 평균급수량}}{\text{급수인구}}$$

$$\text{시간최대 급수량} = \frac{1\text{일 총급수량}}{24} \times a$$

(a: 1.3~2.0, 대도시 및 공업도시 1.3, 중소도시 1.5, 농촌 및 주택단지 2.0)

계획 1일 최대급수량(시설용량) = 계획 1일 평균급수량 × 계획 첨두율(1.15~1.4)

표 9-3에는 급수량의 구분과 주요 설계대상시설이 나타나 있고, 표 9-4에는 급수시설별 시설용량기준을 정리하였다.

표 9-3 **급수량의 구분 및 대상구조물의 명칭**

급수량의 구분	연평균 1일 사용수량에 대한 비율	대상 구조물의 명칭
일평균 급수량	100	수원지, 저수지 유역면적 등 결정
일최대 급수량	150	취수, 정수, 배수시설 등 결정
시간 최대 급수량	200	급수본관의 구경결정

표 9-4 **급수시설별 시설용량 기준**

시설	시설용량 기준
취수시설	계획취수량 = 계획 1일 최대급수량 × 1.1~1.15(정수 중 소요되는 물량 고려)
도수시설	계획취수량 기준
정수시설	계획 1일 최대급수량(착수지, 여과지시설은 105% 기준)
송수시설	계획 1일 최대급수량
배수시설	계획배수량 = 계획 시간최대 급수량 배수지용량 = 계획 1일 최대급수량의 8~12시간(최소 6시간)
급수시설	원단위 사용량 기준

계획연도 급수량은 계획연도의 원단위급수량과 추정된 인구를 기준으로 평가된다. 우리나라의 1인 1일 단위급수량은 1961년(102 Lpcd)부터 1981년(264 Lpcd)까지 급격한 증가를 보였고, 그 증가폭은 1989년(339 Lpcd)까지 둔화되는 경향을 보였다. 그러나 1997년(409 Lpcd)을 정점으로 급수량은 점점 감소하는 추세이다. 2013년 1일 1인당 급수량은 335 Lpcd로 전년의 332 Lpcd와 유사한 것으로 조사되었다(표 9-5). 최근 10년간 1일 1인당 급수량의 연평균 증감률은 -0.35% p였는데, 그 원인은 절수기 설치와 물절약 운동의 전개 등으로 물사용량이 줄고, 유수율 제고 정책의 지속적인 추진결과로 누수율이 감소하고 있기 때문으로 평가된다. 이러한 자료는 정수장

표 9-5 **상수도 보급현황**

연도	시설용량(천m^3/일)	급수량(천m^3/일)	급수인구(천명)	1일 1인당 급수량(L)
1998	25,695	15,873	40,190	395
1999	26,590	15,886	40,948	388
2000	26,980	15,883	41,774	380
2001	27,751	15,290	42,402	361
2002	28,561	15,007	43,021	349
2003	28,462	15,136	43,633	347
2004	23,156	15,598	44,187	353
2005	28,182	15,674	44,671	351
2006	28,538	15,646	45,270	346
2007	28,455	15,657	46,057	340
2008	30,571	15,858	46,733	337
2009	31,416	15,696	47,336	332
2010	30,936	16,104	48,395	333
2011	30,944	16,398	48,938	335
2012	29,959	16,359	49,354	332
2013	29,941	16,734	49,910	335

주) 1일 1인당 급수량(L): 전용공업용수 제외

을 시설용량을 기준으로 한 것으로 실제 급수된 양과는 차이가 있다. 급수인구는 2013년 말 49,910천명으로, 총 인구 52,127천명 기준 상수도 보급률은 95.7%로 1998년 이후 약 10.5%p 가량 증가했다. 한편, 우리나라의 상수도 보급률은 OECD 평균치인 87.4%(2004)를 웃도는 수준이나, 일본(97.6%), 프랑스(99.9%), 이탈리아(98%) 등 선진국의 급수보급률보다는 다소 낮은 수준이다.

우리나라의 도시규모별 1인 1일 평균 급수량(표 9-6)을 보면 2009년 기준으로 특・광역시(311 Lpcd)의 경우보다 시지역(411 Lpcd)의 경우가 더 높게 나타났으며, 반면에 읍・면지역의 경우는 179 Lpcd로 매우 낮게 나타났다. 생활용수를 사용하는 패턴은 정수장뿐만 아니라 배수지 급수관거의 크기 결정에 매우 중요한 영향을 미친다. 주거지역에 있어서 시간최대 급수량은 일평균 급수량과 일최대 급수량의 각각 1.83배 및 1.5배로 나타났으며 오전 10~11시 사이에 발생하는 특징이 있다(한국건설기술연구원, 1989). 지역별 상수도보급률(2013)을 보면 서울, 부산, 제주는 100%에 육박하고 있으나 타 지역의 보급률이 상대적으로 낮은 수준이며, 강원도(457 Lpcd)가 가장 높았고, 부산시(281 Lpcd)의 경우가 가장 낮은 경향을 보였다(표 9-7).

표 9-6 **도시규모별 상수도 보급수준(2009)**

구분	총인구 (천명)	급수인구 (천명)	보급률 (%)	급수량 (천m³/일)	급수량 (L/일・인)
전국	50,644	47,336	93.5	15,696	332
특・광역시	23,380	23,241	99.4	7,222	311
시지역	18,206	17,952	98.6	7,372	411
읍지역	4,033	3,582	88.8	1,102	179
면지역	5,024	2,561	51.0		

표 9-7 **전국광역자치단체별 상수도 보급 및 이용현황(2013)**

구분	총인구(천명)	급수인구(천명)	상수도 보급률(%)	1일 1인당 급수량(L)
전국	**52,127**	**49,910**	**95.7**	**335**
서울	10,388	10,388	100.0	301
부산	3,563	3,563	100.0	281
대구	2,525	2,522	99.9	304
인천	2,930	2,884	98.4	332
광주	1,488	1,482	99.6	319
대전	1,548	1,544	99.7	332
울산	1,179	1,153	97.8	286
세종	125	97	77.6	433
경기	12,549	12,239	97.5	318
강원	1,556	1,378	88.6	457

(계속)

충북	1,600	1,422	88.9	419
충남	2,097	1,703	81.2	415
전북	1,896	1,778	93.8	401
전남	1,932	1,602	82.9	369
경북	2,743	2,428	88.5	453
경남	3,403	3,122	91.7	342
제주	605	605	100.0	373

주) 마을상수도 및 소규모 급수시설 이용인구 제외

외국의 자료(2008)와 비교할 때 우리나라의 1인당 급수량은 일본, 이탈리아와 비슷하지만 스페인, 스위스보다는 많은 편이며, 중국, 노르웨이, 미국 등은 우리나라보다 더 많은 물을 사용하는 것으로 나타났다. 이 가운데 미국은 우리나라의 1.37배(455 Lpcd)에 이르고 있다(표 9-8~표 9-10).

표 9-8 **주요국가별 상수도 사용량(K-water, 2008)**

구분	한국 (2010년)	스페인 (2008년)	스위스 (2008년)	일본 (2008년)	이탈리아 (2008년)	중국 (2008년)	노르웨이 (2008년)	미국 (2008년)
Lpcd	333	176	288	320	322	366	397	455
한국대비	1	0.53	0.86	0.96	0.97	1.10	1.19	1.37

표 9-9 **주요국가 도시별 상수도 사용량(2008)**

국가	도시명	1일 1인당 급수량
일본	동경	337
	오사카	435
중국	상하이	528
	홍콩	375
미국	뉴욕	511
	시카고	389
스위스	제네바	347

(IWA, 2010)

우리나라의 경우 가정용 수돗물을 기준으로 한 사용용도별 분석결과에 따르면 화장실 변기용이 25% 정도로 가장 높았고, 싱크대용이 21%, 세탁기용이 20%, 목욕용이 16%, 세면용이 11%, 기타가 7%순이었는데(한국수자원공사), 이는 미국의 경우(표 9-11)와 비교하여도 유사한 경향을 보이고 있다. 표 9-12와 9-13은 미국의 경우에 대한 상수도 장치(기구)의 물사용량과 용도별 절수설비 효과를 나타내었다.

표 9-10 **개발도상국 및 개발지역에서의 물사용량(1992)**

나라/지역	일인당 물 소비량	
	gal/인 · 일	Lpcd
중국	21	80
아프리카	4~9	15~35
동남아시아	8~19	30~70
서태평양	8~24	30~90
동지중해	11~23	40~85
알제리, 모로코, 터키	5~17	20~65
라틴아메리카, 캐리비안 연안	19~51	70~190
세계 평균	9~24	35~90

자료: Salvato(1992)

표 9-11 **미국에서의 일반적인 주택 실내용수 사용비율**

사용용도	전체 중 비율(%)	
	범위	대표값
샤워	12~20	16.8
목욕	1~3	1.7
싱크대 수도	12~18	15.7
식기 세척	1~2	1.4
옷 세탁	12~28	21.8
기타	0~9	2.2
화장실	23~31	26.7
누수	5~22	13.7
합계		100

자료: AWWARF(1999), 평균 실내용수 사용 = 260 L/인 · 일(69 gal/인 · 일)

표 9-12 **미국 내 여러 장치와 기구에 대한 물사용량**

장치 또는 기구	영국 단위		SI 단위	
	단위	범위	단위	범위
가정용 자동 세탁기				
위에서 투입	gal/투입횟수	34~57	L/투입횟수	130~216
앞에서 투입	gal/투입횟수	12~15	L/투입횟수	45~60
가정용 자동식기세척기	gal/투입횟수	9.5~15.2	L/투입횟수	36~60
욕조	gal/사용횟수	30	L/사용횟수	114
부엌용 음식 파쇄기	gal/일	1~2	L/일	4~8
샤워	gal/분 · 사용횟수	2.5~3	L/분 · 사용횟수	9~11
화장실 변기(절수형)	gal/사용횟수	1.6~3.5	L/사용횟수	6~13
화장실 변기(일반형)	gal/사용횟수	4~6	L/사용횟수	15~23
세면기	gal/분 · 사용횟수	2~3	L/분 · 사용횟수	8~11

자료: Metcalf & Eddy(1991), Salvato(1992), Crites and Tchobanoglous(1998)

표 9-13 미국에서의 절수설비설치 유무에 따른 실내용수 사용량 비교

용도	유량, gal/인 · 일		유량, L/인 · 일	
	절수설비가 없을 때	절수설비가 있을 때	절수설비가 없을 때	절수설비가 있을 때
목욕	1.3	1.3	5	5
샤워	13.2	11.1	50	42
식기세척	1.0	1.0	4	4
옷세탁	16.8	11.8	64	45
수도꼭지	11.4	11.1	43	42
변기	19.3	9.3	73	35
누수	9.4	4.7	36	18
기타 가정용	1.6	1.6	6	6
합계	74	51.9	281	197

자료: AWWARF(1998)

9.4 하수발생과 오수배제계획

하수도(sewerage)란 계획구역 내 발생하는 모든 종류의 액상폐기물(liquid waste)을 수집(collection), 처리(treatment) 및 처분(disposal)하는 모든 시설물을 말하며 하수(sewage)는 관거(sewer)를 따라 흘러가는 액상폐기물을 총칭하는 말이다. 이러한 액상폐기물은 생활오수(domestic or sanitary sewage)와 공장폐수(industrial waste), 우수(storm sewage) 그리고 침투수/유입수(infiltration/inflow)로 구분된다. 생활오수는 가정오수 및 영업오수를 포함하며 우수는 강우 중에 관거로 유입되는 물을 말한다. 침투수는 하수관의 손상된 부분으로 유입되는 지하수 그리고 유입수는 강우 중 지표면에서 하수관으로 흘러들어 가는 물로 정의된다(Metcalf & Eddy, 1981). 도시하수유량의 전형적인 일중 및 주중변화 패턴은 그림 9-4와 같다(Metcalf & Eddy, 1991).

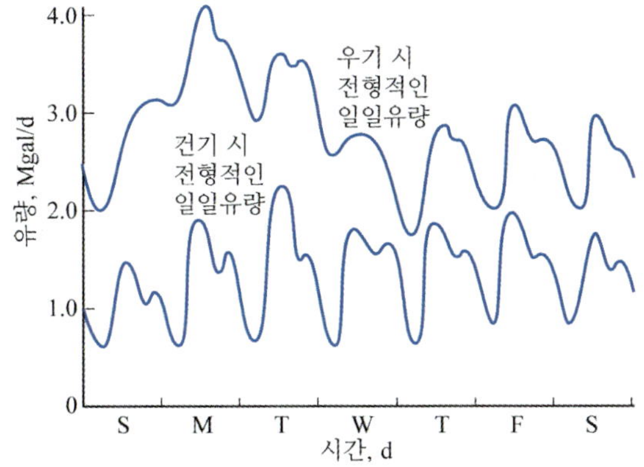

그림 9-4 도시하수 유량의 전형적인 일중 및 주중변화(Metcalf 8 Eddy, 1991)

생활오수량 원단위 산정방법으로는 계획목표연도에서 계획지역 내 장래 상수도 급수계획(목표연도 1인 1일 계획급수량)을 기준으로 하거나 과거 상수도 사용실적에 의한 추정(목표연도의 용수량 및 오수량 원단위 산출) 또는 발생오수량을 실측하여 산출한다. 일반적으로 생활오수량은 상수 소비량의 70~80% 정도이며, 영업오수의 경우 용도지역별로 가정오수량과 영업오수량의 비율을 결정하여 적용한다.

공장폐수의 경우 기본적으로 하수도에 수용하는 것을 원칙으로 하고 있다. 공장용수 및 지하수 등을 사용하는 공장 및 사업소 중 폐수량이 많은 업체에 대해서는 개개의 폐수량조사를 기초로 장래의 확장이나 신설계획을 수립하며, 그 밖의 업체에 대해서는 출하액당 용수량 또는 부지면적당 용수량을 기초로 계획을 수립한다. 침투수와 유입수로 나타나는 지하수 유입량은 관거연장 1 m당 혹은 배수면적 1 ha당의 수량(m^3)으로 표현되나 일반적으로 최대오수발생 원단위의 일정비율로 가정한다. 표 9-14와 9-15는 생활하수 원단위 산정과정과 용도지역별 영업오수율을 나타내었다.

표 9-14 **생활하수 원단위 산정 예** (단위: L/인-일)

구분	현재	1996	2001	2011	비고
상수도 원단위(일최대)	558	591	650	685	
유효율(%)	74.2	76.7	80.0	80.0	
오수전환율 (%)	81.2	81.4	86.5	90.0	
하수량 원단위(일최대)	336	369	450	493	
하수량 원단위(일평균)	269	295	360	395	일최대의 80%

표 9-15 **용도지역별 영업오수율**

용도지역	영업오수율	비고
상업지역	0.6~0.8	용도지역별 영업오수량과 영업오수율과의 상관율을 구한 후에, 1인당 가정오수량에 대한 비율로 설정한 것
주거지역	0.3	
준공업지역	0.5	
공업지역	0.2	

주) 도시규모에 따라 영업오수율에 다소의 변동이 있음(일본하수도협회, 1994)

표 9-16~표 9-19는 미국의 경우에 대한 주거지역, 상업지역, 공공시설 및 위락시설에서의 하수발생량을 요약하였다. 또 표 9-20과 9-21은 세계 각국의 하수 원단위 부하값을 나타내었다. 표 9-22는 서울시 하수도재정비계획에서 적용된 생활하수 오염부하 원단위값을 정리하였고, 표 9-23은 축산폐수에 대해 적용하는 오염부하 원단위값을 나타내었다.

표 9-16 미국 도시 주거지역의 일반적인 하수발생량

가구 규모, 식구수	유량, gal/인·일		유량, L/인·일	
	범위	대표값	범위	대표값
1	75~130	97	285~490	365
2	63~81	76	225~385	288
3	54~70	66	194~335	250
4	41~71	53	155~268	200
5	40~68	51	150~260	193
6	39~67	50	147~253	189
7	37~64	48	140~244	182
8	36~62	46	135~233	174

자료: AWWARF(1999)

표 9-17 미국 상업발생원의 일반적인 하수발생량

발생원	단위	유량, gal/단위·일		유량, L/단위·일	
		범위	대표값	범위	대표값
비행장	승객	3~5	4	11~19	15
아파트	침실	100~150	120	380~570	450
자동차 수리소	수리차량	8~15	10	30~57	40
	종업원	9~15	13	34~57	50
바/칵테일 라운지	좌석	12~25	20	45~95	80
	종업원	10~16	13	38~60	50
기숙사	개인	25~65	45	95~250	170
회의장	개인	6~10	8	40~60	30
백화점	화장실	350~600	400	1300~2300	1500
	종업원	8~15	10	30~57	40
호텔	고객	65~75	70	150~230	190
	종업원	8~15	10	30~57	40
산업체 빌딩(오수만 포함)	종업원	15~35	20	57~130	75
세탁소(셀프)	세탁기	400~550	450	1500~2100	1700
	고객	45~55	50	170~210	190
이동용 차량숙소	숙소	125~150	140	410~570	530
부엌 있는 모텔	고객	55~90	60	210~340	230
부엌 없는 모텔	고객	50~75	55	190~290	210
사무실	종업원	7~16	13	26~60	50
공공 화장실	사용자	3~5	4	11~19	15
레스토랑					
일반음식점	고객	7~10	8	26~40	35
바/칵테일 라운지 포함	고객	9~12	10	34~45	40
쇼핑센터	종업원	7~13	10	26~50	40
	주차장	1~3	2	4~11	8
실내극장	좌석	2~4	3	8~15	10

자료: Metcalf & Eddy(1991), Salvato(1992), Crites and Tchobanoglous(1998).

표 9-18 **미국 공공시설 발생원에서의 일반적인 하수발생량**

발생원	단위	유량, gal/단위 · 일		유량, L/단위 · 일	
		범위	대표값	범위	대표값
회의장	고객	3~5	4	11~19	15
병원	침대	175~400	250	660~1500	1000
	종업원	5~15	10	20~60	40
병원을 제외한 공공시설	침대	75~125	100	280~470	380
	종업원	5~15	10	20~60	40
교도소	피수용자	80~150	120	300~570	450
	직원	5~15	10	20~60	40
학교, 주간					
식당, 체육관, 샤워장이 있는 경우	학생	15~30	25	60~120	100
식당만 있는 경우	학생	10~20	15	40~80	60
학교 기숙사	학생	75~100	85	280~380	320

자료: Metcalf & Eddy(1991), Salvato(1992), Crites and Tchobanoglous(1998).

표 9-19 **미국 위락시설 발생원에서의 일반적인 하수발생량**

시설	단위	유량, gal/단위 · 일		유량, L/단위 · 일	
		범위	대표값	범위	대표값
휴양지 아파트	개인	50~70	60	190~260	230
휴양지 캐빈	개인	8~50	40	30~190	150
식당	고객	2~4	3	8~15	10
	종업원	8~12	10	30~45	40
캠프					
화장실만 있는 경우	개인	15~30	25	55~110	95
공공 화장실과 목욕시설이 있는 경우	개인	35~50	45	130~190	170
주간	개인	15~20	15	55~76	60
별장(시즌만 운영, 개인 욕실 구비)	개인	40~60	50	150~230	190
골프장	참석한 회원	20~40	25	75~150	100
	종업원	10~15	13	38~57	50
저녁 식당	제공된 식사	4~10	7	15~40	25
공동 기숙사	개인	20~50	40	75~190	150
박람회장	방문객	1~3	2	4~12	8
수세식 변기가 있는 유원지	방문객	5~10	5	19~38	19
여가용 차량 체류시설					
개인차량 접속 가능	차량	75~150	100	280~570	380
공공 화장실이 있는 경우	차량	40~50	45	150~190	170
도로변 휴게소	개인	3~5	4	10~19	15
수영장	고객	5~12	10	19~45	40
	종업원	8~12	10	30~45	40
휴가용 숙소	개인	25~60	50	90~230	190
방문객 안내소	방문객	3~5	4	10~19	15

자료: Metcalf & Eddy(1991), Salvato(1992), Crites and Tchobanoglous(1998).

표 9-20 미국 단독주택의 전형적인 하수 농도 및 단위부하

성분	단위	전형적인 값*	농도, mg/L 부피, L/인 · 일(gal/인 · 일) 190 (50)	 460 (120)
BOD_5	g/capita-d	85	450	187
COD	g/capita-d	198	1,050	436
TSS	g/capita-d	95	503	209
NH_3 as N	g/capita-d	7.8	41.2	17.2
Organic N as N	g/capita-d	5.5	29.1	12.1
TKN as N	g/capita-d	13.3	70.4	29.3
Organic P as P	g/capita-d	1.23	6.5	2.7
Inorganic P as P	g/capita-d	2.05	10.8	4.5
Total P as P	g/capita-d	3.28	17.3	7.2
Oil and grease	g/capita-d	31	164	68

자료: Crites and Tchobanoglous(1998).
* 가정의 25%가 음식물 파쇄기가 있다고 가정

표 9-21 외국 여러 나라의 전형적인 하수단위부하

국가 \ 성분	BOD, g/인 · 일	TSS, g/인 · 일	TKN, g/인 · 일	NH_3-N, g/인 · 일	Total P, g/인 · 일
브라질	55~68	55~68	8~14	ND	0.6~1
덴마크	55~68	82~96	14~19	ND	1.5~2
이집트	27~41	41~68	8~14	ND	0.4~0.6
독일	55~68	82~96	11~16	ND	1.2~1.6
그리스	55~60	ND	ND	8~10	1.2~1.5
인도	27~41	ND	ND	ND	ND
이탈리아	49~60	55~82	8~14	ND	0.6~1
일본	40~45	ND	1~3	ND	0.15~0.4
팔레스타인[a]	32~68	52~72	4~7	3~5	0.4~0.7
스웨덴	68~82	82~96	11~16	ND	0.8~1.2
터키	27~50	41~68	8~14	9~11	0.4~2
우간다	55~68	41~55	8~14	ND	0.4~0.6
미국	50~120	60~150	9~22	5~12	2.7~4.5

자료: Henze et al.(1997), Ozturk et al.(1992), Andreadakis(1992), and Nashashibi and van Duijl(1995).
[a] West Bank and Gaza Strip

표 9-22 **연도별 생활하수의 오염부하원단위(2002)**

구분		2001	2006	2011
오염원단위 (g/인 · 일)	BOD	72.3	77.2	83.9
	SS	64.1	70.2	80.6
	T-N	14.3	15.1	15.2
	T-P	1.3	1.3	1.4
오수량원단위(L/인 · 일)		438	449	451

주) 오수량원단위는 일최대값임
자료: 하수도정비기본계획(변경)보고서, 서울특별시(2002).

표 9-23 축산폐수의 오염부하 원단위 (단위: g/마리 · 일)

구분	BOD	COD	TS	T-N	T-P
소	640	3500	3500	125	72
돼지	125	250	356	20.4	16.8
닭	12.5	-	18	0.96	0.78

자료: 국립환경연구원(1990)

하수관거(sewer)는 배제방식에 따라 분류식(separated sewer system)과 합류식(combined sewer system)으로 구분되며, 그 기준은 우수(rain water)의 포함 여부에 따른 것이다. 분류식은 오수관(sanitary sewer)과 우수관(storm sewer)으로 구분되고, 합류식 관거는 별도의 구별 없이 함께 배수하는 방식이다.

하수발생량에 있어 평균유량에 대한 최대 유량의 비율을 첨두율(peaking factor)이라 부르며, 대구경 하수관거(main/trunk sewer)의 경우 1.3 이하, 지선(submain sewer)의 경우 2.0 이상일 수 있다(그림 9-5). 통상적으로 지관 4.0, 토구하수거는 2.5의 첨두율로 설계한다(Metcalf & Eddy, 1972).

하수도 시설설계에는 다양한 유량기준이 적용되는데(표 9-24), 오수관거용량 결정 등 오수배제계획수립에 있어서는 오수유입량 변동에 충분한 유하능력을 갖도록 계획시간 최대오수량을 기준으로 한다. 계획 1일 최대오수량은 1인 1일 최대오수량에 계획인구를 곱한 후, 여기에 공장폐수량, 지하수량 및 기타 배수량을 더하여 산정한다. 계획 1일 평균오수량은 계획 1일 최대오수량의 70(중 · 소도시)~80%(대도시 및 공업도시)를 표준으로 한다. 계획시간 최대오수량은 계획 1일 최대오수량의 1시간당 수량의 1.3~1.8배(1.3: 대도시 및 공업도시, 1.5: 중 · 소도시, 1.8~2: 아파트, 주택단지) 그리고 일평균오수량의 2배를 기준으로 한다.

합류식의 경우 차집관거는 우천 시 계획오수량을 기준으로 하며, 이때 생활오수량 외에 우천 시 오수관거에 유입되는 빗물의 양과 지하수의 침입량을 합산하여 계획한다. 합류식에서 우천

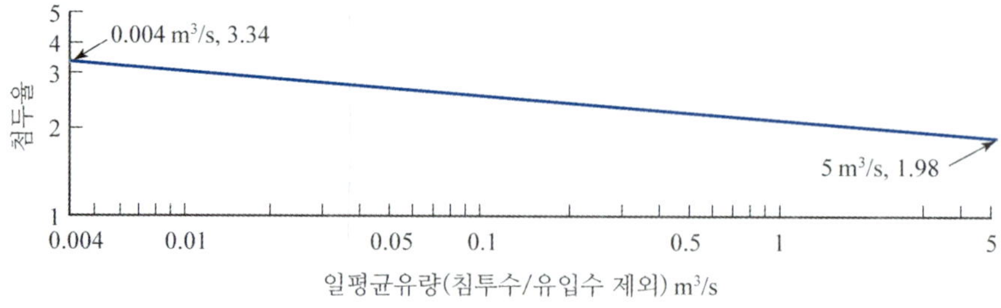

그림 9-5 가정하수의 경우 평균 유량에 대한 첨두율(Metcalf & Eddy, 1981)

표 9-24 하수도 시설설계에서 유량과 성분농도 정량화를 위한 용어

용어	해설
평균 건기유량 (ADWF; average dry-weather flow)	침투수가 거의 없는 건기 동안의 일일유량의 평균
평균 우기유량 (AWWF; average wet-weather flow)	침투수가 인자로 작용하는 우기 동안의 일일유량의 평균
연중 일평균유량 (average annual daily flow)	연간 유량자료에 근거한 24시간 평균유량
순간첨두유량 (instantaneous peak)	기록장비와 일치하는 최대기록유량(측정 및 기록장비의 한계로 인해 기록된 첨두유량이 실제의 첨두유량보다 상당히 낮은 경우가 많다.)
첨두시간유량 (peak hour)	기록하는 1시간 동안의 첨두지속유량의 평균 (보통 10분 간격으로 기록함)
일최대유량 (maximum day)	기록하는 하루 동안의 첨두지속유량의 평균 (첨두유량 유지시간이 변할 수 있음)
월최대유량 (maximum month)	기록하는 한 달 동안 지속되는 일최대유량의 평균
시간최소유량 (minimum hour)	기록하는 1시간 동안 지속되는 최소유량의 평균 (보통 10분 간격으로 기록함)
일최소유량 (minimum day)	기록하는 하루 동안 지속되는 최소유량의 평균 (보통 오전 2시부터 6시까지)
월최소유량 (minimum month)	기록하는 한 달 동안 지속되는 일최소유량의 평균
지속유량 또는 지속부하 (sustained flow or load)	정해진 시간(1시간, 1일, 한 달 등) 동안 지속되거나 초과하는 유량 또는 물질 부하

자료: Crites and Tchobanoglous(1998).

시 차집해야 할 계획오수량은 계획시간 최대오수량의 3배 이상으로 주요 설계대상 시설물로는 유입펌프시설, 생물반응조 우회(by-pass)시설 및 방류 펌프시설 등이 있다.

일반적으로 계획구역 내에는 분류식 지역과 합류식 지역이 공존하는 경우가 많은데, 이때 분류식 지역의 오수를 합류관거에 유입시키는 것은 수질보전상 분류식의 효과가 없어지므로, 두 지역의 관거가 처리시설에 도달할 때까지 분리하는 것을 원칙으로 하며, 부득이 합류시킬 경우에는 경제적, 기술적 검토를 하여 분류식 지역의 오수관거는 합류식의 우수토실이나 펌프장에서 우천 시 월류되는 방류수를 분리한 후 하수의 차집관거에 접속시킨다.

9.5 우수발생량과 우수배제계획

하수관거에 유입되는 우수량은 전체 강우량에 비해 일부에 지나지 않지만 하수발생량에 비하면 상당히 많으며, 특히 이는 합류식 하수관거의 설계기준이 되므로 세심한 평가가 요구된다. 최근에는 이상기후 현상이 잦아짐에 따라 단순히 과거의 강우자료를 활용하기에 무리가 있으므로 강우현상에 대한 세심한 평가가 요구된다.

우수유출량(storm water runoff)은 경험식(empirical formulas), 합리식(the rational method), 강우－유출 상관법(rainfall-runoff correlation studies), 수위－유량도법(hydrograph method), 수치모델(computational model) 등 다양한 방법에 의해 평가가 가능하다. 이는 지역적 및 수문학적 조건, 과거의 강우－유출자료의 이용성, 배수구역(drainage area)의 크기 등에 따라 적용된다. 이러한 방법 중에 하수관거 설계에 있어서 가장 단순하고 일반화된 방법은 합리식이다. 따라서 최대 계획우수유출량의 산정은 합리식에 의하는 것을 원칙으로 하고 있고, 특정 목적에 따라

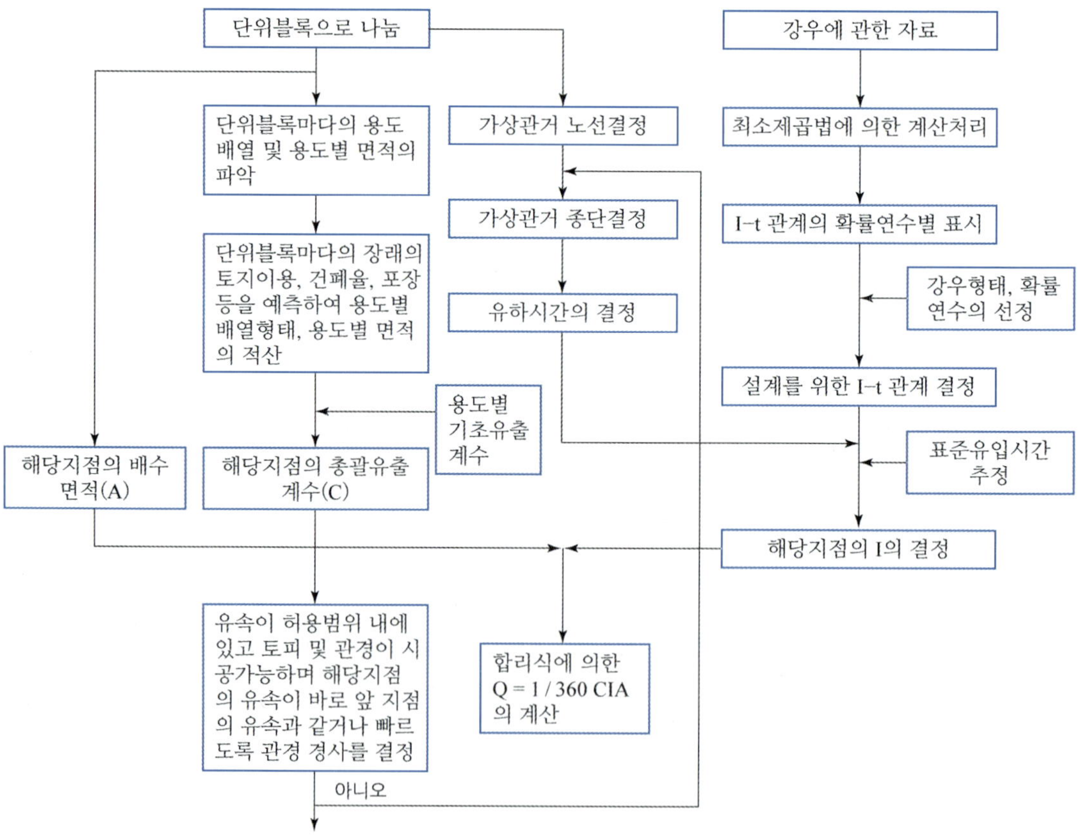

그림 9－6 **계획우수량 산정과정**

다양한 우수유출 산정방법들이 사용가능하다. 이는 계획대상지역의 도시계획이나 강우특성 등을 계산과정에 고려하고 있으므로 최대 계획우수유출량의 산정에 일반적으로 사용하고 있다 (그림 9－6).

- 합리식: 도시 하수도(암거설계), 소규모지역 500 ha(또는 5 km² 미만)

$$Q = \frac{1}{360} C \cdot I \cdot A$$

- 실험식: Burkh-Ziegler 공식

$$Q = C \cdot r \cdot A \sqrt[n]{S/A}$$

여기서, Q: 계획최대우수유출량(CMS)

A: 유역면적(ha)

I: 확률강우강도(mm/hr)

C:유출계수(표 9－26, 9－27)

r : 강우량(t/ha/sec)

S:지표의 평균경사(%)

n: 4 또는 6

한 지점의 강우강도는 일정 시간(5분, 10분, …) 중 내린 강우량을 시간당으로 환산(mm/hr)한 것이다. 예를 들어 강우지속시간 15분간 10 mm의 강우가 내린 경우 강우강도는 40 mm/h에 해당한다. 강우강도(I_t)와 강우지속시간(t) 간의 상관관계를 강우강도식이라 하며, 이를 도표상의 곡선으로 나타낸 것을 강우강도곡선이라 정의한다. 강우강도식은 표 9－25와 같이 각 지역에 따라 상이하게 표현된다.

$$I_t = R_t \frac{60}{t}$$

여기서, I_t: 강우강도, mm/hr

R_t: 강우량, mm

t: 강우지속시간, min

합리식에서 사용하고 있는 강우강도공식의 형태는 다음과 같은 것이 있다.

- Talbot형: 보통규모의 하수도계획에 이용, 곡선완만, 2시간 이하의 강우지속시간인 경우에 통상적으로 사용

표 9-25 우리나라 여러 도시의 강우강도식

도시명 \ 1회 발생연수	2	3	5	10	20	30	50	70
인천	$\frac{289}{\sqrt{t}+0.58}$	$\frac{343}{\sqrt{t}+0.5}$	$\frac{400}{\sqrt{t}+0.39}$	$\frac{474}{\sqrt{t}+0.34}$	$\frac{529}{\sqrt{t}+0.15}$	$\frac{9,826}{t+60}$	$\frac{10,504}{t+58}$	$\frac{10,930}{t+57}$
서울	$\frac{300}{\sqrt{t}+0.22}$	$\frac{357}{\sqrt{t}+0.21}$	$\frac{420}{\sqrt{t}+0.19}$	$\frac{497}{\sqrt{t}+0.15}$	$\frac{569}{\sqrt{t}+0.11}$	$\frac{610}{\sqrt{t}+0.09}$	$\frac{660}{\sqrt{t}+0.05}$	$\frac{693}{\sqrt{t}+0.04}$
강릉	$\frac{153}{t^{0.43}}$	$\frac{181}{t^{0.46}}$	$\frac{211}{t^{0.44}}$	$\frac{246}{t^{0.46}}$	$\frac{279}{t^{0.45}}$	$\frac{297}{t^{0.45}}$	$\frac{320}{t^{0.45}}$	$\frac{334}{t^{0.45}}$
추풍령	$\frac{351}{t^{0.59}}$	$\frac{404}{t^{0.59}}$	$\frac{4,634}{t+39}$	$\frac{5,376}{t+39}$	$\frac{6,064}{t+40}$	$\frac{6,452}{t+40}$	$\frac{6,929}{t+40}$	$\frac{7,237}{t+40}$
포항	$\frac{237}{t^{0.54}}$	$\frac{288}{t^{0.55}}$	$\frac{347}{t^{0.57}}$	$\frac{423}{t^{0.58}}$	$\frac{498}{t^{0.59}}$	$\frac{542}{t^{0.60}}$	$\frac{599}{t^{0.61}}$	$\frac{636}{t^{0.61}}$
대구	$\frac{282}{t^{0.56}}$	$\frac{350}{t^{0.56}}$	$\frac{4,856}{t+43}$	$\frac{5,656}{t+42}$	$\frac{6,394}{t+42}$	$\frac{6,809}{t+41}$	$\frac{7,312}{t+41}$	$\frac{7,645}{t+41}$
울산	$\frac{235}{t^{0.49}}$	$\frac{261}{t^{0.47}}$	$\frac{285}{t^{0.45}}$	$\frac{312}{t^{0.43}}$	$\frac{333}{t^{0.41}}$	$\frac{344}{t^{0.40}}$	$\frac{356}{t^{0.39}}$	$\frac{363}{t^{0.38}}$
부산	$\frac{311}{\sqrt{t}+0.76}$	$\frac{379}{\sqrt{t}+0.95}$	$\frac{455}{\sqrt{t}+1.11}$	$\frac{550}{\sqrt{t}+1.28}$	$\frac{641}{\sqrt{t}+1.40}$	$\frac{693}{\sqrt{t}+1.46}$	$\frac{757}{\sqrt{t}+1.51}$	$\frac{799}{\sqrt{t}+1.55}$
여수	$\frac{267}{\sqrt{t}+0.02}$	$\frac{312}{\sqrt{t}+0.14}$	$\frac{362}{\sqrt{t}+0.27}$	$\frac{425}{\sqrt{t}+0.44}$	$\frac{486}{\sqrt{t}+0.60}$	$\frac{521}{\sqrt{t}+0.69}$	$\frac{565}{\sqrt{t}+0.80}$	$\frac{594}{\sqrt{t}+0.87}$
목포	$\frac{243}{\sqrt{t}-0.05}$	$\frac{293}{t^{0.51}}$	$\frac{331}{t^{0.51}}$	$\frac{375}{t^{0.51}}$	$\frac{413}{t^{0.51}}$	$\frac{434}{t^{0.51}}$	$\frac{458}{t^{0.51}}$	$\frac{473}{t^{0.51}}$
광주	$\frac{378}{t^{0.57}}$	$\frac{404}{t^{0.56}}$	$\frac{433}{t^{0.54}}$	$\frac{465}{t^{0.53}}$	$\frac{436}{\sqrt{t}^{0.52}}$	$\frac{463}{\sqrt{t}-0.15}$	$\frac{496}{\sqrt{t}-0.08}$	$\frac{517}{\sqrt{t}-0.04}$
전주	$\frac{384}{\sqrt{t}-0.55}$	$\frac{353}{\sqrt{t}-0.38}$	$\frac{416}{\sqrt{t}-0.35}$	$\frac{500}{\sqrt{t}-0.18}$	$\frac{10,069}{t+56}$	$\frac{10,885}{t+57}$	$\frac{11,911}{t+59}$	$\frac{12,585}{t+68}$

자료: 건설부, 하천시설기준, 댐편(1982)

$$I=\frac{C}{t+b}$$

• Sherman형: 곡선이 심하고 1~2시간 이상 강우지속시간이 긴 경우에 사용

$$I=a/t^n$$

• Japanese형: 곡선이 심하고 1~2시간 이상 강우지속시간이 긴 경우에 사용

$$I=\frac{e}{\sqrt{t}+d}$$

여기서, I: 강우강도, mm/hr

t: 강우지속시간, hr

a, b, c, d, e, n: 지역에 따른 상수(강우기록에 의거하여 최소제곱법으로 결정)

하수관거의 계획우수량 결정을 위한 확률연수는 10~30년, 빗물펌프장의 계획우수량 결정을 위한 확률연수는 30~50년을 적용한다. 그러나 반드시 전 지역이 획일적일 필요는 없으며, 지역의 중요도나 배수구역의 크기 등 여러 가지 여건을 고려하여 확률연수를 다르게 하거나 중요한 시설에 대해 확률연수를 크게 취하는 것은 방재상 필요하다. 또 가능한 경제적인 면과 방재적인 면을 고려하여 설정하는 것이 바람직하다.

예제 9-1) 확률강우강도의 산출법

어떤 지역의 26년간의 자료로부터 1년간 강우강도의 매년 최댓값을 조사하여 1순위로부터 순서대로 81, 63, 62, 60, 52, 51, 50, 50, 49, 46, …, 20을 얻었다. 다음의 Thomas plot(P)을 이용하여 5년 확률강우강도를 구해 보면 아래와 같다.

$$P = \frac{J}{N+1}$$

여기서, P : Thomas plot
J : 강우강도순위(=1, 2, 3, …, 26)
N : 자료개수(=26)

이 식에 J와 N값을 대입하여 Thomas plot값과 강우강도를 계산하고, 대수확률용지를 이용하여 P와 강우강도값과의 관계인 확률강우산정도를 구한다. 이론적 경향선은 최소제곱법을 이용하는 것이 일반적이지만, 수문량의 특성 때문에 근사적인 직선을 이용하여도 큰 차이는 나지 않는다. 따라서 5년 확률을 구하는 경우에는 매년 최댓값을 이용하였기 때문에 5년에 1년을 더한 6년 확률, 즉 $P=1/6=0.167$에 대응하는 경향선상의 강우강도를 구하면 59 mm/h가 된다.

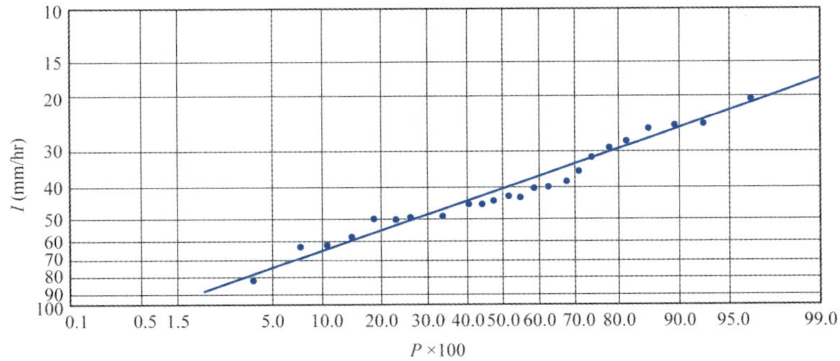

확률강우산정도

Thomas plot값과 강우강도

J	1	2	3	4	5	6	…	26
P	0.037	0.074	0.111	0.148	0.185	0.222		0.963
강우강도	81	63	62	60	52	51		20

유출계수(run-off coefficient, C)는 강우가 지표에 흘러 하수관으로 유입하는 강우량의 총강우량에 대한 비율(최대 우수유출량/강우강도 × 배수면적)로 정의되는데, 이는 지역상황, 지형, 지질, 지표상황에 따라 다르다. 유출계수는 토지이용도별 기초유출계수(표 9-26)로부터 총괄유출계수(표 9-27)를 구하는 것을 원칙으로 한다.

$$C = \sum_{i=1}^{m} C_i \cdot A_i \Big/ \sum_{i=1}^{m} A_i$$

여기서, C: 총괄유출계수

C_i: i번째 토지이용도별 기초유출계수

A_i: i번째 토지이용도별 총면적

m: 토지이용도의 수

표 9-26 **토지용도별 기초유출계수의 표준값**

표면형태	유출계수	표면형태	유출계수
지붕	0.85～0.95	공지	0.10～0.30
도로	0.80～0.90	잔디, 수목이 많은 공원	0.05～0.25
기타 불투수면	0.75～0.85	경사가 완만한 산지	0.20～0.40
수면	1.00	경사가 급한 산지	0.40～0.60

표 9-27 **토지용도별 총괄유출계수의 범위**

토지이용		유출계수
상업지역	도심지역	0.70～0.95
	근린지역	0.50～0.70
주거지역	단독주택단지	0.30～0.50
	독립주택단지	0.40～0.60
	연립주택단지	0.60～0.75
	교외지역	0.25～0.40
	아파트	0.50～0.70
산업지역	산재지역	0.50～0.80
	밀집지역	0.60～0.90

자료: 하천설계기준 건설교통부 2002, 미국토목학회 ASCE 1992.

유달시간(time of concentration, T)은 배수구역의 임의지점 강우가 하류의 계획대상지점까지 도달하는 데 필요한 시간으로 유입시간(time of inlet, t_1)과 유하시간(time of flow, t_2)을 합한 값이다. 유입시간(표 9-28)은 빗물이 배수구역의 최원격지점에서 하수거에 유입될 때까지의 시간으로 최소단위배수구의 지표면특성(지표면거리, 경사, 조도계수 등)을 고려하여 결정한다.

표 9-28 유입시간의 표준값

우리나라에서 일반적으로 사용되고 있는 유입시간		미국토목학회	
인구밀도가 큰 지역	5분	완전포장 및 하수도가 완비된 밀집지구	5분
인구밀도가 적은 지역	10분		
간선오수관거	5분	비교적 경사도가 적은 발전지구	10~15분
지선오수관거	7~10분		
평균	7분	평지의 주택지구	20~30분

유하시간은 하수거에 유입된 빗물이 관거길이 L을 흘러가는 데 소요되는 시간으로 최상류관거의 끝으로부터 하류관거의 어떤 지점까지의 거리를 계획유량에 대응한 유속으로 나누어 구하는 것을 원칙으로 하며, 각 구간당 유하시간의 합으로 표현된다. 일반적으로 관거의 유속(V)은 퇴적물의 축적을 방지하기 위해 0.8~3.0 m/sec의 범위를 권장하나 실제 설계 시는 1.0~1.5(1.8) m/sec를 표준으로 하고 있다. Kerby 공식(1959)에 따르면 다음과 같이 표현된다.

$$T = t_1 + t_2 = 1.44\left(\frac{l \cdot n}{\sqrt{S}}\right)^{0.463} + \frac{L}{60 \times V}$$

여기서, t_1: 유입시간(min), t_2: 유하시간(min), l: 지표면 거리(m)

S: 지표면 평균경사(%), n: 조도계수에 유사한 지체계수(0.02~0.8)

L: 관거연장(m), V: 평균유속(m/sec)

전체 배수구역의 빗물이 동시에 하수관거의 시점에 모이는 경우는 없다(유달시간, $T >$ 강우지속시간, t). 최원격지점의 우수는 이보다 가까운 지점에서의 우수가 이미 지나간 이후에 그 지점을 통과하게 되는데 이러한 현상을 지체현상(retardation)이라 부른다.

예제 9-2) 강우유출량 계산

배수면적 4 ha(0.04 km²), 우수거 연장(L) 574 m, 유출계수 0.6, 강우강도식 $I = 225/t^{0.373}$, 유입시간 7분일 때 우수거 하단의 첨두 유량을 결정하시오(이때 평균유속(V)을 1.1 m/sec로 가정).

풀이)

유하시간(t_2) = 574 / (1.1 × 60) = 9 min

유달시간(T) = $t_1 + t_2$ = 9 + 7 = 16 min

$$Q = \frac{1}{360} \times 0.6 \times 4 \times 225/16^{0.373} = 0.5333\ \text{m}^3/\text{sec}$$

[참고사항]

우수관내경(d)을 800 mm, 구배(S)를 1.5%, n= 0.013, 만조로 가정할 때 유속 V는 다음과 같다.

Manning 공식에 의거 $V = \frac{1}{n} R^{2/3} S^{1/2} = 1.019$ m/sec (여기서, $R = A/P$=단면적 / 윤변)

9.6 침투수와 유입수

하수관거로 유입하는 외부흐름에 대한 규정은 미국 연방수질규제법 개정안(Federal Water Pollution Control Act Amendments, 1972)에서 최초로 도입하였다. 파손된 관, 연결부 또는 맨홀벽 등을 통해 지하에서 하수관거로 유입되는 물을 침투수(infiltration)로 정의하고, 유입수(inflow)는 지하실, 기초배수구, 냉각수배출, 샘이나 습지배수구 등의 경로를 통한 지속적 유입수(steady inflow)와 강우유출수가 하수관거에 연결된 형태(지붕물받이, 정원 및 마당의 배수구, 맨홀뚜껑, 우수관거와 집수관거의 교차 연결부 등 주로 합류식 하수관거가 발생원)를 통한 직접 유입수(direct inflow)로 구분한다. 또 총 유입수(total inflow)는 하수관거에서 임의 지점에서의 직접 유입수와 상류에서의 유출수량 및 양수장으로의 우회유량 등을 합한 값으로 정의하며, 지연 유입수(delayed inflow)는 하수관거를 통해 배출되기까지 여러 날 또는 그 이상이 소요되는 우수로 정의하고 있다. 그림 9-7은 침투수와 유입수에 대한 전반적인 개념을 소개하고 있다.

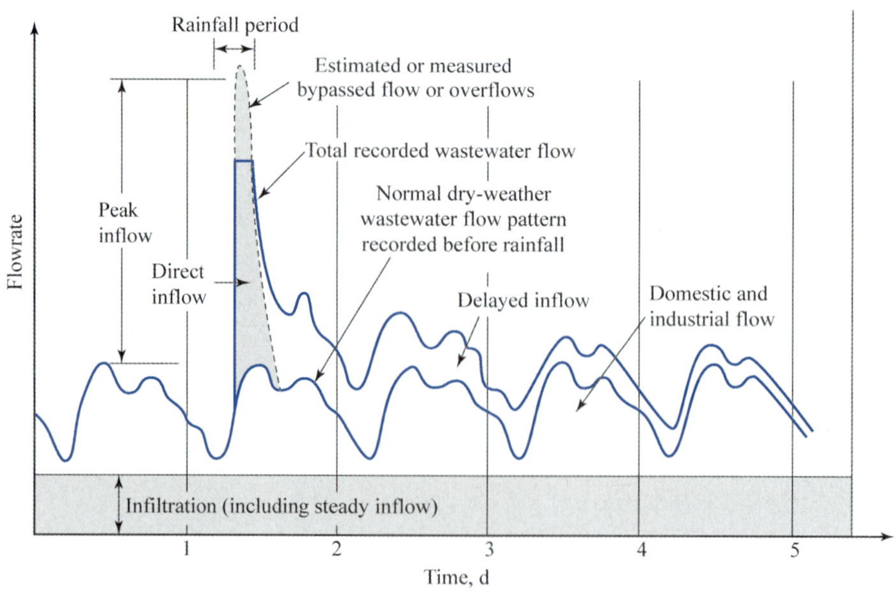

그림 9-7 침투수 및 유입수의 개념(Metcalf and Eddy, 2003)

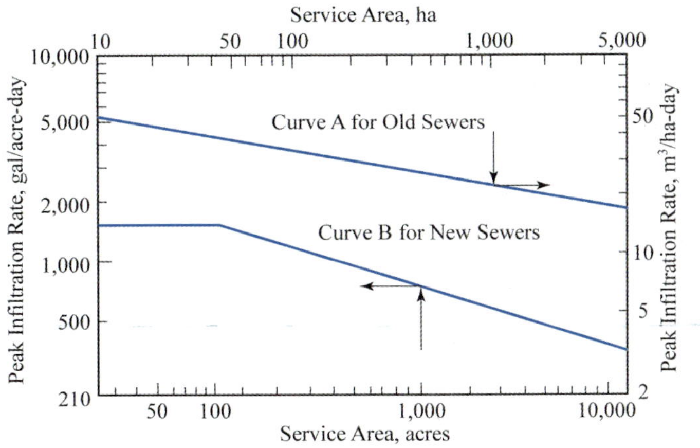

그림 9-8 **오수관의 최대 침투 허용량(Metcalf and Eddy, 1981)**

참고로 하수의 누출(exfiltration)이란 침투에 상응하는 용어로 하수가 관거 밖으로 누출되는 현상을 말한다. 그림 9-8은 오수관의 최대 침투 허용량을 보여주고 있다(Metcalf and Eddy, 1981).

침투수와 유입수의 영향인자로는 지하수의 수위, 하수관거의 깊이 및 길이, 배수면적, 토양과 지형, 관의 길이와 이음부(joint) 수를 결정하는 인구수, 하수관거 연결부의 시공 및 유지관리상태 등이 있다. 문헌상에 나타난 지하수 유입량 설계기준(표 9-29)은 나라별로 상이한 기준과 단위로 표현되고 있고, 또한 관의 노후 정도와 토질/지하수위 등에 따라 차이를 두고 있다. 2003년 이후 실시된 전국 하수관거 운영자료를 토대로 분석한 결과(안영호 외 2004)를 보면 조사대상지점에 따라 다소의 차이가 있지만 전체 침투율 발생 범위는 유사한 단위를 가진 미국의 경우와 비교하였을 때 상당히 높은 수준임을 알 수 있다. 관거정비계획의 실행 초기단계에서

표 9-29 **하수관거 지하수 유입량 설계기준 비교(안영호 외 2004)**

Reference	Design Criteria	Remark
WEF & ASCE(1992)	0.0185 m^3/d-km-mm	New sewer
	0.0185 ~ 0.37 m^3/d-km-mm	Old sewer
Tchobanoglous(1981) Tchobanoglous and Burton(1991)	0.01 ~ 1.0 m^3/d-km-mm	Max.500 m^3/d-ha(heavy rain)
	0.2 ~ 30 m^3/d-ha	
유럽(청주시, 2002)	0.05 ~ 0.15 L/s/ha	토질/지하수위에 따라 다름
(일) 하수도협회(1994)	1인 1일 최대오수량의 10 ~ 20%	
환경부(1998)	1인 1일 최대오수량의 10 ~ 20%	
최의소(1999)	17 ~ 35 m^3/d-km 17.5 ~ 36.3 m^3/d-ha	
안영호 외(2004)	0.001 ~ 2.329 m^3/d-km-mm	0.206 ± 0.036 m^3/d-km-mm
	0.2 ~ 155.4 m^3/d-ha	19.2 ± 2.79 m^3/d-ha

주) ( ), average±standard deviation.

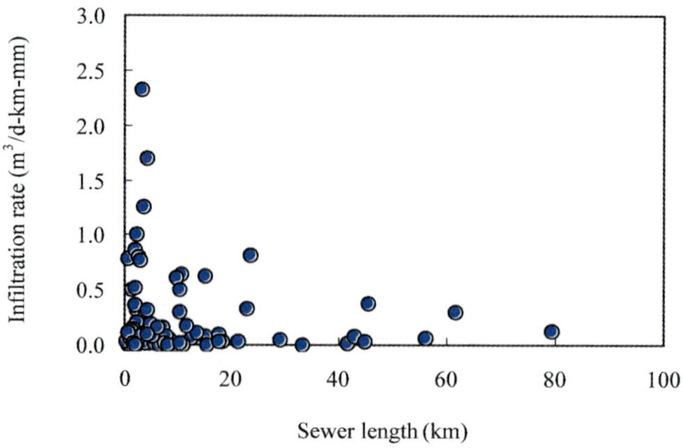

그림 9－9 **하수관거연장에 대한 지하수 침투율 변화(안영호 외 2004)**

분석된 이 자료는 현장자료조사 시 관거의 노후화 정도(예, 설치연도, 이력 등)가 충분히 고려되지 않은 단점이 있다. 그림 9－9는 지하수 침투율에 미치는 하수관거 연장길이의 영향을 보여주고 있는데, 약 30 km 이하의 길이에서 급격한 증가를 보이고 있으며, 30 km 이상의 관거연장에서는 0.5 m^3/d-km-mm 이하의 비교적 안정된 침투율을 가지는 것으로 나타났다. 이러한 침투율의 증가는 특히 하수관거 변화지점에서의 특성, 즉 관거의 오접이나 시공상의 부주의 또는 관거의 노후로 인한 관거의 파손 등에 주된 원인이 있다. 아래에 하수량 기록으로부터 침투수/유입수 분석에 대한 좋은 예를 포함하였다(Metcalf and Eddy, 2003).

예제 9－3) 하수량 기록으로부터 침투수/유입수 분석

어떤 도시에서 연중 우기 시 최대유량을 측정하였다. 강우가 거의 없고 지하수의 침투조차 무시할 수 있는 때인 건기의 유량은 평균 128,000 m^3/d이다. 지하수의 수위가 상승하는 우기의 유량은 중요한 강우기간 및 그 이후 기간을 제외하고 평균 240,000 m^3/d이다. 최근 폭우기간 동안, 시간별 유량을 첨두유량기간 및 폭우 후 며칠 동안 기록하였다. 그 유량도가 다음 그림에 나타나 있다. 침투수와 유입수를 계산하고 침투수량이 과다한지 판정하라. 규제기관에서의 정의에 따르면 과다한 침투수란 하수관거에서 0.752 m^3/d · mm-km 이상의 유량을 말한다. 하수관거의 복합적인 지름－길이(composite diameter-length)는 270,000 mm-km이다.

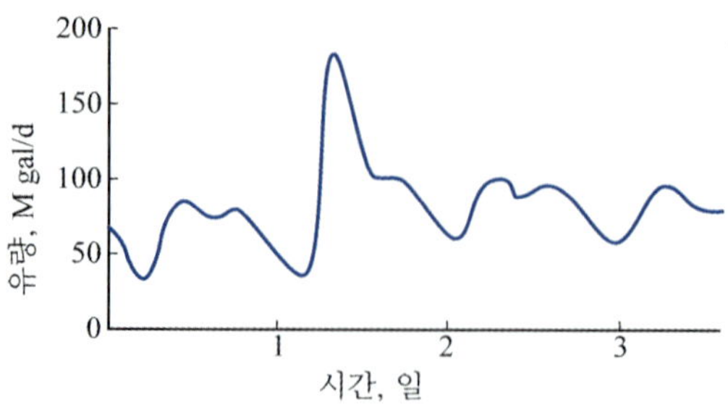

풀이)

1. 우기의 침투수와 유입수를 계산한다.

   a) 건기에는 침투수가 적기 때문에, 지하수 침투수량은 첨두유량에 기저유량(base flow, dry-weather flow)을 뺀 값이다.

$$침투수 = (240,000 - 128,000) = 112,000\ m^3/d$$

   b) 시간최대 유입수는 폭우기간 동안 우기의 시간최대 유량과 이와 유사한 전날의 유량 간의 차이로서 앞의 그림에서 도해하였다. 이 경우의 최대 유입수는

$$유입수 = (180 - 80)\ Mgal/d = 378,500\ m^3/d$$

2. 침투수가 과다한지 계산한다.

   a) 계산된 유량을 하수관거의 종합된 지름－길이로 나누어 침투수를 계산한다.

$$침투수 = (112,000\ m^3/d) / (270,000\ mm\text{-}km) = 0.415\ m^3/d \cdot mm\text{-}km$$

   b) 규제기관의 허용기준에 따르면 ($0.752\ m^3 / d \cdot mm\text{-}km$)를 사용하면, 침투수는 과다하지 않다.

참고) 이 예제에서 보면, 폭우기간 동안의 첨두유량은 평균 건기 유량의 5.3배였다. 첨두유량계수는 이 예제의 시설에 비하면 큰 편이다. 유입수가 첨두유량의 50% 이상으로 나타나고, 처리장의 수리학적 용량을 과대하게 산정해야 하기 때문에, 하수관거와 처리시설의 수리학적 부하를 감소시키기 위한 유입수 감소 방안을 고려할 필요가 있다.

9.7 합류식 하수관거월류수

합류식 하수도시스템의 경우 우천 시에 처리구역에서 배출되는 총 오염부하량은 하수처리수로 인한 부하와 합류식 하수관거월류수(CSOs, combined sewer overflows)로 인한 부하량을 합한 값으로 표현된다. 따라서 우천 시의 오염 부하량에 대한 실질적인 제어를 위해서는 특히 다음과 같은 관점에서 합류식 하수관거월류수의 모니터링이 중요하다(EPA, 1993).

① 강우에 의한 합류식 하수도의 수리학적 특성 파악
② 월류수량과 오염물질의 농도 및 부하 산정
③ 월류수가 방류수역 수질에 미치는 영향 평가
④ 모델의 입력자료와 보정과 검증에 필요한 데이터 제공
⑤ 수질기준의 달성 여부를 평가하고 조정하기 위한 기초자료 제공
⑥ 단기적인 최소요구충족 저감대책(NMC)시행의 효과 평가
⑦ 장기적인 CSO 저감 방법의 평가 및 선택

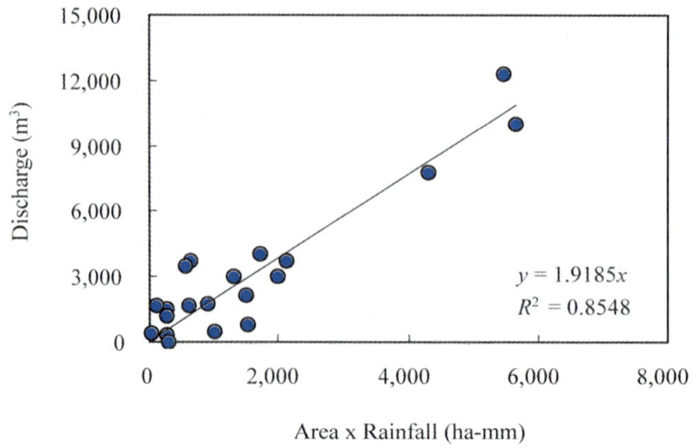

그림 9-10 **강우 시 합류식 하수관거 월류수의 유량발생특성(안영호 외 2004)**

2003년 우리나라 전국의 합류식 하수관거 월류수 조사에서 정상적인 평가가 가능하였던 약 20개 지점을 대상으로 평가된 CSOs 유량발생특성이 그림 9-10에 나타나 있다(안영호 외 2004). CSOs의 발생유량은 강우강도와 해당 배수구역의 면적에 따라 크게 영향받을 것이므로 이 두 인자의 곱의 형태로 표현하였는데, 그 상관관계는 $Q_{CSOs} = 1.9185 \times (\text{Area} \times \text{Rainfall})$의 식으로 표현되었으며, 상관계수($R^2$)는 0.855로 비교적 높게 나타났다. 조사지점 중 최대 CSOs 발생유량을 보인 경우는 배수면적 116 ha와 강우량 47 mm의 경우로 발생유량은 약 12,300 m^3이었으며, 이때의 강우지속시간은 20 hr이었다. 또 최소 발생유량을 보인 경우는 배수면적 710 ha와 강우량 0.4 mm의 경우로 발생유량은 약 21 m^3이었고, 이때의 강우지속시간은 1 hr 정도였다.

CSOs 발생으로 인한 단위부하율은 유기물질과 영양염류 모두 인구와 배수면적의 크기가 클수록 감소하는 경향을 보였다. 유기물질의 평균 단위부하율은 BOD 25 ± 3.9 g/capita-d, COD_{Cr} 47 ± 8.9 g/capita-d 및 SS 78 ± 14.6 g/capita-d였으며, 영양염류의 단위 부하율은 T-N 6.6 ± 1.8 g/capita-d과 T-P 0.80 ± 0.14 g/capita-d이었다. 문헌상의 오염부하율은 경우에 따라 상당한 차이를 보이고 있는데(표 9-30), 특히 미국의 경우는 타 연구자료에 비해 상당히 높은 것을 알 수 있다. 국내의 타 연구자료와 비교할 때 2003년 전국조사결과는 유기물질뿐만 아니라 영양염류에 있어서도 높은 경향을 보이고 있는데, SS와 T-N 및 T-P는 2배 이상의 높은 값이다. 하수수질에 근접하는 높은 농도와 부하율로 유출되는 이러한 미처리된 CSOs의 유출은 수계오염에 미치는 영향이 클 것이므로 좀 더 향상된 수질환경보전을 위해 적절한 CSOs 유출수 제어방안이 필요하다(안영호 외 2004).

표 9-30 **합류식 하수관거 월류수의 오염부하량 원단위 비교(안영호외 2004)**

항목	구분	BOD	COD	SS	T-N	T-P	비 고
국내	환경청(1981)	20.42	37.55	10.03	0.571	0.0021	전국 주요하천유역 기초조사
	한국환경과학연구협의회(1991)	18.04	33.53	11.88	1.064	0.202	영양염류 원단위 산정연구
	서울시(1995~1997)	38.2	–	31.6	–	–	하수관거기본설계자료분석
	환경처(1994)	25.8	28.6	22.9	0.85	0.33	하수발생량 절감방안연구
	서울시(1998)	38.0	21.0	31.5	3.0	0.3	서울시 하수도정비기본계획
국외	일본하수도협회(1994)	39	18	23	3.0	0.3	
	WEF & ASCE(1992)	75.6	-	90.7	-	-	
	Tchobanoglous & Burton(1991)	81.65	-	90.72	12.25	3.63	Metcalf & Eddy Inc.
안영호 외(2004)		25±3.9	15±2.4 (47±8.9)	78±14.6	6.6±1.8	0.8±0.14	전국하수관거운영자료분석

주) Unit, g/capita-day; ( ) COD_{Cr}, Average ± standard deviation

9.8 하수처리시설 계획

(1) 계획수립 시 주요 고려사항

하수처리시설 및 슬러지처리시설의 계획수립에 있어서 계획유입수질의 합리적인 설정은 매우 중요하다. 이를 위해 상세한 계획오염부하량의 평가가 필요한데, 이는 생활오수, 영업오수, 공장폐수 및 관광오수 등의 지역 내 발생되는 모든 오염부하량을 합한 값이다. 계획유입수질이란 처리장에 유입하는 하수의 수질로 계획오염부하량을 계획1일평균오수량으로 나눈 값이며, 계획오염부하량의 산정에 있어 대상 수질항목은 처리목표수질의 항목을 기준으로 한다. 오염부하량과 대표농도는 질량부하(mass loading)와 유량가중 성분농도(flow-weighted concentration, C_w)로 표현되며, 다음과 같다.

$$\text{질량부하(M), kg/d} = C \cdot Q = \frac{(\text{농도, g/m}^3)(\text{유량, m}^3/\text{d})}{(10^3\ \text{g/kg})}$$

$$C_w = \frac{\sum_{i=1}^{n} C_i Q_i}{\sum_{i=1}^{n} Q_i}$$

여기서, C_w: 성분의 유량가중평균농도

n: 측정수

C_i: i번째 기간 중 성분의 평균농도

Q_i: i번째 기간 중 평균유량

예제 9-4) 유량가중농도 산정

다음 유량특성에 대한 유량 가중 BOD, TSS 농도를 산출하시오.

시간	BOD, mg/L	TSS, mg/L	유량, m^3/d
0200	130	150	8,000
0400	110	135	6,000
0600	160	150	9,400
0800	220	205	12,800
1000	230	210	13,000
1200	245	220	14,400
1400	225	210	12,000
1600	220	200	9,600
1800	210	205	11,000
2000	200	210	8,000
2200	180	185	9,000
2400	160	175	8,400

풀이)

시간	BOD, mg/L	BOD, kg/m^3	TSS, mg/L	TSS, kg/m^3	유량 A, m^3/d	BOD, kg/d	TSS, kg/d
200	130	0.130	150	0.150	8000	1040	1200
400	110	0.110	135	0.135	6000	660	810
600	160	0.160	150	0.150	9400	1504	1410
800	220	0.220	205	0.205	12800	2816	2624
1000	230	0.230	210	0.210	13000	2990	2730
1200	245	0.245	220	0.220	14400	3528	3168
1400	225	0.225	210	0.210	12000	2700	2520
1600	220	0.220	200	0.200	9600	2112	1920
1800	210	0.210	205	0.205	11000	2310	2255
2000	200	0.200	210	0.210	8000	1600	1680
2200	180	0.180	185	0.185	9000	1620	1665
2400	160	0.160	175	0.175	8400	1344	1470
합계					121600	24224	23452

(계속)

최대					3528	3168
최소					660	810
평균					2019	1954

유량가중농도 BOD = 24,224 / 121,600 = 0.199 kg/m^3 = 199 mg/L
TSS = 23,452 / 121,600 = 0.193 kg/m^3 = 193 mg/L

표 9-31은 하수처리시설의 설계 운영에 이용되는 전형적인 유량 및 질량부하를 설명하고 있으며, 표 9-32에는 합류식 하수특성에 영향을 미치는 인자를 정리하였다. 표 9-33은 합류식 하수와 기타발생원의 수질특성을 나타내었고, 표 9-34~표 9-35는 생활하수와 이에 포함된 광물질의 특성을 정리하였다. 표 9-36은 우리나라 하수 수질특성에 미치는 관거시스템의 영향을 보여주고 있다.

표 9-31 **하수처리시설의 설계 운영에 이용되는 전형적인 유량 및 질량부하**

인자	적용 목적
유량	
일평균	유량비 산정 및 펌핑비와 화학약품비 추정
시간 최소	펌프시설과 낮은 범위의 처리장 유량측정기의 감속운전(turndown) 결정
일 최소	고형물 침전제어를 위한 유입관로의 크기결정, 살수여상에 필요한 유출수 반송량 결정
월 최소	저유량 동안에 요구되는 최소의 운영시설수 결정, 유지관리를 위한 시설 중지 계획 수립
첨두 시간	펌프시설과 관로의 크기결정, 침사조, 침전조, 여과지 등의 물리적 처리시설의 크기결정, 염소접촉조의 크기결정, 고유량을 처리하기 위한 계획 수립
일 최대	균등조, 염소접촉조, 슬러지 펌핑시스템의 크기결정
월 최대	기록유지 및 보고, 약품저장시설의 크기결정
질량부하	
월 최소	감속운영에 필요한 사항 결정
일 최소	살수여상 반송률 결정
일 최대	선택된 공정시설의 크기결정
월 최대	슬러지 저장시설의 크기결정, 퇴비화시설의 크기결정
15일 최대	혐기성 및 호기성 소화조의 크기결정
지속부하	선택된 공정시설 및 부속설비의 크기결정

자료: Metcalf & Eddy(1991) and Crites and Tchobanoglous(1998).

표 9-32 합류식 하수특성에 영향을 미치는 인자

변수	양(quantity)과 관련된 인자	질(quality)과 관련된 인자
강우(precipitation)	강우 깊이(rainfall depth)와 양 강우 강도 강우 지속기간	지역적 대기의 질
하수 발생원	유량과 변동량 발생원 유형(주거, 상업 등)	발생원 유형
배수조 특성	규모, 농도의 지속시간 토지이용 형태 불투수지역 여부 토질특성 지표수 흐름제거 시행여부	오염물질 축적 및 세척 유역관리 시행여부
하수관거 시스템, 차집관거 설계 및 조건	관 크기, 경사, 모양 침투수량 과부화 또는 역류조건 흐름 제어 또는 분리 형태 침적물에 의한 용량 감소	화학적, 생물학적 변형 침투수의 질 집수시설로부터 재부상된 침적물 부하

표 9-33 합류식 하수와 기타발생원의 비교

변수	단위	변수 농도의 범위			
		강우[a]	강우 유출수[b]	합류식 하수[c]	도시하수[d]
총부유물질(TSS)	mg/L	< 1	67~101	270~550	120~370
생화학적 산소요구량(BOD)	mg/L	1~13	8~10	60~220	120~380
화학적 산소요구량(COD)	mg/L	9~16	40~73	260~480	260~900
분변성 대장균 박테리아	MPN/100 mL		10^3~10^4	10^5~10^6	10^5~10^7
질소(as N)					
총 킬달 질소	mg/L		0.43~1.00	4~17	20~705
질산성 질소	mg/L	0.05~1.0	0.48~0.91		0
총인(total as P)	mg/L	0.02~0.15	0.67~1.66	1.2~2.8	4~12
금속					
구리(Cu)	μg/L		27~33		
납(Pb)	μg/L	30~70	30~144	140~600	
아연(Zn)	μg/L		135~226		

[a] Huber(1984), [b] U.S. EPA(1983), [c] Metcalf & Eddy(1977), [d] 표 9-34 참조

표 9-34 미처리 생활하수의 일반적인 특성

오염물질	단위	농도[a]		
		저농도	중간농도	고농도
총고형물(TS)	mg/L	390	720	1230
총용존성(TDS)	mg/L	270	500	860
잔류성(Fixed)	mg/L	160	300	520
휘발성(Volatile)	mg/L	110	200	340
부유물질(TSS)	mg/L	120	210	400
잔류성(Fixed)	mg/L	25	50	85
휘발성(Volatile)	mg/L	95	160	315
침전성 고형물(Settleable solids)	mg/L	5	10	20

(계속)

생화학적 산소 요구량, 5-일, 20℃(BOD_5, 20℃)	mg/L	110	190	350
총유기탄소(TOC)	mg/L	80	140	260
화학적 산소요구량(COD)	mg/L	250	430	800
총질소(as N)	mg/L	20	40	70
유기성	mg/L	8	15	25
자유 암모니아	mg/L	12	25	45
아질산염	mg/L	0	0	0
질산염	mg/L	0	0	0
총인(as P)	mg/L	4	7	12
유기성	mg/L	1	2	4
무기성	mg/L	3	5	10
염화물[b]	mg/L	30	50	90
황산염[b]	mg/L	20	30	50
유지류(Oil and grease)	mg/L	50	90	100
휘발성 유기화합물(VOCs)	mg/L	<100	$100\sim400$	>400
총병원균(Total coliform)	No./100 mL	$10^6\sim10^8$	$10^7\sim10^9$	$10^7\sim10^{10}$
대장균(Fecal coliform)	No./100 mL	$10^3\sim10^5$	$10^4\sim10^6$	$10^5\sim10^8$
Cryptosporidum oocysts	No./100 mL	$10^{-1}\sim10^0$	$10^{-1}\sim10^1$	$10^{-1}\sim10^2$
Giardia lamblia cysts	No./100 mL	$10^{-1}\sim10^1$	$10^{-1}\sim10^2$	$10^{-1}\sim10^3$

자료: Metcalf & Eddy (2003).

[a] 저농도는 750 L/인 · 일(200 gal/인 · 일)의 유량을 근거로 하였음
중간농도는 460 L/인 · 일(120 gal/인 · 일)의 유량을 근거로 하였음
고농도는 240 L/인 · 일(60 gal/인 · 일)의 유량을 근거로 하였음

[b] 가정용수에 존재하는 양만큼 값을 증가시켜야 함

참조: mg/L=g/m^3

표 9-35 **생활하수 내 포함된 광물질의 특성**

성분	증가 범위, mg/L[a, b]
음이온	
중탄산염(HCO_3)	$50\sim100$
탄산염(CO_3)	$0\sim10$
염화물(Cl)	$20\sim50$
황산염(SO_4)	$15\sim30$
양이온	
칼슘(Ca)	$6\sim16$
마그네슘(Mg)	$4\sim10$
칼륨(K)	$7\sim15$
나트륨(Na)	$40\sim70$[c]
기타 성분	
알루미늄(Al)	$0.1\sim0.2$
붕소(B)	$0.1\sim0.2$
불소(F)	$0.2\sim0.4$
망간(Mn)	$0.2\sim0.4$
실리카(SiO_2)	$2\sim10$
총 알칼리도(as $CaCO_3$)	$60\sim120$
총 용존고형물(TDS)	$150\sim380$

자료: Metcalf & Eddy (2003).

[a] 유량은 460 L/일 · 인(120 gal/일 · 인) 기준

[b] 이 값들은 상업용수 및 산업용수는 포함하고 있지 않음

[c] 가정용 연수제 사용한 물은 제외

참조: mg/L=g/m^3

표 9-36 관거시스템에 따른 우리나라 하수의 수질특성

	BOD	SS	TKN	T-P
Combined sewer system	42~97 (70)	40~125 (76)	10~65 (15)	0.7~6.4 (3.5)
Separated sewer system	95~143 (125)	82~194 (94)	19~35 (27)	2.8~5.2 (3.8)

주) unit, mg/L; ( ), 평균값
자료: Seoul municipality (1991); KICT (1991)

예제 9-5) 설계유량 예측

현재 15,000명의 인구가 있는 거주지역에서 하수처리장을 확장하고자 한다. 20년 후의 인구는 25,000명으로 증가할 것으로 예상되고 새로 설립될 전문대학에 2000명의 학생들이 낮에 수강을 할 것으로 기대된다. 새로운 기업들도 이전해 와서 840 m^3/d의 유량과 1260 m^3/d의 첨두유량을 배출할 것이다. 공장은 하루에 8시간씩 가동될 것이고 일주일에 하루는 운전을 하지 않을 것이다. 현재의 일평균하수량은 6500 m^3/d이고 침투수/유입수는 초과되지 않은 것으로 나타났다. 침투수량은 평균유량 시는 100 L/인 · 일, 첨두유량 시는 150 L/인 · 일로 추정된다. 새로운 주택에서의 가정용수는 절수장치를 설치했기 때문에 기존의 주택보다 10% 가량 적을 것으로 추정된다. 장래의 평균, 첨두, 최소 설계유량을 계산하시오. 첨두유량의 계산 시에는 첨두인자값을 2.75를 사용하고 최소유량 대 평균유량의 비를 0.35로 가정하시오. 이러한 가정하에서 설계유량을 예측하시오

풀이)

1. 현재 및 장래의 일인당 하수량

   a. 현재조건에서 침투수를 제외한 평균 생활하수량을 계산한다.

      i. 침투수량을 계산한다.
      침투수량 = 15,000인 × 100 L/인 · d × (1 m^3)/10^3 L = 1500 m^3/d

      ii. 평균 생활하수량을 계산한다.
      생활하수량, m^3/d = 총 평균유량 – 침투수량 = 6500 – 1500 = 5000 m^3/d

   b. 현재의 생활하수량을 현재의 인구로 나눔으로써 현재의 일인당 하수량을 계산한다.
   일인당 하수량 = (5000 m^3/d) / (15000인) = 0.333 m^3/인 · d

   c. 장래 조건에서는 현재의 일인당 하수량을 10% 감소시킨다.
   장래의 일인당 하수량 = 0.33 × 0.9 = 0.297 m^3/인 · d

2. 장래의 평균유량

   a. 현재 인구 (15,000명) 기준 = 5,000 m^3/d
   b. 장래 증가 인구 기준 = 10,000명 × 0.297 m^3/인 · d = 2,970 m^3/d
   c. 전문대학 낮의 학생수(표 9-18에서 95 L/인 · 일로 가정) 기준
   = 2000 × 0.095 m^3/인 · d = 190 m^3/d
   d. 산업 폐수 = 840 m^3/d
   e. 침투수 = (25,000)(100 L/인 · d)(1 m^3/10^3 L) = 2,500 m^3/d

f. 총 평균유량 = 11,500 m^3/d

3. 장래의 첨두유량

a. 거주지역의 첨두유량 = 8,160(= 5,000 + 2,970 + 190) × 2.75 = 22,440 m^3/d
b. 산업폐수의 첨두유량 = 1,260 m^3/d
c. 침투수 = (25,000)(150 L/인 · d)(1 $m^3/10^3$ L) = 3,750 m^3/d
d. 총 첨두유량 = 27,450 m^3/d

4. 장래의 최소유량

e. 거주지역 = 7,970(= 5,000 + 2,970 + 0) × 0.35 = 2,790 m^3/d
f. 산업폐수 = 0 m^3/d
g. 침투수 = (25,000)(100 L/인 · d)(1 $m^3/10^3$ L) = 2,500 m^3/d
h. 총 최소유량 = 5,290 m^3/d

참고) 예제에서는 침투수/유입수가 최소유량의 약 50%, 평균유량의 20% 이상을 차지하고 있는데, 과도한 유량이 처리장 설계에 어떠한 영향을 미치는가를 잘 보여주고 있다. 만일 하수량 기록이 적절하지 않거나 이용할 수 없으면, 원단위 하수량과 장래 인구를 이용하여 장래 일평균 유량을 산정할 수 있다. 이때 유량감소, 침투수/유입수의 허용량, 산업폐수량과 같은 특별한 조건을 고려하여 적당히 보정하여야 한다. 만약 첨두유량을 계산할 때, 각 발생원으로부터의 첨두유량이 동시에 발생하지 않으면 총 첨두유량은 보정되어야 한다.
(Metcalf and Eddy, 2003).

예제 9-6) 첨두하수발생량 산정

새로운 개발지역에 토지이용계획이 발표되었다. 새로 들어설 학교의 학생수는 1500명이다. 평균 하수량은 75 L/학생 · d이고 첨두인자(첨두유량 대 평균유량의 비)는 4.0이다. 다른 개발형태에 대한 평균하수량 허용치와 첨두인자는 아래 표에 나타나 있다. 주거용(125 ha), 상업용 (11 ha), 학교(4 ha) 및 산업용(6 ha)으로 구성된 임의 지역에서의 첨두하수량을 계산하시오.

개발형태	평균유량, m^3/ha · d	첨두인자
주거용	40	3.0
상업용	20	2.0
산업용	30	2.5

풀이)

a. 평균하수량 계산

i. 주거용: $Q_{ave1} = 125(\text{ha}) \times 40(\text{m}^3/\text{ha} \cdot \text{d}) = 5000\ \text{m}^3/\text{d}$

ii. 상업용: $Q_{ave2} = 11(\text{ha}) \times 20(\text{m}^3/\text{ha} \cdot \text{d}) = 220\ \text{m}^3/\text{d}$

iii. 학교: $Q_{ave3} = 1500(\text{학생}) \times 75(75\ \text{L/학생} \cdot \text{d}) \times \frac{1}{10^3}(\text{m}^3/\text{L}) = 112.5\ \text{m}^3/\text{d}$

iv. 산업용: $Q_{ave4} = 6(ha) \times 30(m^3/ha \cdot d) = 180\ m^3/d$

b. 각 하수의 첨두하수량

i. 주거용: $Q_{peak1} = 5000(m^3/d) \times 3.0 = 15000\ m^3/d$

ii. 상업용: $Q_{peak2} = 220(m^3/d) \times 2.0 = 440\ m^3/d$

iii. 학교: $Q_{peak3} = 112.5(m^3/d) \times 4.0 = 450\ m^3/d$

iv. 산업용: $Q_{peak4} = 180(m^3/d) \times 2.5 = 450\ m^3/d$

c. 개발 지역의 첨두하수량

$$
\begin{aligned}
Q_{total} &= Q_{peak1} + Q_{peak2} + Q_{peak3} + Q_{peak4} \\
&= 15000\ m^3/d + 440\ m^3/d + 450\ m^3/d + 450\ m^3/d \\
&= 16,340\ m^3/d
\end{aligned}
$$

$\therefore\ Q_{total} = 16,340\ m^3/d$

하수처리시설에서는 일차적으로 유기물질(BOD, SS) 및 대장균군 등을 주요 제거대상으로 하고 있으나, 방류수역에 따라 COD, 질소 및 인 등이 추가로 고려되기도 한다. COD를 규제하는 처리장에서는 특히 유입하수 중의 COD 부하량 및 생물학적 난분해성 COD(non-biodegradable COD) 부하량이 중요하다.

하수의 처리정도는 1차처리(침전법), 2차처리(활성슬러지법, 표준살수여상법 및 기타 유사방법) 그리고 3차(고도)처리(여과법, 활성탄 흡착법, 질소와 인의 제거법 및 기타 처리방법)로 구분되는데, 방류수역의 수량 및 물이용상황을 기초로 하여 방류수역의 목표수질(수질환경기준)을 정하고, 방류수역의 허용오염부하량과 처리장 유입하수의 오염부하량에 따라 필요한 제거율을 산정하여 최적의 처리기술을 선정한다. 처리장의 처리수준 강화로 하수의 고도처리가 요구되는 경우, 방류되는 수역이 호소·내만 등 폐쇄성수역으로서 질소·인으로 인한 부영양화가 문제되는 경우, 하수처리수를 중수도, 농업용수 및 공업용수 등으로 재이용할 경우 그리고 기타 수질보전상 고도처리가 필요한 경우는 고도처리계획을 검토한다. 이는 통상적으로 처리장 건설비 및 유지관리비 등의 경제성, 유지관리의 난이도 및 확실성, 방류수역의 물 이용상황 및 주변의 환경조건, 향후 고도처리계획 등을 포함한 장래 확장성을 고려하여 계획한다. 처리시설용량은 계획 1일 최대오수량을 원칙으로 하나, 시간변동이 큰 경우에는 안정적인 운전을 위해 합리적인 범위 내에서 계획오수량을 설정하거나 유량조정조의 설치를 검토해야 한다. 합류식인 경우에 일차침전지, 소독설비 및 이들의 부대시설에 대해서는 우천 시 계획오수량을 기준으로 한다.

(2) 하수처리시설 운영현황

기존의 운영 중인 하수처리시설에 대한 상세한 평가자료는 장래 하수처리시설의 기본계획수립에 있어서 매우 유용한 정보를 제공한다. 따라서 여기에서는 최근 3년(2012~2014)간의 공공하수처리시설 운영관리 현황 자료(환경부, 2014, 2015)를 분석하여 정리하였다.

① 시설 및 가동현황

2014년 말 기준 전국의 가동 중인 500톤/일 이상의 공공하수처리시설은 총 592개소(24,515천 톤/일)로 6개월 이상 가동한 실적이 있는 시설은 총 587개소(24,469천 톤/일)였다. 전체 시설 중에서 10만 톤 이상 용량의 시설이 약 76%를 차지하고 있고(표 9-37), 가동률(시설용량 대비 유입하수량의 비율로 정의)은 587개 하수처리시설의 80.4%였다. 이중 시설용량을 초과한 상태로 운전되는 시설은 62개소, 가동률이 50% 미만인 시설은 85개소로 나타났다(표 9-38).

표 9-37 시설용량별 공공하수처리시설 현황(2014)

시설규모 (천톤/일)	계	<1	1~5	5~10	10~50	50~100	100~500	>500
시설수 (개소)	592 (100)	123 (20.8)	184 (31.1)	78 (13.2)	123 (20.8)	30 (5.0)	42 (7.1)	12 (2.0)
용량 (천톤/일)	24,515 (100)	82 (0.3)	428 (1.7)	531 (2.2)	2,806 (11.5)	1,996 (8.1)	8,788 (35.9)	9,884 (40.3)

주) ( ), %

표 9-38 공공하수처리시설 가동률 현황

가동률 / 연도	계	<20%	20~50%	50~100%	>100%
2012	528	6(1.1)	70(13.3)	387(73.3)	65(12.3)
2013	557	6(1.1)	66(11.8)	407(73.1)	78(14.0)
2014	587	8(1.4)	77(13.1)	440(75.0)	62(10.5)

주) ( ), %

② 유입수 및 방류수 수질

최근 3년간 유입하수의 평균농도는 BOD 148~159 mg/L, SS 145~160 mg/L, T-N 35~38 mg/L, 그리고 T-P 3.9~4.1 mg/L 정도였다. BOD의 경우 계획수질 대비 유입수질이 100% 이상인 시설은 약 38~43%, 50% 미만인 시설은 약 10% 이하였다(표 9-39, 9-40).

표 9-39 **항목별 평균 유입수질**

구분	2012				2013				2014			
	BOD	SS	T-N	T-P	BOD	SS	T-N	T-P	BOD	SS	T-N	T-P
계획수질(mg/L)	152.8	152.7	34.2	4.3	159.6	152.5	38.3	4.7	161.3	155.5	38.4	5.0
유입수질(mg/L)	148.0	144.9	35.0	3.9	152.7	153.9	36.2	4.0	158.8	159.9	37.9	4.1
유입/계획(%)	96.9	94.9	102.3	90.7	95.7	100.9	94.5	85.1	98.5	102.8	98.7	82.0

표 9-40 **BOD 농도의 계획 대비 유입 비율**

구분	계	< 20%	20~50%	50~70%	70~100%	> 100%
2012	528	8(1.5)	55(10.4)	263(49.8)	n.a.	202(38.3)
2013	557	4(0.7)	51(9.2)	104(18.7)	174(31.2)	224(40.2)
2014	587	3(0.5)	40(6.8)	96(16.4)	194(33.0)	254(43.3)

주) ( ), %

최근 3년간 방류수의 평균수질은 BOD 4.1~4.5 mg/L, SS 9.9~10.1 mg/L, T-N 10.9~11.4 mg/L, 그리고 T-P 0.55~0.7 mg/L 정도였다. 제거효율로 보면 BOD 97.1~97.4%, SS 97.7~98%, T-N 68.9~69.8% 그리고 T-P 70~86.6%에 해당한다. 특히 최근 영양소(N, P)의 제거율이 조금씩 향상되고 있는데, 이는 질소·인 제거를 위한 고도처리시설의 적용과 총인처리시설 도입 및 운영 개선 등의 노력으로 분석된다.

③ 처리공법의 종류와 유출수 수질

하수처리의 핵심인 2차처리 단계에서 적용되는 생물학적 처리공정은 표준활성슬러지공법(conventional activated sludge process)을 포함하는 일반 유기물질 제거공법에서 영양소제거를 위한 고도처리공법(biological nutrient removal process)으로 변화되어 왔다. 이는 물속의 오염물질로서 영양소(질소, 인)의 중요성이 강조됨에 따라 좀 더 진보된 기술의 개발과 적용이 이루어진 것이다. 또 이들 생물학적 처리공정의 유출수 내에 포함된 인을 추가적으로 제거하기 위한 총인제거기술들의 도입이 최근 점차 확대되고 있다. 표 9-41에 보는 바와 같이 전체 하수처리시설 중 대부분이 이미 고도처리공법으로 개선 또는 신설되었고 최근 3년간 그 비율은 92~

표 9-41 **처리공법의 종류**

구분	계	표준 활성	장기 폭기	산화구	회전 원판	고도처리						
						SBR	A_2O	담체	막분리	특수 미생물	기타	계
2012	528	17	4	14	7	182	123	116	22	–	43	486
2013	557	13	3	13	6	192	133	123	37	21	16	522
2014	587	10	3	13	6	203	135	131	48	21	17	555

표 9-42 규모별 총인처리방법 현황

시설규모(천톤/일)		계	<1	1~5	5~10	10~50	50~100	100~500	>500
총인처리 개소		355 (100)	72	129	47	68	15	19	5
처리방법	여과	139 (39.1)	24	62	19	22	5	7	-
	디스크필터	50 (14.1)	12	16	8	9	3	1	1
	부상	91 (25.6)	22	28	13	21	4	3	-
	침전	51 (14.4)	11	17	5	10	1	5	2
	기타	24 (6.8)	3	6	2	6	2	3	2

주) ( ), %

94.5%에 이른다. 2014년 기준으로 볼 때 연속회분식(SBR, sequencing batch reactor)공법이 36.6%(203개소), A_2O(anaerobic-anoxic-aerobic)계열공법이 24.3%(135개소)로 가장 많은 것으로 나타났다.

최근 3년간 고도처리를 적용한 처리시설의 방류수의 평균수질은 BOD 3.6~4.1 mg/L, SS 3.2~3.4 mg/L, T-N 10.3~11.3 mg/L, 그리고 T-P 0.5~0.55 mg/L 정도로, 고도처리공법을 채용하고 있지 않은 경우인 BOD 4.4~6.8 mg/L, SS 3.4~4.7 mg/L, T-N 12.9~14.8 mg/L, 그리고 T-P 0.61~1.36 mg/L에 비하여 비교적 높은 수준이었다.

한편 2014년 말 기준으로 볼 때 설치된 총인처리시설은 총계 355개소(Ⅰ지역 74, Ⅱ지역 144, Ⅲ지역 134, Ⅳ지역 3개소)로 이는 전체 하수처리시설 587개의 60%에 해당한다. 적용기술은 여과법(139개소, 39.1%)이 가장 많으며, 부상법(91개소, 25.6%), 침전법(51개소, 14.4%), 디스크필터(50개소, 14.1%), 기타(24개소, 8.6%) 순이었다(표 9-42).

최근 3년간 총인처리를 실시한 처리시설의 방류수의 평균수질은 BOD 2.5~2.7 mg/L, SS 2.6 mg/L, T-N 10.1~10.6 mg/L, 그리고 T-P 0.19~0.3 mg/L 정도로, 총인처리공법을 채용하고 있지 않은 경우인 BOD 5.1~5.8 mg/L, SS 3.3~3.9 mg/L, T-N 11.2~12.5 mg/L, 그리고 T-P 0.8~0.97 mg/L에 비교하면 총인제거는 약 60% 이상의 효과를 보이고 있음을 알 수 있다.

④ 운영비

하수처리시설의 총 운영비는 인건비, 전력비, 슬러지 처분비 등이 중요한 영향인자이다(표 9-43). 2014년을 기준으로 할 때 연간 하수처리 총 비용은 1조3,337억 원이며, 하수 1톤당 처리비용은 186.2원이 소요된 것으로 평가되었다. 총 운영비와 세부 항목별로 처리비용이 모두 전반적으로 해마다 조금씩 증가하는 추세를 보이는데, 특히 전력비의 톤당 처리비용 상승폭(5원/톤)이 가장 크게 나타난다. 또 해양투기금지에 따른 찌꺼기 처리 단가상승 등으로 전체 처리비용 중 찌꺼기 처리비의 비중이 22.8%로 가장 크게 나타나고 있다.

표 9-43 총 운영관리비 현황

연도	계	인건비	전력비	개보수비	찌꺼기 최종처분	약품비	기타
2012	142.6(100)	34.0(23.9)	28.5(20.0)	19.0(13.3)	28.1(19.7)	10.9(7.7)	22.1(15.5)
2013	169.7(100)	36.1(21.3)	33.4(19.7)	21.9(12.9)	37.9(22.3)	12.4(7.3)	28.0(16.5)
2014	186.2(100)	38.5(20.7)	38.4(20.6)	24.4(13.1)	42.4(22.8)	14.4(7.7)	28.1(15.1)

주) 단위, 원/톤; ( ), %; 기타는 일반관리비, 이윤, 부가가치세, 통신비, 수도비 등을 포함.

한편 운영비(처리단가)는 시설규모에 따라 크게 차이가 있는데, 표 9-44에 보이는 바와 같이 대규모 시설의 처리단가가 훨씬 더 낮게 나타나며, 시설용량 10만 톤/일 이상에서는 큰 차이가 없다.

2014년 기준으로 볼 때 시설용량 50만 톤/일 이상인 경우 처리비용은 123원/톤, 1천 톤/일 미만인 경우는 1,050원/톤이다. 또 BOD 1 kg 제거당 처리비용은 50만 톤/일 이상 시설이 870원, 1천 톤/일 미만 시설의 경우 7,576원으로 거의 10배의 차이를 보인다.

소요운영비는 처리공법에 따라 상당한 차이를 보이고 있다. 이는 공정의 특성과 처리수준, 그리고 총인처리의 도입여부 등에 따라 크게 영향을 받을 것이다. 표 9-45에 나타난 바와 같이 장기폭기법이나 산화구법은 운영비가 상당히 높으며, 활성슬러지보다 고도처리(영양소제거)공법의 경우가 더 높게 나타난다. 최근 3년간 자료를 보면 고도처리를 적용한 시설의 처리비용은 153~187원/톤(1,030~1,198월/kg BOD 제거) 정도로, 고도처리공법을 채용하고 있지 않은 경우인 105~166원/톤(838~1,423월/kg BOD 제거)에 비하여 약 10~30% 높은 수준이었다.

2014년을 예로 들면 소요운영비는 표준활성슬러지법의 처리비용이 135원/톤(1,154원/kg BOD 제거)으로 전체 처리공법 중에서 가장 경제적이었다. 고도처리공법 중에서는 A_2O계열의 처리비용이 169원/톤(1,122.3 원/kg BOD 제거)으로 가장 경제적이었으나 표준활성슬러지법에 비하여 약 25% 이상 높게 나타나고 있다. 표 9-43에서 나타난 바와 같이 하수처리시설의 운영비는 인건비, 전력비, 슬러지 처분비 등이 중요한 영향인자이다. 생물학적 2차처리 단계에서 활성슬러지를 적용하는 경우 통상적으로 하수처리시설에서 사용하는 전체 전력의 약 60% 정도

표 9-44 규모별 운영관리비 현황

시설규모 (천톤/일)		<1	1~5	5~10	10~50	50~100	100~500	>500
2012	원/톤	707	572	349	231	179	133	97
	원/kg BOD 제거	5,640	4,226	2,624	1,477	1,064	924	708
2013	원/톤	890	696	415	296	225	153	108
	원/kg BOD 제거	6,771	4,926	3,245	1,824	1,287	986	799
2014	원/톤	1,050	763	451	317	239	162	123
	원/kg BOD 제거	7,576	5,003	3,259	1,853	1338	1002	870

표 9-45 **처리공법별 운영비용**

구분		계	표준 활성	장기 폭기	산화구	회전 원판	고도처리				
							SBR	A_2O	담체	막	기타
2012	원/톤	143	100	771	492	213	139	231	n.a	n.a	158
	원/kg BOD 제거	967	792	5,922	4,464	3,319	931	1,710	n.a	n.a	1,043
2013	원/톤	170	102	1,243	634	279	277	159	171	371	288
	원/kg BOD 제거	1,145	883	10,064	5,488	3,984	1,954	1,077	1,066	2,095	1,588
2014	원/톤	186	135	911	625	319	284	169	176	416	323
	원/kg BOD 제거	1,204	1,154	6,722	4,793	3,506	1,892	1,122	1,075	2,297	1,692

주), n.a., not available

가 포기조의 공기를 공급하기 위해 소모된다. 일반적으로 고도처리(영양소제거)기술을 도입하고 있는 하수처리시설의 경우 포기조의 공기공급을 위한 전력요구량은 감소될 것이나 반면에 공기를 공급하지 않는 생물반응조에서는 혼합을 위한 전력이 추가로 요구될 것이다. 하수처리장에서 소요전력량의 절감은 경제성 향상을 위해 필연적이며, 대상 공정의 최적화 운전은 전력소모량을 저감시키는 데 중요한 방안이 될 것이다.

하수처리시설은 응집제, 소독제, 종균제, 탈황제, 중화제와 슬러지 개량제 등의 다양한 화학약품을 사용한다. 비용적인 측면에서 보면 90% 이상이 대부분 응집제의 사용에 해당한다. 2014년 기준 연간 하수처리에 사용된 약품은 291,405톤(구입비용은 1,033억 원-587개소)으로 응집제가 가장 많이 사용되었으며, 기타 약품, 소독제 순으로 많이 사용되었다. 전체 약품 사용량(291,405톤)의 76.7%(223,319톤)가 10만 톤 이상 규모의 시설(54개소)에서 사용되며, 전체 약품비의 72.1%(약 744억 원)를 차지한다(표 9-46).

표 9-46 **약품 사용량 현황**

구분		계	응집제	응집제 (총인)	소독제	종균제	탈황제	탈취제	소포제	기타
2012	사용량	235,380	44,312	75,452	6,829	555	587	1,439	1,019	105,187
	금액	79,599 (100)	54,406 (68.3)	14,880 (18.7)	1,062 (1.3)	382 (0.5)	970 (1.2)	1,903 (2.4)	606 (0.8)	5,390 (6.8)
2013	사용량	262,899	87,309	88,780	7,542	23	379	1,012	179	77,675
	금액	90,655 (100)	64,747 (71.4)	17,886 (19.7)	1,020 (1.1)	174 (0.2)	852 (1.0)	1354 (1.5)	305 (0.3)	4,318 (4.8)
2014	사용량	291,405	112,429	104,200	7,520	25	430	1,213	227	65,361
	금액	103,266 (100)	76,483 (74.1)	17,998 (17.4)	1,119 (1.1)	158 (0.1)	1,025 (1.0)	1,982 (1.9)	402 (0.4)	4,099 (4.0)

주) 단위: 사용량(톤/년), 금액(백만원/년); ( ), %
기타 약품의 경우, 부산 강변처리장 약품사용량이 전국 기타 약품 사용량의 76%를 차지(탄소원으로 RCS5 사용, 사용량 49,677톤/년)

총인처리시설에 투입한 응집제 약품비는 2014년 기준 약 180억 원(응집제 사용량 104천 톤/년) 정도로 이는 전체 하수처리비용의 2.5%를 차지한다. 총인처리시설을 채택하고 있는 하수처리시설의 운영비용은 2013년과 2014년 기준 196원/톤과 219원/톤으로 같은 해의 전체 처리시설 운영비인 170원/톤과 186원/톤에 비해 약 15~20%가 상승한 것이다. 총인제거당 소요운영비(원/kg T-P 제거)는 46,742~58,469원 정도이다.

9.9 하수처리수 재이용 계획

(1) 처리수 재이용 계획 시 주요 고려사항

양질의 하수처리는 물수요와 공급 측면뿐만 아니라 자연계 물순환의 건전성 확보 차원에서도 점차 그 중요성이 강조되고 있다. 하수처리시설의 고도화로 수질이 양호하고 연중 발생량이 일정하여 양질의 안정적 용수공급원으로서의 하수처리수의 경제적 가치는 점차 증가추세에 있다. 기본적으로 하수처리 재이용수의 용도는 생활용수, 공업용수, 농업용수 그리고 유지용수로 계획하며, 용도별 요구되는 수질기준을 만족해야 한다(표 9-47). 또 해당지역 하수도정비기본계획의 물순환이용계획에서 제시된 재이용량 이상으로 계획(개별 하수처리시설의 경우 1일 하수처리량의 5% 이상 목표)하며, 해당지역뿐만 아니라 인근지역(약 5 km 이내)을 포함하는 광역적 범위로 확대 계획할 수 있다.

표 9-47 **재이용수의 용도구분 및 제한조건**

구분	대표적 용도	제한조건
도시 재이용수	① 주거지역 건물 외부 청소 ② 도로 세척 및 살수(撒水) ③ 기타 일반적 시설물 등의 세척 ④ 화장실 세척용수 ⑤ 건물 내부의 비음용, 인체 비접촉 세척용수	- 도시지역 내 일반적인 오물, 협잡물의 청소 용도로 사용하며 다량의 청소용수 사용으로 직접적 건강상의 위해 가능성이 없는 경우 - 비데 등을 통한 인체 접촉 시와 건물 내 비음용·비접촉 세척 시에는 잔류물 등에 의한 위생상 문제가 없도록 처리하여야 함
조경용수	① 도시 가로수 등의 관개용수 ② 골프장, 체육시설의 잔디 관개용수	- 주거지역 녹지에 대한 관개용수로 공급하는 경우로 식물의 생육에 큰 위해를 주지 않는 수준
친수용수	① 도시 및 주거지역에 인공적으로 건설되는 수변 친수(親水)지역의 수량 공급 ② 기존 수변(水邊)지구의 수량 증대를 통하여 수변 식물의 성장을 촉진시키기 위하여 보충 공급	- 재이용수를 인공건설된 친수시설의 용수로 전량 사용하는 경우, 친수 용도에 따라 재이용수 수질의 강화 여부를 결정 - 일반 친수목적의 보충수는 기존 수계 수질을 유지 혹은 향상시킬 수 있어야 하며 목적에

(계속)

	③ 기존 하천 및 저수지 등의 수질 향상을 통하여 수변휴양(물놀이 등) 기능을 향상시킬 목적으로 보충 공급되는 용수	따라 재이용수의 처리정도를 강화할 수 있음
하천 유지용수	① 하천의 유지수량을 공급하기 위한 목적으로 공급되는 용수 ② 저수지, 소류지 등의 저류량을 확대하기 위한 목적으로 공급	– 기존 유지용수 유량 증대가 주된 목적이므로 수계의 자정(自淨)용량을 고려하여 재이용수의 수질을 강화시킬 수 있음
농업용수	① 비식용 작물의 관개를 위하여 전량 또는 부분 공급하는 용도 ② 식용농작물 관개용수의 수량 보충용으로 인체 비유해성이 검증된 경우 • 직접식용은 조리하지 않고 날것으로 먹을 수 있는 작물 • 간접식용은 조리를 하거나 일정한 가공을 거친 후에 식용할 수 있는 작물	– 기존 농업용수 수질을 만족하여야 하나, 관개용수의 유량 보충 시 농업용수 수질 이상 및 기존 수질보다 향상 가능하도록 처리하여야 함
습지용수	① 고립된 소규모 습지에 대한 수원으로 사용하는 경우 ② 하천유역의 대규모 습지에 대한 주된 수원으로 공급하는 경우	– 습지의 미묘한 생태계에 악영향을 미치지 않도록 영양소 등의 제거와 생태영향 평가를 거쳐 공급하여야 함
지하수 충전	① 지하수 함양을 통한 지하수위 상승 목적 ② 지하수자원의 보충 용도	– 지하수계의 오염물질 분해제거율과 축적가능성을 평가하여 영향이 없도록 공급하여야 함
공업용수	① 냉각용수 ② 보일러 용수 ③ 공장내부 공정수 및 일반용수 ④ 기타 각 산업체 및 공장의 용도	– 일반적인 수질기준은 설정하되 공업용수는 기본적으로 사용자의 용도에 맞추어 처리하여야 하므로 산업체 혹은 세부적인 용도에 따라 수질 항목은 지정하지 않음

(2) 하수처리수 재이용 현황

하수처리수의 재이용은 2008년 10.8%에서 2013년 기준 12.9%로 해마다 증가하고 있는 추세이다(표 9–48). 처리수의 재이용은 처리장 내부용수와 처리장 외부용수 공급으로 구분할 수 있는데, 처리장 외부용수로의 공급비율이 2008년 43.6%에서 2013년 50%로 점차 증가하고 있음을 알 수 있다. 장내용수의 주요 용도는 세척수(40~44%), 냉각수(12~15%) 및 청소수(9~10%) 순으로 전체의 약 60~65%를 사용하고 있고, 장외용수의 주요 용도는 하천유지용수(64~71%), 농업용수(5~20%) 및 공업용수(3~5%) 순으로 대부분이 하천유지용수로 사용하고 있다. 또 농업용수로의 사용은 20%에서 5%로 급격히 감소하는 추세이며, 중수도 용도로의 사용은 아직 1% 이하로 낮은 것으로 나타났다.

최근 3년간 자료를 보면 고도처리를 적용한 시설의 재이용 비율은 13.4~17%(842,429~929,742천톤/년), 고도처리공법을 채용하고 있지 않은 경우는 5~6%(51,987~79,914천톤/년)

정도 수준이었다.

표 9-48 **하수처리수 재이용 현황**

(a)

연도	시설수	시설용량(천톤/일)	하수처리량(천톤/년)	하수처리량(천톤/일)	총 재이용수량(천톤/년)	장내이용수(천톤/년)	장외이용수(천톤/년)	재이용률(%)
2008	392	24,280	6,607,299	17,433	712,019	401,541	310,478	10.8
2009	433	24,749	6,703,171	18,468	727,833	386,962	340,871	10.9
2010	465	25,095	6,845,663	18,756	743,479	396,841	346,638	10.9
2011	505	25,143	7,068,846	19,369	781,104	403,929	377,175	11.0
2012	546	30,262	7,174,320	19,806	872,319	437,107	435,212	12.2
2013	569	25,142	7,186,770	19,861	907,443	454,964	451,479	12.9

(b)

연도	계	장내용수(천톤/년)						
		세척수	냉각수	청소수	식수대	희석용수	장내 중도수	장내 기타용수
2008	401,541	155,727	61,066	37,936	2,928	8,895	1,429	133,559
2009	386,962	159,462	56,146	37,911	2,657	9,622	1,086	120,079
2010	396,841	152,892	46,543	36,227	777	12,041	521	147,840
2011	403,929	163,680	58,426	41,210	449	12,550	480	127,133
2012	437,107	188,470	54,817	40,484	461	9,122	1,909	141,844
2013	454,964	198,850	64,184	26,043	257	11,957	1,529	152,143

(c)

연도	계	장외용수(천톤/년)				
		장외 중수도	공업용수	농업용수	하천 유지용수	장외 기타용수
2008	310,478	1,654	15,045	60,840	213,537	19,402
2009	340,871	2,118	14,421	37,088	241,366	45,879
2010	346,638	894	18,790	33,337	241,506	52,111
2011	377,175	5,496	12,099	43,557	264,961	51,063
2012	435,212	1,640	13,532	29,721	295,759	94,559
2013	451,479	6,601	13,599	20,671	288,207	123,401

9.10 슬러지 처리 · 처분계획

(1) 슬러지 처리 · 처분계획수립 시 주요 고려사항

하수처리를 포함한 모든 오염물질 처리시설에서 슬러지(처리 부산물)는 필연적으로 발생한다. 하수슬러지 발생량은 하수도정비의 확대 및 생활수준의 향상에 따라 변화한다. 슬러지 처리는 슬러지에 함유되어 있는 병원균 및 중금속 등에 따른 위해 여부를 고려한 후, 슬러지의 이용가치에 따라 자원의 유효이용이라는 관점에서 계획할 필요가 있다. 슬러지 처리 · 처분계획 수립의 흐름도는 그림 9-11과 같은데, 슬러지는 안정화, 감량화를 도모하는 것과 함께 광역적으로 처리 · 처분하는 것을 원칙으로 하고 있다.

계획발생슬러지량은 계획 1일 최대오수량을 기준으로 발생하는 슬러지의 양을 의미하며, 최종 처리 · 처분계획의 기본이 된다. 대부분의 슬러지는 1차처리시설(일차침전지 등)에서 발생하는 1차슬러지(primary sludge)와 2차처리시설에서 발생하는 생물학적 잉여슬러지(secondary sludge or excess sludge)로 구분된다. 슬러지 처리방식은 발생하는 슬러지의 양과 성상, 슬러지의 이용, 반송수의 성상과 수처리의 영향, 처리장의 입지조건, 경제성 및 유지관리성을 검토하고 슬러지 유효이용, 에너지절약을 고려하여 결정한다.

하수처리장에서 발생되는 1차슬러지의 양과 그 특성은 강우와 함께 계절적인 영향을 가진다. 그림 9-12에서 보는 바와 같이 특히 7월에서 9월의 우기(rainy season)에는 분해하기 어려운 물질이 하수관거로 대량 유입됨에 따라 그 성상은 상당히 변화한다. 즉, 건기(dry season)의 경우 1차 슬러지의 COD/VSS와 VSS/TSS 비는 각각 1.56 g/g과 70 ± 3.7%로, 우기의 1.46 g/g과 61 ± 3.2%에 비해 상당히 높다(Ahn and Choi, 2004a).

하수슬러지와 정화조찌꺼기에는 다양한 중금속이 포함되어 있는데(표 9-49), 특히 Cu, Fe,

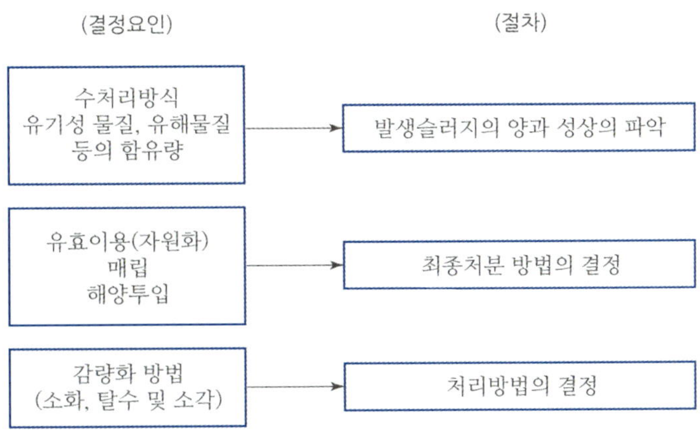

그림 9-11 슬러지 처리 · 처분계획수립의 흐름도

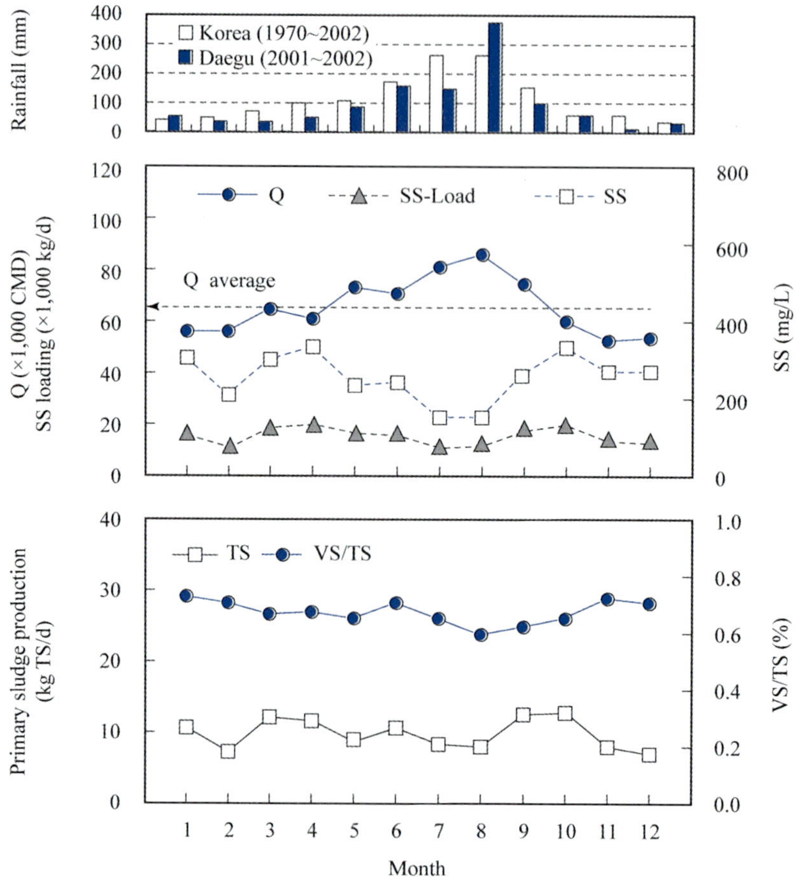

그림 9-12 **하수와 슬러지 발생 특성에 미치는 계절적 영향(2001~2002, Q_{ave} = 65,500 m³/d, sewage : industrial wastewater = 75 : 25, service area 13,726 km², sewer network service 82%, combined sewer system)(Ahn and Choi, 2004a)**

Mn 및 Zn 성분이 높다. 하수슬러지에 포함된 분변성 대장균(fecal coliform)의 함량에 대해서는 자료가 많지 않으나 1차슬러지 및 2차처리수의 경우 대략 1.2～2.0 × 10^6 cfu/mL과 0.5～1.5 × 10^3 cfu/mL로 알려져 있다(Ahn and Choi, 2004b).

슬러지의 효과적인 처리 · 처분은 각 나라마다 가지고 있는 어려운 환경문제 중의 하나이다. 우리나라 또한 슬러지 처리 · 처분문제는 매우 심각한 문제로 인식하고 있으며 이와 관련하여 법적인 이력 역시 복잡하다. 슬러지의 최종처분 단계에서의 경제성 향상을 위해 슬러지 처리는 부피 감량화(소화, 탈수, 소각 등)가 반드시 선행되어야 하고, 이후 슬러지의 최종처분의 방향은 관련법령에 따라 정해진다.

과거 우리나라는 주로 해양투기(ocean dumping)나 육상매립(landfill) 등의 방법에 의존하여 왔다. 이 두 가지 방법은 역사적으로 세계 여러 국가들이 사용한 일반적인 처분방법에 해당한다.

표 9-49 **Heavy metal concentration in municipal sludge and septage**

Sludge type	Municipal sludge (1)	(2)	(3)	(4)	Septage (4)
Argentum(Ag)	25	–	–	–	–
Cadmium(Cd)	6.5	4.1	2.3	11.5	23.2
Chromium(Cr)	220	–	148	–	–
Copper(Cu)	570	781	1,889	810	664
Iron(Fe)	23,000	–	–	–	–
Lead(Pb)	170	163	141	195	448
Magnesium(Mg)	3.3	–	–	–	–
Manganese(Mn)	–	1,682	–	832	807
Mercury(Hg)	9.9	–	2.7	–	–
Nickel(Ni)	180	95	–	378	63.7
Selenium(Se)	120	–	–	–	–
Zinc(Zn)	2,000	1,648	308	642	1,312
PCB	–	0.28	–	–	–
Region	Seoul	Seoul	Seoul	Daegu	Daegu

Unit: mg/kg dry solids; (1) Choi (2001), Rue and Choi (1997); (2) Choi et al. (1995); (3) Rue (1994); (4) Min et al. (1995)

그러나 슬러지를 포함한 각종 오염물질을 무분별하게 해양에 투기하면서 가속화된 해양오염 문제는 오슬로협약(1972)과 런던협약(London Dumping Convention)을 통해 1975년 해양투기금지 국제협약으로 발전하게 된다. 우리나라 역시 이 협약에 가입(1992)하여 1994년부터 적용을 받게 되었으나 국내의 상황에 미루어 실질적인 활동은 이루어지지 않았다. 그러나 1996년 12월 경제개발협력기구(OECD)의 가입 이후 다수에 걸친 해양관리법 시행규칙개정을 통해 2012년 하수슬러지와 가축분뇨의 해양투기 금지법이 시행되었고, 2013년 음폐수(음식물찌꺼기 폐수)의 해양배출 금지, 2014년 산업폐수와 폐수오니의 해양배출 금지 등의 법률 시행으로 2014년부터는 모든 종류의 폐기물의 해양투기가 금지되고 있다.

한편 매립에 의한 폐기물의 처분은 유기물질 성분의 분해와 침출로 인하여 지하수오염문제를 야기할 뿐만 아니라 장기적으로 사용가능한 안정된 매립지의 확보는 매우 어려운 상황에 이르렀다. 그 결과 2007년에는 하수슬러지를 포함한 유기성 폐기물의 직매립 금지제도를 도입하여 무기성 성분만을 매립지에 처분가능하도록 되어 있다. 물론 매립지의 발생 가스를 회수 재이용하는 시설의 경우 일시적으로 매립(수분함량 < 75%, < 1일 500톤)을 허용하고 있고, 생활폐기물 소각시설을 활용하여 연계처리 후 소각재를 매립하는 등의 방법을 고려하고 있지만 슬러지의 소각은 경제성이 낮고 소각 시 다이옥신(dioxine) 등의 유해물질이 배출되는 등의 부수적인

문제가 추가적으로 발생한다. 따라서 장기적인 관점에서 볼 때 슬러지의 최종처분 방법으로 육상매립을 적용하기 어려운 상황이다.

따라서 그림 9-11에 나타난 다양한 최종 처분방법 중 남은 유일한 방법은 자원화(유효이용)이다. 이는 하수슬러지가 대부분이 유기물질로 구성되어 있고 유기물질은 훌륭한 생물자원(bioresource)이라는 개념이다. 하수슬러지를 자원화하여 재이용할 수 있는 방법으로는 바이오가스(biogas: CH_4, H_2) 회수, 연료화(하수슬러지 연료화법령 개정, 2009), 부숙토의 생산 활용 등이 있다. 바이오가스는 미생물의 생물전환기술(microbial biotransfomation)을 이용하여 메탄이나 수소 등의 신재생에너지원을 생산하는 방법이며, 부숙토는 토지주입(land application)을 위해 안전한 생물고형물(biosolids)을 생산 활용하기 위한 방법이다.

에너지 가격 상승에 따라 슬러지 처리비용은 지속적으로 상승하고 있고 국가의 하수슬러지 정책은 처리시설의 설치·운영비 절감을 위해서 육상처리시설의 확충과 광역화 처리, 발생원에서의 슬러지량 감량화, 슬러지 처리 신기술개발 등으로 추진하고 있다. 발생된 하수슬러지를 처리하는 것보다 발생원에서부터 하수슬러지를 감량화하는 것이 더 경제적인 방법이다. 처리장에서 발생하는 슬러지의 원천적인 감량화를 위해 일정규모 이상 하수처리시설을 대상으로 기존의 혐기성 소화조를 개량하여 효율을 높이거나 신규 소화조 설치로 유도하고 있다. 또 이러한 슬러지 감량화뿐만 아니라 소화조에서 음식물 및 분뇨 등의 연계처리도 병행하여 소화가스(바이오가스) 발생량의 증가와 이를 이용한 전력생산의 증대를 목표로 하고 있다. 이러한 노력들은 하수처리장에서 사용하는 에너지 소비량을 줄여 에너지 자립률을 높이는 방향으로 추진되고 있다(환경부, 2012).

신재생에너지의 개발 측면에서 슬러지를 이용한 바이오가스 생산은 상당히 매력적인 분야이다. 그 이유는 하수슬러지는 인간이 살아가는 동안 꾸준히 발생되는 유기성 폐자원 중 하나라는 데 있다. 신재생에너지 중에서 바이오에너지는 바이오에탄올(bioethanol), 바이오디젤(biodiesel) 및 바이오가스(biogas)로 분류한다. 이러한 바이오에너지의 확대생산을 위해서는 대상 원료의 확보가 중요한데, 바이오가스를 제외한 나머지 두 가지는 낮은 에너지회수율(원료 대비 약 20% 이하)을 가질 뿐만 아니라 좁은 국토를 가진 우리나라는 안정된 대상 원료(옥수수나 유채 등)의 확보에 근본적인 어려움이 있다. 그러나 우리는 바이오가스를 만들어낼 수 있는 유효 자원을 각종 유기성 폐기물(하수, 슬러지, 축산폐수, 음식물쓰레기 등) 형태로 매일 안정적으로 생산하고 있다는 것이다. 이러한 배경에도 불구하고 실제 하수처리시설에서의 바이오가스 회수율이 저조한 이유는 국내의 경우 유기성 폐자원(액체, 슬러지상 및 고체상)은 모두 환경오염물질로 분류되고 있으며, 거의 대부분 에너지 생산 및 활용 측면과는 거리가 먼 오염 저감의 차원에서 상당한 소모성 비용부담을 안고 처리·관리되고 있기 때문이다. 또 1970년 중반 처음 우리나라의 하수처리시설에 도입된 바이오가스(혐기성 소화) 생산기술은 단순히 슬러지의 감량화 및 안정화 차원에서만 고려되었을 뿐 에너지 회수효율의 극대화를 위한 노력은 미미하였다. 지난 40년 이상 전 세계적으로 다양한 바이오가스 생산기술의 발전이 슬러지를 포함한 다양한 폐기물을 대상으로 이루어졌지만 아직까지 국내에서는 이러한 고도화된 기술을 따라가지 못하고 있는 실정이다. 1980년대 후반 산업폐수의 환경오염 저감의 차원에서 일부 적용되어 왔고, 1990년 이후 쓰레기 매립부산물로 발생되는 폐바이오가스의 재활용차원에서 연구되었으나 하수처리시설의 바이오가스 생산시설(혐기성 소화조)은 아직 가장 오래된 완전혼합형 기술(HRT 20~30일)에 머물러 있다(안영호, 2008).

하수슬러지는 고액분리가 용이하지 않은 슬러리 형태라는 고유특성으로 인하여 일반적으로 고율의 바이오가스 생산기술을 적용하기가 쉽지 않다. 그러나 하수슬러지를 대상으로 오염물질의 분해와 바이오가스 생산 효율 두 가지 모두를 달성할 수 있는 대표적인 첨단 고율 혐기성 소화기술로 ADEPT(Anaerobic digestion elutriated phased treatment) 공정을 들 수 있다(Ahn et al., 2004; Kim et al., 2001). ADEPT 공정은 가수분해(hydrolysis)와 산발효(acidification) 기능을 가진 산세정슬러리반응조(acid elutriation slurry reactor)와 후속하는 바이오가스(메탄) 생성을 위한 UASB 반응조(upflow anaerobic sludge bed reactor)로 구성된다. 이 공법은 다음과 같은 특성이 있다.

- 하수슬러지와 같은 슬러리형(slurry type) 폐기물에 적합하다.
- 높은 가수분해 및 산형성 특성을 가진다.
- 산형성/수소생성박테리아에 효과적인 환경을 제공한다(pH 5 to 9).
- 유출수(COD, SS 등)의 수질이 우수하다.
- 미생물의 군집의 근접성(microbial consortia proximity)이 우수하다.
- 메탄생성군의 높은 성장속도 유지에 장점(kinetic advantage)이 있다(SRT > 100일).
- 짧은 수리학적 체류시간(전체 공정의 HRT 약 6~7일)
  - 완전혼합형 반응조(CSTR): 10~20일(6% TS 기준)
  - ADEPT: 총 6일(산형성단계 5일, 메탄형성단계 1일)

그림 9-13은 슬러리형 축산폐수(COD 55 g/L, TS 36.7 g/L)를 대상으로 수행된 운전결과를 바탕으로 물질수지를 작성한 예를 보여주고 있는데, 폐수 1톤당 약 9톤 이상의 바이오가스(0.379 m^3 CH_4/kg VS)를 생산할 수 있다.

또 하수슬러지(23.8 g TS/L, 0.65 g VS/g TS)를 대상으로 1단계 세정식 산발효조를 이용하였을 때 실규모 처리장(Q = 158,880 m^3/d, 128 mg BOD/L, 240 mg COD/L, 10^5 mg SS/L)을 기준으로

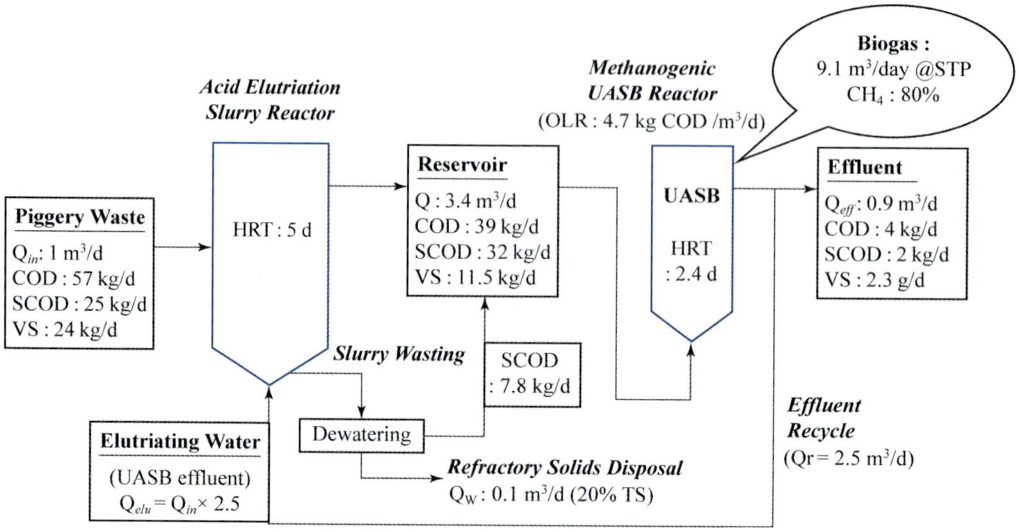

그림 9-13 **슬러리형 축산폐수를 처리하는 ADEPT 공정의 물질수지(Ahn et al., 2004)**

평가된 산발효공정의 효과는 표 9-50에 나타난 바와 같이 매우 우수한 것을 알 수 있다(Ahn and Speece, 2006). 높은 산발효특성을 가진 유출수는 ADEPT 공정에서와 같이 고율 메탄생성반응조를 이용하여 안정된 고함량의 바이오가스 생산이 가능하다(Ahn et al., 2000; 안영호, 2008).

이상의 반응조의 형상을 채택함에 있어서 주요 핵심적인 장점은 다음과 같다.

- 기존의 통상적인 공정에서 가장 문제점으로 인식되는 높은 고형물 분리 전처리에 대한 필요성이 없으며 그 부속장치가 불필요하므로 전체 공정은 매우 단순하다.
- 높은 고형물 분리 전처리로 인한 유기물질의 손실을 억제하고 바이오가스로의 전환을 향상시킬 수 있다.
- 기질특성에 적합한 1단계 발효조 도입으로 가수분해 및 산발효속도를 극대화시킨다.
- 2단계 고율 메탄발효조(UASB)의 운전에 있어서 가장 문제가 되는 유입 고형물농도에 대한 문제를 원천적으로 차단한다.

하수슬러지의 자원화 관점에서 효과적인 최종처분방법으로 농지적용(agricultural land application)은 전 세계적으로 관심의 대상이다. 그 이유는 하수슬러지는 본질적으로 유용한 자원이라는 인식으로 자원의 회수 및 재이용 측면에서 폐기물처리와 자원의 순환을 가장 잘 연결할 수 있기 때문이다.

고형유기물비료(biosolids)는 적정한 안정화 기술에 의해 처리된 하수슬러지를 재사용할 수 있는 유기성 고형물로서 정의되며, 호기성 소화(aerobic digestion), 혐기성 소화(anaerobic diges-

표 9-50 세정식 산발효기술을 이용한 하수슬러지의 자원화 예 (**Ahn and Speece, 2006**)

(a) 운전특성

Temperature	℃	35		55	
Designated pH		9	11	9	11
COD production	(kg COD/d) (kg COD/m^3 sewage) (kg COD/m^3 PS)	2965 0.019 3.90	5488 0.035 7.22	4916 0.031 6.47	7154 0.045 9.41
VFAs production	(kg COD/d) (kg COD/m^3 sewage) (kg COD/m^3 PS)	2247 0.014 2.96	1383 0.009 1.82	3112 0.020 4.09	1037 0.007 1.36
N-release	(kg N/d) (kg N/m^3 sewage) (kg N/m^3 PS)	52 0.0003 0.068	86 0.0005 0.114	104 0.0007 0.140	69 0.0004 0.091
P-release	(kg P/d) (kg P/m^3 sewage) (kg P/m^3 PS)	35 0.0002 0.045	86 0.0005 0.116	52 0.0003 0.070	69 0.0004 0.092

주) PS－primary sludge.

(b) 경제성 분석

Temperature	℃	35		55	
Designated pH		9	11	9	11
SCFAs production	($ as HAc × 10^3 m^{-3} sewage)	42.21	27.14	60.30	21.11
Non-SCFAs production	($ as M-OH × 10^3 m^{-3} sewage)	2.82	14.66	6.20	21.43
Alkali requirement	($ as NaOH × 10^3 m^{-3} sewage)	0.012	0.018	0.014	0.019
Cost benefits except for energy requirement	($ × 10^3 m^{-3} sewage) ($/kg VSS_{COD} PS)	45.02 0.42	41.78 0.37	66.49 0.61	42.52 0.38

주) HAc－acetic acid; M-OH－methanol; PS-primary sludge; $1=1000 Korean Won.

tion) 및 퇴비화(composting)과 같은 기술이 적용될 수 있다(Metcalf & Eddy, 2003). 미국에서는 하수슬러지 발생량의 55% 정도가 이러한 비료로 사용되고 있다(EPA, 2013). 미국의 연방환경법규(the Code of Federal Regulations(CFR), Title 40, Part 503)에서 처음 정의된 이 용어는 안정한 토지주입(land application)과 지표면 처분(surface disposal)을 위해 각종 미량독성물질(toxic chemicals)과 병원성 미생물(pathogens-class A)이 중요한 제한인자로 현재 전 세계적으로 통용되는 개념이다(US EPA, 1992, 1999; EU, 1986, 2000). 미국 EPA에서는 식량생산을 위해 비료로 사용되는 안정화된 슬러지 내에 포함된 다이옥신을 세분화하여 엄격하게 규제하고 있지 않지만(ENN, 2003), 유럽연합은 좀 더 강화된 규칙(표 9－51)을 적용하고 있다.

표 9-51 **Limited values proposed by the EU Commission and USA for organic compounds in sludge used for agricultural land application**

Pollutant	EU		USA
	Directive 86/278 (1986)	Proposed immediate (2000)	USEPA (1999)
Total halogen compound (AOX)	N/A	500	–
Linear alkylbenzene sulphonates	N/A	2,600	–
2-ethylhexyl phthalate	N/A	100	–
NPE	N/A	50	–
PAH	N/A	6	–
PCB	N/A	0.8	–
Dioxins PCDD/dibenzofuranes*	N/A	0.1	0.3^+

Unit: mg/kg dry matter; N/A, not addressed

NPE, certain nonylphenol and nonylphenolethoxylates; PAH, sum of certain polycyclic aromatic hydrocatbon; PCB, sum of indicated polychlorinated byphenils; *, mg toxic equivalent per kg dry matter; + the sum of dioxins, furans and certain coplanar PCBs

표 9-52는 농업용도로 사용되는 퇴비 내에 포함된 중금속 함량에 대한 국내외적 허용치를 보여주고 있는데, 우리나라의 경우가 더 엄격한 기준을 가지고 있음을 알 수 있다. 그러나 앞선 표 9-51과 같은 미량유해물질이나 병원성균에 대한 정보는 우리나라의 경우 현재로서는 매우 부족한 실정이다.

표 9-52 **National maximum permits comparison**

	USEPA (1992)[1]	EU Directive 86/278[2]	EU (2000)[2]	Korea	
				Manure[3]	Soil[4]
Arsenic (As)	75	–	–	50	50
Cadmium (Cd)	85	20~40	10	5	30
Chromium (Cr)	3,000	–	–	150	30
Copper (Cu)	4,300	1,000~1,750	1,000	500	500
Lead (Pb)	840	750~1,200	750	150	1,000
Mercury (Hg)	57	16~25	10	2	40
Molybdenum (Mo)	75	–	–	–	–
Nickel (Ni)	420	300~400	300	–	–
Selenium (Se)	100	–	–	–	–
Zinc (Zn)	7,500	2,500~4,000	2,500	–	–
Others	–	–	–	Organic<25%	PCB: 30
	–	–	–	C/N <50	CN: 300

(계속)

					Phenol: 50 BTEX: 200 TPH: 5,000 PCE: 60 TCE: 100

Unit, mg/kg dry solids unless specified otherwise
1) ceiling limits (USEPA,1992)
2) proposed immediate limit (EU, 2000)
3) based on barnyard manure
4) based on soil pollution measures by Soil Pollution Protection Act (1995)

(2) 슬러지 처리 · 처분현황

우리나라 하수슬러지 발생량은 2013년 기준 약 3,531,250톤/년(9,675톤/일)으로 2003년 이후 10년 동안 약 5% 정도 증가율을 보이고 있다. 표 9－53에서 보는 바와 같이 하수 1톤 처리당 약 0.425～0.491 kg(평균 0.429 ± 0.07 kg)의 슬러지가 발생하고 있다(환경부, 2014). 그러나 이러한 통계자료에서 하수처리장에서 발생하는 1차와 2차슬러지의 발생량 비율, 그리고 일반처리와 고도처리 시의 슬러지 발생량에 대한 차이 등에 따른 결과는 고려되지 않았다.

우리나라 하수슬러지의 처리는 해양투기 금지법안의 시행 전후에 따라 크게 달라진 양상을 보인다. 2010년 기준(일평균 발생량 8,438톤)으로 볼 때 재활용 방식(고화처리하여 매립장 복토재로 활용하거나 녹생토, 지렁이 분변토 등)으로 처리하는 양이 40.5%로, 해양투기(27.5%), 소각(23.1%), 건조연료화(7.9%) 등의 순으로 처리하고 있다. 하수슬러지의 해양배출은 2005년 77%, 2006년 71%, 2009년 47%로 점점 감소해 오다 2012년 해양배출이 금지됨에 따라 2012년 3월 기준 육상 공공처리시설에서 처리하거나 매립 또는 민간시설에 위탁처리하는 방식으로 전환되었으며(Ahn and Choi, 2004a), 2012년 이후 해양투기는 완전히 제외되었고, 반면에 연료화나 재활용의 비율이 크게 증가하였다.

표 9－53 **하수슬러지 처리현황(2014 환경부)** (단위: 톤/년)

연도	처리 장수	하수처리량 (천톤/년)	발생량 (A)=(B)+(C)	원단위 발생량 (kg/톤)	처분량							미처분량 (이월량)(C)
					계(B)	재활용	육상매립	소각	해양투기	연료화	기타	
2008	403	6,607,299	2,817,357	0.426	2,817,056	533,638	103,904	458,205	1,721,309		–	301
2009	433	6,703,171	3,027,829	0.452	3,024,336	739,736	440,783	416,255	1,427,561			3,493
2010	470	6,845,663	3,080,043	0.450	3,080,043	635,318	337,966	544,592	1,314,087	238,697	9,382	–
2011	505	7,068,846	3,095,948	0.438	3,095,441	802,318	261,262	687,868	1,010,322	223,257	110,413	507
2012	546	7,174,320	3,624,451	0.505	3,607,743	1,233,561	531,119	1,276,141	–	322,414	244,507	16,708
2013	569	7,186,770	3,531,250	0.491	3,529,965	1,469,343	406,574	846,241	–	349,679	458,129	1,284

9.11 분뇨처리시설 계획

(1) 분뇨처리계획

2007년 개정된 현행 하수도법은 이전에 별도의 법률로 취급되어온 분뇨(nightsoil)를 하수도법의 테두리에서 다루고 있으므로 현재의 분뇨 관련 시설계획은 하수도정비기본계획에 포함된다. 실제 우리나라와 일본을 제외한 거의 모든 나라에서는 분뇨처리시설을 별도로 두고 있지 않다. 분뇨는 "수거식 화장실에서 수거되는 액체성 또는 고체성의 오염물질(개인하수처리시설의 청소과정에서 발생하는 찌꺼기를 포함)"을 말하는 것으로서 분뇨처리시설은 하수처리시설 내 또는 인접지역에 위치토록 하여 전처리 후 하수와 합병처리하거나 연계처리하는 것을 원칙으로 하고 있다.

하수처리구역 내에서 발생되는 수세분뇨는 일반 하수와 동일하게 분류되고 있으며, 하수관거에 직접 투입하는 것을 원칙적으로 한다. 다만 합류식 하수관거, 우수토실 등 하수관거정비상황을 고려하여 필요한 경우 개인하수처리시설(분뇨정화조-septic tank)을 통하여 하수도로 유입되도록 하고 있다. 계획구역 내 화장실의 수세화 및 지속적인 하수관거정비로 인해 분뇨발생은 지속적으로 감소하는 추세이다.

분뇨의 성상은 크게 수거식 분뇨와 정화조 찌꺼기(정화조폐액, septage)로 구분된다. 수거식 분뇨의 특성은 수거지역의 특성, 섭취하는 음식, 저장탱크의 구조와 크기, 수거간격 및 방법 등에 따라 다르나 BOD가 24,000 mg/L 내외, SS는 30,000 mg/L 내외이며, COD_{Mn}과 BOD의 비는 2.4～2.7로서 도시하수의 2.0보다 높게 나타난다. 정화조찌꺼기의 경우 처리시설의 형식과 규모에 따라 현저한 차이를 보이나, 대략 BOD는 8,000 mg/L 내외, SS는 22,000 mg/L 내외이며, COD_{Mn}/BOD비는 약 1.9～4.7 정도로 분뇨의 경우보다 훨씬 많은 양의 생물학적 분해 불가능 물질이 포함되어 있다. 정화조찌꺼기의 경우에도 분뇨와 마찬가지로 각종 협잡물(모래 및 각종 씨앗류 등)이 많기 때문에 후속처리를 원활히 하기 위해서는 협잡물을 완벽하게 제거할 수 있는 기능을 갖춘 전처리 설비가 필요하다.

분뇨처리는 분뇨 단독만의 개별처리보다 하수처리시설 등 타 처리시설과 연계하여 처리하는 방법을 우선으로 고려하며(그림 9-14), 연계처리는 최종처리시설인 공공하수처리시설의 수용여건을 고려하여 선택한다(최의소, 1996). 현재 수거식 화장실 분뇨와 정화조 및 오수처리시설의 청소찌꺼기 등의 대부분은 분뇨처리시설(2012년, 196개소, 35,774 톤/일)에 유입 · 처리하고 있는데, 전체 분뇨처리시설 중 75.0%인 147개소는 공공하수처리시설과 연계 처리하는 체계로 운영하고 있다. 분뇨수집이 어려운 일부 지역에서는 자체처리하고 있다.

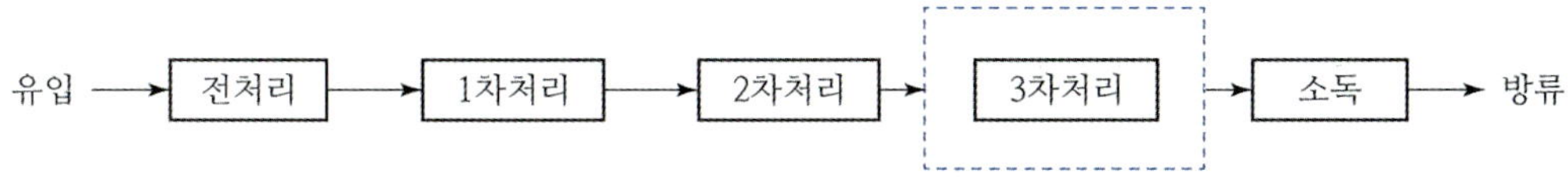

(a) 단독처리

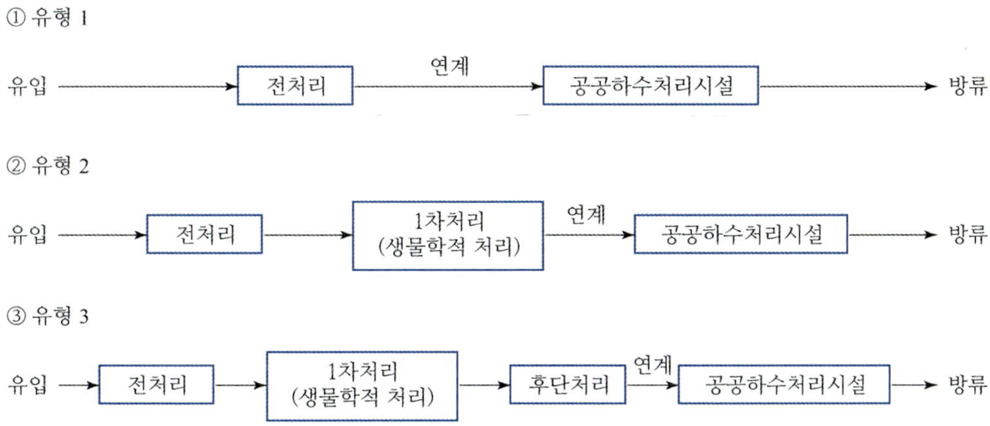

(b) 공공하수처리시설 연계처리

그림 9-14 **분뇨처리방법**

(2) 분뇨슬러지 및 정화조폐액 처리현황

2013년 기준 전국의 분뇨처리량은 1일 36,048톤/일로 이는 2004년에 비하여 약 5% 정도 증가한 추세이며, 수세식이 약 92.4%로 대부분을 차지하고 있다. 표 9-54에서 보는 바와 같이 2005년 이후 최근까지 분뇨슬러지 처리현황을 보면 분뇨처리장 수는 190개 이상을 유지하고 있으나 분뇨슬러지 처리량은 2005년 428,775톤/년에서 2007년 이후 급격히 줄어 2013년에는 약 132,000톤/일 정도로 줄었다. 이는 하수도 재정비사업에서 분뇨처리의 기본방침을 전처리를 통하여 가능한 하수처리장에서 합병처리하거나 연계처리하는 것을 원칙으로 하고 있기 때문이다. 연계처리하는 처리장 수는 2013년 기준으로 146개소에 이른다. 분뇨슬러지의 처리방법 역시 2010년 전후를 기준으로 차이를 보이고 있는데, 해양투기는 상당히 감소되었으나 재활용이 급격히 증가하였고, 2013년 기준으로 보면 아직도 육상매립이나 해양투기도 일부 시행하는 것을 알 수 있다. 2013년 기준으로 재활용은 51%, 육상매립 16%, 소각 17%, 해양투기 9.4% 연료화 3% 순이다.

전국의 개인하수처리시설(분뇨정화조)은 2013년 기준으로 453,774개소가 설치되어 있는데, 이중 약 77%가 하수처리구역 외에 설치되어 있다. 10톤/일 이하의 규모를 기준으로 하였을 때 하수처리구역 외는 80%, 하수처리구역 내는 약 54% 정도로 나타났다. 정화조의 처리방식은

표 9-54 분뇨슬러지 처리현황 (단위: 톤/년)

연도	분뇨 처리장 수 (개소)	발생량 (A)=(B)+(C)	처분량							미처분량 (이월량) (C)
			계(B)	재활용	육상매립	소각	해양투기	연료화	기타	
2005	195	428,775	428,064	35,393	8,166	2,835	378,830	−	2,840	710
2006	195	453,315	453,140	46,168	9,156	3,502	392,404	−	1,911	175
2007	196	181,035	180,828	64,894	9,890	3,873	44,707	−	57,464	207
2008	196	192,371	191,931	89,491	34,434	3,911	63,195	−	899	440
2009	194	221,081	220,798	76,525	10,455	2,315	130,177	−	1,327	282
2010	195	177,148	176,919	84,718	9,253	5,135	38,264	28,982	10,567	229
2011	192	171,353	170,842	74,551	14,403	9,847	65,866	1,613	4,562	511
2012	196	144,937	144,730	87,384	13,991	12,314	25,100	3,646	2,295	207
2013	192	131,518	131,248	68,213	21,273	22,412	12,391	3,992	2,967	270

부패탱크, 임호프탱크, 살수형 부패탱크, 살수여상, 폭기방법, 접촉폭기법 등이 적용되고 있으며, 하수처리구역 외는 60%, 하수처리구역 내는 약 78% 정도가 앞선 세 가지 공법을 적용하고 있다.

9.12 유기성 폐기물 바이오가스화

앞서 설명한 바와 같이 분뇨를 포함하여 가축분뇨, 음식물쓰레기 등은 대부분 전처리 후 하수 또는 하수슬러지와 합병처리하거나 연계처리하는 것을 원칙으로 하고 있다. 이들 폐기물은 하수슬러지와 마찬가지로 에너지로의 전환이 가능한 고농도의 폐자원이라는 공통점이 있으므로 이는 처리와 동시에 바이오가스 생산이라는 이중효과를 얻을 수 있으므로 다양한 유기성 폐자원의 신재생 바이오에너지화 사업을 점차 유도하는 추세이다. 여기에서는 2015년 8월 기준으로 조사된 유기성 폐자원의 에너지 활용시설에 대한 현황(환경부, 2015)을 다음과 같이 요약하였다. 이러한 자료는 장래의 하수도 기본계획수립 변경 및 에너지 자립화 방안 마련에 중요한 참고자료가 될 것이다.

① 시설현황 및 규모

2014년 말 현재 바이오가스화 시설은 총 71개소로 해마다 약 10% 정도 증가하고 있는데 대부분 공공시설에 해당한다. 병합처리가 24개소로 가장 많고 하수슬러지(21개소), 음폐수(15개소), 음식물류(5개소), 축산폐수(6개소) 순으로, 이들 처리시설은 지속적으로 증가하는 추세이다(표 9-55). 여기서 하수슬러지는 하수처리장의 혐기성 소화조를 의미한다. 가스화 시설의 처리용

표 9-55 유기성 폐자원 바이오가스화 시설현황 (단위: 개소)

연도	계	음식물류	음폐수	가축분뇨	하수슬러지	병합
2012	57	2	9	7	20	19
2013	61(9)	4(0)	12(1)	7(3)	20(0)	18(5)
2014	71(9)	5(0)	15(1)	6(2)	21(0)	24(6)

※ ( )는 민간시설

표 9-56 유기성 폐자원 바이오가스화 시설규모 (단위: 톤/일)

연도	계	음식물류	음폐수	가축분뇨	하수슬러지	병합
2012	44,197	298	1,831	720	25,195	16,153
2013	48,356	629	3,220	820	27,198	16,489
2014	50,201	889	3,618	720	27,430	17,544

표 9-57 유기성 폐자원 바이오가스화 현황 (단위: 천톤/년)

연도	계	음식물류	음폐수	가축분뇨	하수슬러지	병합
2012	13,594	83	443	146	7,412	5,510
2013	15,775	109	724	181	7,571	7,190
2014	15,838	168	867	143	7,325	7,335

※ 하수처리장 일부 시설은 소화조 투입량 계량화 곤란하여 전체 슬러지처리량 제출

량은 2014년 기준 50,201톤/일로, 하수슬러지(27,000톤/일) 규모가 가장 높으나 전년도에 비해 증가율은 음식물쓰레기 및 음폐수의 경우가 높다(표 9-56). 처리실적은 2014년도 기준 15,838천톤으로 증가율은 낮지만, 음식물 및 음폐수의 경우는 점차 확대되는 것을 볼 수 있다(표 9-57).

② 바이오가스 생산 및 활용현황

바이오가스 생산시설의 확대로 바이오가스 생산량은 해마다 증가하고 있다(표 9-58). 2014년은 전년도에 비해 약 21%가 증가된 248,805천 m^3이었다. 생산된 바이오가스는 70.7%가 발전이나, 외부공급 또는 자체이용으로 이용되고 약 29.3%는 미활용 연소처리되는 것으로 나타났다.

표 9-58 바이오가스 생산 및 활용현황 (단위: 천m^3/년, %)

연도	생산량	활용량				미활용(연소처리)
		소계	용도별 이용량			
			발전	외부공급	자체이용	
2012	178,510 (100)	141,841 (79.5)	27,706 (15.5)	16,928 (9.5)	97,207 (54.5)	36,669 (20.5)
2013	205,435 (100)	158,550 (77.2)	27,925 (13.6)	27,211 (13.2)	103,414 (50.3)	46,885 (22.8)
2014	248,805 (100)	176,024 (70.7)	32,408 (13.0)	31,689 (12.7)	111,927 (45.0)	72,781 (29.3)

※ 계절적 · 기술적 원인으로 불규칙하게 발생하거나 잉여 바이오가스는 연소 등으로 처리

표 9-59 시설별 바이오가스 생산 및 이용량(2014) (단위: 천m^3/년, %)

구분	생산량	활용량				미활용(연소처리)
		소계	용도별 이용량			
			발전	외부공급	자체이용	
합계	**248,805 (100)**	**176,024 (70.7)**	**32,408**	**31,689**	**111,927**	**72,781 (29.3)**
음식물류	28,262 (100)	7,758 (27.5)	4,817	2,011	930	20,504 (72.5)
음폐수	43,759 (100)	26,541 (60.6)	6,195	6,194	14,152	17,218 (39.4)
가축분뇨	522 (100)	363 (69.5)	205	-	158	159 (30.5)
하수슬러지	77,093 (100)	63,293 (82.1)	8,826	3,255	51,212	13,800 (17.9)
병합	99,169 (100)	78,069 (78.7)	8,511	20,150	42,478	21,100 (21.3)

시설별 활용비율은 하수슬러지 바이오가스시설(82.1%)이 가장 높고, 음식물 바이오가스화 시설(27.5%)이 가장 낮았다(표 9-59). 특히 발전 및 외부공급량이 가장 높은 시설은 음폐수류 시설로 조사되었는데, 음식물 바이오가스화 시설의 경우 향후 활용비율이 높아질 것으로 전망하고 있다.

바이오가스 발전 및 가스판매량은 매년 증가하여 그 수입액도 상당한 증가를 보인다(표 9-60). 즉 바이오가스를 이용한 전기생산량은 2014년 기준 61,062 MW였고 전기판매에 따른 수입액은 3,477백만원이었다. 생산된 전기판매량은 19,920 MW, 자체사용량은 41,142 MW(평가액 7,181백만원)으로 총 10,658백만원 상당의 전기를 생산·이용한 것으로 나타났다.

표 9-60 바이오가스 발전 및 가스판매 현황

연도	바이오가스 발전 (총 25개소)				바이오가스 판매 (총 8개소)	
	발전량 (MW/년)	판매량 (MW/년)	수입액 (백만원/년)	자가사용 (MW/년)	판매량 (천m^3/년)	수입액 (백만원/년)
2012	41,263	14,087	2,435	27,176	16,326	3,359
2013	46,972	18,545	2,854	28,426	22,392	6,881
2014	61,062	19,920	3,477	41,142	23,070	6,931

이상의 유기성 폐자원의 에너지화 시설의 운영현황을 참고하여 단위 처리당 바이오가스 발생량을 비교분석한 결과(표 9-61) 전체 가스발생량은 15.7 m^3/톤으로 산정된다. 이중 음식물류는 168 m^3/톤으로 다른 폐자원에 비하여 매우 높고, 특히 음폐수만을 대상으로 한 경우보다 3.4배 이상 높은 값이다. 이는 음식물류 그 자체가 매우 중요한 바이오가스 원료로 음식물류에서

표 9-61 처리량 기준 단위 바이오가스 발생량(2014)

구분	처리량 (천톤/년)	가스생산량 (천m^3/년)	단위 가스발생량	
			m^3/톤	m^3/kg
합계	**15,838**	**248,805**	**15.7**	**0.016**
음식물류	168	28,262	168.2	0.168
음폐수	867	43,759	50.5	0.050
가축분뇨	143	522	3.7	0.004
하수슬러지	7,325	77,093	10.5	0.011
병합	7,335	99,169	13.5	0.014

음폐수의 분리 배출은 에너지 회수율 향상 차원에서 바람직하지 않다는 것을 의미한다. 하수슬러지의 경우는 비교적 낮은 값을 보이고 있고 가축분뇨는 고농도의 유기성 자원임에도 불구하고 단위 가스발생량은 3.7 m^3/톤(0.011 m^3/kg)에 지나지 않는다. 이는 앞선 ADEPT 공정에 의한 고성능 기술에 의한 운전결과인 9.1 m^3/톤(0.379 m^3/kg VS)에 비하면 현저히 낮은 값이다. 또 ADEPT 기술과 유사한 방식의 고성능 침출식(leaching phased) 바이오가스 생산기술을 음식물류에 적용할 경우 가스발생량은 1톤당 약 17 m^3 수소(H_2)가스와 200 m^3의 메탄(CH_4)가스를 동시에 생산할 수 있다(안영호, 2008).

하수슬러지를 포함하여 현재 대부분의 바이오가스 생산기술은 완전혼합형의 단순한 소화조 방식을 적용하고 있어 열악한 고액분리 등 유출수의 수질에도 악영향을 미치므로 일반적으로 후속 정화단계에서도 많은 문제가 야기된다. 이러한 결과는 고급 기술의 개발과 적용이 얼마나 중요한지 반증하는 결과라 할 것이다. 참고로 표 9-62는 국내에 도입 중인 외국의 바이오가스 생산기술을 정리하였고, 표 9-63에는 국내개발 기술현황을 요약하였다.

표 9-62 국내 도입 중인 바이오가스 기술현황 및 특징

기술명(기술보유국)	특징
LIPP GmbH (Germany)	단상, 일체형, 완전혼합형, 습식
WELTec (Germany)	단상, 일체형, 완전혼합형, 습식
DHM (Germany)	단상, 일체형, 완전혼합형, 습식
Biogas-Ost GmbH (Germany)	단상, 완전혼합형, 습식, 수중교반
NBO (Germany)	단상, 일체형, 병렬식 모듈
IRS (Germany)	단상, 수평형, 습식
BIOACE BG (Denmark)	습식
PAQUE B.V. (Netherland)	습식
BIMA (Japan)	고율 중온 습식
ScandGas (Sweden)	초음파가용화, 습식소화
EURO Biogas (Germany)	3중원통일체형, PIP(Pot-in-pot), 수중교반
Krieg &Fischer (Germany)	2상, 일체형
Dranco, OWS(Belgium)	단상, 건식

표 9-63 국내 바이오가스 생산기술 개발현황

기술명	특징	주요대상
SCB-M	단상, 일체형	가축분뇨, 매립가스
UBR	단상, 일체형	가축분뇨
Hybrid	단상, 혐기호기일체형	가축분뇨
HYCEM	단상, USB+AF	가축분뇨, 음폐수
DABS	2상, UASB	가축분뇨
ADEPT*	2상, 세정식 산발효+UASB	슬러리형 유기성 폐자원(하수슬러지, 가축분뇨)
ADLEPT*	2상, 침출식 산발효+UASB	고형상 유기성 폐자원(음식물쓰레기)
EUASB*	단상, UASB	액상 유기성 폐수

주) *안영호(2008).

참고문헌

- Ahn, Y.H., Bae, J.Y., Park, S.M., Min, K. (2004). Anaerobic digestion elutriated phased treatment (ADEPT) of piggery waste. Wat. Sci. Tech. 49(5-6), 181-189.
- Ahn, Y.H., Choi, H.C. (2004a). Municipal sludge treatment and disposal in South Korea: status and a new sustainable approach. Wat. Sci. Tech., 50(9), 245-253.
- Ahn, Y.H., Choi, J.D. (2004b). A new approach for resources recovery from municipal sludge. 10th World Congress on Anaerobic Digestion (AD-10), 30 Aug-2 Sept., Montreal, Canada.
- Ahn, Y.H., Min, K.S., Yun, Z. (2000). Enhancement of reactor performance and pelletization by reactor modification in UASB system. J. Environ. Sci. Health, A35(9), 1719-1733.
- Ahn, Y.H., Speece, R.E. (2006). Elutriated acid fermentation of municipal primary sludge. Water Research, 40(11), 2210-2220.
- Anon (2000). Working Document on Sludge. 3rd Draft. EU-Commission, Brussels, 27 April.
- AWWA (1998). 1998 Residential Water Use Survey, American Water Works Association, Denver, CO.
- AWWARF (1999). Residential End Uses of Water. American Water Works Association Research Foundation, Denver, CO.
- Choi, E., Park, H. and Park, W. (1995). Utilization of sewage sludge on agriculture. Korean J. Environ. Agric., 14(1), 158-167.
- Cities Turn Sewage Into 'Black Gold' For Local Farms (2013).
- Crites, R.W. and Tchobanoglous, G. (1998). Small and Decentralized Wastewater Management Systems. McGraw-Hill, New York.
- Environmental News Network (2003). (http://www.enn.com/news/2003-10-21/s-9612.asp)
- Fair, G.M., Geyer, J.C. (1964). Water Supply and Wastewater Disposal, John Wiley and Sons, N.Y.
- Henze, M., P. Harremoes, J. Jansen and E. Arvin (1997). Biological and Chemical Processes. 2nd eds., Springer-Verlag Berlin Heidelberg, p. 27.
- IWA (2010). International Statistics for Water Services 2010.
- Kim, M.I., Ahn, Y.H., Gomec, C.Y., Speece, R.E. (2001). Anaerobic digestion elutriated phased treatment (ADEPT): the role of pH and nutrient. Proc. of 9th World Congress on Anaerobic Digestion 2001, Antwerp, Belgium, 2-6 Sept., 1, 799-804.
- Korea Institute of Construction Technology (1991). Management of Municipal Wastewater

Treatment Plants. KICT 90-EC-111, Korea.

- K-water (2008). (http://water.nier.go.kr/front/waterEasy/knowledge02_02.jsp)
- Metcalf and Eddy Inc. (1981). Wastewater Engineering- Collection and Pumping of Wastewater. McGraw-Hill, New York, USA.
- Metcalf and Eddy Inc. (1991). Wastewater Engineering- Treatment, Disposal and Reuse. 3rd eds, McGraw-Hill, New York, USA.
- Metcalf and Eddy Inc. (2003). Wastewater Engineering- Treatment and Reuse. 4th eds, McGraw-Hill, New York, USA.
- Min, K., Kim, H., Hwang, S., Ahn, Y.H., Nam, K. and Seo, K. (1995). Sludge dewatering using electroosmotic belt press filter. Korean J. Waste Management. 12(5), 410-420.
- Nashashibi, M. and L.A. van Duijl (1995). Wastewater Characteristics in Palestine. Water Sci. Technol., 32, 65-75.
- Ozturk, I.T, Zambal, A., Smasunlu, and E. Göknel (1992). Environmental Impact Evaluation of Istanbul Wastewater Treatment and Marine Disposal System. Water Sci. Technol., 25, 85-92.
- Rue, K.T. (1994). Chemical Stabilization of Municipal Sludge using Lime. MS. Thesis, Korea University.
- Rue, K.T. and Choi, E. (1997). Estimated heavy metal distribution in unit processes of municipal wastewater treatment plants, a paper prepared for the presentation of Annual Meeting of KSWQ, Seoul, Korea.
- The Ministry of Environment (1995). The Soil Environment Conservation Act. Korea.
- The Seoul Municipality (1991). Master Plan for Improvement of Sewage Works. Korea.
- U.S.EPA (1983). Results of the Nationwide Urban Runoff Program, vol.1, Final Report, NTIS PB84-185552.
- U.S.EPA (1992, 1999). Environmental Regulations and Technology: Control of Pathogens and Vector Attraction in the Sewage Sludge. EPA/625/R-92/013, Washington, DC.
- U.S.EPA (1993). Manual-Combined Sewer Overflow Control. EPA/625/R-93/007.
- Steel, E.W. (1960). Water Supply and Sewerage, 4th eds., McGraw-Hill, Inc.
- Salvato (1992). Environmental Engineering and Sanitation, 4th eds., Wiley Interscience publishers, new York.
- 건설기술연구원 (1989). 주택단지 상수도 설계지표에 관한 연구.
- 국립환경연구원 (1990). 수질환경기준 달성 적정화 방안에 관한 연구(Ⅱ).

- 서울특별시 (2002). 하수도정비기본계획(변경) 보고서.
- 안영호 (2008). 고성능 혐기성 생물전환기술을 이용한 바이오 에너지 및 동력생산의 향상. 한국에너지관리공단 신재생에너지센터 연구보고서 (2006-N-BIO8-P-01).
- 안영호, 금동진 (2004). 도시하수관거시스템에서의 I/I 및 CSOs 발생특성. 대한토목학회논문집, 24(4B), 381-390.
- 일본하수도협회 (1994). 하수도시설계획.설계지침 및 해설.
- 최의소 (1996). 폐기물처리와 자원화, 청문각.
- 최의소 (2001). 상하수도공학, 청문각.
- 환경부 (2010). 상수도 시설기준.
- 환경부 (2011). 하수도 시설기준.
- 환경부 (2012). 12.1.1 해양배출 금지에 따른 하수슬러지 처리현황과 향후 정책방향.
- 환경부 (2014). 환경백서.
- 환경부 (2014). 2013 하수도통계.
- 환경부 (2014). 2013년도 공공하수처리시설운영관리실태 분석결과. 생활하수과.
- 환경부 (2015). 2013 상수도통계.
- 환경부 (2015). 2014년도 공공하수처리시설운영관리실태 분석결과. 생활하수과.
- 환경부 (2015). 2014년 유기성폐자원 에너지 활용시설 현황. 폐자원 에너지과.

"The Manufacture of Drain Pipe"
(Clay Pipe)

Source: The Manufacturer and Builder, April 1881, p. 82.

Chapter 10

수자원의 특성 및 취수시설

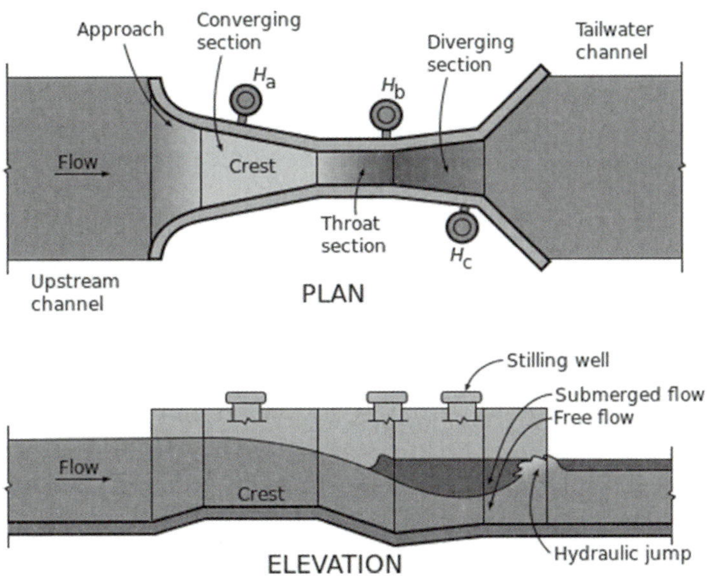

Diagram of a Parshall flume showing free flow and submerged flow operation(with optional inlet / outlet wing walls and stilling wells). A Parshall flume, the most recognized and commonly used flume today, is a fixed hydraulic structure developed to measure surface waters and irrigation flow. Beginning in 1915, Dr. Ralph Parshall of the U.S. Soil Conservation Service altered the subcritical Venturi flume include a drop in elevation through the throat of the flume. This created a transition from subcritical flow conditions to supercritical flow conditions through the throat of the flume.

Source: https://en.wikipedia.org/wiki/Parshall_flume#/media/File:Parshall_Flume.svg

10.1 물의 순환과 수질

지구상의 물은 수증기나 물, 얼음과 같이 그 모습을 달리하면서 끊임없이 하늘과 땅의 표면 및 지하, 그리고 바다를 순환한다(그림 10-1). 중요한 담수의 근원은 바다 표면에서 일어나는 증발(condensation)로, 전체 강수량 중 약 80%는 바다로, 나머지 20%는 육지에 내린다. 바다에서 증발된 양의 약 9%가 육지로 이동하며, 다시 강물이나 지하수 형태로 바다로 흘러가 전체적인 물의 균형이 이루어진다. 지구상의 물순환(hydrologic cycle) 기간은 해양에서 약 2500년, 빙하로 1600~9700년, 지하수로 1400년, 담수호에서 17년, 하천에서 16일, 대기에 8일 정도 머문다(Chin, 2000). 태양에너지를 원동력으로 하는 이러한 물의 이동은 공기, 물, 대기 사이에서 끊임없이 움직이는 동력학적 반응(dynamic process)이며, 그 순환과정에서 인류활동에 의해 만들어진 다양한 오염물질을 함유하게 된다. 즉, 다양한 물의 이동경로는 결과적으로 수자원의 질적 특성(water quality)을 결정하게 된다.

물의 이동경로와 수질특성은 지역적 특성에 크게 영향을 받는다. 즉, 도시환경(urban environment)에서는 침투(infiltration)보다 유출(runoff)이 지배적이며, 유출은 자동차(오일, 가솔린, 중금속 등)나 쓰레기와 관련된 물질이 자주 높은 농도로 포함된다. 반면에 농촌환경(agricultural

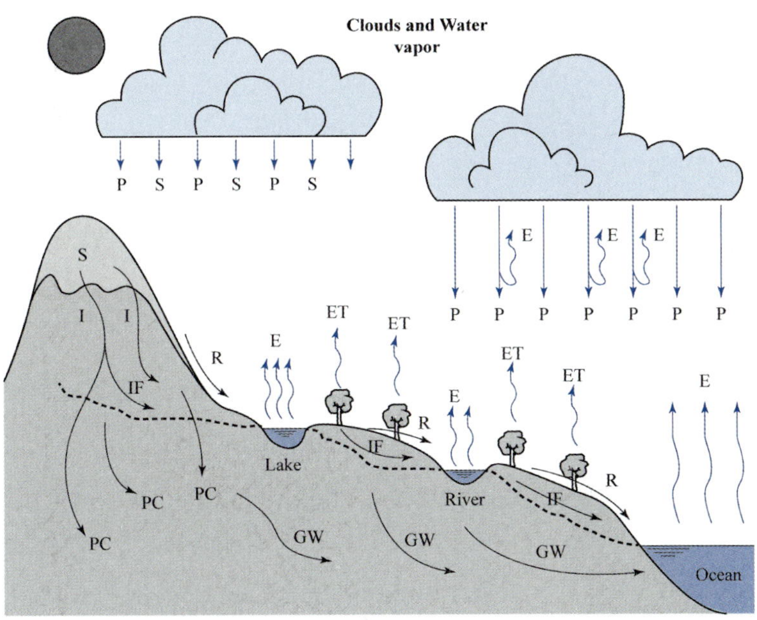

Where, E Evaporation ET Evapotranspiration GW Groundwater I Infiltration,
IF Interflow P Precipitation PC Percolation R Surface Runoff
S Snow

그림 10-1 물의 순환(Davis and Cornwell, 1991)

environment)에서는 유출과 침투 모두가 중요한데 그 이유는 두 경로 모두 영양물질(nutrients)이나 농약류(제초제, 살충제, 살균제 등) 및 가축폐기물(animal wastes) 등을 포함할 수 있고 또한 토양침식(erosion)에 의한 토양입자도 포함될 수 있다. 한편 고형폐기물 매립지(landfill site) 인근지역의 경우 매립이 완료된 매립지의 침출수 이동이 위생적으로 적절히 제어되지 않았다면 강수로 인한 침투에 의해 지하수오염을 일으킬 가능성이 높다.

10.2 수자원의 종류 및 특성

(1) 지구상의 수자원 부존량

지구상에 존재하는 물의 총량은 약 14억 km^3 정도로 지구 전체를 2.7 km 높이로 덮을 수 있는 양이며, 이중 2.53%에 불과한 담수(fresh water)는 지구 전체를 약 70 m 깊이로 덮을 수 있는 양에 해당한다(그림 10-2). 담수 중에 빙설 및 지하수를 제외한 사람이 손쉽게 사용할 수 있는 담수호의 물 또는 하천수는 전체 물의 0.01% 이하인 약 10만 km^3에 불과하다.

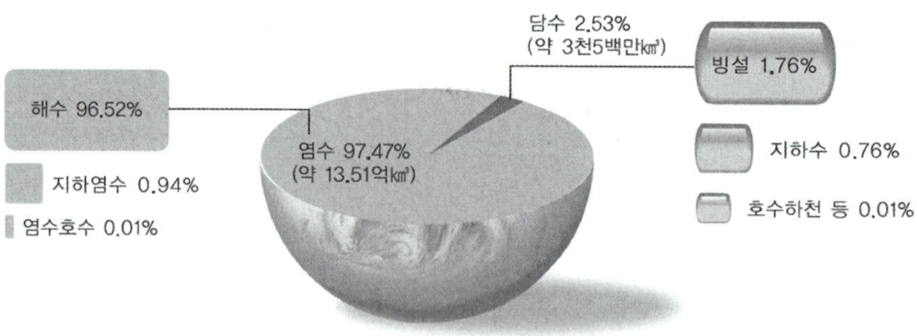

그림 10-2 지구상의 수자원 부존량(UN, 2003)

(2) 우리나라의 수자원 부존량 및 기상학적 특성

우리나라의 연평균 수자원 부존량은 연평균 강수총량 1,297억 m^3의 58%에 해당하는 유출량으로 약 753억 m^3이다(그림 10-3). 이 중에서 홍수기인 6~9월의 유출량이 총 유출량의 74.4%를 차지하고 있고, 연유출량의 2/3 이상이 홍수기에 집중되어 있다.

표 10-1에는 연도별 수자원 총량 및 용수 이용현황이 나타나 있는데, 총량에 비해 이용수량은 1980년 이후 급격히 증가하다 1998년부터 안정된 추세를 보이고 있다. 2007년의 경우, 각종 용수로 사용된 양은 333억 m^3으로 이 양은 연평균 강수총량의 25.7%, 유출량의 44.2%에 해당된

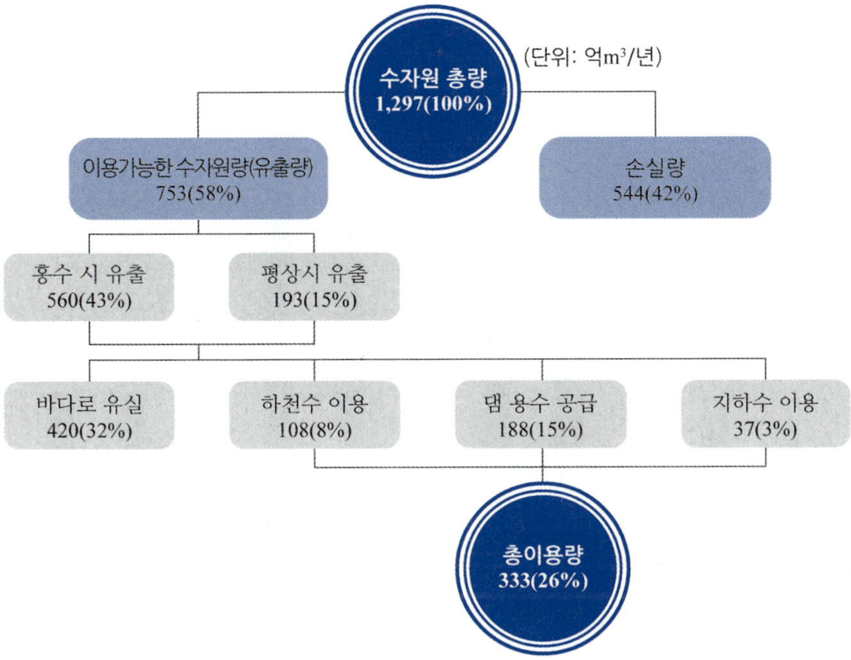

그림 10-3 **한국의 수자원 이용현황(국토해양부, 2011)**

다. 용도별로 살펴보면 농업용수가 총 용수이용량의 47%로 가장 많고, 생활용수가 23%, 공업용수는 8%로 나타났다. 한편 하천의 흐름을 유지하고 물고기 등 생물이 서식할 수 있도록 하천 기능을 유지하게 하는 유지용수는 총 용수이용량의 22%였다. 2007년에 연간용수수요 333억 m^3에 대해 댐은 전체 공급량의 57%로 우리나라 물 공급의 절반 이상을 차지하고 있음을 알 수 있다. 자연상태 하천 취수량은 32% 정도였으며, 지하수 이용량은 11%를 차지하고 있다.

표 10-1 **연도별 수자원 총량 및 용수 이용현황(1980~2007)**

구분 \ 연도	1980년	1990년	1994년	1998년	2003년	2007년
수자원 총량	1,140	1,267	1,267	1,276	1,240	1,297
이용가능한 수자원량 (유출량)	662	697	697	731	723	753
총 이용량 *취수량(취수율)	153 128(19%)	249 213(31%)	301 237(34%)	331 260(36%)	337 262(36%)	333 255(34%)
생활용수	19	42	62	73	76	75
공업용수	7	24	26	29	26	21
농업용수	102	147	149	158	160	159
유지용수	25	36	64	71	75	78

주) 취수량은 유지용수 제외, 취수율은 하천유출량 대비 취수량

자료: 국토해양부(2011)

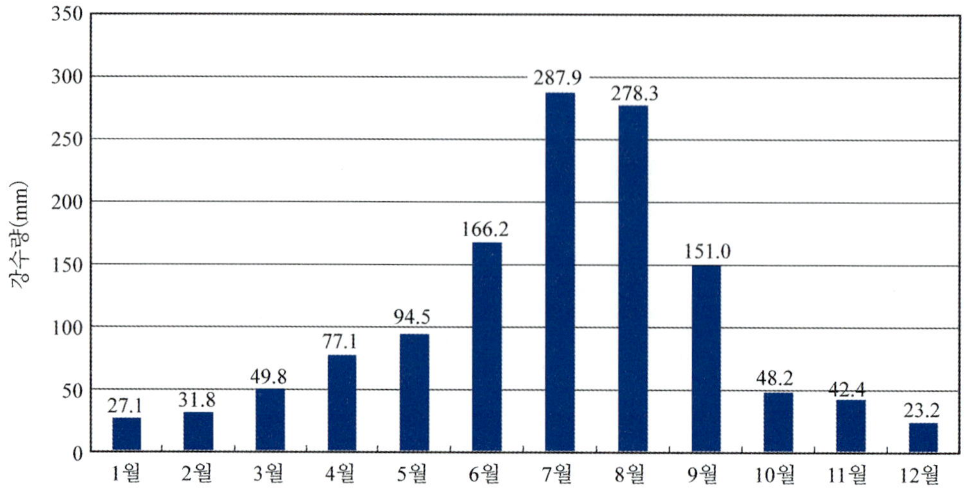

그림 10-4 **월별 강수량 분포(1978~2007)(국토해양부, 2011)**

1인당 이용가능한 수자원량(renewable water resources)은 국토면적에 떨어지는 연간 강수량 중 증발산 등의 손실을 제외한 유출량을 인구수로 나눈 값으로 정의된다. 이는 국가별 수자원 여건을 판단할 수 있는 일반적인 지표로 세계적으로 공식 인용되고 있다. 이에 따르면 우리나라는 1,453 m^3으로 세계 153개 국가 중 129위로 PAI 기준의 물 스트레스국(1,700 m^3 이하, 물부족 국가)으로 분류되어 있다(PAI, 2003). 이는 강수량은 풍부하나 좁은 국토에 많은 인구가 살고 있어 수자원여건이 아주 열악하다는 것을 의미하며(1인당 연강수총량은 연간 2,660 m^3로 세계 평균의 약 1/6), 실제로는 계절별 강수량의 편차가 심하여 홍수기에 이용하지 못하고 바다로 흘러가는 물이 많아 더 열악한 실정이다(표 10-2, 그림 10-4).

우리나라는 계절풍의 영향으로 우기와 건기가 뚜렷하며, 해양계절풍이 부는 4~9월의 우기에 연강수량의 85%가, 특히 6~8월에 연강수량의 50% 이상이 집중적으로 내림으로써 홍수에 의한 유실수량이 큰 특징이 있다. 여름과 가을에 내습하는 태풍은 단기간의 집중호우와 연속된 강우량이 많다. 강우량의 크기를 결정하는 요인은 저기압의 진로와 산맥의 배치관계이며, 우리나라의 다우지역은 한강 상류, 금강 상류, 영산강 상류 및 섬진강 하구 부근이고, 과우지역은 동북부지방과 낙동강 상류이다.

표 10-2 **주요국가별 강수량 및 1인당 강수량**

구분	한국	일본	미국	영국	중국	캐나다	세계평균
연평균 강수량(mm/년)	1,274	1,668	715	1,220	645	537	807
1인당 강수량(m^3/년)	2,660	4,932	22,560	4,736	4,607	155,486	16,427

주) 1인당 강수량(m^3/년) = 연평균강수량 × 국토면적 / 인구수
자료: 국토교통부(2012), 국토해양부(2011)

(3) 수원의 종류와 특성

수원은 크게 천수(meteoric water), 지표수(surface water) 및 지하수(groundwater)로 분류되며, 상수원관리규칙에서는 하천수, 호소수, 복류수, 지하수, 해수로 구분하고 있다. 지표수원은 다시 하천 표류수와 호소수로 세분되며 용존산소가 높고 수량이 풍부해 대규모 상수도의 수원으로 가장 많이 이용되고 있지만 오염원에 대한 세심한 관리가 필요하다. 지하수원은 표층지하수, 심층지하수로 구분되며, 복류수를 별도로 분류하고 있다. 또 도서지역에서는 해수담수화시설 확충으로 해수를 수원으로 이용하고 있다. 이외에도 지하수원만으로 수원이 부족한 지역에서는 하수처리장의 방류수를 처리하여 수원(재이용수)으로 이용하는 것도 고려대상이다. 천수는 빗물을 주로 하여 눈, 우박, 싸락눈을 포함한 강수를 총칭하는 것으로 수질이 깨끗하나 수량이 부족하므로 대규모 상수도의 수원으로는 부적합하지만 도서지방이나 강수가 많은 지역에서는 개별의 음용수원 정도로 이용할 수 있다.

수원의 종류는 정수방법을 결정하는 중요한 인자가 되며, 취수지점 선정과 함께 상수도 기반 시설의 전반적인 배치와 구조가 현저하게 달라질 수 있다. 일반적으로 수원의 후보지를 2~3개 선정하여 충분한 조사를 바탕으로 시설물을 설계하고, 경제성(소요 건설비와 유지비)을 종합적으로 검토하여 최적의 수원을 선정해야 한다. 수원은 최대 갈수 시에도 계획취수량의 확보가 가능해야 하며, 경제적인 물처리가 가능한 양호한 수질이어야 한다. 이러한 조건은 현재뿐만 아니라 장래에도 동일하게 충족되어야 한다. 특히 가뭄이나 홍수 등 기후변화에 대비하여 주변의 수원과 연계운전, 비상상수원 확보 등의 방법으로 수원의 다원화를 고려하여 계획취수량 확보가 가능하도록 하여야 한다.

수자원의 구비조건으로는 계획량을 확보할 수 있는 풍부한 수량, 현재뿐만 아니라 장래에도 수질오염 가능성이 없는 수원, 소비자와 가까운 곳에 위치할 것 그리고 에너지절감을 위해 자연유하식 취수 및 배수가 가능하도록 높은 곳 등으로 규정된다.

1) 하천수

하천수(river water)는 일반적으로 수량이 풍부하나 계절에 따라서 유량변화가 심한 것이 특징이다. 우리나라의 하천은 "동"에서 "서"로, "북"에서 "남"으로 흐르는 양상이며, 지형적 영향으로 동해안은 비교적 빈영양지역이 많다. 하천의 구배가 크고, 길이가 비교적 짧아 하천의 자정작용과 용존산소(DO)의 함량에 크게 영향을 받는다. 여름철 집중강우로 홍수 시와 갈수 시에 유량변화가 크고 갈수기에는 수질이 악화된다.

유역면적(북한 제외)과 연평균유출량을 기준으로 보면 한강이 가장 크고, 유로연장을 기준으로 보면 낙동강이 가장 길다(표 10-3). 10대 하천 중 유역 내 강수량이 가장 많은 곳은 섬진강(연

표 10-3 우리나라 하천의 특성

하천명	유역면적(km^2)	간선유로연장(km)	연평균유출량(억m^3)	연평균강수량(mm)	하천개소수(개)
한강	25,953(35,770)	494	174	1,260	699
낙동강	23,384	510	158	1,203	781
금강	9,912	398	78	1,271	468
섬진강	4,911	224	44	1,457	283
영산강	3,467	130	30	1,340	169
안성천	1,656	60	12	1,215	103
삽교천	1,649	59	12	1,227	98
만경강	1,527	77	12	1,282	70
형산강	1,140	62	7	1,157	30
동진강	1,136	51	8	1,242	87

주) 1. 연평균유출량 및 연평균강수량은 1978~2007 기준
2. ( )는 북한 지역을 포함한 한강의 유역면적임
자료: 국토교통부(2012)

표 10-4 우리나라 하천의 유량변동계수

하천명	유량변동계수	하천명	유량변동계수
한강	90(390)	도네강(일본)	115
낙동강	260(372)	세느강(프랑스)	34
금강	190(300)	라인강(독일)	18
섬진강	270(390)	나일강(이집트)	30
영산강	130(320)	미시시피강(미국)	3

주) 1. 하천 유량변동계수는 해당하천의 최대유량과 최소유량의 비로 표시됨
2. ( )는 댐에 의한 홍수 조절을 하기 전의 유량변동계수임
자료: 국토교통부(2011)

평균 1,457 mm)이며, 유역별 하천개소수는 낙동강(781개)이 가장 많다. 우리나라 하천은 연중 하천에 흐르는 수량 변동이 심해 하천의 물 이용 여건이 상대적으로 열악하다(표 10-4). 또 우리나라 하천유역에는 산지가 많아 홍수기에는 비가 내린 후 1~3일 이내에 상류의 물이 하구에 도달하는 특성이 있다.

하천수는 유역의 토질이나 유입 오·폐수 등의 정도에 따라 다르지만, 일반적으로 탁도(turbidity) 유발물질을 많이 포함하고 있으며 그 외 다양한 성분(SiO_2, Ca, Na, Mg, Na, K, Fe, HCO_3^-, SO_4, Cl, NO_3^- 등)을 포함한다. 호우 시나 고수위의 경우는 유수 중의 부유물과 세균수가 증가한다. 강우유출초기에는 지표의 오염물질이나 퇴적된 오염물질들을 유출시키므로 수질악화가 심하게 된다. 하천의 자정작용은 호소에 비하여 느리고 물의 흐름에 의하여 오염이 멀리까지 미치기 때문에 자정작용에는 장시간이 소요된다. 그러므로 오염원과 취수지점의 거리가 가까우면 오염의 영향을 직접 받게 된다. 일반적으로 우리나라의 하천수는 연수인 경우가

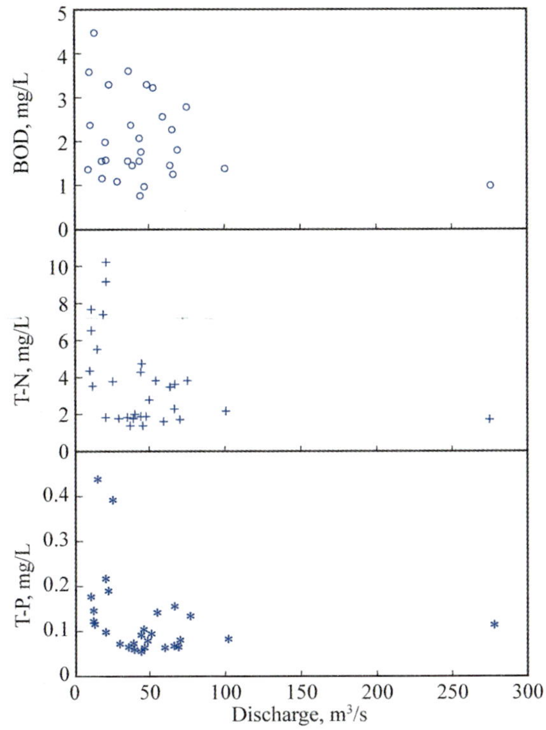

그림 10-5 **낙동강 본류(달성) 수질에 대한 상류댐 방류량의 영향(대구광역시, 1996).**

많으므로 침전과 여과에 의하여 용이하게 정화되는 경우가 많다.

하천수와 같은 지표수의 수질은 대부분 외적인 요인(토지이용, 오·폐수유입 등)에 영향을 크게 받으므로 수질이 불량할 가능성이 높다. 우리나라의 하천수 대표수질을 정의하기는 어려우나 하천수를 수원으로 사용하는 정수장 원수의 경우 pH 7~7.7, 탁도 0.3~5.2, TS 49~293 mg/L, 경도 22~100 mg/L, 황산이온(SO_4^{2-}) 6~110 mg/L, 알루미늄이온(Al^{3+}) 0.1~0.7 mg/L, 과망간산칼륨($KMnO_4$) 소비량 1.8~8.3 mg/L 등으로 나타난다(국립환경연구원, 1995).

하천의 상류에 위치한 댐의 방류량이 하천의 수질에 미치는 영향에 대한 예는 그림 10-5에 나타나 있다. 대체로 방류량이 감소할수록 유기물질 및 질소·인의 농도는 모두 증가하는 경향을 보이고 있으며, 특히 BOD의 경우는 다소 분산된 양상을 보인다. 그러나 하천수의 수질(유기물질 및 염양염류)은 댐 방류량을 크게 증가시켜도 크게 낮아지지 않는 것을 알 수 있다(대구광역시, 1996).

2) 호소수

호소는 호수(lake)와 늪(marsh, swamp)을 통틀어 가리키는 말로, 자연적으로 형성된 호수와 인공적인 댐, 저수지 등이 있다. 인공적인 댐도 그 성질이 호소와 유사하므로 이 범주에 포함한다.

호소수(lakes and marshes)는 물의 순환에 따라 지하수와 하천수의 유입으로 형성되는데, 정체된 수역공간으로 대부분 폐쇄성 또는 준폐쇄성 수역공간이라는 구조적 특성 때문에 하천에 비해 체류시간이 길고 수심이 깊어 자체정화 능력이 떨어져 영양염류의 축적이 용이하다. 따라서 일단 오염이 되면 부영양화(eutrophication) 등 2차 오염이 유발될 잠재성이 크다는 특성을 지니고 있다.

호소에 있어서 오염물질의 확산은 연안 가까운 부분에 제한적으로 일어나고 하천수의 유입과 바람에 의한 흐름에 의해 호소의 중심까지 확산이 일어난다. 일반적으로 호소의 수질은 하천수의 수질보다 양호하며 호소수의 유량변화는 하천수처럼 현저하지는 않다. 조류 등 부유생물이 수중의 세균을 감소시키고 유기물을 흡수 분해하여 물에 산소를 공급하나 물에 냄새, 색깔을 띠거나 여과지의 폐색 등 정수기능에 장애를 일으키는 경우가 있다. 또 식물성 플랑크톤의 증식에 따라 부영양화 현상이 자주 발생하는데, 효과적인 제어를 위해서는 유입되는 영양염류의 차단이 필요하다. 계절 변화에 따른 물의 밀도차로 인해 성층현상(stratification)이 발생하는데, 이는 상하층 간에 수온과 용존산소의 교란으로 이어져 그 결과 망간 용출과 용존산소 고갈과 같은 수질 문제를 야기할 수 있다(그림 10-6).

유기물질, 영양소(질소, 인) 또는 퇴적물 등의 주요 오염물질이 호소로 유입되면 이를 상수원으로 사용한 수돗물에는 맛과 냄새, 색도, 탁도 및 소독부산물(trihalomethane, THM 등)이 증가할 수 있다(표 10-5). 호소로 유입된 유기물질은 심층부의 용존산소를 고갈시키며 또한 퇴적층에 퇴적될 경우 이러한 현상은 가속화된다. 용존산소가 고갈된 심층부에서는 산소가 없는 무산소(anoxic)상태가 형성되고 그 결과 철과 망간, 인 등이 용출되어 상부에 위치한 조류의 성장을

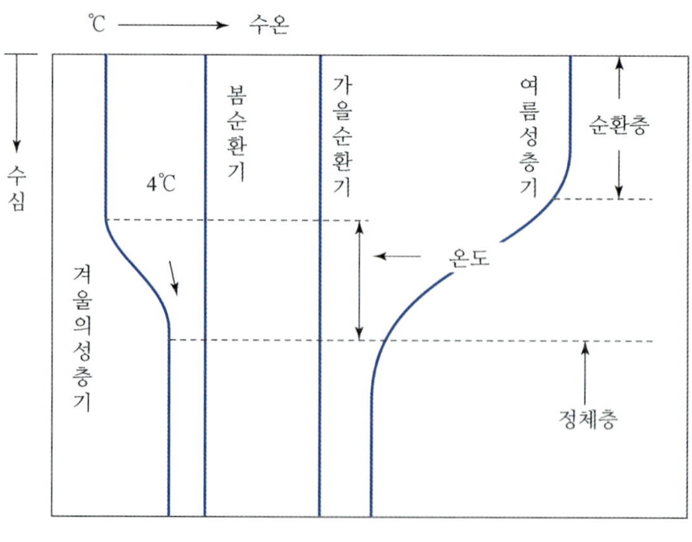

그림 10-6 **호소수온의 수직분포(환경부, 2011)**

표 10-5 **호소수를 상수원으로 사용할 경우 발생하는 수질문제와 그 주요 원인**

문제점	원인
맛과 냄새	영양소와 유기물질의 과부하에 의해 남조류가 성장하여 geosmin, 2-MIB 등 취기물질을 분비하며 수심이 깊은 곳은 DO가 낮아져서 혐기성 상태로 맛과 냄새를 유발시킨다.
색도	수심이 깊은 곳에 유기물부하가 증가되어 용존산소가 고갈되며 이때 철과 망간이 용출된다. 천연유기물 중의 humic substances 등이 갈색을 나타낸다.
THM과 기타 소독부산물의 생성	유기물의 과부하에 따른 조류, 수초 및 유기물이 다량 함유된 퇴적물로부터 발생하는 유기물질이 소독제와 접촉하여 생성된다.
탁도	퇴적물의 증가에 따라 호소의 깊이가 감소되며 수면의 침식에 의해 유발된다.

출처: Cooke, G. D., and Carlson R, E., 1988.

촉진시키며, 색도를 발생하게 된다. 조류가 대량으로 발생하게 되면 정수처리 과정에서 여과장치의 기능이 저하되는 등 용수이용에 장애를 초래하고, 호소 내 산소고갈로 인해 어·패류 질식사 등의 피해가 나타나게 된다. 여름철에 주로 발생하는 남세균(cyanobacteria) 일부는 독소를 생성, 건강상 피해를 유발할 가능성이 있다. 표 10-6은 남세균의 대번성으로 인해 인체에 독성 영향을 끼친 사례를 정리한 것이다.

퇴적물이 발생함에 따라 호소의 수심이 점차 얕게 변화하고 이는 수초의 성장을 가속화하며 동시에 하부의 썩은 수초는 소독부산물의 전구물질이 되는 천연유기물질(NOMs, natural organic matters)의 농도를 증가시키게 된다. 우리나라는 하천의 상류에 호수가 많기 때문에 지하수를 주로 사용하는 외국과는 달리 수원에 분자량이 큰 NOMs이 높게 포함될 가능성이 높다. 일반적으로 대표적인 NOMs 원인 물질인 부식토(humus)는 700~300,000 가량의 분자량을 가진다. 조류(algae)의 성장은 수온이 높고 빛이 있으며, 영양소(질소, 인, 철 및 미량 영양소)가 충분할 때 주로 발생한다. 일부 조류는 THM 전구물질을 생산하고 맛과 냄새 및 소화기계통의 장애(gastrointestinal distress)를 주는 독성물질을 배출하기도 하며, 또한 정수장에서 여과지의 폐쇄를 야기시키기도 한다. 뿐만 아니라 사멸된 조류는 침전 및 토사와의 2차응집현상과 용존산소의 고갈을 가속화시키는 등 안정된 상수원 확보에 주요 장애요인이 되고 있다.

우리나라는 자연적인 호수는 거의 없고 주로 수자원 확보를 위해 만든 인공적으로 조성된 댐과 저수지가 대부분이다. 일반적으로 영양물질의 농도가 다른 나라보다 높으며, 상류는 인(P), 하류는 탈질(N)이 제한 요소이다. 2014년을 기준(건설 중인 시설 포함)으로 우리나라의 댐 및 저수지 수는 총 17,735개소이며, 유효저수량은 다목적댐이 68.1%를 차지해 이를 제외한 나머지 타 저수용량의 2배에 달한다(표 10-7).

표 10-6 **Examples of human exposures to Cyanobacterial Harmful Algal Blooms (CyanoHABs) and toxins with associated health outcomes.**

Year	Location (source)	Cyanobacteria	Toxin	Health outcomes
Drinking water				
1931	USA, Ohio river	*Microcystis*	unknown	gastroenteritis, abdominal pain, vomiting
1960~1965	Zimbabwe, Harare	*Microcystis*	unknown	gastroenteritis
1975	USA, Pennsylvania	*Schizotrix, Lyngbya, Phormidium*	unknown	gastroenteritis
1979	Australia, Palm Island	*Cylindrospermopis*	CYN	gastroenteritis, liver, kidney and intestine damage
1981	Australia, Armidale	*Microcystis*	MC	liver damage
1972~1990	China	*Microcystis*	MC	primary liver cancer, deaths
1977~1996	China	*Microcystis*	MC	colorectal cancer, deaths
1988	Brazil, Itaparica dam	*Microcystis, Anabaena*	unknown	gastroenteritis, diarrhoea, deaths
1994	Sweden, Malmö	*Planktothrix*	MC	gastroenteritis, fevers, abdominal and muscular pain
Recreational/occupational water contact				
1959	Canada, Saskatchewan	*Microcystis, Anabaena circinalis*	unknown	headache, nausea, muscular pain, vomiting, diarrhoea
1980~1981	USA, Pennsylvania and Nevada	*Aphanizomenon, Anabaena*	unknown	eye and ear irritation, flu like symptoms
1989	UK, England, Stafordshire	*Microcystis*	MC	gastroenteritis, sore thorat, blistered mouth, vomiting, abdominal pain, fever, pulmonary consolidation, diarrhoea
1995	Australia	*Microcystis, Anabaena, Aphanizomenon, Nodularia*	unknown	gastroenteritis, flu like symptoms, blistered mouth, fever, eye and ear irritation, vomiting, diarrhoea
1996	UK	*Planktothrix*	MC	rashes, fever
1996~1998	Australia(coastal sea)	*Lyngbya*	unknown	contact dermatitis, eye and ear irritation, respiratory irritation
2002~2003	Finland	*Anabaena lemmermannii*	STX	fever, eye irritation, abdominal pain, rashes
Haemodialysis				
1974	USA, Washington	unknown	LPS	fever, myalgia, chills, vomiting
1996	Brazil, Caruaru	unknown	MC, CYN	visual disturbance, tinitus, nausea, vomiting, liver damage, deaths
2001	Brazil, Rio de Janeiro	*Anabaena, Microcystis*	MC	visual disturbance, tinitus, nausea, vomiting, liver damage

Note) Abbreviations: MC - microcystin, CYN - cylindrospermopsin, STX - saxitoxin, LPS - lipopolysaccharides, "unknown" - toxin unknown. (Compiled from Chorus 2001; Codd *et al.* 2005; Bláhal *et al.* 2009).

표 10-7 **우리나라의 댐 및 저수지의 유효 저수량(국토해양부, 2011).**

구분	합계	다목적댐	생공용수댐	수력발전댐	농업용수댐
개소	17,735	20	54	12	17,649
유효저수량[주](백만 m^3)	13,375.1	9,111.0	536.3	957.8	2,770
		68.1%	4.0%	7.2%	20.7%

주) 1. 유효저수용량은 이수목적으로 활용되는 저수로서 저수위에서 상시만수위까지의 저수용량
2. 울릉도를 제외한 전국의 댐 시설 및 저수지(기본계획고시된 계획시설 포함) 개수

3) 지하수

지하수(groundwater)는 빗물, 지표수가 지층을 통과하여 대수층에 저장된 형태로, 얕은 지층수(천층수, 비피압 지하수, unconfined aquifer), 깊은 지층수(심층수, 피압 지하수, confined aquifer), 용천수(spring water) 그리고 복류수(infiltration gallery)로 구분된다. 때로는 얕은 지층수와 깊은 지층수를 지하수라고 칭하기도 한다.

지하수는 중요한 수자원의 공급원으로 지표수에 비해 수질이 일반적으로 양호하며, 주로 수권문제가 야기될 수 있어 대규모 급수용으로 사용치 않는다. 무기질이 풍부하며, 경도가 높고 수온변화가 적은 특징이 있다. 또 토양의 여과작용으로 미생물이 거의 없으며, 저탁도를 유지하나 흐름이 완만하여 오염이 진행되면 지하수의 회복은 장시간이 요구된다.

하천이나 호소 또는 연안부의 모래 · 자갈층에 함유되어 있는 물을 복류수라고 한다(강변여과수의 경우도 복류수와 유사한 특성을 가진다). 복류수의 수질은 그 원류(하천, 호소)의 수질, 자연여과능, 지층의 토질이나 그 두께 그리고 원류의 거리 등에 따라 변화한다. 대체로 양호한 수질을 얻을 수 있어서 그대로 수원으로 사용되거나, 정수공정에서 침전지를 생략하는 경우도 있다. 그러나 취수량이 많아지면 자연여과효과가 충분하지 않아 수질이 탁하게 될 수 있다.

우물은 보통 불투수층 이내 정도까지 깊이의 것을 얕은 우물(천층수), 그리고 그 이하 깊이의 것을 깊은 우물(심층수)이라고 한다. 물이 토양층을 침투할 때 대기 중이나 지표에 포함된 미생물, 먼지, 매연, 세균류, 유기물 등은 대부분 지층에 의하여 물리적으로 제거된다. 지층의 상부에서는 유기질이 토양 중의 세균에 의하여 분해되어 탄산가스, 물 및 암모니아화합물 등으로 변화한다. 이와 같은 정화작용을 통하여 지하수가 지중으로 침투되고, 또한 지층에서 유기물질이 분해되면 탄산수소염과 유리탄산으로 되므로 지표면에서 유기물질에 오염된 지하수 중에는 유리탄산이 많은 경우가 있다. 부식토가 많은 지역에서는 부식질이 용해되어 물에 색깔을 띠게 된다. 무기질이 물에 용해되는 순서는 암석 중의 염화물이 먼저 용해되고 다음으로 알칼리금속의 황산염, 칼슘 및 마그네슘, 탄산염, 철 및 망간화합물 그리고 마지막으로 난용해성인 규산염이다. 이와 같이 지하수는 지층 내의 정화작용에 의하여 거의 무균상태인 양질의 물이 되나 얕은

우물에서는 정화작용이 불완전한 경우가 있으며, 특히 주택이나 산업시설 부근으로 오·폐수의 침투가 쉬운 곳은 효과적인 자연정화작용을 기대할 수 없고 총 대장균군이 검출될 수 있다. 깊은 우물은 수온도 연간 거의 일정하고 물의 성분도 많은 변화가 없으며 양질이지만, 보통 경도가 높은 경우가 많으며, 깊은 층에서는 산소가 부족하여 황산염이 황화수소(H_2S)로, 질산이 암모니아(NH_3)로 환원되는 등 환원작용을 일으키는 경우도 있다.

용천수는 지하수가 종종 자연적으로 지표로 분출되는 것으로 그 성질도 지하수와 비슷하다. 그러나 용천수는 얕은 층의 물이 솟아 나오는 경우가 많으므로 수질이 불량한 경우도 있다. 바위틈이나 석회암층으로 흘러나오는 물은 토양의 정화작용 없이 그대로 흘러나올 가능성이 있으므로 주의할 필요가 있다. 용천수의 수원이 깊은지 얕은지의 판단은 간단한 수온측정으로 판단할 수 있으며, 기온변화에 따라 수온이 변화하는 경우는 얕은 수원으로 볼 수 있다.

우리나라 지하수 유효부존량은 약 1조5,450억 m^3으로 연평균 강수총량의 12배 정도에 해당한다. 그러나 우리나라의 연간 개발가능한 지하수량(2013년 기준)은 128.2억 m^3/년으로 지역별로 강원(22.3억 m^3/년), 경북(20.9억 m^3/년) 등의 순이다. 지하수 이용시설은 매년 증가하여 2013년 말 기준으로 150.6만공, 전체 이용량은 2013년 말 기준으로 약 40.7억 m^3/년이었으며, 용도는 농·어업용수(50.7%), 생활용수(44.3%), 공업용수(4.2%) 순이었다(표 10-8).

표 10-8 우리나라의 지하수 이용량 (단위: 백만m^3/년)

구분	2001	2002	2003	2004	2005	2006	2007	2008	2009	2010	2011	2012	2013
개소수(천공)	1,110	1,195	1,228	1,234	1,270	1,304	1,322	1,345	1,364	1,381	1,447	1,475	1,506
이용량 (백만m^3/년)	3,210	3,468	3,749	3,678	3,717	3,749	3,725	3,784	3,807	3,807	3,907	3,990	4,071

(단위: 백만m^3/년)

구분	계	경기	강원	충북	충남	전북	전남	경북	경남	제주	특·광역시
개발가능량 (백만m^3/년)	12,821	1,283	2,228	868	984	1,066	1,663	2,085	1,306	660주)	678
이용량 (백만m^3/년)	4,071	566	218	414	496	416	580	524	367	202	288
비율(%)	31.8	44.1	9.8	47.7	50.4	39.0	34.9	25.1	28.1	30.7	42.5

주) 제주도는 730백만m^3/년(수리수문 기준), 660백만m^3/년(행정정책 기준)으로 구분하고 있음
자료: 국토해양부(2011)

지하수의 수질은 토양이나 암석 등 지질학적 특성과 매우 밀접한 관계가 있으며, 또한 인근 지역의 오염원 분포와도 상관성이 높다(한정상, 1983). 석회석이 많은 퇴적암층(sedimentary rock)에서는 Ca, Mg 및 F, 특히 총 용존고형물(TDS, total dissolved solids) 등이 높게 나타나는 특성이 있다. 화강암(igneous rock) 지역에서는 규산염(SiO_2)의 농도가 높으나 대체로 수질은

양호한 편이다. 우리나라의 남동해안 및 제주도의 화산암은 경도(hardness)가 낮으며 수질이 양호한 특징이 있다. 충적층(alluvium)의 경우에는 규산염과 Ca, mg이 높게 나타나는데 한강수계의 경우가 대표적이다.

지하수 수질은 사용용도에 대비하여 특히 유기화학물질과 질산성질소(NO_3-N)에 대한 철저한 관리가 필요한데, 대도시의 경우 특히 오염의 가능성이 높게 나타난다. 서울시의 경우 대부분 지하수는 오염된 상태로 나타났는데, 질산성질소(> 5 mg/L)와 유기화학물질이 검출된 곳은 전체 63개 조사대상 지점 중 각각 35%와 44%였다(농업진흥공사 서울지하수 사무소, 1995).

우리나라에는 일명 약수터가 많은데, 약수는 광천(즉, 광물성물질 등이 함유되어 땅속에서 솟아나는 샘) 중에서 인체에 유익한 물질이 녹아 있어서 먹거나 몸을 담그거나 하면 약효가 있는 샘물로 이는 현행 먹는물관리법령에 준한다. 예를 들어 경북 달기약수의 경우 Ca, Mg, Na 및 HCO_3^-성분이 높으며, 충북 초정약수의 경우 Ca, Mg 및 Cl^- 성분이 비교적 높은 특성이 있다. 강원도의 경우 성산약수는 Mg, Fe, Al 및 SO_4^{2-} 등의 성분이 높고, 오색약수의 경우 특히 Fe, 탄산 성분이 높게 나타나는 특징이 있다.

4) 대체수자원

대체수자원이란 하천수, 저수지 등 일반적으로 쉽게 이용이 가능하거나 주로 사용되고 있는 수자원 이외에 수자원의 확보가 곤란한 도서해안 및 산간지역에서의 수원의 확보 및 물이용의 효율증대 및 특수목적 등을 위하여 개발되는 수자원으로서, 우리나라에서는 주로 해수담수화, 지하수 댐, 중수도, 빗물이용, 인공강우, 녹색댐, 강변여과, 해양심층수 등이 대표적이다.

① 해수

해수(sea water)는 해역에 존재하는 해수가 침투하여 지하에 존재하는 물을 말하며, 주로 섬 지역에서는 해수를 담수화하여 상수원으로 사용하고 있다. 장래에는 연안지역, 특히 담수수원이 부족한 지역에서 해수가 중요 상수원으로 활용될 여지가 있다. 해수담수화(seawater desalination)란 원래 바닷물에서 염분을 제거하여 먹는물로 만드는 것을 의미하나 오늘날에는 다양한 기술을 사용하여 해수 또는 염분수(brackish water)로부터 염분 및 기타 성분을 제거하는 것으로 의미가 확대되고 있다. 담수화 방법은 크게 증발법(distillation)과 막여과법(membrane filtration)으로 구분된다.

우리나라에는 2013년 기준 83개의 시설(용량 6,371 m^3/일)이 운영 중인데(표 10－9), 중대형 규모로는 급수용(45천 m^3/일) 부산기장 해수담수화시설(2011～2014)과 공업용수용(30천 m^3/일) 포스코 광양제철소 해수담수화시설(2013～2014)이 최근 완공되었다.

표 10-9 우리나라 해수담수화시설 현황

구분		지역별									비고
		계	인천	경기	충남	전북	전남	경북	경남	제주	
시설수 (개소)	계	101	3	3	23	7	53	1	7	4	
	가동	83	1	3	22	6	44	1	3	3	
	미가동	18	2	-	1	1	9	-	4	1	
용량 (m^3/일)	계	8,271	340	390	815	470	3,325	56	150	2,725	
	가동	6,371	40	390	765	420	2,885	56	90	1,725	
	미가동	1,900	300	-	50	50	440	-	60	1,000	

주) K-water는 도서지역 물문제 해결을 위해 지난 2004년부터 전국 8개 지자체 21개 시설(Q=1,815m^3/일)을 수탁 운영 중.
자료: K-water(2012)

전 세계 가동 중인 해수담수화 플랜트는 약 15,000개소(시설용량 7,480만 m^3/일)로 시장규모는 2012년 39억$ 규모에서 2018년 152억$ 규모로 성장을 예상하고 있다(GWI/IDA, 2015). 최근 에너지 저감기술을 적용한 고성능 막개발과 함께 시설의 대형화를 통해 경제성이 향상되고 있다. 지난 20년간 해수담수화 시설의 m^3당 생산단가는 10 $US에서 0.76 $US로 급격히 하락하고 있고(GWI 2011), 최저운영비 역시(생산원가 0.36 $US, 공급단가 0.45 $US) 유사한 추세를 보이고 있다(IDA, 2013).

② 중수

중수도(reclamation water)란 오수를 다시 처리하여 생활용수나 공업용수 등으로 재이용하는 시설을 말한다. 전국의 중수도 시설(2013년 말)은 431개소(일처리능력 1,266천 m^3)로 연간 313백만 m^3이 재이용되고 있다(표 10-10, 10-11). 현행 수도법에서는 건축 연면적 6만 m^2 이상의 시설물에 대해 설치를 의무화하고 있으나, 경제성(시설의 설치비와 수도요금과의 상대적인 차이 등) 문제로 아직까지는 대규모 물사용처에 국한되는 경향이 있다(환경부, 2013).

표 10-10 연도별 중수도 이용현황

연도	건축물 수(개소)	시설용량(m^3/일)	이용량(m^3/일)
2008	241	595,098	309,134
2009	271	2,200,029	574,583
2010	299	2,429,331	793,067
2011	357	1,337,622	901,875
2012	364	1,230,272	889,463
2013	431	1,266,351	858,649

자료: 환경부(2013)

표 10-11 **지역별 중수도 이용 현황(2013)**

지역(시·군·구)		전국	서울특별시	부산광역시	대구광역시	인천광역시	광주광역시	대전광역시	울산광역시	세종특별자치시
건축물 수		431	96	20	12	10	9	10	3	1
시설 현황	처리용량(m^3/일)	1,266,351	23,229	6,448	7,214	24,720	2,244	5,188	4,805	4,000
	이용량(m^3/일)	858,649	11,580	3,301	4,042	11,067	1,484	1,381	4,256	3,000

지역(시·군·구)		경기도	강원도	충청북도	충청남도	전라북도	전라남도	경상북도	경상남도	제주도	K-water
건축물 수		98	12	6	21	8	11	58	23	10	23
시설 현황	처리용량(m^3/일)	131,314	11,230	10,254	225,005	35,652	72,780	166,394	10,796	1,917	523,161
	이용량(m^3/일)	43,037	2,421	6,367	198,919	24,186	64,541	125,738	3,309	1,233	348,787

자료: 환경부(2013)

③ 빗물

강수(precipitation)를 총칭하는 것으로 천수(meteoric water)라고 하지만 용수로서 사용은 주로 빗물(rain water)을 말한다. 빗물은 천연의 증류수로 순수에 가까워 그 자체로서도 수원으로 사용할 수 있으며, 빗물에 함유된 불순물은 비의 응결핵인 미세한 부유물질 외에 해수의 증발과정에서 휘발된 미량의 염화물(Ca^{2+}, Mg^{2+}, Na^{+}, K^{+}, SO_4^{2-}, Cl^{-} 등)이 있다. 이 밖에도 지상에 이르기까지 여러 가지 물질을 동반하게 된다. 즉 대기 중에서 산소, 탄산가스의 용해 외에 대기 중에 부유하는 생물, 세균, 매연 및 먼지 등을 함유한다. 빗물은 강하하면서 이산화탄소(CO_2)의 포화반응(alkalinity 참고)으로 인해 pH는 약산성(5.6)을 띤다. 대도시의 대기층에서는 연소가스에 포함된 아황산(SOx)과 질산(NOx) 성분으로 인하여 산성비(acid rain)의 원인이 된다. 최근에는 원자핵 실험에 의한 핵분열 생성물(fission product)이 함유되는 경우도 있어서 문제가 되고 있다. 일반적으로 초기강우 시에는 불순물 함유량이 높을 수 있으나 일정시간이 경과하면 수질은 향상된다.

우리나라는 「국토의 계획 및 이용에 관한 법률」의 하위규정인 '도시계획시설의 결정·구조 및 설치기준에 관한 규칙'과 '도시공원 내 저류시설의 설치운영지침' 등에서 주로 도로, 공원, 광장 등 도시계획시설에 대한 빗물저류 및 침투시설의 기준과 운영을 규정하고 있다. 「자연재해대책법」에서는 우수유출저감대책을 수립하도록 되어 있고, 「물의 재이용 촉진 및 지원에 관한 법률」에서는 종합운동장, 체육관, 공공청사를 신축 시 빗물이용시설의 설치 및 운영을 규정하고 있다. 또 지방자치단체에서는 조례와 지침을 제정하여 빗물이용시설의 설치를 촉진하고 있다. 우리나라는 2014년 총 965개소(연간 사용량 9,204천 m^3)의 운영시설이 있다(표 10-12).

표 10-12 우리나라의 빗물이용 현황

구분	시설개소	집수면적(m^2)	저수조 용량(m^3)	연간사용량 (m^3/년)	용도
계	965	37,178,546	4,221,223	9,204,372	
서울특별시	456	695,114	137,491	154,474	공장, 아울렛, 아파트 등
부산광역시	6	126,501	6,697	75,630	-
대구광역시	32	97,151	6,666	4,029	학교, 아파트, 공장 등
인천광역시	5	34,360	1,678	16,160	체육시설, 매립지
광주광역시	17	18,222	994	3,319	컨벤션센터 등
대전광역시	10	29,436	1,002	1,517	월드컵경기장외 없음
울산광역시	1	7,681	448	3,720	실내수영장, 종합운동장
경기도	240	1,322,527	56,858	383,180	학교, 아파트, 공공건물
강원도	3	18,214	952	2,100	-
충청북도	3	33,988	462	1,388	문화체육센터
충청남도	24	37,892	12,887	166,934	-
전라북도	38	37,001	4,301	300	실내수영장, 월드컵경기장
전라남도	5	15,210	770	4,500	공공기관
경상북도	3	9,568	712	108,436	수영장
경상남도	86	226,728	5,727	54,047	아파트, 체육시설
제주도	36	34,468,954	3,983,579	8,224,639	호텔, 개인용 등

자료: 환경부(2014)

빗물이용은 평상 시에 수원의 보존이나 수리안전도의 향상과 함께 절수의식의 향상에 기여할 뿐만 아니라, 홍수 시 내수배제와 도시하천의 건천화 문제를 완화시킬 수 있다. 빗물이용 시설은 도시지역에 있어 홍수의 완충장치 역할과 부분적인 수자원 확보 수단이란 관점에서 선진외국에서는 이미 20년 전부터 도입하고 있다.

④ 강변여과수

강변여과수(river bank filtration)는 하천, 호소 또는 그 인근지역의 사력층을 통과한 물로 하천 표류수가 대수층을 통과하면서 여과되는 이점을 활용하는 것이다. 즉, 모래나 자갈의 공극을 통과하여 우물로 집수되면서 물리적 여과와 흡착이나 생화학적인 분해에 의해 용존 오염물질이나 병원성 세균이 제거되는 화학적·생물학적 여과방식을 이용한다. 따라서 비교적 양호하고 안정적인 수원을 제공하고, 정수처리 시 발생하는 슬러지 처리비용을 줄이는 장점이 있다. 현재 우리나라에는 총 10개의 운영시설(시설용량 350천 m^3)이 있는데(표 10-13), 대부분 하천유지용수로 활용하고 있다. 유럽에서 개발된 이 기술은 표 10-14에서 나타난 바와 같이 주로 라인강 인근 국가들이 주로 사용하고 있는데, 라인강의 특성은 항상 지하수 부존량이 높다는 점이다.

표 10-13 **우리나라 강변여과수 개발현황**

구분	지점	시설규모	비고
계		350,000 m³/일	
한강	용산 미8군(반포대교 하류고수부지)	10,000 m³/일(1970 준공)	운영중
낙동강	창원시 Ⅰ단계 확장사업 창원시 Ⅱ단계 확장사업 창원시 대산·북면 시범시설 함안군 김해시	60,000 m³/일(2006. 12 준공) 60,000 m³/일(2013. 2 준공) 20,000 m³/일(2001. 12 준공) 20,000 m³/일(2005. 5 준공) 180,000 m³/일	운영중 운영중 운영중 운영중 건설중
태화강	울산시	40,000 m³/일(2009. 6 준공)	하천유지용수
홍제천	서울시	68,000 m³/일(2008. 3 준공)	하천유지용수
탄천	서울시	7,000 m³/일(2005. 3 준공)	하천유지용수
남천	경산시	70,000 m³/일(2011. 12 준공)	하천유지용수

(환경부, 2014)

표 10-14 **해외 강변여과수 개발 현황**

구분	정수장	시설규모	비고
미국	루이빌 페인	• 시설용량 75,000m³/일	오하이오강의 원수를 하상여과(방사형)
	신시네티 볼튼	• 시설용량 136,000m³/일	마이애미강 상류(수직정)
독일	베를린시	• 시설용량 1,140,000m³/일 • 수직정 700개	Havel강, Grunewald지역 호수, Tegeler호, Muggel호 등
	Beelitzhof	• 시설용량 180,000m³/일 • 수직정 75개	Havel강 및 Grunewald지역 호수
	테겔	• 시설용량 260,000m³/일 • 수직정 130개	테겔호수의 물을 여과수로 취수 호수변 여과수 50~60일 체류
	뒤셀도르프	• 시설용량 357,600m³/일 • 수직정 70개, 방사형 18개	라인강 강변여과수(70~80%), 지하수(20~30%)
	라인정수장	• 시설용량 144,000m³/일 • 취수정 32개	라인강 강변여과수 인근 지하수 인공함양(취수정으로부터 6 km 지점)
	뮐하임 수도국	• 시설용량 244,000m³/일	루르강 표류수를 자연유하로 유입시켜 인공함양
	하겐	• 시설용량 65,000m³/일	루르강의 수위상승보에서 인공함양지로 유입하여 집수정에서 취수
네덜란드	워터넷	• 시설용량 250,000m³/일	라인강의 원수를 해안사구지로 송구하여 사구를 통하여 인공함양
스위스	하드호프	• 시설용량 150,000m³/일	리마트강
헝가리	체펠	• 시설용량 150,000m³/일 • 수평정 30개, 수직정 131개	도나우강
체코	카라니	• 시설용량 150,000m³/일 • 취수정 680개	이제라강
오스트리아	비엔나	• 시설용량 136,000m³/일	Spring water(평상시) 도나우강 강변여과수 및 하천 표류수(비상시)
프랑스	Le Pecq-Croissy	• 시설용량 320,000m³/일 • 지하수 취수정 44개소 • 인공함양저수지 15ha	세느강 원수를 인공함양 후 취수

(National Water Research Institure, 2002)

⑤ 해양심층수

해양심층수(deep ocean water)란 태양광이 도달하지 않는 수심 200 m 이하의 해수로서 수온이 연중 3℃ 이하인, 해양식물성장에 필수적인 영양염류와 미네랄이 풍부하고 유기물이나 병원균 등이 거의 없는 청정한 해양수자원을 말한다. 우리나라 동해는 약 2,800만 년 전에 해양심층수가 형성된 대양과 동일한 수괴구조의 특성을 가진 미니대양(ocean miniature)으로 표현되고 있으며, 약 100~300년에 걸쳐 반시계 방향으로 순환하며, 타 지역의 심층수에 비해 저온 안정성이 뚜렷한 특성이 있다. 우리나라는 2005년 12월(해양수산부 해양심층수연구센터) 본격적인 연구를 시작, 2008년 해양심층수의 개발 및 관리에 관한 법률이 시행되었다. 현재 8개 해역(강원도, 경북 울릉도 등)이 취수해역으로 지정・관리되고, 6개 기업, 2개 공공기관(시설용량 1일 최대 32,100 m^3/일) 이 상업화를 추진하고 있다. 해양심층수는 음료・식품분야, 의료・레저・미용분야, 수산분야, 해양에너지 분야 및 농업분야 등에서 다양하게 연구가 진행 중이다. 향후 우리나라의 2018년 시장규모는 약 1조9,765억 원으로 추정하고 있다.

1980년대 이후 개발을 시작한 일본은 2007년 기준 16개(총용량 46,365 m^3/일) 시설이 운영중에 있으며, 2005년 기준 약 3,658억 엔(약 3조 원)의 시장을 형성하고 있다. 미국 하와이주립자연에너지연구소(NELHA)는 1981년부터 최근까지 6~8℃ 심층수(1일당 6,000~72,000톤)와 26~29℃의 표층수(1일당 8,600~14,700톤)를 이용하여 다양한 연구를 수행하고 해양생물, 농업, 에너지, 담수화 등의 이용에 대해서 연구하고 있다.

10.3 취수시설

계획취수량은 계획 1일 최대급수량과 취수에서부터 정수처리할 때까지의 손실수량(누수, 작업용수 등)을 고려하여 정한다. 일반적으로 손실수량은 계획 1일 최대급수량의 10%로 하고 있다. 지하수가 상수원인 경우 간단히 소독만으로 급수할 때 손실수량은 거의 무시할 수 있다. 취수시설(water intake)은 수원의 종류에 따라 취수지점의 상황과 취수량의 대소 등을 고려하여 취수보, 취수탑, 취수문, 취수관거, 취수틀, 집수매거, 얕은 우물, 깊은 우물 중에서 가장 적절한 것을 선정한다.

(1) 표류수의 취수

취수시설은 안정적인 구조에 홍수 시나 갈수 시라도 수량을 안정적으로 취수할 수 있도록 해야 한다. 하천수나 호소수 및 댐물 등의 표류수를 수원으로 하는 취수시설에서는 「하천법」

제28조 및 제33조의 허가 공작물로 취급된다.

안정된 취수를 확보하기 위해서 수위·수량 측정 설비 외에 필요에 따라 수질감시설비(독성감시생물조, 정수처리에 필요한 수질항목 자동측정기, 조류번식예측설비 등)의 설치가 요구되며, 취수예정지점 및 그 주변에서는 유량 및 수위 등의 하천 상황, 하천정비기본계획 등, 이수상황(수리권 등), 지형 및 지질, 수질, 환경영향 등의 사항에 대하여 면밀한 조사가 필요하다. 특히 수질에 대해서는 강수량과 탁도의 관계, 연간 수질변화, 부영양화 및 성층현상, 오염원 및 부하량, 수질보전대책, 해당지점의 수질현황 및 장래예측 등이 포함된다.

취수지점의 선정기준은 다음과 같다.

- 계획취수량을 안정적으로 취수할 수 있어야 한다.
- 장래에도 양호한 수질을 확보할 수 있어야 한다.
- 구조상의 안정을 확보할 수 있어야 한다.
- 하천관리시설 또는 다른 공작물에 근접하지 않아야 한다.
- 하천개수계획을 실시함에 따라 취수에 지장이 생기지 않아야 한다.

① 하천수

취수예정지점에서 가능한 한 장기간에 걸친 하천수위 및 유량관측기록 등이 필요한데, 이때 고려되는 유량 및 수위의 정의는 다음과 같다.

- 홍수량, 홍수위: 해마다의 최대유량과 그 수위
- 풍수유량, 풍수위: 1년을 통하여 95일은 이보다 낮지 않은 수량과 수위
- 평수유량, 평수위: 1년을 통하여 185일은 이보다 낮지 않은 수량과 그 수위
- 저수유량, 저수위: 1년을 통하여 275일은 이보다 낮지 않은 수량과 그 수위
- 갈수유량, 갈수수위: 1년을 통하여 355일은 이보다 낮지 않은 수량과 그 수위
- 기왕의 최대홍수유량, 기왕의 최대홍수위: 기왕의 최대유량과 그 수위
- 기왕의 최대갈수유량, 기왕의 최대갈수수위: 기왕의 최대갈수유량과 그 수위
- 기준갈수유량, 기준갈수수위: 수리사용허가, 하천종합개발계획 등에서 기준으로 되는 갈수유량과 그 수위를 말한다. 통상 과거 10년간 매년의 갈수유량 중 최소의 것과 그 수위(20년간에서는 제2위, 30년간에서는 제3위의 것)
- 계획고수유량, 계획고수위: 치수계획에서 대상으로 되는 홍수유량과 그 수위

취수시설의 설계취수위를 정할 때 기왕의 최대갈수수위를 기준으로 하고 계획고수유량 및

계획고수위는 취수시설의 안정계산, 구조물의 제원을 정할 때에 필요하다. 취수시설을 계획하고 설계할 때에는 유수에 의한 토사의 이동과 그 성질, 이에 관한 하상의 퇴적이나 세굴, 취수구로의 유입 토사량 등 역시 고려해야 한다. 이는 취수구 높이, 하도의 안정성, 침사지의 제원, 취수기능에 미치는 영향 등을 파악하기 위함이다. 취수지점은 수질과 시설의 안정성 외에도 얼음・바람 등의 영향이 적고, 동력원과 양수장의 위치를 충분히 고려하여야 한다.

하천수의 경우 강수에 의하여 하천 수량의 증가와 함께 탁도도 증가하게 되므로 강수량과 탁도와의 상관관계를 파악하는 것이 중요하다. 특히 과거의 최고 탁도나 그 지속시간 등 탁도의 변화 추세에 대한 정보가 필요하다. 하천수를 취수하기 위해서는 취수보, 취수관(intake pipe), 취수탑(intake tower), 취수문(intake gate) 등의 시설이 주로 이용된다.

취수보는 하천에 보를 쌓아올려서 계획수위를 확보함으로써 안정된 취수를 가능하도록 하기 위하여 하천을 횡단하여 만들어지는 시설이고, 인양식(lifting) 수문 또는 기복식(shutter) 수문 등으로 이루어진 보의 본체와 취수구로 이루어진다. 취수보는 비교적 대량으로 취수하는 경우, 농업용수 등의 다른 이수와 합동으로 취수하는 경우, 하천의 유황이 불안정한 경우, 개발이 진행되고 있는 하천 등으로 정확한 취수조정을 필요로 하는 경우 등에 적합하다. 보는 통상 하천수위를 조정하는 것이며 유량 조절을 위한 저류효과는 낮다. 취수보는 하상변화가 안정된 지점에서 하천의 직선부 지점에 유수소통의 지장이 없는 높이로 설치함을 원칙으로 한다.

취수탑은 탑모양의 구조물로 측벽에 만들어진 취수구에서 직접 탑 내로 취수하는 시설이다. 일반적으로 다단수문형식의 취수구를 적당히 배치한 철근콘크리트구조이다. 호소나 댐과 같이 특히 수심이 깊은 경우에 사용하는 경우 철골구조의 부자(float)식의 취수탑이 적당하다. 갈수시에도 일정 이상의 수심을 확보할 수 있으면, 취수탑은 연간의 수위변화가 크더라도 표류수 취수에 적합하고 또한 유지관리도 비교적 용이하다. 더욱이 제내지에의 도수는 자연유하 외에 펌프에 의하여 압송할 수 있기 때문에 제내지의 지형에 제약을 받지 않는 이점도 있다. 또 한랭지에서는 결빙 등에 의하여 취수가 곤란하게 되는 경우가 있으므로 탑의 설치위치나 취수구의 배치 등에 관하여 고려하고 유지관리에 유의해야 한다. 연간 최소수심이 2 m 이상으로 하천에 설치하는 경우에는 유심이 제방에 되도록 근접한 지점으로 한다.

취수문은 표류수를 취수하기 위하여 물가에 만들어지는 취수시설로서 취수문을 지나서 취수된 원수는 접속되는 터널 또는 관로 등에 의하여 도수된다. 일반적으로 각형 또는 말발굽형 등의 유입구에 취수량을 조정하기 위한 수문 또는 수위조절판(stop log)을 설치하고 그 전면에는 협잡물의 유입을 방지하기 위하여 스크린을 부착한다. 취수문은 수위 및 하상 등이 안정된 지점에서 중소량의 취수에 알맞고 유지관리도 비교적 용이하다. 일반적으로 취수문 개구면적은 관거면적의 1.5～2배이며, 스크린의 유속은 1 m/sec 정도이다.

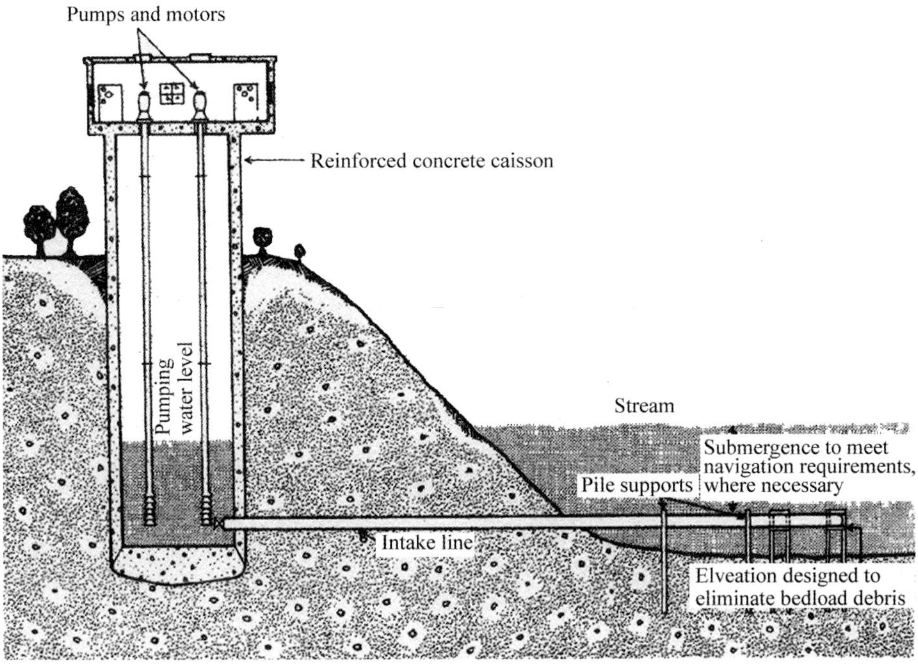

그림 10-7 **취수관거의 설치 예(Courtesy Yhe Ranney Company; McGhee, 1991)**

취수관거는 취수구를 제방법선에 직각으로 설치하고 직접관거 내로 표류수를 취수하여 자연유하로 제내지에 도수하는 시설이다. 유황이 안정되고 유량변화가 적은 하천에서의 취수에 알맞고 유지관리가 비교적 용이하다. 그러나 하상변동이 크고 유심이 불안정한 하천에서는 하천 상황의 영향을 받기 쉽고 취수구가 매몰되거나 세굴에 의한 관거 노출 등의 우려가 있다. 이 때문에 시설의 설치위치를 선정할 때에 유의해야 하며 하상 및 고수위부의 세굴방지에 관하여 적절하게 고려해야 한다. 그림 10-7에는 취수관거의 일례가 주어져 있다.

취수틀(intake cribs)은 하천이나 호소의 하부 수중에 매몰시켜 만드는 상자형 또는 원통형의 취수시설이다. 측벽에 만드는 다수의 개구에 의하여 취수하는 것으로 중소량의 취수용이다.

침사지는 원수와 동시에 유입된 모래를 침강, 제거하기 위한 시설로 취수구에 근접하여 제내지에 설치한다. 침사지의 형상이나 구조 및 지내의 유속은 침사효율의 양부에 영향을 미치며 나아가서는 펌프 등 각종 기기나 설비의 유지관리에 크게 영향을 미친다. 따라서 연간 하천유황에 따라 원수 중에 포함된 모래의 양, 입도분포, 밀도 등을 조사하여, 지의 형상, 치수 및 구조 등을 적절한 것으로 한다. 침사지의 구조는 다음 각 항에 따른다.

- 표면부하율은 200~500 mm/min을 표준으로 한다.
- 지내평균유속은 2~7 cm/s를 표준으로 한다.

• 지의 길이는 폭의 3~8배를 표준으로 한다.
• 지의 고수위는 계획취수량이 유입될 수 있도록 취수구의 계획최저수위 이하로 정한다.
• 지의 상단높이는 고수위보다 0.6~1 m의 여유고를 둔다.
• 지의 유효수심은 3~4 m를 표준으로 하고, 퇴사심도를 0.5~1 m로 한다.
• 바닥은 모래배출을 위하여 중앙에 배수로(pitt)를 설치하고, 길이방향에는 배수구로 향하여 1/100, 가로방향은 중앙배수로를 향하여 1/50 정도의 경사를 둔다.
• 한랭지에서 저온으로 지의 수면이 결빙되거나 강설로 수중에 눈얼음 등이 보이는 곳에서는 기능장애를 방지하기 위하여 지붕을 설치한다.

② 호소수

호소수를 수원으로 하는 경우 최대홍수위, 계획고수위, 수위변화와 호소수량과의 관계, 호소의 수심, 호소바닥의 상황 등에 대한 조사와 취수시설의 설치장소와 취수방법의 선정 등이 계획과 설계에 포함된다. 취수지점은 오염의 영향을 피하기 위해 호안에서 가능한 먼 지점을 선정하는데, 수면하 3~4 m(큰 호수의 경우 수면하 10 m 지점) 지점이 양호하다.

호소수 또는 댐물을 직접 취수하는 경우 성층현상 등에 의하여 수심에 따라 계절적으로 수질이 변동하며, 표층부근에 각종 미생물이나 조류가 발생한다거나 홍수 시에 탁도가 증가하며 수심에 따라 수온이 현저하게 다른 경우가 있으므로 양질의 물을 선택하여 취수할 수 있도록 깊이에 따른 취수구를 배치하는 것이 필요하다(그림 10-8). 그림 10-9와 10-10에는 저수지 및 호수 취수의 예가 나타나 있다.

호소나 댐은 생물의 사체나 토사의 퇴적 등에 의하여 질소, 인 등 영양염류가 축적되며 일반적으로 소위 빈영양호에서 부영양호로 변화한다. 그 결과로 물의 빛깔이 나빠지고 투명도 저하,

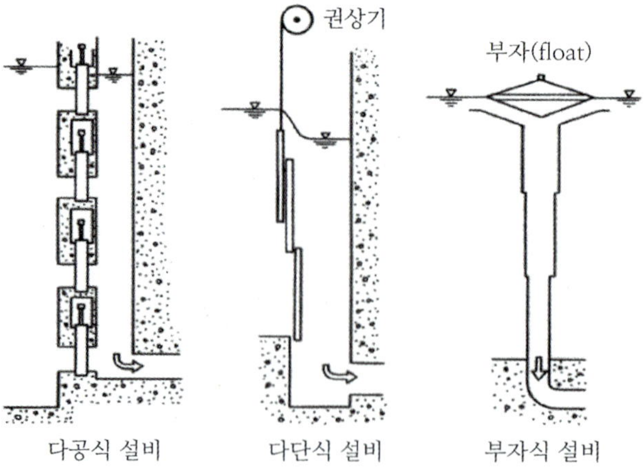

그림 10-8 **표층수의 선택취수설비의 예(환경부, 2010).**

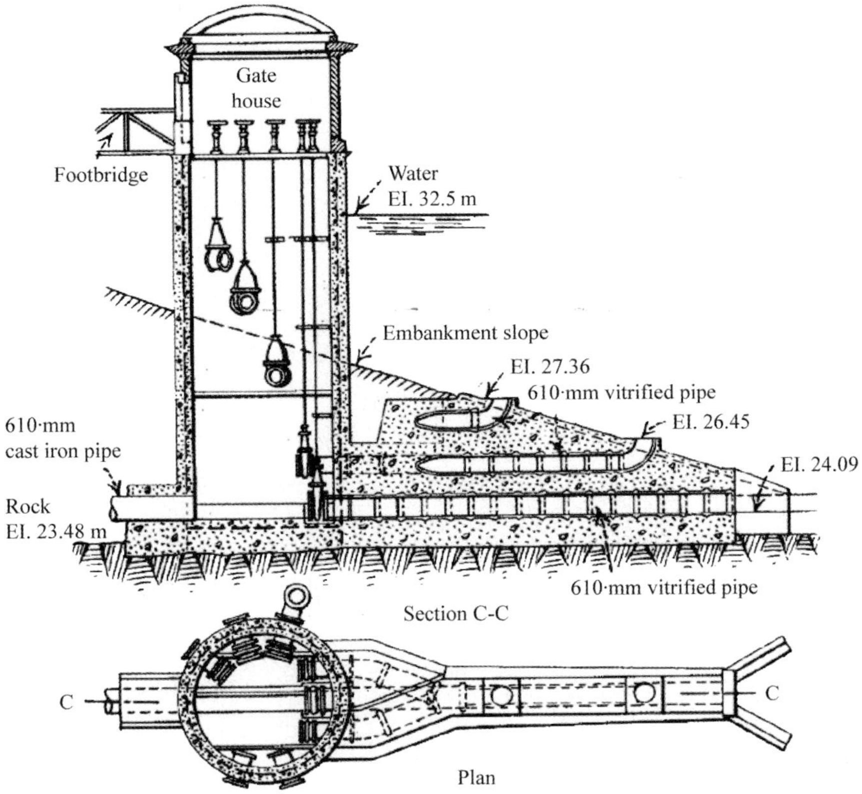

그림 10-9 **저수지 취수의 예(Lexington, KY; McGhee, 1991)**

조류의 발생, 물고기 종의 변화 등의 부영양화 현상이 나타난다. 호소의 수질조사에서는 무기상의 질소나 인산상태의 인 등의 영양염류 및 투명도, 화학적 산소요구량(COD), 용존산소(DO)의 측정은 필수적이다. 부영양화된 호소수를 수원으로 이용하는 경우 소독과정에서 암모니아성 질소에 의한 염소요구량이 증가하고, 조류번식에 따른 냄새발생, 여과지의 폐색, 퇴적 저질로부터의 철, 망간의 용출, 응집침전처리의 장애 등의 문제가 발생할 수 있다.

깊은 호소나 댐에서는 항상 계절적인 성층현상이 생기며, 깊이에 따라 수질이 현저히 변화하는 경우도 있으므로 계절에 의한 수질(수온, 영양염류, pH, 용존산소, COD 및 탁도 등)변화를 조사해야 한다. 용존산소의 수직분포에 의하여 하절기의 성층기 저층의 혐기성 상태 여부와 저질에서의 철, 망간, 암모니아성 질소, 인산성 인 등의 용출여부를 파악할 수 있다. 부영양화에 따른 조류의 증식이 활성화되면, 낮과 밤 사이의 pH의 차가 현저하게 되고 정수처리에 지장을 주는 경우도 있으므로 pH의 수직분포조사를 통해 최적 취수수심에 대한 기초정보를 알 수 있다. 부영양화가 진행된 호소나 댐에서는 저질의 상태가 수질에 영향을 미칠 수 있기 때문에 가능하면 저질의 조사도 바람직하다.

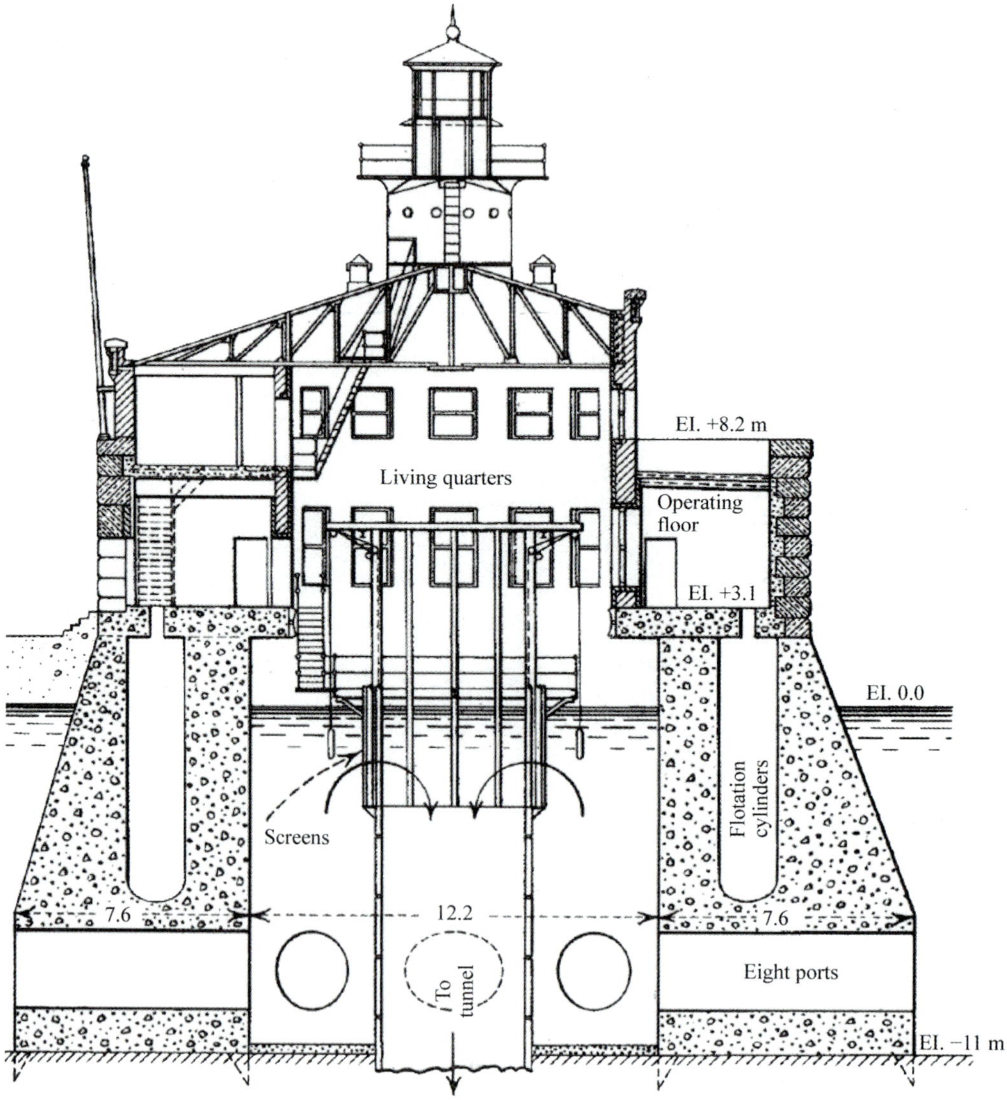

그림 10－10 **호수 취수의 예(Chicago; McGhee, 1991)**

③ 저수시설

안정된 급수를 확보하기 위해서는 연중 계획취수량을 안정되게 취수할 수 있는 수원을 확보하는 것이 기본이다. 수원으로서 수량이 풍부한 지하수나 하천표류수를 이용할 수 있는 경우에는 저수시설을 설치할 필요는 없지만, 일반적으로 신규로 지표수를 취수하고자 하는 경우에는 기존의 수리권과 경합되기 때문에 저수시설을 건설하는 수자원개발이 필요하다. 즉 독자적으로 전용댐을 설치하거나, 다목적댐 시설계획에 참여함으로써 필요한 취수량을 확보할 수 있다.

저수지를 설치하는 경우에 저수시설의 규모와 형태의 결정은 계획취수량과 수질확보에 중점을 두고, 하천 등의 유량현황, 저수시설의 설치예정지점에 대한 지형 및 지질, 건설 및 유지관리의 경제성, 환경에 미칠 영향 등의 조건들을 종합적으로 검토해야 한다. 저수시설은 형태별로 댐, 호소, 유수지, 하구둑, 저수지, 지하댐 등의 형식이 있다. 계획취수량을 확보하기 위하여 필요한 저수용량의 결정에 사용하는 계획기준년은 원칙적으로 10개년에 제1위 정도의 갈수량을 표준으로 한다. 갈수기준년의 선정은 장기간에 걸친 갈수량 중에서 최대인 것을 선정하는 것이 이상적이지만, 그렇게 하면 대단히 큰 저수량을 필요로 하게 되는 경우가 많다. 반면, 갈수 정도가 낮은 해를 기준으로 하면, 계획취수량을 만족시킬 수 있는 기간이 짧게 될 우려가 있다. 따라서 사업의 경제적인 효과를 고려하여 10개년에 제1위 정도(30~40년 기록 중에서 3번째 정도의 갈수)의 빈도를 갖는 갈수량을 기준년으로 하는 것이 일반적이다. 저수시설의 유효저수량은 다음 각 항에 기초를 두고 결정한다.

- 유효저수량은 계획기준년에 있어서 물수지(저수시설 지점의 하천유량과 계획취수량과의 차)를 계산하여 결정한다(그림 10-11).
- 물수지 계산에서는 계획취수량을 확실하게 취수할 수 있어야 하며 또한 하천유수의 정상적인 기능유지에 지장을 주지 않아야 한다.
- 추운 지방에서는 취수지점 결빙으로 인한 영향을 고려한다.

간편한 저수용량 산정방법으로 강우량 자료, 가정법 및 유량누가곡선도(mass curve-Ripple's method)을 들 수 있다. 강우량 자료를 활용하는 경우 대략 강우가 많은 지역은 급수량의 120일분 정도, 강우가 적은 지역은 급수량의 200일분 정도로 설정한다. 또 다음과 같은 경험식을 활용하기도 한다.

$$C = \frac{5,000}{\sqrt{0.8 \times R}}$$

여기서, C: 저수용량(1일 계획급수량의 배수)

R: 연평균 강우량(mm)

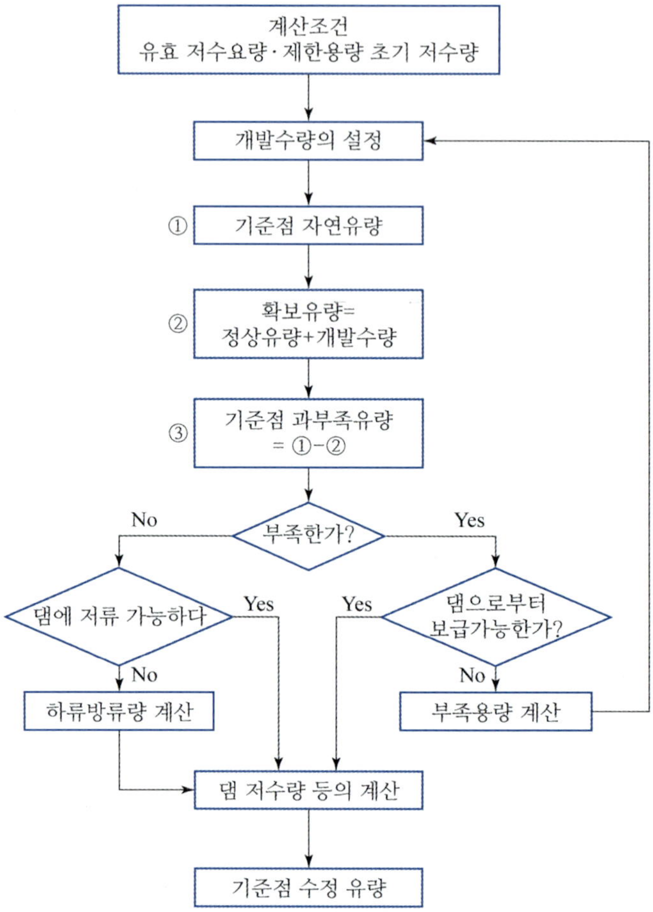

그림 10-11 **물수지 계산 절차의 일반적인 흐름도(환경부, 2010)**

예제 10-1)

어느 도시의 상수원으로 저수지를 축조하고자 한다. 이 도시의 연평균 강우량은 1,200 mm이고, 1인 1일 계획급수량이 350 L일 때 계획인구 50,000인에 필요한 저수지의 용량은 얼마인가?

풀이)

$$C = \frac{5,000}{\sqrt{0.8 \times R}} = \frac{5,000}{\sqrt{0.8 \times 1,200}} = 161\text{일분}$$

1일 계획급수량: 350 L/인day × 50,000인 = 17,500 m^3/day

저수용량: 161일 × 17,500 m^3/day = 2,817,500 m^3

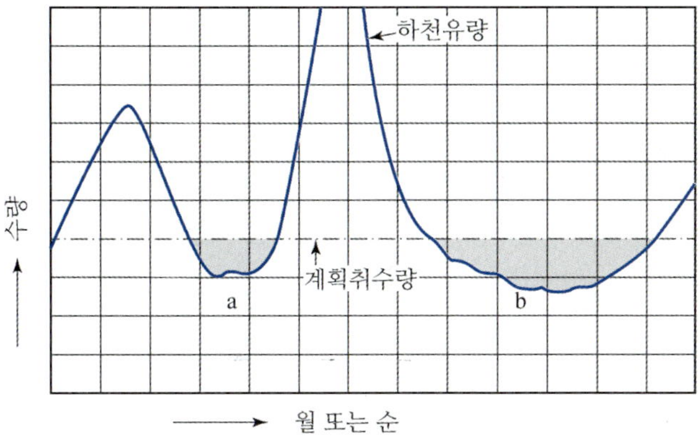

그림 10-12 **유량도표에 의한 저수용량 산정방법**

유량도표에 의한 방법(그림 10-12)도 사용되는데, 이는 매월 또는 매분기마다 하천유량의 변화를 그려 넣고 이것에 매월 또는 매분기마다의 계획취수량을 기입하여 이들에 둘러싸인 최대면적, 그 기간에 있어서의 총 공급량(필요저수용량)을 결정하는 방법이다.

유량누가곡선도표에 의한 방법(그림 10-13)은 매월 또는 매분기마다 하천유량 및 계획취수량을 누가하여 각각의 유량누가곡선도표를 작성하여 비교하고 하천유량누가곡선이 계획취수량 곡선보다 완만한 부분(MQ 또는 RU)의 기점(M 또는R)에서 계획취수량 누가곡선(OB)에 평행한 선(MN 또는 RS)을 긋고 하천유량누가곡선과의 종축의 거리(PQ 또는 TU) 중에서 최대를 구하는 방법으로, 이 최대치가 그 기간의 필요저수용량이다. 여기에 계획취수량 누가곡선이 매월 변화하는 경우에는 곡선으로 된다.

다목적 저수시설은 상수도를 비롯하여 홍수조절, 발전, 관개, 공업용수도 등의 두 가지 이상의 목적을 갖는 시설을 말한다. 다목적 저수용 수원개발의 경우 사업주체는 국토해양부장관(한국

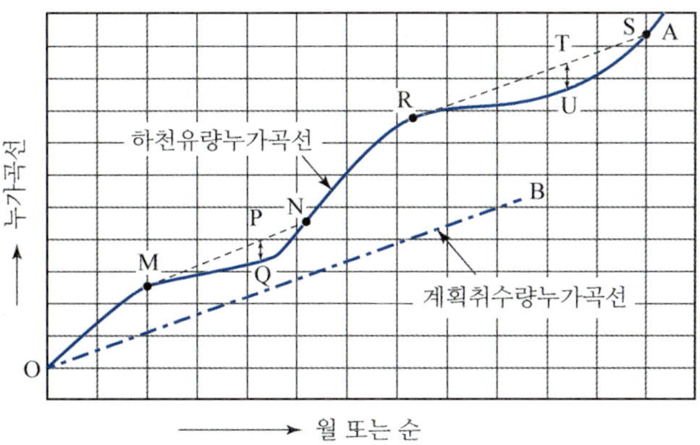

그림 10-13 **유량누가곡선도표 저수용량 산정방법**

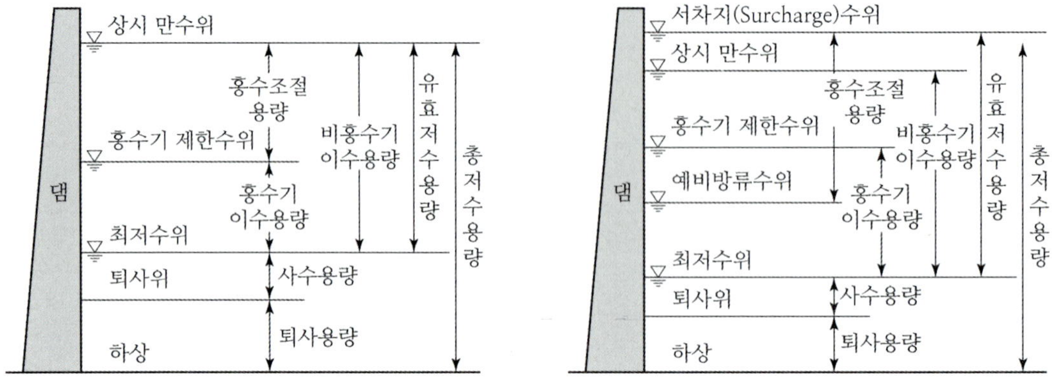

(a) 비교적 저수위차 조정 저수지　　(b) 고수위차 조정 저수지

그림 10－14 **다목적 댐의 용량 배분 예(환경부, 2010)**

수자원공사)이 되고 관계법령은 「댐 건설 및 주변지역지원 등에 관한 법률」에 따른다.

장래 물의 수급기본계획 수립시점에서 필요하다면 다목적 댐에 관계되는 상수도계획을 포함하여 수립한다. 또 댐 운영계획과 물수지나 비용부담비율 등에 대하여 미리 검토하게 된다(그림 10－14). 일반적으로 실시계획 조사의 최종연도에는 기본계획, 기본협정 등 건설계획의 기본사항이 결정되지만, 이 중에서 용수이용자와 개발용량, 저수지의 용량배분, 비용부담비율(cost allocation), 총 사업비 및 공사기간 등이 정해지게 된다. 기본계획 등을 정할 때에는 관계자의 의견이 청취되므로 비용분담비율, 취수계획 등에 대하여 미리 조사하고 검토한 결과를 기초로 수도사업자의 의견을 반영시킬 필요가 있다. 댐건설에 필요한 자금에 대해서는 기본계획, 기본협정 등의 비용부담비율에 따라 각 사업자가 각각 부담하게 된다.

예제 10－2) 저수용량 평가

1.096×10^{-3} $m^3/d/m^2$의 취수량을 계획 중인 지역이 있다. 이 구역에서 하천으로 유출되는 관측 유출량이 다음과 같을 때 지역의 취수량을 일정하게 유지할 수 있는 저수지의 용량을 결정하시오.

월	1	2	3	4	5	6	7
관측된 유출량 (m^3/m^2)	0.13743	0.17836	0.06579	0.00731	0.00731	0.00292	0.00000
8	9	10	11	12	13	14	15
0.00292	0.02339	0.01023	0.10526	0.13450	0.03070	0.08041	0.04825

풀이)

1. 이 문제는 수학적(arithmetic) 또는 도해적(graphical) 방법에 의해 결정할 수 있는데, 필요한 계산과정이 아래 표에 정리되어 있다.

월	유출량, Q	취수량, D	누적 취수량	(−누적 취수량)	누적유출량, $\sum Q$	결핍량, $D-Q$	누적결핍량, $\sum(D-Q)$
(1)	(2)	(3)	(4)	(5)	(6)=$\sum$(2)	(7)=(3)-(2)	(8)=$\sum$(7)
0	0	0	0	0	0	0	0
1	0.137	0.034	0.034	−0.034	0.137	−0.104	0(0.281)
2	0.178	0.034	0.068	−0.068	0.316	−0.145	0(0.177)
3	0.066	0.034	0.102	−0.102	0.382	−0.032	0(0.032)
4	0.007	0.034	0.136	−0.136	0.389	0.026	0.026
5	0.007	0.034	0.17	−0.17	0.396	0.026	0.053
6	0.003	0.034	0.204	−0.204	0.399	0.031	0.083
7	0	0.034	0.238	−0.238	0.399	0.034	0.117
8	0.003	0.034	0.272	−0.272	0.402	0.031	0.148
9	0.023	0.034	0.306	−0.306	0.425	0.01	0.158
10	0.01	0.034	0.34	−0.34	0.436	0.023	0.181
11	0.105	0.034	0.374	−0.374	0.541	−0.072	0.11
12	0.135	0.034	0.408	−0.408	0.675	−0.101	0.009
13	0.031	0.034	0.442	−0.442	0.706	0.003	0.012
14	0.08	0.034	0.476	−0.476	0.787	−0.047	0(−0.0351)
15	0.048	0.034	0.504	−0.504	0.835	−0.015	0(−0.0497)

– 3열: 한달 평균일을 30.4일로 보면 월 취수량은 다음과 같다.

$$1.096\times10^{-3}\frac{\mathrm{m^3/d}}{\mathrm{m^2}}=1.096\times10^{-3}\frac{\mathrm{m^3/d}}{\mathrm{m^2}}\times30.4\mathrm{d}=3.33\times10^{-2}\ \mathrm{m^3/m^2}$$

– 5열: (−)값은 초과량을 의미한다.

– 8열: (−)값은 건기(dry period)가 시작할 때까지 $\sum(D-Q)$에 포함되지 않는다. 즉 물이 저수지로부터 모두 유실될 때까지, 흘러들어오는 유량을 저장할 공간이 있다. 그러나 건기의 초과량은 이전의 최대 부족량(maximum deficit)보다 크거나 같아야 한다. 그렇지 않으면 저수지는 건기가 시작할 때까지 채워지지 않을 것이다. 건기가 시작된 뒤 계산된 누적 초과량을 괄호에 나타내었고 이 값은 0.181 $\mathrm{m^3/m^2}$로 계산된다.

2. 표에 따르면 최대 누적결핍량 또는 저수요구량은 0.181 $\mathrm{m^3/m^2}$로 나타난다. 따라서 물부족기간은 $0.1813/(1.096\times10^{-3})=165$일, 즉 이 지역사회에 물을 충분히 공급하려면 물은 165일 동안 저장되어 있어야 하며, 이 양은 곧 저수용량이 된다.

3. 4열은 아래 그래프에 대한 기본정보를 제공한다. 도해적 방법은 수학적으로 계산한 값과 동일하게 간단히 작성할 수 있고, 또한 계산된 저수용량을 확인할 수도 있다.

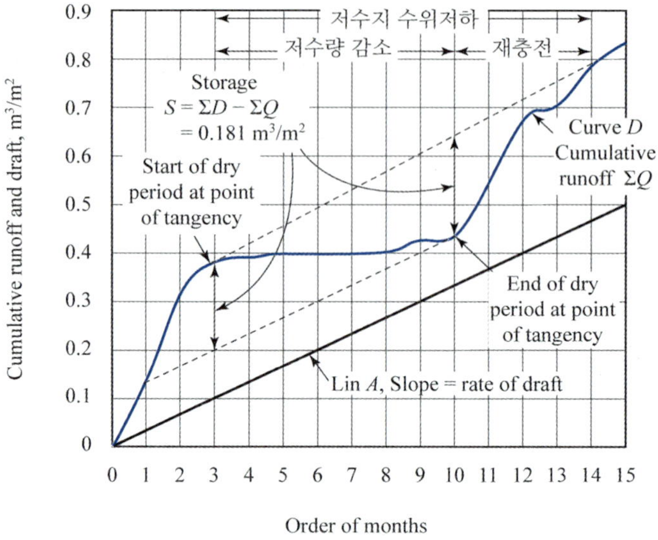

Mass diagram of Ripple's method
for the determination of storage required in impounding reservoirs.

(2) 지하수의 취수

지하수는 지층수(formation water)와 암장수(fissure water)의 두 가지 형태로 존재한다. 물이 포화되어 있는 틈이 흙 입자의 틈인 경우를 지층수(formation water or pore water)라고 한다. 그 틈이 암석의 균열(cracks), 공극(fissure) 및 틈새(gaps) 등인 경우는 암장수(fissure water)라고 한다. 지층수는 자유지하수(free or unconfined groundwater)와 피압지하수(confined groundwater)로 구분된다.

자유지하수는 지하의 가장 얕은 부분에 있는 모래나 자갈 등의 지층 중에 함유되어 있는 지하수로서, 강수량의 변동에 따라 수위가 오르내리며 수량 자체도 증감한다. 또 대수층이 지표로부터 얕으며 지상으로부터의 오염을 받기 쉽다. 자유지하수의 취수시설로서는 얕은 우물(천정호, shallow well)이 일반적으로 사용된다. 복류수는 하천수(호소수)가 하상(호소상) 또는 그 부근에 잠류하는 자유지하수의 일종으로 집수매거(infiltration gallery), 얕은 우물 등이 복류수의 취수시설로 사용된다. 강변여과수(river bank filtration) 방식의 취수는 강변둔치(고수부지)에 깊이 20～40 m 정도의 취수정을 설치하여 물을 취수하는 취수정 방식과 표류수를 취수하여 인공적으로 만든 호소, 함양분지 등 시설의 지층(대수층)에 침투시켜 지층의 자정능력에 의하여 오염물질이 여과된 물을 다시 취수하여 상수원수로 사용하는 인공함양 방식이 있다.

피압지하수는 대수층이 불투수성의 지층에 의하여 눌려 있기 때문에 압력을 갖는 상황에 따라서는 지상으로 스스로 분출되는 것도 있다. 피압지하수는 주로 모래나 자갈과 같은 틈새를 갖는 지층 중에 존재하며, 수온은 연간을 통하여 거의 일정하고 일반적으로 수질은 양호하다. 깊은 우물(심정호 deep well, 깊이 30 m 이상)은 피압지하수의 취수시설로 사용된다. 용천수는 지층수나 암장수가 지표로 용출되는 것이다.

지하수는 일반적으로 함양속도가 지극히 느리기 때문에 과잉으로 양수하게 되면 지하수 물수지의 균형이 무너져서 지반침하를 야기하며, 해안부에서는 지하수의 염수화 등을 야기한다. 따라서 항상 적정한 양수량의 범위 내에서 취수하는 것이 바람직하다.

지하수의 취수지점 선정을 위해 다음 각 항을 만족하여야 한다.

- 기존 우물 또는 집수매거의 취수에 영향을 주지 않아야 한다.
- 연해부의 경우에는 해수의 영향을 받지 않아야 한다.
- 얕은 우물이나 복류수인 경우에는 오염원으로부터 15 m 이상 떨어져서 장래에도 오염의 영향을 받지 않는 지점이어야 한다.
- 복류수인 경우에 장래 일어날 수 있는 유로변화 또는 하상저하 등을 고려하고 하천개수계획에 지장이 없는 지점을 선정한다. 하상지질이 이토질(泥土質)인 경우는 피한다.

특히, 양수시험 등에 의하여 해당 대수층의 영향권이 알려져 있는 경우 영향권 내 기존우물의 수위 강하량 범위를 10~20 cm 이하로 해야 하는데, 이를 만족하기 어려운 경우 양수량을 제한하여 상호간섭을 억제하도록 한다. 통상적으로 보통 자유지하수는 300 m, 피압지하수인 경우에는 500~1,000 m 정도의 간격을 두는 것이 안전하다. 우리나라는 일반적으로 지하수량의 부족으로 우물은 도시급수용으로는 사용치 않는다. 지하수는 하수관거의 손상 및 균열로 오염물이 유입될 수 있으며, 통상적으로 우물과 화장실의 거리는 최소한 15~30 m(50 ft 이상)를 유지하는 것이 좋다.

① 집수매거

집수매거(infiltration gallery)는 하천부지의 하상 밑이나 구하천 부지 등의 땅속에 매설하여 집수기능을 갖는 관거이며, 복류수나 자유수면을 갖는 지하수(자유지하수)를 취수하는 시설이다. 자갈, 모래 등 투수성이 양호한 대수층을 선정하여 만들며 유황이 좋으면 안정되게 취수할 수 있다. 지상구조물을 축조할 수 없는 장소에도 설치가 가능한 이점이 있다.

집수매거는 복류수의 흐름방향에 대하여 지형이나 용지 등을 고려하여 가능한 한 직각으로 설치하는 것이 효율적이다. 복류수가 풍부한 곳에서는 흐름방향에 평행하게 또는 평행에 가깝게 매설하는 경우도 있다. 취수량을 많게 하기 위하여 집수매거의 본관에서 지관을 1개 내지 몇 개를 분기하는 경우도 있다. 집수매거는 가능한 한 직접 지표수의 영향을 받지 않도록 하기

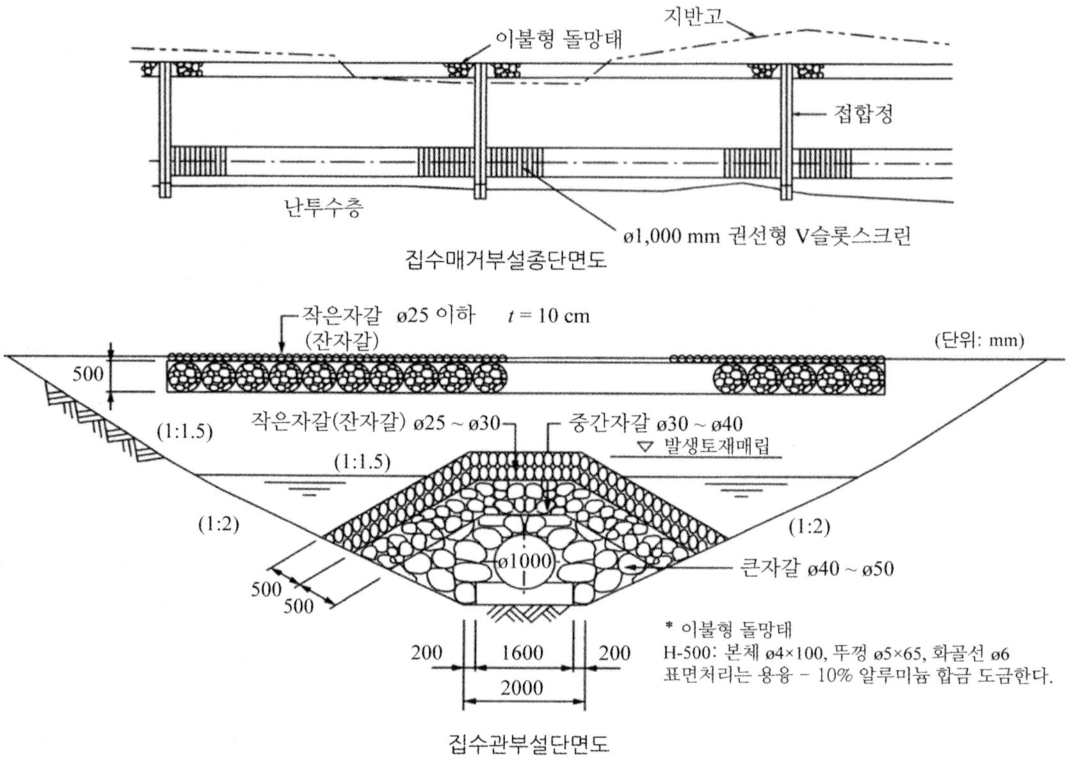

그림 10-15 **집수매거의 부설 예(단위 mm)(환경부, 2010)**

위하여 매설깊이는 5 m 이상으로 하는 것이 바람직하지만, 대수층의 상황, 불투수층의 깊이 및 수질 등을 고려하여 결정한다. 제외지에 있어서는 저수로의 하상에서 2 m 이상으로 한다. 양수량의 결정은 양수시험을 참고로 하고, 길이 결정은 모래 등에 의해 집수공 폐색이 일어나지 않도록 유입속도는 모래의 소류한계유속 이하로 한다. 관거의 형상은 원형을 표준으로 한다. 내경은 부설한 다음의 점검, 수리 등 유지관리에 편리하도록 900 mm 이상으로 하는 것이 바람직하다. 집수매거의 경사는 될 수 있으면 수평 또는 1/500 이하의 완경사로 하는 것이 좋으며, 집수매거의 유출단에서 매거 내의 평균유속은 1 m/s 이하로 한다. 그림 10-15는 집수매거의 부설예를 보여주고 있다.

집수매거 설계를 위한 수리공식은 다음과 같다.

- 자유지하수의 경우(그림 10-16)

$$Q = \frac{k(H^2 - h^2) \cdot l}{L} \cdot \sqrt{\frac{t + 0.5r}{h}} \cdot \sqrt[4]{\frac{2h - t}{h}}$$

여기서, Q : 양수량(m³/s), k : 투수계수(m/s), L : 영향반경(R), H : 현 지하수심(m)

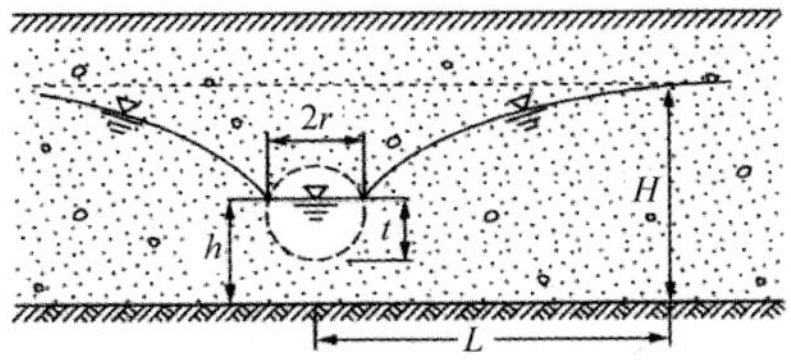

그림 10－16 **자유수면을 갖는 지하수**

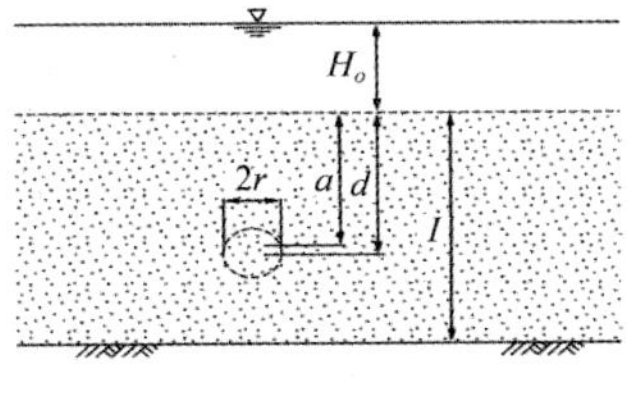

그림 10－17 **하상아래의 매거**

r : 매거의 반경(m), h : 매거의 수위로부터 불투수층까지의 깊이(m)

t : 매거 내의 수심(m), l : 매거의 길이(m)

• 하상아래의 매거(그림 10－17)

$$Q_{vD} = \frac{2\pi k\{H_o + d - (P_c/W)\} \cdot l}{2.3\log_{10}\left\{\dfrac{\sin Na + \sin N(d-r)}{\sin Na - \sin N(d-r)}\right\}}$$

$$N = (\pi/2)/I$$

$$\alpha = \frac{2I}{\pi}\sin^{-1}\sqrt{\sin N(d-r) \cdot \sin(d-r)} \fallingdotseq d$$

여기서, d : 하상에서 매거 중심까지의 깊이(m), H_o : 투수층상의 수심(m)

α : 유입점의 위치(m), P_c : 매거 내의 수압(t/m^2), W : 물의 단위 중량(t/m^3)

Q_{vD} : 매거의 단위길이당의 유입량(m^3/s), I : 투수층의 두께(m)

② 얕은 우물

얕은 우물(shallow well)은 자유지하수 또는 복류수를 취수하는 우물로, 일반적으로 철근콘크리트제의 우물통을 지하에 설치하고 그 바닥 또는 측면에서 우물통 내로 집수하며 그 물을 수중 모터펌프 등으로 양수하는 시설이다(그림 10－18). 우물통 외에 강제의 케이싱을 설치하고 측면의 스크린으로 집수하는 경우가 있다. 우물통의 벽면에 있는 대수층에 수평방사상으로 집수관을 삽입하여 우물통 내로 집수하는 방사상 집수정도 있다. 수량 · 수질 모두 양호한 대수층이면, 비교적 간단히 안정되게 취수할 수 있다. 얕은 우물에서 안정되게 취수하기 위해서는 양호한 대수층을 선정한 다음 우물통의 구조, 우물바닥의 깊이, 양수펌프의 능력 등을 적절히 결정해야 한다. 또 지표로부터의 수질오염을 방지하기 위하여 필요한 조치를 취할 필요가 있다.

얕은 우물은 지표로부터의 수질에 영향을 받기 쉽기 때문에 가능한 한 깊게 하는 편이 좋지만, 8～20 m의 것이 많다. 우물통의 형상은 원형을 표준으로 한다. 구조는 철근콘크리트조나 철근콘크리트 블록조립조로 하며 측벽은 파괴될 우려가 없는 충분한 강도를 갖는 것이 필요하다. 대수층이 두텁고 우물통의 밑바닥으로부터 취수하는 경우에 우물의 크기는 시험우물의 양수시

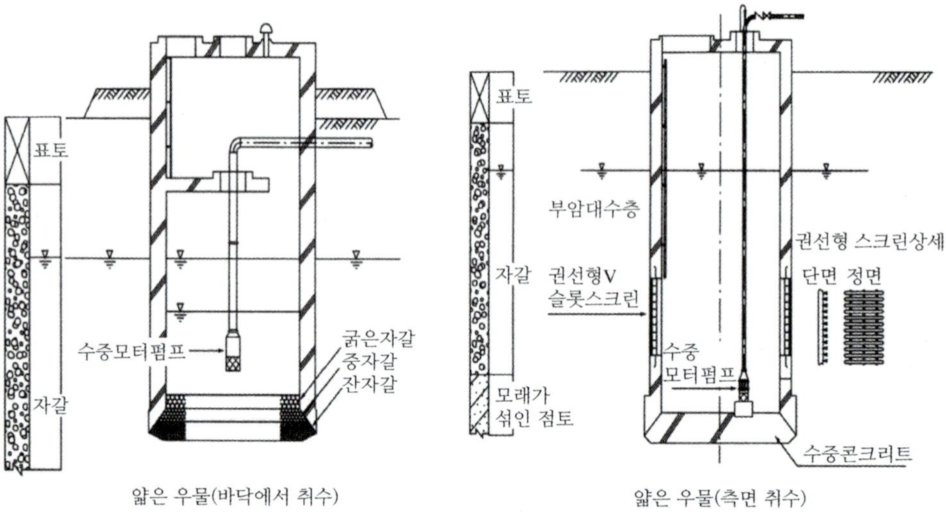

그림 10－18 **얕은 우물의 구조(환경부, 2010)**

험결과에 근거하여 정하며, 밑바닥과 불투수층과의 간격을 적절히 유지하고 우물바닥에는 단단하고 깨끗한 자갈을 깔아 채운다. 밑바닥에서의 유입속도는 모래의 소류한계유속 이하를 표준으로 한다. 그림 10－19은 얕은 우물의 수리공식을 요약한 것이다.

$Q=\dfrac{\pi k(H^2-h_o^2)}{2.3\log_{10}(R/r_o)}$ 평형식(양수시험) $Q=\dfrac{\pi k(h_2^2-h_1^2)}{2.3\log_{10}(r_2/r_1)}$ 또는 $k=\dfrac{0.733Q\log_{10}(r_2/r_1)}{(h_1+h_2)(s_1-s_2)}$	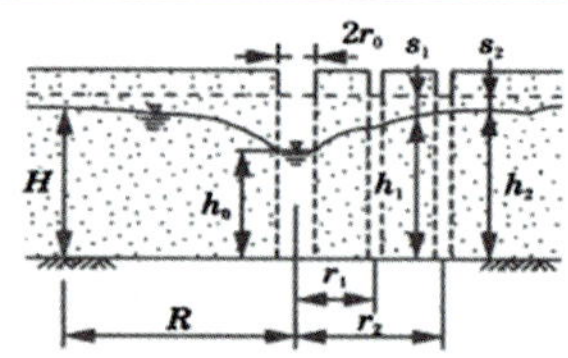 완전관입우물
Boreli의 식 $Q=\dfrac{\pi k(h_s^2-t^2)}{2.3\log_{10}(R/r_o)}\left\{1+\left(0.3+10\dfrac{r_o}{H}\right)\sin\left(1.8\dfrac{h_o-t}{h_o}\right)\right\}$ Forchheimer의 식 $Q=\dfrac{\pi k(H^2-h_o^2)}{2.3\log_{10}(R/r_o)}\sqrt{\dfrac{t+0.5r_o}{h_o}}\sqrt[4]{\dfrac{2h_o-t}{h_o}}$	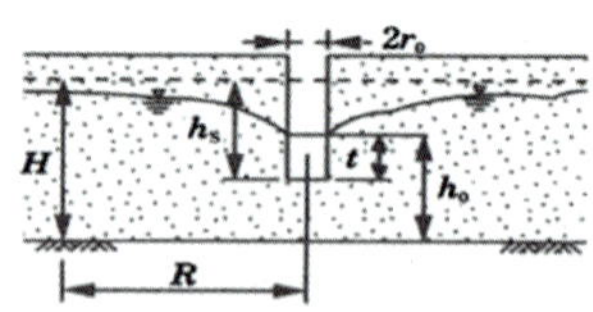 불완전관입우물
수정평형식(양수시험) $k=\dfrac{2.93Q\log_{10}(r_2/r_1)}{M(s_{1u}+s_{1d}-s_{2u}-s_{2d})}$ $M=4H-(s_{1u}+s_{1d}-s_{2u}-s_{2d})$	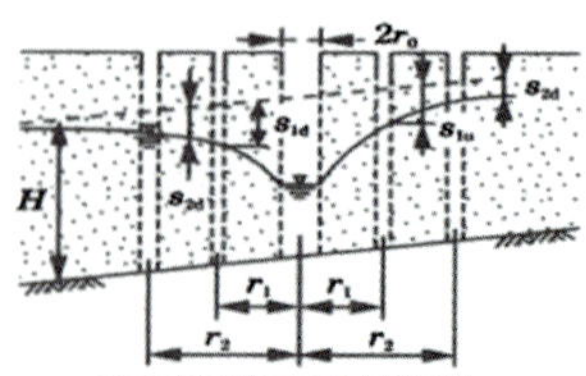 양수정(1개)과 관측정(4개)

그림 10－19 **얕은 우물의 수리공식**

③ 깊은 우물

깊은 우물(deep well)은 피압대수층으로부터 취수하는 우물로서 케이싱, 스크린, 케이싱 내에 설치하는 양수관과 수중모터펌프로 이루어지며, 좁은 용지에서 비교적 다량의 양질인 물을 얻을 수 있다. 채수층에 설치된 스크린으로부터 직접 펌프로 양수하며 깊이는 30 m 이상의 것이 대부분이고 600 m 이상인 것도 있다.

얕은 우물에서는 주로 대수층의 면적확대를 고려해야만 하는 데 반하여 깊은 우물은 대수층을 입체적으로 넓게 이용하는 방식이며, 대수층의 두께가 어느 정도 있어야 한다. 따라서 깊은 우물의 스크린은 대수층의 두께에 알맞은 길이가 필요하다. 안정된 취수량을 확보하기 위해서는 충분히 조사하여 양호한 대수층을 찾아내고 그 대수층에 알맞은 스크린을 설치하며 지하수 부존량에 알맞은 능력의 펌프를 선정해야 할 필요가 있다. 또 스크린의 막힘 등 비상시에도 안정된 공급량을 확보하기 위하여 예비정을 설치할 필요가 있다.

깊은 우물의 구조는 일반적으로 예정심도, 양수량, 지하수의 수위 및 수질 등을 고려하여 결정한다. 케이싱의 구경은 주로 양수량과 굴착의 난이도를 고려해야 한다. 일반적으로 양수량과 케이싱 구경과의 관계는 다음과 같다.

- 양수량 1,500 m^3/d 미만인 경우에는 케이싱 구경 250 mm(양수관경 100 mm)
- 양수량 1,500～2,500 m^3/d 미만인 경우에는 케이싱 구경 300 mm(양수관경 125～175 mm)
- 양수량 2,500 m^3/d 이상인 경우에는 케이싱 구경 350 mm 이상(양수관경 175 mm 이상)

케이싱은 일반적으로 강관이 사용되며 그 두께는 지질의 경연 정도나 깊이에 따라 결정된다. 수질의 영향에 의한 부식이나 전식의 우려가 있는 경우에는 두꺼운 관을 사용하거나 스테인리스 강관이나 합성 수지관을 사용한다. 케이싱 및 스크린의 접합에는 용접이음과 나사조임이 있으나, 일반적으로는 용접이음이 사용된다. 깊은 우물용의 양수펌프에는 수중모터펌프가 사용된다. 수중모터펌프의 시방은 펌프의 구경, 토출량, 전양정, 회전속도, 펌프효율, 축동력 등에 의하여 결정된다. 구경이 200 mm를 넘는 대형 수중모터펌프를 사용하는 경우에는 전원전압, 모터의 시동방식 등에 대하여 검토해야 한다.

모래 섞인 자갈층이나 모래층으로부터 채수하는 경우에는 잔 모래가 유입될 우려가 있으므로 자갈을 충전하는 것뿐만 아니라 스크린을 설치하고 유입되는 지하수의 속도가 가능한 한 느리도록 스크린의 개구율을 크게 한다. 지하수의 유입속도는 모래의 소류한계속도 이하를 표준으로 한다. 스크린의 종류는 슬릿(slit)형, 환공권선형, 권선형, 보강링부권선형 등이 있다. 채수층이 입자가 큰 둥근 자갈로 이루어지고 모래가 전혀 포함되지 않은 경우에는 케이싱에 환공 또는 슬릿만을 뚫은 스크린으로도 지장이 없지만, 일반적으로는 모래가 유입되는 것을 방지하기 위하여 채수층의 모래자갈이나 충전자갈의 입경에 알맞은 슬롯크기(slot size)의 권선형 스크린을 사용하는 편이 좋다. 그림 10-20은 일반적인 깊은 우물의 구조를 보여주고 있다.

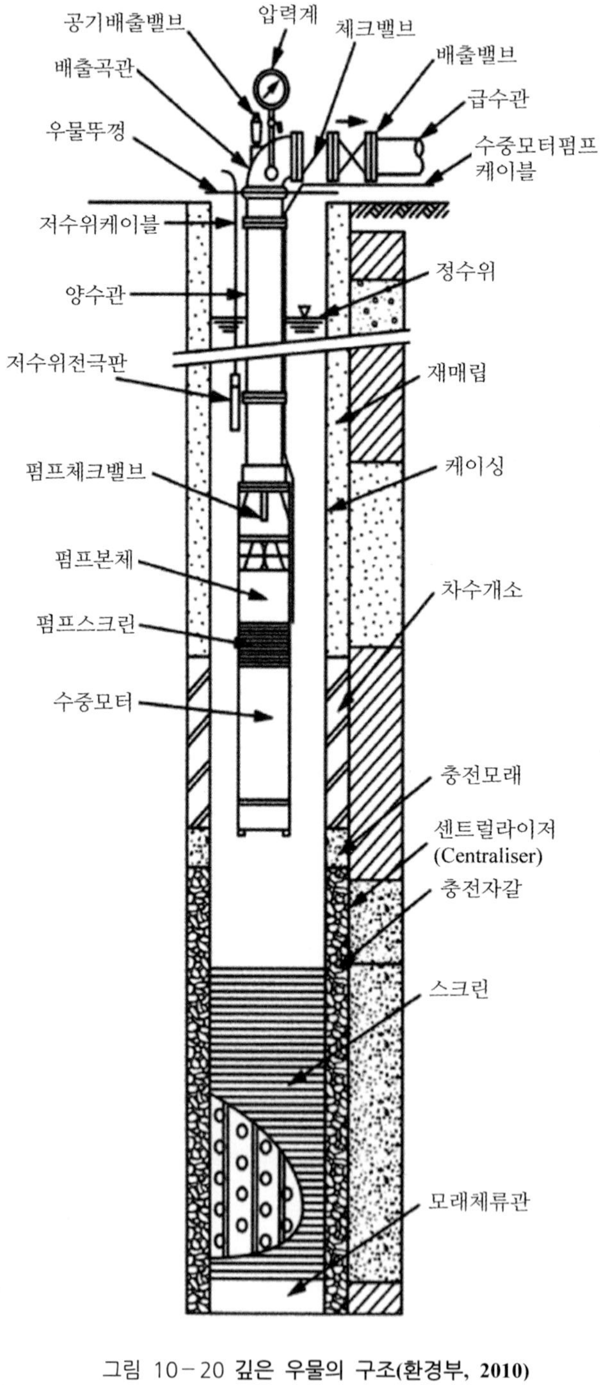

그림 10-20 깊은 우물의 구조(환경부, 2010)

④ 용천수

용천수(spring water)를 수원으로 하는 경우에는 지표수, 하수, 먼지, 곤충, 야생동물, 가축으로부터 수원을 보호하기 위하여 뚜껑을 설치해야 하며, 뚜껑 형태는 돌출형(raised curbing type)으로 하고 자물쇠가 있는 맨홀을 설치한다. 용천수는 보편적으로 수질이 양호하며 원수를 그대로 음용할 수 있으므로 취수원으로 사용할 경우에는 용출되는 자연상태 그대로 취수할 수 있도록 뚜껑이 있는 집수정을 만들어 취수하는 것이 일반적이다(그림 10-21).

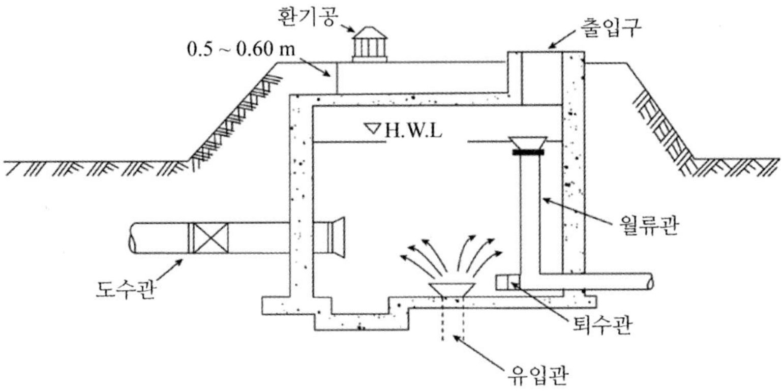

그림 10-21 **용천수의 취수(환경부, 2010)**

참고문헌

- Bláha, L.; Pavel, B.; Blahoskav, M. Toxins produced in cyanobacterial water blooms—Toxicity and risks. Interdiscip. Toxicol. 2009, 2, 36–41.
- Chorus I. (2001). Introduction: Cyanotoxins – research for environmental safety and human health. In: Cyanotoxins – Occurence, Causes, Consequences (Chorus I, ed.), pp. 1–4. Springer-Verlag, Berlin.
- Chin, D.A. (2000). Water Resources Engineering, McGraw-Hill.
- Codd GA, Lindsay J, Young FM, Morrison LF and Metcalf JS (2005) Cyanobacterial Toxins. In: Harmful Cyanobacteria (Huisman J, Matthijs HCP and Visser PM, eds.), pp. 1–23. Springer-Verlag.
- Crooke, G.D. et al. (1988). Reservoir management for THM precursor control. Proc. AWWA Seminar on Water Quality management in Reservoir, Denver, 21-51.
- Davis, M.L. and Cornwell, D.A. (1991). Introduction to Environmental Engineering, 2ndeds.,McGraw-Hill.
- GWI (2011, 2014, 2015). Global Water Market 2011, 2014, 2015.
- GWI/IDA desa year book (2015).
- IDA (2013). Desalination Yearbook 2012-2013. (IDA desaldata.com)
- K-water (2012). 해수담수화 운영백서.
- McGhee, T.J. (1991). Water Supply and Sewerage, 6th ed., McGraw-Hill Inc., New York.
- National Water Research Institute (2002). Riverbank filtration; improving source water quality.
- UN (2003). Water for People Water for Life.
- 국립환경연구원 (1995). 먹는물 정수처리 공정개선에 관한 연구.
- 국토해양부 (2011). 수자원장기종합계획(2011～2020).
- 국토교통부 (2012). 전국유역조사보고서.
- 국토교통부 (2012). 한국하천일람.
- 대구광역시 (1996). 대구 위천국가산업단지조성에 따른 낙동강 수질보전대책.
- 한국농업진흥공사, 서울지하수 사무소 (1995). 서울시 지하수 수질조사결과.
- 한정상 (1983). 지하수학 개론, 신우문화사.
- 한정상, 김한수 (1990). 국내 지하수 자원의 산출특성과 지하수 수질관리기술에 관한 연구. 수질보전정책 및 기술발전방향, 국립환경연구원, 한국수질보전학회.
- 환경부 (2010). 상수도 시설기준.
- 환경부 (2011). 하수도 시설기준.

- 환경부 (2013). 하수도통계.
- 환경부 (2014). 2013 하수도통계.

Chapter 11

펌프

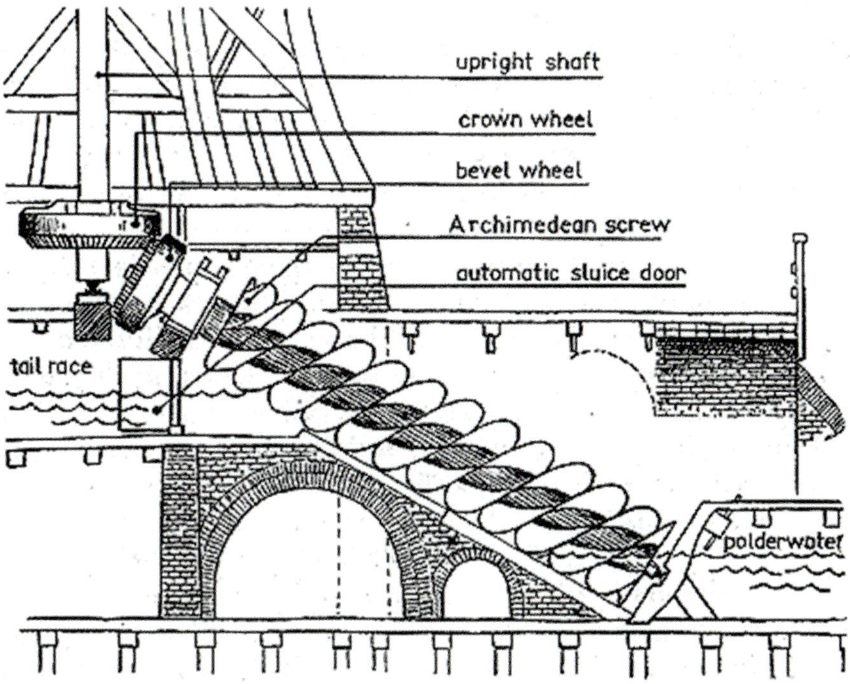

Arrangement showing method of driving the Archimedean screw, of a drainage mill (after Krook)

The Archimedean screw is inclined downwards into the polder water; it turns in a brick-lined casing enclosing approximately one half of the screw, but open at the top. When it has reached the top of the screw, the water flows over a low sill to the tail race. A sluice door or trap, which is closed by its own weight as soon as the screw stops, prevents the water in the storage basin flowing back to the polder.

Source: http://www.let.rug.nl/polders/boekje/types.htm

11.1 양수의 필요성

펌프장시설은 상하수도시설에 있어서 매우 중요한 설비 중 하나이다. 상하수도시설은 에너지 경제성을 높이기 위해 기본적으로 자연유하식을 우선적으로 고려하나 이것이 불가능한 경우 동력을 공급하여 흐름(동수경사선)을 안정하게 유지하기 위함이다. 특히 하수의 경우 폐쇄와 마모손상 등의 문제로 인하여 유지관리가 용이한 펌프 선정이 중요하다.

일반적으로 급수시스템에서의 펌프장은 저양정양수장(수원에서 정수장까지 취수), 고양정양수장(정수된 물을 소비지까지 급수/배수) 및 승압양수장(보조승압용, 고지대나 고가저수로에서 도시지역의 상수도망이 넓은 경우)으로 구별한다.

하수처리시설의 펌프장시설(그림 11-1)은 처리구역 내 및 처리장 내 하수 이송용, 하수처리 공정에 따른 수처리 공정용과 처리수 방류를 위한 방류용으로 구분할 수 있다. 하수 이송용으로는 지형적인 자연경사에 의해 하수를 유하시키기가 곤란한 경우, 관거의 매설 깊이가 현저히 깊어져 우수를 공공수역으로 자연방류시키기가 곤란한 경우 그리고 처리장에서 자연유하에 의해 처리할 수 없는 경우에 설치하는 양수(pumping)시설이다. 빗물펌프장이란 침수방지의 목적으로 구역 내 우수를 배제하는 경우나 지반이 낮아 자연유하식 빗물배제가 불가능한 경우에 사용하는데, 가급적 방류수역에 가까운 곳에 설치하나 실제 연간가동률은 낮은 편이다. 중계펌프장은 관로가 길거나 매설 깊이가 깊어 비경제적일 경우에 설치하는데, 유입구역의 오수를 다음 펌프장 또는 처리장으로 송수하는 것을 목표로 하고 있다.

수처리 공정용으로는 하수처리의 생물학적 처리공법에서 중요한 미생물을 원활히 공급하여 수처리의 효율성을 유지할 수 있도록 하는 경우에 설치하는 이송시설이며, 처리수 방류용으로는 하수처리를 거쳐 처리수질이 법적기준 이내로서 방류구 위치가 자연적으로 흐름을 유지할 수 없을 경우 양수하여 방류하기 위해 설치하는 시설이다.

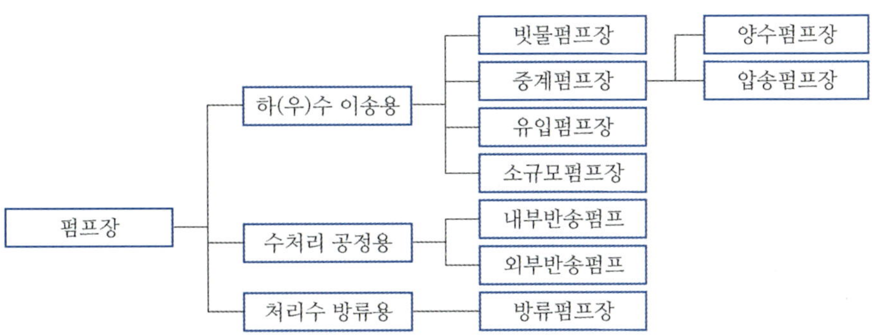

그림 11-1 하수도시스템 펌프장의 구분

11.2 펌프장의 구성, 위치 및 용량

펌프장은 일반적으로 습정(wet well), 펌프가 위치하는 건정(dry well), 원동기(prime motor) 및 엔진(Engine)과 개폐기(switch)로 구성된다. 펌프장의 위치선정을 위해서는 수질의 보호, 배수조건 및 배수의 수리(펌프장 위치는 간선공사비 및 펌프양정에 영향을 미친다), 재난(화재 및 홍수 등)에 의한 위험가능성, 동력이나 연료의 이용가능성, 확장성 및 주변 환경(악취, 소음 찌꺼기 처분 등)이 충분히 고려되어야 한다. 운영에 있어서 급수용 펌프장의 경우는 위생적인 수질보호가, 하수용의 경우 기계적 마모나 손상, 부유물의 부패, 침전, 가스폭발의 위험성, 환기시설의 구비 등이 중요하다.

(1) 상수도 펌프의 용량 및 설치대수

상수도 펌프장에 있어서 취수펌프와 송수펌프의 설비용량을 결정하기 위한 시간수량은 계획 1일 최대 송수량의 24시간 평균수량으로 하며 가능한 한 고효율로 운전할 수 있는 용량으로 정한다. 또 배수펌프의 용량을 결정하기 위한 계획시간수량은 계획시간최대배수량으로 한다. 배수량은 시간적으로 변동될 뿐만 아니라 계절, 요일, 날씨에 따라서도 크게 변한다. 아울러 연중 수량변동 폭도 하절기의 시간최대배수량과 동절기의 시간최소배수량과의 사이에는 상당히 큰 차가 있는 경우가 많으므로, 따라서 배수펌프는 이들 조건에 적응하도록 충분히 고려하여 결정한다.

펌프설치대수는 수요수량의 특성을 고려하여 각 제어방식에 대한 대수를 복수로 작성하고, 안전성, 경제성 등을 종합적으로 검토하여 결정된다. 펌프 1대당의 토출량은 한국산업표준의 펌프를 적용할 수 있는 범위 내에서 검토하는 것이 바람직하다. 일반적으로 펌프토출량이 많을수록 펌프효율은 높고 운전경비를 절감할 수 있으며, 대수가 적어지기 때문에 전기설비나 건물 등을 포함한 초기투자는 작아지는 경향이다. 배수펌프의 설치대수는 고장 또는 점검 시 급수에 미치는 영향을 적게 하고 설치공간 등을 고려해야 하므로 예비기를 포함하여 통상 3~5대로 결정하는 경우가 많다. 펌프설치대수를 결정할 때에 유의해야 할 점은 다음과 같다.

- 계획 최종연도에 이르는 사이의 수요수량의 동향
- 펌프는 가능한 한 동일용량으로 하여 소모품이나 예비품의 호환성을 갖는다.
- 수량변화가 큰 경우, 대소 두 종류의 펌프를 설치하거나 또는 회전속도제어 등에 의하여 토출량을 제어한다.
- 주야간, 계절별 등으로 양정변화가 클 때에는 고양정과 저양정 두 종류의 펌프로 나누거나,

또는 임펠러를 교체하여 양정을 변화시키는 방법도 검토한다.

고장이나 보수 등으로 펌프가 정지되어 급수에 지장이 되지 않도록 예비펌프가 필요한데, 이때 동일 펌프를 설치하는 경우에는 동일용량 1대를, 용량이 다른 펌프를 설치하는 경우에는 가장 큰 대용량의 펌프 1대로 하는 것이 일반적이다. 펌프가 정지되더라도 즉시 상류 측이나 다른 계통으로부터 백업할 수 있는 등 급수에 지장이 없는 경우에는 예비기를 두지 않는다.

(2) 하수도 펌프의 용량 및 설치대수

하수도 펌프장의 경우 계획하수량은 표 11-1과 같다. 분류식 중계펌프장 및 유입펌프장의 경우 오수관거 내의 오수를 지체 없이 배제할 필요성이 있으므로 계획시간최대오수량을 기준으로 한다. 소규모시설에서는 반송수량이 유입유량에 비해 종종 큰 경우가 발생하기도 하는데, 유입하수량의 변동이 크므로 소용량 펌프설치대수를 증가시켜야 하는데, 이때 배관 등의 유량조정기능을 고려한다. 분류식에서 빗물펌프장은 계획구역 내의 우수유출량을 신속하게 배제하여 우수에 의한 침수방지를 목적으로 설치되므로 빗물펌프장의 계획하수량은 계획우수량으로 한다. 합류식에서 중계펌프장 및 유입펌프장은 오수로 취급하는 하수를 수송해야 하기 때문에 계획하수량은 우천 시 계획오수량을 기준으로 하며, 빗물펌프장의 합류관거의 계획하수량에서 우천 시 계획오수량을 뺀 것을 계획하수량으로 한다. 펌프장시설의 용량을 결정할 때 관거계통 단면에 여유가 있다면 관거 내의 저류효과를 고려하여 펌프 용량을 20~30% 줄일 수 있다.

표 11-1 **하수 펌프장시설의 계획하수량**

하수배제방식	펌프장 종류	계획하수량
분류식	중계펌프장, 소규모 펌프장 유입·방류펌프장	계획시간최대오수량
	빗물펌프장	계획우수량
합류식	중계펌프장, 소규모 펌프장 유입·방류펌프장	우천 시 계획오수량
	빗물펌프장	계획하수량-우천 시 계획오수량

일반적으로 펌프설치대수는 계획오수량과 계획우수량에 대하여 각각 2~6대를 표준으로 하지만 용도별 건설비의 대소 및 유지관리 등을 고려해서 다음 사항을 반영해야 한다.

- 펌프는 가능한 최고효율점 부근에서 운전하도록 대수 및 용량을 결정하며, 현장여건을 고려한다.

• 펌프설치대수는 유지관리상 가능한 적게 하고 동일용량의 것으로 한다.
• 펌프는 용량이 클수록 효율이 높으므로 가능한 대용량의 것으로 하며, 유입오수량에 따라 대응운전이 가능한 대 · 중 · 소 조합운전이 되도록 한다.
• 건설비를 절약하기 위해 예비는 가능한 한 대수를 적게 하고 소용량으로 한다.
• 건설 중의 일부 통수 시나 청천 시 등 수량이 적은 경우 또는 수량의 변화가 현저한 경우 오수변동량에 따른 효율적 운영과 유지관리상 경제적으로 운전하기 위하여 용량이 다른 펌프를 설치하거나 동일용량의 펌프회전수를 제어한다.
• 과잉운전방지와 과잉운전에 따른 에너지소비량이 절감될 수 있도록 한다.

11.3 펌프

(1) 종류와 특성

펌프(pump)형식에는 동작원리에 따라 터보형, 용적형, 특수형으로 분류할 수 있으며, 터보형에는 원심펌프, 사류펌프 및 축류펌프가 있다(그림 11-2). 원심펌프에는 터빈(turbine)펌프와 볼류트펌프(volute pump)가 있으며, 하수도용은 항상 양정고가 변동하고, 더구나 배수펌프에서는 그 변동률이 크므로 연중 가장 많이 사용되는 양정인 경우에 효율이 좋은 펌프로 하고 또한 최대양정일 때도 양수할 수 있는 성능을 가져야 한다. 특수형식으로서 펌프와 전동기를 일체화한 수중모터 펌프가 있다. 형상별로 분류할 경우 수평형(horizontal), 수직형(vertical), 전동기 직결형(motor-direct-coupled), 수중모터(submerged motor), 자동운전형(automatic starting of

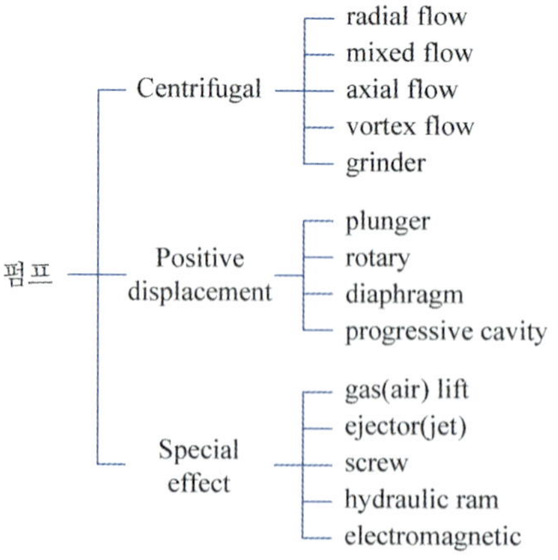

그림 11-2 **펌프의 구분(Karassik, et al., 2001)**

self-starting) 등으로 분류된다. 수평형의 경우 소요면적이 큰 단점이 있고, 수직형의 경우는 소요면적이 적으나, 축(shaft)의 설치로 인해 효율저하가 발생한다. 이러한 펌프의 특징은 다음과 같다.

① 방사류(radial flow) 또는 원심펌프(centrifugal pump)

원심펌프는 회전차(impeller)의 회전에 의해 액체에 압력과 속도에너지를 주며, 볼류트 케이싱을 통과하는 사이에 속도에너지를 압력에너지로 변환하여 방출한다. 구조가 간단해서 기체가 작고 가격이 저렴하여 수량이 많으며, 광범위한 양정에 적합할 뿐만 아니라 연속적인 양수, 전동기와의 직결 및 운전이 간단한 것 등 많은 이점이 있다. 원심펌프는 날개의 직경차에 의한 원주속도(원심력) 대부분을 이용하여 유체에 압력에너지를 공급한다. 흡입구 수에 따라 편흡입, 양흡입으로 구분된다. 특성은 전동기와의 직결로 고속회전이 가능하여 일반적으로 효율이 높고, 적용 범위가 넓으며, 적은 유량을 가감하는 경우 소요동력은 적어도 운전에 지장이 없다. 또 흡입성능도 우수하고 공동현상(cavitation)이 잘 발생하지 않는다. 구조적으로 날개는 견고하지만 원심실이 크고 반경 및 축방향으로도 장소를 차지한다. 일반적으로 사류펌프는 수중베어링을 가지지만 원심펌프는 수중베어링를 필요로 하지 않으므로 보수가 쉽다. 주로 상하수도용, 농업용, 공업용 등에 사용된다.

② 사류펌프(mixed-flow pump)

사류펌프는 원심펌프와 축류펌프의 중간형태로 물이 축방향에서 유입하여 축방향과 경사를 두고 유출되며, 회전차의 작용은 원심력과 양력에 의하여 양수되는 펌프이다. 그 특성은 원심펌프와 축류펌프의 중간특성을 가지며, 양정변화에 대하여 수량변동이 적고 또 수량변동에 대해 동력의 변화도 적어 우수용의 펌프 등 수위변동이 큰 곳에 적합하다. 구조적으로는 축방향으로 길게 되지만 일반적으로 원심펌프보다 소형이다. 흡입성능은 원심펌프보다 떨어지지만 축류펌프보다는 우수하다. 최근에 원심사류형 펌프의 사용빈도가 많아졌지만, 이 형식의 펌프는 사류펌프와 다르게 안내날개가 없이 회전차를 개방형으로 하면 이물질로 인한 폐쇄가 적다. 또 횡축형으로 조의 바깥에 설치하는 방식으로 하면 주요 부분이 수중에 있는 압축사류펌프에 비해 부식이 적고 유지관리가 쉽다. 주로 상하수도용, 냉각수 순환용, 농업용, 도크배수용 등에 사용된다.

③ 축류펌프(axial-flow pump)

축류펌프는 회전차의 날개가 크고 넓으며 선풍기와 같은 형상이다. 날개 형상의 특성상 입구와 출구에서의 원주속도는 같기 때문에 상대속도(양력)에 의하여 유체에 압력에너지 및 속도에너지를 공급하고, 유체는 회전차속을 축방향에서 유입되어 축방향으로 유출한다. 특히 고유량 저양정에 적합하고, 고속운전에 적합하여 형태가 작다. 효율 면에서 대형은 원심펌프보다 훨씬 좋고, 운전동력비도 절감된다. 양정변화에 따른 유량변화가 적고 효율저하도 적다. 회전수를 높게 할 수 있으므로, 사류펌프보다 소형으로 되며 전양정이 4 m 이하인 경우에는 축류펌프가 경제적으로 유리하다. 그러나 축류펌프는 규정양정의 130% 이상이 되면 소음 및 진동이 발생하여 축동력이 급속하게 증가해서 과부하로 되기 쉬우므로 수위변동이 현저한 경우에는 이 점에 유의해야 한다. 또 체절운전이 불가능하고 흡입성능이 낮으며 효율폭이 좁다. 주로 증기터빈 복수기의 순환용, 농업용, 상하수도용 등에 사용된다.

④ 스크류펌프(screw pump)

스크류펌프는 스크류형의 날개를 용접한 속이 빈 축을 상부 및 하부의 수중베어링으로 지지하고 수평에 대해 약 30도 경사인 U자형 드럼통 속에서 회전시켜 하부로부터 양수하는 펌프이다. 개방형인 이 펌프는 협잡물에 의한 폐쇄가 없으며, 유지보수가 용이한 장점이 있다(그림 11－3). 일반적으로 최대양정은 그 구조상으로부터 약 8 m가 한도이고, 효율은 평균 75～80% 정도이며 회전수가 낮아 분당 100회 이하이다. 그러나 펌프가 크고, 토출부의 수로를 압력관으로 할 수 없는 단점이 있다. 이 펌프는 하수원수(raw sewage) 양수장, 반송슬러지(return activated sludge) 라인, 우수펌프(stormwater pumping) 및 침수제어용의 토지배수(land drainage)에 주로 사용된다.

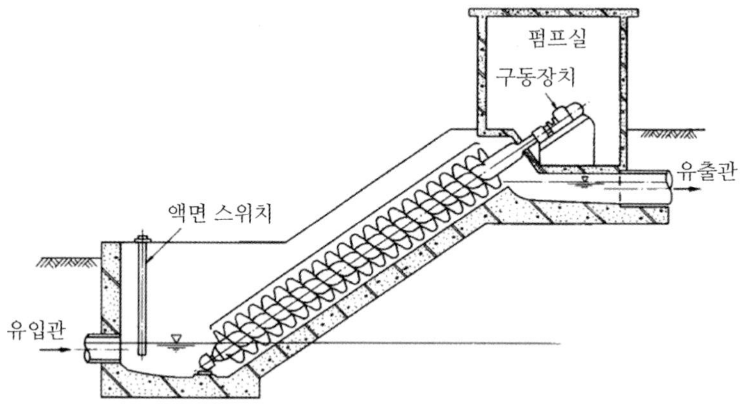

그림 11－3 **스크류펌프 예**

⑤ 특수펌프(special effect pump)

특수펌프로는 고 부유물 함유 생하수나 슬러지의 양수에 사용되는 노즐형(jet, ejector), 공기배수기(pneumatic ejector), 공기양수형(gas lift/air lift)(유량조절이 어려움, 주로 현장시료채취용), 수압자동형(hydraulic ram) 및 전자기(electromagnetic)펌프 등이 있다.

표 11－2에는 하수처리에 적용되는 각종 펌프의 흡입양정과 고형물질의 최대입경 및 적용 예를 나타내고 있다. 그림 11－4는 각종 펌프 모양을 간략히 나타내었다.

표 11－2 **하수처리에 적용되는 펌프의 흡입양정과 고형물질의 최대입경(WEF, 1992)**

펌프 종류	최대흡입양정 (m)	고형물질의 최대입경 (cm)	전형적인 적용 예
Centrifugal, 2-port, nonclog	4.6	> 7.6	하수 1차 슬러지 2차 슬러지 처리수
Centrifugal, clear water	4.6	< 2.5	청소수 거품제거용수 염소주입 약품분해용수
Centrifugal, vortex flow	4.6	> 7.6	슬러지반송 grit 제거
Mixed flow	4.6	> 7.6	하수 슬러지반송 반송수
Axial flow	9	< 2.5	처리수
Air lift	3.0	> 7.6	하수 반송슬러지
Grinding	3.0	Not applicable	하수 슬러지
Archimedean screw	0	> 15	하수 반송슬러지
Positive displacement, plunger, rotary, and diaphragm	6.7	Consult manufacturer	1차 슬러지 농축슬러지 소화슬러지 약품슬러지 약품주입

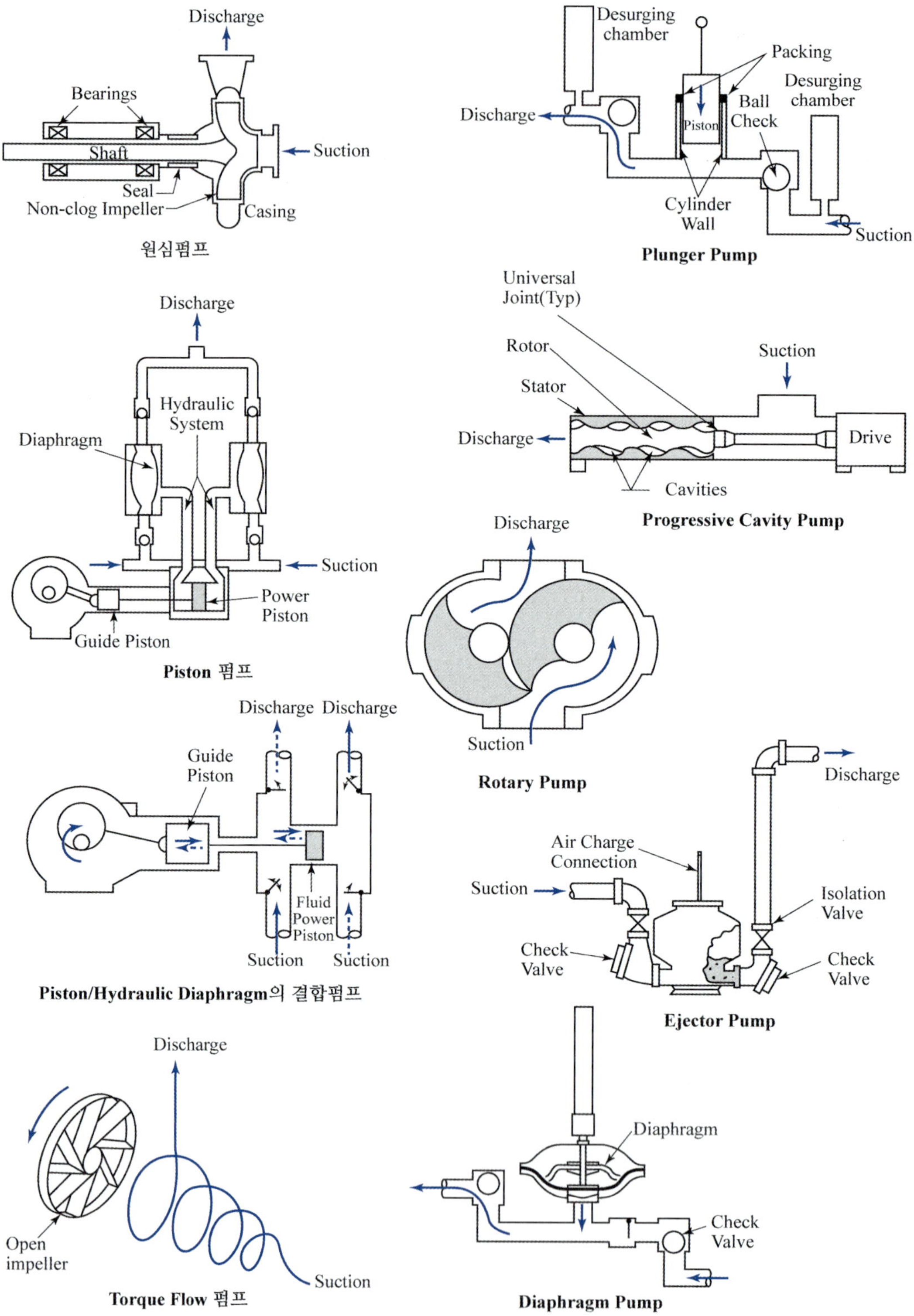

그림 11-4 각종 펌프 모양(최의소, 2003)

(2) 펌프 크기

펌프 크기는 구경(diameter)에 의해 표시되어 흡입구경과 토출구경이 다른 경우는 양자를 같이 표기하고, 같은 경우에는 하나의 구경으로 나타낸다. 요즈음 와류펌프의 효율을 좋게 하기 위하여 와류(볼류트)실을 적게 하여 실내의 유속을 빠르게 하고 양정이 높아지는 만큼 와류실 토출구경을 모두 작게 한다. 따라서 와류펌프에서는 양정이 높을수록 토출구경은 흡입구경보다 작게 한다. 사류 및 축류펌프는 낮은 양정에 사용되는 것으로 양구경이 서로 다른 경우는 적고, 같은 경우가 많다. 압축형의 사류 및 축류펌프는 흡입구가 나팔모양으로 되어 있으므로 토출구경으로 표시한다. 펌프의 흡입구경은 펌프의 토출량을 기준으로 해서 흡입구의 유속에 따라 다음 식에 의해 정한다.

$$D = 146 \times \sqrt{\frac{Q}{V}}$$

여기서, D: 펌프의 흡입구경(mm), Q: 펌프의 토출량(m^3/min), V: 흡입구의 유속(m/sec)

펌프흡입구의 유속은 1.5~3.0 m/s를 표준으로 하지만, 흡입실의 양정 또는 흡입 측 손실수두가 큰 경우 또는 온도가 높은 물 등의 경우는 흡입조건을 좋게 하기 위하여 유속을 느리게 한다.

원심펌프에서는 토출구경은 토출량뿐만 아니라 양정에 의해 변하고 흡입구경에 따라 1단 또는 2단의 소구경으로 되므로 전양정, 비교회전도 및 제조회사의 제조기준 등을 고려하여 정한다. 토출 측 관경과 펌프의 토출구경이 다른 경우는 무리해서 같게 하지 말고 확대관으로 접속하는 것이 좋다. 사류 및 축류펌프에서는 일반적으로 토출구경은 흡입구경과 같게 된다.

(3) 전양정

펌프의 전양정(TDH, total pump/dynamic head)은 실양정과 펌프에 부수된 흡입관, 토출관 및 밸브의 손실수두를 고려하여 다음 식에 의하여 결정된다. 이때 실양정은 펌프의 토출수면과 흡입수면과의 차이를 의미하며, 이 식에서 흡입실양정은 흡상(펌프가 수면 위에 위치할 경우)인 경우는 (−) 그리고 압입(펌프가 수면 아래 위치할 경우)인 경우는 (+)로 작용한다.

$$H = h_a + h_{pv} + h_o$$

여기서, H: 전양정(m)

h_a: 실양정(m)(= 총 정수두 H_{stat})

h_{pv}: 흡입 및 토출관의 손실수두의 합(m)(= 총 손실수두, h_f, h_m)

h_o: 토출관 말단의 잔류속도수두(m)

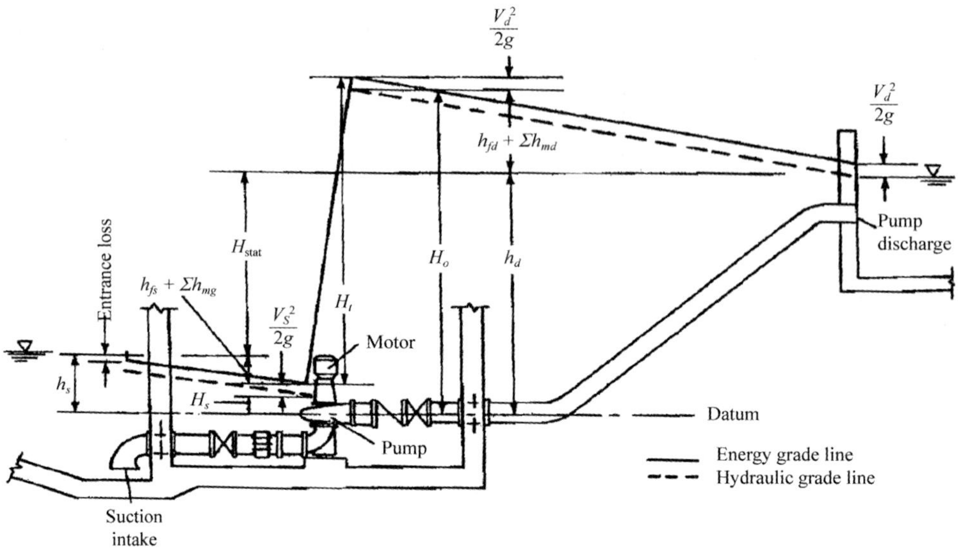

그림 11－5 **펌프 수두의 표현(Metcalf and Eddy, 1981)**

정수두(Static head): $H_{stat} = h_d - h_s = \frac{p_d}{r} - \frac{p_s}{r}$

흡입 정수두(Static suction head): h_s

토출 정수두(Static discharge head): h_d

마찰손실수두(friction head losses - suction/discharge): h_{fs}, h_{fd}

Darcy-Weisbach equation($S = \frac{h_f}{L} = \frac{8fQ^2}{\pi^2 g D^5}$)

Hazen-Williams equation($S = \frac{h_f}{L} = \frac{10.7Q^{1.85}}{C^{1.85}D^{4.87}}$)

미소수두(minor head losses - suction/discharge): h_{ms}, h_{md}

$$h_m = f\frac{V^2}{2g}, \quad f\text{: head loss coefficient}$$

속도수두(velocity heads by kinetic energy - suction/discharge): $\frac{V_s^2}{2g}$, $\frac{V_d^2}{2g}$

그림 11－5는 두 지점 사이에 위치한 일반적인 펌프의 설치 예가 나타나 있다. 흡입부(suction)와 토출부(discharge) 두 지점에 대하여 베르누이 방정식(Bernoulli's equation)을 적용하면 이상의 전양정식을 유도할 수 있다. 이 식에서 관로의 손실계수(f)는 직관(f_f), 곡관(elbow, f_b),

흡입구(suction flare, f_i), 토출구(outfall flare, f_0), 밸브류(gate, foot, check, flap, butterfly valve), 축소관(reducer, f_r), 확대관(enlarger, f_e) 등에 따라 구분된다(표 11-3).

$$H_t = \left(\frac{P_d}{r} - \frac{P_s}{r}\right) + \left(\frac{V_d^2}{2g} - \frac{V_s^2}{2g}\right) + (Z_d - Z_s)$$

여기서, $Z_d = Z_s$(기준면이 동일하다고 가정)

$$H_t = H_D - H_s + \frac{V_d^2}{2g} - \frac{V_s^2}{2g}$$

여기서, H_D(discharge head) = $h_d + h_{fd} + \Sigma h_{md}$

H_s(suction head) = $h_s - h_{fs} - \Sigma h_{ms} - \frac{V_s^2}{2g}$

$$\begin{aligned}H_t &= H_D - H_s + \frac{V_d^2}{2g} - \frac{V_s^2}{2g} \\ &= h_d + h_{fd} + \Sigma h_{md} - \left(h_s - h_{fs} - \Sigma h_{ms} - \frac{V_s^2}{2g}\right) + \frac{V_d^2}{2g} - \frac{V_s^2}{2g} \\ &= (h_d - h_s) + (h_{fd} + f_{fs}) + (\Sigma h_{md} + \Sigma h_{ms}) + \frac{V_d^2}{2g} \\ &= \left(\frac{P_d}{r} - \frac{P_s}{r}\right) + (h_{fd} + h_{fs}) + (\Sigma h_{md} + \Sigma h_{ms}) + \frac{V_d^2}{2g} \\ &= H_{stat} + (h_{fd} + h_{fs}) + (\Sigma h_{md} + \Sigma h_{ms}) + \frac{V_d^2}{2g}\end{aligned}$$

전양정 = 총 정수두(실양정) + 총 마찰손실수두(h_f) + 총 미소손실수두(h_m)
+ 속도수두(토출관)

여기서, $h_{md},\ h_{ms} = f \times \frac{V_d^2}{2g}\left(\text{or } \frac{V_s^2}{2g}\right)$

$h_{fd},\ h_{fs} = f \times \frac{l}{D} \times \frac{V_d^2}{2g}\left(\text{or } \frac{V_s^2}{2g}\right)$

표 11-3 관로손실 계산 시 $f(k)$값

항목	k값	항목	k값
Butterfly value(full open)	0.25(> 16 in diameter)	Return bend	
	0.35(< 12 in diameter)	Screwed ends	2.2
Gate value(full open)	0.12(> 16 in diameter)	Flanged ends	
	0.20(< 12 in diameter)	Regular	0.38
Plug valve(screwed end)	0.85	Long radius	0.25
Diaphram valve	2.3	Regular Y branches	
Check valve		(flow in the branches)	0.5 ~ 0.75
Swing type	0.6 ~ 2.3	Sudden contraction	
Silent check	2.5 ~ 3.3	d/D = ¼	0.42
Glove valve	4.0	d/D = ½	0.35
Ball valve	0.15	d/D = ¾	0.19
Foot valve(excluding strainer)	0.8	Note: v는 분지관에서 사용	
90° Elbow(flanged ends)		Sudden enlargement	
Regular	0.2 ~ 0.3	d/D = ¼	0.92
Long radius	0.15 ~ 0.25	d/D = ½	0.35
90° Elbow(screwed ends)		d/D = ¾	0.19
Short	0.9	Note: V is in smaller pipe	
Medium	0.75	Entrance loss	
45° Elbow		Inward projecting	0.75
Regular(screwed)	0.3 ~ 0.45	Sharp cornered	0.5
Long radius(flanged)	0.18 ~ 0.2	Rounded	0.25
22.5° Elbow(flanged)	0.10 ~ 0.12	Bellmounted	0.10
Mitter bends(large size,		Outlet loss	
welded ends)		Sudden enlargement	0.1
90	0.25 ~ 0.36	Bellmounted	0.1 ~ 0.2
45	0.15 ~ 0.2	Tee(same sizes, same flow rate)	
22.5	0.07 ~ 0.12	90° trun	1.1 ~ 1.5
		Run of tee	0.2d ~ 0.5
		Siphon	2.8
		Increaser	0.25
		note: $h = 0.25\frac{v_1^2 - v_2^2}{2g}$	
		where v_1= velocity in smaller pipe	
		v_2= velocity in larger pipe	
		Reducer	
		Bushing	1.4
		Regular	0.25

(4) 펌프의 축동력, 효율 및 원동기의 출력산정

펌프의 축동력은 토출량, 전양정 및 펌프효율에 의해 다음 식으로 표현된다. 펌프의 효율은 펌프의 형식과 토출량에 의해 다르지만, 표 11-4를 표준으로 한다. 그러나 대구경의 펌프에서는 축형식과 회전차형식에 의해 다소 차이가 있다.

$$P_s = \frac{r \cdot Q \cdot H_t}{E_P}\text{(as kW), or } \frac{1000 \cdot Q \cdot H_t}{E_P \times 75}\text{(as HP)}$$

$$P = \frac{P_s(1+\alpha)}{E_m}$$

여기서, P_s: 축동력(kW, kN · m/s or HP)(1 N = 1 kg · m/sec²)

P: 원동기출력(kW, kN · m/s or HP)

r: 물의 비중(kN/m³)

Q: 토출량(CMS)

H_t: 총양정(TDH)(m)

E_P: 펌프의 효율(출력/입력, 60~85%)

E_m: 모터의 효율(90~98%)

α: 여유동력(+10~35%)

표 11-4 **펌프의 효율**

(a) 입축축류펌프

구경(mm)	400	500	600	700	800	900	1000
효율(%)	70	72	75	76	77	78	79
구경(mm)	1,200	1,350	1,500	1,650	1,800	2,000	
효율(%)	80	80	81	81	83	83	

(b) 입축사류펌프

구경(mm)	400	450	500	600	700	800	900
효율(%)	72	74	75	78	79	80	81
구경(mm)	1,000	1,200	1,350	1,500	1,650	1,800	2,000
효율(%)	82	83	83.5	84	84	84	85

(c) 수중펌프

구경(mm)	300	400	500
효율(%)	70	73	74

(5) 펌프특성곡선

펌프특성곡선(pump characteristic curve, pump head-capacity curve)은 각 펌프종류에 따른 고유특성을 나타내는 지표로 펌프제조회사가 제공한다. 이는 일정 양수량에 관한 특정동력요구량(kW: brake horsepower. BHP, P_s), 효율(%) 및 양수고(m)의 상관관계 곡선을 나타낸 것으로 그림 11－6과 같다.

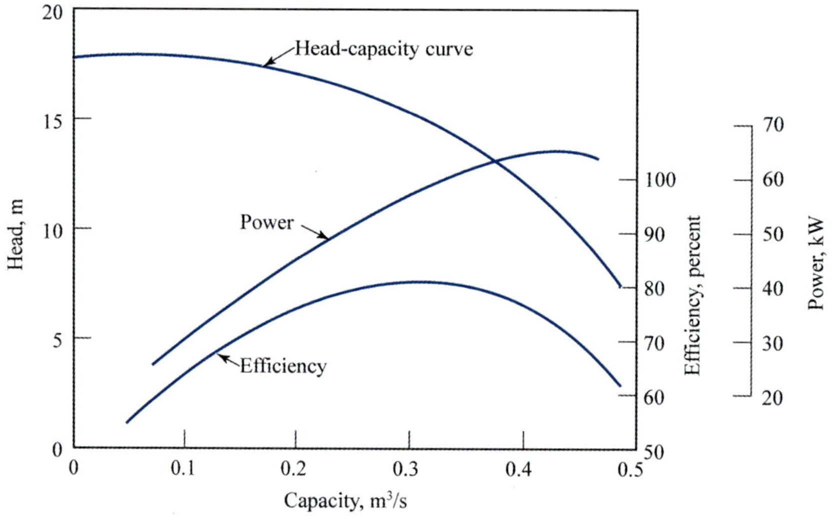

그림 11－6 펌프특성곡선 예

(6) 시스템 수두곡선

시스템 수두곡선(system head-capacity curve)은 저항곡선이라고도 하는데, 펌프를 설치하고자

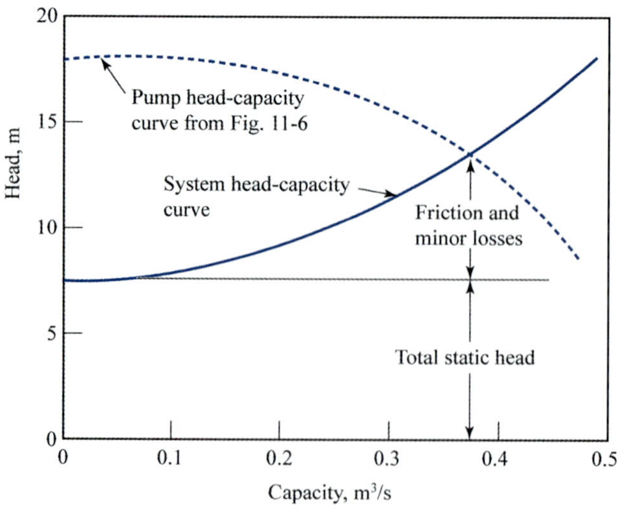

그림 11－7 시스템 수두곡선 예

하는 지점의 특성을 표현한 곡선으로 총 정수두와 마찰손실 및 미소수두의 합으로 표현된다(그림 11－7). 만약 동일한 펌프를 두 대 이상 연결할 경우 이 곡선은 직렬운전(serial operation) 시 펌프의 양정허용곡선에 대하여 TDH축으로 2배 증가되는 형태를 가지게 되고, 병렬운전(parallel operation) 시에는 펌프의 양정허용곡선에 대하여 Q 쪽으로 2배 증가시키면 된다.

예제 11－1) 펌프설치를 위한 수두와 에너지 요구량 결정

펌프가 하수를 0.5 m^3/s 속도로 배출한다. 토출 노즐(discharge nozzle)의 직경은 350 mm이고 흡입 노즐(suction nozzle)의 직경은 400 mm이다. 펌프 중심선에 위치한 토출부의 압력은 125 kN/m^2이다. 펌프 중심선에서 0.6 m 아래에 위치한 흡입부의 압력은 10 kN/m^2이다. 이때 (1) 베르누이 방정식을 이용하여 펌프의 수두, (2) 펌프에 필요한 동력(power), (3) 모터를 가동하기 위한 동력을 각각 결정하라(단, 펌프 효율은 82%이고 모터 효율은 91%로 가정한다).

풀이)

1. 베르누이 방정식을 이용하여 펌프수두를 구하고 관련 자료를 이용하여 펌프 중심을 결정하여라.

a. 베르누이 방정식

$$H=\frac{P_d}{\gamma}+\frac{V_d^2}{2g}+z_d-\frac{P_s}{\gamma}-\frac{V_s^2}{2g}-Z_s$$

b. 베르누이 방정식의 각 구간 값을 구한다.

$$\frac{P_d}{\gamma}=\frac{125{,}000\ \mathrm{N/m^2}}{9{,}810\ \mathrm{N/m^3}}=12.74\ \mathrm{m}$$

$$V_d=\frac{Q_d}{A_d}=\frac{0.5\ \mathrm{m^3/s}}{(\pi/4)(0.35\ \mathrm{m})^2}=5.2\ \mathrm{m/s}$$

$$\frac{V_d^2}{2g}=\frac{(5.2\ \mathrm{m/s})^2}{2(9.81\ \mathrm{m/s^2})}=1.38\ \mathrm{m}$$

$Z_d=0$(펌프 중심선에 게이지 위치)

$$\frac{P_s}{\gamma}=\frac{10{,}000\ \mathrm{N/m^2}}{9{,}810\ \mathrm{N/m^3}}=1.02\ \mathrm{m}$$

$$V_s=\frac{0.5\ \mathrm{m^3/s}}{(\pi/4)(0.40\ \mathrm{m})^2}=3.98\ \mathrm{m/s}$$

$$\frac{V_s^2}{2g}=\frac{(3.98\ \mathrm{m/s})^2}{2(9.81\ \mathrm{m/m^2})}=0.81\ \mathrm{m}$$

$Z_s=-0.6\ \mathrm{m}$

c. 수두를 결정하기 위해 베르누이 방정식에 각 계산 값들을 대입한다.

$$H = 12.74\ \text{m} + 1.38\ \text{m} + 0 - 1.02\ \text{m} - 0.81\ \text{m} - (-0.6\ \text{m}) = 12.89\ \text{m}$$

2. 펌프(P_i)에 의해 요구되는 동력을 결정한다.

$$P_i = \frac{(9.810\ \text{kN/m}^3)(0.5\ \text{m}^3/\text{s})(12.89\ \text{m})}{0.82}$$
$$= 77.1\ \text{kW}\ (103.4\ \text{HP})$$

3. 모터(P_m)에 들어가는 요구동력을 결정한다.

$$P_m = \frac{77.1}{E_m} = \frac{77.1}{0.91}$$
$$= 84.7\ \text{kW}\ (113.4\ \text{HP})$$

(Note: kW×1.3410=HP)

(7) 원심펌프의 회전수 표준특성

원심펌프의 특성은 회전수(rotational speeds)에 의해 다음과 같이 정의할 수 있는데, 회전수의 변화에 따라 펌프운전특성을 예측할 수 있다.

① 유량, 수두 및 동력계수(flow, head and power coefficients)

이 계수들은 Buckingham(1915)에 의한 차원해석법에 따라 다음과 같이 표현될 수 있다.

$$C_Q = \frac{Q}{ND^3},\ C_H = \frac{H}{N^2D^2},\ C_P = \frac{P}{N^3D^5}$$

여기서, C_Q, C_H, C_P : coeff. of flow, head, power

Q : capacity

N : speed, rev/min

D : impeller diameter

H : head

P : power input

② 상사법칙(affinity laws)

펌프를 규정회전수 N_1 이외의 회전수 N_2로 운전하는 경우, 표준특성은 아래 식과 같이 변화한다. 동일한 직경을 가진 두 펌프가 서로 상이한 속도로 움직일 때 이 식은 유량, 수두 및 압력에 대해 속도변화로 인한 영향을 결정할 수 있다. 이 식들은 $N_2/N_1 = 0.8 \sim 1.2$의 범위에서 적용된다. 축류펌프의 경우는 회전차의 날개 각도를 변화시켜 최고효율을 변화시키지 않고 펌프의 표준특성을 바꿀 수 있는데, 단 최고효율점의 위치는 이동하기 때문에 주의해야 한다.

$$\frac{Q_1}{Q_2} = \frac{N_1}{N_2},\ \frac{H_1}{H_2} = \frac{N_1^2}{N_2^2},\ \frac{P_1}{P_2} = \frac{N_1^3}{N_2^3}$$

여기서, Q_1, H_1, P_1: 규정회전수(N_1) 기준에 의한 토출량, 전양정, 축동력

Q_2, H_2, P_2: 회전수(N_2)에 의한 값

③ 회전차 직경(impeller diameter)과 상관관계

다음 식에 나타난 바와 같이 회전차의 직경변화에 의해 경제적으로 광범위한 유량범위를 제공할 수 있으나, 상사법칙에 비해 정확도가 떨어진다.

$$\frac{Q_1}{Q_2} = \frac{D_1}{D_2},\ \frac{H_1}{H_2} = \frac{D_1^2}{D_2^2},\ \frac{P_1}{P_2} = \frac{D_1^3}{D_2^3}$$

펌프의 양수량은 이러한 상사법칙에 의한 펌프의 회전수를 조절하거나 토출밸브의 개방도 조절(펌프의 시스템 수두곡선 조절)에 의해 조절할 수 있다.

(8) 비회전도

비회전도(specific speed, N_s)는 크기와 종류가 서로 다른 회전차(임펠러)가 일정한 양의 Q와 H로 양수하는 데 필요한 회전수(즉, 1 m^3/min의 토출량을 1 m 양수하는 데 필요한 회전수)로 정의된다. 이는 펌프의 형식을 표현하는 중요한 지표가 되며, 펌프의 구조와 성능에 따라 최적의 범위가 주어진다. 펌프는 계획조건에 가장 적합한 표준특성을 가지도록 비회전도를 정해야 한다.

$$N_s = \frac{C_Q^{1/2}}{C_H^{3/4}} = \frac{(Q/ND^3)^{1/2}}{(H/N^2D^2)^{3/4}} = N \times \frac{Q^{1/2}}{H^{3/4}}$$

여기서, N_s: 비회전도

N: 펌프의 규정 회전수(rpm)

Q: 펌프의 규정 토출량(m^3/min)

H: 펌프의 규정 양정(m)

일반적으로 N_s가 작으면 유량이 적은 고양정의 펌프(원심펌프, 고층건물옥상으로 양수 시)가 되고, N_s가 크면 유량이 많은 저양정의 펌프(축류형 펌프, 관개용 수로에서 농경지로 배수

표 11-5 전양정에 대한 펌프의 형식

전양정(m)	형식	펌프구경(mm)
5 이하	축류펌프	400 이상
3~12	사류펌프	400 이상
5~20	원심 사류펌프	300 이상
4 이상	원심펌프	80 이상

표 11-6 펌프의 형식과 비교회전도(N_s)와의 관계

형식		N_s
터빈펌프	1단식 편흡입 및 양흡입형 다단식	100~250 100~250
원심펌프	1단식 편입흡형 1단식 양흡입형 다단식	100~450 100~750 100~200
사류펌프		700~1,200
축류펌프		1,100~2,000

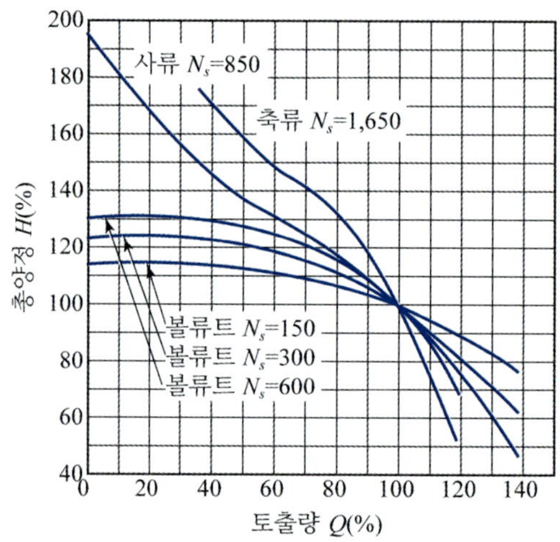

그림 11-8 펌프의 표준특성(양정)곡선

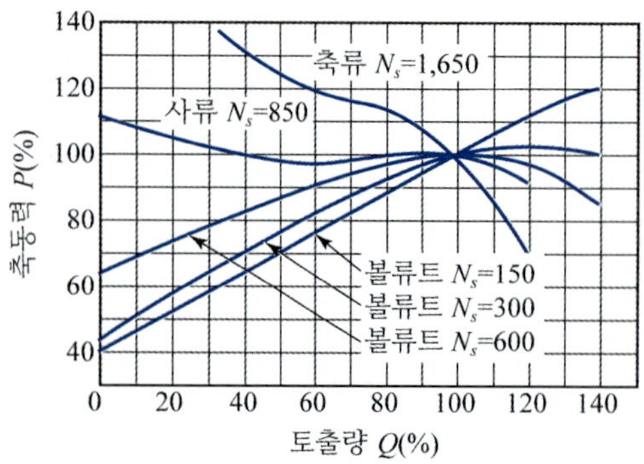

그림 11-9 펌프의 표준특성(축동력)곡선

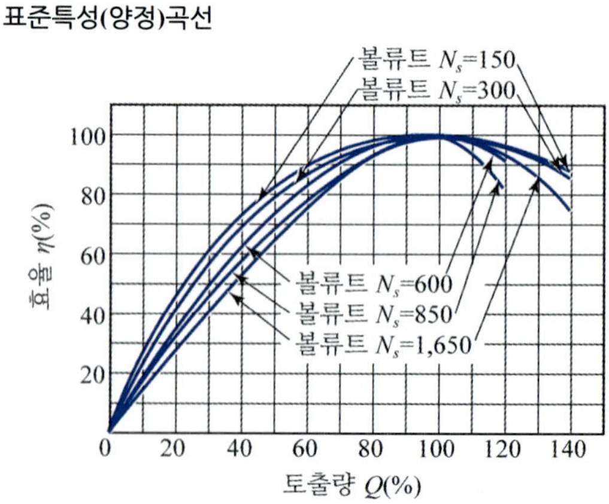

그림 11-10 펌프의 표준특성(효율)곡선

표 11-7 고양정 펌프의 비회전도 특성

번호	1	2	3	4	5	6	7
회전차의 형식	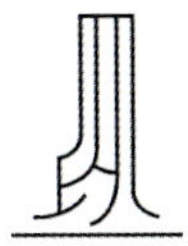						
n_s의 범위	80~120	120~250	250~450	450~750	700~1000	800~1200	1200~2200
n_s가 잘 사용되는 값	100	150	350	550	800	1100	1500
흐름에 의한 분류	반경류형 radial	반경류형	혼류형 mixed flow	혼류형	사류형	사류혈	축류형
전양정(m)	30	20	12	10	8	5	3
양수량 L/sec (m^3/min)	133 (8 이하)	167 (10 이하)	167~1670 (10~100)	167~5000 (10~300)	133~3000 (8~200)	133~6000 (8~400)	133 (8 이상)
펌프의 명칭	고양정 원심펌프	고양정 원심펌프	중양정 원심펌프	저양정 원심펌프	사류펌프	축류펌프	축류펌프
	터빈	터빈 볼류트	볼류트	양흡입 볼류트			

시)가 된다. 또 수량(Q) 및 전양정(TDH)이 같다면 회전수가 많을수록 N_s가 크게 된다. N_s가 클수록 흡입성은 떨어지고, 공동현상(cavitation)이 발생하기 쉬우며, 150 이하의 N_s에서는 효율이 급격히 저하된다.

펌프는 흡입실양정 및 토출량을 고려하여 전양정에 따라 표 11-5를 표준으로 한다. 통상적으로 펌프의 형식과 N_s와의 관계는 표 11-6과 같은데, N_s가 어느 형식에도 취할 수 있는 경우에는 사용조건 등에 의해 가장 적당한 것을 선택한다. 회전수가 일정할 때에 N_s가 변하거나 펌프의 형식이 다르면 펌프의 표준특성을 나타내는 특성곡선의 형태도 변하지만 그 상황은 그림 11-8에서 그림 11-10과 같다. 고양정 펌프의 비회전도 특성은 표 11-7과 같다.

(9) 공동현상

액체는 온도가 올라가거나 압력이 떨어지면 기화(gasification)하는 특성이 있으며, 포화증기압(vapor pressure)이란 일정온도에서 압력이 감소될 때 기체로 증발하는 압력의 한계를 말한다. 펌프의 경우 임펠러 입구에서 압력이 가장 낮아지는데, 이 압력이 포화증기압 이하로 떨어지면 양수되던 액체가 기화하여 공동(vapor bubbles)이 발생하며, 발생된 공동이 고압부분으로 돌입하면 순간적으로 소멸되면서 주위에 액체가 유입되고 액체에 의한 충격(hammering action)이 발생하게 된다.

펌프는 토출량, 전양정, 회전수에 의해 흡입실양정에 한계가 있으며, 그 한계 이상으로 되면 이러한 공동현상(cavitation)이 발생한다. 펌프 내에서 공동현상이 발생하면 그 성능(펌프의 용량 및 효율)을 현저하게 저하시키고 임펠러의 파손과 소음진동을 유발시키므로 반드시 주의를 요한다. 따라서 펌프의 순흡입양정(NPSH, net positive suction head, h_{SV}), 즉 흡입실양정은 가능한 한 작게 하는 편이 좋다. 필요한 순흡입양정(required NPSH, $NPSH_R$)보다 시스템에서의 유효순흡입양정(available NPSH, $NPSH_A$)이 크면 공동현상이 발생하게 된다. 따라서 원심펌프의 흡입실양정 5 m 이하를 표준으로 하고, 될 수 있으면 이보다 작게 하는 것이 좋다. 특히 사류 및 축류펌프는 원심펌프보다 흡입성능이 떨어지므로 흡입실양정은 사류펌프의 경우 4 m 이하로, 축류펌프에서는 2 m 이하를 표준으로 한다.

펌프의 흡입실양정 및 회전수는 공동현상을 피하기 위하여 토출량 및 전양정과의 관계를 충분히 고려하여 정해야 한다. 펌프가 공동현상을 일으키지 않으면서 운전하기 위해서는 시설에서 이용할 수 있는 유효흡입수두가 어느 한도 이상인 것이 필요하다. 시설로부터 이용가능한 유효흡입수두(H_{sv}, $NPSH_A$)는 다음 식으로 나타난다.

$$\begin{aligned} H_{sv} &= H_s + H_a - H_p - H_L \\ &= H_s + \frac{P_{atm}}{\gamma} - \frac{P_{vapor}}{\gamma} - H_L \\ &= h_s - h_{fs} - \sum h_{ms} - \frac{V_s^2}{2g} + \frac{P_{atm}}{\gamma} - \frac{P_{vapor}}{\gamma} - H_L \end{aligned}$$

또는 베르누이 방정식으로부터

$$NPSH_A = \frac{P_s}{\gamma} + \frac{V_s^2}{2g} + Z_s + \frac{P_{atm}}{\gamma} - \frac{P_{vapor}}{\gamma}$$

여기서, H_{sv}: 시설에서 이용가능한 유효흡입수두(m)

H_s: 흡입실양정(m)(흡입인 경우는 −, 압입인 경우는 +)

H_a: 대기압(atm)을 수두로 나타낸 것(10,332 kg/m^2, 10.3 m)

H_p: 수온에서의 포화수증기압을 수두로 나타낸 것(m)(표 11−8 참조)

(포화증기압 = H_{vaper} × 10^3 kg/m^2)

H_L: 흡입관내의 손실수두(m)

γ: specific weight of water, N/m^3

표 11-8 **수온과 포화수증기압(H_p)**

수온(℃)	0	5	10	15	20	25	30	35	40	45	50
H_p(m)	0.062	0.089	0.125	0.174	0.238	0.323	0.433	0.573	0.752	0.977	1.258
(Pa)	608	872	1225	1705	2332	3165	4243	5615	7370	9575	12328

이 식에서 흡입실양정(H_s)은 흡입수면으로부터 펌프의 회전차 흡입 최상위까지 수직거리이며, 펌프가 공동현상에 대해 안전하기 위해서는 시설상으로부터 이용가능한 유효흡입수두(H_{sv}, NPSHA)가 펌프가 필요로 하는 유효흡입수두(h_{sv}, NPSHR)보다 커야 한다. 펌프가 필요로 하는 유효흡입수두라 함은 펌프가 공동현상을 일으키지 않으면서 물을 회전차 입구의 최상위에 이르는 최소의 수두로서 다음 식으로 나타낸다.

$$h_{sv} = \sigma \times H_t$$

여기서, h_{sv}: 펌프가 필요로 하는 유효흡입수두(m)

σ: 공동현상계수(Thoma's cavitation constant, N_s의 함수)

H_t: 펌프의 전양정(다단펌프의 경우는 제1단의 회전차가 갖는 양정)(m)

공동현상계수 σ는 일반적으로는 펌프의 비회전도(N_s)의 함수로 표시되며, 그 관계는 그림 11-11과 같다. 펌프의 전양정, 토출량 및 회전수가 변하면 h_{sv}값도 다르게 된다. 일반적으로 펌프의 운전은 반드시 계획수량으로 이루어지는 것으로 한정되지 않고, 계획수량보다 작든가

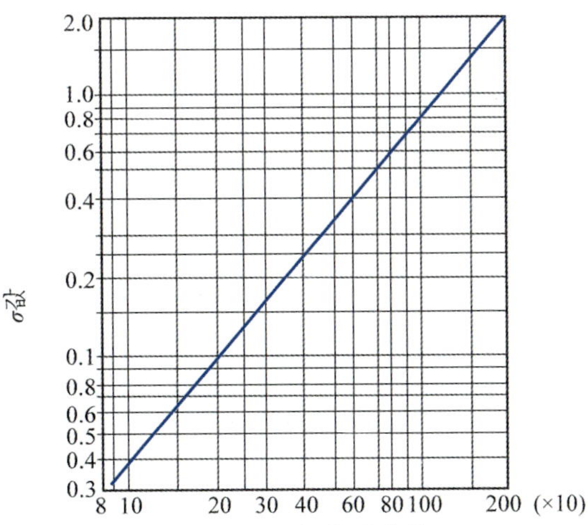

그림 11-11 **N_s와 σ와의 관계**

또는 큰 수량으로 운전하는 경우가 많으므로 실제 계획에서는 $H_{sv}-h_{sv}$=1～1.5 m 정도의 여유를 가지도록 한다.

예제 11-2) 펌프의 유효흡입수두 산정

공동현상계수가 0.3이며, 전양정이 40 m일 때 최대 유효흡입수두를 결정하라. 펌프는 해수면과 동일한 높이에서 가동되며, 온도는 25℃이다.

풀이)

1. 요구되는 $NPSH_R$과 허용가능한 $NPSH_A$를 동일하게 설정함으로써 다음과 같은 식을 유도할 수 있다.

$$\sigma = \frac{h_a - h_{fs} - \Sigma h_{ma} - V_s^2/2g + P_{atm}/\gamma - P_{vapor}/\gamma}{H_t}$$

그러나 이 식의 처음 4개 요소는 H_s로 치환될 수 있다. 즉, 다음과 같다.

$$\sigma = \frac{H_s + P_{atm}/\gamma - P_{vapor}/\gamma}{H_t}$$

$$H_s = \sigma H_t - P_{atm}/\gamma + P_{vapor}/\gamma$$

2. 이로부터 알고 있는 값들을 구하고 H_s를 결정한다.

σ= 0.3

H_t= 40 m

P_{atm}= 101.3 kN/m^2 at 25℃

P_{vapor}= 3.17 kN/m^2 at 25℃

γ = 9.78 kN/m^3 at 25℃

$$H_s = 0.3(40\text{ m}) - \frac{101.3\text{ kN/m}^2}{9.78\text{ kN/m}^3} + \frac{3.17\text{ kN/m}^2}{9.78\text{ kN/m}^3}$$
$$= 12.0\text{ m} - 10.0\text{ m} = 2.0\text{ m}$$

참고) H_s는 양수이므로, 펌프 회전차(impeller)의 중심선과 관련하여 유입부 노즐의 수두는 2 m가 되어야 한다. 그러므로 회전차의 중심선은 배수조(sump) 내의 수위 아래 최소 2 m 아래에 위치하여야 한다.

(10) 수격작용

일반적으로 펌프 토출관은 압력관이다. 따라서 정전 등에 의해 급정지할 경우 관내를 흐르고 있던 유체는 갑작스러운 유속감소로 정지상태가 되어 결국 역류하게 되며, 그 사이에 관내압력은 크게 상승 또는 하강한다. 이러한 현상을 수격작용(water hammer)이라 하는데, 공동(cavitation)이 발생된 곳에서 물이 재충할 때 충격압을 야기하거나 펌프를 급가동하거나 또는 토출 측 밸브를 급격히 개폐할 경우에도 일어날 수 있다. 다음과 같은 경우는 반드시 수격작용의 분석을 하는 것이 바람직하다.

- 관내유량이 115 m^3/h 이상이고, 동력학적 수두가 14 m 이상인 경우
- 역지밸브(check valve)를 가지고 있는 고양정 펌프시스템
- 수주분리가 일어날 수 있는 시설, 즉 고위점이 있는 시설, 압력관으로 자동공기배출구나 공기진공밸브가 있는 시설과 관 길이가 100 m 이상인 경우

수격작용을 방지 또는 줄이는 데는 다음과 같은 방법이 있는데, 그 정도에 따라 다음 중 적합한 방법을 선택한다.

① 수주분리 발생의 방지방법

- 펌프에 플라이휠(fly wheel)을 붙여 펌프의 관성증가로 급격한 압력강하를 완화한다. 그러나 대용량 펌프나 토출 관로연장이 긴 경우 플라이휠이 과대하게 되는데, 이때 베어링을 별도로 설치하고 기동방법도 고려한다.
- 토출 측 관로에 압력조절수조(surge tank)를 설치해서 부압을 방지하고 압력상승도 흡수한다. 압력조절수조는 건설비는 커지지만 안전하고 확실한 방법이다.
- 토출 측 관로에 일방향 압력조절수조를 설치하여 압력강하 시에 부압 발생을 방지한다. 평상시에 역지밸브는 관로와 분리된다. 압력조절수조에 비해 소형으로 되어 경제적이나 유효범위가 한정되고 또 하수의 경우는 역지밸브에 이물질이 낄 우려가 있다.
- 펌프 토출구 부근에 공기탱크를 두거나 또는 부압 발생지점에 흡기밸브를 설치해서 압력강하 시에 공기를 불어 넣는다. 공기흡입점보다 하류 측이 자연유하로 되는 경우는 좋지만 그 이외에서는 공기를 배제하는 데 문제가 따른다.
- 관내유속을 낮추거나 관거상황을 변경한다.

② 압력상승의 방지법

- 펌프의 토출구에 완만히 닫을 수 있는 역지밸브(소용량 펌프의 경우) 또는 완만히 닫을 수 있는 바이패스관이 달린 역지밸브(중급 용량 이상의 펌프)를 설치하여 역류하는 물을 서서히 차단해서 압력상승을 작게 한다. 이는 관로가 비교적 짧은 경우에 적합하다.
- 역지밸브를 설치하지 않고서 펌프의 토출 측 밸브를 유압 또는 수압에 의해 자동적으로

서서히 폐쇄한다. 이는 고양정, 대용량의 펌프에 적합하다.

- 그 밖에 급히 폐쇄하는 역지밸브(소용량 펌프의 경우) 또는 관로에 안전밸브를 두는 방법이 있으나, 하수의 경우 그다지 적당하지 않다. 또 물을 역류시키는 방법도 있지만 전동기의 역회전과 펌프흡입부의 크기를 고려해야 한다.

(11) 펌프의 선정

펌프를 선택할 때는 적용 대상(상수, 하수, 슬러지 등)의 특성과 현장 조건에 적합한 비회전도(N_s)를 설정하고 이에 따라 펌프의 종류를 결정한 후에 펌프제작사에서 제공하는 펌프특성곡선($H-Q$ 곡선)을 이용하여 주어진 시스템의 특성에 알맞은 유량(Q)과 양정(H)를 결정한다. 그런 다음 실양수 조건에서 적합한 펌프의 시스템 수두곡선을 작성하여 펌프특성곡선과 중복시켜 운전점을 결정한다(Q, H, kW, rpm, NPSH, % 등). 이때 펌프를 2대 이상 연결하여 사용해야 할 경우에는 직렬연결 시 펌프특성곡선의 양정을 2배 이상으로, 병렬연결 시는 펌프특성곡선의 유량을 2배 이상 증가시키면 된다.

예제 11-3) 시스템 수두-용량곡선과 단단 펌프의 운전을 위한 운전조건의 결정

그림 11-5와 같은 관로시스템을 통하여 0.35 m^3/s의 유량을 양수하는 집수시스템이 있다. 직경 500 mm, 길이 4 m의 흡입관과 직경 450 mm, 길이 770 m의 토출관 두 가지 모두 주철관으로 제작되었다. 시스템의 흡입 및 토출 정수두는 각각 1 m와 21 m이다.

(1) 이러한 조건하에서 0.0~0.5 m^3/s의 유량을 위한 시스템 수두곡선을 작성하라(비록 그림에서는 두 개의 45° 만곡부가 있지만 5개의 만곡부가 있다고 가정하라. 나팔모양 흡입구에 미소 손실계수 0.2를 사용하고, 다른 부속 구조물의 미소 손실계수는 펌프핸드북에서 찾을 수 있다.

(2) 만약 흡입 및 토출부 노즐의 직경이 350 mm이고 1150 rev/min이 회전수로 운전되는 펌프가 다음의 특성을 가지고 있다면 시스템 수두곡선에 대한 펌프의 용량을 결정하라.

(3) 만약 회전수의 감소로 0.2 m^3/s로 양수된다면, 이에 상응하는 새로운 운전속도와 효율을 결정하라. 주어진 펌프의 특성은 아래 표와 같다.

Capacity, m^3/s	Head, m	Efficiency, %
0.0	40.0	–
0.1	39.0	–
0.15	–	77.0
0.2	36.6	80.6
0.25	–	83.4

(계속)

0.3	32.5	84.6
0.35	–	84.6
0.4	23.0	82.6
0.45	13.5	75.0

풀이)

1. 시스템 수두곡선을 결정한다. 다양한 유량조건에서 전양정(total dynamic head)은 다음 식으로 결정된다.

$$H_t = H_{stat} + h_{fs} + \Sigma h_{ms} + h_{fd} + \Sigma h_{md}$$

1) 정수두는

$$H_{stat} = H_d + h_s = 21\text{ m} - 1\text{ m} = 20\text{ m}$$

2) 설계유량 0.35 m^3/s에 대하여 흡입 및 토출관의 유속 그리고 펌프 노즐에서의 유속은 다음과 같다.

$$V_s = \frac{0.35\text{ m}^3/\text{s}}{(\pi/4)(0.50\text{ m})^2} = 1.78\text{ m/s}$$

$$V_d = \frac{0.35\text{ m}^3/\text{s}}{(\pi/4)(0.45\text{m})^2} = 2.20\text{ m/s}$$

$$V_{pump\ nozzle} = \frac{0.35\text{ m}^3/\text{s}}{(\pi/4)(0.35\text{ m})^2} = 3.64\text{ m/s}$$

3) 유량이 0.35 m^3/s에서의 흡입관의 손실수두를 계산하라.

① Darcy-Weisbach 방정식을 사용하여 마찰손실수두 h_{fs}를 구하면

$$\frac{V_s^2}{2g} = \frac{(1.78\text{ m/s})^2}{2\times 9.81\text{ m/s}^2} = 0.161\text{ m}$$

$f = 0.017$(주철관, 완전난류의 경우 부록 2 그림 참조)

$$h_{fs} = f\frac{L}{D}\frac{V_s^2}{2g} = 0.017\frac{4\text{ m}}{0.50\text{ m}}0.16\text{ m} = 0.022\text{ m}$$

② 미소손실수두 Σh_{ms}

주입부 손실수두(bellmouth)$= 0.2\dfrac{V_s^2}{2g}$

곡관 손실수두(Elbow loss)$= 0.2\dfrac{V_s^2}{2g}$

게이트 밸브(Gate valve)$= \left(0.07\dfrac{V_s^2}{2g}\right)$

계$=\left(0.47\dfrac{V_s^2}{2g}\right)=0.47\times 0.161\text{ m}=0.076\text{ m}$

500 mm에서 350 mm로의 축소관(흡입관과 흡입노즐의 연결관)

$$0.04\frac{V_p^2}{2g}=0.04\frac{(3.64\text{ m/s})^2}{2\times 9.81\text{ m/s}^2}=0.04\times 0.68\text{ m}=0.027\text{ m}$$

흡입부 총 미소손실수두, Σh_{ms}= 0.076 m + 0.027 m = 0.103 m

③ 총 흡입부 손실수두 = 0.022 m + 0.103 m = 0.125 m

4) 유량이 0.35 m³/s일 때 토출관의 손실수두를 계산하라.

① Darcy-Weisbach 방정식을 사용하여 마찰손실수두 h_{fs}를 구하면

$$\frac{V_d^2}{2g}=\frac{(2.20\text{ m/s})^2}{2\times 9.81\text{ m/s}^2}=0.247\text{ m}$$

$f=0.018$(주철관, 완전난류의 경우 부록 2 그림 참조)

$$h_{fd}=f\frac{L}{D}\times\frac{V_d^2}{2g}=0.018\frac{770\text{ m}}{0.45\text{ m}}0.247\text{ m}=7.608\text{ m}$$

② 미소손실수두 Σh_{ms}

Swing check 밸브$=2.5\dfrac{V_d^2}{2g}$

게이트 밸브(Gate valve)$=0.07\dfrac{V_d^2}{2g}$

Bends(5 at 0.2 each)$=1.0\dfrac{V_d^2}{2g}$

출구 손실수두$=\left(1.0\dfrac{V_d^2}{2g}\right)//\left(0.07\dfrac{V_d^2}{2g}\right)=4.57\times 0.247\text{ m}=1.129\text{ m}$

350 mm에서 450 mm로의 확대관(토출노즐과 토출관의 연결관)

$$0.04\frac{(V_p-V_s)^2}{2g}=\frac{(0.04)(3.64\text{ m/s}-2.20\text{ m/s})^2}{2\times 9.81\text{ m/s}^2}=0.042\text{ m}$$

토출부 총 미소손실수두, Σh_{md} = 1.171 m

③ 토출부 총 손실수두 = 7.608 m + 1.171 m = 8.779 m

5) 흡입, 토출부의 총 손실수두 = 0.125 m + 8.779 m = 8.904 m

6) 다양한 유속에 대해 총 수두를 계산한다. 손실수두는 유속의 제곱으로 변하고 마찰계수 f는 일정하다고 가정한다.

Q m^3/s	$\frac{Q}{0.35}$	$\left(\frac{Q}{0.35}\right)^2$	$\Sigma(h_f + h_m)$	H_{stat}	H_t
0.35	1.0	1.0	8.904	20.0	28.9
0	0	0	0	20.0	20.0
0.10	0.286	0.082	0.730	20.0	20.7
0.20	0.571	0.327	2.912	20.0	22.9
0.30	0.857	0.735	6.544	20.0	26.5
0.40	1.143	1.306	11.629	20.0	31.6
0.50	1.429	2.041	18.173	20.0	38.2

7) 유량과 계산된 총 수두의 값으로 상관관계(시스템 수두－용량곡선)를 그림으로 그린다(아래그림 참조).

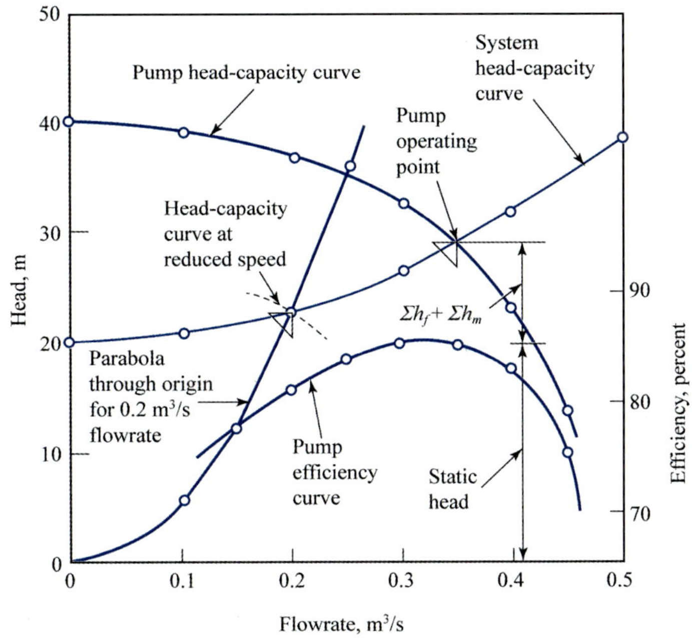

2. Step1.에서 도식한 시스템 수두－용량곡선으로 작동하는 펌프의 유량, 수두 및 효율을 결정한다.

1) 주어진 자료를 활용하여, 위 그림처럼 펌프의 수두－용량곡선과 효율곡선을 작성한다.

2) 펌프 수두－용량곡선과 시스템 수두곡선의 교차점은 펌프의 작동 지점이다. 이 지점에서 다음의 자료들이 얻어진다.

Flowrate $Q = 0.35$ m^3/s

Head $H = 29$ m

Efficiency $E_p = 84.6\%$

3. 펌프가 계산된 시스템 수두－용량곡선에 대하여 0.2 m^3/s로 유량이 변할 때 회전속도, 수두 그리고 효율을 결정한다.

1) 시스템 수두–용량곡선에서 유량 0.2 m^3/s일 때, 수두(H)는 23.0 m이다.

2) 속도는 상사법칙을 이용하여 구한다.

$$\frac{Q_1}{Q_2}=\frac{N_1}{N_2},\qquad \frac{H_1}{H_2}=\frac{N_1^2}{N_2^2}$$

그러나 이 법칙들은 오직 대응점에서만 적용할 수 있다. 원래의 펌프수두–용량곡선에서는 대응점을 알 수 없으며, 다음 절차를 통해서 구할 수 있다. 즉, 상사법칙에서 N_1과 N_2를 소거하여 다음 식을 얻을 수 있다.

또는 $$\frac{H_2}{H_1}=\frac{Q_2^2}{Q_1^2},\qquad H_2=\frac{H_1}{Q_1^2}Q_2^2=kQ_2^2$$

① 위 식은 원점과 새로운 운전점을 통과하는 포물선을 그리며, 서로 다른 속도에서의 대응점들의 집합이다. 상수 k값을 결정한다.

$$k=\frac{23.0\ \mathrm{m}}{(0.2\ \mathrm{m^3/s})^2}=575\frac{\mathrm{s^2}}{\mathrm{m^3}}$$

② 식 $H_2=575Q_2^2$을 이용하여 포물선상 최소 2개 지점을 결정하면

$$Q_2=0.1\ \mathrm{m^3/s},\ H_2=5.75\ \mathrm{m}$$
$$Q_2=0.15\ \mathrm{m^3/s},\ H_2=12.9\ \mathrm{m}$$
$$Q_2=0.25\ \mathrm{m^3/s},\ H_2=35.9\ \mathrm{m}$$

③ 앞의 그림처럼 포물선 그래프를 그린다. 수두–용량곡선상에서 회전수 1,150 rev/min과의 교차점의 좌표를 결정한다.

$$Q=0.248\ \mathrm{m3/s},\ H=35.4\ \mathrm{m}$$

이 점은 속도가 감소된 상태에서 새로운 운전점과 일치하는 원래의 펌프 수두–용량곡선상의 점이다.

④ 감소된 회전속도는 상사법칙을 이용하여 구한다.

$$N_2=N_1\frac{Q_2}{Q_1}=1{,}150\ \mathrm{rev/min}\times\frac{0.2\ \mathrm{m^3/s}}{0.248\ \mathrm{m^3/s}}$$
$$=927\ \mathrm{rev/min}$$

또는

$$N_2=N_1\sqrt{\frac{H_2}{H_1}}=1{,}150\ \mathrm{rev/min}\sqrt{\frac{23\ \mathrm{m}}{35.4\ \mathrm{m}}}$$
$$=927\ \mathrm{rev/min}$$

3) 새로운 운전점에서의 효율은 주어진 펌프수두–용량곡선상 대응점에서의 효율성과 동일하게 가정된다. 그러므로 효율은 약 83% 정도가 될 것이다.

11.4 침사지와 파쇄장치

(1) 침사지

침사지(grit chamber)는 펌프 및 처리시설의 파손이나 폐쇄를 방지하고 처리효과를 증대시키기 위해 일반적으로 직경 0.15～0.2 mm 이상의 모래 및 무기성 부유물질(grit)을 제거하기 위해 설치한다. 따라서 일반적으로 펌프 및 처리시설의 앞단에 위치한다. 침사지는 첨두유량이 유입할 경우 효율적인 성능을 발휘할 수 있도록 설계하여야 한다. 특히, 합류식 하수도의 경우 우천 시 계획오수량(약 $3Q$)을 처리할 수 있는 용량이 확보되도록 한다. 최근에는 좀 더 작은 무기입자까지도 제거하는 방향으로 설계하고 있는데, 이는 후속공정들에 미치는 악영향을 최소화하자는 데 의미가 있다. 침사지 방식은 중력식, 포기식, 기계식(선회류식, 선와류식 등) 등으로 구별되는데, 대상 원수의 특성과 경제성, 기술성, 환경성 및 유지관리 측면을 종합적으로 비교 검토한 후 선정한다.

침사지의 형상은 직사각형이나 정사각형 등으로 하고, 지수는 2지 이상으로 하는 것을 원칙으로 하며, 점검정비 등 시설물 유지관리를 위해 지내 배수가 원활히 이루어질 수 있도록 배수구 또는 별도의 배수시설을 설치하여야 한다. 형상에 관계없이 편류(short circuit)나 사역(dead space)이 생기지 않도록 고려한다. 소규모시설 또는 초기의 유입 유량이 적은 경우 등은 침사지를 설치하지 않는 경우도 있다. 침사지는 견고하고 수밀성 있는 철근콘크리트구조로 하고 측면통과관로(by-pass line)를 설치한다. 유입부에 편류방지를 위해 굴곡부 및 도류벽 설치하며, 바닥에 침전된 모래제거를 위해 유입부 쪽 침사지 바닥하향경사를 1/100～1/200로 한다. 합류식 하수의 경우 오수, 우수 전용으로 구분하여 설치하고, 오수용 침사지는 청천 시에 우수침사지에 유입되지 않도록 한 단 낮게 설치되어야 한다.

침사지의 유속이 너무 느리면 미세한 유기물까지 침전하고, 유속이 증가하여 토사의 한계유속을 넘을 때는 침전된 토사가 부상하게 된다. 한계유속은 다음과 같이 Shield 공식에 Darcy Weisbach의 유속공식을 이용하면 표현된다.

$$V_c = \left(\frac{8\beta}{f} \cdot g(s-1) \cdot D \right)^{1/2}$$

여기서, V_c= 한계유속(m/sec), f= 마찰손실계수(≒ 0.03)

β= 상수(≒ 0.06), g= 중력가속도(9.8 m/sec^2)

s= 입자의 비중, D= 입자의 직경

이 식에 따르면 입자의 직경이 0.2 mm인 토사(비중 2.65)의 한계유속은 0.23 m/sec이고, 0.4 mm인 토사의 직경은 0.32 m/sec에 해당한다. 일반적으로 침사지의 평균유속은 제거대상에 따라 다르지만 통상적으로 0.30 m/sec를 표준으로 하나, 청천 시의 경우는 0.15 m/sec 이하면 퇴적이 가능하다. 체류시간은 침사지의 규모 및 중요도에 따라 다르지만 과거의 실험, 실적 및 침전효율 등으로부터 30~60초 정도로 한다.

수심은 유효수심에 모래퇴적부의 깊이를 더한 값으로 표현된다. 유효수심은 침전효율에는 관계가 없으며, 표면부하율, 평균유속 및 체류시간에 따라 정한다. 침사지의 유효길이(L), 유효폭(W) 및 유효수심(H) 간에는 다음과 같은 상관관계가 있다(그림 11-12).

- 유효길이(L) = 평균유속(V) × 체류시간(T)
- 유효폭(W) = 유입하수량(Q)/($V\times T\times$SLR)
- 유효수심(H) = $T\times$SLR
- 표면부하율(SLR, surface loading rate: $m^3/m^2/sec$) $SLR = \dfrac{Q}{L \cdot W}$

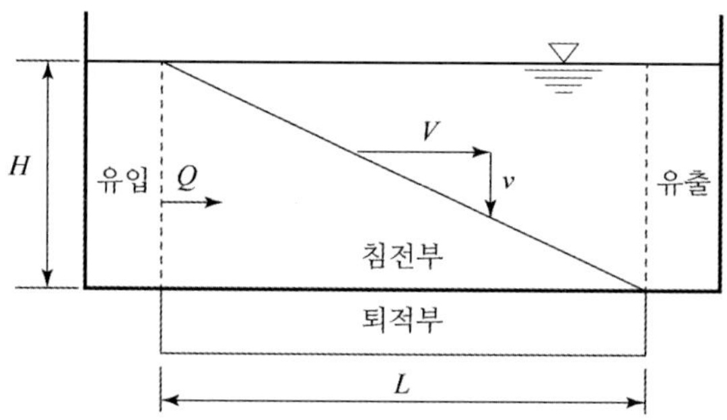

그림 11-12 **유효수심과 유속과의 관계**

유효수심의 기준수면은 일반적으로 오수침사지에서는 계획시간최대오수량, 우수침사지에서는 계획우수량을 기준으로 하며, 수위변동에 따른 침사지의 수리학적 조건을 충분히 검토한다. 침사량은 일반적으로 하수량 1,000 m^3에 대해 분류식의 경우 오수는 0.001~0.02 m^2 정도이고, 우수는 0.001~0.05 m^3 정도이며, 합류식인 경우는 0.001~0.02 m^2 정도이다. 모래퇴적부의 깊이는 일시에 이를 수용할 수 있도록 예상되는 침사량, 청소방법 및 빈도 등을 고려하여 일반적으로 수심의 10~30%(최소한 30 cm 이상)로 한다. 일반적으로 표면부하율은 오수침사지의 경우 약 1,800 $m^3/m^2 \cdot d$, 우수침사지의 경우 약 3,600 $m^3/m^2 \cdot d$을 표준으로 한다. 따라서 토사의 비중이 2.65인 경우, 이와 같은 표면부하율에서 최소제거입자의 직경은 오수침사지의 경우 0.2 mm, 우수침사지의 경우 0.4 mm 정도이다. 그림 11-13에는 분류식 우수에 대한 침사지와 펌프장의

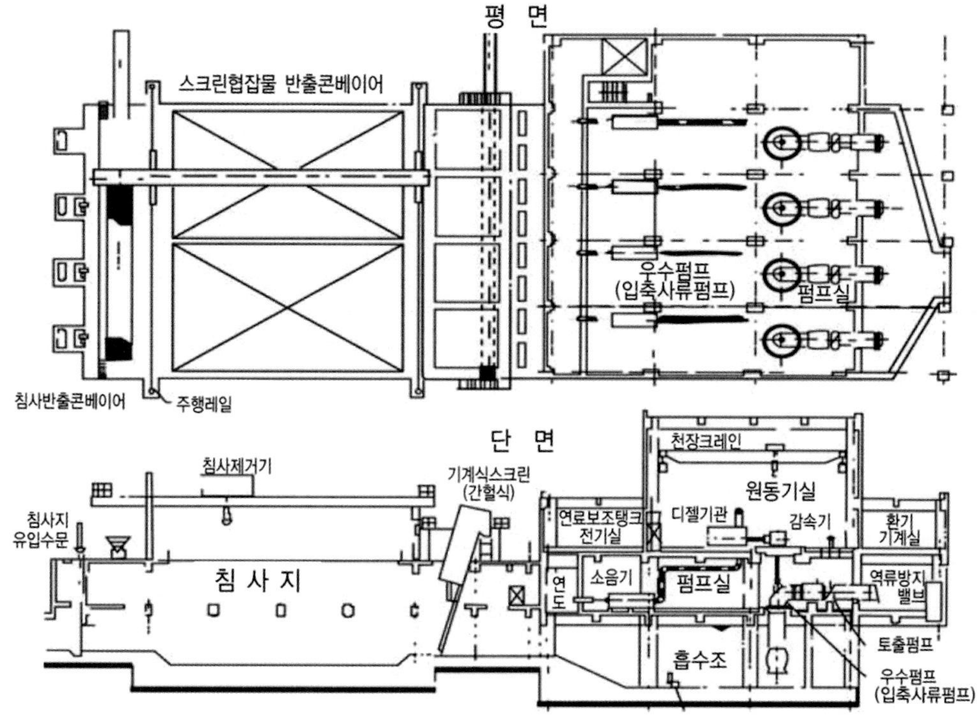

그림 11-13 **침사지와 펌프장 예(분류식 우수)**

예를 보여주고 있다.

포기식 침사지(aerated grit chamber)는 바닥에 산기관을 설치하여 침사지 내의 하수에 선회류(helical flow pattern)를 일으켜, 원심력으로 무거운 토사를 분리시키는 방식이다(그림 11-14). 종래의 침사지와 비교하여 일종의 세척작용에 의해 침전한 토사에는 유기물이 비교적 적어 예비포기의 효과도 있을 수 있어 소규모시설에 많이 사용하고, 유기물 함유량이 많은 오수침사지에 유효하다. 포기식 침사지의 형상, 구조 및 침사지 수는 중력식 침사지 기준에 따르며, 일반적으로 1~2분의 체류시간, 유효수심 2~3 m, 여유고 50 cm를 표준으로 하고, 침사지의 바닥에는 깊이 30 cm 이상의 모래퇴적부를 설치한다. 송기량은 하수량 1 m^3에 대하여 1~2 m^3/h의 비율을 표준으로 하고, 필요에 따라 소포장치를 설치한다.

원형 침사지나 기계식 침사지 역시 중력식 침사지 기준에 따른다. 일체형 기계식 침사제거기의 경우 강판제 탱크 내에 중력식 침강을 이용한 침전부에서 침강 처리한 후 수평식 및 경사식 스크류 컨베이어의 조합에 의하여 고형물을 스크리닝-이송-압착-탈수하여 수거 처리될 수 있는 구조로 제작되고, 이러한 모든 공정은 단일 탱크 안에서 이루어져 별도의 침사 세정장치 없이 반출이 가능한 구조를 필요로 한다.

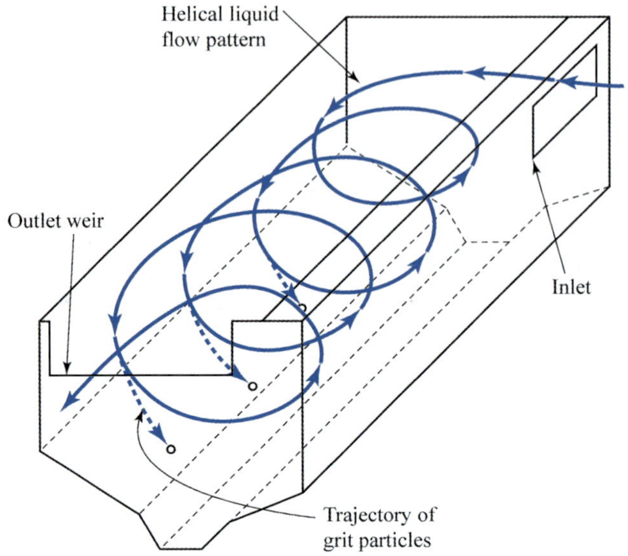

그림 11 - 14 선회류 포기식 침사지

(2) 스크린, 파쇄기

① 스크린(screen)

부유물질에는 먼지, 주방쓰레기, 섬유 및 나무토막 등 다양한 이물질을 포함하고 있으므로 이러한 물질의 제거는 펌프장 및 처리장의 기계류 보호에 효과적이다(그림 11-15). 일반적으로 대형 하수처리시설인 경우 침사지 전후로 조목스크린(coarse screen)과 세목스크린(fine screen)을 설치하나 관거가 정비된 중 · 소규모처리장인 경우 침사지 전후로 세목스크린과 미세목스크린을 설치한다. 스크린 형식에는 일반적으로 레이크 바(rake bar)식, 스크류 바(screw bar)식 및 계단(step)식 등 평강제 격자형의 스크린이 사용되며, 협잡물과 함께 하수를 이송하는 시스템의 경우 드럼형 스크린이 주로 적용된다.

일반적으로 스크린 목폭의 유효간격은 세목스크린으로 오수용의 경우 15~25 mm, 우수용의 경우 25~50 mm 정도로 하며, 조목스크린의 유효간격은 50~150 mm 정도로 한다. 스크린 협잡물의 양은 일반적으로 하수량 1,000 m^3당 분류식의 경우는 하수가 0.001~0.015 m^3이고, 우수는 0.001~0.03 m^3 정도이며, 합류식의 경우는 0.001~0.015 m^3 정도이나 지역상황에 따라 차이가 있다. 스크린의 경사각은 협잡물 제거장치가 있는 경우는 70° 전후로 하고, 제거장치가 없는 경우에는 45~60°로 한다. 스크린 부분을 통과하는 유속을 크게 하면 침사지의 효율을 저하시킬 수 있다.

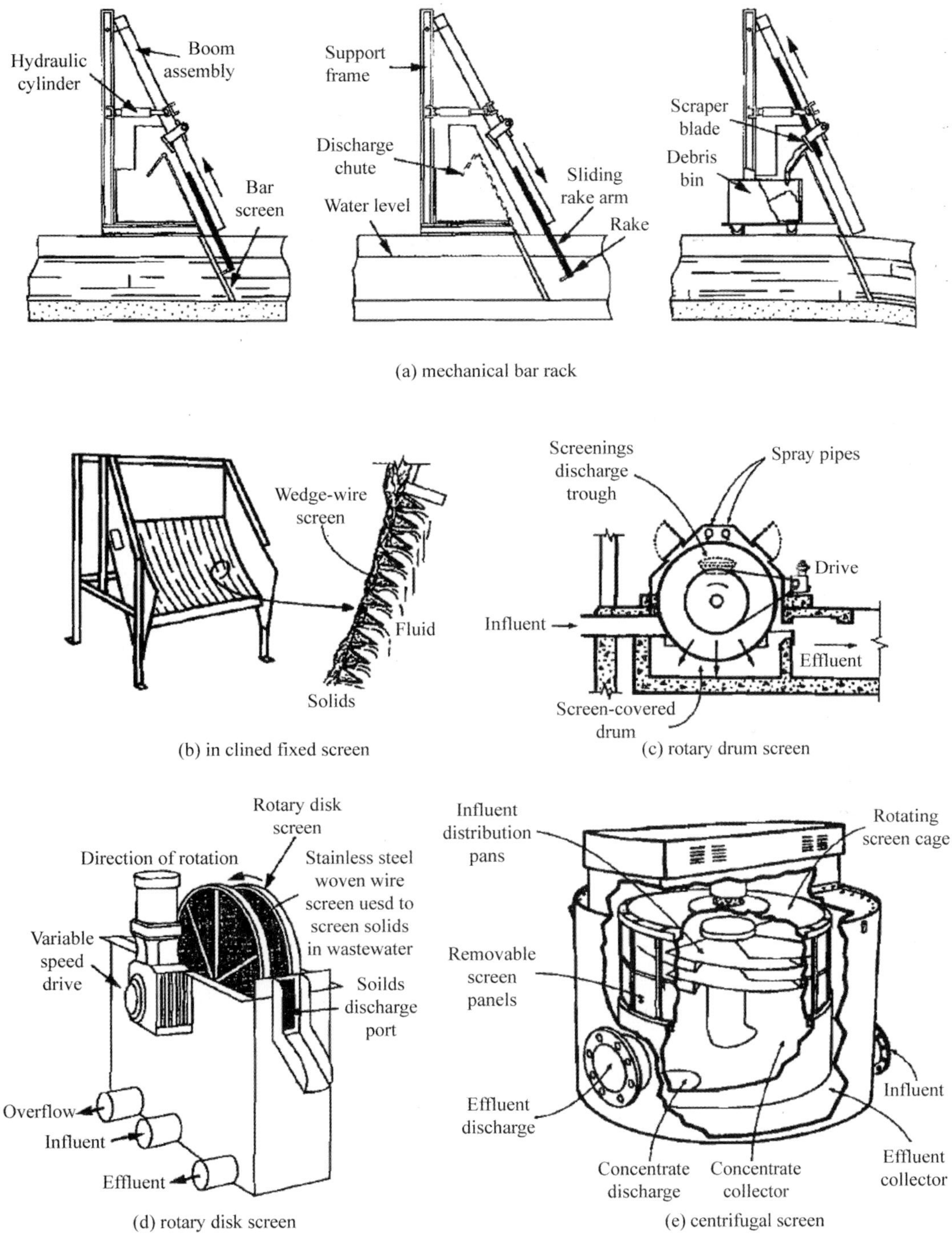

그림 11-15 **스크린 종류(Metcalf and Eddy, 2003)**

② 파쇄기(comminutors)

파쇄장치는 유입되는 하수에 포함된 협잡물을 부수어 양수 시 막힘 등으로 인한 펌프의 고장을 방지하는 목적으로 설치하는 것이나 스크린 설치 시에는 펌프 회전차(impeller)의 성능향상 및 목간격(5 mm 이하) 조정으로 막힘으로 인한 장애가 없으므로 설치하지 않는 것을 원칙으로 하며, 음식물파쇄기가 별도로 설치된 경우 처리장에서의 설치여부를 신중히 검토하여야 한다.

파쇄장치는 하수처리과정에서 전처리로 쓰이기 때문에 유입하수의 시간적 변화에 크게 영향을 받으므로 관거 및 침사지 등의 계획과 마찬가지로 계획시간최대오수량을 기본으로 하여 계획한다.

파쇄기는 침사제거설비의 유출 측 및 펌프설비 유입 측에 설치하며, 반드시 스크린이 설치된 우회용 관을 설치하고, 유지관리를 고려하여 유입 및 유출 측에 수문(또는 유량차단시설) 설치가 필요하다. 파쇄기는 원칙적으로 2대 이상으로 설치하며, 1대를 설치하는 경우 우회수로 설치가 필요하다. 파쇄기의 도입으로 찌꺼기 취급에 대한 악취나 불쾌감이 줄어들고, 찌꺼기를 별도 처분하지 않아도 되나, 후속처리(1차침전지, 소화조 등)에 부하를 증가시키는 악영향을 줄 수 있으며, 유량증가 시 동시에 분쇄장치의 용량도 증가하여 설치비가 상승할 수 있다. 그림 11-16은 파쇄장치의 배치도를 보여주고 있고, 그림 11-17에는 드럼형 파쇄장치의 예를 나타내었다. 그림 11-18은 하수처리시설에서 사용되는 예비처리시설의 배열에 대한 예를 정리한 것이다.

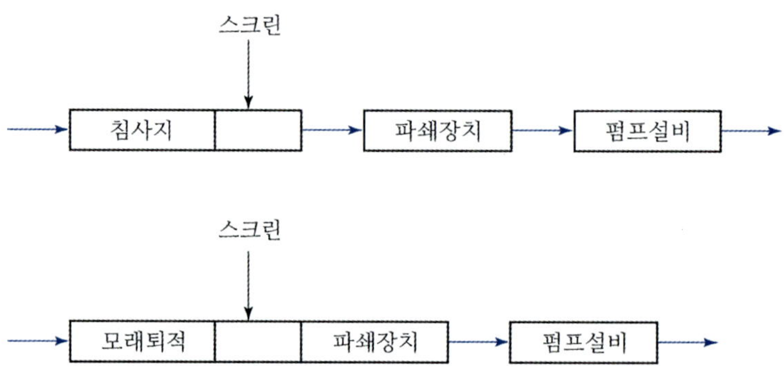

그림 11-16 파쇄장치의 배치도

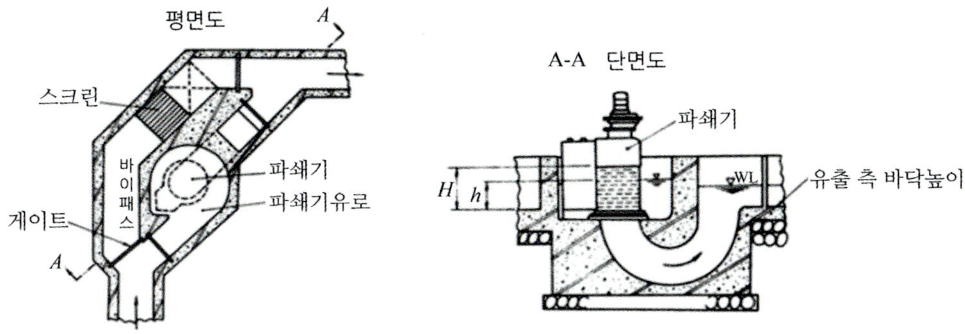

그림 11-17 **드럼형 파쇄장치의 예**

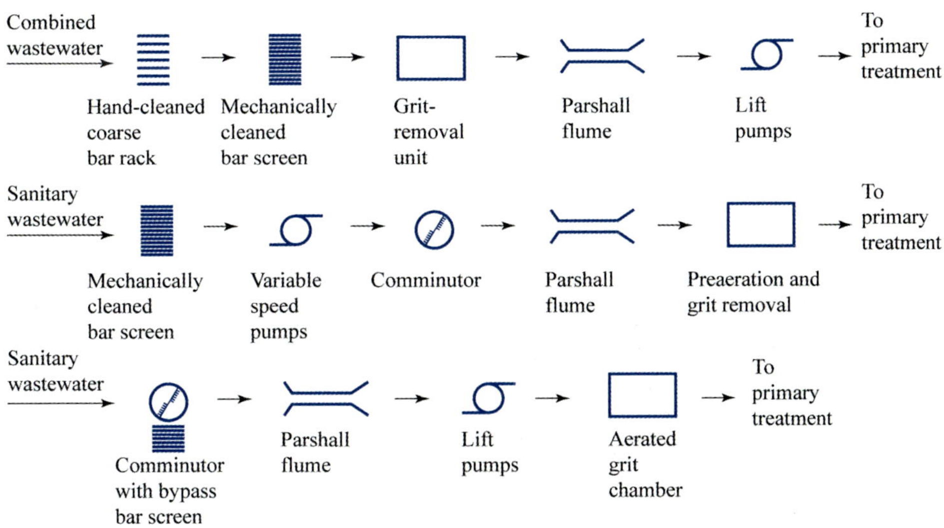

그림 11-18 **하수처리시설에서 예비처리시설의 배열 예**

참고문헌

- Karassik I.J., Messina J.P., Charles, H., Cooper, P. (2001). Pump handbook. McGRAW-HILL.
- Metcalf and Eddy Inc. (1981). Wastewater Engineering- Collection and Pumping of Wastewater. McGraw-Hill, New York, USA.
- Metcalf and Eddy Inc. (2003). Wastewater Engineering- Treatment and Reuse. 4th eds, McGraw-Hill, New York, USA.
- Viessman, W. Jr. and Hammer, M.J. (1998). Water Supply and Pollution Control. 6th ed, Addison Wesley Longman, Inc.
- WEF (1992). MOP 8, Design of Municipal Wastewater Treatment Plants.
- WEF (1998). MOP 8, Design of Municipal Wastewater Treatment Plants.
- 최의소 (2003). 상하수도공학, 청문각.
- 환경부 (2010). 상수도시설기준.
- 환경부 (2011). 하수도시설기준.

An odorless "excavator" (pump) used to remove sewage/solids from vaults and cesspools

Many believe this device was created by Parisians -- whose city (like Baltimore, MA) had tens of thousands of cesspools that required periodic cleaning.

Source: The Search for the Ultimate Sink: Urban Pollution in Historical Perspective, by Joel A. Tarr, The University of Akron Press, 1996.

PART 5 Water Supply and Sewage Collection System

급수 및 하수관거시스템

Edwin Chadwick (1800～1890) came up with the idea of sewers and piped drinking water linked to people's living accommodation, to cut the risk of infection from poor urban drainage. His ideas were eventually accepted and between 1901 and 1970, deaths from diarrhoea and dysentery fell by around 12% in the Netherlands and England and Wales.

(BBC NEWS, Sanitation 'best medical advance, BBC 2015)

Chapter 12

급수시스템

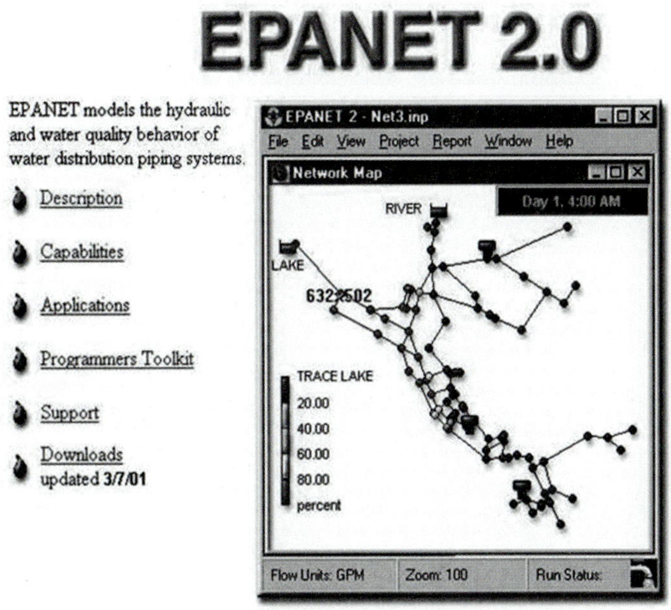

EPANET is a Software for Modeling Hydraulic and Water Quality Behavior of Water Distribution Piping Systems.

EPANET is public domain software which can be freely copied and distributed. EPANET software performs extended period simulation of the water movement and quality behavior within pressurized pipe networks. Pipe networks consist of pumps, nodes (junctions), pipes, storage and valves tanks or reservoirs.

Source: USEPA

상수도, 즉 급수시스템은 다음과 같은 일련의 단계를 거쳐 최종적으로 소비자에게 공급된다. 그러나 모든 단계가 반드시 필요한 것은 아니며, 수원, 수질, 상수의 용도, 급수과정의 특성 등에 따라 급수계통은 달리 계획될 수 있다. 실제 도수와 송수, 배수와 급수 간의 차이점은 명확하지 않기 때문에 일반적으로 도수와 송수, 배수와 급수를 묶어서 설명한다. 급수시설은 수도사업자에 의한 수도시설과는 구분되며 급수관, 계량기 등의 급수기구 및 설비차원에서 규제 및 계획되고 있다.

① 취수 및 집수시설: 수원에서 필요한 수량을 취수 및 집수하는 데 필요한 시설
② 도수시설: 수원에서 취수한 물을 정수장까지 보내는 시설
③ 정수시설: 용도에 알맞은 수질로 정화하는 시설
④ 송수시설: 정화된 물을 배수시설(배수지, 배수탑, 고가수조)까지 보내는 시설
⑤ 배수시설: 배수지로부터 배수관까지의 시설
⑥ 급수시설: 배수관으로부터 분기하여 소비자의 급수전까지 연결하는 시설

12.1 도수와 송수

(1) 도수시설

도수(leading pipeline)시설의 설계는 적절한 노선의 선정, 시설의 내진성 및 내구성의 확보, 원수 공급과정에서 수질오염방지, 유지관리의 용이성, 경제성 등에 대해서 충분히 고려하여야 한다. 도수시설은 계획도수량(계획취수량)을 안정적으로 공급할 수 있도록 도수관로를 복선화 또는 취수장간 네트워크화하여 도수관로의 점검 및 개량과 누수사고 등 재해발생 시에도 도수를 중단하는 경우가 없도록 해야 한다. 시설규모는 복수관로 중 1열의 사고 시에도 복수관로 간 상호 연결이 가능하도록 해야 하며, 1일 평균급수량 수준의 비상공급이 가능하도록 계획하여 원수공급의 안정성을 확보해야 한다.

도수방식에는 시점인 취수시설로부터 그 종점인 정수장 간의 표고차, 노선에 따른 지형과 지세 등에 따라 자연유하식(gravity system), 펌프가압식(pumping system) 및 병용식이 있다. 노선에 따른 지형과 지세가 비교적 평탄하고 시점과 종점 간의 유효낙차가 충분히 있는 경우에는 안정성이 높고 관리가 용이하며 동력비가 불필요하다는 점으로 인해 자연유하식이 일반적이며, 시점수위보다 종점수위가 높은 경우나 유효낙차가 적어 자연유하식이 불가능한 경우에는 펌프가압식을 채택한다. 수로의 형식은 관수로식과 개수로식이 있지만, 펌프가압식에서는 관수

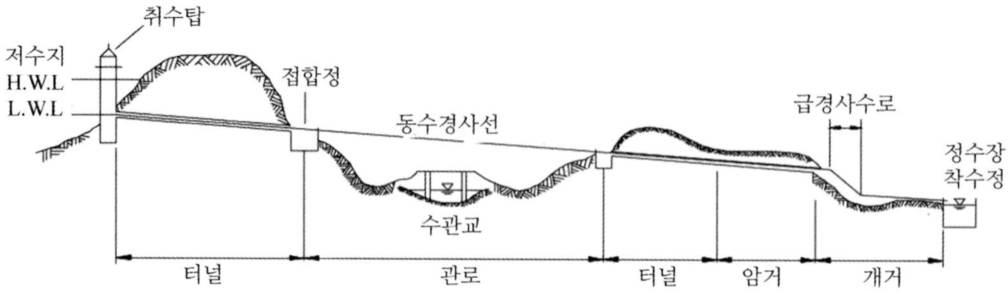

그림 12-1 **도수노선의 종단면도**

로식을 채택한다. 자연유하식에 있어서도 관수로식과 개수로식이 있지만, 어떤 것을 채택할 것인가는 노선에 따른 지형, 지세, 용지취득의 난이, 공사의 시공성, 유지관리의 용이성이나 경제성, 환경에의 영향 등을 검토하여 결정한다. 관수로식은 공공도로의 아래 공간을 점용할 수 있으며 장애물에 대해서도 비교적 용이하게 우회할 수 있고 오염을 방지할 수 있다는 점으로 인해 일반적으로 채택하는 경우가 많다. 개수로식은 도수량이 큰 경우나 시점과 종점 간의 유효낙차가 비교적 큰 경우에 적합하지만, 증발에 의한 물의 손실, 외부로부터의 수질오염, 토사의 유입에 의한 매몰 등의 문제가 있기 때문에 이들에 관하여 미리 조사하여 채택여부를 결정한다. 그림 12-1에는 도수노선의 종단면도의 예가 주어져 있다.

지역특성에 따라 갈수기 취수제한이나 수질사고 시 또는 취수시설을 개량하기 위하여 취수를 일부 정지해야 할 경우 도수시설의 일부로서 취수시설과 정수시설과의 사이에 원수조정지를 설치한다.

일반적으로 도수관(압력관)을 사용하는 경우 유량공식은 Hazen-Williams 공식이나 혹은 Darcy-Weisbach 공식을 사용하나 두 공식은 압력관의 적용에 있어 별 차이가 없다고 가정한다.

$$V = 0.84935 \cdot C \cdot R^{0.63} \cdot I^{0.54}$$

$$Q = A \cdot V$$

$$h_L = 10.666 \cdot C^{-1.85} \cdot D^{-4.87} \cdot Q^{1.85} \cdot L$$

여기서, V : 평균유속(m/s), C : 유속 계수

R : 경심= $D/4$(m), I : 동수경사= h/L, L : 연장(m)

h_L : 길이 L(m)에 대한 마찰손실수두 H(m)

D : 관의 내경(m), Q : 유량(m^3/s)

A : 관의 단면적(m^2)

표 12-1 **Hazen-Williams coefficient**

Pipe material	C
Cast iron	
New	130
5 years old	120
10 years old	110
20 years old	90~100
Average concrete	120(130)
New welded steel	120
Asbestos cement	140
Plastic	150

Ref) McGhee, T.J. (1991)

관종과 사용연수에 대한 C값은 표 12-1과 같은데, 확장하거나 개량할 경우에는 기존에 설치된 관과 신설관은 각각 다른 조도계수를 적용하여 계산해야 하며, 기존에 설치된 관의 조도는 가능한 한 실측하는 것이 바람직하다. 관내평균유속의 허용최대한도를 3.0 m/s 정도로 하며, 도수관의 평균유속(계획도수량/통수단면)으로 최소의 한계는 모래입자가 침강되는 것을 방지하기 위하여 0.3 m/s로 한다.

도수거는 원수를 개수로 방식으로 도수하는 시설로서 수리학적으로 자유수면을 갖고 중력작용으로 경사진 수로를 흐르는 시설이다. 구조적으로는 개거, 암거 및 터널 등이 있으며 일정한 동수경사(통상 1/1,000~1/3,000)로 도수하는 시설이다. 도수거는 비교적 지반이 평탄하고 양호하며 성토하거나 절토할 필요성이 없는 곳에서는 개거 또는 개거에 덮개를 한 구조의 암거가 많이 이용되는데, 산이나 구릉 횡단으로 절토량이 많게 될 경우에는 터널방식을 적용하고 하천이나 계곡 등을 횡단할 경우에는 수로교나 역 사이펀이 적합하다. 한편, 도수거는 외부에서 하수가 침투되는 것에 대하여 각별히 유의해야 하며, 또 연약지반이나 액상화할 우려가 있는 장소에 도수거를 계획하는 것을 피해야 한다.

개수로의 단면결정에는 우선 취수시설의 최저수위와 정수장 내 착수정의 계획수위로부터 수면경사를 구한다. 다음에 단면을 가정하고 평균유속공식에 의하여 평균유속을 계산하고 이것에 가정단면적을 곱하여 유량을 구한다. 이 유량이 계획수량으로 될 때까지 여러 차례 단면을 가정하는 계산을 반복한다. 개수로의 평균유속공식은 Ganguillet-Kutter 공식 또는 Manning 공식이 있는데, 보통 Manning 공식을 사용한다.

표 12-2 **Manning's roughness coefficient**

Pipe material	n
Concrete	0.013
Cast-iron pipe	0.015
Vitrified clay	0.014
Brick	0.016
Corrugated metal pipe	0.022
Bituminous concrete	0.015
Uniform, firm sodded earth	0.025

Ref) Viessman, W. Jr. and Hammer, M. J. (1993)

Manning 공식 $V = \frac{1}{n} R^{2/3} S^{1/2}$

Ganguillet-Kutter 공식 $V = \frac{23 + 1/n + 0.0015/I}{1 + n(23 + 0.0015/I)/\sqrt{R}} \sqrt{RI}$

여기서, V: 유속

n: 조도계수(표 12-2)

R: hydraulic mean depth(m)

S: 수면경사

D: 관의 내경(m)

(2) 송수시설

송수(conveying pipeline)시설은 정수장에서 배수지까지 송수하는 시설로서 송수관, 송수펌프, 조정지 및 밸브 등의 부속설비로 구성된다. 송수방식에는 정수시설 · 배수시설과의 수위관계, 정수장과 배수지 사이의 지형과 지세에 따라 자연유하식, 펌프가압식 및 병용식을 사용할 수 있다. 송수시설의 계획송수량은 원칙적으로 계획1일최대급수량을 기준으로 한다. 송수시설에는 수질의 안전성을 확보하기 위하여 관수로에 의한 것을 원칙으로 한다. 그러나 수량이 많고 터널시공이 적합한 경우에는 관로에 비하여 연장이 줄어들므로 터널에 의하여 송수하는 것이 유리할 경우도 있는데, 이 경우 터널 단면을 크게 하여 배수지 효과를 겸할 수 있다. 송수관은 통상적으로 정수장에서 배수지까지의 단일관로로 설치된다. 송수관은 수압, 토압, 외력 및 온도 하중 등에 대하여 안전하고 태풍이나 지진, 홍수 등의 비상시에도 관로의 운영에 영향이 최소화 될 수 있도록 계획되어야 한다. 기존 송수관에 대하여 유지관리의 실적, 그 밖의 정보에 따라 자연재해 등에 대해서의 안전성이 낮다고 평가되는 경우에는 보강하거나 복수계통화하는 방법을 사용할 수 있다.

수도사업자가 정수를 저장하고 송수를 조정하기 위하여 또는 비상시를 대비하여 송수시설의 도중 또는 말단에 설치하는 일종의 배수지를 조정지라고 한다. 이는 평상시에 안정된 송수를 위해 수량 수요의 변동에 효과적으로 대처할 수 있는 용량이 되어야 하며, 갈수·원수수질사고·정전사고 등 기타 비상시에도 충분히 공급할 수 있는 용량이어야 한다. 조정지의 유효용량은 계획수량에 대해 1~10시간 정도의 용량으로 계획하지만, 송수량의 시간변동이나 비상시의 운용방법 등과 수요처의 배수지 용량 및 앞으로의 정비계획을 고려하여 충분한 여유용량을 갖도록 한다. 대부분의 송수시설 설계는 도수시설기준에 준한다.

12.2 배수

배수(water distribution)시설은 정수된 물을 저류, 수송, 분배 및 공급하는 기능을 가지며 배수지, 배수탑, 고가탱크, 배수관, 펌프 및 밸브와 기타 부속설비로 구성된다. 배수시설은 시간적으로 변동하는 수요량에 대해 적정한 압력으로 연속적이면서 안정적으로 공급하는 것은 물론, 유지관리가 효율적이고 용이하게 계획되어야 한다. 배수시설은 급수 전체 비용의 상당부분을 차지(약 50~60% 이상)하므로 주의를 기울여 계획·설계해야 하는데, 특히 배수과정에서 안정된 수질을 유지하는 것이 가장 중요하다.

배수방법은 송수방법과 같이 자연유하식 및 가압식으로 분류할 수 있지만 이 두 가지를 조합한 방식(중력식, 가압식, 복합식)도 적용된다. 이는 상수소비율이 낮은 경우 가압식 급수로, 상수소비율이 높은 경우 가압식과 동시에 지상 또는 고압배수지의 물을 배수할 수 있다. 또 일정한 양수율을 안정적으로 확보할 수 있어 경제적이며, 배수지에 저수된 상수는 화재 시, 또는 관 손상 시 응급으로 사용가능한 방법이다.

배수구역은 지형과 지세 등의 자연적 조건 및 사회적 조건을 고려하여 합리적이고 경제적인 시설운용 및 시설관리가 가능하도록 설정한다. 대도시의 경우 상당히 넓은 구역을 갖는 경우가 많으며 지형의 고저가 어느 정도 혼재되는 것은 피할 수 없다. 이러한 이유로 관로의 유지관리가 복잡해지거나 또는 비상시에 충분하게 대응할 수 없는 등 문제가 발생하기 쉬운데, 이 경우 배수구역을 더욱 작게 분할하여 관리하는 블록화가 유효하다. 블록화는 배수구역을 평면 및 표고에 따라 분할한 배수본관으로 구성되는 배수블록과 이것을 더욱 세분한 배수지관으로 구성되는 배수지관망 블록으로 구분할 수 있다.

블록화의 계획이나 실시에 있어서 블록 경계에서의 정체 및 잔류염소저감, 적수발생, 관망정비나 감시기기의 설치에 관한 비용 등의 문제점이 있다. 소규모 수도나 배수관망이 복잡하지 않은 지역인 경우에는 배수지관망을 블록으로 세분화하는 것보다 표고에 따른 구역설정이나 급수구역 내에 부분적으로 가압구역 또는 감압구역을 설정하는 쪽이 합리적이다. 배수구역의 블록화에 대해서는 상수도관망진단 매뉴얼(환경부, 2007) 및 유수율 제고사업 매뉴얼(환경부, 2007)을 참고로 한다.

12.3 배수관망의 설계

배수관망의 합리적 설계 요소는 수질적 안정성, 수리학적 신뢰성(충분한 수량과, 적당한 수압의 연속적 공급), 그리고 경제성(저렴한 용수공급비용)에 있다. 배수관망의 합리적인 설계를 위해서는 미래의 지역별 상수소비량을 알아야 하며, 이 설계유량이 지형에 따라 적절히 분배될 것인지 그리고 요구되는 수압분포가 전체 관망 내에서 비교적 균등하게 안정된 조건으로 유지되는지를 검토해야 한다.

배수방식은 크게 그물 모양의 격자식(gridiron system)과 지선이 모두 사종점(dead end)인 수지상식(branching system)으로 분류되는데, 격자식은 단수지역이 생기지 않고 수압유지가 용이하며, 화재 시 신속한 대응에 유리하나 고가의 공사비가 요구되는 반면, 수지상식은 시공은 쉬우나 단수지역의 발생이 우려되고 종점에서 물이 정체되어 수질악화의 원인이 될 수 있는 단점이 있다. 그러나 실제 이 두 가지가 조합된 방식(combination system)이 대부분 사용된다.

관망의 해석에 있어서는 수지상의 경우는 일반적인 관수로 공식인 Hazen-Williams 공식과 Darcy-Weisbach 공식으로 간단히 계산되며, 격자식의 경우 등치관법이나 Hardy-Cross 법을 적용할 수 있다. 한편 해석방법에 따라서는 선형해석(linear solution)과 비선형해석(nonlinear solution: Newton-Rhapson Method)으로 구분되는데, Hazen-Williams(혹은 Darch-Weisbach) 공식을 이용한 corrective flow rate equation이나 Hardy-Cross 법(N-R Method의 변형법)은 비선형해석법에 해당한다.

(1) 등치관법

등치관법(equivalent pipe method)은 Hardy-Cross 법에 의해 설계하기 전에 복잡한 관망을 좀 더 간단한 관망으로 단순화시키는 단계에서 적용될 수 있다. 등치관은 한 관내로 일정한 유량의 물이 흐를 때 생기는 수두손실과 대치된 관에서 생기는 수두손실이 같을 때 그 대치된 관, 즉 동일한 수두손실 하에서 같은 유량이 흐르는 두 관의 계통으로 정의된다.

따라서 직경 D_1인 관을 D_2인 등치관으로 대치할 경우, Hazen-Willams 공식으로부터 다음과 같은 관계가 성립된다.

$$Q = A \cdot V = \frac{\pi d^2}{4} \cdot (0.84935\, CR^{0.63} S^{0.54})$$

$$Q_1 = Q_2,\ h_{L1} = h_{L2} \ \rightarrow \ 1 = \left(\frac{d_1}{d_2}\right)^{2.63} \cdot \left(\frac{L_2}{L_1}\right)^{0.54}$$

$$\therefore\ L_2 = L_1\left(\frac{D_2}{D_1}\right)^{4.87},\ Q_1 = Q_2\left(\frac{L_2}{L_1}\right)^{0.54}$$

예를 들어 직경(D) 20 cm, 길이(L) 200 m인 관을 직경 30 cm인 등치관으로 바꿀 경우 등치관의 길이는 1,440 m가 된다.

(2) Hardy-Cross 법과 그 수정법

이 방법은 1936년 미국 공학자 Hardy Cross(1885～1959)에 의해 제안된 방법으로 후에 Fair 등에 의해 개량되었다(Cross, 1936; Eaton, 2001). 이 방법은 최초 가정된 유량을 기준으로 관망이 수리학적으로 평형을 이룰 때까지 반복적으로 수정치를 사용하여 보정하는 방식이다. 이 방법은 연속방정식(어떤 관망에서도 연속성을 보유한다)과 에너지 보존의 법칙(폐합관에서 손실수두의 합은 "zero")을 기본가정으로 계산하며, 각 관로 내의 흐름은 기본적으로 Darcy-Weisbach(혹은 Hazen-Williams) 공식을 만족한다는 점을 바탕으로 하고 있다. 그 계산과정은 다음과 같다.

① 관망을 형성하고 있는 각각의 관에 대하여 $H_L - Q$ 관계를 수립한다.

② 관로의 교차점에서 연속방정식을 만족시키도록 각 관에 흐르는 유량(Q_0)을 적절히 가정한다.

③ 가정유량 Q_0가 각 관을 흐를 경우 손실수두 $h_L = KQ_0^n$을 계산하고, 각 폐합회로에 대하여 전 손실수두 $\Sigma h_L = \Sigma(KQ_0^n)$을 계산한다.

④ 가정유량의 보정치(ΔQ)를 계산하기 위해 각 폐합회로에 대해서 ΣKnQ_0^{n-1}을 계산한다.

⑤ 유량의 보정치를 다음 식으로 계산한다.

$$\Delta Q = \frac{-\Sigma(KQ_0^n)}{\Sigma KnQ_0^{n-1}}$$

⑥ 보정유량 ΔQ를 이용하여 각 관의 유량을 보정한다.

⑦ $\Sigma h_L \approx 0$을 만족할 때까지 (2)에서 (6)의 과정을 반복한다.

K와 n값의 상관관계($h_L = KQ^n$)는 손실수두를 유량의 함수로 표시하여 다음과 같이 유도할 수 있는데, 기본가정에서 나타난 바와 같이 어느 식을 사용하여도 무방하며, 유사한 결과를 얻을 수 있다.

• Darcy-Weisbach 공식

$$h_L = f\frac{l}{d}\frac{V^2}{2g} = f\frac{l}{D}\frac{1}{2g}\left(\frac{4Q}{\pi D^2}\right)^2 = \frac{0.0828fl}{D^5}Q^2 = K_1 Q^2$$

• Hazen-Williams 공식

$$V = 0.84935CR^{0.63}S^{0.54} \qquad V = 0.35464D^{0.63}S^{0.54},\ h_L = S \cdot L$$

$$h_L = \frac{133.5}{C_{W-H}^{1.85}D^{0.167}V^{0.15}}\frac{l}{D}\frac{V^2}{2g} = \frac{6.811l}{C_{W-H}^{1.85}D^{0.167}}\left(\frac{4Q}{\pi D^2}\right)^{1.85}$$

$$= \frac{10.59l}{C_{W-H}^{1.85}D^{4.867}}Q^{1.85} = K_2 Q^{1.85}$$

여기서, K_1, K_2: 각 관의 특성 제원에 따른 상수

유량보정을 위한 보정유량값(ΔQ)의 결정식은 다음과 같이 유도할 수 있다.

$$Q = Q_0 + \Delta Q$$

여기서, Q, Q_0, ΔQ = 실제유량, 가정유량, 보정유량

goes to zero

$$h_L = KQ^n = K\left(Q_0^n + nQ_0^{n-1}\Delta Q + \frac{1}{2}n(n-1)Q_0^{n-2}\Delta Q^2 + \cdots\right.$$

하나의 폐합 관로의 경우 보정유량식은 다음과 같이 정리된다.

$$\Sigma h_L = \Sigma(KQ^n) = \Sigma KQ_0^n + n\Sigma KQ_0^{n-1}\Delta Q = 0$$

$$\Delta Q = -\frac{\Sigma(KQ_0^n)}{n\Sigma KQ_0^{n-1}} = -\frac{\Sigma h_L}{n\Sigma KQ_0^{n-1}}$$

$$\therefore\ (\Delta Q)_i = -\frac{(\Sigma h_L)_i}{n\Sigma(h_L/Q)_i}$$

이때 Δh의 결정은 $h = \frac{P}{w}$ 식으로 결정될 수 있는데, 예를 들어 $P = 3.0\ kg/cm^2$의 경우 수두(h)는 다음과 같이 계산된다.

$$h = \frac{3.0\ kg/cm^2 \times 10^4 (cm^2/m^2)}{1{,}000\ kg/m^3} = 30\ m$$

예제 12-1) 상수관망 설계

그림 E-1과 같은 단순한 상수관망을 설계하고자 한다. 이 지역은 절점(node) A에서 물이 유입되어 각 절점에서 분산하여 사용되며, 절점 G에서는 상당량의 소방용수(fire flow)가 계획되어 있다. 관의 직경은 유량과 앞선 설계기준(criteria)에 기초하여 계산되었다. 이에 근거하여 각 관에 대한 흐름의 특성을 평가하라. 단, 계산의 경계조건은 보정수량(correction, ΔQ_i)이 $0.2\ m^3/min$보다 작을 때까지로 한다.

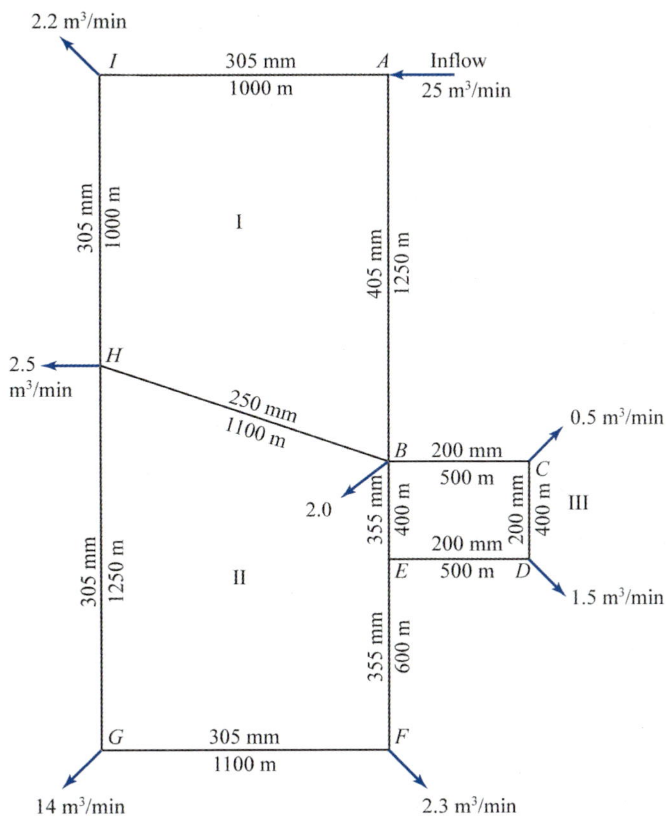

그림 E-1 상수관망 설계 예

풀이)

반복계산에 따른 계산과정과 단계별 산정 유량은 표 E-1~표 E-3과 그림 E-2에 요약하였다. 관망은 폐합관로(loops) *ABHI*(loop I), *BEFGH*(loop II) 그리고 *BCDE*(loop III)로 나눠진다(이 관로를 *ABCDEFGHI*, *ABHI*, 그리고 *BCDE*처럼 다르게 나눠도 된다). 나눠진 모든 관들은 최소 1개 폐합관로에 포함된다.

① 표 E-1에서와 같이 관에 관한 정보(유량, 길이 및 직경 등)를 처음 4열에 정리한다. 동수경사선의 기울기(이 경우 Hazen-Williams 방정식을 이용하고 C=100으로 가정한다)는 제5열에 나타내었다.

② 각 관의 수두손실은 s와 길이(L)의 곱이며, 관에 흐르는 유량의 방향은 시계방향을 (+), 반시계방향을 (−)로 표시한다.

③ 6, 7열은 각 데이터의 합이며, 유량보정값 ΔQ_i는 주어진 식을 이용하여 계산된다. 2개의 폐합관로에 공통으로 연결된 관의 유량은 1개의 폐합관로에서는 (+) 방향이며, 반대편에서는 (−) 방향으로 고려되어야 하여, 보정유량 계산에서 주의하여야 한다. 2개의 폐합관로로 연결된 공통관은 2개의 보정값을 고려하여야 한다.

④ 표 E-1에 산정된 보정유량은 2번째 보정값을 얻기 위해 동일한 방법으로 재분석한다. 반복된 계산과정에 의해 표 E-2에서와 같이 최대값과 같거나 작은 보정값을 얻게 된다. 주어진 경계조건을 만족하는 최종 보정값들은 그림 E-2의 최종 유량을 결정하기 위해 이용된다.

⑤ 유량균형을 맞춘 관망은 유속과 압력 기준이 안정한지 평가하기 위해 반드시 재검토되어야 한다. 관의 유속은 2.13 m/s(*AB*)에서 0.22 m/s(*ED*)에 이르기까지 다양하다. 관 *AI*, *IH*, *AB*, *BE* 그리고 *EF*의 유속은 일반적인 설계기준을 초과하므로 이러한 관들은 직경을 증가하여야 할 것이다.

⑥ 절점 *A*에서 *G*까지의 압력강하는 49 m의 수두(또는 480 kPa)에 해당한다. 만약 절점 *A*에서의 압력이 500 kPa이라면 절점 *G*에서의 압력은 20 kPa로 이는 일반적인 최솟값 150 kPa 이하이다. 문제에서 압력계산은 점 *A*와 *G*가 같은 높이를 가진다는 가정으로 계산되었다. 만약 그렇지 않다면 정수압적인 차이(static difference)가 반드시 포함되어야 한다.

⑦ 관의 크기는 분명히 유속과 압력에 따라 일치하지 않을 것이다. 부족한 관로는 직경을 증가시켜야 하고, 계산은 적절한 압력과 유속이 얻어질 때까지 반복한다.

실제 상수도 계획지역의 상수관망은 매우 복잡하다. 따라서 다양하게 개발된 컴퓨터 프로그래밍 기술을 활용하는 것이 효과적이다. Hardy Cross 법은 이미 다수의 전산 프로그래밍이 되어있으며, 종종 컴퓨터 입문 과정에서 연습용으로 사용되기도 한다. 상업적으로 이용가능한 다양한 모델들은 펌프(in-line pumping)와 저수량(storage) 시뮬레이션 및 지리정보시스템(GIS) 기능이 포함되어 있다(Alexander et al., 1975; Cho et al., 2005; Ormsbee, 2006). 비교적 최근에 개발된 모델들은 다소 다르게 유도된 에너지 방정식들을 풀기 위해 선형이론(linear theory)이나 Newton-Raphson techniques을 이용하기도 하는데, 이 방법들은 Hardy Cross법보다 더 효과적이다(Wood and Rayes, 1981; Harris, 1984). 어떤 경우에는 초기 유량 가정을 만족하는 연속방정식들이 요구되지 않기도 한다. 공학적 문제의 해법으로서, 압력과 유량의 예측은 단지 방정식을 형상화하는 데 사용된 가정이나 측정값만큼이나 정확해야 한다. 적절한 마찰 손실 값과 실제 펌프 성능 그리고 다른 기타 요소들은 결정에 매우 신중해야 하고(Walski, 1985) 사용된 모델이 적절히 검증되었을 때, 실제 시스템에서 예측된 압력은 측정값의 35~70 kPa 이내여야 한다(Lee Cesario and Davis, 1984).

표 E-1 **Hardy Cross analysis - first correction**

Loop I

Line	Flow (m^3/min)	Dia. (m)	Length (m)	s	h (m)	h/Q $\left(\frac{m}{m^3/min}\right)$
AB	13	0.40	1250	0.0110	13.75	1.058
BH	3	0.25	1100	0.0033	3.63	1.815
HI	−9.8	0.30	1000	−0.0260	−26.00	2.653
IA	−12	0.30	1000	−0.0380	−37.80	3.150
					−46.42	8.676

$$(\Delta Q)_{\text{I}} = -\frac{-46.42}{1.85(8.676)} = 2.9$$

Loop II

Line	Flow (m^3/min)	Dia. (m)	Length (m)	s	h (m)	h/Q $\left(\frac{m}{m^3/min}\right)$
BE	7.5	0.35	400	0.0075	3.00	0.400
EF	7.0	0.35	600	0.0066	3.96	0.566
FG	4.7	0.30	1100	0.0067	6.68	1.423
GH	−9.3	0.30	1250	−0.0236	−29.54	3.177
HB	−2.0	0.25	1100	−0.0033	−3.63	1.815
					−19.53	7.381

$$(\Delta Q)_{\text{II}} = -\frac{-19.53}{1.85(7.381)} = 1.4$$

Loop III

Line	Flow (m^3/min)	Dia. (m)	Length (m)	s	h (m)	h/Q $\left(\frac{m}{m^3/min}\right)$
BC	1.5	0.20	500	0.0058	2.91	1.937
CD	1.0	0.20	400	0.0028	1.10	1.110
DE	−0.5	0.20	500	−0.0008	−0.38	0.762
EB	−7.5	0.35	400	−0.0075	−3.00	0.400
					0.63	4.209

$$(\Delta Q)_{\text{III}} = -\frac{0.63}{1.85(4.209)} = 0.1$$

표 E-2 **Hardy Cross analysis - second correction**

Loop I

Line	Flow (m^3/min)	Dia. (m)	Length (m)	s	h (m)	h/Q $\left(\frac{m}{m^3/min}\right)$
AB	15.9	0.40	1250	0.0157	19.65	1.236
BH	3.5	0.25	1100	0.0094	10.34	2.954
HI	−6.9	0.30	1000	−0.0136	−13.60	1.971
IA	−9.1	0.30	1000	−0.0227	−22.70	2.495
					−6.31	8.656

$$(\Delta Q)_{\text{I}} = 0.4$$

Loop II

Line	Flow (m^3/min)	Dia. (m)	Length (m)	s	h (m)	h/Q $\left(\frac{m}{m^3/min}\right)$
BE	9.0	0.35	400	0.0105	4.20	0.467
EF	8.4	0.35	600	0.0093	5.58	0.664
FG	6.1	0.30	1100	0.0108	10.80	1.770
GH	−7.9	0.30	1250	−0.0175	−21.88	2.769
HB	−3.5	0.25	1100	−0.0094	−10.34	2.954
					−11.64	8.624

$$(\Delta Q)_{\text{II}} = 0.7$$

Loop III

Line	Flow (m^3/min)	Dia. (m)	Length (m)	s	h (m)	h/Q $\left(\frac{m}{m^3/min}\right)$
BC	1.4	0.20	500	0.0051	2.55	1.821
CD	0.9	0.20	400	0.0023	0.92	1.022
DE	−0.6	0.20	500	−0.0011	−0.55	0.917
EB	−9.0	0.35	400	−0.0105	−4.20	0.467
					−1.28	4.227

$$(\Delta Q)_{\text{III}} = 0.2$$

표 E-3 **Hardy Cross analysis - third correction**

Loop I

Line	Flow (m^3/min)	Dia. (m)	Length (m)	s	h (m)	h/Q $\left(\frac{m}{m^3/min}\right)$
AB	16.9	0.40	1250	0.0165	20.63	1.265
BH	3.2	0.25	1100	0.0080	8.80	2.750
HI	−6.5	0.30	1000	−0.0122	−12.20	1.877
IA	−8.7	0.30	1000	−0.0209	−20.90	2.402
					−3.67	8.294

$$(\Delta Q)_{\text{I}} = 0.2$$

Loop II

Line	Flow (m^3/min)	Dia. (m)	Length (m)	s	h (m)	h/Q $\left(\frac{m}{m^3/min}\right)$
BE	9.5	0.35	400	0.0116	4.64	0.488
EF	9.1	0.35	600	0.0107	6.42	0.705
FG	6.8	0.30	1100	0.0132	13.20	1.941
GH	−7.2	0.30	1250	−0.0147	−18.38	2.552
HB	−3.2	0.25	1100	−0.0080	−8.80	2.750
					−2.92	8.436

$$(\Delta Q)_{\text{II}} = 0.2$$

Loop III

Line	Flow (m^3/min)	Dia. (m)	Length (m)	s	h (m)	h/Q $\left(\frac{m}{m^3/min}\right)$
BC	1.6	0.20	500	0.0066	3.30	2.063
CD	1.1	0.20	400	0.0033	1.32	1.200
DE	−0.4	0.20	500	−0.0005	−0.25	0.625
EB	−9.5	0.35	400	−0.0116	−4.64	0.488
					−0.27	4.376

$$(\Delta Q)_{\text{III}} = 0.03$$

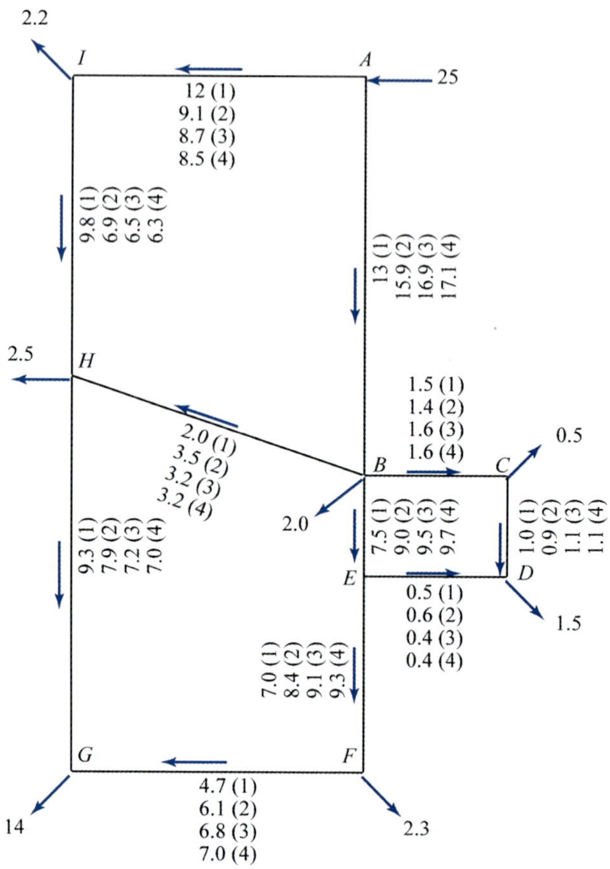

그림 E-2 **유량보정값**

12.4 배수용 저수시설

배수용 저수시설은 정수장에서 송수를 받아 해당 배수구역의 수요량에 따라 배수하기 위한 저류지로서 배수량의 시간변동에 따른 상수소요량을 충족시키고 화재나 정전, 배수지 상류측의 사고발생 등 비상시에도 일정한 수량과 수압을 유지할 수 있는 기능이 있으며, 정수장 염소소독 단계에서 실시한 염소의 접촉시간 증대 등의 효과도 기대할 수 있다.

저수시설은 배수지(service reservoir, clean water reservoir), 배수탑(tower), 고가탱크(elevated tank), 배수관(stand pipe) 등이 있으며, 이를 모두 총칭하여 배수지라고도 한다. 설치형식에는 일반적으로 지상식, 지하식 및 반지하식이 있으나 지상부에서의 시공이나 용지취득이 곤란한 경우 또는 환경보호를 고려해야 하는 경우에는 터널식(예, 북악터널배수지)이 이용되고 있는 경우도 있다.

배수지 저수량은 배수시설의 용량과 위치 상수소비율의 함수이다. 정수시설이나 양수기는 일정한 비율로 가동되는 것이 이상적이므로 상수요구량이 이 비율 이상일 경우에는 저수시설에 의해 안정된 보충을 받아야 한다. 저수시설의 용량은 시간변동조정용량, 비상시 대처용량, 소화용수량 등을 고려하여 계획1일최대급수량의 12시간분 이상을 표준으로 하며 배수구역의 물 사용형태, 지역의 특성, 시설의 규모, 상수도시설의 전반적 배치상황 등을 종합적으로 검토한다. 저수용량은 시간과 배수량의 상관관계를 이용한 면적법과 시간과 누가배수량의 상관관계를 이용한 누가곡선법(mass-curve)에 의해 평가될 수 있다(10장 저수시설 참조).

계획배수량은 1시간당 수량으로 나타내며 각각의 배수관이 담당하는 계획배수구역의 계획1일최대급수 시에 시간최대배수량을 말하는데, 이는 배수관의 관경 결정에 근거가 된다. 계획시간최대배수량은 그 배수구역 내의 계획급수인구가 그 시간대에 최대량의 물을 사용한다고 가정하여 계획1일최대급수량(m^3/d)일 때의 시간평균배수량(m^3/h)에 시간계수(K)를 곱하여 결정한다. 시간계수는 급수구역 내에 주야간의 인구변동, 공장, 사업소 등에 의한 사용형태, 관광지 등의 계절적 인구이동에 의하여 변화하며 1일최대급수량이 클수록 시간계수는 작아지는 경향이 있다(그림 12-2). 따라서 각 도시나 배수블록의 물 사용실태를 조사한 실적이나 유사한 도시의 실적을 근거로 하여 시간계수를 적용하는 것이 바람직하다.

배수지의 위치는 일반적으로 저수시설에서 소비지까지의 거리단축으로 마찰손실을 줄일 수 있는 장점이 있어 원칙적으로 소비지의 중심부에 위치해야 하지만 대도시 또는 대단위 지역 특성의 경우 여러 중요지점에 분산시킬 수 있다. 이때 배수구역 내 균등한 수압분포를 충분히 고려하여야 한다. 배수지 1개소에만 의존하는 배수구역은 지형과 지세조건에 따라서는 적정한

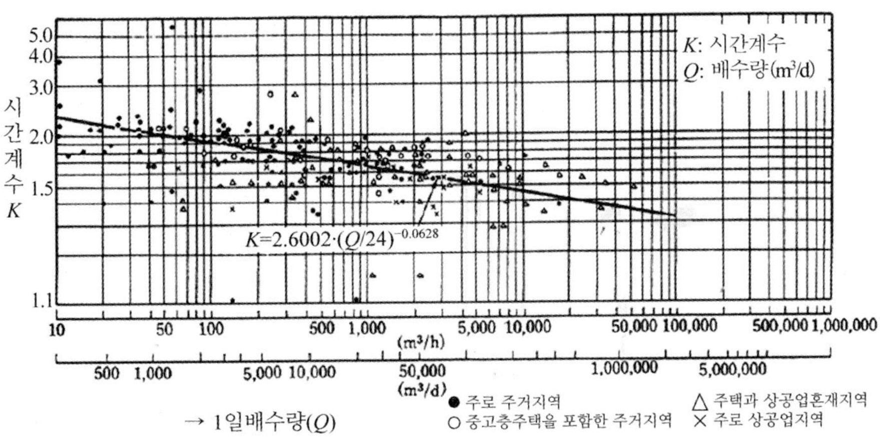

그림 12-2 **1일 배수량과 시간계수와의 관계(일본자료)**

배수압력의 확보가 어려운 경우가 많으며 비상시에 대응하기 어려운 경우도 있다. 지역의 특성, 배수관망의 구성 등을 고려하여 복수의 배수지를 분산 배치하거나 배수지 간의 상호융통이 가능하도록 할 필요가 있다. 또 지형과 지질에 따라 안전하게 배려된 위치에 설치하며 적당한 표고차가 있으면 자연유하식의 배수가 가능하고 표고차가 없으면 펌프가압식으로 배수한다. 급수관을 분기하는 지점에서 관내 최소 동수압은 150 kPa(약 1.53 kgf/cm²) 이상, 최대정수압은 700 kPa(약 7.1 kgf/cm²) 이하이다. 통상 소비지에서 최소한 2 kg/cm² 정도, 주간선 내에서는 3~5 kg/cm² 정도가 되도록 설계하나, 수압이 너무 크면 관의 파열과 누수량 증가를 초래할 수 있다. 배수지의 유효수심은 3~6 m 정도가 표준이다.

배수지는 배수관의 경제성과 유지관리의 안정성으로 보아 급수구역 내의 표고차가 30 m 이상이고 지역이 넓을 경우에는 배수지의 급수구역을 최대표고차 25~30 m 이내를 하나의 급수구역(pressure zone)으로 구분하여 고지구, 저지구 또는 고지구, 중지구, 저지구의 2~3개의 급수지역으로 분할하는 것이 효과적이다. 또 송・배수관의 연장이나 배수지의 용량이 큰 경우 체류시간이 길어지고 잔류염소가 현저히 감소할 가능성이 있다. 이때, 수요자 급수전에서 잔류염소농도를 적절히 유지하기 위해 배수지 또는 배수관로의 중간에 추가적인 염소소독설비가 필요하다. 염소계 소독제로는 여러 가지가 있지만, 일반적으로 배수지나 배수관은 민가에 근접해 있는 것이 많기 때문에 위험방지 및 취급의 용이성으로부터 차아염소산나트륨용액을 사용하는 설비가 바람직하다.

배수탑과 고가탱크는 배수구역 내에 배수지를 설치할 적당한 높은 장소를 구할 수 없는 경우에 배수량의 조절이나 펌프가압구역의 수압조절 등을 목적으로 지표면 상부에 설치하는 정수형 저류지로, 기본적으로 위치, 용량 등은 배수지 시설의 설계기준에 준한다.

배수탑은 탑 내의 총 수심에 걸쳐 저수되지만 배수관의 소요수두와의 관계로 인하여 하부의 1/2~1/3은 평소에는 이용하지 못하므로, 수심의 실효성을 고려하여 배수탑 높이는 직경의 1.5~3배, 수심은 20 m 정도를 한도로 하고 있으나 최근 기술진보에 따라 외국에서는 그 이상의 사례도 보고되고 있다. 배수탑과 고가탱크는 구조적으로나 위생적으로도 안전하고, 충분한 내구성, 내진성, 수밀성을 가지고 있어야 하므로 각종 외력에 대하여 내력상 안전한 구조로 하기 위하여 일반적으로 철근콘크리트, 프리스트레스 콘크리트 또는 강판제 등을 사용한다.

12.5 배수관과 접합

(1) 관종

상수도용관은 다음 각 항을 조건으로 하여 선정하며, 이는 기본적으로 도수관, 송수관, 배수관, 급수관에 동일하게 적용된다.

① 관 재질에 의하여 물이 오염될 우려가 없어야 한다.
② 내압과 외압에 대하여 안전해야 한다.
③ 매설조건에 적합해야 한다.
④ 매설환경에 적합한 시공성을 지녀야 한다.

상수도관으로는 덕타일주철관, 강관, 스테인리스강관, 수도용 경질폴리염화비닐관 및 수도용 폴리에틸렌관 등의 관종을 사용한다. 급수용관(service pipe)은 이외에도 스테인리스강관과 동관 등 내구성과 강도가 우수하고 수질에 나쁜 영향을 미치지 않는 종류로 규정하고 있다(가정용, 13 mm, 23～30 L/min). 이 관들은 각각 재료, 제조방법, 규격치수, 강도 및 내외면 도장 등이 다르기 때문에 이상의 기준에 의하여 위생성, 호환성, 내구성, 유지관리의 용이성 등을 고려하여 최적의 관종이 선정된다. 실제 한국산업표준(KS) 또는 한국상하수도협회규격(KWWA) 등의 규격이 있으므로 규격에 맞는 관종 및 관 두께의 제품을 사용한다. 수도용 자재는 「수도법시행령」 제30조(수도용 자재 및 제품의 기준)에 따라야 하며, 환경부령으로 정하는 위생안전기준에 적합하여야 한다.

도수관로의 경우 자연유하식으로 수압이 낮고 수압변동도 적으며, 지반이 견고하여 부등침하 등도 없고 또 지진 시의 지반변동에 의한 관체 및 접합부에서의 영향이 없는 경우에는 프리스트레스트 콘크리트관 및 원심력 철근콘크리트관 등을 사용할 수도 있다.

상수도관의 접합부 구조는 관종에 따라 다르며, 시공의 난이도를 지배하는 큰 요소가 되므로 다른 지하매설물이 많이 매설되어 있는 경우나 조기에 되메우기가 요구되는 경우에는, 그 접합부의 구조에 대한 시공성도 고려하여 관종을 선정한다. 또 매설환경에 따라서는 휨성, 이탈에 대한 저항성, 신축성 등 유연성이 있는 신축이음을 고려해야 하는 경우도 있다.

(2) 신축이음 및 이형관 보호

연약지반 등에서의 부등침하를 흡수하거나 노출배관에 대하여 온도에 의한 관로의 신축에 대응시킴과 동시에 자연재해 등의 응력을 흡수하기 위해서 신축이음을 설치한다. 수관교나 역 사이펀(inverted siphon)과 같은 구조물과의 접합부에 휨성이 있는 신축이음관을 사용하는

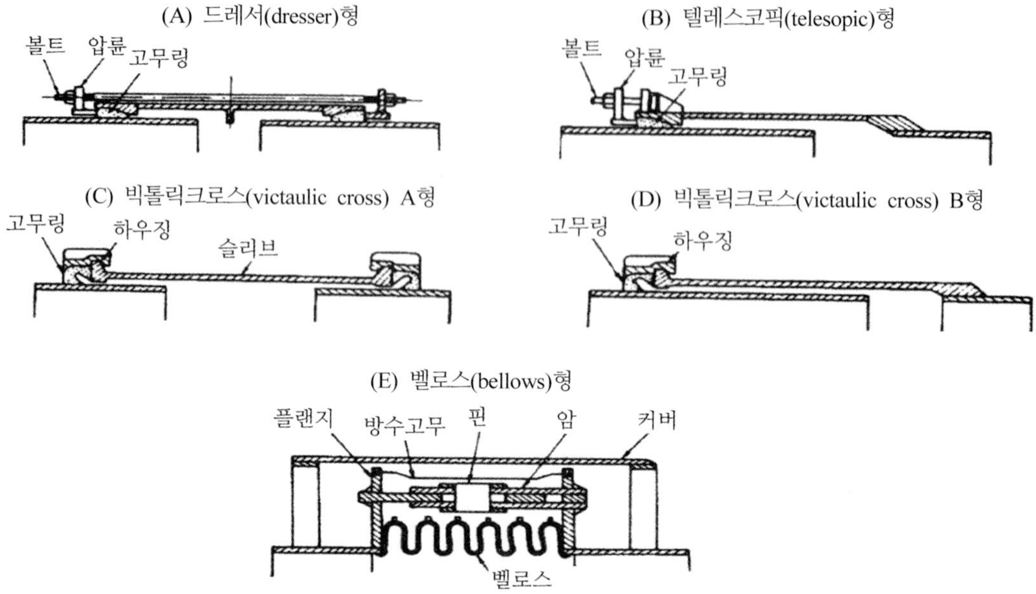

그림 12-3 **수도용 강관의 신축이음관**

경우에는 추정침하량을 흡수할 수 있는 휨성만으로 선정하는 것이 아니고, 내・외압, 내구성 및 수밀성에 대한 안전성 또한 검토하여야 한다.

수도용 강관은 온도응력에 대하여 강도가 크고 또 용접접합이기 때문에 관로로서 일체감과 흙에 의한 구속력이 있으므로 신축이음관을 거의 사용하지 않지만, 제수밸브, 곡관, T자관의 전후지점에서는 온도응력으로 파손될 우려가 있다면 신축이음관을 설치하는데, 특히 편압에

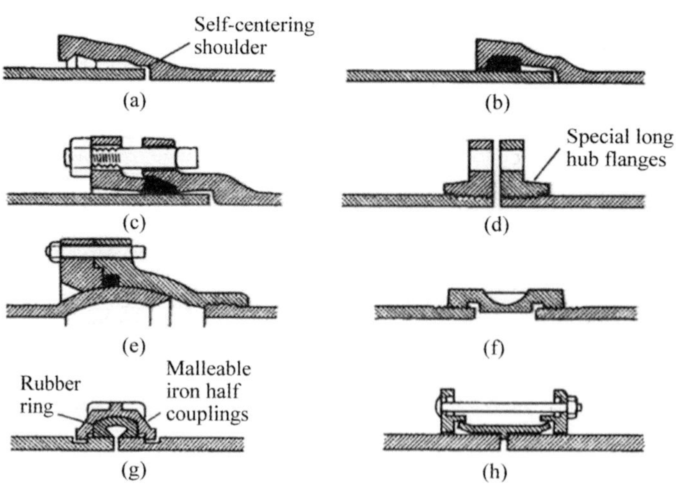

그림 12-4 **Iron pipe Joints. (a) Bell-and-spigot; (b) push-on; (c) mechanical; (d) flanged; (e) ball; (f) threaded; (g) Victaulic ccoupling; (h) dresser coupling.**

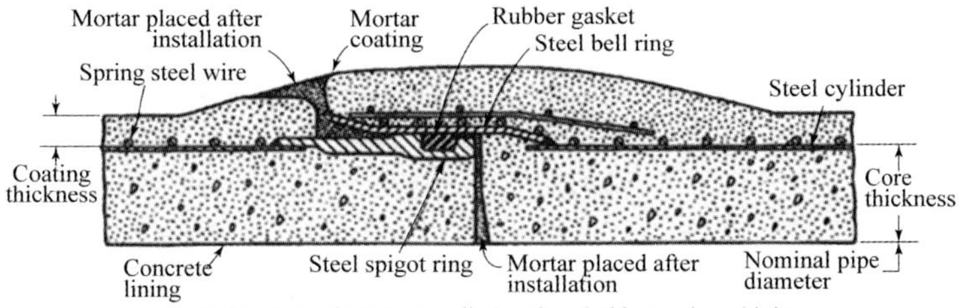

(a) Prestressed concrete cylinder pipe, Rubber and steel joint

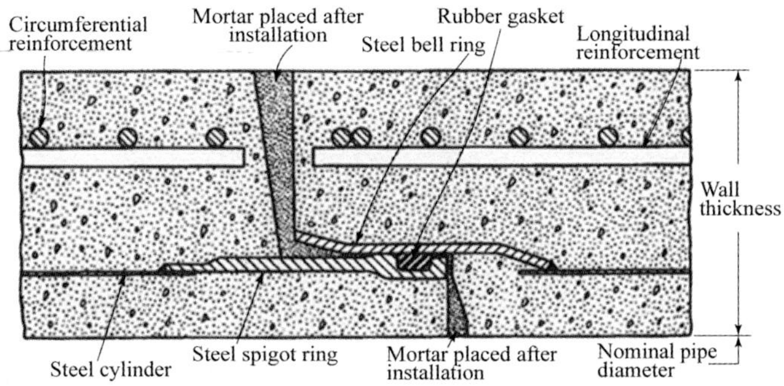

(b) Concrete cylinder pipe, Not prestressed, Rubber and steel joint

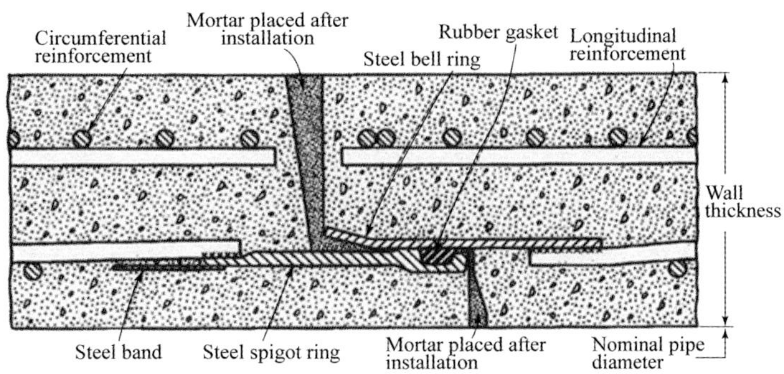

(c) Concrete pressure pipe, Rubber and steel joint

그림 12-5 **콘크리트관의 연결**

대한 밸브보호대책이 필요하다. 또 최후의 강관접합지점에는 용접에 따른 열응력을 작게 하기 위하여 신축이음관을 설치하는 것이 좋으며 그렇지 않을 경우 온도의 영향을 최소화하기 위해 하루 중에서 기온이 가장 낮은 시간대에 용접을 하는 것을 권장하고 있다. 그림 12-3~5에는 각종 관의 신축이음 종류를 보여주고 있다.

이형관(곡관, T자관, 편락관 등)은 수평, 수직 모두 관내의 수압에 의하여 불평균력을 받는데 그 크기는 수압, 관경 및 각도가 클수록 커진다. 수압에 의한 불평균력은 이형관의 종류에 따라 다르며, 그 압력의 작용에 따라 이형관이 외측으로 밀려나가서 접합부가 이탈할 우려가 있으므로 보호가 필요하다. 이형관 보호에 대한 관내수압은 최대정수압에 수격압을 합한 값으로 한다.

덕타일주철관 및 경질폴리염화비닐관의 이형관 보호에는 관외주면의 구속력이 충분하도록

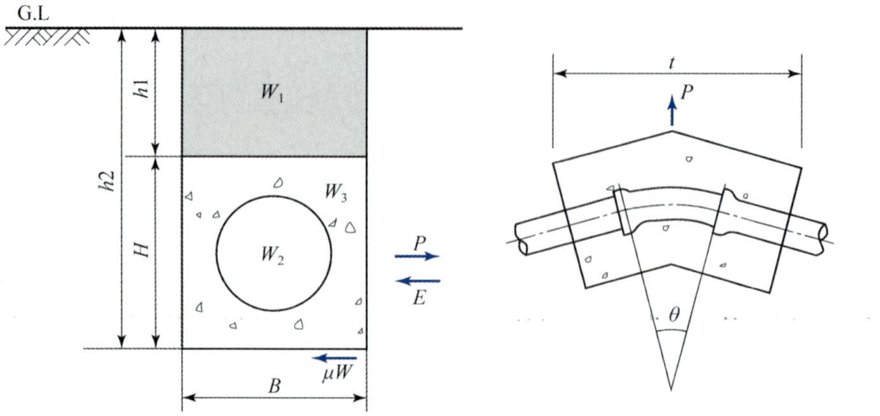

그림 12-6 **수평곡관보호용 콘크리트블록 예**

콘크리트블록 또는 내진형 이탈방지압륜 등으로 보호하고, 용접이음의 강관, 스테인리스강관 및 융착이음의 수도용 폴리에틸렌관에는 이형관 보호 등을 경감 또는 생략할 수 있다. 다만, 신축이음관이 불평균력을 억제하기 위한 유효길이의 범위 내에 설치되어 있는 경우에는 콘크리트블록 등으로 보호한다. 그림 12-6은 수평곡관보호용으로 사용되는 콘크리트블록의 예를 나타내었다.

(3) 수압시험

관로를 매설한 이후에는 원칙적으로 수압시험 또는 기밀시험(산소압축시험)으로 수밀성과 안전성을 확인한다. 관 자체의 수밀성과 내압성은 공장의 수압시험 등에 의하여 확인되나 관로의 접합, 부속설비의 설치, 콘크리트블록의 방호 등의 시공이 종료된 다음에는 매설된 관로 전체의 수밀성과 안전성을 확인하기 위한 수압시험이 필요하다. 수압시험에서는 급격한 가압으로 관로를 파괴하는 일이 없도록 관내의 공기를 배제하면서 충분한 시간을 두고 천천히 물을 주입하고, 하루 정도 경과하고 나서 시험하는 것이 바람직하다. 시험방법은 일정(시험)수압까지 가압한 다음 일정시간(24시간 정도)을 유지하고, 그 사이 관로의 이상유무와 압력변화를 조사한다. 시험수압, 유지시간 및 허용압력 저하량에 대해서는 사용수압, 관종, 조인트의 구조, 관로연장, 부속설비의 상황 및 시공조건 등을 고려하여 적절한 수치를 취한다. 중대형 관거의 미케니컬 조인트의 관에 대해서는 되메우기 전에 테스트밴드로 조인트부의 수밀성을 검사함으로써 관로의 수압시험을 대신할 수 있고, 용접이음구조의 강관인 경우에는 용접부에 대하여 방사선 투과검사 또는 초음파 탐상시험으로 대치할 수 있다.

12.6 교차연결

급수설비에서 음용수로 사용될 수 없는 물이 음용수용 급수시설로 직접 및 간접적으로 들어갈 수 없도록 하기 위한 물리적 연결을 교차연결(cross connection)이라 하는데, 이러한 현상의 주원인은 결국 불안정한 압력 때문이다. 직접연결이란 관이 직접적으로 연결된 상태를 말하고 간접연결이란 물이 압력의 불균형에 의해 흡입되거나 혼합될 여지가 있는 경우를 말한다.

급수설비에서 역류에 의한 수질사고를 방지하기 위해서 해당 급수설비 이외의 관, 기계, 설비 등과 직접 연결하지 말아야 한다. 저수조, 싱크대나 기타 물을 받는 용기에 급수하는 경우에는 토수구와 저수조 등의 월류면과의 사이에 필요한 토수구공간을 확보해야 하며, 옥내의 급수기구에는 적절한 위치에 역류방지밸브가 설치되어 있어야 한다. 배수관에서 분기되는 모든 급수설비에는 역류에 의한 2차오염을 방지하기 위하여 2차 계량기 측에 역류방지밸브가 반드시 필요하다.

과거 교차연결(오접)에 의해 음용수가 오염되어 전염병을 일으킨 사례가 많았으므로 이에 대한 세심한 주의가 필요하다. 특히, 소화전이 하수관거로 배수될 때, 상수관이 하수관과 함께 매설될 때, 오염된 물을 저장하는 용기의 출구가 상수유입구보다 높을 때, 부적합한 수원을 공공상수도에 연결시킬 때, 소화용수를 보충받기 위해 공중 상수도망을 이용할 때 등의 경우 주로 발생한다. 참고로 교차연결은 급수시설 간의 연결을 뜻하는 교차(cross over)나 연결(interconnection)과는 구별된다.

12.7 부속시설

상수의 송배수를 위해서는 관망, 양수시설, 저수시설 외에도 각종 부대시설이 필요한데, 유량계, 수압계, 각종 밸브류(차단용 밸브, 제어용 밸브, 공기밸브, 감압밸브), 소화전, 배수(排水)설비, 수질측정장치, 맨홀 등으로 분류된다. 이들 부속설비는 배수구역 내의 물수요에 따라 배수관과 일체가 되어 적정한 수량과 수압 및 수질을 확보할 수 있도록 한다. 소화전은 화재 시의 소화용에 적절히 대응할 수 있어야 한다. 부속설비 설치계획은 배수본관과 배수지관의 배치, 배수구역 내의 지형, 지세, 물수요 등을 기준으로 수립한다.

유량계(water meter)는 배수관이나 급수관의 유량을 측정하기 위한 시설로, 정수장의 큰 양수기는 수도시설 경영의 기준이 되며, 가정용의 작은 양수기는 수도요금징수의 기준이 된다. 역사이펀은 하천, 운하, 철도 및 도로 등의 횡단개소에서 관을 일단 낮추어서 그 시설들의 하부로 관을 부설하는 것을 말한다. 접합정(junction well)은 도수 및 송수거의 구조가 변화하는 지점 등에 설치하여 수면의 변동을 흡수하고 원활하게 도수할 목적으로 설치되는 것으로, 접합부에 설치된다. 또 관거의 시점과 종점, 그리고 그 외에 필요한 지점에 제수문 또는 수위조절판(stop log)을 설치하고, 유지관리용 맨홀을 설치한다. 호우 등으로 인하여 도수거에 일시적으로 과잉 유입되거나 하류 측의 사고 등으로 제수문이 폐쇄됨으로 인한 잉여수량을 접합정에서 위어(weir)를 이용한 월류설비도 있다. 만약 수로가 계곡이나 하천을 횡단할 경우에는 교량을 설치하여 상부구조를 수로로서 사용하는데 이를 수로교라 한다.

수도시설에서는 물의 흐름을 통제하거나 관의 수리, 안전 등을 위하여 각종 밸브를 설치하게 되는데, 밸브의 종류와 특징은 다음과 같다. 차단용 밸브로서는 제수밸브와 버터플라이밸브가 사용되며, 유량과 수압의 제어용 밸브로서는 버터플라이밸브와 콘밸브가 많이 사용되고 있다. 이들 밸브는 용도별 기능에 대하여 비교 검토하여 가장 적절한 밸브를 적당한 장소에 설치한다. 도수·송수·배수관의 시점, 종점, 분기장소, 연결관, 주요한 배수설비(이토관), 중요한 역 사이펀부, 교량, 철도횡단 등에는 제수밸브 설치(1~3 km 간격)를 원칙으로 한다. 관정상부에 형성되어 관의 통수능력을 감소시키는 공기(air pocket)를 배제하거나 흡인하기 위해 공기밸브(air relief valve)가 필요한데, 관로의 종단도상에서 상향 돌출부의 상단에 설치해야 하지만 제수밸브의 중간에 상향 돌출부가 없는 경우에는 높은 쪽의 제수밸브 바로 앞에 설치한다. 또 관경 400 mm 이상의 관에는 반드시 급속공기밸브 또는 쌍구공기밸브를 설치하고, 관경 350 mm 이하의 관에 대해서는 급속공기밸브 또는 단구공기밸브를 설치한다. 그 외 안전밸브(safety valve)는 수격작용이 일어나기 쉬운 곳에 설치하며, 관의 손상과 파열이 일어났을 때 다량의 물이 역류하는 것을 방지하기 위해 역류방지밸브(check valve)가 필요하고, 압력 저감이 필요할 경우 감압밸브(pressure reducing valve)가 사용된다. 니토밸브는 관로의 요철부에 설치되는데, 통상 본관 직경의 25~33(50)% 정도로 한다. 관내유속이 일정한도를 초과하거나 배수지에서 나오는 물의 수압이 많은 경우 자동차단밸브(automatic stop valve)를 설치하여 관의 파열을 방지한다.

맨홀은 관경 800 mm 이상의 관로를 부설할 때에 덕타일주철관의 내면조인트, 강관의 접합 등을 위한 작업요원의 출입구, 재료·기자재의 반출입구 등 관로 매설공사를 시공할 때와 관로 매설 후 내부점검이나 밸브점검 등을 유지관리 할 때 활용하기 위하여 설치한다. 설치지점은 공기밸브의 설치지점이 일반적이지만, 강관 접합부의 용접이나 도장을 할 때에는 관내의 강제배기 등을 위하여 필요에 따라 공기밸브 이외의 지점에 설치한다. 특히 사고 가능성이 많은 수관교, 역 사이펀, 제수밸브, 지형과 지질이 변화하는 장소와 기타 중요한 장소에 설치가 필요하고, 일반적인 관로에도 토피가 두꺼운 장소에서는 외부로부터의 검사와 보수가 불가능하므로 특히 맨홀을 설치하는 것이 중요하다. 맨홀의 T자관 크기는 대개 직경 600 mm로 충분하다. 맨홀은 보통 상향으로 뚜껑을 설치하고 공기밸브를 접속한다. 공기밸브를 설치하지 않는 지점에는 구경 600 mm의 플랜지 뚜껑으로 밀폐하는데, 에어포켓(air pocket) 발생과 이에 따른 플랜지부 패킹의 이탈로 인한 누수예방을 위하여 출입구가 측면에 오도록 설치한다. 관경 800 mm 미만의 관에도 대형관의 맨홀 설치방법에 준하여 점검구를 둠으로써 시공 및 유지관리할 때에 관로 내부에 감시카메라 등을 삽입하여 내부상태를 점검・확인할 수 있고 기존관로의 보수나 갱생에도 활용할 수 있다.

지하 공동구는 도로의 보전과 도로교통을 원활하게 할 목적으로 도로관리자가 각 공익사업자의 의견을 듣고서 이들의 동의에 따라 건설되는 것으로서 이들 공익사업자들은 공동구 건설 후 점용허가를 받아 각기 필요한 공사를 하도록 한다. 공동구 정비계획은 장기적 전망에 따라 계획해야 하고 공동구 정비도로로 지정해야 하며, 이에 참가하는 공익사업자들의 점용물 설치계획도 장기적인 계획이 전제가 되어야 한다. 공동구는 그 용도에 따라 크게 차도에 축조되는 간선공동구와 보도에 축조되는 공급관 공동구로 나누어진다. 공동구 내에서 상수도관로의 점용공간은 배관공사의 시공에 편리하고 장래 유지관리 측면도 고려하여 적당한 공간을 확보해야 하며, 부속설비로서 제수밸브, 공기밸브, 배수(排水)설비 및 소화전 등은 가능한 한 도로상에서 조작할 수 있도록 해야 한다. 이형관의 보호는 배관상태와 공동구의 구조를 고려하여 해야 하고 관로의 방식과 부등침하에 대비한 대책이 필요하다. 표 12-3은 간선공동구 표준단면의 예를 보이고 있다.

소화용수의 공급을 위한 소화시설로는 지상형(기둥형-post), 지하식(flush), 소화전(fire hydrant)의 시설이 있다. 소화전 분기를 목적으로 한 배수관은 최소한 150 mm 이상되어야 하며, 200 mm까지도 사용한다. 도로 교차지점에서는 반드시 설치하여야 하며, 그 중간에도 100~200 m를 기준으로 적절히 설치한다. 소화전은 소화용수 공급 외에 살수, 불용수의 방출 또는 배기밸브용으로도 사용된다.

표 12-3 간선공동구 표준단면의 예

구경(D)	주철관(볼트이음)				강관(용접이음)			
	a_1	a_2	b_1	b_2	a_1	a_2	b_1	b_2
400 미만	850	400	400	$2{,}100-(b_1+D)$	750	500	500	$2{,}100-(b_1+D)$
400~800 미만	850	500	500	$2{,}100-(b_1+D)$	750	500	500	$2{,}100-(b_1+D)$
800~1,000 미만	850	500	500	800	750	500	500	800
1,000~1,500 미만	850	600	600	800	750	600	600	800
1,500 이상	850	700	700	800	750	700	700	800

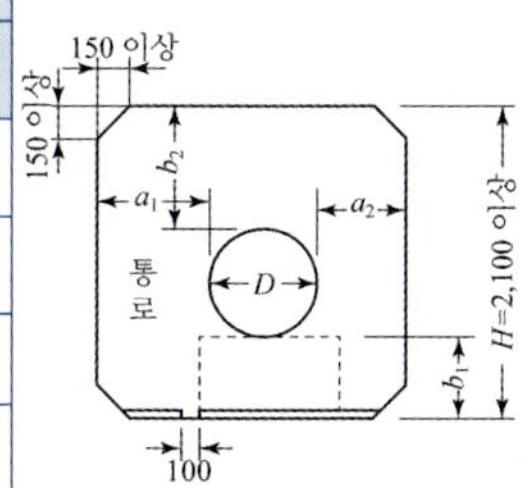

12.8 급수관의 시공과 정비

매설관의 기초는 지반의 상태와 지층, 하중조건을 사전에 조사하여 태풍이나 지진, 홍수 등 비상시에도 관로의 구조에 영향이 최소화될 수 있도록 사용 관종을 선정하고 최적의 공법을 채택한다. 관을 매설할 때의 다짐이 적절하게 이루어지도록 되메우기 흙을 선정한다. 견고한 지반과 연약지반이 단층으로 접해 있을 때와 관의 한쪽이 구조물에 고정되어 있을 경우에는 부등침하에 대비하여 알맞은 시공법, 관종, 신축이음을 사용한다. 덕타일주철관의 기초는 원칙적으로 평평한 밑바닥으로 하고, 강관도 통상의 토질과 토피이면 특별한 기초를 필요로 하지 않지만, 굴착바닥이 딱딱한 암반인 경우이거나 자갈 등을 포함한 지반인 경우에는 관의 단면방향 응력이나 변형을 저감시킬 목적으로 모래채움을 한다. 수도용 경질폴리염화비닐관과 폴리에틸렌관의 매설을 위해서는 원칙적으로 굴착바닥에 0.10 m 이상의 모래 또는 양질토를 사용한다.

배수관은 공공도로에 부설함을 원칙으로 하는데, 이 경우 배수본관은 도로의 중앙 측에 부설하고 배수지관은 급수관의 분기여건, 누수방지, 시설개량 등을 고려하여 되도록 도로의 편도 측에 부설하는 것이 좋다. 그러나 도로폭이 매우 넓을 경우에는 양측 보도나 차도의 양측에 부설하여 급수공사에 용이하게 고려되어야 하고 급수관의 누수나 급수공사로 넓은 도로를 횡단하여 굴착하는 일이 없도록 부설한다.

매설물의 위치와 깊이에 대해서는 도로관리자와 상수도, 공업용수도, 하수도, 가스, 전력, 전화 등 지하매설물 점용자 간의 협의가 필요하다. 공공도로에 관을 매설할 경우에는 「도로법」 및 관계법령에 따라야 하며 도로관리기관과 협의하여야 한다. 하천부지, 궤도부 또는 사유지에 관을 부설하는 경우에는 해당 부지관리자 또는 토지소유자와 협의하여 사용승인을 얻어야 한다. 「도로법시행령」에서 토피의 표준은 120 cm로 규정되어 있지만, 제방횡단이나 다른 매설물과 교차관계 등으로 토피를 표준 또는 규정치까지 확보하지 못할 경우에는 도로관리자 또는 하천관리자와 협의하에 토피를 60 cm까지 감소할 수 있다. 관로의 매설깊이는 관종 등에 따라 다르지만 일반적으로 관경 900 mm 이하는 120 cm 이상, 관경 1,000 mm 이상은 150 cm 이상으로 하고, 도로하중을 고려할 필요가 없을 경우에는 예외로 한다. 도로하중을 고려할 필요가 있으나 지반이 암반인 경우 등으로 부득이하게 매우 얕게 매설해야 할 경우에는 별도로 관보호 시설이 필요하다. 급수관의 경우 매설심도는 일반적으로 60 cm 이상(공 · 사도기준)이 바람직하다. 한랭지에서 관의 매설깊이는 동결심도보다 깊어야 하지만 매설심도를 확보할 수 없는 경우에는 단열매트 등 적당한 조치를 강구한다. 또 오염방지를 위해 하수거보다 높게, 수평상 3 m 이상 떨어져 시공한다.

기존관의 갱생은 관내에 침적(deposition)되거나 결절(knotting)되어 커진 관석(녹혹: tubercle) 등을 제거하여 통수능력을 회복하고 녹물발생을 방지하고자 하는 것으로 배수관 정비계획의 일환으로 실시하며 주철관 또는 강관 등을 대상으로 한다. 관의 갱생공법에는 종류가 많으며 각각 적용관경과 사용재료 등 시공상의 특징이 있다. 따라서 갱생공법을 선택할 때에는 기존관로의 상황에 대하여 관종과 관경, 관의 강도, 이형관부 및 부속설비의 설치위치, 급수관의 분기위치, 관망구성상황 및 관로정비계획, 설정 내용연수 등의 사항에 관하여 충분히 조사하고 관망기술진단 결과를 검토하여 결정한다.

관내의 세척(cleaning)은 관경과 시공연장, 공법 등의 조건에 따라 적절한 방법을 채택한다. 세척은 관의 삽입에 지장이 되지 않은 정도로 세척하는 방법(예, 합성수지관 삽입공법)과 고도의 바탕조정(surface preparation)을 필요로 하는 공법(예, 에폭시 수지도료 라이닝공법)이 있다. 세척은 관내를 이동하는 기구를 사용하여 수압, 동력, 인력 등으로 시행하지만, 관경이나 연장 및 이형관과 급수관의 분기 등의 관로상태와 수용가의 사정, 시공기간의 기온, 통수재개까지의 소요시간 등을 검토하여 관로조건에 적합하고 경제적인 공법을 채택해야 한다. 일반적으로 사용되는 공법으로서는 스크레이퍼(scraper)공법, 로터리(rotary)공법, 제트(jet)공법, 폴리피그(polly pig)공법, 에어샌드(air sand)공법 등이 있다. 스크레이퍼공법은 유연한 축 주위에 탄력성이 큰 스크레이퍼를 방사상으로 여러 단을 설치한 구조의 기구를 사용하는 방식이고 수압을 이용하여 추진하는 수압식과 피아노선 등에 의한 견인식이 있다. 수압식은 관경 250 mm 이하의 소구경관에서 수압이 200 kPa(약 2.04 kgf/cm^2) 이상 확보할 수 있을 때 유리하고 견인식은 관경 300 mm 이상의 관에 적합하다(그림 12－7). 제트공법은 특수고압펌프로 물을 10～15 MPa(102～153 kgf/cm^2)로 가압하여 특수노즐(nozzle)을 통하여 관내면에서 후방의 경사방향으로 분사되

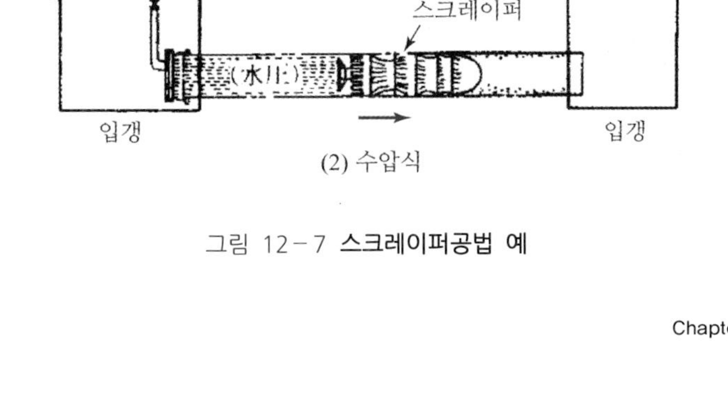

그림 12－7 **스크레이퍼공법 예**

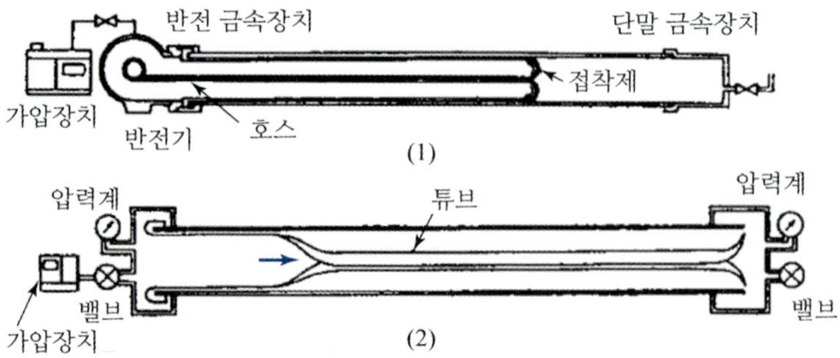

그림 12-8 **피복재 관내 장착공법 예**

는 제트류의 반동을 이용하여 전진시키면서 관석을 제거하는 공법으로 주로 관경 400 mm까지의 에폭시 수지도료 라이닝공법에 사용된다. 폴리피그공법은 특수우레탄제의 포탄형 물체를 관로세척용 장치구 또는 맨홀을 통하여 관내에 장치하고 압력이 있는 압력수를 가하여 돌출부에 제트류를 일으킴으로써 관벽의 손상 없이 관내에 부착된 스케일 및 이물질을 압류시키는 방법으로 기존관 및 신설관 세척에도 사용된다. 그리고 에어샌드공법은 상기 원리와 비슷하나 규사를 이용하여 관내의 스케일을 세척하는 공법이다.

관내의 라이닝(lining)은 수질에 악영향을 주지 않고 접착성과 수밀성 및 내구성을 가진 것이라야 한다. 라이닝에는 일반적으로 관내의 스케일이나 퇴적물을 제거한 다음 와이어브러시나 고무제 스위퍼 등을 사용하여 관내를 완전하게 청소한 다음 실행한다. 라이닝 방법으로는 시멘트모르타르, 수지모르타르 및 액상에폭시수지를 사용한 라이닝과 폴리에틸렌관 삽입 등이 사용된다. 밸브 등의 부속설비 및 분기부 등은 부분적으로 개착하여 작업구로 사용한다. 피복재 관내 장착공법은 관로의 움직임에 대한 추종성이 좋고 곡선부의 시공이 가능한 공법으로 피복재를 관내에서 반전삽입(reversing and inserting)하여 압착하는 방법과 관내에 인입-가압-팽창시키는 방법으로 구분된다(그림 12-8).

12.9 부식과 부식의 제어

(1) 부식의 종류 및 특성

부식(corrosion)은 주위 환경과의 화학반응으로 인하여 물질이 구성 원자로 점차 분해되는 현상을 말한다. 즉, 일반적으로 부식은 물질(예를 들어 금속)이 더 안정한 산화물로 전환(산화)되는 자연적인 반응이며, 이에 반해 전력을 사용하는 외부 시설물로 인해 인위적으로 발생되는

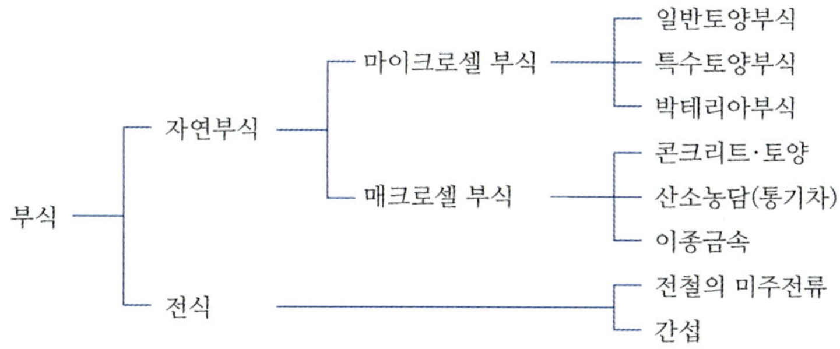

그림 12－9 금속관의 부식현상의 종류

전식(전기부식)을 별도로 분리하기도 한다(그림 12－9). 또 전기부식은 부식의 양상에 따라 전식, 선택부식, 간극부식, 입계부식, 찰과부식, 갈바닉부식 및 응력부식 등으로 세분화하기도 한다.

(2) 전기부식

전기부식(전식)이란 직류전기철도의 누설전류 및 전기방식설비의 방식전류와 같은 경우에 발생하는 부식을 말한다. 자연부식은 부식전지의 형성상황에 따라 마이크로셀 부식과 매크로셀 부식으로 구분되는데, 마이크로셀 부식은 금속관의 표면상 미시적인 국부 전지작용에 의하여 발생하며, 매크로셀 부식은 구조물에 있어서 부분적인 환경의 차이나 재질의 차이로부터 금속관 표면의 일부분이 양극과 음극부로 전환되어 거대한 부식전지를 구성하면서 발생한다.

금속의 전기화학적 반응(electrochemical reaction), 즉 금속부식(metallic corrosion)은 산소와 같은 산화제에 의해 발생되는 부식의 가장 일반적인 형태로, 이러한 전기화학적 부식반응의 가장 잘 알려진 형태인 철산화물(iron oxide)을 녹(rusting)이라고 부른다(그림 12－10).

급수용 관거와 같이 관내부가 물에 노출된 경우 부식현상은 크게 외적인 원인(황화물과 수분이 포함된 부식성 토양조건)과 내적인 원인(관내 물의 유속 및 납성분 함량이 높을 때)으로 구분된다. 부식에 영향을 미치는 요소는 관의 금속재료특성, 물에 노출된 관의 면적 및 흐르는 물의 수질특성(용존산소, pH, 알칼리도, 염, 탄산칼슘의 농도 등)이 중요하며, 침식형 부식(erosion corrosion)을 야기하는 물의 과잉의 유속도 원인이 된다. 관거의 재료는 크게 비활성(inactive metals: the metals gold, silver or platinum), 중간활성(middle: base metals such as magnesium, aluminum, and zinc) 및 활성(active metals: steel, lead, and copper pipes) 금속으로 구분할 수 있는데, 일반적으로 상수관에서 주로 사용하는 관의 재료는 활성금속류에 해당한다. 염(salts)은 전해질의 활동을 높여 전기전도도를 상승시키는 역할을 하고 알칼리도(alkalinity)는 완충능력(buffer capacity)를 가진다. 물속의 탄산칼슘(Calcium carbonate)은 다량으로 존재할 경우 결정

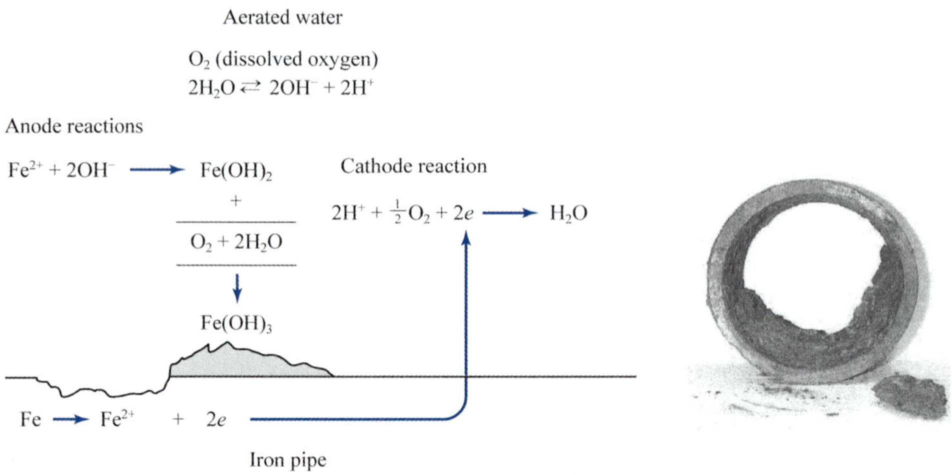

그림 12-10 **포기된 물에 노출된 주철관의 금속에서 발생되는 전기화학적 부식의 메커니즘**

물(scale)을 형성하여 마찰손실의 상승으로 물의 통수능에 영향을 미치게 된다.

전식(electrolytic corrosion)의 위험이 있는 철도 가까이에 금속관을 매설할 때에는 전식방지 계획이 필요하며, 부식성이 강한 토양, 산이나 염수 등의 침식이 있을 수 있는 지역에 관을 매설할 때에는 관종 선정을 포함하여 적절한 대책이 마련되어야 한다. 또 관의 콘크리트 관통부, 이종토양 간의 부설부 및 이종금속 간의 접속부에는 매크로셀 부식이 발생하지 않도록 적절한 조치가 필요하다.

(3) 부식의 제어

1) 전기부식의 제어

직류전기철도의 경우에는 철도의 레일(rail)이 전류의 귀로로 이용되며 레일을 통하여 변전소로 귀환되는 전류의 일부가 지중을 통하여 변전소로 귀류할 때 지중에 매설된 상수도관, 가스관, 통신용관, 전력용관 등의 금속매설관이 있으면 저항이 작은 금속관으로 전류가 흐르게 되어 전류유출부에 전기분해부식이 일어난다. 이 경우 지중으로 흘러 들어온 전류가 관에 유입되거나 관에서 유출되지 않도록 해야 하며 관로는 전기철도에 근접, 평행, 교차하지 않도록 계획한다.

전식방지 방법으로는 전류를 방출하는 측에서 레일이음을 용접하는 등 이음부의 접속을 견고히 하고 레일과 변전소 연결전선의 강화증설, 레일과 지반 사이의 절연증대를 위한 침목 및 도상의 개량 등의 방법이 고려된다.

2) 자연부식의 제어

자연부식의 경우는 관의 부설에 앞서 토양의 비저항, pH, 황화물이나 지하수의 수질에 대하여 부식특성을 조사하는 것이 바람직하다. 토양의 부식성 평가방법의 예로서 미국의 주철관연구협회(Cast Iron Pipe Research Association)에서는 주철관을 매설하는 경우에 토양부식성 평가기준을 설정하였는데, 합계점수가 10점 이상이면 특수방식방법을 채택하도록 권고하고 있다. 이 평가기준은 미국의 국가규격(ANSI/AWWA C 105/A21.5－82)으로 통용되고 있다(표 12－4).

표 12－4 **토양의 부식성 평가(ANSI/AWWA C 105/A 21.5-82)**

<table>
<tr><th>항목</th><th>측정결과</th><th>점수</th><th>항목</th><th>측정결과</th><th>점수</th></tr>
<tr><td rowspan="6">토양의 비저항
(Ω-cm)</td><td>700 ></td><td>10</td><td rowspan="4">산화환원전위
(Redox 전위)
(mV)</td><td>100 <</td><td>0</td></tr>
<tr><td>700～1000</td><td>8</td><td>50～100</td><td>3.5</td></tr>
<tr><td>1000～1200</td><td>5</td><td>0～50</td><td>4</td></tr>
<tr><td>1200～1500</td><td>2</td><td>(－)</td><td>5</td></tr>
<tr><td>1500～2000</td><td>1</td><td rowspan="5">수분
(함수량, %)</td><td>배수가 나쁜 습윤</td><td>2</td></tr>
<tr><td>2000 <</td><td>0</td><td rowspan="2">배수가 상당히 양호하고
일반적으로 젖은 상태</td><td rowspan="2">1</td></tr>
<tr><td rowspan="6">토양 pH</td><td>2 ></td><td>5</td></tr>
<tr><td>2～4</td><td>3</td><td rowspan="2">배수가 양호하고
건조한 상태</td><td rowspan="2">0</td></tr>
<tr><td>4～6.5</td><td>1</td></tr>
<tr><td>6.5～7.5</td><td>0</td><td rowspan="3">산화물
(염화물,
황산화물, mg/kg)</td><td>100 이상</td><td>3.5</td></tr>
<tr><td>7.5～8.5</td><td>1</td><td>100 미만</td><td>2</td></tr>
<tr><td>8.5 <</td><td>3</td><td>없음</td><td>0</td></tr>
</table>

비고) pH가 6.5～7.5인 경우에 산화물이 존재하며, 또한 산화환원전위가 낮은 경우에는 3점을 가산한다.

물속의 금속부식을 제어하기 위해서는 그 원인에 따라서 외적인 방법(external methods)과 내적인 방법(internal methods)으로 구분하여 적용가능하다. 외적인 방법으로는 라이닝(lining), 코팅(coatings)과 같은 표면처리, 이종금속 접합금지, 부식환경제거, 전기방식법이 있다. 표면처리를 위해 아스팔트, 콘크리트, 에폭시, PVC(polyvinyl chloride), PE(polyethylene) 등과 같은 방식재료(corrosion resistant materials)를 사용할 수 있으나, 이러한 방법은 이미 손상된 부분의 부식을 줄이기 위해 음극보호법(cathodic protection)과 함께 사용해야 실효성이 있다. 음극보호법은 관을 직류전기분해전지(galvanic electrolytic cell)의 음극으로 활용하는 방법(그림 12－11)으로 강관(steel), 덕타일주철관(ductile-iron), 주철 콘크리트관(cast iron concrete)에 사용가능하다. 이 방법은 우수한 보호효과와 설계가 상황에 가변적이라는 것이 장점이나, 시설비가 높고 유지관리가 필요하며, 추가동력원이 요구되는 단점이 있다.

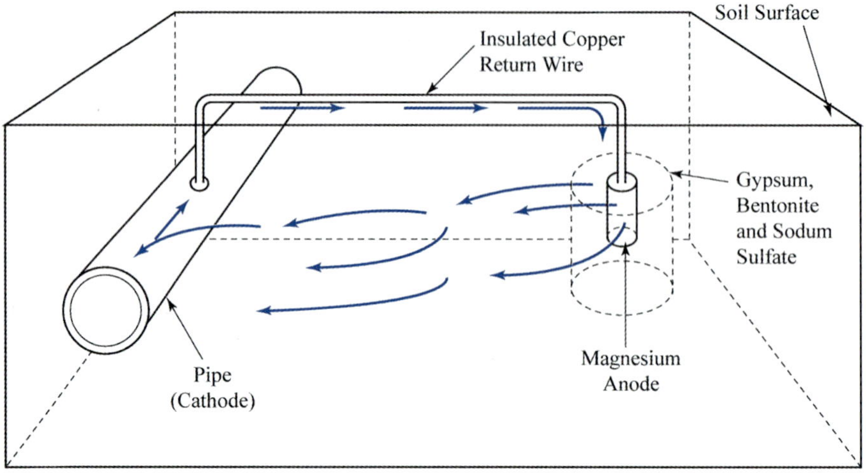

그림 12-11 **음극보호법의 예**

산성의 공장폐수 등이 지하에 침투된 곳이나 해변지대에서 지하수 중에 다량의 염분이 함유된 장소, 황(S)성분을 함유한 재료로 성토한 곳 및 토탄지대, 폐기물매립지 등에 부설할 경우에는 자연부식에 대비하여 콘크리트보호공, 방식테이프, 폴리에틸렌(PE)슬리브 등의 조치를 강구하거나 아스팔트계 도장, 에폭시계 도장, 플라스틱 피복 등에 의하여 관의 외부를 방식한다. 이때 이음부분 접합부의 볼트·너트류에 대해서는 스테인리스제, 저합금 덕타일제 또는 방식산화피막처리나 합성수지피복을 처리한 제품을 사용하거나 이음부 부분을 포함한 관체를 폴리에틸렌 슬리브로 씌우는 등의 방식공법도 고려된다. 경질폴리염화비닐관 또는 폴리에틸렌관을 매설하는 경우에는 자외선과 열에 노출되거나 온도저하가 현저한 곳은 피하는 것이 좋다.

내적인 방법으로 내적인 부식성(corrosivity)을 줄이기 위해 탄산칼슘과 같은 약품을 추가하는 방법이 있으나, 이는 관내 흐르는 물의 수질특성과 비용에 따라 달라질 것이다. 즉, 경도(hardness)와 알칼리도가 낮다면 생석회(CaO, quicklime)나 소석회($Ca(OH)_2$, hydrated lime)가 적당하며, 경도와 알칼리도의 수준이 높다면 가성소다(NaOH, caustic soda, 수산화나트륨)나 소다회(Na_2CO_3, soda ash)가 적당하다. 약품의 사용량은 물의 온도와 pH, 알칼리도, 경도의 함수로 초기비용이 낮은 반면 석회의 수화(hydration)를 위한 비용추가와 결정물 형성(scale formation)으로 인한 막힘현상(clogging)이 일어날 수 있고, 약품취급에 주의가 필요하며 소다회는 고혈압을 일으킬 수 있다는 단점이 있다.

12.10 상수관망해석 모델 / EPANET / water-NET

1) 관망해석용 수치모델의 발전

상수 배수관망(water distribution network) 내에서의 흐름 해석은 1960년대 상업적인 컴퓨터의 보급에 따라 적용된 토목공학 기술의 대표적인 초기 적용 사례에 해당한다. 관망의 흐름문제에 대한 고전적인 관점은 유입(inflow)과 유출(outflow)을 대상으로 하는 일련의 폐합망(loop)에서의 유체흐름과 압력 문제를 다루는 것이었다. 앞서 설명한 바와 같이 이 문제를 풀기 위해서는 기본적으로 두 가지 방정식, 즉 ① 각 관의 교차점에서 흐름조건을 만족하는 연속방정식(continuity equation)과 ② 관의 흐름(Q)−수두손실(h_L) 사이의 비선형관계를 정의하는 Hazen-Wiliams (혹은 Darcy-Weisbach)의 식이 필요하다. 일반적으로 관망은 폐합망의 격자식(gridiron system)과 수지상식(branching system)이 혼재된 형태로 구성되므로, 이는 다수의 복합적인 비선형식으로 표현된다. 이러한 식들의 해는 반복적인 계산법(iterative methods)에 의해서만 구할 수 있다. 따라서 작은 규모가 아니라면 컴퓨터를 활용한 수치계산방법은 시간과 노력을 단축하는 훌륭한 방법이다. 관로시스템에 대한 최근의 연구는 원격감시(telemetering)를 통하여 송배수로 시스템의 주요 위치별 수압 및 유량 등의 자료를 수집한 후 관망해석 모델(computer model)을 이용하여 우리가 원하는 목적에 가장 부합하는 최적의 설계 및 운영방식을 제시하고자 하는 방향으로 발전하고 있다.

어떤 시스템의 현상을 이상화하여 수학 및 물리학적 방법을 사용하여 표현한 것을 모형 또는 모델이라 하며, 모형화(modelling)는 모형을 만들어가는 과정을 말한다. 모의(simulation)는 어떠한 현상이나 사건을 모형화하여 가상으로 수행시켜 봄으로써 실제 상황에서의 결과를 예측하는 일련의 과정을 말하며, 이를 위해 사용하는 전산 소프트웨어를 시뮬레이터(simulator)라고 한다.

관망해석은 수학적 표현방법을 통해서 실제 상수도 관망의 물흐름을 모의하는 과정으로 정의할 수 있다. 기존 또는 계획하고자 하는 상수도 시스템에 있어서 관망해석은 실제 시스템을 대상으로 직접 실험하기 어렵거나 계획하고자 하는 시스템의 거동을 미리 예측해보고자 할 때 매우 유용하다. 특히 수질문제와 같이 직접 시험하기에는 많은 비용과 단수 또는 건강상의 위험이 있을 수 있으므로, 이 경우 관망해석 모의기법을 이용하거나 함께 병행한다면 효과적인 결과를 얻을 수 있다. 관망해석의 주요 목적은 관로 내 각 지점에서 관경, 관길이, 유속계수, 밸브상태, 펌프의 운전상태 등을 이미 알고 있는 각종 조건하에서 유량 및 동수두를 계산하여 관로를 통하여 흐르는 물이 안정되게 공급되는지 그리고 수질변화특성이 음용수 수질에 적합한지를 확인하기 위함이다.

관망시스템의 컴퓨터 모델링의 기초는 격자형 관망의 흐름해석을 위해 개발된 Hardy Cross

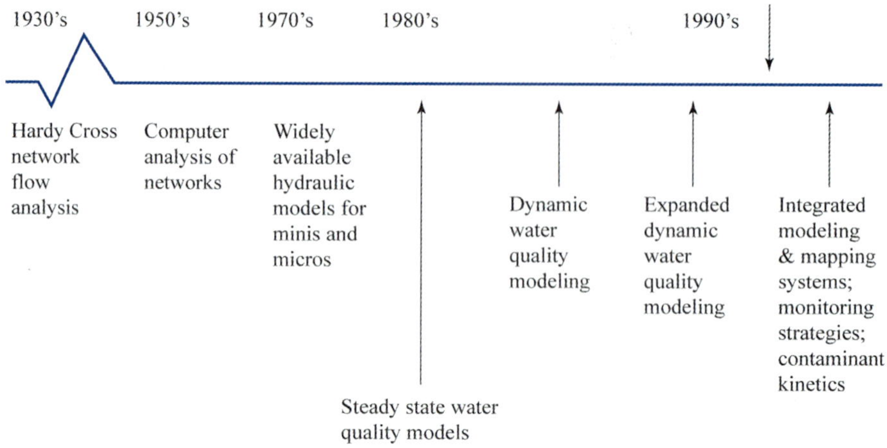

그림12－12 상수관망모델의 역사적 발전(Clark, 2000)

(1936)의 수치계산법(numerical methods)에 의해 시작되었으며 이후 이 방법은 반세기 이상 꾸준히 발전 · 사용되어 왔다. 1960년대 나타난 관망해석의 첫 번째 골격 프로그램(Adams, 1961)은 이를 기초로 만들어졌으나 곧 관내의 비선형 흐름해석을 풀기 위한 Newton-Raphson method의 코드로 대체되었다(Dillingham, 1967). 이를 바탕으로 한 전산기반모델(computer-based model)은 급격히 발전하여 1970년대에 이르러서는 펌프와 밸브 등의 부분에 대한 고려(Jeppson and Davis, 1976)와 장시간변화 해석(Rao and Bree, 1977)에 이르기까지 확장되었다. 1980년대는 개인형 컴퓨터 모델로 발전하여(Wood, 1980), network analysis package에 수질모델링(water quality modelling) 기법이 추가되었고(Clark et al., 1988; Todini and Pilati, 1988), 이후 graphical interface(Rossman, 1993)와 CAD 그리고 water utility database 등(Haestad Methods, 1998; Ormsbee, 2006)이 통합되었다. 최근 이러한 모델은 수리학적(hydraulic) 및 수질(water quality)의 동력학적 거동뿐만 아니라 지리정보 시스템(GIS) 및 정보통신(IT)기술을 기반으로 관망의 성능과 운영 등을 통합하는 수준으로 까지 발전하고 있다. 그림 12－12에는 그 발전과정이 요약되어 있다.

관망모델은 정상상태(steady state) 혹은 비정상상태(unsteady state) 조건하에서 흐름과 압력 그리고 수질(잔류염소, 소독부산물 등)을 모의 평가하는 데 목적이 있다. 유체의 흐름특성은 그 위치에 따라 다르지만 시간적으로는 변하지 않는, 즉 정상상태 해석법은 주로 시스템 설계단계에서 목표연도의 일최대 또는 시간최대 공급량 송수가능 여부 등에 대한 물흐름의 단기적인 효과를 검증하기 위하여 매우 유용하다. 반면에 공급량, 수위, 펌프가동 등의 각종 시간적 변화를 고려하는 장시간모의(EPS, extended period simulation) 해석법은 배수지의 수위변동, 조절밸브의 작동, 펌프의 시간별 가동, 시간에 따른 공급량 변동 등에 따른 시스템 내 압력과 유량의 변화상태와 자동운전 전략에 대한 중요한 기초정보를 제공할 수 있다. 관망모의해석은 특히 다음과 같은 경우에 필수적으로 권장된다.

① 관망 내 발생가능한 문제점의 조사 및 개선방안 수립의 필요성
② 새로운 수도시스템의 개발, 확장 및 갱신을 포함한 장단기 수도정비기본계획 수립 단계
③ 관망 내 수질분석 및 조사 예측단계
④ 수도시설 가동 전략 및 에너지 관리계획 수립
⑤ 신규수도시설의 설계(관경, 펌프, 탱크 위치 등의 결정)
⑥ 시설의 운영 및 관리를 위한 관리자 교육훈련(비상 대처 및 문제해결 능력고취 등)

수리학적 모델(hydraulic model)에서는 연속방정식과 유량-손실수두 계산식을 바탕으로 관로 내 흐름조건을 만족하는 방정식의 해를 결정한다. 이때 Hardy Cross 법, 선형이론법(linear theory method) 및 Newton-Raphson 법 등을 일반적으로 사용하며, 여기에 저수지(storage)는 물론, 감압밸브, 미소손실, 가압 펌프 및 취수펌프 등과 같은 설비들에 대한 요소들이 포함된다. 관망 모델의 다양한 구성요소에 필요한 최소한의 특성 정보를 표 12-5에 정리하였는데, 이는 관망해석 프로그램을 효과적으로 수행하기 위한 중요한 기초입력자료이다. 수리학적 모델의 이론과 적용 예는 다양한 문헌에서 참고할 수 있다(AWWA, 2004; Gessler and Walski, 1985).

표 12-5 **관망의 구성요소에 필요한 특성정보(기본 입력자료)**

Component	Properties	Component	Properties
Junctions	ID label Elevation Demand Demand pattern	Pipes	ID label Start node label End node label Diameter Length Roughness coefficient
Reservoirs	ID label Elevation	Pumps	ID label Start node label End node label Head-discharge curve
Tanks	ID label Bottom elevation Initial water level Water level-volume curve	Valves	ID label Start node label End node label Type(PRV, PSV, FCV, etc.) Pressure/flow setting

배수관망해석에 있어서 수리학적 수치모형(mathematical model)의 적용에 비해 수질모델(water-quality model)은 비교적 최근에야 발전하였다. 초기연구는 정상상태의 슬러리 흐름

(slurry flow)(Wood, 1980)으로 매우 제한적이었으나, 점차 경도(Chun and Selznik, 1985), 혼합/침전(blending/settling)(Metzger, 1985), 그리고 농도와 유하시간, 비용 등이 고려된 식들이 사용되었다(Males et al., 1985). 이후 미량물질(Grayman et al., 1988), 잔류염소(Rossman et al., 1994), 생물막 성장(biofilms growth)(Servais et al., 1995) 및 THM 형성(Vasconcelos et al., 1996) 등이 포함되었다. 1990년대의 중요한 발전은 수리학적 모델과 수질모델이 통합하여 그래프 기반형태의 사용자 패키지로 전환된 점이다. 이러한 상업적인 관망모델링 패키지는 CYBERNET, EPANET, H_2ONET 및 Stoner Syner GEE 등이 있다. 표 12－6에는 상수관망시스템의 모델링 소프트웨어를 나타내었다(Ysusi, 2000).

수질모델에서의 주요 지배방정식(governing equations)은 이류이송(advection transport in pipes), 교차점 혼합(mixing at pipe junctions), 저류시설에서의 혼합(mixing in storage facilities), 흐름반응(bulk flow reactions), 그리고 관벽 반응(pipe wall reactions), 부식(corrosion) 등으로, 즉 이송(transport), 혼합(mixing) 및 분해(decay) 등 물리·화학적 및 생물학적 반응과정을 포함

표 12－6 상수관망시스템 모델링 Software(Ysusi, 2000)

Software	Vendor	Country
AQUA	Computer Modeling, Inc.	USA
AVWater	CEDRA	USA
BOSS EMS	BOSS International	USA
CYBERNET	Haestad Methods, Inc.	USA
EPANET	US EPA	USA
FAAST	Faast Software	USA
FLOW NETWORK ANALYSIS	Kelix Software Systems	USA
H_2ONET	MW Soft, Inc.	USA
HYDRONET	Tahoe Designs Software	USA
InWater	Intergraph	USA
KYPIPE	University of Kentucky	USA
PICCOLO	SAFEGE Consulting Engrs.	France
PIPE-FLO	Engineered Software, Inc.	USA
PIPES	Watercom Pty Ltd.	Australia
RINCAD	CEDEGER	Canada
RJN CASS WORKS	RJN Computer Services, Inc.	USA
SDP	Charles Howard & Assoc. Ltd.	Canada
Stoner Workstation	Stoner Associates, Inc.	USA
TDHNET	TDH Engineering	USA
USU-NETWK	Utah State University	USA
WADISO－Water Distribution Systems: Simulation and Sizing	Lewis Publishers - 1990	USA
Water Works	Syntex Systems Corporation	Canada
WATER/WGRAPH	Municipal Hydraulics Ltd.	Canada
WaterMax	The Pitometer Associates	USA
WATNET	WRc	USA
WATSYS	Expertware Dev. Corp.	Canada

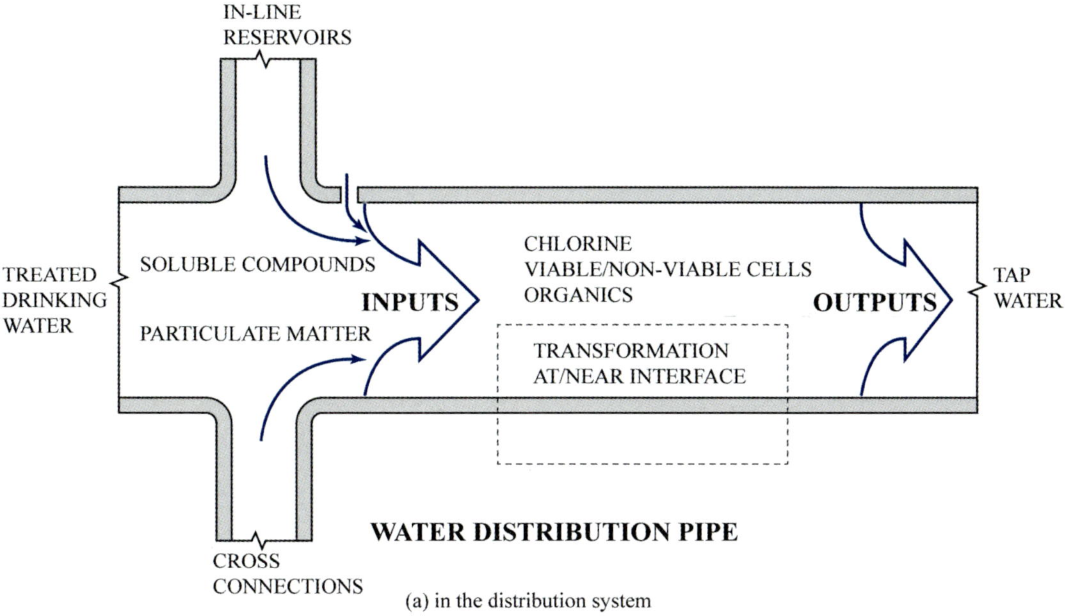

(a) in the distribution system

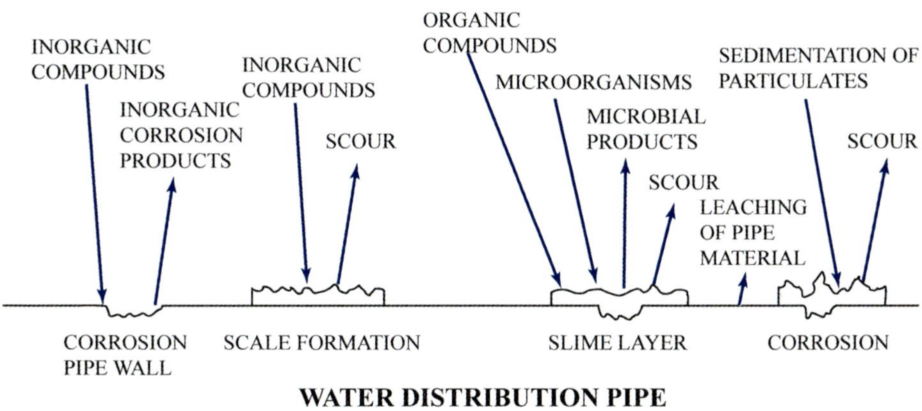

(b) at the pipe wall

그림12－13 **Water－quality transformations**

한다(그림 12－13). 관내 유량과 물의 이송경로(흐름 방향)는 혼합과 잔류시간을 결정하며, 다른 수리적 특성들도 오염원의 이송과 농도감소에 영향을 끼치게 된다. 따라서 수리 자료(hydraulic data)를 포함하여 수질(water quality)과 반응속도(reaction rate)에 대한 기초자료가 필요하며, 정확도를 높이기 위하여 보존성 물질(conservative substance)과 비보존성 물질(non-conservative substance)에 대한 모델 검증(model calibration)이 필요하다.

2) 범용 관망해석 프로그램 소개

여기서는 관로시스템의 설계 및 운영에 관련된 프로그램(표 12-6)에 대해서 현재 세계적으로 널리 사용되는 주요 프로그램을 몇 가지를 소개하고자 한다(K-Water, 2004; Rossman, 2000). 대표적인 범용 관로해석모형에 대한 각종 모의기능과 결과표현 및 사용목적 등의 특성 비교자료를 표 12-7에 나타내었다.

① Kentucky Pipe Network(KYPIPE)

관로시스템의 정상류에 대한 유량 및 수압계산을 위한 프로그램으로 1980년 미국 Kentucky대학의 Don J. Wood에 의하여 개발되었다. 관로시스템에서의 초기 유량값을 가정하지 않고 각 관로 절점의 유량방정식과 에너지방정식의 해석을 위해 선형화 기법을 이용한다. 전체 관망에 대해 행렬식을 만들고 가우스 소거법(Gaussian-elimination)에 의하여 선형연립방정식을 해석함으로써 전체 관로의 유량과 수두를 계산하는 방식을 채택하고 있다.

이 프로그램은 저수조, 펌프, 밸브 등의 관로 부속물을 고려하여 모든 형태의 관망을 해석할 수 있으며 해(solution)에 대한 수렴성이 양호한 특징을 가지고 있다. 또 장래 수요량의 변화에 따른 배수지의 수위변화를 예측할 수 있는 장시간모의(EPS)기능을 가지고 있다. KYPIPE 1.0은 소스코드가 제공되고 있으며 컴퓨터 언어는 FORTRAN과 BASIC 언어로 작성된 두 종류가 있다. KYPIPE 1.0에 일부 모듈을 추가하여 사용자의 편의를 향상시킨 KYPIPE 2.0과 3.0을 거쳐 PIPE 2000이 시판 중이며 여기에는 GUI에 의한 입출력 및 자료 관리 기능이 추가되어 상업용 통합시스템으로 향상되었다.

② EPANET

이 프로그램은 1993년 미국 EPA(United States Environmental Protection Agency's Water Supply and Water Resources Division)에서 개발하여 공개된 관망해석 프로그램이다(Rossman, 1993). 이는 시간변화 모의(EPS, Extended Period Simulation)를 바탕으로 수리 및 수질해석, 개별펌프모터 및 전력 원단위 추정 등 다양한 해석이 가능한 프로그램이다.

관망해석의 기본 프로그램으로 관망의 물리적 특성(관경, 관길이, 조도계수)과 용수사용량을 이용하여 절점별, 시간별 수리적 특성인 유량과 압력을 계산하고, 계산된 수리학적 조건에 따른 수질 변화를 모의할 수 있도록 구성되어 있다. 초기 1.0버전의 경우 수리해석은 KYPIPE와 유사하며 수질변화 모의는 수질예측 함수식의 매개변수를 구하고, 이를 이용하여 대상 관로의 말단지점에서의 오염물 농도를 추적한다. EPANET는 상수 관로시스템의 정상류에 대한 수리 및 수질변화를 모의할 수 있고 관로시스템의 절점 좌표값을 입력하여 변환함으로써 관로시스템 및 모의해석결과를 그래픽으로 출력할 수 있는 기능이 있다. 또 수질예측에 필요한 매개변수의 추정을 위해 보존성 물질과 비보존성 물질을 이용하여 관내 수리 및 수질을 추적할 수 있어 상수관망에서의 수리 및 수질변화를 쉽게 알 수 있도록 하였다.

EPANET 2.0버전의 경우 상용 소프트웨어와 비교해도 손색이 없을 정도의 강력한 기능을 탑재하고 있으며, 소스코드를 공개하여 모든 사람이 자유롭게 이용할 수 있게 하였다. EPANET 2.0의 엔진을 이용하여 개발된 소프트웨어로는 Mike11으로 유명한 DHI에서 개발한 Mikenet 2.0과 SMS과 WMS로 유명한 BOSS international에서 개발한 EMS, 그리고 H_2ONET으로 유명한 MW soft에서 개발한 H_2ONET 3.0이 있다.

③ WaterCAD & CYBERNET

이는 Haestad Methods Inc.에 의하여 개발된 관로시스템의 정상류해석 프로그램으로 윈도우, 윈도우 95 및 윈도우 NT 환경하에서 AutoCAD, Microstation 등과 연결하여 그래픽을 이용한 관로시스템 자료구축이 가능하다. 또 시간변화에 따른 배수지 수위 모의와 수질모델링의 수행이 가능하며, 해석결과는 워크시트 및 그래프 등으로 출력가능하다. KYPIPE 및 EPANET 등의 기존 자료와 호환성을 가지는 특징이 있다.

④ USU Pipe Network

본 프로그램은 미국의 Utah State University의 R. Jeppson에 의해 개발되었으며 컴퓨터 언어는 Fortran과 C언어로 되어 있으나 소스코드는 제공되지 않는다.

⑤ SWS & SynerGEE

미국의 Stoner에 의해 개발된 상업용 프로그램이며 장기간모의에 바탕을 둔 정상류 해석 프로그램으로 현재 SynerGEE라는 이름으로 바뀌었다. 정상류상태와 압력 및 유량이 시간에 따라 변화하는 관내의 유체이동에 대한 해석이 가능하며, 각종 자료 및 결과를 화면상에 그래프로 나타낸다.

⑥ WADISO

WADISO는 1980년대 초 미국 USACE(United States Army Corps of Engineers) Waterways Experiment Station의 Thomas M. Walski와 Johannes Gessler, 그리고 John W. Sjostrom에 의하여 개발된 프로그램이다. 관로시스템의 각 관로에 대한 유량 및 에너지방정식을 비선형방정식으로 구성, 이를 수치해석함으로써 수두를 결정한 다음, 각 절점에서의 유량을 환산하며 관로의 손실수두는 Hazen-Williams 식을 사용한다. 관망설계 시 압력, 유량의 변화에 따른 관경에 대한 모의 기능이 있으며 펌프 운영에 따른 유량과 압력의 모의도 가능하다. 장기간 모의기능 및 관로시스템의 설계단계에서 필요한 사항을 본 프로그램을 이용하여 해결할 수 있도록 구성되어 있다. 관경 결정과 관보수 단계에서의 최적화에 중점을 두고 있는 이 프로그램은 공개되어 있다.

표 12-7 관로시스템 해석모형의 기능 및 특성 비교

기능 \ 프로그램명		UNDP	KY-P	USU	SIMD	LIQT	WASM	WADIS	CYBER	WATER	EPANET
관로해석	밸브	○	○	○	○	○	○	○	○	○	○
	저수지	○	○	○	○	○	○	○	○	○	○
	펌프	○	○	○	○	○	○	○	○	○	○
	감압 밸브	○	○	○	○	○	○	○	○	○	○
	체크 밸브	○	○	○	○	○	○	○	○	○	○
	부스팅 펌프	○	○	○	○	○	○	○	○	○	○
	노즐			○							
	수질 변화					○			○	○	○
	Time Simu-lation		○	○		○	○	○	○		○
	수격 작용				○	○					
설계	관경 결정	○		○				○			
	경제적 시공	○		○				○			
운영	감압 크기 결정			○			○				
	최적 밸브 조작						○				
	최적 펌프 운전						○				
출력	DATA BASE 화						○				
	TABLE 화	○	○	○	○	○	○	○	○	○	○
	도형화			○	○	○			○	○	○

⑦ FLOWMASTER

이 프로그램은 영국의 Flowermaster International Limited에서 개발한 것으로서 정상류 및 부정류의 수리해석뿐만 아니라 항공기 시스템 및 기체의 이동과 같은 거의 모든 유체를 해석하는 데 이용되고 있는 프로그램이다.

⑧ WESNET

이 프로그램은 영국 등 유럽국가에서 널리 이용되고 있는 관망해석프로그램으로 복잡한 관로의 운영관리에 맞도록 설계되어 펌프, 밸브 및 설비 거동 등의 해석이 효과적이다.

3) EPANET

앞에서 언급한 바와 같이 EPANET은 시간변화 모의, 수리 및 수질해석, 개별 펌프모터 및 전력 원단위 추정 등 다양한 해석이 가능한 강력한 기능을 가진 프로그램이다. 또 프로그램의 공개로 인하여 사용성과 확장성 등의 추가 개발가능성이 높아져 다양한 프로그램 전문회사에서 기본 엔진으로 적용하고 있어 거의 산업표준(industry standard)으로 인식되고 있다. EPANET 2.0에서는 윈도우 프로그램 내에서 편리한 관망도의 작성, 해석 결과의 그래프화, 표, 관망 내 색 구분에 의한 표현 등의 다양한 그래픽 기능을 제공하고 있다. 여기에서는 그 구조와 활용성에 대한 이해를 돕기 위해 좀 더 설명하고자 한다(K-Water, 2004; Rossman, 2000).

① EPANET 해석범위

ⅰ. 수리해석

- 해석하고자 하는 관망의 크기에 제한이 없다.
- 손실수두 공식 중 Hazen-Williams, Darcy-Weisbach 또는 Manning 식을 사용
- 각종 펌프(정속 또는 변속 등)의 마력, 특성곡선에 의한 해석 가능
- 양수 에너지와 비용계산
- 다양한 밸브(유량조절, 역지밸브, 압력제어) 포함
- 여러 형태의 배수지(급수탱크) 포함
- 시스템 제어규칙(rule)에 의한 모의가능(예, 배수지가 일정수위 이상이면 펌프 정지)

ⅱ. 수질해석

- 반응(reactive) 및 비반응 추적자(non-reactive tracer) 물질의 이동 모의
- 시간별 증가(소독부산물) 또는 감소(잔류염소)하는 반응물질의 이동과 반응해석
- 물의 이동시간 계산
- 취수원이 여러 곳일 때 관망에서의 혼합 시 취수원별 물의 비율계산

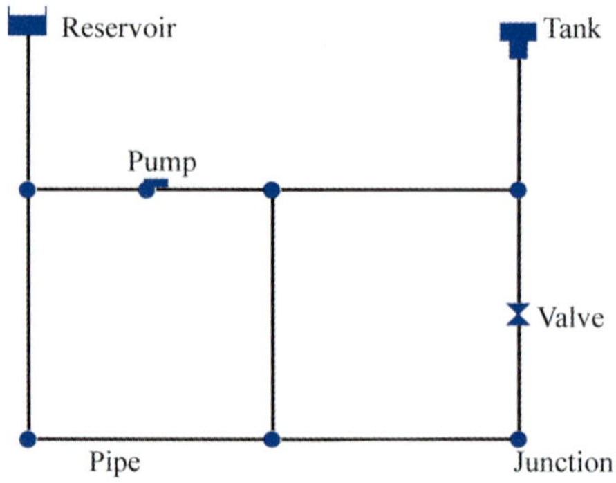

그림12－14 **관로의 구성요소**

② 관망의 구성요소(그림 12－14)

ⅰ. 물리적 구성요소: 관로, 펌프, 밸브, 저수지, 배수지, 절점 등 자료

- 절점(node)
  - 연결점(junction): 관경변화, 분기지점, 공급이 있는 지점
  - 저수지(reservoir): 취수원(고정된 수두를 가지고 있는 취수원, 정수장 정수지 등 계산 시작 점)
  - 탱크(tank): 배수지, 조절지 또는 수위변화를 고려 할 필요성이 있는 저수지 등 자유수면을 갖는 점
- 연결요소(link)
  - 관로(pipe): 관경, 유속계수(C값) 등이 동일한 관
  - 펌프(pump): 펌프특성곡선, 마력 등 적용
  - 밸브(valve): 압력조절밸브(PRV, PSV), 유량조절밸브(TCV) 등(역지밸브나 관로개폐(open/close)는 밸브를 별도로 입력자료로 하지 않고 관로의 상태 표시로 가능)
  - 펌프와 밸브는 Link이므로 관로를 작성하고 다시 펌프와 밸브를 연결하면 안 되며, 관로를 연결하지 말고 펌프나 밸브의 기호를 도구 아이콘에서 선택한 후에 절점과 절점 사이를 연결하여야 한다.

ⅱ. 가동요소: 관망의 운영 및 가동을 위하여 필요한 자료

- 곡선(curve): 펌프특성 및 효율곡선, 배수지 수위-유량 곡선, 수두손실 곡선
- 패턴(pattern): 시간별 유량변동, 저수지 수위변동 패턴 등
- 제어(control): 유량, 수위에 따른 펌프, 밸브 등의 제어를 위한 제어 규칙
- 해석옵션(option): 수리, 수질, 수질반응, 시간 및 에너지 해석을 위한 선택사양

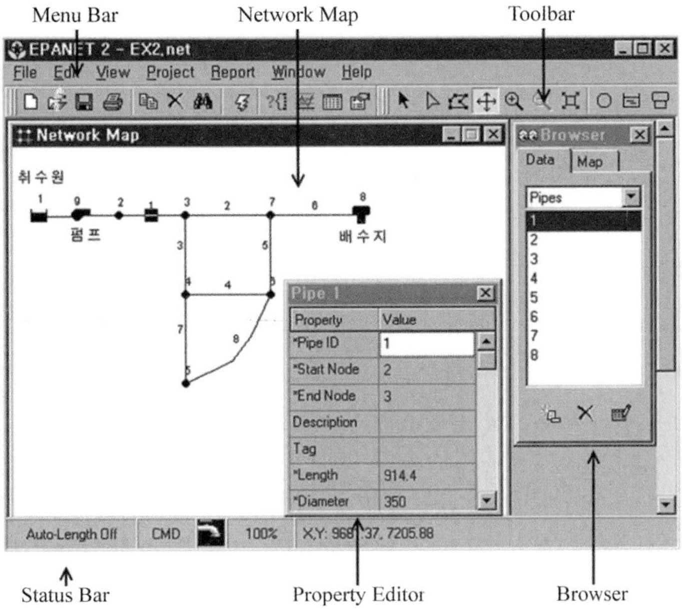

그림 12－15 **EPANET Window 환경**

③ EPANET 사용절차

현장에서 해석에 필요한 관로, 펌프, 밸브, 수용가 사용유량 등의 기초자료를 수집, 정리하여 관망도 및 관련 DB를 작성한 후에 다음 절차에 따라 EPANET 프로그램을 이용하여 관망해석을 수행한다(그림 12－15).

- 그리기 도구(map toolbar)를 이용하여 관망도 작성: Adding Objects
- 관로, 절점 등 관망구성 자료 입력: Editing Objects
- 가동상황 설정(펌프곡선, 시간별 사용량 변화, 제어규칙 등): Curve, Time Pattern, Control
- 해석옵션 선택: Setting Analysis Options
- 수리/수질해석: Running Analysis
- 해석결과 조회: Viewing Results

④ 사용단위(SI 단위)

- 유량: LPS(liters/sec) : L/sec
  - LPM(liters/min) : L/min
  - MLD(mega liters/day) : 10^6 L/day(천 m^3/일)
  - CMH(cubic meters/hr) : m^3/hr
  - CMD(cubic meters/day) : m^3/일

- 관길이: 미터(m)
- 관직경: 밀리미터(mm)
- 수두, 표고, 압력, 탱크 직경: 미터(m)
- 수질 농도: mg/L (ppm) 또는 μg/L (ppb)
- 동력: kW
- 체적: cubic meters(m^3)
- 유속: m/sec

※ 메뉴의 Project >> Defaults >> Hydraulics에서 유량단위를 SI단위로 설정하면, 관길이 직경 등은 자동으로 SI단위('m' 또는 'mm' 등)로 표시된다.

EPANET 2.0 기준 입력자료는 표 12－8과 같다. 입력자료의 작성은 해석 프로그램 내에서 직접 입력하거나, 일반적인 편집기(editor)에서 작성한 것을 프로그램에서 불러와(import) 사용할 수 있다. EXCEL과 같은 각종 자료를 DB화할 수 있는 프로그램을 이용하여 관리하면, 이를 EPANET 프로그램에 직접 연계할 수 있으므로 편리하다.

표 12－8 **EPANET 입력자료**

입력자료	설명
[TITLE] EPANET 설명을 위한 예제관망 해석	작업명
[JUNCTIONS] ;ID Elev Demand ;------------------ 2 0 0 3 70 6500 4 70 1500 5 65 2000	절점자료 ; 번호 표고 물사용량
[RESERVOIRS] ;ID Head ;--------- 1 70	저수지 자료 ; 번호 수위
[TANKS] ;ID Elev InitLvl MinLvl MaxLvl Diam Volume ;-- 7 85 2 0 10 10 0	탱크(배수지 등) 자료 ; 번호 표고 초기수위 최저수위 최대수위 직경 체적
[PIPES] ;ID Node1 Node2 Length Diam Roughness ;-- 1 2 3 3000 1200 100 2 3 6 5000 1200 100 3 3 4 5000 800 100 4 4 5 5000 800 100	관로자료 ; 번호 상류측점 하류측점 관길이 관경 조도계수

(계속)

입력자료	설명
[PUMPS] ;ID Node1 Node2 Parameters ;--------------------------------- 7 1 2 HEAD1	펌프자료 ; 번호 상류절점 하류절점 곡선번호(펌프특성곡선)
[PATTERNS] ;ID Multipliers ;--------------------- 1 0.5 1.3 1 1.2	물사용 패턴 자료 ; 번호 시간별 변화 계수
[CURVES] ;ID X-Value Y-Value ;------------------- 1 20000 100	곡선자료 ; 펌프곡선(중간값 사용) 최적유량 : 20000 m^2/일 최적양정 : 100 m
[QUALITY] ;Node InitQual ;------------ 1 1	수질자료 ; source번호 농도
[REACTIONS] Global Bulk -1 Global Wall 0	수질반응계수 자료 ; 체적계수 = −1 관체계수 = 0
[TIMES] Duration 24:00 Hydraulic Timestep 1:00 Quality Timestep 0:05 Pattern Timestep 6:00	해석시간 자료 ; 총해석시간: 24시간 수리해석 간격: 1시간 수질해석 간격: 0.05시간 시간변화 패턴: 6시간
[OPTIONS] Units DMD Headloss H-W Pattern 1 Quality Chlorine mg/L Tolerance 0.01	선택사양자료 ; 유량단위 : m^2/일 Hazen-Williams 식 사용 물 변화패턴 번호 수질단위 허용오차
[END]	

EPANET 프로그램은 미국 환경청을 포함하여 다음의 인터넷 사이트를 통하여 구할 수 있으며, 갈무리 프로그램으로는 표 12−9와 같다.

- http://www.epa.gov/nrmrl/wswrd/dw/epanet.html#downloads
- https://www.giswater.org/en/documentation/3.2/3.2.1

표 12-9 **EPANET 갈무리 프로그램**

EN2setup.exe	EPANET 2.0 설치프로그램
EN2manual.pdf	EPANET 2.0 사용자 매뉴얼 (Adobe PDF 포맷)
EN2toolkit.zip	EPANET 2.0 프로그래머 Toolkit 파일
EN2source.zip	EPANET 2.0 source code 파일

이해를 돕기 위해 EPANET 2.0을 이용한 상수배수관망 해석예제를 부록에 첨부하였으며, 더 자세한 사용방법은 미국 환경청의 EPANET 2 사용자 매뉴얼(Users Manual)을 참고하기 바란다.

4) Water-NET

우리나라는 Eco-STAR Project(2009~2011) 연구사업의 일환으로 상수관망 최적관리기술개발에 대한 연구를 수행한 바 있다. 관망시스템의 성능에 대한 과학적 진단을 바탕으로 지리정보시스템(GIS) 및 실시간 감시를 기반으로 하는 안정적이고 효율적인 운영관리가 가능한 상수관망 진단·운영관리 시스템의 개발을 목표로 진행된 이 연구의 최종결과물은 'water-NET'으로 명명되었으며, 현장 적용성 평가와 검증단계를 마쳤다(K-water, 2011). 이 기술은 상수관망에 대한 진단과 합리적인 정비 그리고 IT 기반의 운영 시스템을 실현함으로써 수질 및 수량의 안정성 그리고 에너지 최적화라는 세 가지 핵심요소를 모두 갖춘, 차세대 지능형 상수도관리와

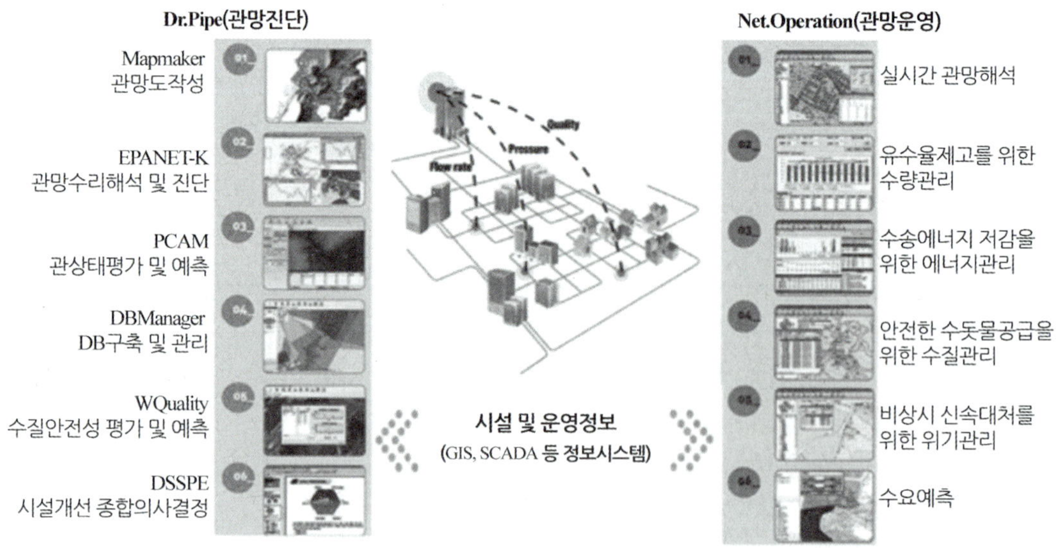

그림 12-16 **상수관망 진단·운영관리 시스템 'water-NET' 구성**

Smart Water Grid 구현을 위한 상수관망 최적관리 토탈솔루션으로 평가받고 있다. 여기에서는 그 구성과 특징을 간단히 소개하고자 한다.

Water-NET은 크게 상수관망 진단 프로그램(Dr.Pipe)과 상수관망 운영관리 프로그램(Net. Operation)으로 구성되어 있다(그림 12-16). 상수관망 진단 프로그램은 상수관망의 정비 및 개량사업을 좀 더 효율적이고 합리적으로 수행하기 위해 제시된 '선진단-후개량'의 기술적 실현을 목표로 개발된 상수도 관망 성능평가 및 진단 전문소프트웨어이다(그림 12-17). 이 프로그램은 관망도 작성(Mapmaker), 관망수리해석 및 진단(EPANET-K), 관상태 평가 및 예측(PCAM), DB 구축 및 관리(DBManager), 수질 평가 및 예측(WQuality), 시설개선 종합의사결정(DSSPE), 그리고 현장조사 및 진단(Worksheet)으로 구성된다. 즉, Dr.Pipe는 앞서 설명한 EPANET을 주 엔진으로 하여 관로 정보화와 수리, 수질 및 시설 분야별 진단과 평가를 바탕으로 최적의 관망개선계획 수립방안을 지원하는 전문 프로그램이다. 상수관망 운영관리 프로그램은 GIS와 실시간 데이터를 기반으로 실시간 관망해석, 수량, 수질, 위기, 에너지관리 등의 모듈로 구성된 관망 운영관리 전문 프로그램이다(그림 12-18). 실시간 관망 해석을 통해 각 관로의 유량 및 수압 등 관망 수리 거동을 파악할 수 있으며, 실시간 누수 감시 및 누수량 추정 등이 가능하다. 또 수송에너지 저감을 위한 펌프 성능의 실시간 분석, 안전한 수돗물 공급을 위한 수질 감시 및 예측 기능, 비상시 신속 대처 및 피해 확산 방지를 위한 위기관리 기능 및 수요예측을 관리해 줌으로써 관망 정보와 관망의 운영 상태를 실시간으로 파악할 수 있는 기능을

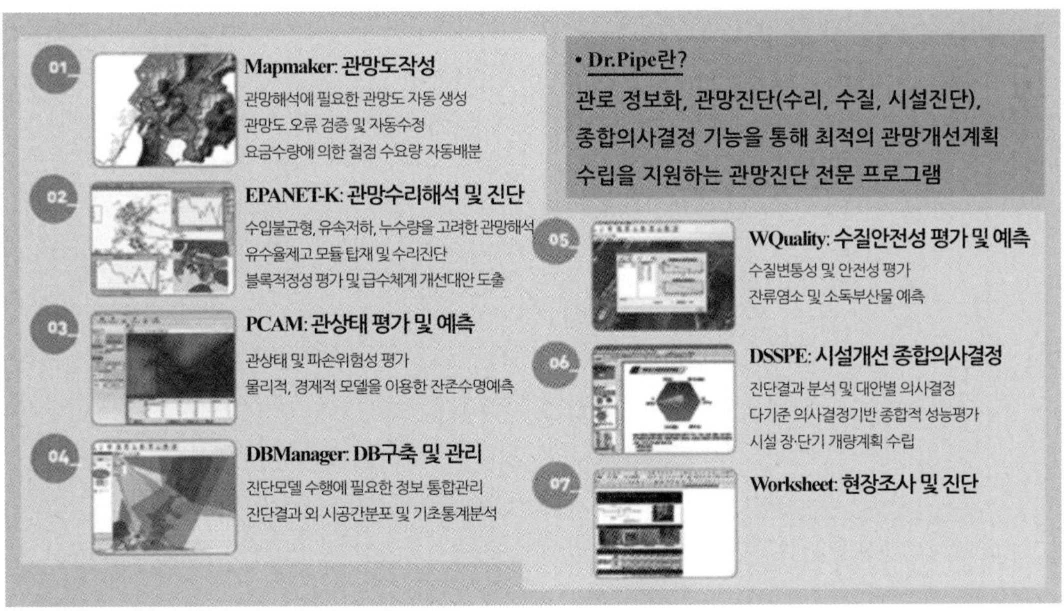

그림 12-17 **상수관망 성능평가 및 진단프로그램의 주요 기능**

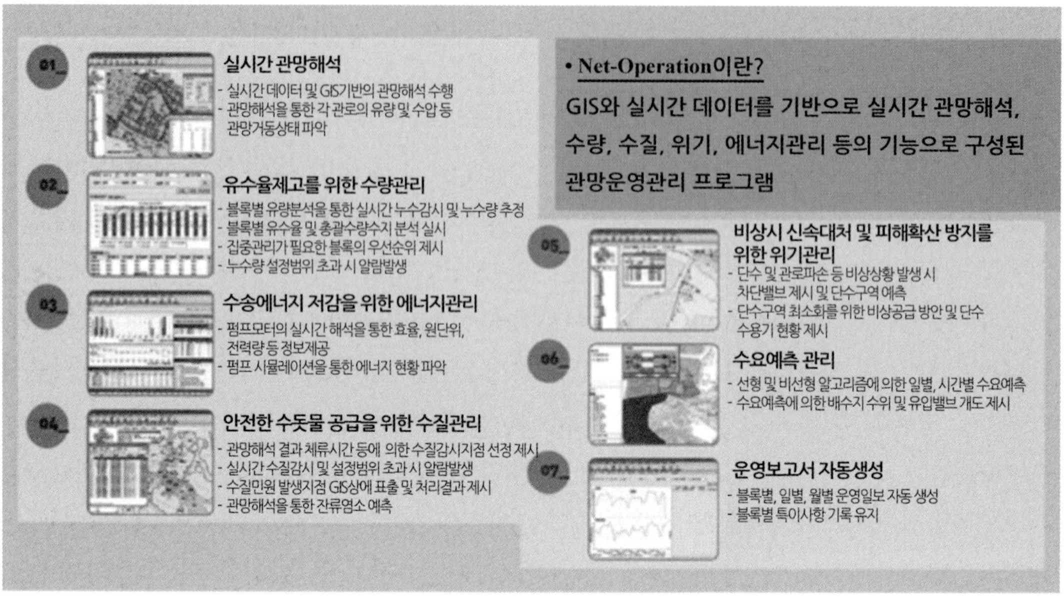

그림 12－18 **상수관망 운영관리 프로그램의 주요 기능**

갖추고 있다.

일반적으로 상수관망의 정비는 대부분 매설연수에 의존하고 있으며, 노후관, 불량관 등을 진단・평가할 수 있는 과학적인 도구가 필요하다. 또 실시간 감시, 양방향 정보교환 등 고도화된 분석 및 의사결정기법은 관망 관리의 수준 향상을 위해 필수적이며, 관망 시설・운영 데이터베이스(DB) 구축과 국내 실정에 적합한 시스템의 개발이 중요하다. 이러한 관점에서 water-NET은 약 2년에 걸친 기술검증을 통해 GIS, SCADA, 수용정보 등 기존 시스템 간의 DB를 체계화하여 진단과 운영관리에서 필요로 하는 시설 및 운영개선 의사결정을 효과적으로 지원할 수 있는 신뢰성을 확보하고 있다.

참고문헌

- Adams, R.W. (1961). Distribution analysis by electronic computer. Institute of Water Engineers, 15, 415-428.
- Alexander, S.M., Glenn, N.L., Bird, D.W. (1975). Advanced Techniques in the Mathematical Modeling of Water Distribution Systems (PDF). Journal-American Water Works Association, 67(7), 343-346.
- Cho, H.S., Choi, S.C., Lee, G.H., Cho, B.H., Kim, J.Y. (2005). A Study on Design Support Technique for Water Distribution Network using GIS. Journal of the Korean Association of Geographic Information Studies, 8(2), 103-116.
- Chun, D.G., Selznick, H.L. (1985). Computer modeling of distribution system water quality. In Computer applications in water resources (pp. 448-456). ASCE.
- Clark, R. (2000). Ch.13 Water quality modelling-case studies. In: Water Distribution System Handbook edited by Mays, L.W. AWWA, McGraw-Hill.
- Cross, H. (1936). Analysis of flow in networks of conduits or conductors. University of Illinois. Engineering Experiment Station. Bulletin; no. 286.
- Cross, H. (1936). Analysis of flow in networks of conduits or conductors, Univ. Ill. Bull. 286.
- Dillingham, J.H. (1967). Computer Analysis of Water Distribution Systems, Parts 1, 2, 4. Water Sewage Wks, 114(1), 1.
- Eaton, L.K. (2001). Hardy Cross and the Moment Distribution Method. Nexus Network Journal, vol. 3, no. 3.
- Gessler, J., Walski, T.M. (1985). Water Distribution System Optimization. TREL-85-11 WES, ES Army Corp of Engineers, Vicksburg, MS.
- Grayman, W.M., Clark, R.M., Males, R.M. (1988). Modeling Distribution-System Water Quality; Dynamic Approach. Journal of Water Resources Planning and Management.
- Grayman, W.M., Rossman, L.A., Geldreich, E.E. (2000). Ch.9 Water Quality. In: Water Distribution System Handbook edited by Mays, L.W. AWWA, McGraw-Hill.
- Haestad Methods (1998). CYBERNET 3.1 user's manual Haestad Press, Waterbury, CT.
- Harris, R.U. (1984). Computer modeling in water system planning and design. Journal-American Water Works Association, 76(7), 78-81.
- http://www.epa.gov/nrmrl/wswrd/dw/epanet.html#downloads
- https://www.giswater.org/en/documentation/3.2/3.2.1

- Jeppson, R.W., Davis, A.L. (1976). Pressure reducing valves in pipe network analysis. Journal of the Hydraulics Division, 102(7), 987-1001.Males et al., 1985)
- Lee Cesario, A., Davis, J. O. (1984). Calibrating water system models. Journal-American Water Works Association, 76(7), 66-69.
- McGhee, T.J. (1991). Water Supply and Sewerage, 6th ed., McGraw-Hill Inc., New York.
- Metzger, I. (1985). Water quality modeling of distribution systems. In Computer applications in water resources (pp. 422-429). ASCE.
- Mielke, R.D. (2004). A guide for the design of water transmission pipelines. ASCE pipelines 2004: Pipeline engineering and construction–What's on the horizon.
- Ormsbee, L.E. (2006). The history of water distribution network analysis: the computer age. In 8th Annual Water Distribution Systems Analysis Symposium (pp. 27-30).
- Rao, H.S., Bree, D.W. (1977). Extended period simulation of water systems—part A. Journal of the Hydraulics Division, 103(2), 97-108.
- Rossman, L.A. (1993). The EPANET Water Quality Model in B. Coulbeck, ed., Integrated Computer Applications in Water Supply, Vol.2, Research Studies Press Ltd., Somerset, England.
- Rossman, L.A. (2000). EPANET2 User's Manual.
- Rossman, L.A., Clark, R.M., Grayman, W.M. (1994). Modeling chlorine residuals in drinking-water distribution systems. Journal of environmental engineering, 120(4), 803-820.
- Rossman, L.A. (2000). Computer Models/EPANET. In: Water Distribution System Handbook edited by Mays, L.W. AWWA, McGraw-Hill.
- Servais, P., Laurent, P., Randon, G. (1995). Comparison of the bacterial dynamics in various French distribution systems. Journal of water supply: research and technology. AQUA, 44(1), 10-17.
- Todini E., Pilati S. (1988). A gradient algorithm for the analysis of pipe networks. In: Computer Applications in Water Supply, Vol.1-system analysis and simulation, Research Studies Press Ltd., Somerset, England.
- US EPA (2012). Programmer's Toolkit.
- Vasconcelos, J.J., Boulos, P.F. (1996). Characterization and modeling of chlorine decay in distribution systems. American Water Works Association.
- Viessman, W.Jr., Hammer, M.J. (1998). Water Supply and Pollution Control, 6th ed., Addison

WesleyLongman,Inc.

- Walski, T. M. (1985). Assuring accurate model calibration. Journal-American Water Works Association, 77(12), 38-41.
- Wood, D.J., Rayes, A.G. (1981). Reliability of algorithms for pipe network analysis. Journal of the Hydraulics Division, 107(10), 1145-1161.
- Wood, J.D. (1980). Computer analysis of flow in pipe networks including extended period simulations(KYPIPE), Office of Continuing Education, Univ. of Kentucky, Lexington.
- Ysusi, M.A. (2000). System design: an overview. In: Water Distribution System Handbook edited by Mays, L.W. AWWA, McGraw-Hill.
- K-Water (2004). 관망해석 EPANET2 사용자 매뉴얼.
- K-Water (2004). 실무자를 위한 관망해석 매뉴얼(II. 관망해석의 기초). 수자원공사.
- K-Water (2011). Water-NET(상수관망 진단·운영관리 시스템).
- 최의소, 조광명 (1994). 환경공학, 청문각
- 한국건설기술연구원 (1995). 수도관 개량 의사결정 지원시스템 프로그램 개발
- 한국건설기술연구원 (1999). 상수도시스템의 부식측정 및 평가방법 표준화 연구.
- 한국수자원공사 (1995). 수도관개량을 위한 관로진단 매뉴얼
- 환경부 (2010). 상수도시설기준
- 환경부 (2011). 하수도시설기준
- 환경부 (2007). 상수도관망진단 매뉴얼
- 환경부 (2007). 유수율 제고사업 추진 매뉴얼

Chapter 13

하수집수시스템

Early sewer construction- intercepting sewers along both banks of the Thames.
"Early sewer construction- intercepting sewers along both banks of the Thames in the 1860s. Sir Joseph William Bazalgette, top right, overlooks the Northern Outfall sewer being built below the Abbey Mills pumping station."

Source: Hulton-Deutsch/CORBIS, Photograph: Getty Images

하수집수시스템은 관거, 맨홀, 우수토실, 토구, 물받이(오수, 우수 및 집수받이) 및 연결관 등 하·폐수를 집수하기 위한 시스템의 총칭으로 일반적으로 하수관거시스템이라고도 한다. 이는 주택, 상업 및 공업지역 등에서 배출되는 오수나 우수를 모아서 처리장 또는 방류수역까지 이송하는 중요한 역할을 한다.

13.1 하수관거

(1) 하수 배제방식

하수의 배제방식에는 오수와 우수를 별개의 관거 계통으로 분리 배제하는 분류식(separated sewer system)과 동일 관거계통으로 배제하는 합류식(combined sewer system)으로 구분되는데 (표 13-1, 그림 13-1), 각각 고유의 장단점이 있으므로 기본계획 시 이러한 관거계통의 선택은 지역의 특성과 방류수역의 여건 등을 충분히 고려하여 선정한다. 초기 하수관거는 모든 오물을 함께 이송하는 합류식 방법으로 설계되었지만 현재의 추세는 점차 분류식으로 변화되어가고 있다. 그 주된 이유는 하천오염방지를 위한 하수처리장의 규모를 줄일 수 있기 때문이다. 분류식은 특히 오수만을 선택적으로 처리장으로 수송하므로 우천 시에 오수를 수역으로 방류하는 일이 없으므로 수질오염방지상 유리하다. 반면에 재래의 우수배제시설이 비교적 정비되어 있는 지역에서는 이들의 시설을 그대로 유효하게 이용할 수가 있기 때문에 경제적으로 하수도의 보급을 추진할 수가 있다. 그러나 분류식에 있어서도 강우초기에 비교적 오염된 노면배수가 우수관거를 통해 직접 공공수역에 방류되는 점, 도로 폭이 좁고 여러 가지 지하 매설물이 교차되어 있는 기존 시가지에서 우수관거와 오수관거를 모두 신설할 경우에 시공상 곤란한 점, 분류식의 오수관거는 소구경이기 때문에 합류식에 비해 경사가 급해지고 매설깊이가 깊어지는 등의 문제점이 있다.

단일관거로 오수와 우수를 배제하는 합류식 배제방법은 침수피해의 다발지역이나 우수배제 시설이 정비되어 있지 않은 지역에서는 매우 유리한 방식이며, 분류식에 비해 시공이 용이하다. 그러나 우천 시 관거 내의 침전물이 일시에 유출되고 처리장에 큰 부담을 주는 경우나 우수토실로부터 어느 일정 배율 이상으로 희석된 하수가 수역으로 직접 방류되는 점 등 수질보전상 바람직하지 않은 문제점이 있다.

분류식은 우수관과 오수관을 완전히 별도의 계통으로 매설하는 '완전분류식'과 오수는 암거화한 오수관 계통으로 배제하되, 우수는 도로측구 및 기존(재래) 수로를 활용하여 주로 배제하는 '오수분류식'(불완전분류식)의 두 가지 종류로 구분할 수 있다. 오수분류식은 완전분류식에 비

표 13-1 하수의 배제방식 비교

검토사항		분류식	합류식
건설면	관로계획	우수와 오수를 별개의 관거에 배제하기 때문에 오수배제계획이 합리적이다.	우수를 신속하게 배수하기 위해서 지형 조건에 적합한 관거망이 된다.
	시공	오수관거와 우수관거의 2계통을 동일 도로에 매설하는 것은 매우 곤란하다. 오수관거에서는 소구경관거를 매설하므로 시공이 용이하지만, 관거의 경사가 급하면 매설깊이가 크게 된다.	대구경관거가 되면 좁은 도로에서의 매설에 어려움이 있다.
	건설비	오수관거와 우수관거의 2계통을 건설하는 경우는 비싸지만 오수관거만을 건설하는 경우는 가장 저렴하다.	대구경 관거가 되면 1계통으로 건설되어 오수관거와 우수관거의 2계통을 건설하는 것보다는 저렴하지만 오수관거만을 건설하는 것보다는 비싸다.
유지관리면	관거오접	철저한 감시가 필요하다.	없음
	관거 내 퇴적	관거 내의 퇴적이 적다. 수세효과는 기대할 수 없다.	청천 시 수위가 낮고 유속이 적어 오물이 침전하기 쉽다. 그러나 우천 시 수세효과가 있기 때문에 관거 내의 청소빈도가 적을 수 있다.
	처리장으로의 토사유입	토사의 유입이 있지만 합류식 정도는 아니다.	우천 시 처리장으로 다량의 토사가 유입하여 장기간에 걸쳐 수로바닥, 침전지 및 슬러지 소화조 등에 퇴적한다.
	관거 내의 보수	오수관거에서는 소구경관거에 의한 폐쇄의 우려가 있으나 청소는 비교적 용이하다. 측구가 있는 경우는 관리에 시간이 걸리고 불충분한 경우가 많다.	폐쇄의 염려가 없다. 검사 및 수리가 비교적 용이하다. 청소에 시간이 걸린다.
	기존수로의 관리	기존의 측구를 존속할 경우는 관리자를 명확하게 할 필요가 있다. 수로부의 관리 및 미관상에 문제가 있다.	관리자가 불명확한 수로를 통폐합하고 우수배제계통을 하수도관리자가 총괄하여 관리할 수 있다.
수질보전면	우천 시 월류	없음	일정량 이상이 되면 우천 시 오수가 월류한다.
	청천 시 월류	없음	없음
	강우초기의 노면 세정수	노면의 오염물질이 포함된 세정수가 직접 하천 등으로 유입된다.	시설의 일부를 개선 또는 개량하면 강우초기의 오염된 우수를 수용해서 처리할 수 있다.
환경면	쓰레기 등의 투기	측구가 있는 경우나 우수관거에 개거가 있을 때는 쓰레기 등이 불법투기 되는 일이 있다.	없음
	토지 이용	기존의 측구를 존속할 경우는 뚜껑의 보수가 필요하다.	기존의 측구를 폐지할 경우는 도로 폭을 유효하게 이용할 수 있다.

하여 유지관리 면에서 다소 불리하지만, 건설비가 훨씬 적게 들어가면서도 공공수역의 수질보전 목적도 조기에 달성할 수 있는 배제방식으로서, 우리나라 지방 중소도시의 하수도정비로 고려되고 있다. 오수분류식을 택하는 경우 현재 하수구로 사용 중인 도로측구를 우수거로 활용할 수 있으므로 경제적이다. 하나의 도시(처리구역) 내에서도 지역 형편에 의하여 합류식과 분류식을 부분적으로 병용하는 경우도 있으며, 이 경우를 합병식이라 한다.

우리나라의 기존 하수도는 사실상 완전한 합류식으로 적정한 유속으로 우 · 오수를 배출하기보다 우수배제를 위해 노면경사에 맞추어 부설되어 청천 시 오수는 설계유속을 제대로 확보하지 못하는 경향이 있다. 최근에는 우수에 의한 침수방지뿐만 아니라 공공수역의 수질오염방지

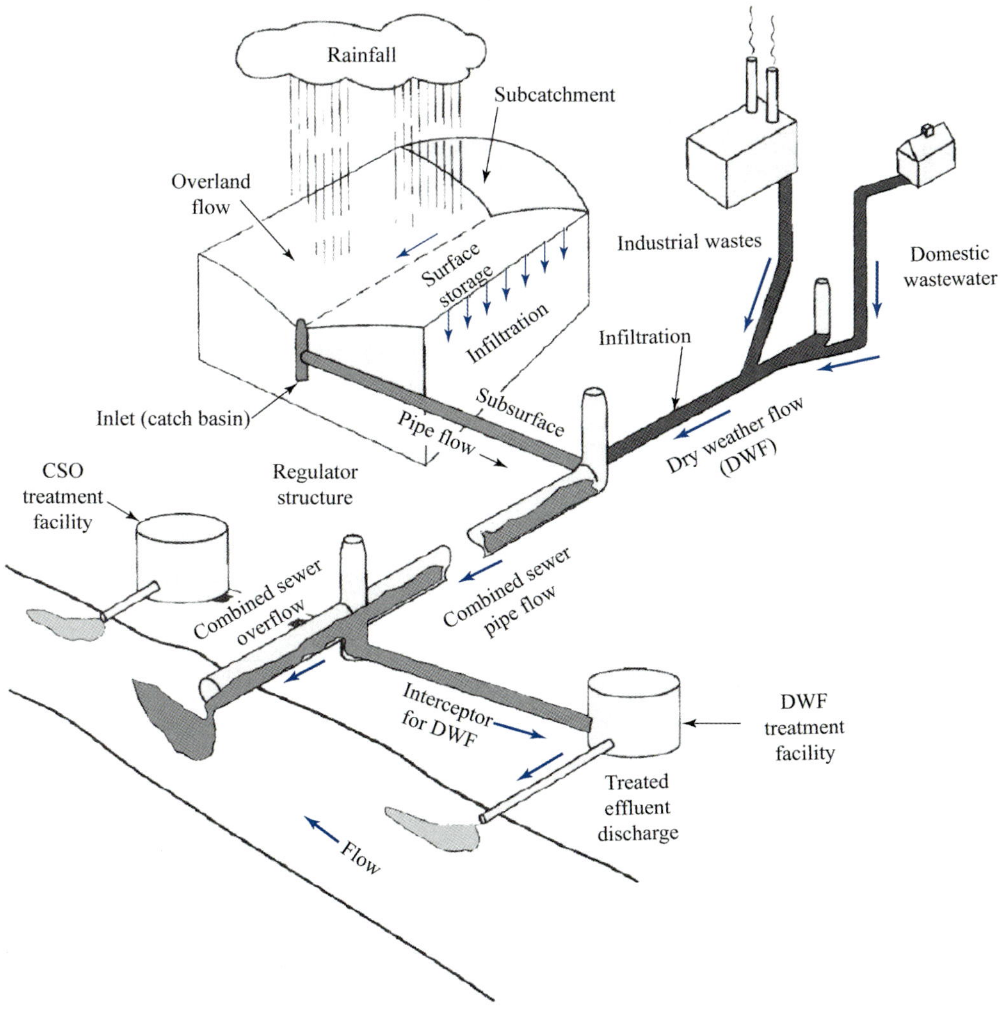

그림 13-1 **합류식 하수관거의 개요(Metcalf and Eddy, 2003)**

차원에서 분류식을 원칙으로 하고 있다. 그러나 합류식의 경우도 다양한 장점을 가지고 있으므로 기존 하수도시설과 지하매설물의 상태, 공공수역 수질보전 필요성, 방류수역의 여건, 초기우수처리시설의 설치 필요성 등을 충분히 고려하여 판단한다. 기존의 오래된 합류식 하수거의 개선에 있어 중요한 점은 다음과 같다.

① 차집관거 정비로 청천 시 오수를 하수처리시설로 전부 차집하여 처리 후 방류한다.
② 초기우수저류시설을 설치하여 오염부하량이 매우 큰 강우초기우수는 일시저류 후 처리 방류한다.
③ 우천 시 차집유량의 처리를 고려하여 하수처리공정을 개선한다.

또한 하수집수시스템은 수리학적 특성에 따라 크게 중력식(gravity) 및 압력식(pressure)으로 구별할 수 있으며, 압력식은 양압식(positive pressure)과 부압식(negative pressure-vacuum)으로 구분된다. 관거시설은 소요에너지 절감차원에서 중력식인 자연유하방식을 표준으로 하고 있지만, 지형·지질조건, 하수의 유입상황, 목적 등에 따라서 압력식 관거시설을 고려하기도 한다.

하수관거는 일반적으로 연결위치와 그 규모와 따라 개별 건물 내부 배관에 접속된 건물오수관(building sewers or building connections)과 이와 연결된 지관(branch/lateral sewers), 본관(main/trunk sewers) 및 차집관거(intercepting sewers) 등으로 구별할 수 있다(그림 13-2). 차집관거는 다수의 본관으로부터 하수를 차집하여 하수처리장으로 이송하는 큰 관거로, 이는 다수의 횡단하수거(transverse sewers) 혹은 토구로부터 건기 하수량(dry-weather flow)과 초기우수 일부를 이송하는 기능을 가진다(ASCE, WPCF, 1969). 배수계통은 관거의 배열형식에 따라 직각식(수직식, perpendicular system), 차집식(intercepting system), 선형식(fan system), 방사식(radial system), 평형식(고저단식, parallel system) 및 집중식(centralization system)으로 구별하기도 한다. 직각식은 수직적 흐름으로 배수가 신속하나 방류수역의 오염가능성이 높고, 선형식은 대도시 시가지 중심의 밀집지역에서는 펌프장과 하수간선들이 집중되므로 부적절하다. 방사식은 관거의 연장이 짧고 관경을 작게 할 수 있어 경제적으로 유리하나 반면에 처리장이 많아지는 단점이 있다. 평행식은 광대한 대도시에 경제적일 수 있다.

(2) 계획하수량 및 관거의 여유율

관거설계에 있어서 계획하수량은 오수관거의 경우 오수발생량의 시간적 변화에 충분히 대응할 수 있도록 계획시간최대오수량을 표준으로 하고, 우수관거의 기준이 되는 계획우수량은 각 도시의 실정에 적합한 산출공식을 활용해야 한다. 합류식 관거에서는 계획시간최대오수량에 계획우수량을 합한 값을 기준으로 하는데, 이때 계획우수량은 계획시간최대오수량에 비해 절대

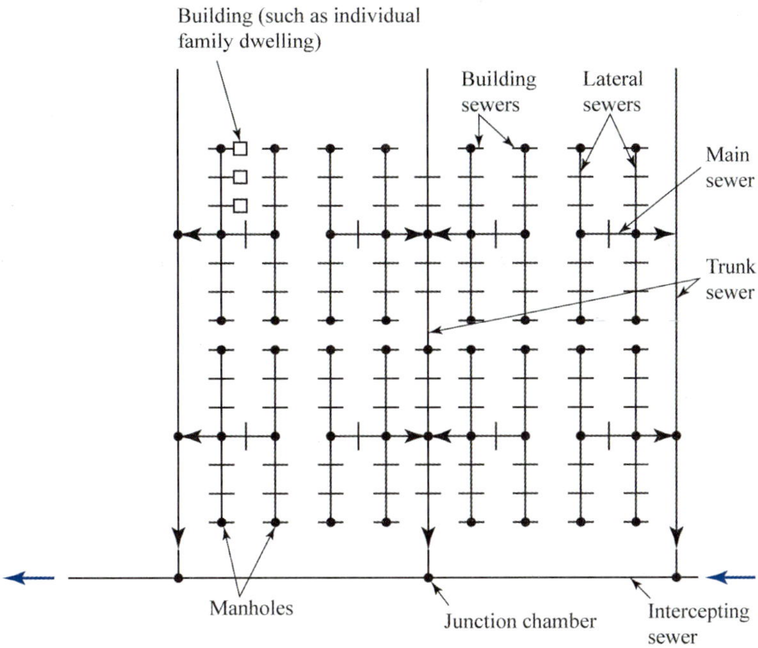

그림 13-2 **일반적 하수집수시스템의 구성(Metcalf and Eddy, 1982)**

적으로 많으므로 단면결정 시에는 계획우수량이 중요한 요소가 된다. 또 차집관거는 우천 시 계획오수량을 기준으로 한다.

실제 계획하수량과 발생하수량 간에는 차이가 있을 수 있기 때문에 대상지역의 특성에 따라 계획하수량에 여유율을 두는 것이 합리적인데, 여유율로 인한 관경의 증가는 경제적인 부담을 높일 수 있다. 간선관거 및 대구경 관거는 지선에서 하수의 유하시간 차이로 인한 여유율의 증가 등을 감안하여 결정된다. 일반적으로 오수관거인 경우 계획시간최대오수량에 대해 소구경 관거(200~600 mm)에서는 약 100%, 중구경 관거(700~1,500 mm)에서는 약 50~100%, 대구경 관거(1,650~3,000 mm)에서는 약 25~50% 정도의 여유율을 갖도록 계획한다.

13.2 하수관거의 수리

하수관거 내에서 하수흐름에 영향을 미치는 주된 요소로는 관의 경사(s), 단면적(A), 관거 내부표면의 조도(n), 흐름상태(수위, 윤변, 정상류 및 비정상류 등), 장애물이나 굴곡의 유무, 액체의 비중, 점성계수 등 매우 다양하다. 통상적으로 하수관거에 적용되는 중력식 자연유하(gravity-flow)방식의 경우 만수위 조건의 흐름상태는 드물기 때문에 관수로 개념의 수리계산식

(Hazen-Williams 식 등)보다는 개수로 수리식(Manning 또는 Kutter 식)이 주로 사용된다. 그러나 압력관거시스템을 도입한 경우에는 관수로의 해당 공식을 사용하는 것이 합당할 것이다.

관거설계에 있어서 중요한 점은 주어진 유량(Q)과 동수경사(I)를 활용하여 관의 최적 단면(A)을 결정하는 것이다. 이때 동수경사는 관경과 조도계수의 함수로 표현된다. 조도계수(표 13-2)는 Manning 식 또는 Kutter 식에서 철근콘크리트관 및 도관의 경우 각각 0.013, 경질염화비닐관 및 강화플라스틱복합관의 경우 0.010을 표준으로 한다. 관거보수의 경우에는 공법의 종류나 재질 등에 따라 다르지만, 일반적으로 경질염화비닐관과 동일한 정도로 예상된다. Hazen-Williams 식에서 유속계수 C값(표 13-3)은 관내면 조도(粗度), 굴곡, 분지 등의 수에 따라 다르나 이들의 굴곡손실 등을 포함해 110을 표준으로 한다. 직선부만의 경우는 130을 표준으로 하고 굴곡손실 등은 별도 계산해야 한다. 관거 단면적은 유량과 경사가 결정되면 해당 수리계산식으로 구할 수 있다. 여기에서 수심을 결정할 때 원형거는 만류, 직사각형거는 높이의 90%, 말굽형거는 높이의 80%로 하여 정해진 계획유량을 충분히 유하시킬 수 있도록

표 13-2 **관의 재질에 따른 Manning의 조도계수(n)**

단면			조도계수(n)
관거	시멘트관		0.011~0.015
	벽돌		0.013~0.017
	주철관		0.011~0.015
	콘크리트		
		매끄러운 표면	0.012~0.014
		거친 표면	0.015~0.017
	콘크리트관		0.011~0.015
	주름형의 금속관		
		보통관	0.022~0.026
		포장된 인버트	0.018~0.022
		아스팔트 라이닝	0.011~0.015
	플라스틱관(매끄러운 표면)		0.011~0.015
	점토		
		도관	0.011~0.015
		깔판	0.013~0.017
개거	인공수로		
		아스팔트	0.013~0.017
		벽돌	0.012~0.018
		콘크리트	0.011~0.020
		자갈	0.020~0.035
		식물	0.030~0.040

자료: WEF, MOP 9. 1969.

표 13-3 **Hazen-Williams 공식의 유속계수 C값**

관재료	유속계수(C)
주철관	
신관	130
5년 경과	120
10년 경과	110
20년 경과	90~100
30년 경과	75~90
강관(부설 후 20년)	100
도장된 강관	130
원심력 철근 콘크리트관	130
경질염화비닐관, 폴리에틸렌관	130
유리섬유 강화 플라스틱관	150
흄관(100 mm 이하)	120~140
흄관(100~600 mm)	150

자료: Water Supply & Sewerage, McGraw-Hill 6th ed., 1991 and AWWA, 2th ed, 2005.

단면을 결정한다.

개거 역시 개수로 설계방식으로 접근하면 된다. 이때 유량은 하도의 상황에 따라 다르게 계산되고, 등류(uniform flow) 혹은 부등류(nonuniform flow)의 흐름양상을 고려하여 계산한다. 평균유속은 일반적으로 Manning 식을 사용하고 적당한 여유고를 갖도록 단면을 결정한다. 일반적으로 여유고는 계획유량이 200 m^3/s 미만일 때는 0.6 m로 정하지만, 계획유량이 이보다 현저히 작을 경우에는 여유고를 $0.2H$(H는 개거의 깊이(m), $0.2H > 0.6$ m의 경우는 0.6 m로 함) 이상으로 한다.

각 수심을 함수로 한 유속 및 유량 등의 변화는 수리특성곡선(hydraulic characteristic curve)을 통해 알 수 있는데, 원형 및 말굽형 관거의 경우 최대 유속과 유량은 각각 81% 및 93%의 수심에 해당한다. 직사각형 관거에서는 유속 및 유량이 모두 만류가 되기 직전에 최대이나 만류가 되면 유속 및 유량이 급격히 감소하고, 계란형 관거에서는 유량이 감소되어도 원형관거에 비해 수심 및 유속이 안정되게 유지되므로 토사 및 오물 등의 침전방지에 효율적이나 시공에 어려움이 있다. 그림 13-3은 원형관거에 대한 수리특성곡선을 나타내었다(ASCE, WPCF, 1969).

관거 내 유속은 일반적으로 하류방향 흐름에 따라 점차로 커지고, 관거경사는 점차 작아지도록 설계한다. 일반적으로 오수관거, 우수관거 및 합류식 관거에서의 이상적인 유속은 모두 계획시간최대수량을 기준으로 1.0~1.8 m/s 정도이다. 오수관거 유속은 시간유량변동이 있더라도 오물이 침전되지 않을 정도의 최소유속을 갖도록 해야 하므로 지표경사가 불충분하더라도 계획하수량에 대해 최소유속이 0.6 m/s 정도가 유지되도록 해야 한다. 오수의 최소유속이 유지되지

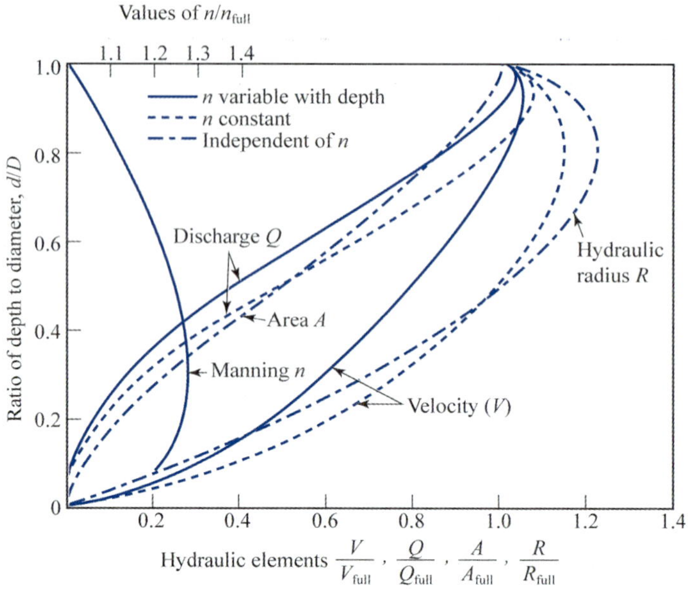

그림 13-3 **원형관거의 수리특성곡선(ASCE, WPCF, 1969)**

않으면 오물이 침전되고 관거 내의 유하시간이 길어져 침전물 부패로 인한 황화물질 및 악취 등이 발생하고 결국 유지관리비의 증가를 초래한다. 반대로 유속이 너무 크면 과다 유속으로 인해 발생된 침식부식(erosion corrosion) 현상으로 관거 내면을 손상시켜 결국 내용연수를 단축시키는 악영향을 미치므로 최대유속은 3.0 m/s로 계획한다.

지표경사가 심해 관거의 경사가 급하게 되어 최대유속이 3.0 m/s를 초과하게 된다면 이때에는 적당한 간격으로 단차를 설치하여 경사를 완만하게 하고 유속을 조정해 주어야 한다. 단차의 설치가 곤란한 경우 급경사에서 완경사로 변화하는 구간에 월류수나 감압에 대처하기 위해 감세공의 설치나 관경, 맨홀의 종별을 1단계 올리는 등의 감세조치를 취하고 또 맨홀에서 수격작용(water hammering)에 의한 파손을 방지할 대책이 필요하다. 처리구역이 큰 경우와 관망정비에 시간을 요하는 경우 등에는 특히 간선관거는 최소유속을 유지하지 못하는 경우가 있다. 이때에는 간선관거의 유속을 적당히 유지하도록 복수의 단면 구조로 하거나, 관을 2개로 분할하여 단계적인 시공방법 등을 검토할 필요가 있다. 이 경우에는 시공성 및 경제성을 충분히 고려하여 판단하여 한다.

압력관거시스템의 경우 역시 침전물의 퇴적방지와 관거 내면의 모르타르 라이닝, 도장 등의 손상을 방지하기 위해 동일한 유속기준을 적용하고 있다. 유속의 증가에 따라 관내 마찰손실수두가 동시에 증가하므로 경제적인 압송펌프의 선정을 위해서 관경과 유속과의 관계를 세심하게 검토할 필요가 있다.

우수관거와 합류식 관거의 경우는 계획우수량에 대하여 유속을 최소 0.8 m/s 및 최대 3.0 m/s로 계획한다. 오수관거보다 우수관 및 합류관거의 최소유속이 더 큰 이유는 토사류 등의 유입에 따라 침전물의 비중이 오수관거보다 크기 때문으로 이러한 영향을 고려한 것이다. 특히, 합류관거에서 청천 시 또는 계획기간이 긴 경우 목표연도의 계획하수량에 대하여 최소유속을 만족하도록 계획하면 건설 이후 초기연도에는 최소유속을 유지하지 못하는 경우가 있으므로 적당한 유속을 유지하기 어렵다. 또 급경사지 등에서 유속이 너무 크면 관거의 손상뿐만 아니라 유수의 유달시간이 단축되어 하류지점에서의 유량이 크게 되므로 단차 및 계단을 도입하여 경사를 완만하게 하고 유속을 낮추어야 할 것이다.

13.3 중력식 하수관거의 설계

(1) 하수관거 설계 시 중요 고려사항

앞서 설명한 바와 같이 하수관거의 설계는 우수를 제외하고 가정하수와 공장폐수를 위한 오수거(sanitary sewer), 우수만을 위한 우수거(storm sewer), 그리고 가정하수, 공장폐수 및 우수를 혼합해서 수송하는 합류식 하수거(combined sewer)의 세 종류로 분류한다. 일반적으로 하수관거는 특정 사유가 없는 한 대부분 경제적인 중력식을 선택하여 설계되는데, 이러한 중력식 하수관거의 설계는 이미 방법론이나 설계기법이 잘 정립되어 있다. 여기에서는 중력식 하수관거(gravity-flow sewer)의 설계에 대하여 적절한 설계예제를 통하여 전반적인 설계과정에 대한 이해를 높이고자 한다(Metcalf & Eddy, 1972; McGhee, 1991, 최의소, 1994).

일반적으로 하수관거 설계를 위한 기본적인 절차(design procedure)는 예비조사, 주요 설계 고려사항 검토, 설계를 위한 기초자료와 설계기준의 선택, 하수관거의 설계, 계약용 설계도면과 설계사양서의 준비 등의 순서로 이루어진다.

1) 예비조사(preliminary investigations)

먼저 대상지역의 상세한 지도가 필요하다. 지도 및 자료가 충분하지 못할 경우 측량을 실시하며, 지형, 지상 및 지하구조물의 종류, 크기, 위치 등의 정보를 수집한다. 또 합리적인 공사비 추정을 위하여 노동단가, 공사재료의 가격과 수송비, 기타 건설기계와 기구의 사용료 등의 파악도 중요하다. 지도는 통상적으로 1/2000의 축척으로 준비하지만 지하구조물이 많은 경우에는 1/500 축척을 사용하는 것이 좋으며, 등고선은 표면경사가 6% 이하일 때는 0.5 m 간격으로, 그 이상인 경우에는 1.5 m 간격으로 표시하는 것이 유용하다.

2) 주요 설계 고려사항

하수관거의 설계에서는 정확한 하수발생량의 평가가 중요하다. 즉, 설계기간에 배수구역에서 방출될 하수량(시간최대, 일최대 등), 지하수 침입량, 그리고 상가 및 공장지대에서 방출될 최대 하수량 등을 충분히 고려하여야 한다. 설계공식에서 Manning에서 적용되는 조도계수(n) 값은 미래시설을 위해서는 0.013, 현존시설을 위해서는 0.015를 사용한다. 유속은 관거 방식에 따라 제안된 최소 및 최대유속을 기준으로 계획되어야 한다.

실제 유량($Q = A \times V$)의 크기에 미치는 변수는 다양하지만 관거 설계에서 직접적으로 활용 가능한 변수는 속도(V)와 직경(D), 그리고 관의 경사(s)뿐이며, 나머지는 대부분 상수에 해당한다. 계획 지역에서 평가된 유량을 가지고, 허용범위 내의 관거 설계유속을 만족하는 관의 직경을 적절한 관의 경사의 선정과 함께 결정하는 것이다. 즉, 하수관거 내의 유속은 하수거의 경사에 의해서 주로 결정되는데 관거의 경사결정은 다음과 같은 방법에 따를 수도 있다.

① 평탄지에서는 관경을 mm로 표시하여 그 역수를 경사로 한다.
② 적당한 경사의 토지는 평탄지의 1.5배로 한다.
③ 급경사의 토지에서는 평탄지의 2.0배로 한다.

또 하수 내에는 큰 부유물이 있으므로 건물연결관은 10~15 cm 정도로 하고, 도로 아래로 매설되는 관거의 직경은 최소 20 cm로 한다. 하수관거의 재료와 최소규격, 선형관과 곡선관에 평가와 관거부속설비 및 통기시설에 검토도 필요하다. 표 13-4에는 중력식 오수관거의 설계에 근거가 되는 관경과 최소 경사(minimum slopes)를 나타내었다.

표 13-4 **중력식 오수관거 설계를 위한 최소 경사**

Size		Slope[a], m/m	
mm	in	$n = 0.013$	$n = 0.015$
200	8	0.0033	0.0044
250	10	0.0025	0.0033
300	12	0.0019	0.0026
375	15	0.0014	0.0019
450	18	0.0011	0.0015
525	21	0.0009	0.0012
600	24	0.0008	0.0010
675	27	0.0007[b]	0.0009
750	30	0.0006[b]	0.0008[b]
900	36	0.0004[b]	0.0006[b]

[a] Based on Manning's equation with a minimum velocity of 0.6 m/s. Where practicable steeper slopes should be used.
[b] The minimum practicable slope for construction is about 0.0008 m/m.
Note: mm × 0.03927 = in, m × 3.2808 = ft
자료: Metcalf and Eddy (1972)

3) 설계순서

하수관거의 설계순서는 다음과 같은 순서를 따른다.

① 계획 도면에서 도로와 골목을 따라 배수구역의 특성과 지면의 경사를 고려하여 하수관거의 위치와 하수의 흐름방향을 결정하고 표시한다. 이때 수리학적 물의 흐름을 고려하여 가능한 직선으로 계획한다.

② 계획한 관거노선을 따라서 맨홀 위치를 적절히 표시하고 맨홀번호를 표시한다.

③ 배수구역 내 도로나 지형을 구분하여 기선의 소담당 구역을 분할 표시한다.

④ 분할된 개별 지역의 면적을 결정한다.

⑤ 주어진 예를 참고로 도표를 작성한다.

(2) 중력식 오수관거의 설계 예

예제 13-1) 중력식 하수본관(gravity-flow trunk sewer) 설계

그림 E1-1과 같은 개발계획을 가진 구역의 하수본관에 대한 예비설계(유속, 관의 직경 및 경사 등)를 실시하고자 한다. 이때 지표면 경사는 편평하다고 가정한다. 일반적인 본관의 위치는 구역계획 및 관로 배치에 따라 결정된다. 설계는 앞에서 설명한 기본 고려사항과 절차에 준하여 진행한다. 그리고 이 개발 계획을 위해 다음과 같은 자료가 이용가능하다. Covell Park 개발에서 예상 포화인구밀도와 여러 종류의 하수발생량에 대한 자료는 인근 개발지의 실제자료(표 E1-1)를 이용할 수 있다. 상업 및 산업폐수의 허용유량은 각각 20 및 30 m^3/ha · d로 평가되었다. 이런 추정은 2개 지역 내에 포함된 개별시설들의 분석을 통해 결정되었다. 유사 활동에 대한 실유량측정 정보를 기초로 상업폐수의 평균 첨두계수는 1.8이었고, 개별하수는 2.1이었다. 주거지역의 유량에 대한 첨두계수는 그림 9-5의 자료를 이용할 수 있다. Covell Park 개발에 포함된 학교는 최대 2000명 정도의 학생을 수용하며, 이로 인한 평균 발생 하수량은 75 L/학생 · d이고, 첨두계수는 4.0이다.

표 E1-1 계획구역의 포화인구밀도와 폐수발생량

Zoning	Type of development	Saturation population density		Wastewater flows	
		persons/ha	(persons/acre)	L/capita · d	(gal/capita · d)
Residential	Single-family dwellings	38	(15)	300	(80)
Residential	Duplexes	60	(24)	280	(75)
Residential	Low-rise apartments	124	(50)	225	(60)

Note: ha × 2.4711 = acre, L × 0.2642 = gal

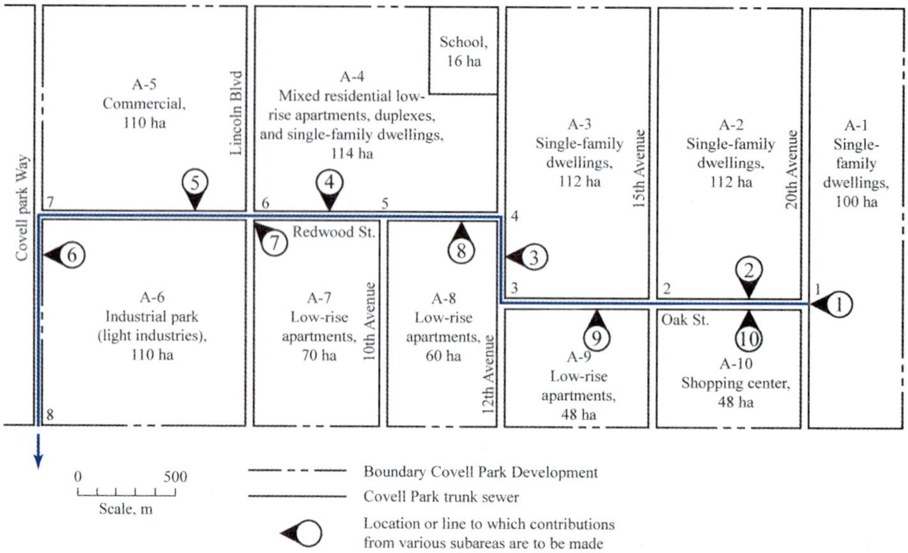

그림 E1 – 1 **개발 계획구역의 하수본관 설계를 위한 지도(주 도로만 표시)**

풀이)

1. 그림 E1 – 1에 주어진 지도를 이용하여 하수본관을 적절히 배치한다.
2. 맨홀 위치를 설정한다. 이것은 예비설계 과정이므로, 이들 사이에 유량과 관경 및 관의 기울기는 결정될 것이나 맨홀, 청소구(cleanout) 그리고 다른 부속물들의 설치에 관한 세부사항은 고려하지 않았다(예제 E2 참고). 예비평가를 위해 본관 상단부 단독주택지역(single family dwellings area)에서부터 하단부 끝까지 본관의 크기가 변하는 주요 접합지점의 수를 조사한다(그림 E1 – 1).
3. 배수구역의 경계와 폐수 배출지점을 결정한다. 이때 Covell Park의 개발 경계 또한 배수 제한구역으로 작용한다고 가정한다. 그리고 각 세부구역(subarea)에서 발생하는 폐수와 침투수는 모두 그 지점의 폐수 발생량으로 고려한다.
4. 각 세부구역의 배수 영역을 결정한다. 필요한 자료는 그림 E1 – 1에 주어져 있다.
5. 기본적인 설계기준(basic design criteria)을 요약한다.
   a. 설계 기간(design period): 포화기간(즉, 포화인구에 도달하는 데 필요한 시간)을 사용한다.
   b. 인구 밀도(population densities): 표 E1 – 1
   c. 주거지역의 가정하수발생량(residential wastewater flows): 표 E1 – 1
   d. 상업(commercial) 및 산업폐수(industrial flows) 발생량:
      i. 상업폐수: 20 m^3/ha · d
      ii. 산업폐수: 30 m^3/ha · d
   e. 공공기관(institutional) 발생량(institutional flows):
   학교 – 150 m^3/ha · d(= 학생수 2,000명 × 75 L/학생 · d) / (1,000 L/m^3))
   f. 침투수 허용량(Infiltration allowance):
      i. 주거지역에 대하여 첨두값을 신규 관로(그림 9 – 8 B곡선)에 근거하여 결정한다.
      ii. 상업, 산업, 및 공공지역에 대해서도 첨두값(그림 9 – 8 B곡선)을 구한다. 그러나 이들 면적의 총 하수관거 길이가 일반적으로 주거지역보다 짧다는 것을 고려하여 침투

허용량을 계산하기 위해 실제 면적의 50%만 사용한다.

g. 유입수 허용량(Inflow allowance): 정상상태로 유입되는 유입수(steady-flow inflow)는 침투수 허용량에 포함되어 있다고 가정한다.

h. 첨두 계수(peaking factors):

  i. 주거지역: 그림 9 – 5에 주어진 곡선을 사용한다.

  ii. 상업지역: 1.8

  iii. 산업지역: 2.1

  iv. 공공기관(학교): 4.0

  v. 침투수: 1.6

i. 수리학적 설계 방정식(hydraulic design equation): n값 0.013의 Manning 공식을 이용한다.

j. 최소 유속(minimum velocity): 낮은 유량조건에서 고형물의 퇴적을 방지하기 위해 첨두 유량조건 동안 0.75 m/s의 최소 유속을 적용한다.

k. 최소 토피 깊이(minimum cover): (하수관거 정상부까지의 최소 소요 깊이)
지역사회의 건축규정(local community building code)을 통해 알 수 있으나 이 예제에서는 불필요하다.

6. 예비 설계를 완료하기 위해 표 양식을 준비한다(표 E1 – 2). 보기처럼, 계산상 각 단계에 대해 열(column)을 기준으로 표현한다. 표 E1 – 2의 대부분의 과정에 대해 따로 설명할 필요는 없지만, 표 작성에 대한 이해력을 높이기 위해 다음 설명을 참고한다.

a. 제1열: 편의성을 위하여 관로의 구간노선 번호를 순서대로 표시한다.

b. 제2, 3번 열은 1열의 각 구간노선 끝에서의 맨홀 수를 표현한다.
제2열: 토구에서 가장 멀리 위치하는 맨홀부터 시작하여 하수관거 선이 시작되는 맨홀의 번호를 기입한다.
제3열: 하수관거 선이 끝나는 맨홀의 번호이다. 단, 상세설계에서는 맨홀이 추가적으로 더 필요할 것이다.

c. 제4열은 세부 지역구분(subarea)을 표시한다.

d. 제5열은 각 지역의 면적을 헥타르(ha) 단위로 나타낸다. 지역별 인구밀도 자료는 제6열에 나타내었다. A – 4지역의 인구밀도는 각 주거용 개발용지의 종류가 동일하다고 가정한다. 인구증가와 누적인구 자료는 제7열과 8열에 정리하였고, 평균 단위유량 자료는 제9열에 나타내었다. A – 4의 유량 면적(flow area)은 주어진 자료를 평균하였다. 물론 가중평균값이 사용될 수 있지만 여기서는 단순 평균값을 사용하였다. 누적 평균 주거지역유량(the cumulative average residential flow)은 제10열에 나타내었다. 이 자료에 기준으로 한 첨두계수는 제11열에 표시하였다. 첨두계수와 누적 평균유량(제10열)을 곱하여 누적 첨두유량(제12열)이 결정된다.

e. 상업지역에서의 단위유량과 누적평균유량은 각각 제13, 14 및 15열에 나타내었다. 상업지역에 대한 주어진 첨두계수는 제16열에 정리되어 있고, 상업지역의 누적 첨두유량은 제17열에 나타내었다.

f. 산업폐수유량에 대한 제18 ~ 22열은 상업폐수 산정과정과 같다.

g. 유사한 방식으로 공공기관의 유량을 산정한다(제23 ~ 27열).

h. 가정오수와 산업폐수에 대한 누적 평균 및 누적 첨두유량은 각각 제28 ~ 29열에 나타내었다.

i. 침투수 허용량(제30 ~ 33열)을 결정하는 첫 번째 단계는 30열의 각 세부단위지역에 대한 면적을 입력하여 누적면적(제31열)을 요약한다. 누적 면적자료(31열)를 이용하여 그림 9 – 8의 B곡선으로부터 얻어지는 단위 침투허용량(the unit infiltration allowance)은 32열에 기입하고, 첨두 누적침투허용량(제33열)은 제31열과 32열의 값을 곱해서 얻는다.

j. 제34~35열: 총 누적평균유량(the total cumulative average flows)과 누적 첨두설계유량(the cumulative peak design flows)을 표시한다. 제36열은 누적 첨두설계유량을 CMS (m^3/s) 단위로 나타내었다.

k. 제36열의 자료는 제37~40열의 하수관거 설계자료를 결정하기 위해 중요하다. 관경(pipe diameter), 관의 기울기(slope), 용량(capacity) 그리고 유속(velocity)을 결정하기 위해 시행착오법(trial-and-error procedure)이 사용된다. 이때 유량은 하수가 관의 단면을 가득 차서 흐른다고 가정한다. 중요한 것은 지표면에 관의 크기와 배치를 지표면 노선상에 표현하는 것이다(예제 E2 참고). 실제 하수관거 설계문제에서 관의 기울기와 관경의 결정에는 관의 소요 피복두께 등 또 다른 제약조건이 필요하다. 시행착오법에 따라 적절한 조합들을 찾으면, 제37~40열에 정보를 입력한다. 오수관 설계에서 최종단계는 개별관거의 관 내부 바닥의 표고(invert elevation)를 결정하는 것이다. 이 계산과정은 예제 13-2에서 자세히 설명한다.

[참고사항]

표 E1-2와 같은 표는 복잡한 계산을 위해 필요한 시간을 절약하고 모든 자료와 계산결과들을 일목요연하게 정열된 순서로 나타내는 장점이 있다. 만약 첨두 설계유량의 도출과정에서 추가적으로 고려해야 하는 요소가 있다면 특정한 열(column)을 추가하여 작성한다. 예를 들어 만약 유입수(inflow)가 추가로 계산될 필요가 있다면 이에 상응한 열의 추가가 필요하다. 대부분의 상하수도 및 토목설계 전문회사는 하수관거 설계 계산을 위해 자신들의 양식을 개발하여 사용하기도 하나, 비록 그 양식이 표 E1-2와 다를지라도 일반적으로 동일한 정보와 결과를 표현한다. 최근에는 하수관거 설계를 위해 컴퓨터 프로그램을 개발하여 사용하는 것이 보편적이다. 이러한 예제는 전반적인 계산과정을 효과적으로 이해하는 데 도움이 된다.

표 E1-2 하수본관의 설계를 위한 계산표

	Location			Residential flow							
						Design population					
Line	From	To	Subarea[a]	Area, ha[a]	Pop. density, persons/ha	Increment	Cum. total	Avg. unit flow, L/capita · d	Cum. avg. flow, m^3/d (8×9)	Peaking factor[b]	Cum. peak flow, m^3/d (10×11)
(1)	(2)	(3)	(4)	(5)	(6)	(7)	(8)	(9)	(10)	(11)	(12)
1	1	2	A-1	100	38	3,800	3,800	300	1,140	–	–
			A-2	112	38	4,256	8,056	300	2,417	–	–
			A-10	–	–	–	8,056	–	2,417	2.9	7,009
2	2	3	A-9	48	124	5,952	14,008	225	3,152	2.8	8,825
3	3	4	A-3	112	38	4,256	18,264	300	5,479	2.7	14,794
4	4	5	A-8	60	124	7,440	25,704	225	5,783	2.7	15,615
5	5	6	A-4	114	74	8,436	34,140	268	9,161	2.6	23,818
6	6	7	A-7	70	124	8,680	42,820	225	9,635	2.6	25,050
			A-5	–	–	–	42,820	–	9,635	2.6	25,050
7	7	8	A-6	–	–	–	42,820	–	9,635	2.6	25,050

(계속)

Commercial flow					Industrial flow					Institutional flow				
Area, ha[a]	Avg. unit flow, $m^3/ha \cdot d$	Cum. avg. flow, m^3/d	Peaking factor	Cum. peak flow, m^3/d (15×16)	Area, ha[a]	Avg. unit flow, $m^3/ha \cdot d$	Cum. avg. flow, m^3/d	Peaking factor	Cum. peak flow, m^3/d (20×21)	Area, ha[a]	Avg. flow, m^3/d	Cum. avg. flow, m^3/d	Peaking factor	Cum. peak flow, m^3/d (25×26)
(13)	(14)	(15)	(16)	(17)	(18)	(19)	(20)	(21)	(22)	(23)	(24)	(25)	(26)	(27)
–	–	–	–	–	–	–	–	–	–	–	–	–	–	–
–	–	–	–	–	–	–	–	–	–	–	–	–	–	–
48	20	960	1.8	1,728	–	–	–	–	–	–	–	–	–	–
–	–	960	1.8	1,728	–	–	–	–	–	–	–	–	–	–
–	–	960	1.8	1,728	–	–	–	–	–	–	–	–	–	–
–	–	960	1.8	1,728	–	–	–	–	–	16	150	150	4.0	600
–	–	–	–	–	–	–	–	–	–	–	–	–	–	–
110	20	3,160	1.8	5,688	–	–	–	–	–	–	–	150	4.0	600
–	–	3,160	1.8	5,688	110	30	3,300	2.1	6,936	–	–	150	4.0	600

Cumulative subtotal		Infiltration				Total design flow			Sewer design[c]			
Cum. avg. flow, m^3/d (10+15+20+25)	Cum. peak flow, m^3/d (12+17+22+27)	Area, ha[a,d]	Cum. area, ha[e]	Peak unit infil. allowance, $m^3/ha \cdot d$[f]	Cum. peak infil allowance, m^3/d	Cum. avg. flow, m^3/d[g]	Cum. peak flow, m^3/d (29+33)	Cum. peak flow, m^3/s	Sewer diameter, mm	Slope, m/m	Capacity full, m^3/s	Velocity full, m/s
(28)	(29)	(30)	(31)	(32)	(33)	(34)	(35)	(36)	(37)	(38)	(39)	(40)
–	–	100	–	–	–	–	–	–	–	–	–	–
–	–	112	–	–	–	–	–	–	–	–	–	–
3,377	8,737	0.5(48)	236	8.3	1,959	4,601	10,969	0.124	0.450	0.0019	0.124	0.78
4,112	10,553	48	284	7.8	2,215	6,100	12,768	0.148	0.550	0.0015	0.189	0.79
6,439	16,522	112	396	7.1	2,812	7,751	19,333	0.224	0.650	0.0012	0.263	0.79
6,743	17,343	60	456	6.8	3,101	9,605	20,444	0.237	0.650	0.0011	0.252	0.76
10,271	26,146	114+0.5(16)	578	6.3	3,641	12,345	29,788	0.345	0.750	0.0010	0.352	0.80
–	–	70	–	–	–	–	–	–	–	–	–	–
12,945	31,338	0.5(110)	703	6.0	4,218	16,867	35,556	0.412	0.850	0.0008	0.440	0.77
16,245	38,268	0.5(110)	758	5.8	4,396	20,279	42,664	0.494	0.900	0.0008	0.512	0.80

[a] See E1 – 1.
[b] Peaking factor taken from Fig. 9 – 5.
[c] Sewer design was completed using Nomograph for Manning eqn (n=0.015)
[d] Use of the 0.5 factor applied to commercial, industrial, and institutional areas is documented in Step *f* of the solution.
[e] Cumulative area contributing to a given line.
[f] Data from Fig. 9 – 8, curve *B* for new sewers.
[g] To obtain average infiltration allowance, peak values were divided by 1.6.

Note:
ha × 2.4711 = acre; $m^3/s \times 35.3147 = ft^3/s$
L × 0.2642 = gal; mm × 0.03937 = in
$m^3/d \times 2.6417 \times 10^{-4}$ = Mgal/d; m/s × 3.2808 = ft/s
$m^3/ha \cdot d \times 106.9064$ = gal/acre · d

예제 13 - 2) 소규모 주거지역을 위한 중력식 오수관거(gravity-flow sanitary sewer)의 설계

그림 E2 – 1에 제시된 주거지역에 대한 중력식 분류식 오수관거를 설계하고자 한다. 미래의 평균 포화 인구밀도는 40인/ha로 추정된다. 주거지역의 평균 하수발생량은 300 L/인 · d로 추정된다. 하수의 첨두 유량을 결정하기 위해 그림 9 – 5를 이용하며, 최대 지하수 침투량 결정을 위해 그림 9 – 8의 곡선 B를 활용한다. 하수관의 최소관경(minimum size)은 200 mm이며, 이 관의 두께는 20 mm이다. 관내가 만수위로 흐를 때 최소 유속은 0.6 m/s이며, 불필요한 비용부담이 없다면 관의 유속은 0.75 m/s가 더 합리적이다. 하수관거의 용량 결정을 위해 n =0.013으로 하여 Manning 방정식을 이용한다. 이 구역 내의 집들이 모두 지하실을 가지고 있으므로 하수관거의 정상에서 지표까지의 최소 깊이는 2.75 m로 계획한다. 단, 지하실이 없는 지역은 이보다 작게 계획할 수 있다.

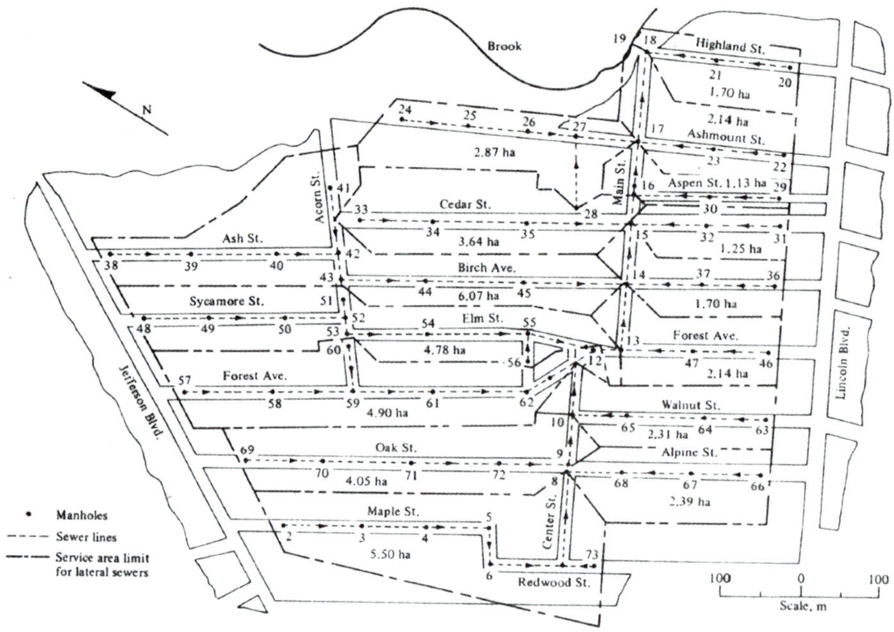

그림 E2 – 1 주거지역의 오수관거 설계를 위한 계획도 **(manholes, sewer lines, and subareas)**

풀이)

1. 하수관거를 적절히 배치한다. 그림 E2 – 1에 제시된 각 도로와 골목마다 제안된 하수관거 노선 및 유하 방향을 그린다. 특별한 경우를 제외하고는 하수관은 지표면에 대하여 경사지도록 한다. 이는 대부분 하수의 흐름이 자연유하 방식으로 흐르도록 하기 위한 것으로 경제성을 고려한 것이다. 일반적으로, 지관(laterals)은 본관(main/ trunk sewer)과 연결되는데 이는 결국 차집관거(intercepting sewer)나 방류지점(the points of discharge)으로 연결된다.
2. 맨홀을 배치하라. (1) 방향 변경지점, (2) 기울기 변경지점, (3) 모든 접합 지점(건물 연결부 제외), (4) 청소와 세척을 모든 지관의 상단부, 그리고 (5) 90 ~ 120 m의 간격으로 맨홀을 설치하고 각 맨홀에 식별 번호를 부여한다(그림 E2 – 1 참조).

3. 서비스지역(service area)의 경계를 설정한다. 각 지관에 대한 서비스지역의 경계를 그린다. 만약 하나의 지관이 최소 기울기, 최소 관경으로 제공할 수 있는 것보다 더 큰 면적을 수용해야 한다면, 면적은 다시 더 작게 나누어야 한다. 도로 배치가 필요하다면 그 경계는 도로 중간에 있다고 가정한다. 만약 도로 배치가 계획상에 나타나지 않았다면 다른 서비스지역 경계는 결정될 수 없다. 이때 지형 자료가 도움이 될 것이다.
4. 각 서비스지역을 결정한다. 면적계(planimeter)를 이용하여 각 서비스지역의 면적을 결정하고 지도상에 그 값을 표기한다.
5. 기본적인 설계기준(basic design criteria)을 요약한다.
   a. 설계 기간(design period): 포화기간(saturation period)을 사용한다.
   b. 인구밀도(population density): 포화상태에서 평균인구는 40 person/ha이다.
   c. 생활하수유량(residential wastewater flows):
      i. 300 L/인 · d 값을 사용한다.
      ii. 그림 9 – 5에서 첨두계수를 산정한다.
   d. 침투 허용량(infiltration allowance): 그림 9 – 8에 주어진 새 하수관거에 대한 B곡선으로부터 첨두값을 결정한다.
   e. 유입수 허용량(inflow allowance): 정상상태로 유입되는 유입수(steady-flow inflow)는 침투수 허용량에 포함되어 있다고 가정한다.
   f. 수리학적 설계 방정식(hydraulic-design equation): n값 0.013의 Manning 공식을 이용한다.
   g. 최소 관 크기(minimum pipe size): 시설기준에 준하여 제안된 최소 관 크기는 200 mm이다.
   h. 최소 유속(minimum velocity): 하수관거 속에 고형물(solids)의 퇴적을 방지하기 위해 최소 유속을 0.6 m/s로 계획한다.
   i. 최소 토피 깊이(minimum cover): 토피의 최소 깊이는 이 지역의 집들이 지하실을 가지고 있기 때문에 2.75 m로 한다.
6. 맨홀 사이 각 하수관거의 계산 단계에서 필요한 자료를 기록하기 위해 표 양식을 준비한다. 계산표(표 E2 – 1)는 예제 E1의 경우와 유사하나 비교적 단순하다. 그 이유는 이 예제에서는 상업폐수, 산업폐수 그리고 공공폐수가 포함되지 않았기 때문이다. 따라서 표 속의 많은 열들이 상당히 축소될 수 있다. 하수관거의 시작점을 57번 맨홀로, 끝점을 19번 맨홀로 사용하라. 표 E2 – 1에 주어진 하수관거 설계 절차는 다음과 같다.
   a. 21 ~ 22번열에 위치한 맨홀의 표고는 인근 지역의 지표면 표고자료(ground surface elevations)를 이용하여 보간법(interpolation)으로 구할 수 있다.
   b. 23 ~ 24열에 나타난 하수관의 관 내부 바닥 높이(sewer invert elevation)는 그림 E2 – 2의 하수관거 노선도(sewer profile)를 이용하여 시행착오법을 통해 얻어진다. 하수관거 노선도를 준비하는 첫 단계는 편리한 임의 지점에서 뒤쪽으로 지표면 표고를 도식화(21 ~ 22열)하는 것이다. 그림 E2 – 2의 노선도에 대해 0+00번 지점은 19번 맨홀로 하수관거의 총 길이에 해당하는 9+99(4열의 합)에 도달할 때까지 계속된다.

      지표면 노선을 도식화한 다음 단계는 소요 고도에서 각 하수관거의 관 내부 바닥(invert)과 정상부(crown)를 그리는 것이다. 관 바닥 높이는 57, 58번 맨홀과 연결된 1번 하수관거선(line 1)을 시작으로 각 하수관거를 분석하여 결정한다. 첫 단계는 하수관의 내부직경과 벽 두께를 고려하여 최소 토피 요구량이 만족된 상류단 끝의 관 내부 바닥(the invert of the upper end of the pipe)의 위치를 결정하는 것이다. 그림 E2 – 2에서 직경 600 m 관의 상류단 바닥의 초기 높이는 60.52m로 결정된다(지표 – 토피 – 관 두께 – 관 직경 = 63.49 m – 2.75 m – 0.02 m – 0.20m). 이어 하류단 고도(lower elevation)는 다음의 계산과정을 통해 결정된다.

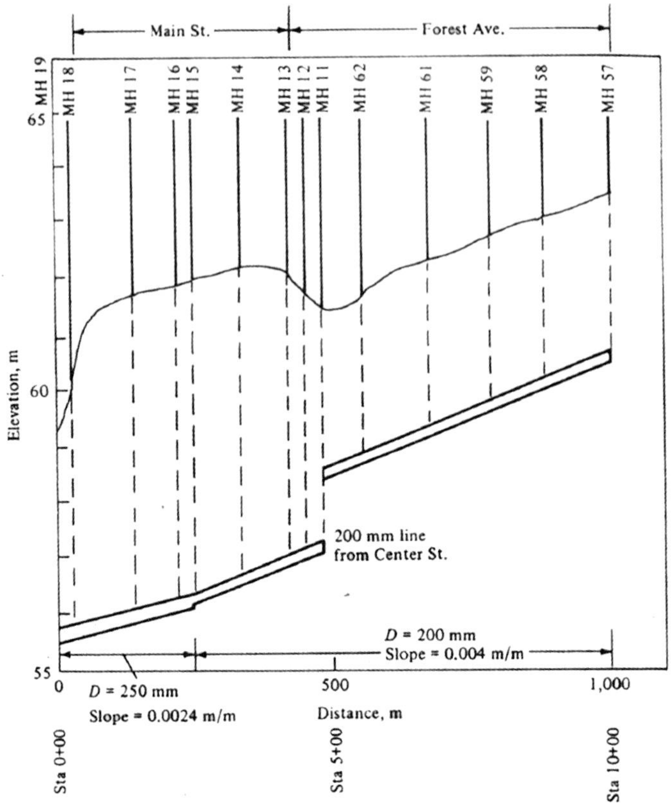

그림 E2-2 **관로 노선도**

Lower invert elevation = upper invert elevation – (slope of sewer)(length of sewer)

for line 1: Lower invert elevation = 60.52 m – (0.004 m/m)(116 m) = 60.06 m

for line 2: Lower invert elevation = 60.06 m – (0.004 m/m)(105 m) = 59.64 m

만약 그림 E2-2에서 임의 부분의 토피 깊이가 너무 작다면 초기의 관 내부 바닥 표고(invert elevation)를 조절하여 다시 평가한다. 맨홀 11번의 접합부와 같이 맨홀이 관 접합부에 위치한다면 토출관 표고는 가장 낮은 유입관으로 수정되어야 한다. 비록 이 예에서 계산과정은 나타내지 않았지만 2번 맨홀에서 최소 토피 깊이를 가지고 시작하는 200 mm 하수관거 부분의 11번 맨홀까지 0.004 m/m 기울기로 이어지는데, 11번 맨홀에서 57.10 m 관 내부 바닥표고를 가진다. 즉, 6번 노선의 상류단 관거바닥부 표고는 57.10 m가 되어야 한다. 만약 6번 노선이 57.10 m의 관 내부 바닥 표고를 가진 200 mm 관보다 크다면 다음 절에서 설명되는 바와 같이 두 관의 관정은 11번 맨홀에서 만날 것이다. 교차로에서의 하수관거의 위치는 설계 시 적절하게 고려되어야 한다. 만일 관의 직경이 증가한다면, 두 관의 관정은 맨홀에서 반드시 연결시켜야 하는데, 이는 작은 관 속으로부터 하수가 역류하는 것을 방지하기 위해서이다. 예를 들어 8번 맨홀에서 관의 크기는 200에서 250 mm로 증가한다. 이 경우 계산은 다음과 같다.

200 mm 관의 하류단 관 내부 바닥 표고 = 56.18

250 mm 하수관(8번 노선)의 상류단 관 내부 바닥 표고 = 56.13 m(= 56.18 m + 0.20 m – 0.25 m)

250 mm 하수관의 하류단 관 내부 바닥 표고 = 56.04 m(= 56.13 m – (0.0025 m/m)(37 m))

이 과정은 하수관거선 전체를 통하여 계속 반복하여 관 내부 바닥 표고를 결정한다.

[참고사항]

전체적으로 첨두계수에 대하여 서비스지역의 크기 효과를 비교하는 것은 흥미롭다. 그림 E1 – 1의 경우 첨두유량과 평균유량의 비는 2.27이었다. 그림 E2 – 1의 경우는 지역에 대한 평균유량을 결정하기 위하여 누적 첨두침투율(cumulative peak infiltration value)은 1.6을 사용하였다. 그리고 결과값은 누적 평균가정유량(the cumulative average domestic flow)에 추가되었다. 이때 상응하는 첨두/평균비율은 약 2.54 [= (2,317 m^2/d) / (558.9 m^2/d) + (629 m^2/d) / 1.6]로 계산된다. 또 상응하는 면적비율은 = 19.3(900 ha/46.57 ha)이다.

표 E2 – 1 **중력식 오수관거 설계를 위한 계산표**

Location				Area		Domestic flow					
Line	From manhole	To manhole	Length of sewer, m	Increment, ha	Cum. total, ha	Pop. density, persons/ha	Cum design pop., persons (6 × 7)	Avg. unit flow, L/capita·d	Cum. avg. flow, m^3/d (8 × 9)	Peaking factor[a]	Cum. peak flow, m^3/d (10×11)
(1)	(2)	(3)	(4)	(5)	(6)	(7)	(8)	(9)	(10)	(11)	(12)
1	57	58	116	–	–	–	–	–	–	–	–
2	58	59	105	–	–	–	–	–	–	–	–
3	59	61	105	–	–	–	–	–	–	–	–
4	61	62	120	–	–	–	–	–	–	–	–
5	62	11	73	–	4.90	40	196	300	58.8	3.80	223
6	11	12	28	14.25	19.15	40	766	300	229.8	3.45	793
7	12	13	37	4.78	23.93	40	958	300	287.4	3.40	977
8	13	14	85	2.14	26.07	40	1043	300	312.9	3.35	1048
9	14	15	80	7.77	33.84	40	1354	300	406.2	3.30	1340
10	15	16	37	4.89	38.73	40	1550	300	465.0	3.30	1535
11	16	17	72	1.13	39.86	40	1595	300	478.5	3.25	1555
12	17	18	118	5.01	44.87	40	1795	300	538.5	3.20	1723
13	18	19	23	1.70	46.57	40	1863	300	558.9	3.20	1788

Infiltration/inflow		Design flows		Sewer design				Sewer layout			
								Ground surface elevation		Invert elevation	
Peak I/I allowance, m^3/ha·d[b]	Cum. peak I/I allowance, m^3/d (6 × 13)	Cum. peak flow, m^3/d (12+14)	Cum. peak flow, m^3/s	Pipe dismeter, mm	Slope, m/m	Capacity full, m^3/s	Velocity full, m/s	At upper manhole	At lower manhole	Upper end	Lower end
(13)	(14)	(15)	(16)	(17)	(18)	(19)	(20)	(21)	(22)	(23)	(24)
–	–	–	–	200	0.004	0.021	0.66	63.49	63.12	60.52	60.06
–	–	–	–	200	0.004	0.021	0.66	63.12	62.79	60.06	59.64
–	–	–	–	200	0.004	0.021	0.66	62.79	62.37	59.64	59.22
–	–	–	–	200	0.004	0.021	0.66	62.37	61.82	59.22	58.74
14.0	69	292	0.0034	200	0.004	0.021	0.66	61.82	61.45	58.74	58.44
14.0	268	1061	0.0123	200	0.004	0.021	0.66	61.45	61.60	57.10	56.99
14.0	335	1312	0.0152	200	0.004	0.021	0.66	61.60	62.12	56.99	56.84

(계속)

14.0	365	1413	0.0164	200	0.004	0.021	0.66	62.12	62.24	56.84	56.50
14.0	474	1814	0.0210	200	0.004	0.021	0.66	62.24	62.00	56.50	56.18
14.0	542	2077	0.0240	250	0.0025	0.030	0.61	62.00	61.90	56.13	56.04
14.0	558	2113	0.0245	250	0.0025	0.030	0.61	61.90	61.72	56.04	55.86
13.7	615	2338	0.0271	250	0.0025	0.030	0.61	61.72	60.50	55.86	55.56
13.5	629	2417	0.0280	250	0.0025	0.030	0.61	60.50	59.30	55.56	55.51

[a] Peaking factors were taken from Fig. 9-5

[b] Peak infiltration values were obtained from curve B of Fig. 9-8

Note: m × 3.2808 = ft m^3/ha · d × 106.9064 = gal/acre · d
ha × 2.4711 = acre m^3/s × 35.3147 = ft^3/s
L × 0.2642 = gal mm × 0.03937 = in
m^3/d × 2.6417 × 10^{-4} = Mgal/d m/s × 3.2808 = ft/s

(3) 중력식 우수관거의 설계 예

우수량은 강우의 특성에 따라 큰 차이가 있으나, 일반적으로 이는 생활하수의 양에 비하면 매우 많은 수량이다. 따라서 우수관거의 설계는 합류식 하수관거의 설계와 유사한 방법으로 이루어진다. 단지 건물에 지하실이 있는 지역의 경우 합류식 하수거는 우수관거보다 더 깊은 곳에 위치한다. 합류식 하수관거 및 우수관거 설계는 지도와 종단면도의 작성, 우수량의 결정, 경사 및 지형상태를 고려한 하수거 관경 결정으로 3단계로 이루어진다. 지도와 종단면도의 준비는 가정하수관거 설계 시의 요령과 같으며 우수량의 결정은 앞선 기본계획(9.5절) 부분에 설명되어 있다. 우수관거의 설계순서는 다음과 같은 순서를 따른다.

① 도로의 지표면 경사를 고려하여 가능한 도로를 따라서 하수관거의 위치를 선으로 나타내고 흐름방향을 화살표로 나타낸다.
② 맨홀을 임시적으로 위치시키고 번호를 부여한다. 차후 종단면도를 그려서 경사를 정하였을 때 하수거를 가장 좋은 깊이에 위치시키기 위하여 맨홀의 위치를 변경시킬 수도 있다.
③ 각 맨홀이 담당할 배수지역의 경계선을 표시한다.
④ ③에서 구획한 지역의 면적을 구한다.
⑤ 주어진 예를 참고로 도표를 작성한다.

예제 13-3) 중력식 우수관거(gravity-flow storm sewer)의 설계

그림 E3-1 지역에 대한 우수관거를 설계하고자 한다. 표고는 지역의 측정자료를 활용한다. 구역 내의 우수용 집수 본관의 위치는 그림 E3-1에 나타내었다. 본관의 인버트 높이는 본관이나 차집관거의 인버트 높이와 연결되어야 한다. 이 지역의 강우강도는 다음과 같다.

$$i = 518.2/t^{0.41}$$

여기서, i = 강우강도(rainfall intensity, mm/h)

t= 강우기간(rainfall duration, min)

이 식은 시간 t분의 강우 지속기간 동안의 평균 강우율을 나타내며, 이는 5년에 한 번씩 평균값에 대하여 같거나 이를 초과할 것으로 기대된다. 강우율은 배수구역이 위치한 구역의 강우기록에서 평가된 것이다.

현재 및 미래의 개발 가능성을 포함하여 지역개발 특성을 조사한 결과 최종적으로 개발이 완료되었을 때는 구역 내 지표의 약 70%가 불투수성인 것으로 나타났다. 유사지역의 분석에서 투수성 및 불투수성 지역의 유출계수는 그림 E3-2와 같고, 이는 강우기간에 따라 다양한 변화가 있을 것으로 가정한다. 이러한 변화는 유출발생 이전에 대부분 초기 강우들이 흙에 흡수되거나 저지대에 흡수되기 때문이다. 지표 아래 최소 1.8 m 깊이에서 관의 정상(crown)이 위치하는 우수관을 설계하고자 한다. 특히 추운 지역에서는 본관 아래 충분한 공간을 허용하기 위해 최소 깊이는 1.8 m보다 크게 설계해야 한다. 하수관거의 최소 관경은 300 mm이며, 만수위 시 예상되는 최소 유속은 0.9 m/s이다. 이때 n=0.013으로 가정된 Manning 공식을 이용해 하수관거의 용량을 구하라.

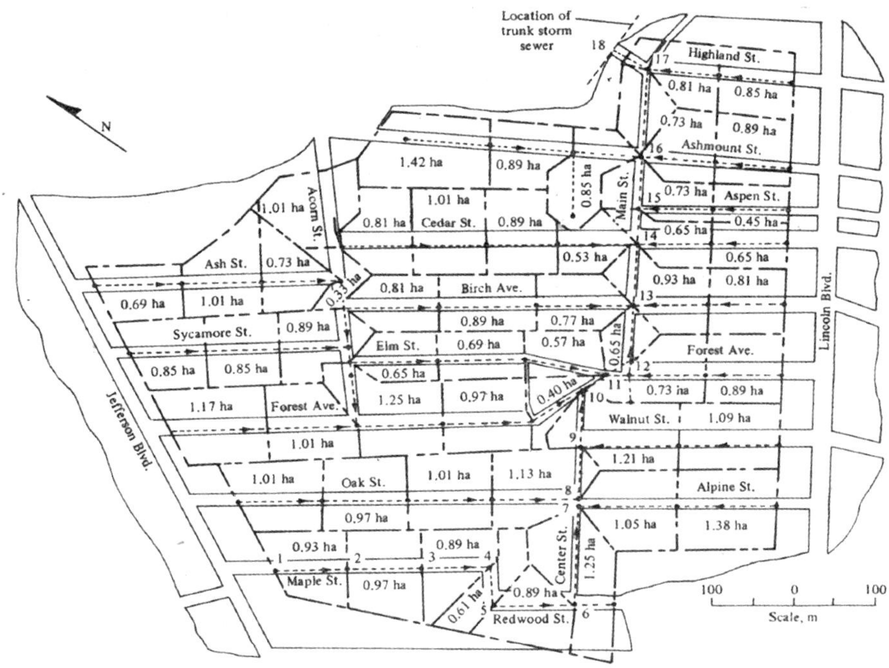

그림 E3-1 **우수관거 설계를 위한 계획도**

풀이)

1. 우수관거를 적절히 배치한다. 각 도로나 골목에 우수관거 노선과 흐름방향을 표시한다. 일반적으로 관거는 도로표면에 경사지도록 하며, 우수본관이나 차집용 우수관거로 도달토록 한다. 몇몇 지역사회에서는 건물지붕에서 떨어진 물은 지표로 방출하거나 도랑으로 흘려보내는 것이 허용된다. 이러한 상황 속에서, 우수관거는 비용절감을 위해 마지막 도랑 입구에 설치하기도 한다. 가능한 한 구역 내 모든 시설에 배수시설을 제공하도록 계획한다.
2. 맨홀 위치를 설정한다. 임시적인 맨홀번호를 부여한다(이 예제에서는 설계 계산이 진행된

우수관거 상의 맨홀에만 번호를 표기하였다). 이 예제에서 맨홀은 만곡부나 곡관, 접합부, 관의 크기와 기울기가 변하는 부분 그리고 300~600 mm 관 중 100 m 거리를 초과하거나 이보다 더 큰 관의 경우 120 m를 초과하는 중간지점에 설치를 고려하였다.

실제로 모든 흐름 상황에 대해 적절한 유속이 유지될 수 있어야 하며, 관거는 유지관리공이 허리를 굽히지 않고 걸을 수 있을 정도로 충분히 커야 하고, 맨홀 사이 간격은 200 m 이상이어야 한다. 검사와 청소를 위해 접근이 용이한 충분한 맨홀이 설치되어야 한다. 후에 가장 효과적인 깊이에 관거를 위치시키고, 특히 도로 표면의 기울기가 대체로 균일하지 못하기 때문에 노선과 기울기, 그리고 몇몇 맨홀의 위치가 수정될 수 있다. 지하 장애물 등 기타 고려사항이 추가적인 맨홀의 설치를 필요로 할 수 있다.

3. 배수구역(drainage area)의 경계를 설정한다. 각 맨홀에서 배수구역 지류(the drainage-area tributary)의 경계를 도식화한다. 또 예상되는 미래 개발의 특성이나 지형적 특성이 적절한 경계선을 결정할 것이다.

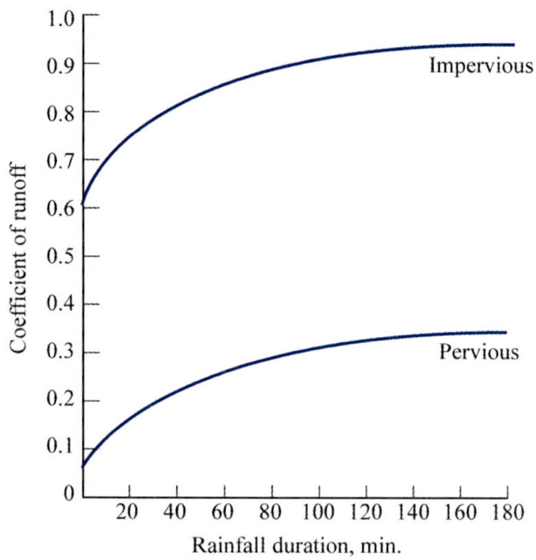

그림 E3-2 강우지속기간에 대한 강우계수 곡선

4. 하위구역의 배수 면적을 결정한다. 면적계나 다른 적절한 방법을 이용하여 각 개별 면적을 측정한다.
5. 기본적인 설계기준(basic design criteria)을 요약한다.
   a. 강우강도의 관계(rainfall intensity relationship): $i = \frac{518.2}{t^{0.61}}$
   b. 유출계수(runoff coefficient): 투수성 지역(pervious)과 불투수성 지역(impervious areas)에 대한 유출계수를 얻기 위해 그림 E3-2를 사용한다. 이들 값들의 가중 평균으로 전체 면적에 대한 누출 계수를 얻기 위해 사용될 수 있다.
   c. 유입 시간: $t_f = 20$ min
   d. 수리학적 설계 방정식(hydraulic-design equation): Manning 공식 사용($n = 0.013$)
   e. 최소 관경(minimum pipe size): 지역 규정에 따라 최소 관경은 300 mm로 한다.
   f. 최소 유속(minimum velocity): 고형물의 퇴적을 방지하기 위해 최소 유속은 0.9 m/s로 한다.

g. 최소 토피 깊이(Minimum cover): 규정에 따라 최소 커버는 1.8 m이다.

6. 유출곡선(runoff curve)을 준비한다. 유출용적(runoff volumes) 결정의 편의성을 위해 그림 E3 – 3과 같은 유출곡선을 작성하였다. 이 곡선의 작성방법을 설명하기 위한 예로써 60 min 강우지속기간의 우수량 계산은 다음과 같다:

a. 60 min 기간의 우수에 대한 투수성 지역과 불투수성 지역의 유출계수를 결정한다(그림 E3 – 2).

C. impervious = 0.86

C. pervious = 0.26

b. 지역의 전체 유출 계수(overall runoff coefficient)를 구한다. 가중 평균은 전체 면적에 대해 불투수성 지역 70%와 투수성 지역30%를 근거로 하여

C. overall = (0.70)(0.86)+(0.30)(0.26)= 0.68

c. 강우강도 I(rainfall intensity)를 결정한다.

$$i = \frac{518.2}{60^{0.61}}$$

i =42.64 mm/h

d. 단위 면적당 유출을 결정한다.

$$\frac{Q}{A} = 240\,Ci$$

$$\frac{Q}{A} = 240(0.68)(42.64) = 6{,}959\ \text{m}^3/\text{ha}\cdot\text{d}$$

완벽한 유출계수를 도출하기 위하여 충분한 자료를 얻을 때까지 다양한 강우기간에 대하여 반복 계산하여 완전한 유출곡선을 그린다(그림 E3 – 3).

시간 (분)	강우강도 (mm/h)	단위면적당유출량 (m^3/ha·d)
5	194	31,684
10	127	20,760
15	99	16,211
20	83	13,602
25	73	11,871
30	65	10,621
35	59	9,668
40	55	8,912
45	51	8,294
50	48	7,778
55	45	7,338
60	43	6,959

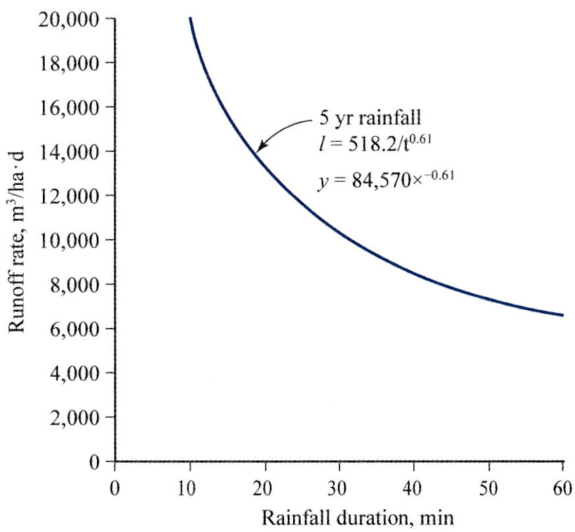

그림 E3 – 3 강우지속기간에 따른 강우유출률 곡선

7. 관거와 맨홀 사이 각 구간의 계산에 필요한 자료와 단계를 기록하기 위한 표 양식(표 E3 – 1)을 준비한다. 처음 6개의 열은 앞선 예제와 동일하다. 제7~8열은 배수구역 상류 끝단으로부터의 이동시간을 기록한다. 처음 7열에 기록된 값은 20 min로 가정된 유입시간(inlet time)이

다. 이 값을 사용하여 이 기간 동안의 우수로부터 유출률이 그림 E3－3에서 얻어지며, 그 값은 제9열에 기입한다. 누적된 우수 유량(cumulative storm-water flowrate)은 누적된 총 면적(cumulative total area, 6열)과 단위 유출률(unit runoff rate, 9열)의 곱으로 구해지고 그 결과값은 10열에 기입한다. 누적 유출률(cumulative runoff rate)은 10열에 m^3/d 단위로, 11열에 m^3/s 단위로 나타내었다.

다음 4개의 열들은 중요한 관거 설계 요소들(sewer sesign parameters)을 나타낸다. 이 요소들의 수치값(the numerical values)은 예제 E2의 표 E2－2에서 구한 것처럼 정확하게 같은 방법으로 얻어진다.

한 개 관에 대한 필요한 관거 설계값이 제12～15열에 기입된 후 유하시간(time of travel, 8열)은 관의 길이(4열)를 유속(15열)으로 나눔으로써 얻어진다. 관내를 흐르는 데 걸리는 시간은 다음 관 부분에 대한 총 흐름 시간(the total flow time)을 얻기 위해 유입시간(inlet time)을 합한다. 단위 유출률은 총 유하시간(total travel time)에 의해 결정된다. 이 과정은 전체 표가 완성될 때까지 반복된다. 각 지관 역시 유사한 방법으로 설계된다.

[참고사항]

우수관거의 설계 유속은 오수관거보다도 더 높기 때문에 실제 관거의 설계에 있어서는 곡관, 맨홀, 유속변화 등에 대한 미소손실을 보상할 수 있도록 충분한 수두를 고려해주어야 한다. 이 예제에서 설계된 우수관거는 평균 5년 단위로 과부하를 받을 것이며, 더 큰 강우강도를 가진 유출률을 기준으로 설계할 경우 관거 시설을 위한 투자 비용은 더 높을 것이다. 하수관거를 설치한 이후 처음 몇 년 동안 관거는 높은 강우율에서도 우수를 효과적으로 배재할 수 있다. 그러나 나중에는 해당 구역의 발전과 포장지역의 확대로 인한 불투수성 지역의 증가 등으로 인하여 강우유출은 급격히 증가할 것이며, 결국 지역 내 기존의 관거 시스템으로는 효과적인 배수가 어려워지게 된다. 향후 계획구역이 더 팽창하고 충분한 건설비 확보가 가능하다면 홍수가 발생하는 높은 유출률에 대응하는 추가적인 관거시설이 건설될 수 있다.

표 E3－1 중력식 우수관거 설계를 위한 계산표

Line	Manhole Location		Length of sewer, m	Area		Flow time		Unit rate of runoff, $m^3/ha \cdot d^a$	Design flows		Sewer design			
	From	To		Increment, ha	Cum. total, ha	To upper end, min	In section, min (4+15)		Cum. flow, m^3/d (6×9)	Cum. flow, m^3/s	Pipe diam., mm	Slope, m/m	Capacity full, m^3/s	Velocity full, m/s
(1)	(2)	(3)	(4)	(5)	(6)	(7)	(8)	(9)	(10)	(11)	(12)	(13)	(14)	(15)
1	1	2	85	0.93	0.93	20[b]	1.6	13,602	12,649	0.146	0.500	0.0020	0.169	0.86
2	2	3	91	0.97	1.90	21.6	1.6	12,960	24,625	0.285	0.600	0.0022	0.288	1.02
3	3	4	83	0.89	2.79	23.2	1.4	12,446	34,724	0.402	0.700	0.0020	0.414	1.08
4	4	5	45	0.61	3.40	24.6	0.8	12,043	40,947	0.474	0.800	0.0014	0.495	0.98
5	5	6	99	0.89	4.29	25.4	1.8	11,819	50,702	0.587	0.900	0.0011	0.600	0.94
6	6	7	122	1.25	5.54	27.2	2.0	11,343	62,839	0.727	1.000	0.0010	0.758	0.97
7	7	8	11	2.43	7.97	29.2	0.2	10,836	86,362	1.000	1.150	0.0009	1.044	1.01
8	8	9	67	4.12	12.09	29.4	1.1	10,795	130,508	1.511	1.350	0.0009	1.601	1.12
9	9	10	70	2.30	14.39	30.5	1.0	10,576	152,188	1.761	1.400	0.0009	1.764	1.15
10	10	11	34	4.80	19.19	31.5	0.5	10,365	198,905	2.302	1.550	0.0009	2.314	1.23
11	11	12	29	4.50	23.69	32.0	0.4	10,273	243,363	2.817	1.750	0.0008	3.016	1.25
12	12	13	86	2.27	25.96	32.4	1.1	10,197	264,717	3.064	1.750	0.0009	3.199	1.33

(계속)

13	13	14	75	6.97	32.93	33.5	0.9	9994	329089	3.809	1.900	0.0009	3.983	1.40
14	14	15	44	5.55	38.48	34.4	0.5	9833	378369	4.379	2.050	0.0008	4.599	1.39
15	15	16	62	1.18	39.66	34.9	0.7	9741	386330	4.471	2.050	0.0009	4.878	1.48
16	16	17	110	5.35	45.01	35.6	1.3	9623	433130	5.013	2.150	0.0008	5.222	1.44
17	17	18	50	1.66	46.67	36.9	–	9417	439493	5.087	2.150	0.0008	5.222	1.44

[a] Unit runoff rates were obtained from Fig. E3－2

[b] Assumed inlet time.

Note: m × 3.2808 = ft mm × 0.03937 = in
ha × 2.4711 = acre m/s × 3.2808 = ft/s
m^3/ha · d × 106.9064 = gal/acre · d
m^3/d × 2.6417 × 10^{-4} = Mgal/d
m^3/s × 35.3147 = ft^3/s

13.4 하수관거의 형상과 종류

(1) 관거의 종류

하수관거의 관종 선정 시에는 유량, 수질, 매설장소의 상황, 외압, 접합방법, 강도, 형상, 공사비 및 장래 유지관리 등이 충분히 고려되어야 한다. 특히 하수도법에서 규정하고 있는 하수도용 자재기준을 고려하되, 국가에서 인정한 공인된 단체나 협회 등에서 제시한 제품기준을 참고로 외압에 충분히 견딜 수 있는 구조와 재질, 내산・내알칼리・내마모성이 클 것, 유량・수질, 매설장소 상황, 연결방법, 공사비, 장래 유지비 등이 고려된다. 관거는 일반적으로 다음과 같은 종류를 사용한다.

1) 철근콘크리트관

① 원심력 철근콘크리트관(KSF4403)

이 관종은 발명자의 이름을 따서 흄(Hume)관이라고도 한다. 재질은 철근콘크리트관과 유사하며 원심력에 의해 굳혀 강도가 뛰어나므로 하수관거용으로 가장 많이 사용되고 있다. 규격은 KS에서 그 사용 조건에 따라 보통관과 압력관으로 구별하고 있으며, 접합형상에 따라 A형, B형, C형, NC형으로 분류된다(그림 13－4). 이형관은 사용형태에 따라 T자관, Y자관, 곡관(U, V형)으로 구분되어 있다. 적합한 규격 및 형태는 매설장소의 하중조건 등에 따라 신중하게 결정해야 한다.

② 코아식 프리스트레스트 콘크리트관(PC관, KSF4405)

콘크리트로 된 내부코아관(core pipe) 주위에 PC강선을 인장시켜 줌으로써 원주방향 및 관축

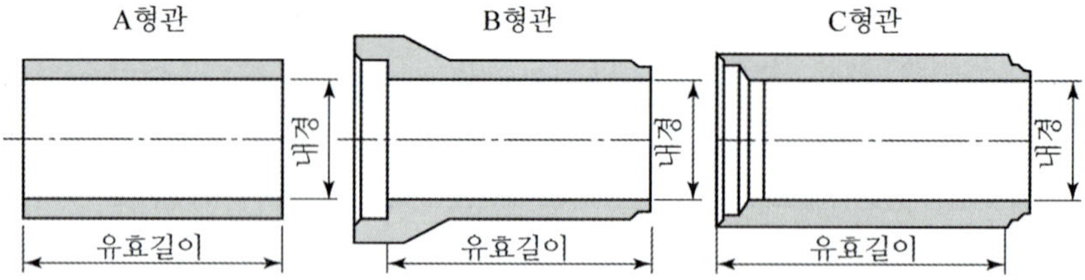

type	보통관 ID	압력관 ID
A	150～3000	150～2000
B	150～1350	150～1350
C	1500～3000	
NC	1500～3000	1500～3000

그림 13-4 **원심력 철근콘크리트관의 종류와 제원**

방향으로 압축응력을 작용하게 하여 내·외압에 의해 발생되는 인장응력을 소멸시켜 상당히 큰 압력에서도 견딜 수 있게 만든 것으로 흔히 PC관이라 한다. 따라서 안전성은 좋으나 가격이 원심력 철근콘크리트관보다 비싸 주로 내·외압이 크게 걸리는 장소에서 사용한다. 현재 KS상에서는 1～5종으로 관종을 나누고 있으며, 제작방법에 따라 원심력방식(ID 500～2,000 mm, 유효길이 4.5 m)과 축전압방식(ID 500～1,000 mm, 유효길이 4.5 m)이 규정되어 있고 접합은 소켓으로 한다.

③ 진동 및 전압 철근콘크리트관(VR관)

롤러(roller)를 사용하여 콘크리트 표면을 접합하여 단단히 굳혀서 만든 철근콘크리트관으로 규격은 KS에서 용도에 따라 보통관과 압력관으로 구별하고 있으며, 모양에 따라 A형, B형, C형으로 구분된다. 형상, 치수 및 강도는 원심력 철근콘크리트관과 유사하다.

④ 철근콘크리트관(KSF4401)

거푸집에 조립된 철근과 콘크리트를 넣은 후 진동기 또는 이것과 동등한 효과를 얻을 수 있는 방법으로 다져서 제작한 관을 말하며 KS에는 외압 강도에 따라서 1종관, 2종관, 보통 A형(ID 150～600 mm), B형(ID 700～1,000 mm), 외압형 C형(ID 150～2,000 mm)으로 구분되어 있다.

2) 제품화된 철근콘크리트 직사각형거(정사각형거 포함)

철근콘크리트 또는 프리스트레스트 콘크리트에 의한 공장제품으로 운반경로 및 시공조건에 따라 측벽, 상판, 바닥판 등으로 분할해서 제조하는 것이 가능하기 때문에 제품화된 철근콘크리트 직사각형거는 현장타설 철근콘크리트관에 비하여 공사기간이 단축된다는 이점이 있다.

3) 도관

도관은 내산 및 내알칼리성이 뛰어나고, 마모에 강하며 이형관을 제조하기 쉽다는 장점이 있으나, 충격에 대해서 다소 약하기 때문에 취급 및 시공에 주의해야 한다. 접합방법으로는 공장에서 제작되는 압축조인트 접합과 현장시멘트모르타르 접합이 있는데 수밀성을 확보하기 위해서 압축조인트 접합을 사용하는 것이 바람직하다. KS에는 보통관(50~300 mm), 두꺼운 관(100~450 mm)이 규격화되어 있으나, 오수관으로는 두꺼운 관이 적합하다. 또 여러 가지 각도의 이형관(KSF 4036)인 곡관(30°, 45°, 60°, 90°)이나 가지관(60°, 90°)도 KS에 규격화되어 있다. 한편, 국내에서는 도관의 사용실적이 많지 않으나 외국의 경우는 수질변화가 심하여 부식의 염려가 많은 400 mm 이하의 소형 오수관거용으로 많이 이용되고 있다.

4) 경질염화비닐관(KSM 3404)

① 배수 및 하수용 비압력 매설용 구조형 폴리염화비닐(PVC)관

원형의 통파이프를 외부관과 내부관으로 생산하여 외부관을 캐터필러식의 금형이 연속적으로 O링형상을 성형하여 제조한 관으로 매끄러운 안쪽 벽면과 주름진 바깥쪽 면으로 구성되어 있다. 큰 하중을 요하는 곳에 사용가능하며 경량으로 시공성, 내화학성이 우수하고 KS규격에서는 이중벽관과 리브관으로 분류되어 있다. 설계 시 장기허용변형률은 내경의 5% 이내로 한다.

② 내충격용 하수도용 폴리경질염화비닐관

경질염화비닐관의 재료에 충격 보강제를 추가 혼합한 관이며 경량으로 운반이 용이하다. 1종(HI-VG1, 고강성용), 2종(HI-VG2, 저강성용)이 있다. 설계 시 장기허용변형율은 내경의 5% 이내로 한다.

5) 현장타설 철근콘크리트관

공장제품의 사용이 불가능한 경우, 큰 단면 및 특수한 단면을 필요로 하는 경우 및 특히 고강도를 필요로 하는 경우 등에는 현장에서 직접 타설하는 철근콘크리트관을 사용한다. 원심력 철근콘크리트관, 코아식 프리스트레스트 콘크리트관, 롤러전압 철근콘크리트관 및 철근콘크리트관의 하중계산은 흙두께가 극히 적은 경우나 3 m 이상의 경우는 일단 점검해야만 하며, 최근의 노면하중 증대에 따른 관거에 대한 영향을 점검할 필요가 있다.

6) 유리섬유 강화 플라스틱관

유리섬유, 불포화폴리에스테르, 골재를 주원료로 하며, 내・외면은 유리섬유 강화층이고, 중간층은 수지몰타르로 구성되며, 규격은 공칭지름, 공칭압력 및 공칭강성에 따라 분류한다. 고강도로 내식성 및 시공성이 우수하다. 설계 시 장기허용변형률은 내경의 5% 이내로 한다.

7) 폴리에틸렌(PE)관

폴리에틸렌관은 폴리에틸렌 중합체를 주체로 한 고밀도 폴리에틸렌을 사용하여 압출 등의 방법에 의하여 성형하며, 가볍고 취급이 용이하여 시공성이 좋다. 또 내산・내알칼리성이 우수한 장점이 있지만, 특히 부력에 대한 대응과 되메우기 시 다짐 등에 유의하여야 한다. 설계 시 장기허용변형률은 내경의 5% 이내로 한다.

8) 덕타일(ductile)주철관

내압성 및 내식성에 우수하여 일반적으로 압력관, 처리장 내의 연결관, 압송배관, 하천 및 도로횡단관, 및 송풍용관, 차집관거 등 다양한 용도에 쓰이고 있다.

9) 파형강관

파형강관은 용융아연도금된 강판을 스파이럴형으로 제작한 강관으로서 하수관거 중 아연도금을 한 파형강관은 우수관거용으로 사용되고 있다. 설계 시 장기허용변형률은 내경의 5% 이내로 한다.

10) 폴리에스테르수지콘크리트관

레진(수지)과 모래, 자갈 등의 골재 및 충전(진)재, 보강재로 이루어진 관이며, 내산성이 우수하고 관의 노화가 적은 관재이다. 관종은 이음 형상에 따라서 A형 및 B형으로 구분된다. A형은 유연성을 갖는 컬러를 접속하는 이음구조이며, B형은 철근콘크리트관의 B형과 유사한 수구와 삽구를 갖는 이음구조가 된다.

11) 기타

최근 하수관거의 수요 급증으로 관종 개발이 활발하게 이루어져 1)~10) 이외에도 신규 KS 제품 및 신제품(NEP)에 대한 충분한 고려와 검토가 필요하다.

(2) 관거의 단면

관거의 단면형상에는 원형, 직사각형(정사각형도 포함), 마제형(말굽형) 및 계란형 등이 있다(그림 13-5). 이 가운데 가장 일반적으로 사용되는 것은 원형으로 형상별 장단점은 표 13-5와 같다. 기타 관거 단면으로 분할관과 T자형관이 있다. 직사각형 또는 말굽형을 사용하는 경우에는 원활한 유수의 흐름을 위하여 일반적으로 관거의 저면에 폭의 1~2배 정도의 곡률반경을 가진 인버트를 설치하는 것이 좋다. 단면형상의 선정에 있어서는 다음 사항을 고려한다.

① 수리학적으로 유리할 것

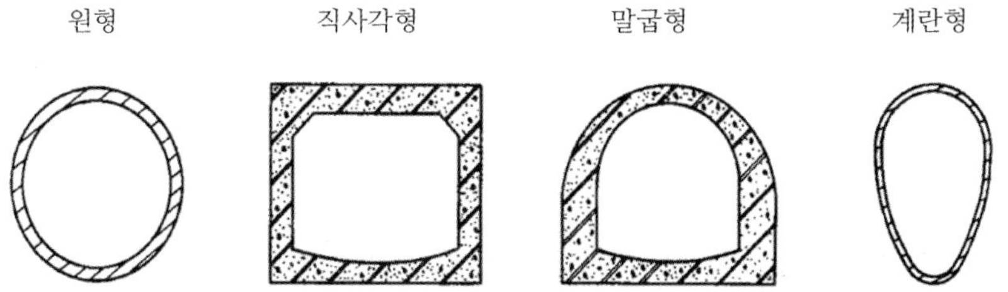

그림 13-5 **하수관거 단면의 종류**

표 13-5 **하수관거 단면 종류의 장단점**

종류	장점	단점
원형	• 수리학적으로 유리하다. • 내경 3000 mm까지 공장제품 사용가능(공기 단축) • 역학계산 간단	• 모래기초 외 적당한 기초공 필요 • 공장제품의 경우 연결부위가 많다. • 침투수량이 많아질 수 있다.
직사각형	• 시공상 토피, 폭원에 제한받는 경우 유리 • 공장제품 가능 • 역학계산 간단 • 만수위가 되기까지 수리학적으로 유리	• 철근 피해 시 상부하중에 불안정하다. • 현장타설 시 공기지연
마제형	• 대구경관에 유리, 경제적 • 수리학적으로 유리 • 상반부의 아치작용으로 역학적으로 유리	• 시공성 열악 • 현장타설 시 공기지연
계란형	• 소유량의 경우 원형관에 비해 수리학적으로 유리 • 수직방향 토압에 유리	• 시공성 나쁨(수직정도 요구) • 재질에 따라 재료비 증가

② 하중에 대해 안전할 것
③ 시공비가 저렴할 것
④ 유지관리가 용이할 것
⑤ 시공장소의 상황에 잘 적응될 것

최소관경은 오수관거 200 mm, 우수관거 및 합류관거 250 mm를 표준으로 한다. 배수면적이 작으면 계획하수량도 적게 되어 필요한 관거의 내경도 작은 것으로 충분하다. 그러나 관경이 너무 작으면 관거 내의 청소나 점검 및 사용 후의 새로운 부착관의 설치 등 유지관리에 지장을 초래하므로 계산상 200 mm 이하로 충분해도 200 mm 또는 250 mm의 관경을 사용한다. 단, 오수관거는 국지적으로 장래에도 하수량의 증가가 예상되지 않는 경우에는 150 mm로 할 수 있다. 150 mm로 할 경우에는 장래에도 공장이나 공동주택의 입지 등 토지이용의 변경이 전혀 예상되지 않는 지역에 한정하는 등 충분한 검토가 필요하다. 진공 또는 압송방식의 최소관경에 대해서는 펌프구경, 유속, 마찰손실, 오수의 종류 등을 종합적으로 판단하여 결정해야 한다.

13.5 하수관거의 매설하중, 접합 / 연결 및 부식

(1) 매설깊이와 하중

하수관거는 특별한 사정이 없는 한 매설부지의 소유권분쟁방지 및 유지관리를 위하여 공공도로상에 매설하는 것을 기본으로 하여 계획하고 그 매설위치 및 깊이에 관해서는 도로관리자와 협의하여 정한다. 또 관거가 하저를 횡단하는 경우에는 하천관리자, 철도횡단의 경우에는 철도관리자와 협의하여 승인을 받아야 한다. 관거가 직접적으로 교통하중 및 진동을 받지 않도록 충분한 깊이에 매설할 필요가 있으나 종단경사의 상태 등에 의해 교통하중 및 진동을 받는 경우에는 관거에 직접적인 영향이 미치지 않도록 방호공을 설치할 필요가 있다. 지형 및 기타 불가피한 이유로 사유지에 매설할 수밖에 없는 경우에는 그 토지의 소유자와 협의해 유지관리에 지장을 주지 않도록 지상권 설정 및 협의서 등의 필요한 조치를 취해야 한다.

하수관거시스템 계획 시 도시계획도, 지형도 및 지적도 등을 분석하여 처리구역의 지역적인 특성에 따라 배수구역 및 처리구역을 결정하며 하수관망을 형성한다. 하수관거는 지표의 경사를 고려하여 계획하며 하수관거의 기능 및 수용하는 면적 등에 따라 지선관거와 간선관로 구분한다. 이와 같이 구성된 하수관거시스템은 처리장이나 펌프장이나 주요 간선관거(또는 차집관거)와 연결된다.

관거의 최소 흙두께는 원칙적으로 1 m로 하나, 연결관, 노면하중, 노반두께 및 다른 매설물의 관계, 동결심도, 기타 도로점용조건을 고려하여 적절한 흙두께로 한다. 우리나라의 동결심은 남해안 0.3 m, 서울시 부근 1 m로 최근 노반의 증가경향에 따라 최소토피를 1.2 m 이상(대부분 1.5～2.0 m)으로 설계하도록 하고 있다. 일반적으로 하수관거는 도로폭(6 m, 8 m, 30 m)을 고려하여 설계하고 개거의 여유고는 최대 0.6 m 정도로 한다. 그림 13－6～7은 하수관거의 계획표준도를 나타내었다. 이때 간선(T , 통신케이블; E, 전기케이블; W, 상수도; S, 하수관거; R, 하수관거; G, 가스관)과 지선(t, 통신케이블; e, 전기케이블; w, 상수도; s, 하수관거; r, 하수관거; g, 가스관)은 구분하여 표시되어 있다.

관거의 부등침하로 인한 하수의 정체, 부패, 관거파손, 지하수침입, 토사유입, 도로함몰방지 등을 예방하기 위한 관거의 기초공은 매우 중요하다. 이는 사용하는 관거의 종류, 토질, 지내력, 시공방법, 하중조건 및 매설조건 등에 따라 정하지만, 공법의 선택은 공사비용에 큰 영향을

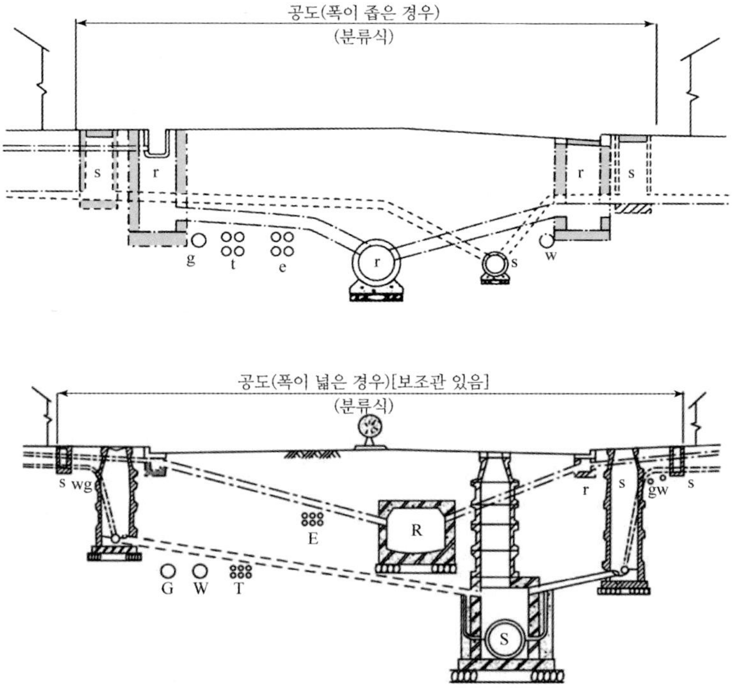

그림 13-6 **계획표준도의 예(분류식)**

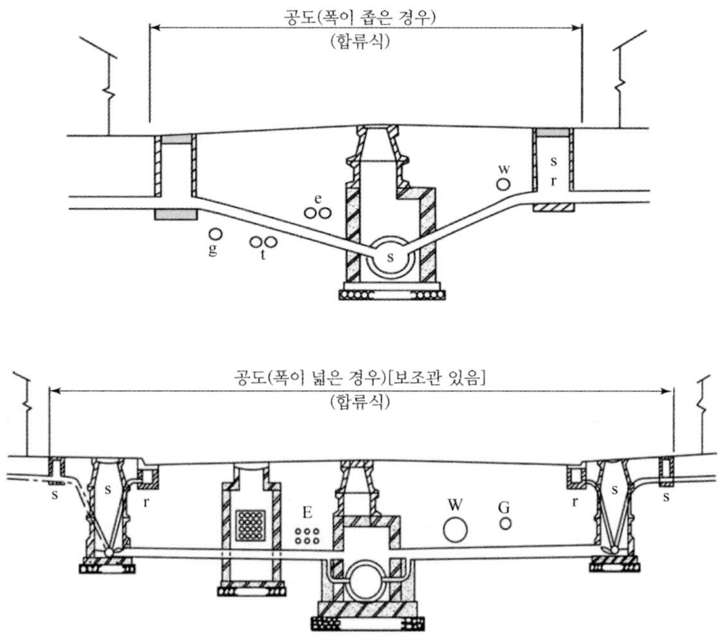

그림 13-7 **계획표준도의 예(합류식)**

미치게 되므로 관거의 내구성 및 경제성을 충분히 검토하여 적절한 방법을 선택하도록 한다.

철근콘크리트관 등의 강성관거는 조건에 따라 모래, 쇄석(또는 자갈), 콘크리트 등으로 기초를 실시하며, 필요에 따라 이들을 조합한 기초를 실시하되, 모래기초의 경우 관의 부식방지를 위하여 한국공업규격 KSF2526 콘크리트용 골재에서 규정한 염화물(NaCl) 함유량이 허용값 이하의 모래를 사용하여야 한다. 단, 지반이 양호한 경우에는 이들 기초를 생략할 수가 있다. 참고로 지반은 경질토(경질점토, 역혼토 및 역혼사), 보통토(모래, 롬 losm, 사질점토), 연약토(실트 silt 및 유기토) 그리고 극연약토(매우 연한 실트 및 유기질토)로 구분된다. 표 13－6과 그림 13－8～9는 관종에 따른 기초를 개략적으로 분류한 것이지만 실제에서는 관체의 보강과 부등침하의 방지를 위하여 각각의 기초를 조합하여 시공하는 경우도 있다. 연성관의 기초공은 원칙적으로 자유받침의 모래기초가 바람직하다. 또 관 하단에 까는 모래 두께는 100～300 mm로 하는 것이 바람직하다. 특히, 관 상단에서 200 mm까지는 양질의 토사로 충분히 다짐시공되어야 하며 모래로 사용되는 것이 바람직하다. 즉 연성관의 기초는 관 주변을 모래로 완전히 쌓는 360° 모래기초가 바람직하다.

표 13－6 **관종에 따른 기초**

관종 \ 지반		경질토 보통토	연약토	극연약토
강성관	철근콘크리트관	벼개동목기초 쇄석기초 모래기초	콘크리트기초	말뚝기초 철근콘크리트기초
	도관	벼개동목기초 쇄석기초 모래기초	쇄석기초 콘크리트기초	철근콘크리트기초
연성관	경질염화비닐관	모래기초	모래기초 베드토목섬유(bed geotextile)기초 소일시멘트(soil cement)기초	베드토목섬유기초 소일시멘트기초 사다리동목기초 말뚝기초 콘크리트＋모래기초
	덕타일주철관, 강관	모래기초	모래기초	모래기초 사다리동목기초 콘크리트＋모래기초

주: 1) 암반에 매설하는 경우 응력을 균등히 분포시킬 수 있는 구조의 기초로 한다.

매설토에 가해지는 하중은 연직 등분포 하중과 활하중에 의한 연직토압으로 구분된다. 수직토압에 의해 작용하는 수직등분포 하중을 구하기 위해 수직토압공식, Marston 공식 및 Janssen 공식 등을 이용한다. 수직토압공식은 흙의 마찰력을 전혀 고려하지 않고 단순히 관상부 매설토의 중량이 관에 직접 작용하는 것으로 가정해서 구하는 식으로 측면의 마찰을 무시한 것이다.

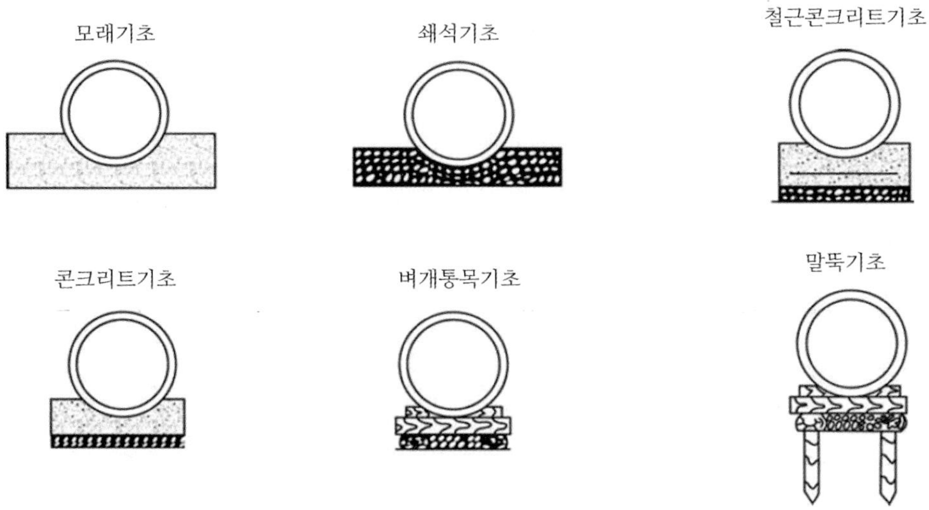

그림 13-8 **강성관의 기초공 종류**

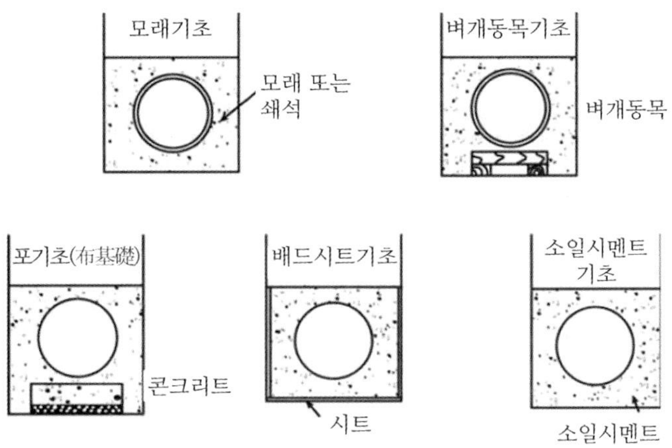

그림 13-9 **연성관의 기초공 종류**

Marston 공식은 토압계산에 가장 널리 이용되는 공식으로 수직토압은 굴착도랑 바로 위의 흙기둥 중량의 전체가 관에 전달되지 않고 굴착면에 인접하는 흙기둥 사이의 전단마찰력을 상쇄한 하중이 관에 작용하는 것으로 하여 구한다.

$$수직토압공식 \quad W_d = r \cdot H$$

여기서, W_d: 매설토에 의한 연직토압(kg/m²)

r: 매설토에 의한 밀도(kg/m³)

H: 토피(m)

$$\text{Marston 공식} \quad W = C_1 \cdot r \cdot B^2$$

여기서, W: 관이 받는 하중(ton/m)

r: 매설토에 의한 밀도(ton/m³)

B: 폭, 관의 상부 90° 부분에서 매설을 위해 굴착한 도장의 폭(m)

C_1: 토피의 두께와 종류에 따른 상수(표 13-7)

표 13-7 **Trench일 때 Marston 공식의** C_1**값**

흙두께(H) / 토양의 폭(B)	젖은 사질의 표토	물로 포화된 표토	젖은 진흙	물로 포화된 진흙
0.5	0.46	0.46	0.47	0.47
1.0	0.85	0.86	0.88	0.90
1.5	1.18	1.21	1.24	1.28
2.0	1.46	1.50	1.56	1.62
2.5	1.70	1.76	1.84	1.92
3.0	1.90	1.98	2.08	2.20
3.5	2.08	2.17	2.30	2.44
4.0	2.22	2.33	2.49	2.66
4.5	2.34	2.47	2.65	2.87
5.0	2.45	2.59	2.80	3.03
5.5	2.54	2.69	2.98	3.19
6.0	2.61	2.78	3.04	3.33
6.5	2.68	2.86	3.14	3.46
7.0	2.73	2.93	3.22	3.57
7.5	2.78	2.98	3.30	3.67
8.0	2.81	3.03	3.37	3.76
8.5	2.85	3.07	3.42	3.85
9.0	2.88	3.11	3.48	3.92
9.5	2.90	3.14	3.52	3.98
10.0	2.92	3.17	3.56	4.04
11.0	2.95	3.21	3.63	4.14
12.0	2.97	3.24	3.68	4.22
13.0	2.99	3.27	3.72	4.29
14.0	3.00	3.28	3.75	4.34
15.0	3.01	3.30	3.77	4.38
대단히 큰 경우	3.03	3.38	3.85	4.55

참고: Design and Construction of Urban Stormwater Management Systems. ASCE Manuals and Reports of Engineering Practice NO 77. WEF Manual of Practice FD 20. pp.556~663

때때로 하수관거는 흙두께 외에도 지표면상에 존재하는 물체에 의하여 하중을 받게 되는데 상재하중이 하수관거에 주는 하중은 다음 식으로 계산한다. 이때 장기하중이란 하중의 길이가 관거매설용 도랑의 폭보다 긴 하중을, 단기하중은 도랑을 횡단하는 차륜 등과 같이 분포폭이 짧은 하중을 의미한다.

$$상재하중에\ 의한\ 하중공식\ L_P = C_2 \cdot L$$

여기서, L_P : 상재하중의 토피상부 하중(ton/m)

L: 상재하중의 무게(ton/m)

C_2: 상재하중의 종류에 따른 상수(표 13-8~9)

표 13-8 **장기하중을 위한 C_2값**

흙두께(H) / 토양의 폭(B)	젖은 사질의 표토	물로 포화된 표토	젖은 진흙	물로 포화된 진흙
0.0	1.00	1.00	1.00	1.00
0.5	0.85	0.86	0.88	0.89
1.0	0.72	0.75	0.77	0.80
1.5	0.61	0.64	0.67	0.72
2.0	0.52	0.55	0.59	0.64
2.5	0.44	0.48	0.52	0.57
3.0	0.37	0.41	0.45	0.51
4.0	0.27	0.31	0.35	0.41
5.0	0.19	0.23	0.27	0.33
6.0	0.14	0.17	0.20	0.26
8.0	0.07	0.09	0.12	0.17
10.0	0.04	0.05	0.07	0.11

표 13-9 **단기하중을 위한 C_2값**

흙두께(H) / 토양의 폭(B)	젖은 사질의 표토		물로 포화된 표토		젖은 진흙		물로 포화된 진흙	
	최대	최소	최대	최소	최대	최소	최대	최소
0.0	1.00	1.00	1.00	1.00	1.00	1.00	1.00	1.00
0.5	0.77	0.12	0.78	0.13	0.79	0.13	0.81	0.13
1.0	0.59	0.02	0.61	0.02	0.63	0.02	0.66	0.02
1.5	0.46	-	0.48	-	0.51	-	0.54	-
2.0	0.35	-	0.38	-	0.40	-	0.44	-
2.5	0.27	-	0.29	-	0.32	-	0.35	-
3.0	0.21	-	0.23	-	0.25	-	0.29	-
4.0	0.12	-	0.14	-	0.16	-	0.19	-
5.0	0.07	-	0.09	-	0.10	-	0.13	-
6.0	0.04	-	0.05	-	0.06	-	0.08	-
8.0	0.02	-	0.02	-	0.03	-	0.04	-
10.0	0.01	-	0.01	-	0.01	-	0.02	-

Janssen 공식은 굴착도랑에 관을 매설할 경우 굴착도랑과 매설토 사이의 전단마찰력과 매설토 자체가 갖는 점착저항력에 의해 상쇄되는 중량을 도랑 내 흙기둥의 전 중량에서 뺀 중량이 도랑폭에 작용한다는 가정에서 매설토에 의한 수직토압을 구하는 방법이다. 이 공식은 관 측의 매설토가 충분히 다져짐으로써 굴착도랑폭 전체에 하중이 균등하게 분포한다는 가정에서 식이 성립하는 것으로 이와 같은 조건을 만족하기 위해서는 다짐 등의 시공상의 공정에서 세심한 주의를 필요로 한다.

$$W_d = \frac{1}{Ka \cdot \tan\theta}\left(\frac{B_d}{2} \cdot r - f\right) \times \left[1 - \frac{1}{\exp\left(\frac{2Ka \cdot \tan\theta' \cdot H}{B_d}\right)}\right]$$

여기서, W_d: 매설토에 의한 수직토압(N/m^2)

θ: 매설토의 내부 저항각

θ': 원지반의 내부 저항각

f: 매설토와 굴착도랑 벽과의 점착력(N/m^2)

B_d: 굴착도랑 폭(m)

r: 매설토의 단위중량(N/m^3)

H: 흙두께(m)

Ka: 주동토압계수

활하중에 의한 수직토압은 매설관거의 상부로 차량 등이 통과하는 경우 그 하중에 의한 압력이 토압하중에 가산되는데 차량하중은 후륜하중을 사용하며 전륜하중의 영향은 무시하는 것으로 한다(그림 13-10). 다음 식은 도로의 종방향에 타이어의 접지폭 20 cm에서 45°로 분산하고, 횡방향에는 차체 점유폭 2.75 m로 분산하는 것으로 고려한다.

$$W_r = \frac{2p(1+i)}{C(a+2H\tan\theta)}$$

여기서, W_r: 활화중(N/m^2)

p: 후륜하중(참고치수 DB-13.5: 5,400 N, DB-18: 7,200 N, DB-24: 9,600 N)

a: 차륜접지길이(참고치수 0.2 m)

C: 차륜점유폭(참고치수 2.75 m)

θ: 분포각(참고치수 45°)

I: 충격계수(표 13-10 참조)

H: 흙두께(m)

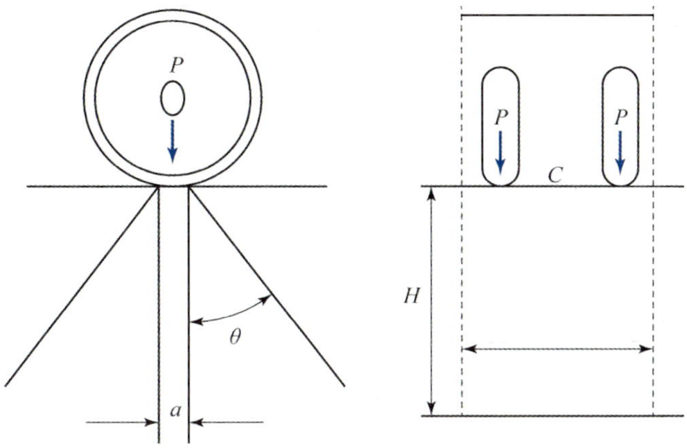

그림 13-10 활하중의 작용

표 13-10 충격계수

H(m)	$H \leq 1.5$	$1.5 < H < 6.5$	$H \geq 6.5$
i	0.5	$0.65 - 0.1H$	0

(2) 관거의 접합 및 연결

관거의 설계에 있어서는 관거의 방향, 경사, 관경이 변화하는 장소 및 관거가 합류하는 장소에는 맨홀을 설치해야 한다. 또 관거 내 물의 흐름을 수리학적으로 원활하게 흐르게 하기 위해서는 원칙적으로 에너지 경사선에 맞출 필요가 있다. 흐르는 물이 충돌이나 심한 와류, 난류 등을 일으키면 손실수두가 증가되어 유하능력이 저하되고 아울러 합류점 또는 지표경사가 급격히 변하는 경우에는 접합방법이 올바르지 못하면 맨홀로부터 하수가 분출하는 등 예측치 못한 사고가 발생할 수도 있다. 따라서 관거를 접합할 때에는 충분한 주의가 필요하다. 관거의 접합(그림 13-11~12)은 다음 사항을 고려하여 정한다.

- 관거의 관경이 변화하는 경우 또는 2개의 관거가 합류하는 경우의 접합방법은 원칙적으로 수면접합 또는 관정접합으로 한다.
- 지표의 경사가 급한 경우에는 관경변화에 대한 유무에 관계없이 원칙적으로 지표의 경사에 따라서 단차접합 또는 계단접합으로 한다.
- 2개의 관거가 합류하는 경우의 중심교각은 되도록 60° 이하로 하고 곡선을 갖고 합류하는 경우의 곡률반경은 내경의 5배 이상으로 한다.

① 수면접합: 수리학적으로 대개 계획수위를 일치시켜 접합시키는 것으로서 양호한 방법이다.

② 관정접합: 관정을 일치시켜 접합하는 방법으로 유수는 원활한 흐름이 되지만 굴착깊이가

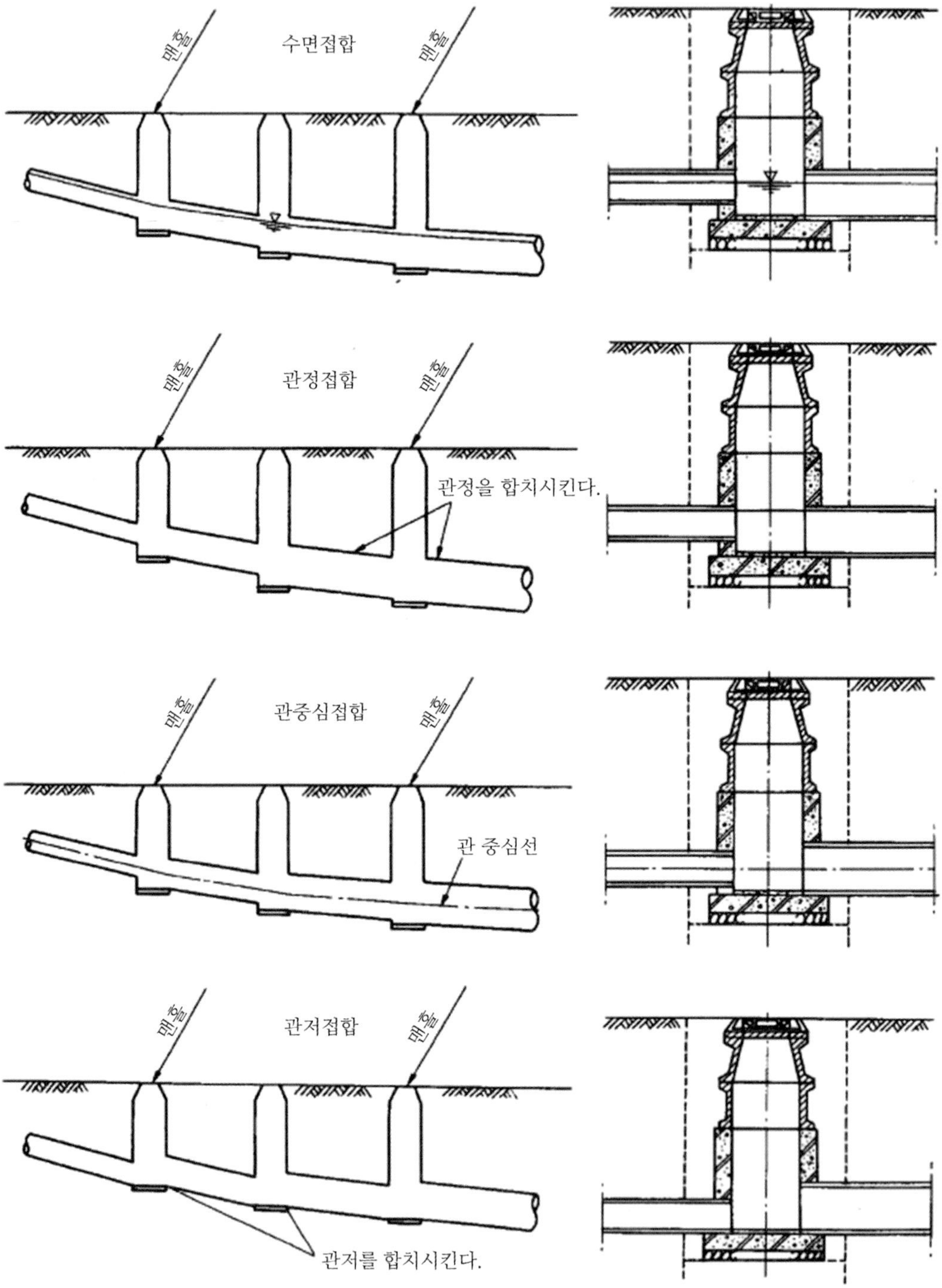

그림 13-11 **관거접합의 종류**

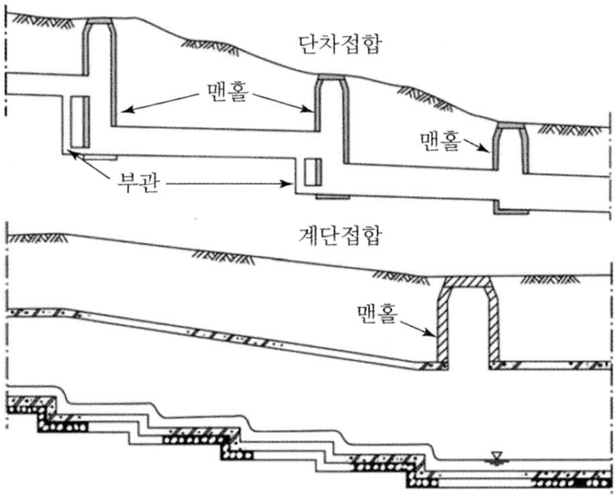

그림 13-12 **지표의 경사가 급한 경우의 접합**

증가됨으로써 공사비가 증대되고 펌프로 배수하는 지역에서는 양정이 높게 되는 단점이 있다.

③ 관중심접합: 관중심을 일치시키는 방법으로 수면접합과 관정접합의 중간적인 방법이다. 이 접합방법은 계획하수량에 대응하는 수위를 산출할 필요가 없으므로 수면접합에 준용되는 경우가 있다.

④ 관저접합: 관거의 내면 바닥이 일치되도록 접합하는 방법이다. 이 방법은 굴착깊이를 얕게 함으로써 공사비용을 줄일 수 있으며, 수위상승을 방지하고 양정고를 줄일 수 있어 펌프로 배수하는 지역에 적합하다. 그러나 상류부에서는 동수경사선이 관정보다 높이 올라 갈 우려가 있다.

⑤ 단차접합: 지표의 경사에 따라 적당한 간격으로 맨홀을 설치한다. 1개소당 단차는 1.5 m 이내로 하는 것이 바람직하다. 단차가 0.6 m 이상일 경우 합류관 및 오수관에는 부관을 사용하는 것을 원칙으로 한다.

⑥ 계단접합: 통상 대구경관거 또는 현장타설관거에 설치한다. 계단 높이는 1단당 0.3 m 이내 정도로 하는 것이 바람직하다. 지형상황에 따라서 단차접합이나 계단접합의 설치가 곤란한 경우 유속의 억제를 목적으로 하는 감세공의 설치를 검토한다(그림 13-13). 또 간선관거의 접속 등 고낙차에서 관거를 접합할 필요가 있는 경우에는 맨홀 저부의 세굴방지 및 하수의 비산방지를 목적으로 드롭샤프트 등의 설치를 검토한다(그림 13-14).

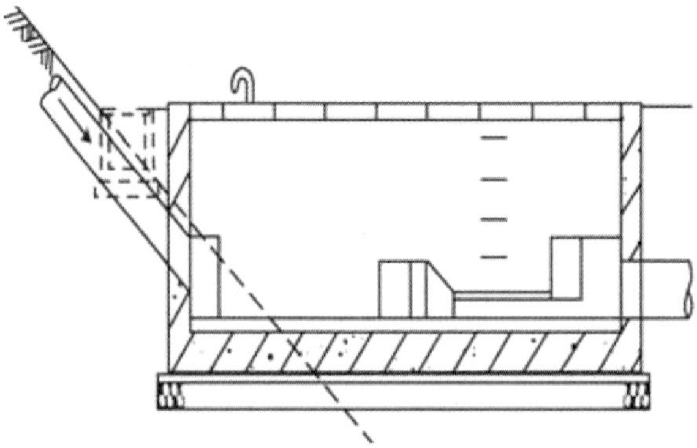

그림 13－13 **감세공의 예**

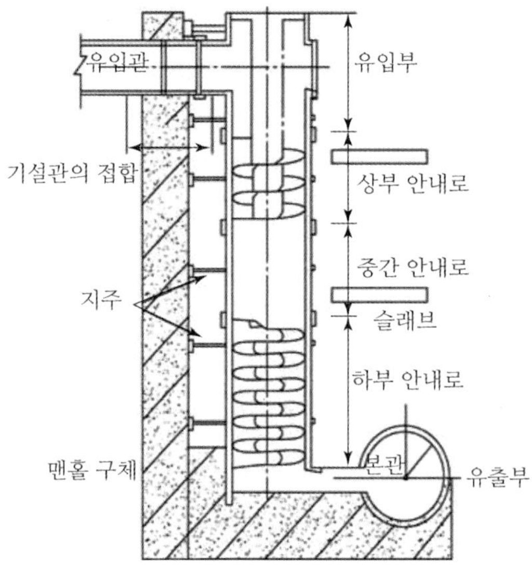

그림 13－14 **드롭샤프트의 예**

대구경 관거와 대구경 관거가 합류하는 경우에는 물의 흐름을 원활하게 흐르도록 유의하고 유속이 크게 되는 것에 주의해야 한다(그림 13－15～16). 또 대구경 관거에 소구경 관거가 합류하는 경우에는 유속이 적은 소구경 관거의 물의 흐름이 대구경 관거의 큰 유속에 지장을 받아 소구경 관거의 상류부에 유속이 정체되어 예상치 못했던 지장을 일으킬 수도 있으므로 이런 경우에는 가능한 한 작은 중심교각을 갖도록 합류시키는 것에 주의해야 한다. 이때 중심교각은 30～45°가 이상적이지만 도로의 폭, 그 밖의 장애물과의 관계를 고려하여 60° 이하로 하는 것이 바람직하다. 한편 대구경관거에 소구경관거가 합류하는 경우 소구경관거의 지름이 대구경관거 지름의 1/2 이하이고, 수면접합 혹은 관정접합에 의한 접합 이상으로 낙차를 붙이는 경우 중심교각은 90°까지를 한도로 해도 지장이 없다.

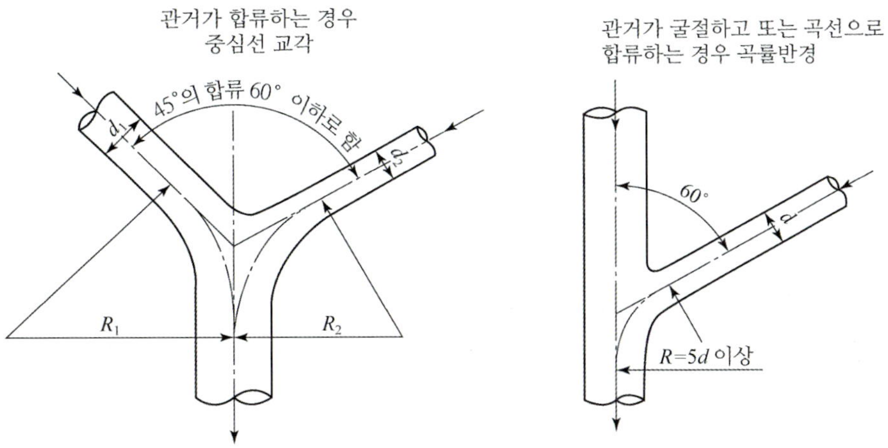

그림 13-15 **관거가 합류할 때의 중심교각과 곡률반경의 예**

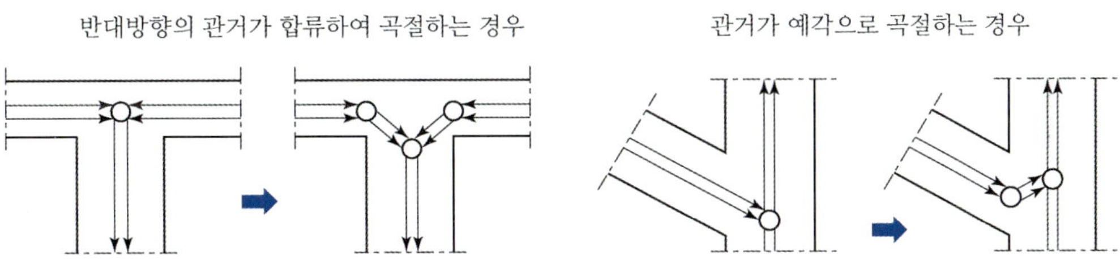

그림 13-16 **관거가 곡절하는 경우의 예**

관거의 연결은 수밀성 및 내구성이 중요하다. 연약지반 등에서 관거와 맨홀 등이 강성이 높은 구조물과 접속하는 경우에는 필요에 따라 연성연결을 사용한다. 연결방법은 여러 종류가 있으나 일반적으로 사용되고 있는 연결방법은 다음과 같다(그림 13-17).

① 소켓(socket)연결

시공이 쉽고 고무링이나 압축조인트를 사용하는 경우에는 배수가 곤란한 곳에서도 시공이 가능하며, 수밀성도 높다. 소켓용 관거의 운반 시에는 소켓이 파손될 우려가 있으므로 주의가

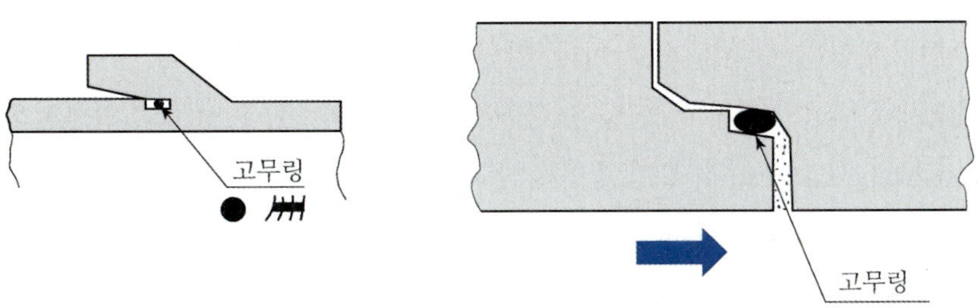

(a) 소켓 연결　　(b) 맞물림 연결

그림 13-17 **소켓 및 맞물림 연결**

요구된다. 종래에는 연결부를 모르타르로 충전하였으나 수중연결이 곤란하고 시공상 숙련을 필요로 하기 때문에 최근에는 모르타르 대신에 고무링이나 합성수지제의 패킹을 사용한 압축조인트가 채용되고 있어 시공성, 수밀성 및 내구성이 향상되고 있다. 또 소켓부분에 플라스틱 부착 등으로 소켓고무링접합의 효율성을 도모하기도 한다.

② 맞물림(butt)연결(고무링 사용)

중구경 및 대구경의 시공이 쉽고 배수가 곤란한 곳에서도 시공이 가능하다. 수밀성도 있지만 연결부의 관두께가 얇기 때문에 연결부가 약하고 연결 시 고무링이 이동하거나 꼬여서 벗겨지기 쉽고, 연결부에도 이것이 원인으로 누수되는 수가 있다.

③ 맞대기연결(수밀밴드 사용)

흄관의 컬러연결을 대체하는 방법으로 수밀성이 향상된 수밀밴드 등을 사용하여 시공한다.

충전재는 관거연결부의 수밀성을 유지하기 위해 연결에 충전하는 재료로 고착성, 지수성 및 내구성이 뛰어나고 시공성이 좋은 것을 사용한다. 일반적으로 보통 모르타르가 사용되어 왔으나 강성이 있고 수축하기 쉬우며 균열이 일어나기 쉽다는 단점이 있으므로 콤포모르타르(compomortar, 시멘트와 물의 비율 1 : 2)로 하여 수밀성을 높일 수 있다. 충전재는 토질조건 및 지하수위 등을 고려하여 선정해야 한다. 부등침하를 피할 수 없는 지반에서의 충전재로는 연성의 재질이 좋고, 역청계인 것으로는 가열주입형이나 상온주입형을 사용한다. 이외에 두 가지 액을 혼합해서 사용하는 합성수지계의 상온주입형도 사용한다.

(3) 관정부식과 황화수소 대책

유기물질이 높은 하수의 특성상 하수관거에서는 이송과정 중에 유기물질의 자연적인 분해로 인한 영향을 받는다. 특히 콘크리트를 재료로 사용하는 관거의 경우 폐수 내에 원래 존재하거나 또는 유기물질의 생물학적 분해(biological decay) 부산물로 발생되는 산(acids)에 의해 부식현상이 발생한다. 즉, 관거를 흐르는 하수는 산소가 없는 혐기성 상태(anaerobic condition)로 유지될 경우 하수 내에 포함된 단백질 성분이나 황산염(SO_4^{2-})은 환원반응을 통해 황화수소(H_2S, hydrogen sulfide)가 생성되는데, 이 반응은 자연계의 흔한 혐기성 미생물의 일종인 황산염 환원세균(sulfate reducing bacteria)과 호기성 유황산화세균인(aerobic oxidation bacteria) *Thiobacillus*에 의해 진행된다. 환기가 충분하지 않는 관거 내에서는 황화수소 가스는 외부로 확산되지 않고 관 내부 공기 중에 농축되어 콘크리트 벽면의 수분(결로현상) 내에 용해되는데, 이때 호기성 유황산화 세균에 의해 황화수소를 황산으로 산화시키는 반응이 일어난다. 이러한 일련의 반응에 의해 콘크리트 표면은 농축된 황산에 의해 부식되어 궁극적으로 파괴되는데, 이러한

$$H_2S + 2\,O_2 \xrightarrow[(\textit{Thiobacillus})]{\text{Bacteria}} H_2SO_4 + \text{energy}$$

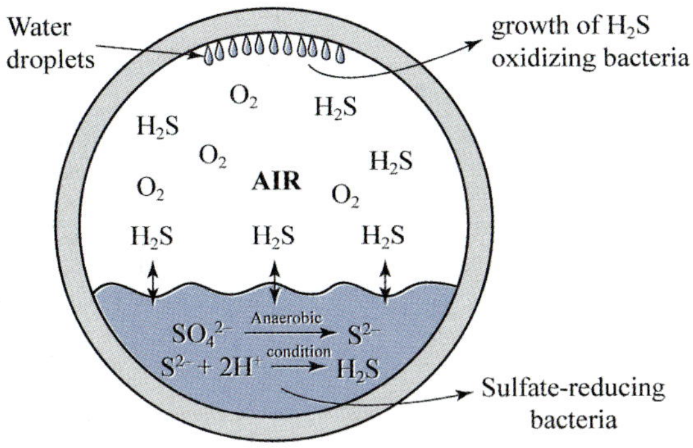

그림 13－18 **관정부식의 발생**

현상이 주로 관 상단부에서 발생되므로 이를 관정부식(crown corrosion)이라고 부른다. 하수관거 시설의 황화수소에 의한 부식 사례는 완만한 경사의 유속이 느린 부분, 압송관의 출구, 역 사이펀, 맨홀의 단락부, 관내 저류를 이용하여 유량조정 운전을 하는 펌프의 주변부 등에서 주로 관찰된다. 관정부식의 반응메커니즘은 그림 13－18과 같다.

황화수소로 인한 관정부식의 제어는 관거로 유입되는 유기물질 및 황성분의 억제를 통한 발생원제어(source control), 포기(aeration), 약품주입(염소, 과산화수소나 기타 산화제), 주기적인 청소(기계식 혹는 화학적 방법) 등이 효과적이며, 설계단계에서 자연통기성을 충분히 고려한 합리적인 설계도 중요하다. 부식은 그 메커니즘을 끊는 것이 중요하므로 관거가 놓여 있는 환경에 적합한 방법으로 실시하며, 그림 13－19와 같은 방법을 검토할 수 있다.

① 황화수소 생성 방지: 공기, 산소, 과산화수소, 초산염 등의 약품 주입에 의해 하수의 혐기화를 억제, 황화수소의 발생을 방지한다.

② 관거청소 및 미생물 생장 제어: 관거의 청소로 황화수소 발생의 원인이 되는 관내 퇴적물을 제거하고 황산염 환원 세균, 유황산화 세균의 생식장소를 제거한다.

③ 환기에 의한 황화수소의 희석: 황화수소가스가 저농도인 경우, 유황산화 세균의 증식이 억제된다. 환기에 의해 관내 황화수소를 희석한다.

④ 산화제 사용 및 확산 방지: 산화제의 첨가에 의한 황화물의 산화, 금속염의 첨가에 의한 황화수소의 고정화 등의 방법에 의해 황화수소의 대기 중으로의 확산을 방지한다.

⑤ 황환원 세균 활동억제: 황산염 환원 세균에 선택적으로 작용하는 약제를 주입하고 살균 또는 세균 활동을 억제한다.

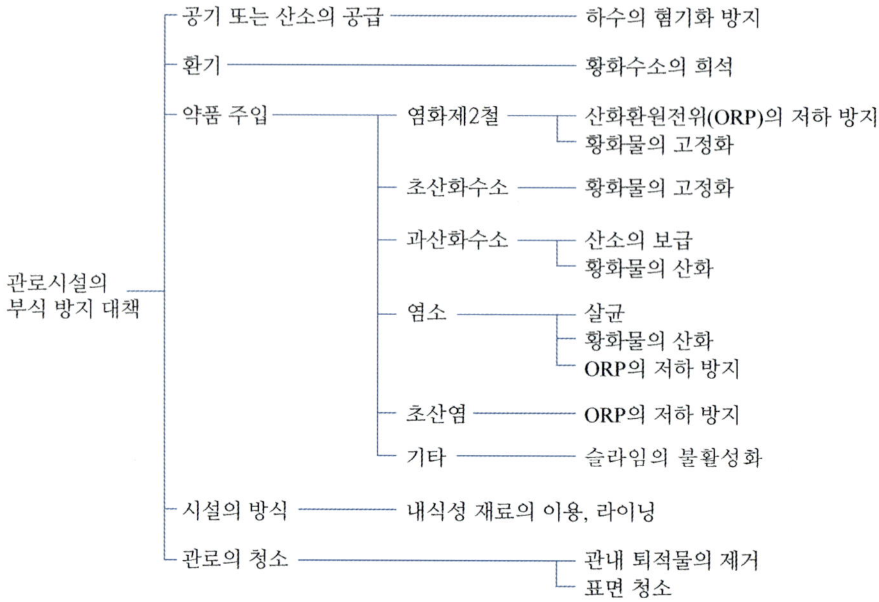

그림 13-19 **관거시설의 부식제어대책**

⑥ 유황산화 세균 활동억제: 유황산화 세균에 선택적으로 작용하는 약제를 혼입한 콘크리트(방균, 항균 콘크리트)를 이용한다.

⑦ 방식 재료 사용: 수지계 자재나 피복(라이닝) 등에 의해 부식을 받는 콘크리트 표면을 방호한다.

13.6 부속시설

(1) 역 사이펀

하천, 수로, 철도 및 이설이 불가능한 지하매설물 아래에 하수관을 통과시킬 경우 역 사이펀 압력관으로 시공하는 부분을 역 사이펀(inverted syphon)이라고 한다. 역 사이펀은 시공이 곤란할 뿐 아니라, 유지관리상에도 문제가 많다. 따라서 지하매설물 등을 잘 처리하여 가능한 한 피하는 것이 바람직하다.

역 사이펀 구조는 장애물의 양측에 수직으로 역 사이펀실을 설치하고, 이것을 수평 또는 하류로 하향 경사의 역 사이펀 관거로 연결한다. 역 사이펀실에는 수문설비 및 깊이 0.5 m 정도의 니토실을 설치하고, 역 사이펀실의 깊이가 5 m 이상인 경우에는 중간에 배수펌프를 설치할 수 있는 설치대를 둔다. 역 사이펀 관거는 일반적으로 복수로 하고, 호안, 기타 구조물의

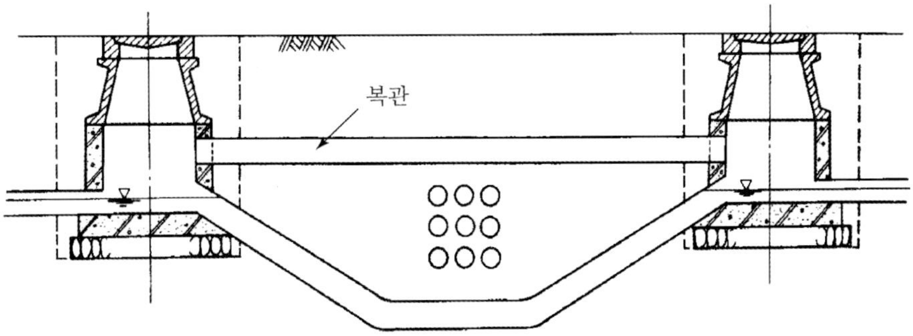

그림 13-20 **역 사이펀의 예**

하중 및 그들의 부등침하에 대한 영향을 받지 않도록 한다. 설치위치는 교대, 교각 등의 바로 밑은 피한다.

역 사이펀 관거의 유입구와 유출구는 손실수두를 적게 하기 위하여 종모양(bell mouth)으로 하고, 관거 내의 유속은 토사, 슬러지 퇴적방지를 위해 상류 측 관거 내의 유속을 20~30% 증가시킨다. 통상적으로 역 사이펀 관거의 흙두께는 계획하상고, 계획준설면 또는 현재의 하저 최심부로부터 중요도에 따라 1 m 이상이다. 하천, 철도, 상수도, 가스 및 전선케이블, 통신케이블 등의 매설관 밑을 횡단하는 경우에는 방호시설이 필요하다. 하저를 역 사이펀하는 경우로서 상류에 우수토실이 없을 때에는 역 사이펀 상류 측에 재해방지를 위한 비상방류관거를 설치하는 것이 좋다. 역 사이펀에는 호안 및 기타 눈에 띄기 쉬운 곳에 표식을 설치하여 역 사이펀 관거의 크기 및 매설깊이 등을 명확히 표시하는 것이 좋다. 그림 13-20은 역 사이펀의 예를 보여주고 있다.

역 사이펀의 수두손실 계산식은 다음과 같다. 역 사이펀이 굴곡하는 경우는 속도수두에 굴곡각에 대한 손실계수 $f_b(0^\circ,\ f_b=0;\ 30^\circ,\ f_b=0.45;\ 60^\circ,\ f_b=0.8)$를 고려해 준다.

$$H=i\cdot L+1.5\frac{V^2}{2g}+a$$

여기서, H: 역 사이펀 손실수두(m)

i: 역 사이펀 관거 내의 동수경사

L: 역 사이펀 관거길이(m)

V: 역 사이펀 관거 내의 유속(m/sec)

g: 중력가속도

a: 여유수두(3~5 cm)

(2) 맨홀

맨홀(manhole)은 하수관거의 청소, 점검, 장애물제거, 보수 등을 위한 사람의 출입 및 환기를 목적으로 설치하는 시설물로, 관거의 기점, 방향, 경사 및 관경 등이 변하는 곳, 단차가 발생하는 곳, 관거가 합류하는 곳이나 관거의 유지관리상 필요한 장소에는 반드시 설치한다.

맨홀의 최대 간격은 관거 직선부에서 600 mm 이하에서 최대 75 m, 600~1,000 mm에서 100 m, 1,000~1,500 mm에서 150 m 정도이며, 1,650 mm 이상에서는 200 m를 표준으로 한다. 현장여건에 따라 관거 곡선부에서도 곡률반경을 고려하여 설치하는데, 곡률반경이 60~120 m인 연속적인 곡선구간에는 곡률반경과 비례하여 맨홀의 설치간격을 조정하되 관종별 연결부의 움직임을 고려한다. 단, 곡률반경이 120 m 이상 되는 구간에서는 직선부와 동일한 기준으로 적용하고, 곡률반경이 60 m 이내의 구간에서는 유연성 재질의 관종을 고려할 수 있으며, 반향곡선 구간에서는 불가피한 경우를 제외하고 양 곡선의 접점에 맨홀을 설치하는 것을 원칙으로 한다. 대구경 관거 또는 직사각형거 등의 현장타설관거의 경우도 이에 준하나 현장 상황 등에 따라 적당한 간격을 둘 수도 있다. 또 관경이 300 mm 이하이고 청소용 차량이 진입할 수 없는 좁은 도로 및 보행자 전용도로에서의 청소작업 등은 인력으로 하는 경우가 있기 때문에 이때에는 작업효과를 좋게 하기 위해 특례적으로 맨홀 간격을 최대 30 m 정도로 하는 경우도 있다. 맨홀의 종류는 접합관경에 따라 구분되는 표준맨홀을 기준으로 하며 도시의 실정, 매설물의 관계 및 관거의 구조 등에 따라 특수맨홀을 사용하기도 한다(표 13-11).

맨홀의 구조는 그림 13-21과 같은데, 맨홀의 상판 높이(인버트의 상단~맨홀 상판)는 유지관리상 작업원이 서서 작업할 수 있도록 1.8~2.0 m 정도로 하는 것이 바람직하나 현장 여건상 불가피한 경우에는 그 이하로 할 수 있다. 우수의 노면배수 및 유입수 방지를 위하여 우수맨홀의

표 13-11 **맨홀의 형상별 용도**

(a) 표준맨홀

명칭	치수 및 형상	용도
1호맨홀	내경 900 mm 원형	관거의 기점 및 600 mm 이하의 관거 중간지점 또는 내경 400 mm까지의 관거 합류지점
2호맨홀	내경 1,200 mm 원형	내경 900 mm 이하의 관거 중간지점 및 내경 600 mm까지의 관거 합류지점
3호맨홀	내경 1,500 mm 원형	내경 1,200 mm 이하의 관거 중간지점 및 내경 800 mm까지의 관거 합류지점
4호맨홀	내경 1,800 mm 원형	내경 1,500 mm 이하의 관거 중간지점 및 내경 900 mm까지의 관거 합류지점
5호맨홀	내경 2,100 mm 원형	내경 1,800 mm 이하의 관거 중간지점

(계속)

(b) 특수맨홀

명칭	치수 및 형상	용도
특1호맨홀	내부치수 600 × 900 mm 각형	흙두께가 특히 적은 경우, 다른 매설물 등의 관계 등으로 1호맨홀이 설치 안 되는 경우
특2호맨홀	내부치수 1,200×1,200 mm 각형	내경 1,000 mm 이하의 관거 중간지점에서 원형맨홀이 설치 안 되는 경우
특3호맨홀	내부치수 1,400×1,200 mm 각형	내경 1,200 mm 이하의 관거 중간지점에서 원형맨홀이 설치 안 되는 경우
특4호맨홀	내부치수 1,800×1,200 mm 각형	내경 1,500 mm 이하의 관거 중간지점에서 원형맨홀이 설치 안 되는 경우
특5호맨홀	내부치수 D×1,200 mm 각형(D는 내경+인버트 폭)	현장여건상 표준맨홀 및 특1, 2, 3, 4호맨홀이 설치 안 되는 경우에 600 mm 이상의 흄관에 적용
현장타설 관거용 맨홀	내경 900, 1,200 mm 원형	직사각형거, 말굽형거 및 실드(shield)공법에 의한 하수관거의 중간지점
부관붙임 맨홀		관거의 단차가 0.6 m 이상인 경우

경우 노면보다 낮게, 오수맨홀의 경우 노면보다 높게 설치하도록 한다. 저부는 하수의 원활한 유하를 도모하기 위해 관거의 접합이나 합류의 상황에 따라 인버트를 설치하고, 지표의 경사가 급하여 0.6 m 이상 단차가 발생하는 경우에는 유하량에 적합한 부관붙임 맨홀을 고려한다. 부관은 원칙적으로 맨홀 외측에 설치하지만, 시공상 경우에 따라서 맨홀 내측에 설치하는 경우도

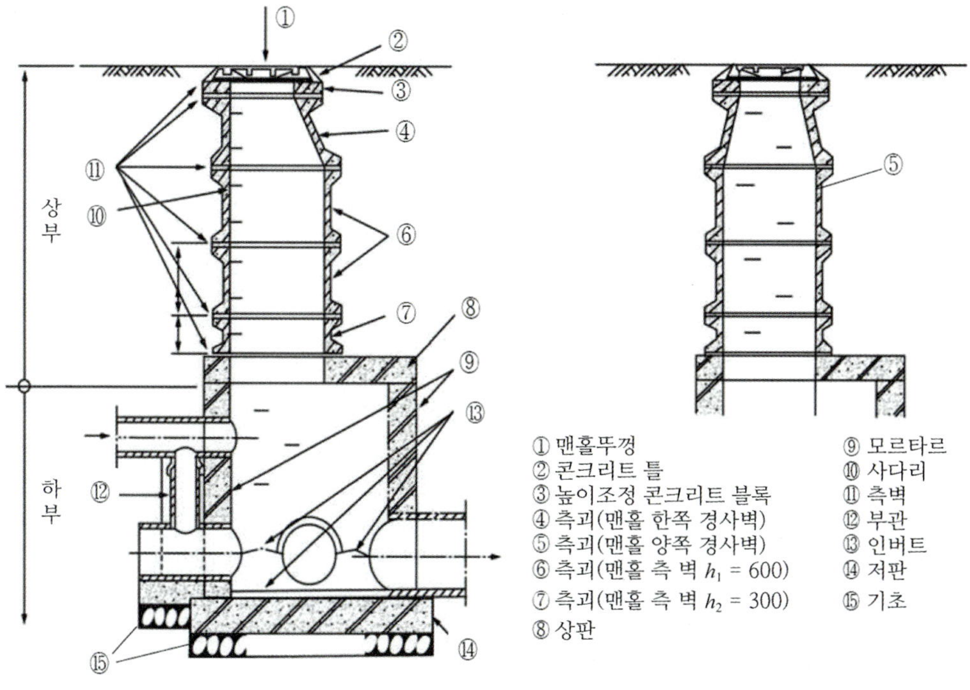

그림 13-21 **맨홀의 구조 및 명칭**

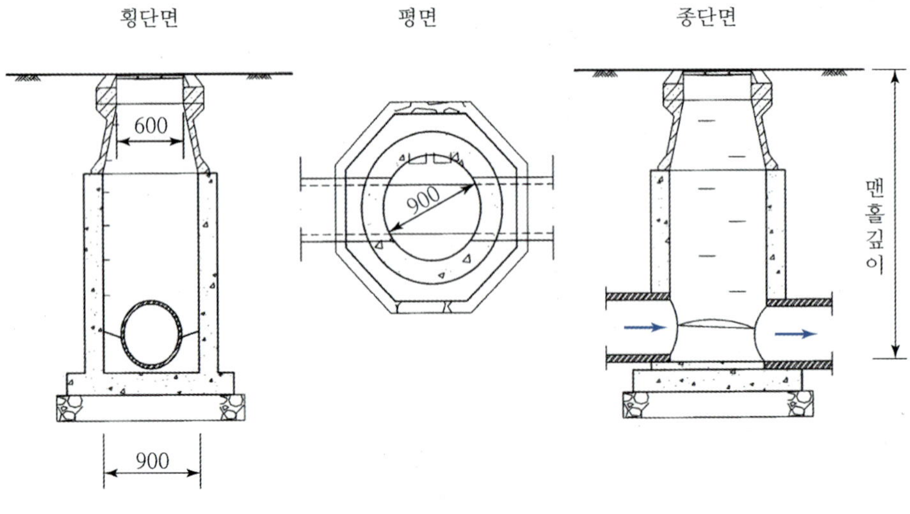

그림 13-22 **1호 표준맨홀(ID 900 mm) 구조표준도**

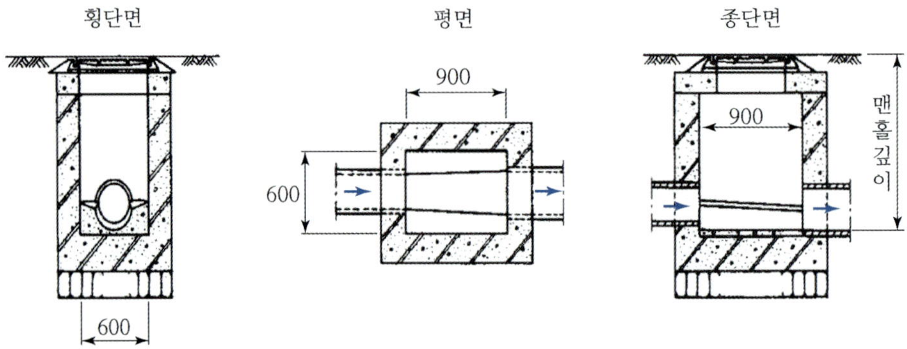

그림 13-23 **특1호맨홀(600 × 900 mm) 구조표준도**

있다. 이 경우 유지관리를 고려하여 2호맨홀 이상을 적용한다. 그림 13-22는 1호 표준맨홀(ID 900 mm) 구조표준도를, 그림 13-23은 특1호맨홀(600 × 900 mm) 구조표준도를 보여주고 있다.

(3) 우수조정지

우수조정지는 하수도 및 기타 배수시설을 보완하는 시설로서 배수구역으로부터 유출되는 우수의 오염부하량을 감소시키기 위해 일시 저장하여 배수량을 적절히 제어하고자 하는 목적이 있다. 우수조정지는 하류관거 유하능력이 부족한 곳, 하류지역 펌프장 능력이 부족한 곳 및 방류수로 유하능력이 부족한 곳 등에 설치하여 우수유출 시에 효과적인 기능을 할 수 있는 용량 및 구조 등으로 한다(표 13-12).

표 13-12 **우수조정지의 설치 예**

	분류식 하수도의 경우	합류식 하수도의 경우
기설관거 등 능력부족	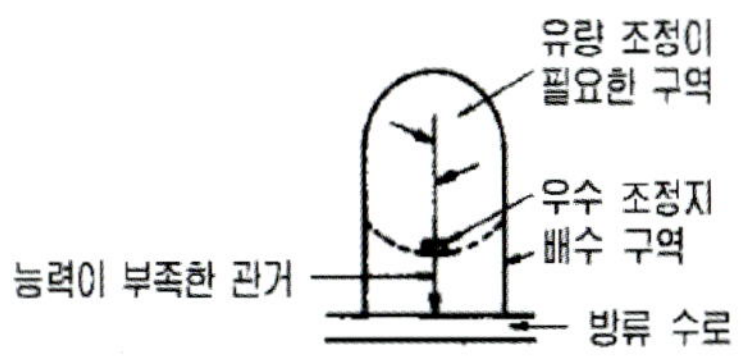	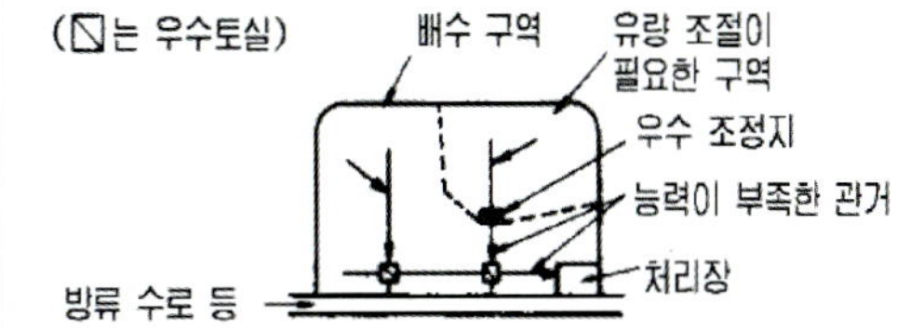
펌프장의 능력부족	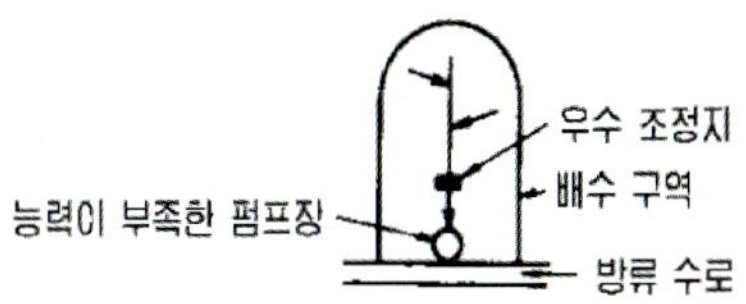	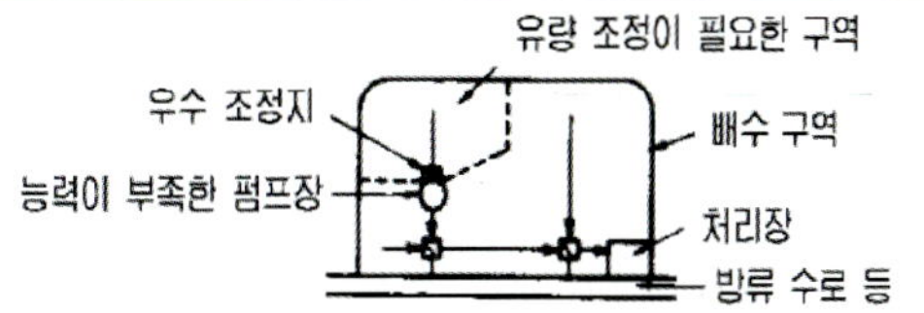
방류 수로 등의 능력부족		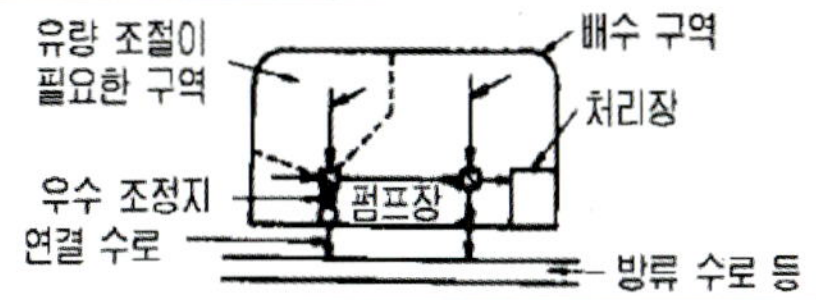

우수조정지의 구조형식은 표 13-13과 같이 댐식, 굴착식 및 지하식 등이 있다. 우수조정지의 구조는 침사와 침전물 제거 등의 유지관리가 용이하도록 하며, 합류식의 우수조정지에서는 환경대책도 고려할 필요가 있다. 현지저류식은 토지의 유효이용 측면에서 좋은 방법이지만 설치장소는 학교교정 및 공원 등이 일반적이다. 우수조정지로부터의 우수방류방식은 인공조작에 의하지 않는 자연유하가 바람직하다. 굴착식 및 지하식에서는 방류지역 수로와의 수위관계 때문에 자연유하를 하는 것이 곤란한 경우 펌프 또는 수문에 의한 방류방식을 채택할 수 있고, 펌프에 의한 방류방식으로 하는 경우에는 강우유출 시에 펌프기능에 지장이 없도록 유지관리가 필요하다.

표 13-13 **우수조정지의 구조형식 예**

구조형식	내용	방류(조절) 방식
댐식 (제방높이 15 m 미만)	흙댐 또는 콘크리트 댐에 의해서 우수를 저류하는 형식이다. 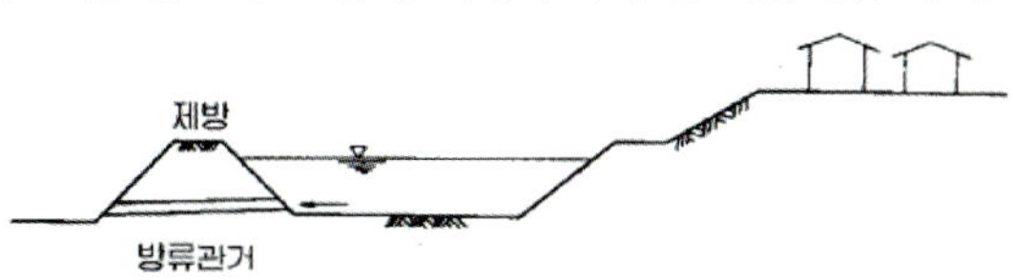	자연 방류식의 일반식
굴착식	평탄지를 굴착하여 우수를 저류하는 형식이다. 	자연 방류식 펌프배수 게이트조작에 의한 배수

(계속)

구조형식	내용	방류(조절) 방식
지하식 (관내 저류 포함)	일시적으로 지하의 저류탱크 관거 등에 우수를 저류하고 우수 조정지로서 기능을 갖도록 하는 것이다. 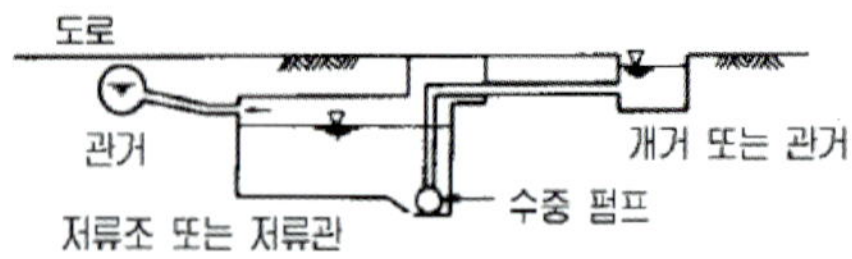 	저류 수심이 크게 되므로 펌프에 의한 배수가 일반적
(참고) 현지 저류식	공원, 교정, 건물 사이, 지붕 등을 이용하여 우수를 저류하는 시설로서 보통 현지에 내린 비만을 대상으로 하기 때문에 관거의 상류 측에 설치한다. 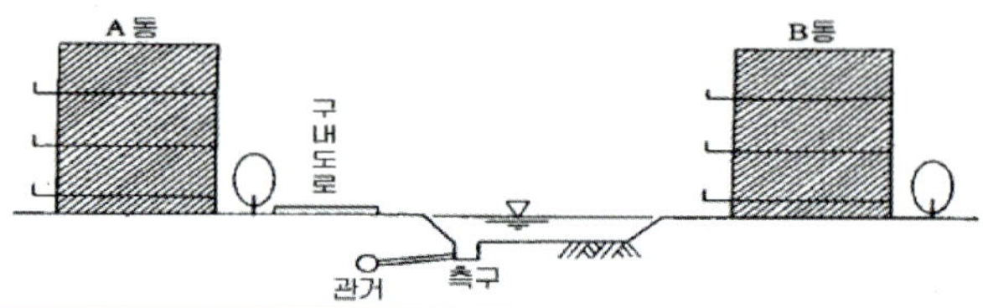 	자연 방류식이 일반적

(4) 우수토실(배출실) 및 토구

합류식 관거에서 우수유출량의 전량을 처리장으로 보내 처리하는 것은 관거 및 처리장시설의 증대를 초래하여 비경제적이기 때문에 우수토실을 설치하여 오수로 취급하는 하수량(우천 시 계획오수량) 이상의 우수, 즉 합류식 하수관거월류수(CSOs, combined sewer overflows)는 바로 또는 관거에 의하여 하천, 해역 및 호소 등으로 방류하도록 하고 있다. 우수토실에서 우수월류량은 계획하수량에서 우천 시 계획오수량(계획 시간최대오수량의 3배)을 뺀 양으로 한다.

우수토실의 위치는 되도록 방류수역 부근에 설치하며 계획외수위 경우에도 충분히 방류될 수 있는 곳이 좋으나 지형에 따라 압송하여 원거리에서 방류하는 경우도 있다. 이때 방류수로 인하여 하천, 해역 및 호소 등이 오염과 상수원, 수영장 및 어업 등에 영향을 주지 않도록 고려해야 한다.

위어(weir)는 완전 월류를 원칙으로 한다. 월류위어의 평면형은 되도록 직선으로 하는 것이 좋으나 위어가 길어지고 우수토실이 커질 때에는 월류위어를 곡선으로 하여 우수토실이 커지는 것을 방지한다(그림13－24).

월류개시의 경우 유량에 대한 수심은 계획하수량과 월류개시 시의 유량과의 비에 의해 수리특성곡선으로 구해진다. 오수유출관거의 수위는 월류위어 높이보다 낮게 하며 오수유출관거의 관저고는 유입관거의 관저고보다 높지 않게 한다(그림 13－25). 수중위어인 경우 위어길이의 계산(L)은 다음 식과 방류수역에서 우수토실로 역류되지 않도록 주의해야 한다(그림 13－26).

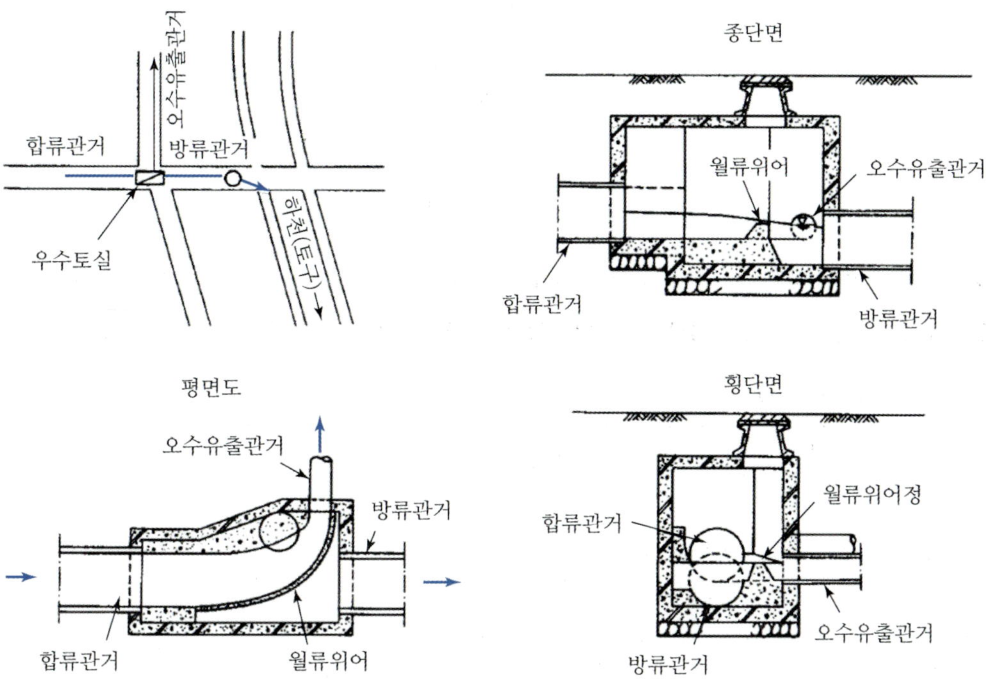

그림 13-24 **우수토실의 예**

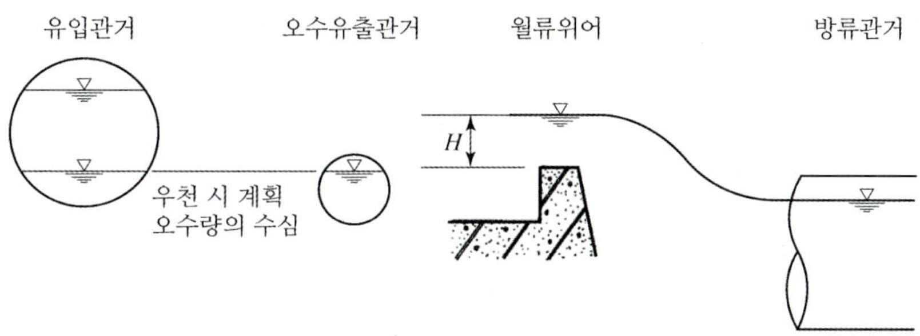

그림 13-25 **우수토실의 구성 예**

① 완전위어 $$L \geq \frac{Q}{1.8H^{3/2}}$$

② 불완전위어(수중/잠수위어) $$L \geq \frac{Q}{1.8(H_1 + 1.4H_2)\sqrt{H_1}}$$

여기서, L: 위어의 길이(m)

Q: 위어의 월류량(m^3/sec)

H, H_1, H_2: 수심(m)

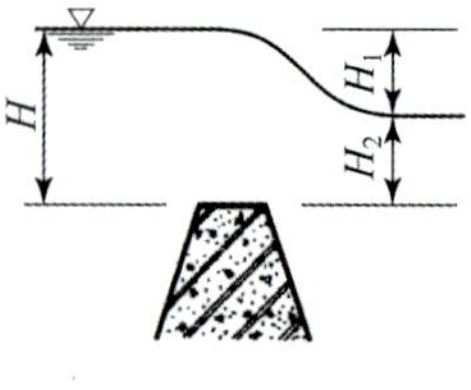

그림 13－26 **수중위어의 구성**

오수유출관거는 우천 시 우수토실의 수위가 상승하면 일반적으로 압력관거가 될 위험성이 있으므로 오리피스(orifice), 밸브류, 수문 등의 적당한 방법으로 유량을 조절한다(표 13－14).

표 13－14 **우수토실의 형태**

형태＼항목		개요	설치부지	비고
고정식	횡월류위어	기존 합류식 관거 내의 흐름방향에 평행하게 위어를 설치하여 차집량 이상의 오수는 측면으로 월류하도록 고안된 형태로 구조가 간단하다.	부지가 협소한 곳에도 시공가능	
	수직 오리피스	분류위어에 의해 차집된 오수를 수직 오리피스를 통해 차집하는 방식으로 구조가 간단하나 우수토실 내 수위 증가에 의한 차집량 조절이 불가능하다.	비교적 작은 부지에 시공가능	
	볼텍스밸브류	볼텍스밸브의 수리특성을 이용하여 우수토실 내 수위가 증가하여도 일정유량을 효과적으로 차집할 수 있으며, 외부동력 및 구동부가 없어 유지관리가 용이하다.	비교적 작은 부지에 시공가능	
기계식	수동식 수문	수직 오리피스형에 수동식 수문을 설치한 형태로서 수직 오리피스 입구에 설치된 수문을 수동으로 조작하여 오리피스의 통수면적을 가감함으로써 차집량을 조절한다.	수직 오리피스와 같으나, 수문실을 유수토실 내 또는 지상에 설치	
	부표연동식 수문	수동식 수문과 같은 형이나 수동식 수문 대신 부표연동식 수문을 설치하여 유량을 조절하도록 되어 있으나 복잡한 기계부품으로 되어 있어 하수 중의 이물질에 의한 기능장애가 빈발하는 단점이 있다.	오리피스 외에 부표 설치를 위한 추가 부지가 필요	
자동식	중앙집중 제어식 전동수문	수동식 수문 대신 전동모터에 의해 작동되는 수문을 설치하여 유역 내 우수토실을 한 곳에서 통제하는 형태로서 가장 효율적인 방식이나, 막대한 공사비, 고도의 유지관리 기술 및 특수 기술요원 확보 등의 어려움이 있다.	전동모터실 및 비상동력(디젤엔진 등)실 설치로 큰 부지 필요	

그림 13－27～28은 다양한 유량제어장치를 나타내고 있다.

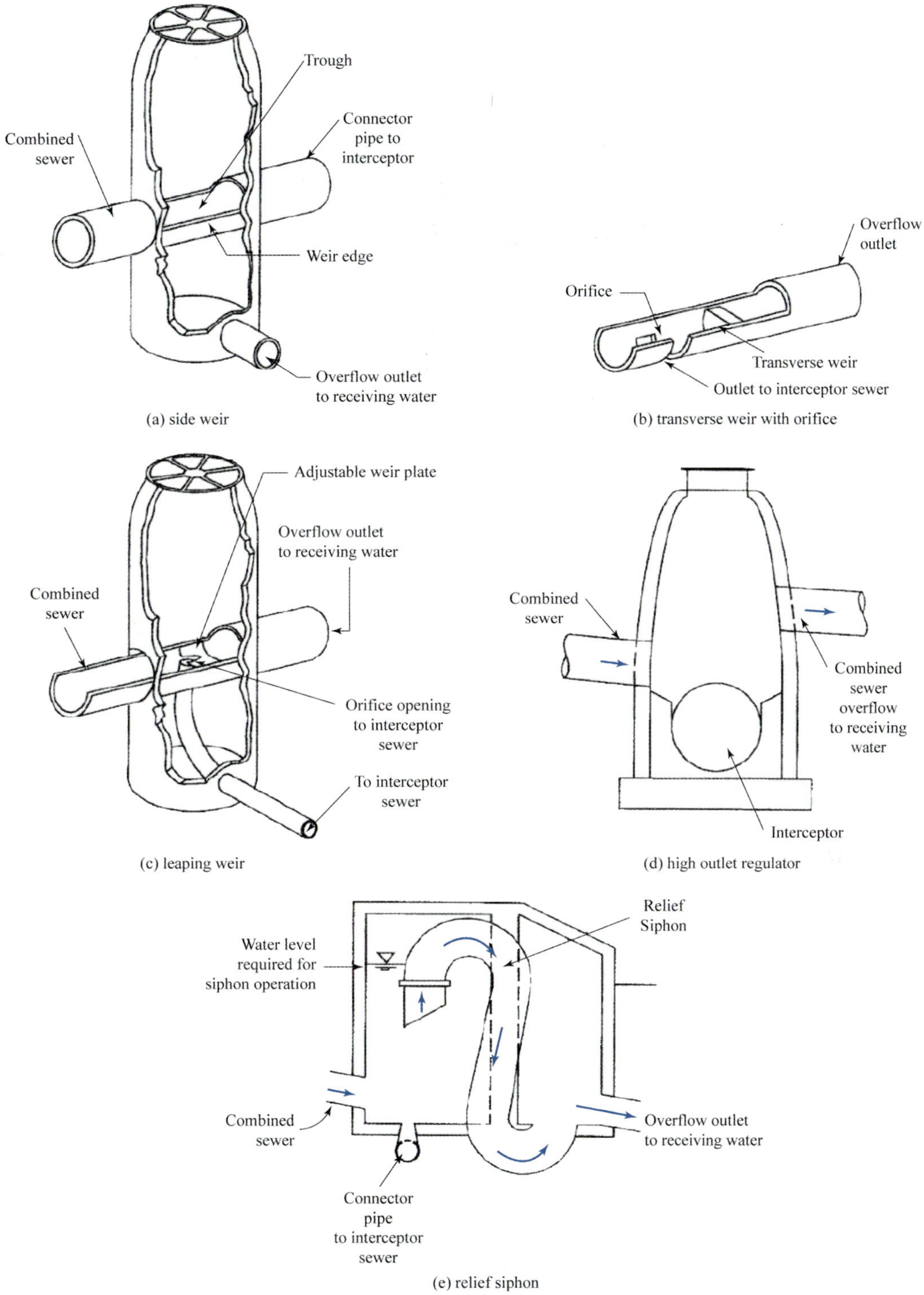

그림 13-27 **Typical division regulators(Metcalf and Eddy, 1978)**

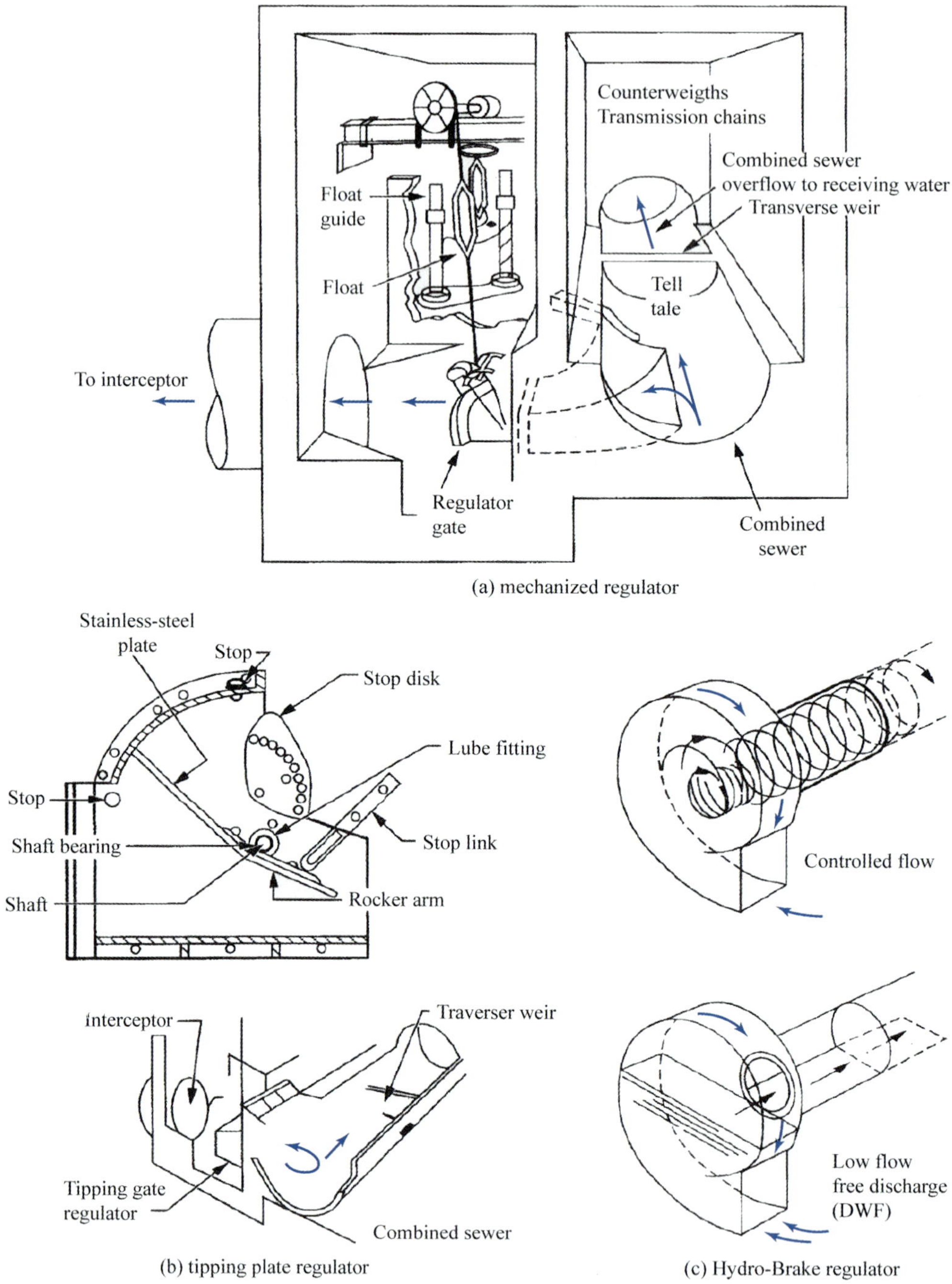

그림 13-28 **Typical CSO regulators(Metcalf and Eddy, 1978)**

토구(outfall/outlet)는 하수가 마지막으로 방출되는 하수거의 마지막 부분으로 하수가 배출되었을 때 부작용이나 제방이 유실되지 않아야 하고 가능한 한 빨리 희석효과가 있어야 한다.

(그림 13－29～30)에는 토구의 형상과 설치 예를 나타내었다.

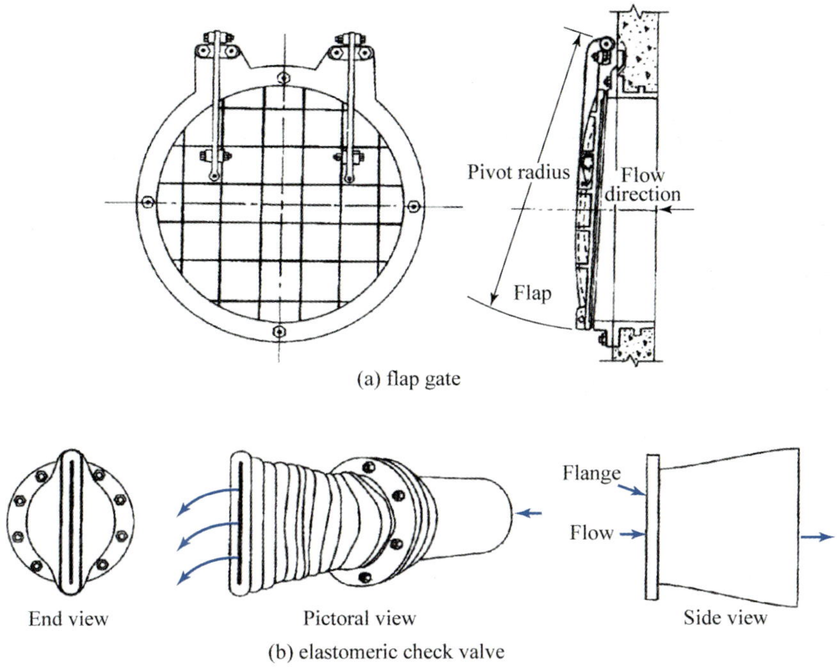

그림 13－29 **일반적인 CSO 유출토구(Metcalf and Eddy, 1978)**

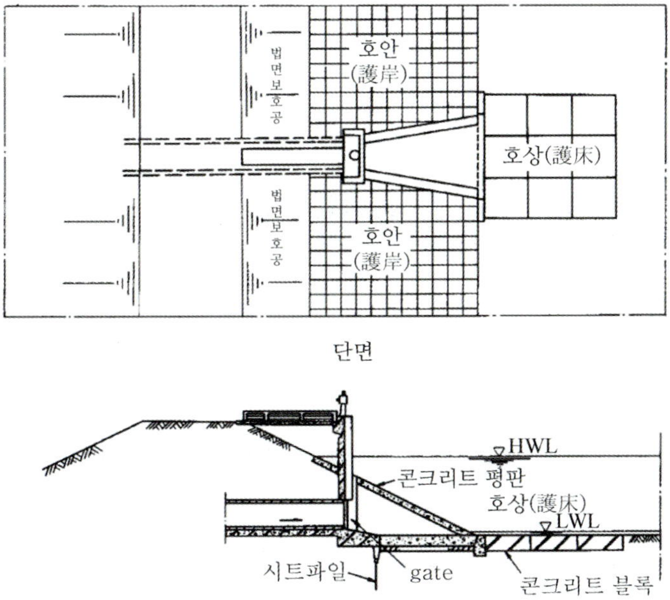

그림 13－30 **토구의 설치 예**

(5) 물받이 및 연결관

물받이(inlet)는 배수설비와 연결관의 효율적인 유지관리를 목적으로 설치하며, 공공도로상에 설치하는 것을 원칙으로 한다. 공공하수도로서의 물받이는 오수받이, 빗물받이 및 집수받이 등이 있는데 배제방식에 따라 적절히 선정 배치하며, 이는 개인하수도시설의 경우 구분된다.

오수받이는 공공도로상에 설치하는 것을 원칙으로 하되 목적 및 기능을 고려하여 차도, 보도 또는 공공도로와 사유지의 경계 부근에 설치한다. 분류식의 경우 오수받이와 빗물받이는 각각의 기능과 용도에 맞게 분리 설치하고, 오수받이는 우수의 유입을 방지할 수 있는 구조로 한다. 합류식의 경우에도 택지 내의 우・오수는 분리 배제시킨다. 오수받이의 규격은 내경 300~700 mm 정도이다.

빗물받이는 도로 내 우수를 모아서 공공하수도로 유입시키는 시설로서 원칙적으로 공공도로 내에 설치하지만 분류식에서는 우수배제에 기존 우수관거 또는 도로측구 등을 이용하는 경우도 있으므로 지역의 실정, 유지관리 등을 충분히 고려하여 정한다. 노면배수용 빗물받이 간격은 대략 10~30 m 정도이나 상습침수지역에 대해서는 이보다 좁은 간격으로 설치할 수 있다. 빗물받이는 협잡물 및 토사의 유입저감과 악취제어방안을 고려해야 한다.

집수받이는 빗물받이의 일종으로서 U형 측구 등과 같은 개거와 암거를 접속하는 경우 및 급경사 도로의 횡단하수구 등에 설치한다.

연결관은 물받이와 하수본관을 연결하는 관으로 도로 및 배수구역 현황 등에 따라 다르나 통상적으로 10 m 내외이며 도로현황, 지장물 등에 연결관의 연장이 길어진다. 연결관의 최소관경은 150 mm를 표준으로 한다.

13.7 합류식 하수도 우천 시 방류부하량 저감시설

(1) 방류부하량 저감계획

합류식 하수도는 우수와 오수를 신속하게 배제・처리하여 공중보건위생대책과 침수방재대책을 동시에 진행하는 것이 가능하다는 측면에서 매우 유용한 시스템이다. 하지만 우천 시에는 오수, 관내 퇴적물, 도시 비점오염원 등의 일부가 적절히 처리되지 않고 하천 등의 공공수역에 방류되는 기능적인 불완전성을 가지고 있다.

2003년 이후 우리나라는 하수관거 개량사업의 확대로 일부 도시가 분류식으로 개・보수되었으나 아직도 우리나라의 대도시는 대부분 합류식 형태이거나 혹은 분류식과 복합화된 형식으로 운영 중이다. 합류식 하수도는 그 체계를 그대로 유지하면서도 도시 형태나 지역특성 등을 고려하여 하수도를 재정비하고 종합적인 성능개선을 통하여 수계에 배출되는 방류 오염부하량을 저감할 수 있는 장점을 충분히 가지고 있다. 아울러 최근 주변환경과 친수공간에 대한 관심이나 요구 등이 높아지면서 우천 시 인근 수계로 방류되는 오염부하량을 저감시킬 수 있는 대책이 요구되고 있다.

우천 시 오염 방류부하량 저감의 궁극적인 목표는 수계에 악영향을 미치지 않는 주민의 쾌적한 생활환경을 확보하고 수생태계가 건강하게 유지되는 수준을 확보하는 것이다. 그러므로 합류식하수도의 우천 시 오염 방류부하량 문제는 우수토실과 병행한 펌프장의 월류수(CSOs) 대책뿐만 아니라 하수처리시설의 우천 시 하수처리 대책 등 합류식 하수도 시스템 전체의 종합 수질오염대책의 일환으로서 검토해야 한다. 따라서 그 목표는 대상 처리구역 혹은 배수구역에서 배출되는 연간 오염 방류부하량이 인근 수계에 악영향을 미치지 않을 수준 이하로 삭감하거나 혹은 분류식 하수도로 전환하였을 경우에 배출되는 연간 오염 방류부하량과 같은 정도로 하거나 그 이하로 설정된다. 예를 들어 BOD 수질항목을 평가지표로 선정하여 오염 방류부하량 삭감률을 산정한 경우의 예는 다음과 같다. 그러나 방류수역의 수생태 환경 및 오염총량규제 관점을 고려하여 BOD 이외의 수질항목도 동일한 방식으로 평가할 수 있다.

① 연간 BOD 발생부하량에 대한 연간 방류부하량 삭감량의 비율

$$\text{연간 BOD 부하량 삭감률(\%)} = \left(1 - \frac{\text{연간 방류 BOD 부하량}}{\text{연간 BOD 발생부하량}}\right) \times 100$$

② 연간 우천 시 BOD 발생부하량에 대한 우천 시 방류부하량 삭감량의 비율

$$\text{우천 시 BOD 부하량 삭감률(\%)} = \left(1 - \frac{\text{우천 시 방류 BOD 부하량}}{\text{우천 시 BOD 발생부하량}}\right) \times 100$$

합류식 하수도의 개선은 도시의 강우에 기인하는 침수문제와 수질오염문제를 통합적으로 접근하여 대책을 세우는 것이 중요하며, 해당 합류식 하수도 지역의 여건(수질항목, 문제의 긴급성, 하수도정비 상황, 연간투자액, 개선효과, 사업기간 등)에 가장 적합하도록 단계적으로 방류부하량 저감 계획을 수립하는 것이다(그림 13－31～32).

합류식 하수도에서 발생하는 우천 시 방류부하량을 저감하는 대책은 크게 하수관거시스템에서 대응하는 월류수(CSOs) 대응 방식과 우천 시 하수를 처리하는 하수처리시설 대응 방식으로 구분할 수 있다. 특히 많은 지점에서 동시다발적으로 발생하는 월류수 오염부하에 대응하는 방식은 그 실효성 관점에서 대부분 단기 대책, 중・장기 대책 등 다양한 저감목표에 부합하는 단계별 저감대책을 시행하고 있다. 특히 미국 EPA에서는 각 지자체에 우선적으로 단기최소요구

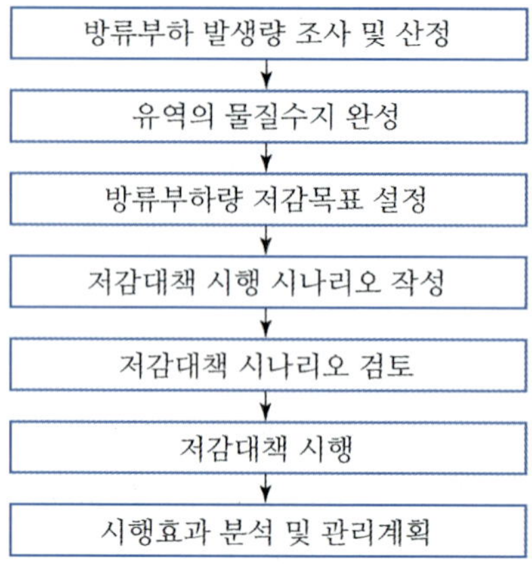

그림 13-31 **방류부하량 저감계획수립절차**

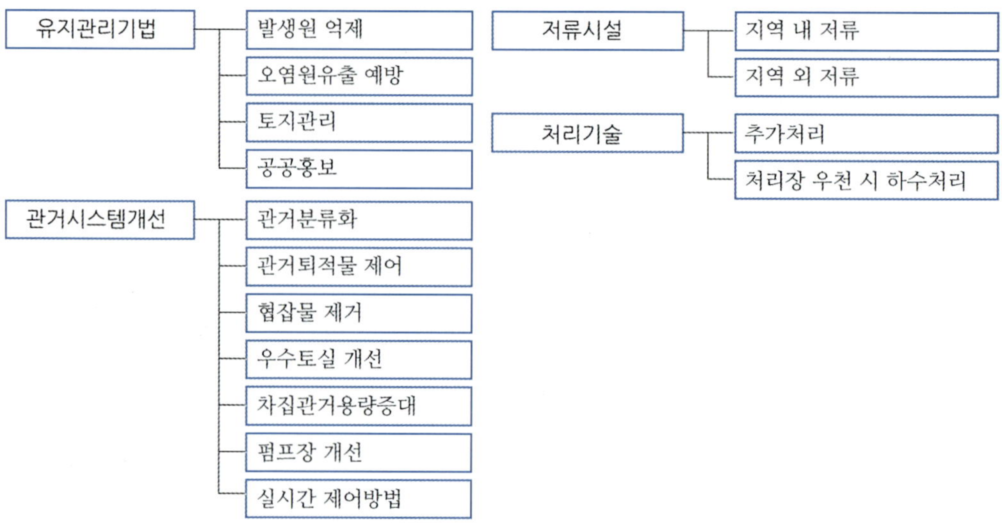

그림 13-32 **우천 시 방류부하량 저감대책**

충족 저감대책(NMC, nine minimum control)을 시행하도록 하였으며, 궁극적으로는 장기적인 월류수부하량 저감대책의 시행을 통한 수계수질기준의 달성을 위해 중·장기 저감대책(LTCP, long-term control plan)을 개발하여 수행하도록 하고 있다.

(2) 방류부하량 저감시설

오염부하저감을 위한 개선대책에는 물리·화학적 및 생물학적인 다양한 방법이 존재하며, 그 효과도 다양하다. 또 방법론 및 적용대상의 지역특성에 따라 효용성이 다를 수 있으며, 비용·효과적 측면과 유지관리 측면을 고려하여 종합적인 관점에서 판단하여야 한다.

부하량 저감을 위한 처리방법은 그 기능과 적용범주에 따라 관거시스템 개선, 저류시설 확보, 처리기술의 개선 등으로 크게 구별할 수 있다(그림 13-33).

① 관거시스템 개선방법은 주로 관거, 펌프장 및 유수지, 우수토실, 토구 등에 적용하여 월류수 및 미처리된 하수의 오염부하량을 저감하는 방법이다. 관거시스템 개선을 위해서는 관거분류화, 관거퇴적물 제어, 협잡물 제어, 우수토실 개선, 차집관거용량 증대, 펌프장 개선, 실시간제어방법 등의 방법을 사용할 수 있다.

② 저류시설 활용방식은 처리장 유입 전 하수관거 시설 내·외에 설치될 수 있는 저류 방식을 통해 오염부하 조절 및 저감을 꾀하는 방식이다. 저류시설은 적용 위치에 따라 크게 지역내 저류(on-site storage)와 지역외 저류(off-site storage) 방식으로 나눌 수 있으며, 다양한 처리

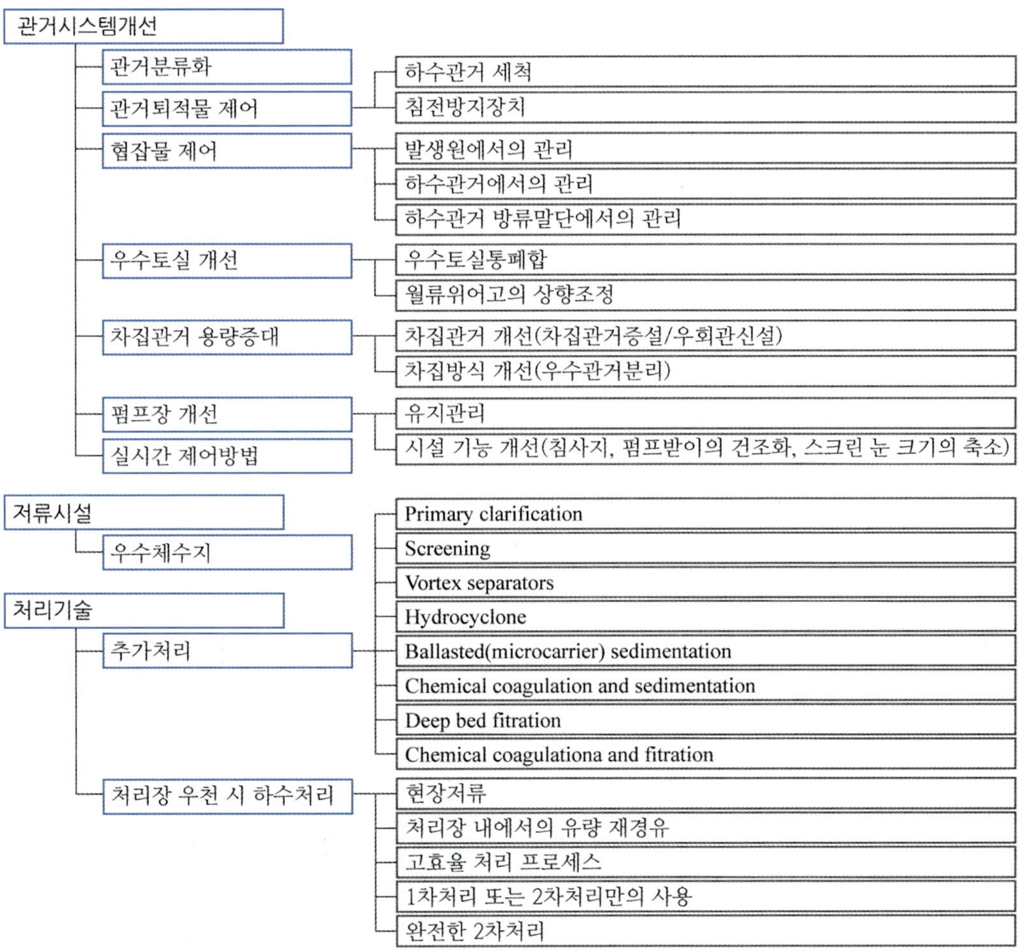

그림 13-33 **합류식 하수도시스템의 월류수 및 우천 시 처리장 하수의 오염부하 저감대책 종류**

기술과의 연계 조합으로 그 활용성이 증대되고 있다. 합류식 하수도월류수 저감을 위한 저류시설은 우수체수지로 불린다.

③ 처리기술은 크게 하수처리장 유입 전 추가처리방식과 처리장 내에서의 우천 시 하수처리방식으로 나눌 수 있다. 추가처리방식은 강우 시 지표유출수가 관거로 유입되는 지점이나 관거, 우수토실 및 토구, 저류조 등에서 저감시키는 기술로, 이는 대부분 물리 · 화학적 방법(primary clarification, screening, swirl / vortex separators, hydrocyclones, ballasted(microcarrier) sedimentation, chemical coagulation and sedimentation, deep bed filtration, chemical coagulation and filtration 등)에 해당한다. 처리장 내 우천 시 하수처리방식은 기본적으로 처리장의 주 공정기술의 능력을 극대화하는 기술(현장저류, 처리장 내에서의 유량 재경유, 고효율 프로세스, 1차 처리 또는 2차 처리만의 사용, 완전한 2차 처리의 방법 등)이다. 그림 13-34와 그림 13-35는 각각 볼텍스형 고형물 분리시설과 CDS CSO unit를 보여주고 있다.

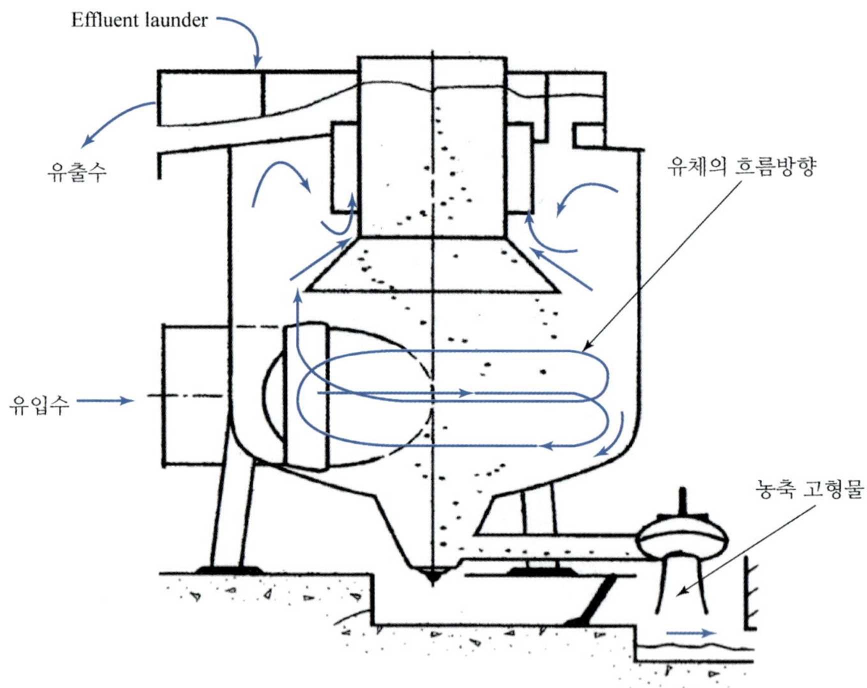

그림 13-34 **볼텍스형 고형물 분리시설**

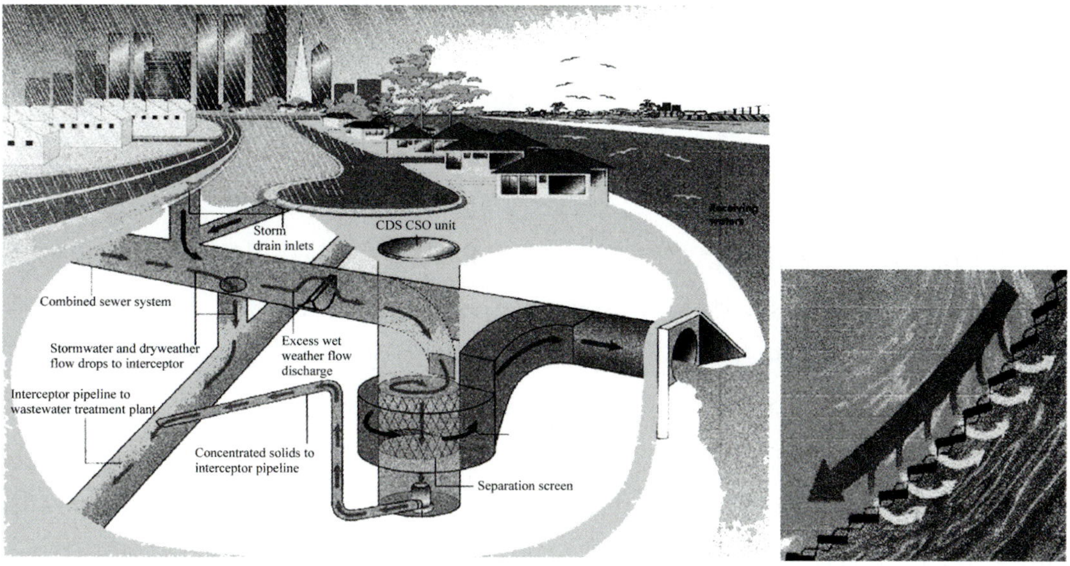

그림 13-35 **CDS CSO unit(CDS Technologies, Inc.)**

13.8 하수도의 침수대응 능력향상 및 시뮬레이션

하수도는 기본적으로 계획구역 내에서 발생하는 하·폐수와 우수를 효과적으로 배재하기 위한 도시배수시스템(urban drainage system)이다. 그러나 최근 기후변화와 우수발생특성의 변화로 인하여 도시배수시스템은 하수관거의 내수 침수(sewer flooding)와 표면유출(surface run-off) 등의 복합적인 문제에 대한 대응의 필요성이 강조되고 있다. 우리나라의 기후변화대응 재난관리 개선 종합대책(2011)에 따르면 하수관거정비 확충사업, 하수저류시설 설치확대, 지역특성을 고려한 하수도시설 설치계획 수립 및 하수관망 실시간 제어시스템 도입 등 4가지의 하수도 관련 대책이 포함되어 있다. 이러한 부분은 대부분 기상이변에 따른 우수발생의 불확실성에 따른 것으로 특히 분류식 우수관거나 합류식 관거와 관련이 있다. 앞서 언급한대로 합류식 관거 설계에서 고려되는 오수는 실제 우수발생량에 비하여 미미하므로 실제 우수관거와 합류식 관거의 통수능력은 최대 우수발생량에 좌우된다.

우수관거와 합류식 관거의 특성상 대부분 지역의 설계용량은 그 지역의 최대 강우량에 비하여 낮게 설정되어 있다(예를 들어 서울시의 경우 시간당 최대 강우량은 113 mm(2011.7 기준)이며, 설계용량은 하수관 65~75 mm, 배수 펌프장 65~88 mm에 해당한다). 또 2011년 기준 하수도 시설기준은 도시 침수 예방을 위해 계획우수량 산정 시 확률연수를 하수관거의 경우 10~30년으로, 빗물펌프장의 경우 30~50년으로 증가하여 설정하고 있고 또한 그 기준은 지역의 특성과 방재의 중요성에 따라 그 상한선보다 크게 혹은 작게 조절할 수 있도록 하고 있다(참고로 4대강 포함하는 국가하천과 지방하천의 경우 침수대응 확률연수는 각각 100~200년과 50~80년으로 설정되어 있다). 그러나 이러한 하수관거의 설계에 있어서 확률연수의 지나친 증가는 하수관의 직경을 비현실적으로 크게 만들 수 있으므로 세심한 평가가 필요하다.

한편 여러 행정구역에 걸친 광역적인 침수대책의 일환으로 각 배수구역의 대규모 간선관거의 설치를 통한 하수도 시설의 광역화 및 유역 하수도 개념이 도입되고 있고, 기존 하수관거의 유하능력이 부족한 경우 이를 보완하는 우회관거를 설치하는 등의 방법 또한 적용되고 있다. 지하시설물 또는 터널형 하수저류시설도 적극 고려되고 있는데, 2012년 지하 저류시설로는 구리시(2006~2008)와 새만금 저류시설(2010~2013)이 있고, 대도시 터널저류시설사업으로는 서울 신월지역 하수저류터널 사업(2011~2015)이 처음 추진되고 있다. 이러한 시설은 향후 2022년까지 165개소(약 4.5백만 m^3) 이상 점차 확대 계획하고 있다. 우수유출 억제의 한 방법으로 적용 가능한 빗물 재이용시설 역시 관련 법률에 따라 일정규모 이상(지붕면적 1,000 m^2 이상)의 건물에 빗물 재이용시설 설치를 의무화(2011.6 시행)하는 등 그 대상시설도 체육시설, 공공업무시설, 공공청사 등으로 점차 확대되는 추세이다.

하수도의 침수대응 능력향상을 위해서 계절별 강우특성에 따라 하수관거-저류시설-펌프장-하수처리장을 자동 제어할 수 있도록 기상정보 수집망을 하수처리장 중앙통제실에 연계하는 하수도시설 네트워크화 방안도 도입되고 있다. 즉, 하수처리장의 중앙통제실에서 강우 시 하수관거, 저류시설, 펌프장 시설에 설치된 센서를 자동계측하여 실시간 감시제어(real-time control)하는 방법이다. 동절기 및 봄·가을에는 수질관리 모드로 운전하여 고농도 초기우수는 하천으로 방류되지 않도록 저류시설에 저류하여 후속처리 후 재이용하며, 하절기(4개월, 6~9월)에는 침수대응 모드로 전환하여 우수관거 용량을 초과하는 빗물만 저류시설로 유입하는 방법이다. 그림 13-36은 이러한 실시간 제어시스템 운영체계의 개념도를 보여주고 있다. 그림 13-37은 확률연수 50년을 기준으로 작성된 서울시의 우수배제기능 평가 예를 도식화하여 나타낸 것이다(환경부, 2012).

도시배수시스템에서 지역특성에 적합한 침수대응 체계를 개발하여 강우 수준별로 하수관거, 저류시설, 펌프장 시설규모와 배치 및 각종 하수도시설 간의 연계운영 방안을 모색하기도 한다. 도시배수해석에 사용되는 컴퓨터 기반 모델은 1940년 이후로 상당한 관심을 가지고 발전해왔다. 이러한 모델은 강우 패턴과 배수시스템에 대한 다양한 정보 그리고 수리학적 및 수문학적 요소를 고려하여 평가하며, 주로 활용되는 모델은 다음과 같다.

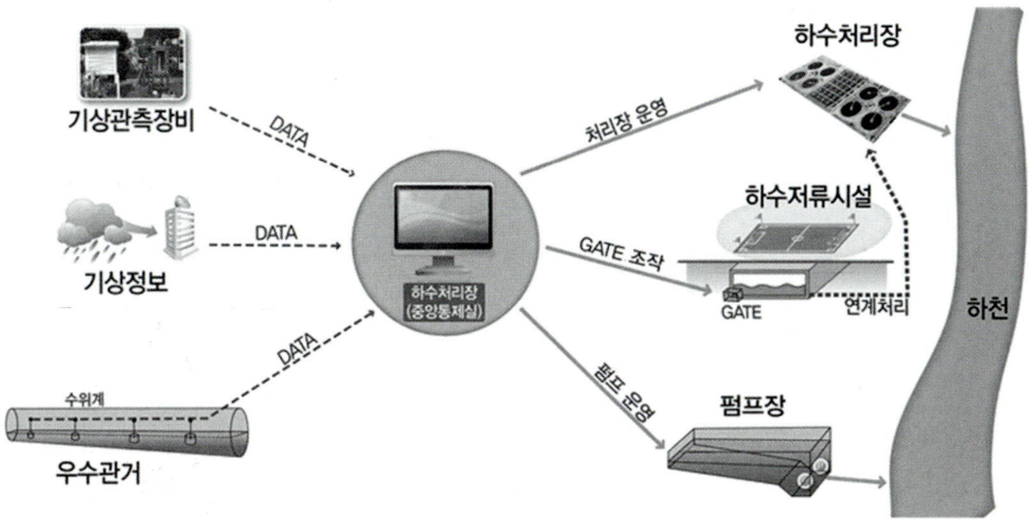

그림 13－36 실시간 제어시스템 운영체계(환경부, 2012)

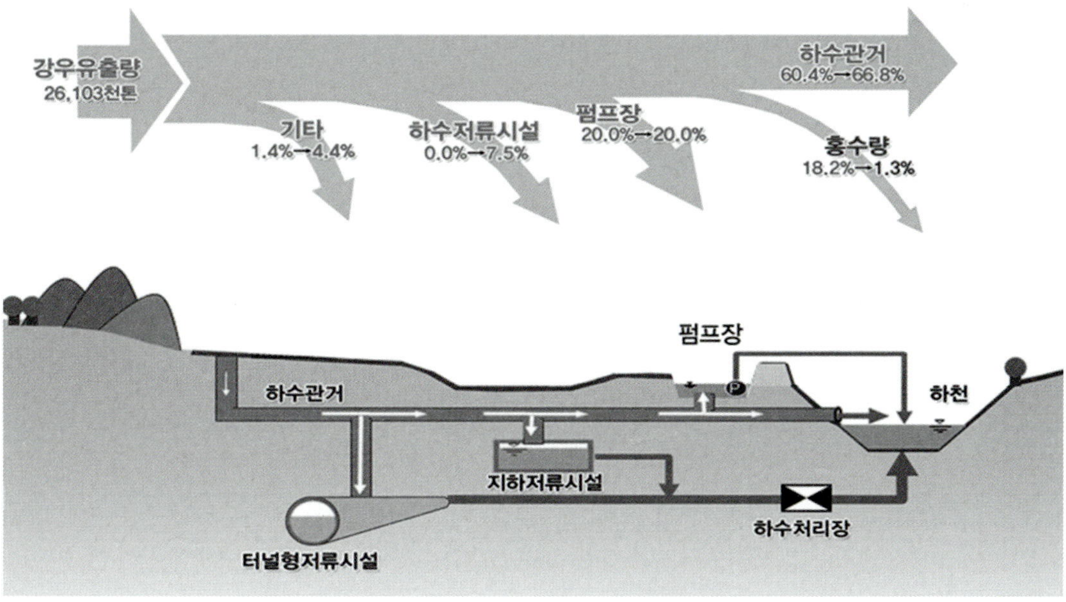

그림 13－37 확률연수 50년을 기준으로 한 서울시 우수배제기능강화의 예(환경부, 2012)

- Chicago hydrograph method (Keifer et al., 1978)
- ILLUDAS (the Illinois urban drainage area simulator) (Terstriep and Stall, 1974)
- HEC-1 (Hydrologic Engineering Center, 1998)
- STORM (Hydrologic Engineering Center, 1977)
- SWMM (storm water management model) (US EPA, 1982).

• IUSR (Illinois urban storm runoff method) (US EPA, 1976).

이중에서 STORM은 강우유출과정에서 초래하는 오염물질의 부하를 평가할 수 있고, SWMM은 우수관이나 합류식 하수관거 시스템에서 유량과 수질을 모두 평가할 수 있는 프로그램이다. 현대의 우수관거 시스템 설계는 간단하게 적용가능한 합리식에 비하여 더 정교한 과정을 요구하고 있다. 특히 사용하기에 유용한 ILLUDAS나 SWMM 모델은 모델 운용을 위해 요구되는 최소한의 자료가 합리식에 비하여 그리 폭넓지 않다.

최근 환경부에서는 관거유출과 표면유출의 이중배수체계 모델을 개발하여 침수대응 시뮬레이션 수행 매뉴얼(환경부, 2011)을 작성하였는데, 이 방법은 강우손실을 통한 유효우량의 발생, 지표면을 통한 흐름, 유출량의 하수관거 유입 이후 관내 수리현상, 내수침수 발생의 현상을 더 정확하게 시뮬레이션 가능한 이중배수체계 모델을 사용한다. 이를 이용하여 대상지역의 내수침수 발생을 정량적으로 평가하여 침수대응시설 설치 및 유지관리 시에 내수침수 저감효과를 검토하여 내수침수 대응시설의 설치 타당성 조사, 계획 수립, 설계 및 시공 업무에 있어 과학적 근거를 제공할 수 있다. 그림 13−38에는 침수대응 하수도 시뮬레이션 수행 절차가 나타나 있다.

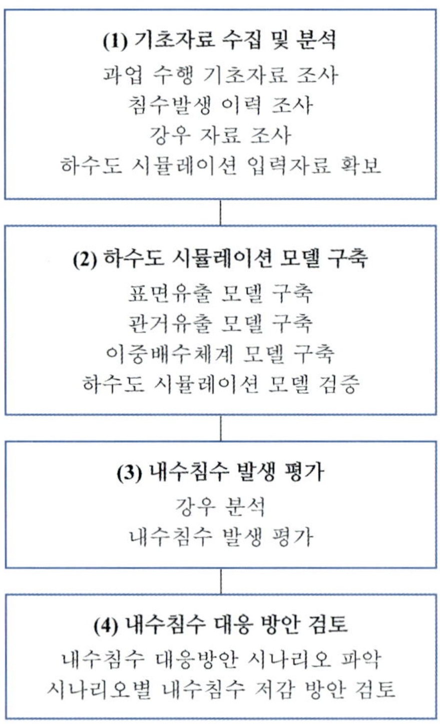

그림 13−38 **침수대응 하수도 시뮬레이션 수행 절차(환경부, 2011)**

침수대응 하수도 시뮬레이션에서의 해석모델은 내수침수 발생과 관련된 수리, 수문학적 관거유출 현상과 표면유출 현상을 이중배수체계 형태로 표현할 수 있는 어떠한 모델도 가능한데, 일반적으로 다음과 같은 범용 소프트웨어를 사용한다.

① XPSWMM

1971년 미국환경청(US EPA)에서 개발된 모델인 SWMM(Storm Water Management Model)을 기반으로 XP Software에서 만들어진 모델이다. 관거유출 현상의 모의는 SWMM 엔진을 이용하며, 표면유출 현상의 모의를 위해 TUFLOW 엔진을 이용한다.

② MIKE FLOOD

덴마크 DHI(Danish Hydraulic Institute)에서 개발된 여러 모델 중 특히 내수침수 모의를 위해 선정된 모듈 구성으로는 관거유출 현상의 모의를 위한 MIKE URBAN CS (MOUSE)와 표면유출 현상의 모의를 위한 MIKE 21의 조합으로 이루어진다.

모델의 구성을 위해 필요한 입력자료는 표면유출 모델의 경우 지표면의 특성에 관한 자료로 구성되며, 관거유출 모델의 경우 관거자료, 맨홀자료, 유역자료로 구성된다(표 13－15). 또 내수침수 발생 시뮬레이션의 출력자료는 홍수량, 침수면적, 침수심 등으로 구성된다.

표 13－15 **이중배수체계 모델의 일반적인 입력자료**

구분	입력자료	
(1) 표면유출모델	대상지역의 지표면 고도(등고선), 건물 고도, 주요 도로 고도, 표면조도계수 등	
(2) 관거유출모델	관거자료	관거이름, 상류맨홀, 하류맨홀, 관형상, 원형관거－관경, 박스형 관거－폭/직경, 관거연장, 상류관저고, 상류지반고, 하류관저고, 하류지반고, 관경사, 조도계수 등
	맨홀자료	맨홀이름, 맨홀재원, 지반고, 관저고, 소유역 정보 등
	유역자료	소유역이름, 유역면적, 유역폭, 유역경사도, 불투수율, 투수표면저류, 투수조도계수, 불투수표면저류, 침투손실인자 등

내수침수 발생평가 단계에서 강우분석은 대상지역의 과거 장기간 측정된 강우자료를 획득하여 확률강우량을 산정하고, 지속시간별로 다양한 강우사상을 시간 분포시켜 내수침수 발생평가 입력자료로 활용한다. 점빈도 해석을 통한 확률강우량의 산정은 국내외에서 프로그램이 개발되어 널리 사용되고 있는 빈도해석 프로그램(표 13－16)을 사용하여 간편하게 산정가능하다. 확률강우량은 10분, 60분 및 1～24시간까지(24개 시간) 등의 다양한 지속시간별 및 재현기간에 대하여 산정하도록 한다. 산정된 우량관측소 지점의 강우 지속시간별 확률강우량은 유역면적이 약 26 km^2 이상일 경우는 강우특성의 공간적 변화를 고려해주기 위해 면적확률강우량을

사용하는 것이 바람직하다. 산정된 확률강우량에 면적감소계수(ARF, area reduction factor) 또는 면적우량환산계수를 도입하여 면적확률강우량을 산정한다.

표 13-16 **대표적 빈도해석 프로그램**

프로그램	개발자	비고
FARD (Frequency Analysis of Rainfall Data)	소방방재청 국립방재연구소	http://www.nidp.go.kr
HEC-FFA (Flood Frequancy Analysis)	미국공병단 수문공학연구소 (USACE, HEC)	http://www.hec.usace.army.mil
PEAKQ	미국지질조사국(USGS)	http://water.usgs.gov/software/surface_water.html
SWSTAT	미국지질조사국(USGS)	http://water.usgs.gov/software/surface_water.html

내수침수 발생을 저감시킬 수 있는 현실적인 대응방안 시나리오를 파악을 위한 내수침수 대응 방안 검토 단계에서 일반적으로 적용하는 내수침수 대응시설은 표 13-17과 같이 ① 하수관거시설, ② 빗물펌프장(유수지), ③ 하수저류시설 등으로 나누어진다. 또 내수침수 발생을 저감시키기 위한 내수침수 대응시설의 적용성 검토가 중요하다. 이때 엔지니어링 관점에서 추후에 현실성을 담보할 수 있도록 후보 대응시설을 검토한다. 각 시설의 침수피해 저감방안 및 적용가능성은 대상지역의 지역적 특성에 따라 다르므로 대상시설별 설치가능 여부를 파악하여 계획한다.

표 13-17 **내수침수 대응시설의 예**

대응시설	하수관거	빗물펌프장(유수지)	저류시설
침수피해 저감방안	하수관거정비, 확률연수 상향조정	확률연수 상향조정, 운영·관리방안 마련	저류시설 확대설치, 하수저류시설설치

참고문헌

- ASCE, WPCF (1969). Design and Construction of Sanitary Sewers. ASCE manual and Report 37, New York
- CDS Technologies, Inc., CDS CSO unit.
- Hammer, M.J. (1977). Water Wastewater Technology. John Wiley and Sons, Inc.
- Keifer, C. J., Hung, C. Y., Wolka, K. (1978). Modified Chicago Hydrograph Method. BC Yen, ed.
- McGhee, T.J. (1991). Water Resources and Environmental Engineering. McGraw-Hill, New York.
- Metcalf and Eddy (1972). Wastewater Engineering: Collection, Treatment, Disposal. McGraw-Hill.
- Metcalf and Eddy (1978). Wastewater Engineering: Treatment, Disposal, Reuse. McGraw-Hill.
- Steel, E.W., McGhee, T.J. (1979). Water Supply and Sewerage. McGraw-Hill.
- Terstriep, M. L., Stall, J. B. (1974). The Illinois urban drainage area simulator, ILLUDAS (No. 58). Urbana: Illinois State Water Survey.
- Tholin, A.L., Kiefer, C.J. (1959). Hydrology of urban runoff. Journla of Sanitary Engineering Division, ASCE, 85, SA2.
- US Army Corps of Engineers, Hydrologic Engineering Center (1998). HEC-1. Flood Hydrograph Package, 723, X6-L2010.
- US Army Corps of Engineers, Hydrologic Engineering Center (1977). STORM-storage, treatment, overflow runoff model.
- US EPA (1976). Urban storm water runoff: Determination of volumes and flowrates., Cincinnati.
- US EPA (1982). Storm water management model. User's manual ver. III, Cincinnati.
- 재난관리 개선 민관 합동 T/F (2011). 기후변화대응 재난관리 개선 종합대책.
- 최의소, 조광명 (1996). 환경공학. 청문각.
- 환경부 (2005). 하수도시설기준.
- 환경부 (2011). 하수도시설기준.
- 환경부 (2011). 침수대응시설 하수도 시뮬레이션 수행 매뉴얼. 생활하수과.
- 환경부 (2012). 도시 침수 대비 하수도 정비대책.

PART

부록

부록 1. EPANET을 이용한 상수배수관망 해석 예

1. 개요

현재까지 개발된 범용 상수배수관망 해석 프로그램 중에서도 EPANET은 특히 수리 및 수질을 포함한 다양한 차원의 해석이 가능한 가장 보편화된 효율적인 프로그램으로, 최근 국내에서 개발된 'water-NET'의 관망진단 프로그램(Dr.Pipe)에서도 기본엔진으로 사용하고 있다. 따라서 여기에서는 EPANET 프로그램의 기초적인 이해를 돕기 위하여 그림 A－1과 같은 단순한 관망 예를 통하여 그 활용법을 설명하고자 한다. 좀 더 상세한 내용은 EPANET2 사용자 매뉴얼을 참고하길 바란다(K-Water, 2004, Rossman, 2000).

이 배수망은 저수지(혹은 처리장 정수지)로부터 두 개의 폐합망(loops)으로 양수하는 구조이다. 각 구성요소에 대해 번호가 표시되어 있고, 절점(node)과 관로(pipe)의 특성자료는 표 A－1과 A－2에 정리되어 있다. 펌프(Link 9)는 45.7 m의 정격양정에서 3,300 m^3/일의 유량을 송수한다. 또 배수지(node 8)의 직경은 18.0 m, 초기 수위는 바닥(EL. 252.98 m)으로부터 1.0 m이며 최대수위는 6.0 m이다(먼저 컴퓨터에 기초자료를 입력하기 전에 상세한 자료를 준비하고 관망도를 그려 두고 시작하는 것이 좋다).

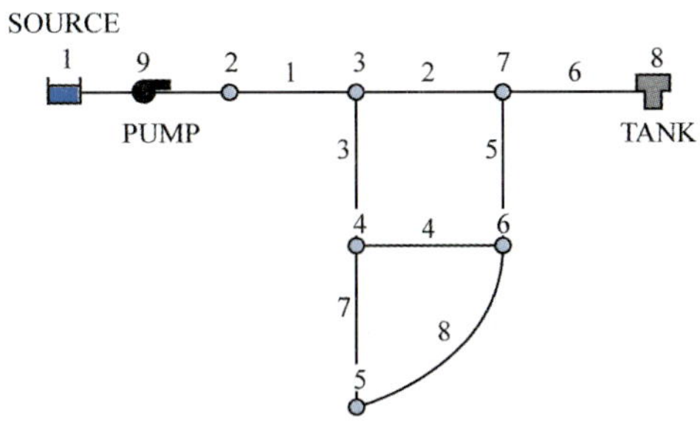

그림 A－1 **Example Pipe Network**

표 A－1 **Network Node Properties**

절점번호	관상고(표고, EL. m)	공급량(m^3/일)
1	213.36	0
2	213.36	0
3	216.41	820
4	213.36	820
5	198.12	1100
6	213.36	820
7	213.36	0
8	252.98	0

표 A－2 **Network Pipe Properties**

관로번호	관길이(m)	관경(mm)	C값
1	914.4	350	100
2	1524.0	300	100
3	1524.0	200	100
4	1524.0	200	100
5	1524.0	200	100
6	2133.6	250	100
7	1524.0	150	100
8	2133.6	150	100

2. 과업 설정(Project Setup)

가장 먼저 해야 할 일은 EPANET에서 새로운 과업을 만들고 기본옵션(default options)을 설정한다. 우선, EPANET 프로그램을 작동하고, 다른 과업이 화면에 떠 있다면 새로운 과업을 위하여 메뉴바에서 File ≫ New를 선택한다. 그 다음에 그림 A－2와 같은 화면을 열기 위하여 Project ≫ Defaults를 선택한다.

이 옵션에서 "ID Labels"은 1, 2, 3, … 순으로 시작하기 때문에 그대로 두고, "Properties"에서 관로길이(pipe length)를 '1000', 관직경(pipe diameter)을 '200', 조도계수(roughness)를 '100'으로 입력한다. 또 "Hydraulics"에서는 유량단위(Flow Units)를 'CMD(m^3/일)'로 선택하고, 수두손실 관련식(headloss formula)은 'H-W(Hazen-Williams)'을 선택한다. 향후에도 같은 형식을 사용할 것이므로 저장(Save as defaults for all new projects)에 클릭 표시하고 OK 버튼을 누른다.

다음으로 번호표시(ID label), 기호(symbol) 등의 관망표시 옵션을 선택한다. 메뉴바의 View ≫ Options을 선택하여 그림 A－3과 같은 관망 옵션 화면이 나오도록 한다. 관망도를 작성할 때 절점과 관로번호를 자동으로 화면에 표시되도록 하기 위하여, 이 화면에서 "Notation"을 선택하여 그림과 같이 절점 및 관로의 번호(ID)가 선택되도록 하고 OK 버튼을 눌러서 저장한다. 만일 다른 작업에서 이미 작성된 관망도의 크기가 크거나 작아서 그 범위를 조정하고자 할 때에는 View ≫ Dimensions을 선택하여 편집한다.

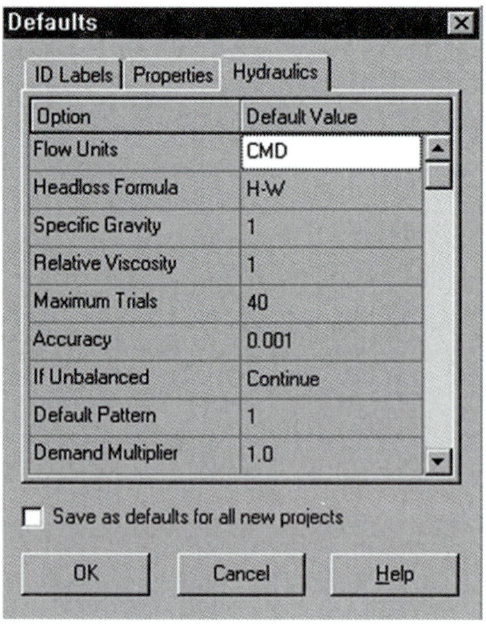

그림 A－2 유량, 사용공식 단위 설정

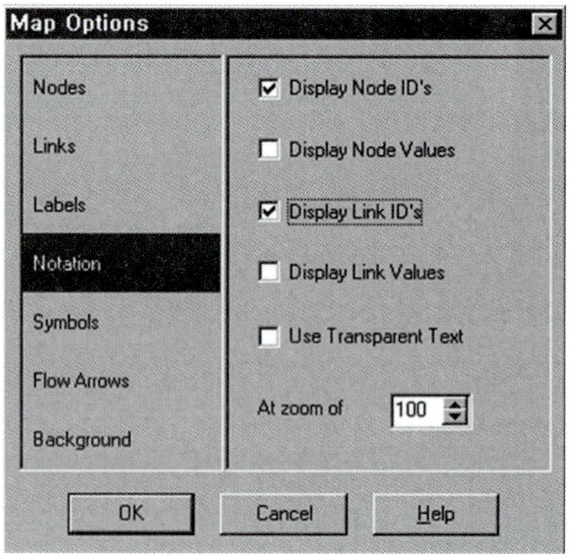

그림 A－3 관망도 작성 선택사양 선택

3. 관망도 작성하기

마우스와 도구상자(toolbar)를 이용하여 다음 절차를 참고로 하여 관망도를 작성한다.

1) 절점요소(node) 그리기

① 먼저 저수지(reservoir)를 추가하기 위하여 도구상자에서 Add Reservoir 버튼을 누른 다음 관망도 그리기 화면의 저수지가 있어야 할 위치(1번 절점)에 마우스로 클릭한다.

② 다음으로 절점(junction)을 추가한다. 도구상자에서 Add Junction(•) 버튼을 선택하고, 마우스를 클릭하여 격점 2에서 7까지 순서대로 추가한다.

③ 마지막으로 도구상자(toolbar)에서 탱크 버튼을 선택하고 배수지가 위치한 장소(8번 절점)에 마우스를 클릭하면 절점요소는 그림 A－4와 같이 된다.

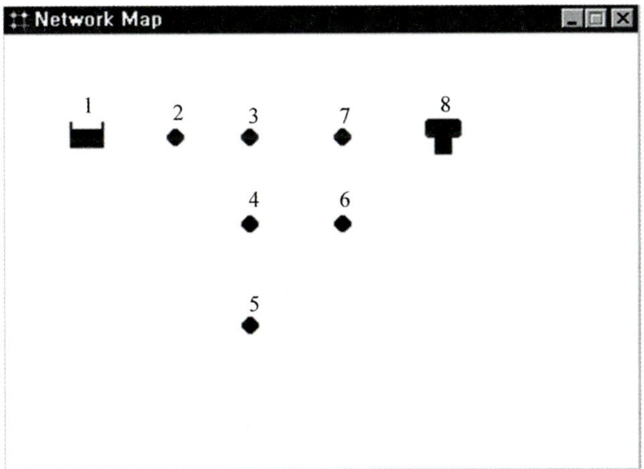

그림 A－4 **절점요소 작성**

2) 연결요소(link) 그리기

① 먼저 관로(pipe)를 추가하기 위하여 Add Pipe 버튼을 선택한다. 다음으로 격점 2와 3을 연결한다(먼저 2번 격점에 마우스를 클릭하고 3번 격점에 다시 클릭하면 연결). 이와 같은 방법으로 관로번호 2에서 7까지 반복한다.

② 관로 8번은 곡선으로 이루어져 있다. 이를 그리기 위하여 먼저 마우스를 5번 격점에 클릭하고 곡선이 이루어질 수 있는 적당한 지점에 마우스를 연속적으로 클릭하여 6번 절점에서 끝마친다.

③ 마지막으로 펌프를 추가하기 위하여 Add Pump 버튼을 클릭하여 격점 1과 2를 연결한다. 펌프는 연결요소이므로 관로를 그리고 또다시 펌프를 작성하지 말고 절점번호 1과 2 사이에는 펌프만 연결하여야 한다.

3) 라벨(label) 붙이기

먼저 Add Label(T) 버튼을 클릭하고 저수지 위에 마우스를 위치한 후에 "취수원"이라고 쓰고 Enter키를 누른다. 이런 방식으로 "펌프", "배수지"를 쓴 후에 마우스로 편집모드를 누르면 라벨 붙이기 모드를 끝낼 수 있다.

그리기가 완료되면 앞의 예제관망과 같은 그림이 형성될 것이다. 만일 관망도의 곡선 부위(관로번호 8)를 수정하고자 하면 다음과 같은 순서로 편집하면 된다.

① 먼저 관로 8번을 선택한 다음 도구상자에서 'Select Vertex 버튼'을 선택한다.

② 꼭짓점(vertex point)을 클릭하여 새로운 지점으로 마우스를 누른 상태(drag)로 옮긴다.

③ 만일 꼭짓점을 추가하거나 삭제하고 싶으면 오른쪽 마우스를 누르면 추가(Add vertex), 삭제(Delete Vertex) 화면이 생기며, 이를 이용한다.

④ 수정이 완료되었으면, 다시 편집모드에 마우스를 클릭하여 다른 작업을 수행할 수 있도록 한다.

4. 입력자료 편집

이제 기본적인 관망도는 작성되었으므로 저수지, 관로, 절점요소, 펌프, 탱크 등의 자료를 입력한다. 편집기 중에서 별표(*)가 있는 항목은 반드시 입력하며, 번호(ID)는 자동으로 작성되므로 수정하고자 할 때만 편집하면 된다. 만일 설비편집기(property editor)가 화면에 떠 있으면, 다른 곳을 마우스로 클릭만 하면 자동으로 그 시설을 편집할 수 있으나, 설비편집기가 화면에 떠 있지 않다면 다음과 같은 3가지 방법 중에 하나를 선택하면 된다.

- 관망도의 한 지점(저수지, 관로, 펌프 등)을 더블클릭한다.
- 관망도의 한 지점에 마우스를 놓고 우측 마우스를 눌러 'Properties'를 선택하면, 편집기가 나타난다.
- 자료 브라우저(Data Browser)의 Edit 버튼을 누른다.

1) 저수지 자료편집

저수지에서 반드시 입력해야 할 자료는 저수지의 고정수위(total head)이다. 통상적으로 저수위(LWL) 또는 현재 가동되고 있는 수위를 입력하면 된다. 여기에서는 그림 A-5와 같이 213.36 m를 입력한다. 이때 시간별로 변하는 저수지 수위를 고려하고자 할 때는 'Head Pattern'에 번호를 입력하고 '패턴(Patterns)' 편집기에서 시간별 변화를 입력하면 된다.

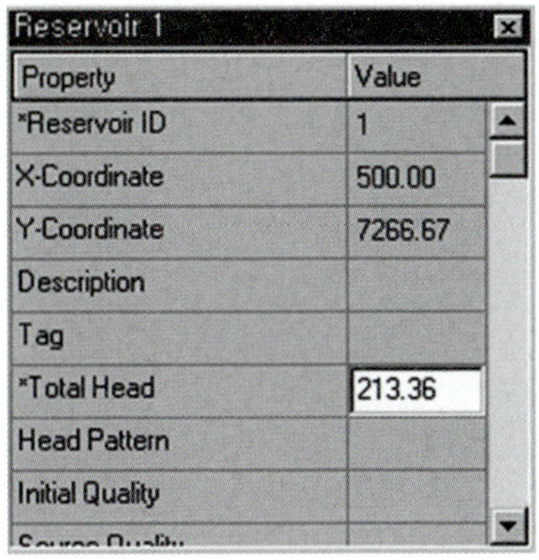

그림 A-5 **저수지 자료 작성**

2) 절점(junction) 자료 편집

절점에서 필요한 입력자료는 절점번호(junction ID), 표고(elevation), 공급량(base demand)이다. 절점번호 3을 예로 들면, 절점번호는 3번으로 자동으로 입력되어 있으므로, 그림 A-6과 같이 표고 216.41 m, 기본 공급량 820 m^3/일을 입력한다. 만일 입력되어 있는 절점번호를 바꾸고자 하면 번호나 영문자를 입력하면 되며, 이때 관망 내 같은 번호가 있으면 오류 메시지가 나오므로, 먼저 이것을 다른 번호로 수정한 후에 수정하여야 한다.

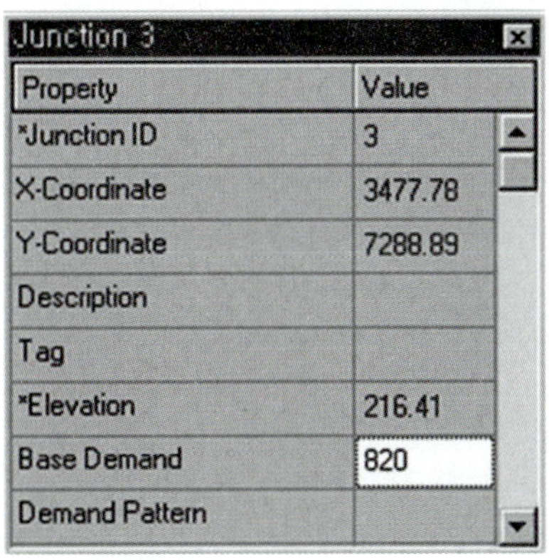

그림 A-6 **절점자료 작성**

3) 관로자료(pipe) 편집

관로자료에서는 관로번호, 시작절점번호(start node), 끝절점번호(end node), 관길이(m), 관직경(mm), C값(Roughness) 등이다. 관로번호 1을 예로 들면 번호, 시작 및 끝절점번호는 자동으로 부여되어 있으므로, 관길이 914.4 m, 관직경 350 mm로 입력하며(그림 A-7), C값은 기본값 설정(Default Options)에서 이미 설정하였으므로 별도로 편집할 필요가 없다.

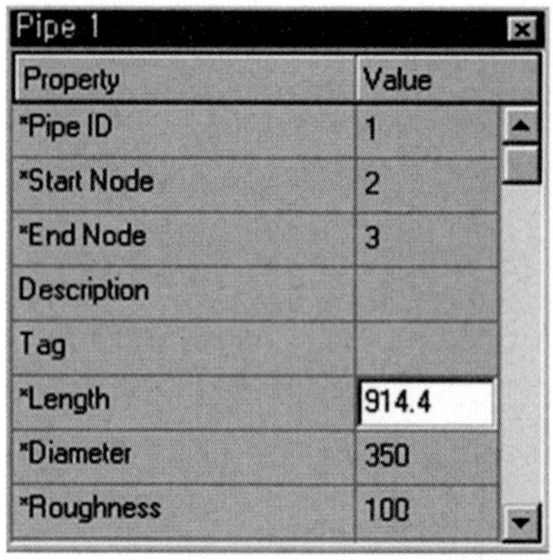

그림 A-7 **관로자료 작성**

4) 배수지(tank) 편집

배수지자료는 기본적으로 배수지번호, 표고, 초기수위, 최저수위, 최대수위, 관직경이다. 배수지 번호 8의 예를 들면, 표고 EL. 252.98 m 지점에 배수지가 설치되어 있으며, 배수지의 최대수위는 6 m(EL 252.98 + 6 = 258.98 m), 최저수위는 0 m, 초기수위는 1 m, 배수지의 직경은 18 m이다(그림 A-8).

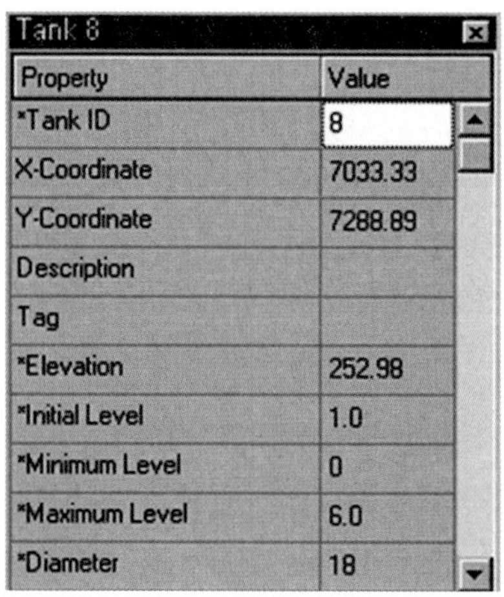

그림 A-8 **탱크자료 작성**

5) 펌프자료 편집

펌프자료 편집을 위해서는 우선 펌프의 편집기에서 펌프곡선(pump curve)을 1로 선택한 다음, 자료 브라우저(data browser)에서 '곡선(curves)'을 선택하여 그림 밑부분의 추가(add) 버튼을 누르면 그림 A-9와 같이 만들어진다.

곡선번호(curve ID)는 사전에 펌프 편집기에서 펌프곡선 번호(pump curve ID)를 1로 설정하였

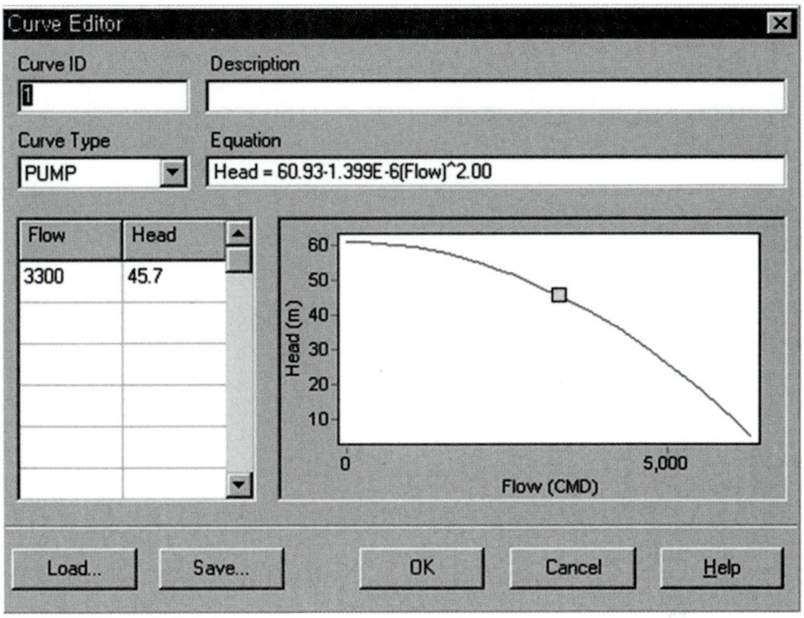

그림 A-9 펌프특성곡선 작성

으므로 1을 그대로 두고, 곡선형식(curve type) 또한 PUMP로 되어있으므로 수정할 필요가 없으며, 여기에서는 정격 양정 및 유량에 의한 곡선(1점 곡선)을 선정하였으므로, 유량(flow)은 3300 m^3/일, 수두(head)는 45.7 m로 입력하면 우측의 곡선과 식이 자동으로 생성된다.

5. 저장과 불러오기

이제 편집작업은 완료하였으므로 이 작업을 저장하기 위해서 File ≫ Save 또는 다른 이름으로 저장하고자 할 때는 File ≫ Save As를 선택한다. 이때 저장되는 파일의 확장자는 (*.net, 예; 수도권.net)이다.

이미 저장되어 있는 파일을 불러오고자 할 때는 메뉴바의 File ≫ Open을 선택하며, 이 관망도를 일반 문서편집기의 문자파일(Text File) 형식으로도 편집할 수 있는 파일로 저장하고자 할 때는 File ≫ Export ≫ Network을 선택한다. 이때의 확장자 명은 (*.inp)이다.

또 이미 *.inp 파일로 작성되어 있는 자료를 불러오고자 할 때는 File ≫ Import ≫ Network을 선택하면 된다.

예제에서 입력을 완료하여 저장한 관망해석 자료의 관망도는 그림 A-10과 같으며, 이는 관망도를 작성한 후에 Edit >> Copy to.. 기능을 이용하여 저장한 것이다.

표 A-3은 작성한 예제 관망도의 입력자료로서 입력을 완료한 후에 File ≫ Export ≫ Network을 이용하여 문자파일(Text File) 형식으로 저장한 것이다. 이 자료에서 「;」 기호는

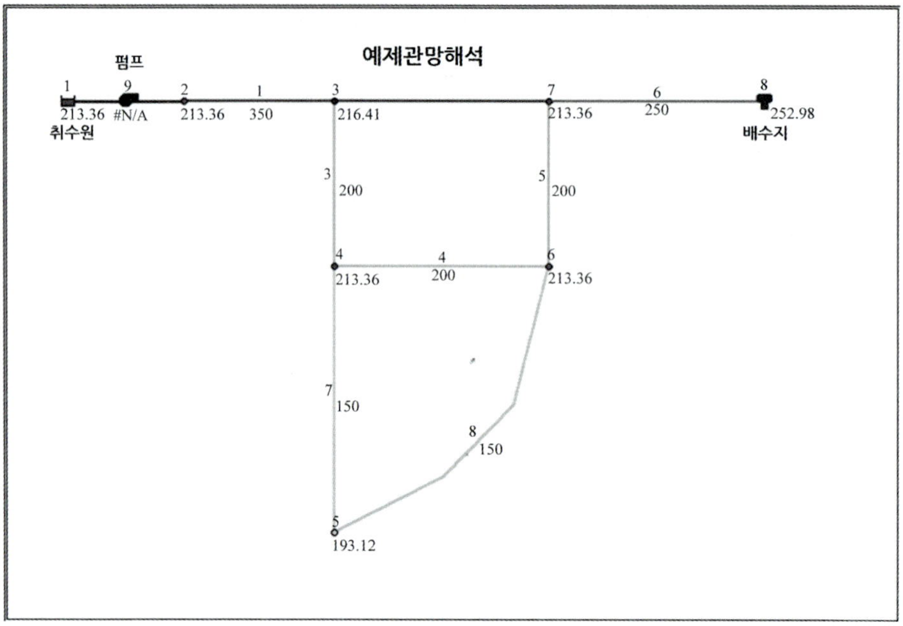

그림 A-10 입력 완료한 예제관망도

주석(comment)으로서 영문자 대신에 한글로 작성가능하며, 관망도 작성 후 관리를 위해서 각 자료마다 주석으로 표시하여 두는 것이 좋다.

또 이 자료를 수정한 후에 다시 불러오기도 가능하다. 즉, 자료관리는 EPANET 작업환경에서 뿐만 아니라 문자파일 형태로 전환가능하다.

표 A-3 예제 관망도 입력자료

```
[TITLE]
해석예제 관망
해석예제에 관한 관망입력자료

[JUNCTIONS]                                                   ; 절점 자료
;ID          Elev          Demand        Pattern
 2           213.36        0                                  ;2번 절점 자료
 3           216.41        820                                ;
 4           213.36        820                                ;
 5           198.12        1100                               ;
 6           213.36        820                                ;
 7           213.36        0                                  ;

[RESERVOIRS]                                      ; 저수지 자료
;ID          Head          Pattern
 1           213.36                               ;

[TANKS]                                                           ; 탱크 자료
;ID    Elevation   InitLevel   MinLevel   MaxLevel   Diameter   MinVol   VolCurve
 8     252.98      1.0         0.0        6.0        18.0       0        ;

[PIPES]                                                         ; 관로자료
;ID    Node1    Node2    Length    Diameter    Roughness    MinorLoss    Status
 1      2        3        914.4     350         100          0            Open   ;
 2      3        7        1524      300         100          0            Open   ;
 3      3        4        1524      200         100          0            Open   ;
 4      4        6        1524      200         100          0            Open   ;
 5      7        6        1524      200         100          0            Open   ;
 6      8        7        2133.6    250         100          0            Open   ;
 7      4        5        1524      150         100          0            Open   ;
 8      6        5        2133.6    150         100          0            Open   ;

[PUMPS]                                                 ; 펌프 자료
;ID             Node1           Node2           Parameters
 9              1               2               HEAD 1   ;

[VALVES]                                                ; 밸브자료(Setting 없음)
;ID       Node1        Node2        Diameter     Type   Setting     MinorLoss

[TAGS]

[DEMANDS]
;Junction       Demand          Pattern         Category
```

표 A-3 예제 관망도 입력자료 (계속)

```
[STATUS]
;ID              Status/Setting

[PATTERNS]
;ID              Multipliers
;수요패턴
 1               0.5             1.3             1.0             1.2

[CURVES]
;ID              X-Value         Y-Value
;PUMP: 예제관망 펌프특성곡선
 1               3300            45.7

[CONTROLS]

[RULES]

[ENERGY]
 Global Efficiency       75
 Global Price            0
 Demand Charge           0

[EMITTERS]
;Junction        Coefficient

[QUALITY]
;Node            InitQual

[SOURCES]
;Node            Type            Quality         Pattern

[REACTIONS]
;Type            Pipe/Tank       Coefficient


[REACTIONS]
 Order Bulk              1
 Order Wall              1
 Global Bulk             0
 Global Wall             0
 Limiting Potential      0
 Roughness Correlation   0

[MIXING]
;Tank            Model
```

표 A-3 예제 관망도 입력자료 (계속)

```
[TIMES]
 Duration                   72
 Hydraulic Timestep         1:00
 Quality Timestep           0:05
 Pattern Timestep           6.0
 Pattern Start              0:00
 Report Timestep            1:00
 Report Start               0:00
 Start ClockTime            12 am
 Statistic                  None

[REPORT]
 Status                     No
 Summary                    No
 Page                       0

[OPTIONS]
 Units                      CMD
 Headloss                   H-W
 Specific Gravity           1
 Viscosity                  1
 Trials                     40
 Accuracy                   0.001
 Unbalanced                 Continue 10
 Pattern                    1
 Demand Multiplier          1.0
 Emitter Exponent           0.5
 Quality                    None mg/L
 Diffusivity                1
 Tolerance                  0.01

[COORDINATES]
;Node              X-Coord             Y-Coord
 2                 680.71              8460.29
 3                 3128.04             8460.29
 4                 3128.04             5786.06
 5                 3128.04             1474.88
 6                 6564.02             5786.06
 7                 6564.02             8460.29
 1                 -1231.77            8444.08
 8                 10032.42            8460.29

[VERTICES]
;Link              X-Coord             Y-Coord
 8                 5996.76             3549.43
```

표 A-3 예제 관망도 입력자료 (계속)

```
 8                  4878.44           2382.50

[LABELS]
;X-Coord            Y-Coord           Label & Anchor Node

[BACKDROP]
 DIMENSIONS     0.00          0.00          10000.00        10000.00
 UNITS            None
 FILE
 OFFSET           0.00          0.00

[END]
```

6. 해석

1) 단일기간(순간) 해석(single period analysis)

단일기간 해석 또는 정상상태 해석(steady-state analysis)은 시간에 따른 사용량, 수위변동을 고려하지 않고 주어진 한 개의 자료만을 해석하는 방법으로 순간해석(snapshot analysis)이라고도 한다. 단일기간 해석을 위한 자료는 이미 입력이 완료된 상태이므로, 해석을 위하여 메뉴바의 Project ≫ Run Analysis 또는 도구상자에서 실행(Run) 아이콘을 누른다.

만일 해석이 성공하지 못하면 상태표시(status report)에 문제점이 무엇인가를 알려줄 것이다. 만일 해석을 성공했다면, 여러 가지 방법으로 그 결과를 볼 수 있다. 그 몇 가지들은 다음과 같다.

- 관망 브라우저(map browser)에서 절점요소(nodes)의 압력(pressure)을 선택하면 절점의 압력에 따라 절점에 색으로 구분되며 절점범례가 표시된다. 만일 범례표시가 되지 않았을 경우에는 View ≫ Legends ≫ Node를 표시하거나 우측 마우스를 누른 후 Node Legend를 선택하면 범례가 표시될 것이며, 표시된 범례 창을 두 번 클릭(double click)하면 범례창이 숨겨진다. 범례의 범위나 색을 수정하고자 하면 범례 위에 마우스를 놓고 우측 마우스를 누르면 범례편집기(legend editor)가 나타나고, 편집기에서 특정 색을 바꾸려면 그 색(예를 들어, 노란색) 위에서 마우스의 좌측버튼을 누르면 여러 가지 색을 선택하여 바꿀 수 있다.
- 설비편집기(property editor)를 선택(절점이나 연결요소에서 마우스 double click)하면 각 설비에서의 계산된 결과치를 볼 수 있다.
- 계산결과를 보기 위해 표나 그래프를 이용할 수 있다. 표는 메뉴바의 Report ≫ Table이나

Network Table - Links

Link ID	Length m	Diameter mm	Roughness	Flow CMD	Velocity m/s	Headloss m/km
Pipe 1	914.4	350	100	3667.05	0.44	1.01
Pipe 2	1524.0	300	100	1422.06	0.23	0.37
Pipe 3	1524.0	200	100	1424.98	0.53	2.68
Pipe 4	1524.0	200	100	5.15	0.00	0.00
Pipe 5	1524.0	200	100	-1315.02	0.48	2.31
Pipe 6	2133.6	250	100	107.05	0.03	0.01
Pipe 7	1524.0	150	100	599.83	0.39	2.19
Pipe 8	2133.6	150	100	-500.17	0.33	1.56
Pump 9	#N/A	#N/A	#N/A	3667.05	0.00	-42.12

그림 A-11 **해석결과표 보기**

도구상자의 'Table' 버튼을 누르면 절점요소(Node)와 관로(Link)에 대한 해석결과 자료를 만들 수 있으며, 이때 원하는 항목을 선택하거나 특정 조건만을 추려서(Filter) 볼 수 있다. 그림 A-11은 계산결과를 표로 나타낸 것이다.

2) 시간변화 해석(extended period analysis)

시간변화 해석은 계통 내의 가동조건을 고려한 해석이다. 여기에서는 시간에 따른 각 절점(junction)에서의 공급량 변화를 해석해보도록 한다. 공급량의 변화가 6시간마다 있다고 가정할 경우 하루 동안 4번의 변화가 있어야 한다. 통상 24시간 동안 1시간마다의 변화를 고려하는 것이 보통이나 여기에서는 예제를 간략화하기 위하여 6시간 변화를 사례로 한다.

그림 A-12와 같이 자료 브라우저(data browser)-Options-Times을 선택하여 총 계산시간(total duration)을 72시간, 시간간격(pattern time step)을 6시간으로 설정한다.

Times Options

Property	Hrs:Min
Total Duration	72
Hydraulic Time Step	1:00
Quality Time Step	0:05
Pattern Time Step	6
Pattern Start Time	0:00
Reporting Time Step	1:00
Report Start Time	0:00
Clock Start Time	12 am
Statistic	None

그림 A-12 **시간변화해석을 위한 시간단위 설정**

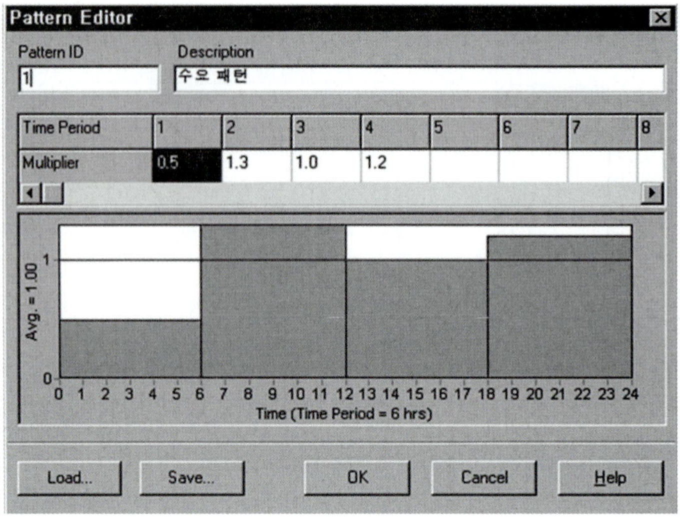

그림 A-13 **시간별 공급량 변화패턴 작성**

시간별 변화 패턴을 설정하기 위하여 자료 브라우저(data browser)-Pattern을 선택하고 아래의 '추가(Add)' 버튼을 누르면, 그림 A-13과 같은 패턴 편집기(pattern editor)가 나타난다. 이 편집기에 0.5, 1.3, 1.0, 1.2를 입력한다. 이 숫자의 의미는 모든 절점(junction)의 기저 공급량(base demand)에 해당 시간별로 이들 숫자를 곱한 값으로 공급량이 변하게 하고, 이 값을 대상으로 계산하게 됨을 의미한다.

이제 시간변화 모의에 대한 계산결과를 검토한다. 먼저 앞에서 설명한 방법으로 다시 실행(Run)한다. 다음으로 시간별 물의 흐름을 파악하기 위하여 관로의 흐름을 나타내는 화살표를 선택(View ≫ Options 또는 도구상자 Options에서 Flow Arrow - Filled)한다.

이제, 관망 브라우저(map browser)의 절점 및 관로의 값을 압력과 유량을 선택하고 비디오 플레이 형태의 아이콘(▶)을 누르면 시간별 변화를 관찰할 수 있을 것이다.

절점(node)이나 연결요소(link)에서의 시간별 변화 값을 그래프로 표현할 수 있다. 예를 들어, 배수지(tank)에서의 시간별 수위변화를 그래프로 나타내는 순서는 다음과 같다.

① 관망 내 탱크(tank) 지점을 마우스로 선택한다.

② 메뉴바의 Report ≫ Graph(또는 도구상자(Toolbar)의 Graph 버튼)를 선택한다.

③ 이 그래프 상자에서 그래프 형태를 'Time Series' 변수(parameter)로서 동수두를 나타내는 'Head'를 선택한다.

④ OK를 선택하면 그림 A-14가 그려진다. 그래프가 그려진 상태에서 Report ≫ Options(또는 그래프에 마우스를 놓고 우측 마우스를 클릭)을 선택하면 3차원 형태, 그래프 제목,

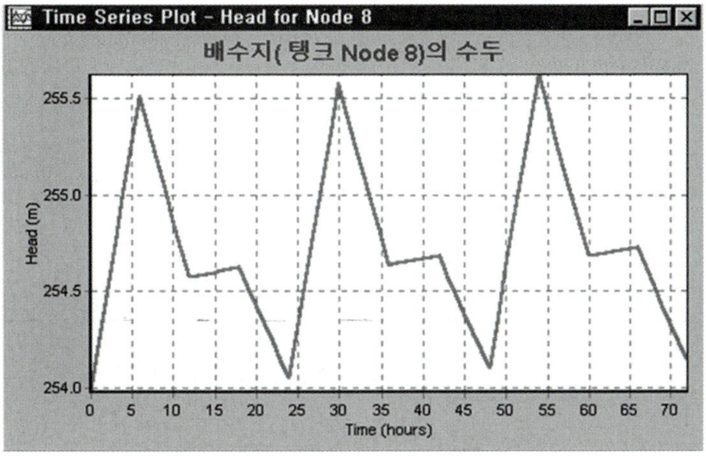

그림 A-14 **해석결과(시간별 배수지 수위변화)**

종횡축의 간격 등을 조정하여 표현할 수 있다.

3) 펌프운전 제어(control)

펌프의 가동은 일반적으로 배수지 수위나 계통 내 유량의 변동에 따라 펌프의 운전대수를 제어하거나 변속펌프에 의한 회전속도 제어를 하게 된다. 예를 들어 여기에서는 규칙기반 제어(rule-based controls) 방법을 이용하여 펌프를 제어하고자 한다. 만일 펌프의 운전대수를 여러 대로 설정하여 입력하였다면 일반적으로 대수제어를 하게 되나, 여기에서는 펌프가 1대만 가동되고 있으므로 변속펌프에 의한 회전속도 제어를 사례로 한다.

- 해석조건 :
  ① 탱크(8번) 수위가 바닥으로부터 2.0 m(Level 2.0 m) 이하가 되면 펌프(9번)의 회전속도를 정격속도(1)의 1.2배로 한다.
  ② 탱크(8번) 수위가 다시 바닥으로부터 4.0 m 이상이 되면 펌프(9번)의 회전속도를 정격속도(1)의 0.9배로 낮춘다.
- 입력 및 해석방법
  ① EPANET 자료브라우저(data browser)의 아래쪽에 있는 Controls을 선택한다.
  ② Rule-Based를 double click하거나 아래쪽의 Edit를 누른다.
  ③ Rule-Based Controls 편집기(editor)가 활성화되면 이곳에 그림 A-15와 같이 입력한다.
  ④ 편집기 아래쪽의 OK를 누르고 다시 해석(Analysis)을 실행한다. 해석을 실시한 후, 시간별 펌프의 유량 변동을 그래프로 그려보면 그림 A-16과 같다.

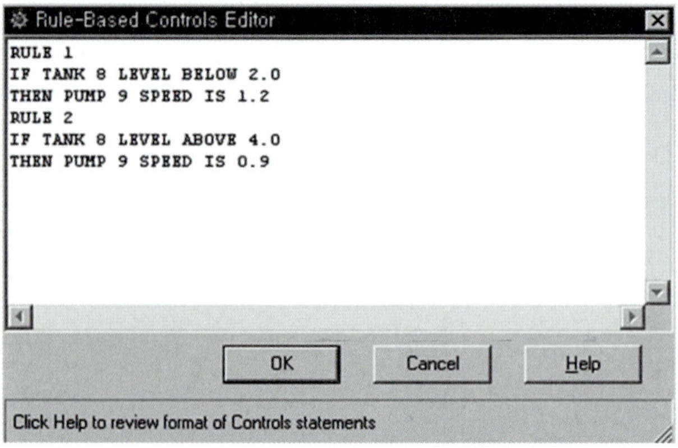

그림 A-15 펌프의 제어

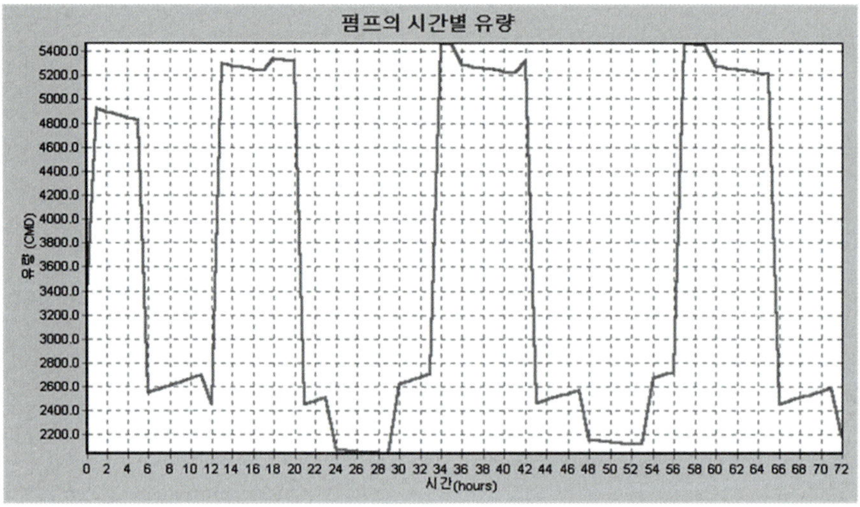

그림 A-16 펌프제어에 의한 시간별 펌프 토출량 변화

4) 수질해석

수질해석 중에서 먼저 관망 내에서 시간에 따른 물의 체류시간을 계산해 본다. 체류시간(age)에 대한 계수를 선택하기 위하여 수질옵션(quality options)을 선택한다. 자료 브라우저(data browser)에서 Options-Quality를 누르면 Quality Options 창이 나타나고, Parameter의 항에서 Age를 선택한다.

이후 다시 실행하고 관망 브라우저에서 Link-Age를 선택하여 Play(▶)하면 관로 및 시간별로 체류시간을 관찰할 수 있다. 이때 총 모의시간(total duration)이 너무 짧으면 각 관로에서의 누적 체류시간에 오차를 유발할 수 있으므로 체류시간 계산을 위해서는 총 모의시간을 충분히 길게(예, 72시간 등) 설정하는 것이 좋다.

마지막으로 염소농도(chlorine) 변화를 검토한다. 그 절차는 다음과 같다.

① 자료브라우저(data browser)에서 Option – Quality를 선택한다. 이 편집기에서 parameter 항목을 chemical로 선택하거나 chlorine을 키보드로 입력한다.

② 다음으로 자료브라우저(data browser)에서 Option – Reactions을 선택한다. 이 편집기에서 전체 용적 반응계수(global bulk coefficient)를 –1.0으로 입력한다. 여기에서 (–)는 염소가 반응하여 농도가 점점 감소함을 의미한다. 만일 실제 관로에서의 실험결과가 있다면 그 값을 사용한다.

③ 저수지 절점을 선택하여 편집기가 나타나면 초기 수질(initial quality)을 1.0으로 정의한다. 이는 저수지(정수장 정수지)에서의 초기 잔류염소 농도가 1.0 ppm이라고 가정한 것이다. 이것은 이 절점에서 지속적으로 1.0 ppm의 초기 잔류염소 농도로 관망에 공급됨을 의미한다.

④ 이제 다시 실행(Run)하여 관망 브라우저(map bowser)의 Link – Chlorine을 선택하여 Play (▶) 관망에서의 염소농도의 변화를 관찰할 수 있다.

7. 해석결과 보기

해석결과는 크게 전체 해석결과의 파일(text 형태), 도표(table), 그래프 형태로 표시할 수 있다 (그림 A – 17).

① 파일형태는 해석을 수행한 후에 메뉴의 Report ≫ Full을 선택하여 파일 이름을 정한 후에 저장하여 다른 편집기(Editor)로 보거나 출력한다.

② 도표형태는 메뉴바의 Report ≫ Table이나 도구상자의 'Table' 버튼을 누른 후에 여러 가지 조건들을 선택하여 저장하거나 출력한다.

③ 그래프형태는 메뉴의 Report ≫ Graph 또는 도구상자(toolbar)의 그래프 버튼를 선택한 후 그래프 형식이나 변수들을 조정한 다음에 조회나 출력한다.
다음의 자료는 공업용수도 관망해석 결과를 예(K-Water, 2004)로 든 것이다.

1) 관망도에서 시간별 변화상태 보기

이것은 관망도를 작성하여 해석결과를 수행한 후, 관망도 상에서 각 절점별 수압, 관로별 공급량 등에 대한 관망의 상태를 실시간으로 파악할 수 있는 기능이다.

- 먼저 해석을 수행한 후에 관망브라우저(map browser)에서 절점요소(nodes)에서는 '수두(head)'를, 연결요소(links)에서는 '유량(flow)'을 선택한다. 다음으로 browser 하단의 비디오

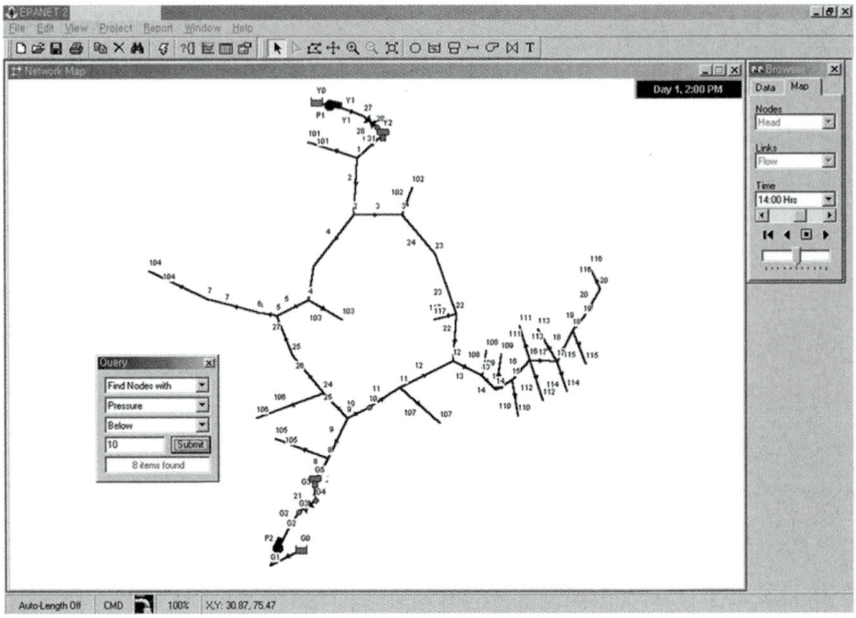

그림 A-17 해석결과의 예

플레이와 유사한 모양의 키(▶)를 누르면 Play된다(수행을 멈추고자 하면 ■키를 누른다).

- 이때 관망화면에서 선택한 값(여기에서는 수두와 유량)의 시간별 변화에 따라 색이 변하고 범례가 표시되는데 이들 값을 조정하고자 하면 표시된 범례 위에서 우측 마우스를 눌러 범례 편집기(legend editor)를 사용한다. 이를 이용하여 범례 간격이나 표시색 등을 조정할 수 있으며, 범례표시를 없애고 싶으면 범례 위에서 두 번 클릭(double click)한다. 화면에 다시 표시하고 싶으면 관망화면에서 우측 마우스를 클릭하여 node legend나 link legend를 선택한다.
- 해석결과 중에서 특정 조건이나 상태 등을 질의(query): 예를 들어, 수압이 5 m 이하인 절점을 조회하려면, 메뉴의 View ≫ Query 또는 키를 선택하여 조건을 기입한 후 실행(submit)키를 누르면 다른 부분은 흑백으로 나타나고 해당되는 곳만 붉은색의 결과를 보여준다. 질의 Box를 닫으면 원래 화면으로 되돌아간다.

2) 해석결과를 그래프로 나타내기

이는 관망인자(관경, 표고 등)와 해석결과를 여러 가지 형태의 그래프로 표시해주는 기능이다. 이들 그래프는 화면조회뿐만 아니라 컴퓨터 메모리(Window Clipboard) 또는 메타파일(Window metafile) 형태로 저장될 수 있다. 표 A-4와 그림 A-18은 나타낼 수 있는 그래프 종류를 보여주고 있으며, 그림 A-19는 그래프의 예를 나타내었다.

표 A-4 그래프 종류

형태	설명	적용
시간변화(Time Series Plot)	시간에 따른값 표시	특정 절점이나 관로의 시간변화에 의한 해석 결과 표시(예, 배수지의 시간별 수위변화)
종단면도(Profile Plot)	종단면도 표시	각 절점별 종단도 표시(예, 정수장으로부터 관말까지 동수구배도 작성)
등고선(Contour Plot)	등고선 표시	표고, 수두, 공급량 등 여러 인자에 대한 분포 등고선 작성
빈도(Frequency Plot)	누적확률빈도표시	압력, 표고, 수질 등의 누적확률도 작성
계통내 흐름(System Flow)	계통 내 총 생산량 및 공급량	시간별 총 수요량 대 공급량 곡선도 작성

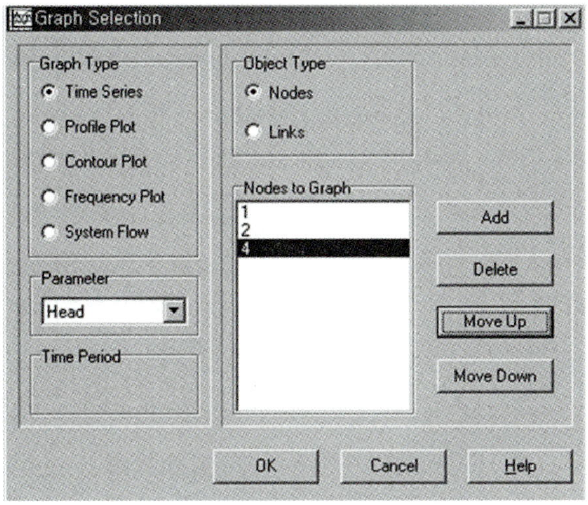

그림 A-18 해석결과의 그래프 표현 종류

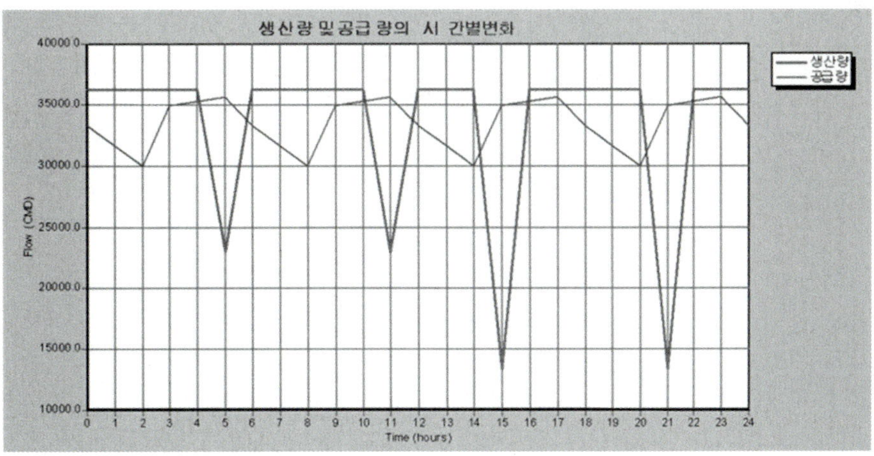

그림 A-19 그래프 예(계통 내 생산량과 공급량)

3) 그래프 사양조정 방법

그래프를 그린 후에 그래프 이름, 범례, X, Y축의 범위(scale) 재조정 등이 필요하게 되는데, 이 경우 다음의 순서 및 방법에 따른다.

① 그래프를 활성화시킨다.
② 메뉴의 Report ≫ Option 또는 도구상자 Options키 또는 그래프 위에 커서를 놓고 우측 마우스를 누른다.
③ 표의 제목, 글씨체, X · Y축의 Scale, 그래프 모양 등을 조정한 후 'OK'를 누른다.

4) 그려진 그래프의 저장방법

해석결과의 주 화면이나 그래프 결과를 파일이나 clipboard에 저장(예를 들어 위의 그림들을 파일로 저장)하여 보고서 작성 시 편리하게 활용할 수 있다(그림 A-20).

① 그래프를 활성화한다.
② 메뉴의 Edit ≫ Copy To... 또는 Copy키를 누른다.
③ 저장방법(clipboard 또는 file)과 포맷형태(bitmap, metafile, data)를 선택하고 OK를 누르면 저장된다. 이때, 저장방법을 File로 선택하면 저장하고자 하는 파일이름을 만드는 과정을 거치게 된다.

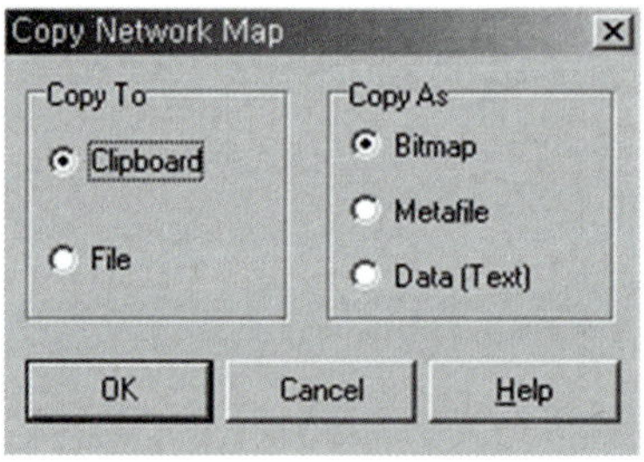

그림 A-20 저장방법

8. 해석 예제

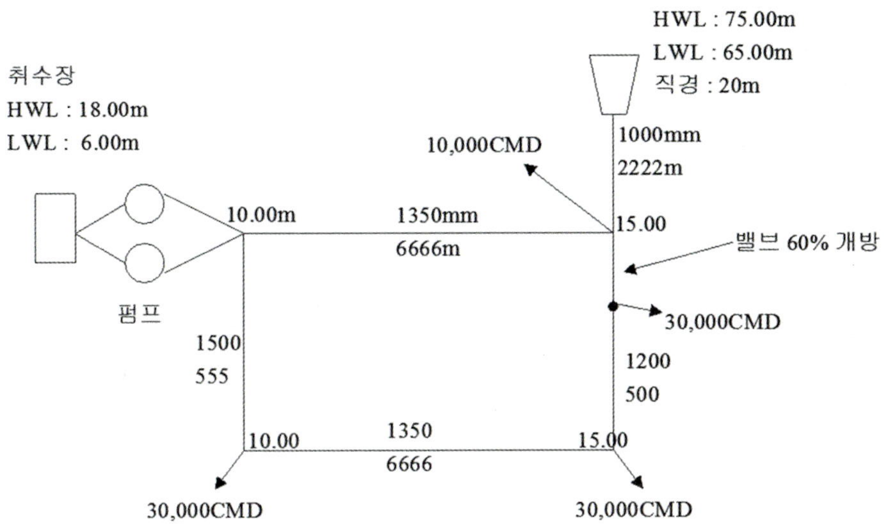

그림 A-21 **해석예제 관망**

※ 해석조건(그림 A - 21)

펌프	체절양정	최적운전 양정 / 유량	하한운전 양정 / 유량
-1호기	99.00 m	82.0 m / 66,672 CMD	74.0 m / 80,006 CMD
-2호기	93.00 m	75.0 m / 93,600 CMD	67.0 m /112,320 CMD

※ 해석방법

- 펌프 1호기는 항시 가동하며, 펌프 2호기는 초기에 중지(Closed)하고 배수지 수위가 70.00 m 미만일 때만 가동하고 74.00 mm 이상이면 다시 2호기 중지한다.
- 취수장에서 염소를 1.0 ppm으로 하고 유량체적반응 계수 -0.5, 관벽체 반응계수 -1
- 수요량을 4시간 단위로 하고 기본수요량(Base Demand)의 0.8, 0.9, 1.0, 1.1, 1.2, 1.3 승수로 유량이 변화는 경우에 대하여 계산한다.

1) 관망도 작성

관망해석에서 펌프장의 펌프 호기를 분리하여 해석할 수 있는데 이는 통상 운전조건에 따라 ON/OFF가 필요할 경우에 사용한다. 관망해석에서 가장 먼저 실시하여야 하는 작업이 관망도 작성인데, 예제 관로도에 대한 관망해석을 위한 관망도는 그림 A-22와 A-23과 같다.

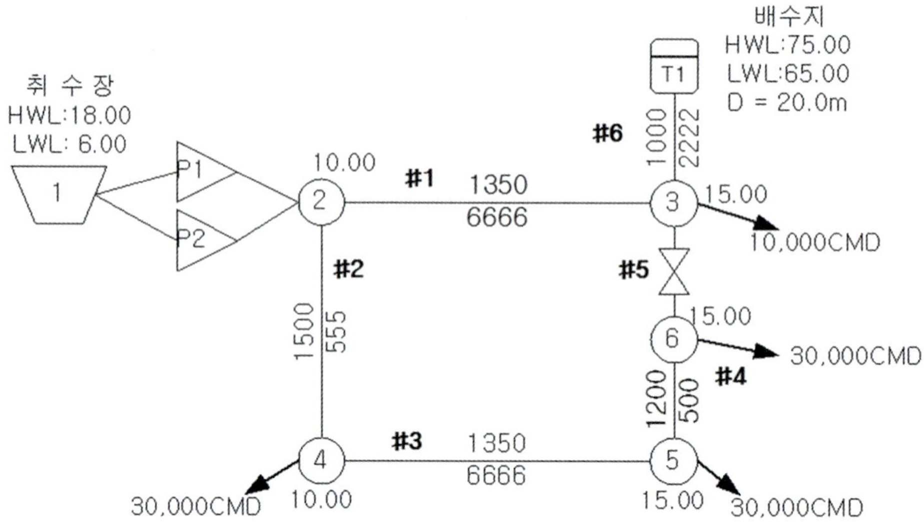

그림 A-22 해석을 위한 관망도 작성결과

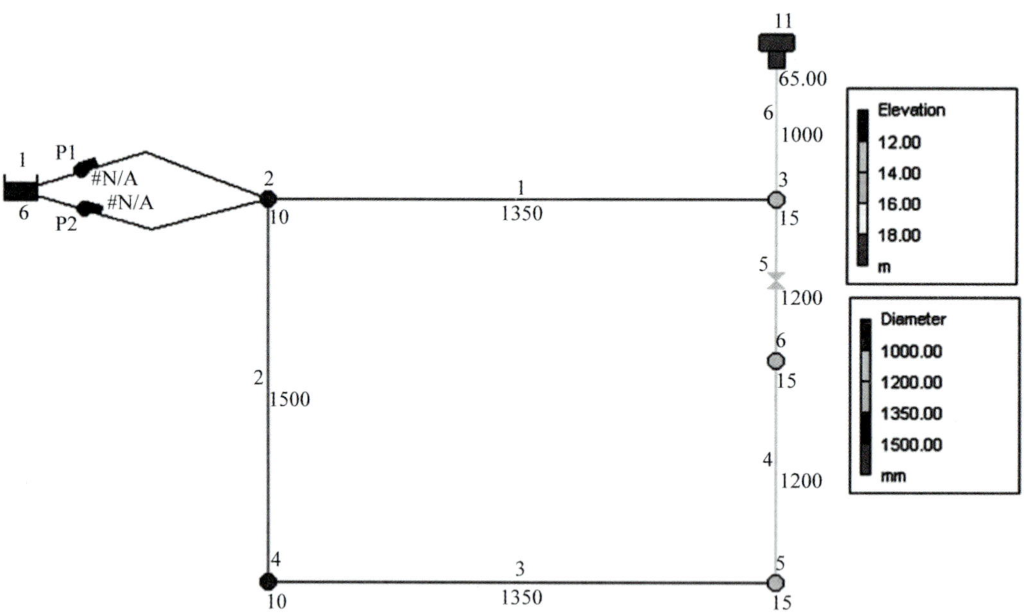

그림 A-23 관망도의 입력결과

위의 관망도에 대한 입력자료 모두 작성한 후에 관망형태 내보내기(Export)를 하면 표 A-5의 입력자료와 같다. 여기에서 밸브에 대한 설정은 수두조절밸브(TCV, throttle control valve)로 하였으며 설정값은 밸브의 60% 개방되었을 때의 손실계수 $f=9.30$을 설정하였다.

표 A-5 예제 입력자료

```
[TITLE]
관망해석  예제

[JUNCTIONS]
;ID              Elev       Demand     Pattern
 2               10          0                        ;
 3               15          10000                    ;
 4               10          30000                    ;
 5               15          30000                    ;
 6               15          30000                    ;

[RESERVOIRS]
;ID              Head          Pattern
 1                6                          ;

[TANKS]
;ID   Elevation   InitLevel   MinLevel   MaxLevel   Diameter   MinVol   VolCurve
 T1    65.00        1           0          10         20         0              ;

[PIPES]
;ID   Node1    Node2   Length   Diameter   Roughness   MinorLoss   Status
 1     2        3       6666     1350       100          0           Open  ;
 2     2        4        555     1500       100          0           Open  ;
 3     4        5       6666     1350       100          0           Open  ;
 4     5        6        500     1200       100          0           Open  ;
 6     T1       3       2222     1000       100          0           Open  ;

[PUMPS]
;ID            Node1            Node2            Parameters
 P1              1                2                HEAD 1;
 P2              1                2                HEAD 2;

[VALVES]
;ID        Node1        Node2          Diameter      Type  Setting      MinorLoss
 5            6            3              1200          TCV   9.30          0          ;

[STATUS]
;ID                Status/Setting
 P2                Closed

[PATTERNS]
;ID                Multipliers
 1          0.8          0.9          1.0          1.1          1.2          1.3
```

표 A-5 예제 입력자료(계속)

```
[CURVES]
;ID                X-Value      Y-Value
;PUMP: 펌프1호기
 1                0            99
 1                66672        82
 1                80006        74
;PUMP: 펌프2호기
 2                0            93
 2                93600        75
 2                112320       67

[CONTROLS]

[RULES]
RULE 1
IF TANK T1 LEVEL BELOW 5.0
THEN PUMP P2 STATUS IS OPEN

RULE 2
IF TANK T1 LEVEL ABOVE 9.0
THEN PUMP P2 STAUS IS CLOSED

[QUALITY]
;Node              InitQual
 1                 1.0

[REACTIONS]
 Order Bulk              1
 Order Wall              1
 Global Bulk             -1
 Global Wall             0
 Limiting Potential      0
 Roughness Correlation 0

[TIMES]
 Duration              24
 Hydraulic Timestep 1:00
 Quality Timestep    0:05
 Pattern Timestep    4:00
 Pattern Start       0:00
 Report Timestep     1:00
 Report Start        0:00
 Start ClockTime     12 am
 Statistic           None
```

표 A-5 예제 입력자료(계속)

```
[OPTIONS]
 Units              CMD
 Headloss           H-W
 Specific Gravity   1
 Viscosity          1
 Trials             40
 Accuracy           0.001
 Unbalanced         Continue 10
 Pattern            1
 Demand Multiplier  1.0
 Emitter Exponent   0.5
 Quality            Chlorine mg/L
 Diffusivity        1
 Tolerance          0.01
[END]
```

참고문헌

- Rossman, L.A. (2000). EPANET2 User's Manual.
- K-Water (2004). 관망해석 EPANET2 사용자 매뉴얼.

부록 2. Moody diagram for relative roughness as a function of diameter for pipes constructed of various materials (Note: m × 2.2808 = ft.)

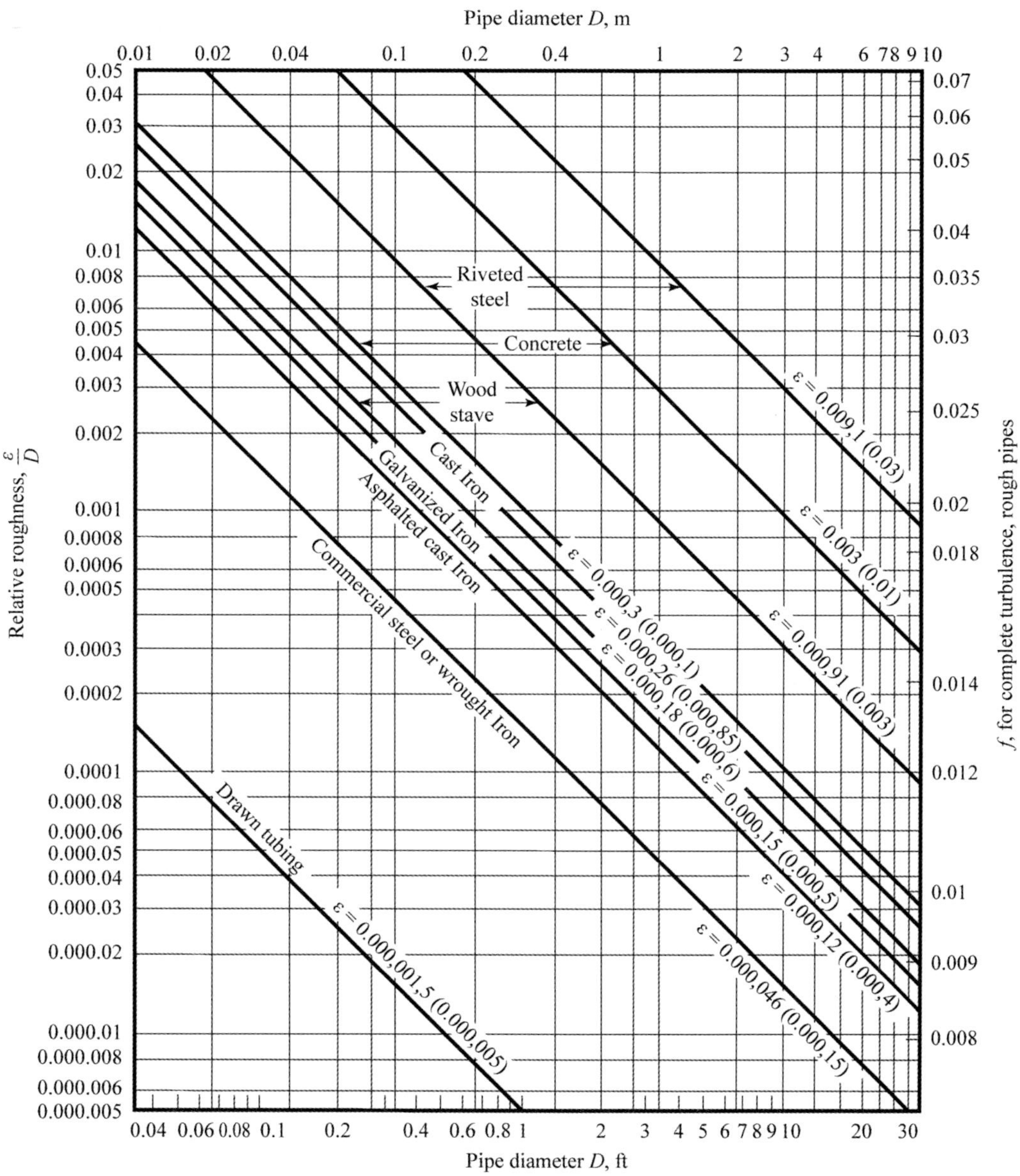

부록 3. Nomograph for Manning equations

1) $n = 0.013$, $Q = 0.001 \sim 1.0\ \mathrm{m^3/s}$, $s = 0.001 \sim 0.1$ m/m

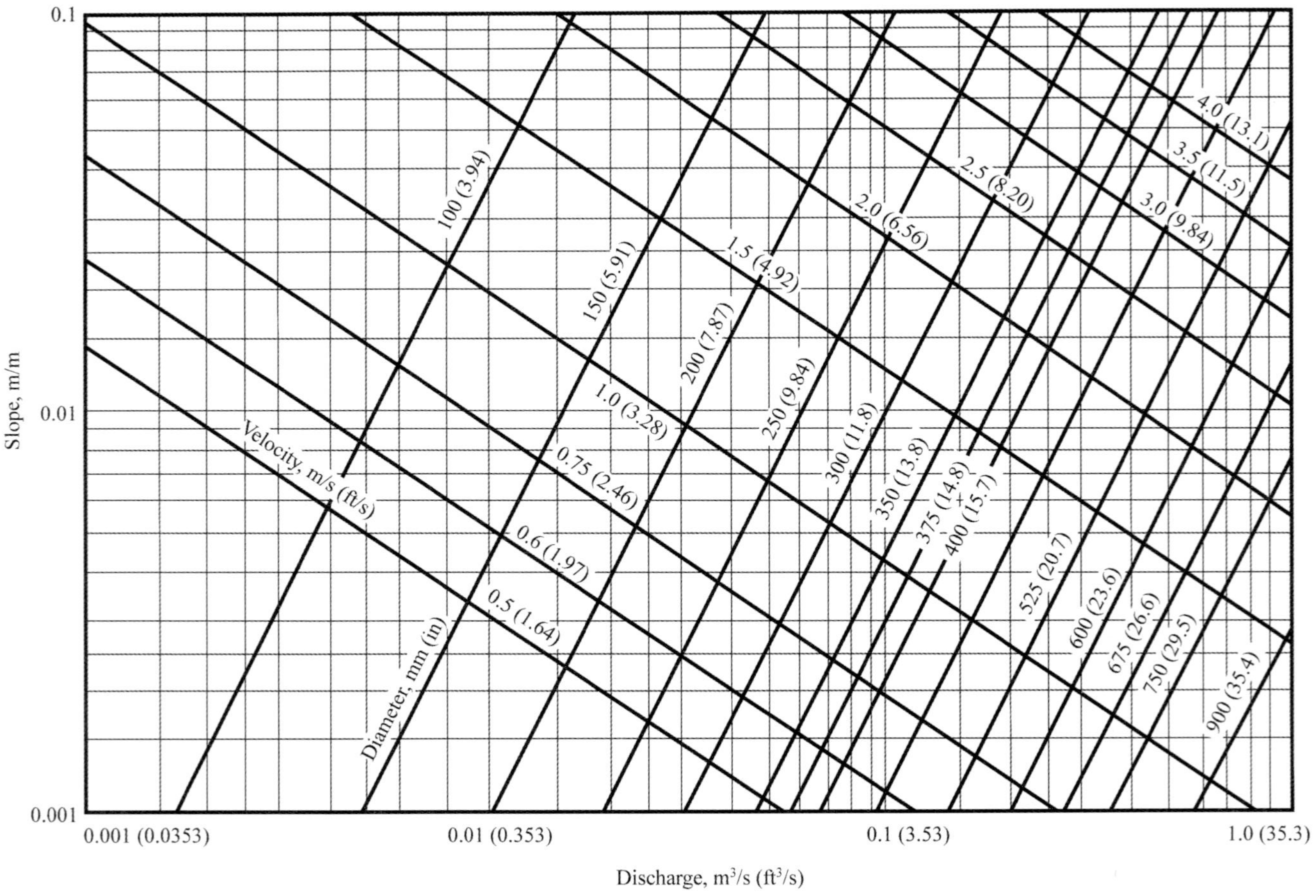

2) $n = 0.013$, $Q = 0.01 \sim 10.0\ m^3/s$, $s = 0.0001 \sim 0.01\ m/m$

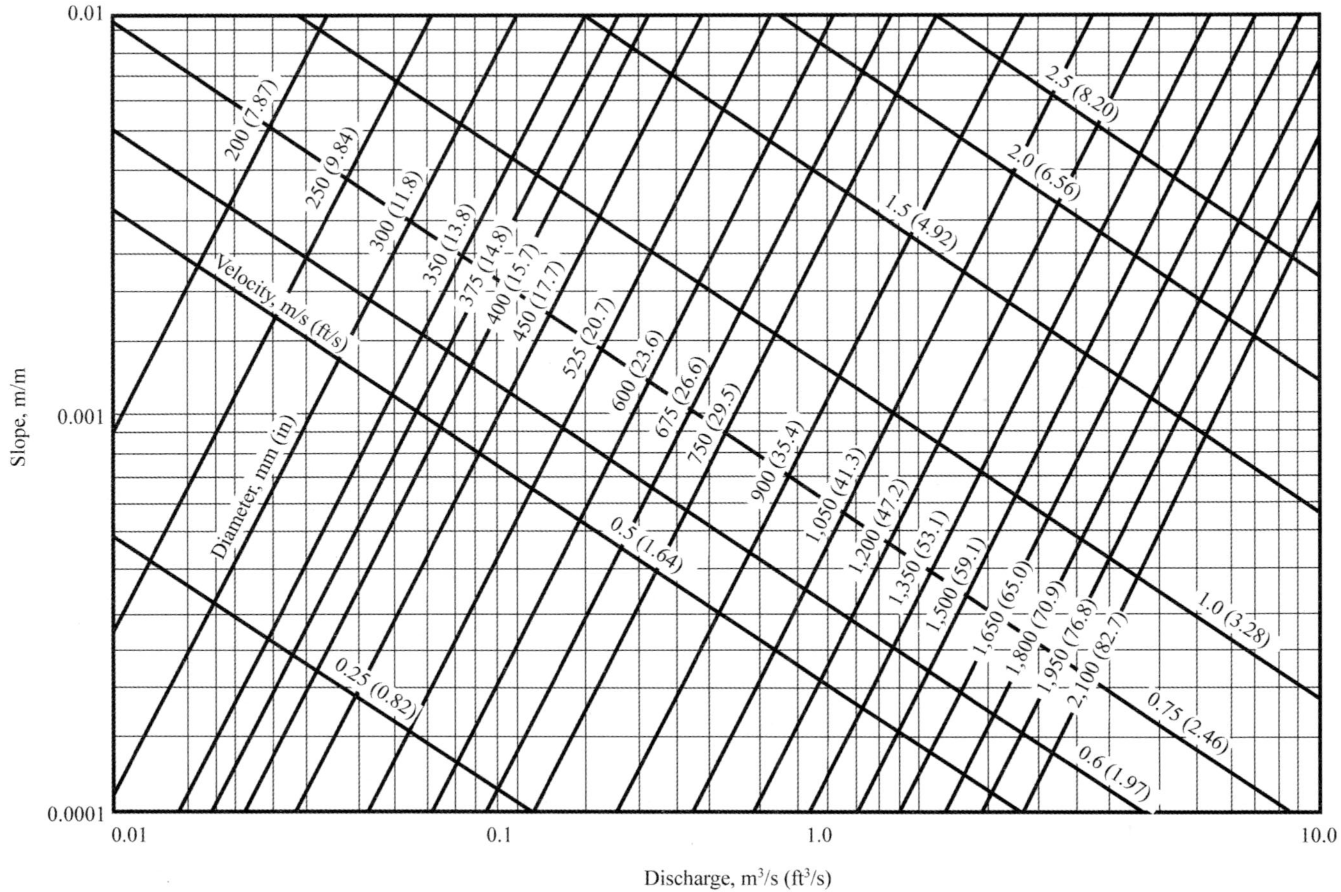

3) $n = 0.015$, $Q = 0.001 \sim 1.0\ m^3/s$, $s = 0.001 \sim 0.1$ m/m

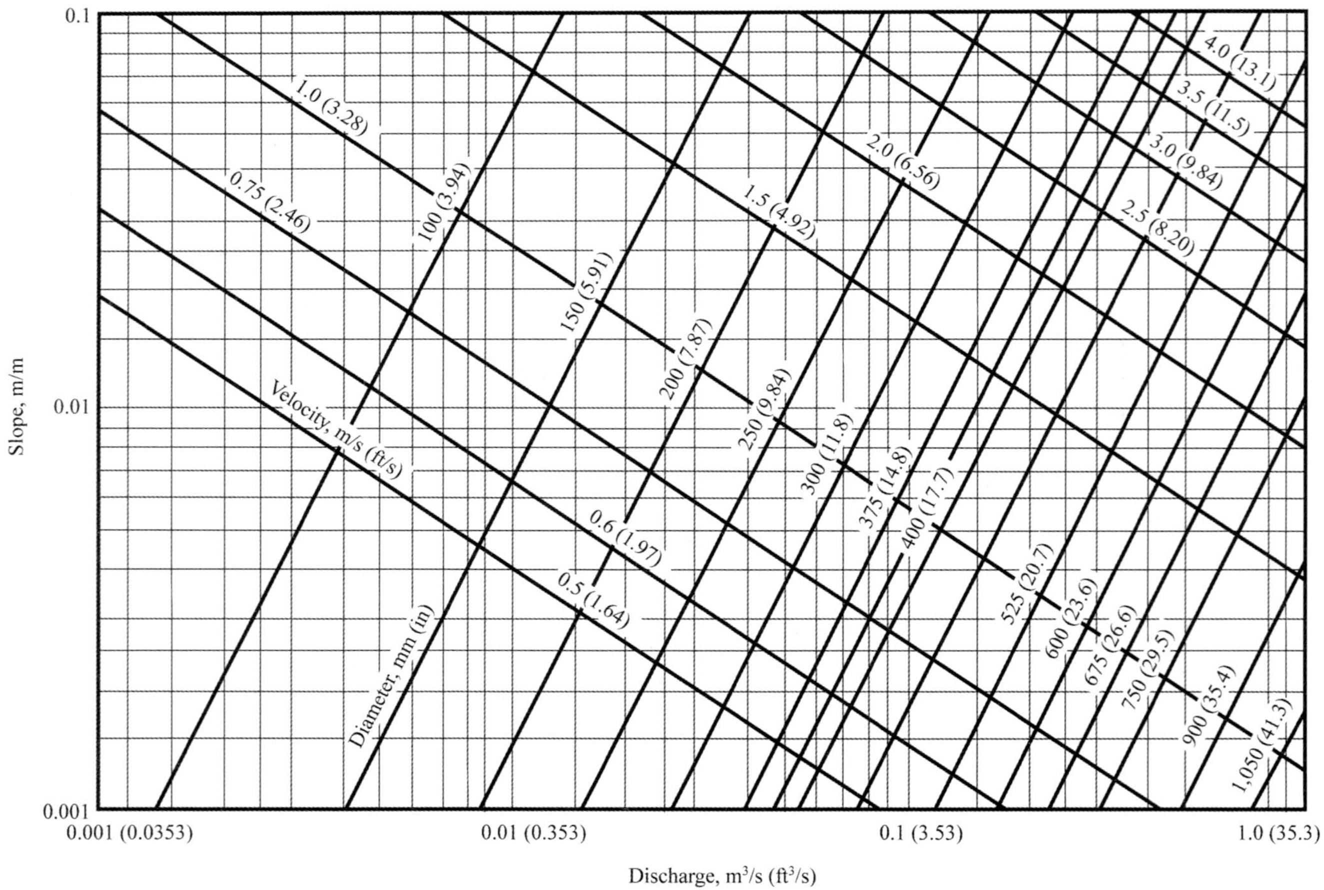

4) $n = 0.015$, $Q = 0.01 \sim 10.0\ m^3/s$, $s = 0.0001 \sim 0.01$ m/m

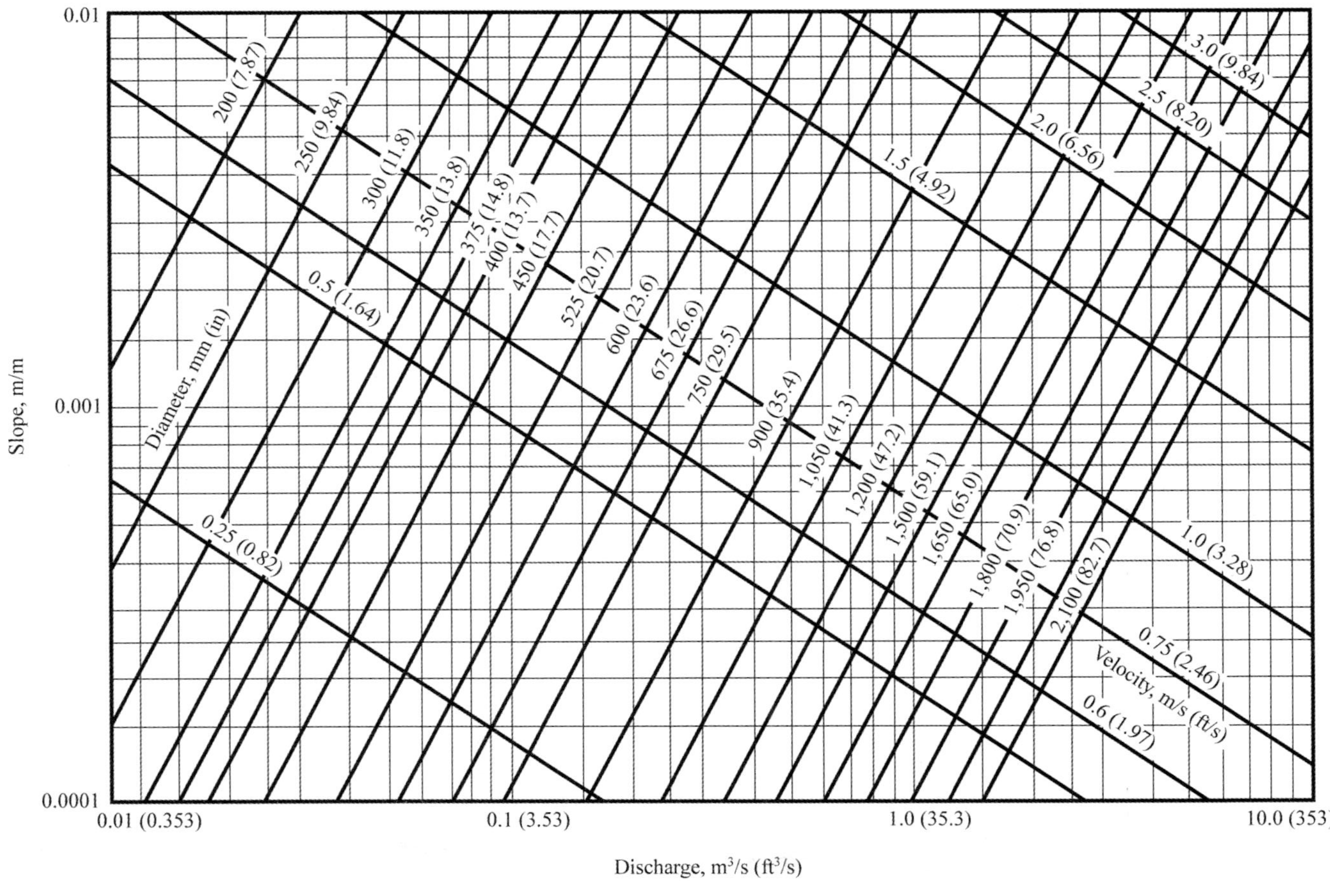

부록 4. SI 단위(units) 및 표현

1) Metric conversion factors (SI units to U.S. customary units)

Multiply SI unit		by	To obtain U.S. customary unit	
Name	Symbol		Symbol	Name
Acceleration				
meters per second squared	m/s^2	3.2808	ft/s^2	feet per second squared
meters per second squared	m/s^2	39.3701	in/s^2	inches per second squared
Area				
hectare(10,000 m^2)	ha	2.4711	ac	acre
square centimeter	cm^2	0.1550	in^2	square inch
square kilometer	km^2	0.3861	mi^2	square mile
square kiloimeter	km^2	247.1054	ac	acre
square meter	m^2	10.7639	ft^2	square foot
square meter	m^2	1.1960	yd^2	square yard
Energy				
kilojoule	kJ	0.9478	Btu	British thermal unit
joule	J	2.7778×10^{-7}	kW·h	kilowatt-hour
joule	J	0.7376	$ft \cdot lb_f$	foot-pound (force)
joule	J	1.0000	W·s	watt-second
joule	J	0.2388	cal	calorie
kilojoule	kJ	2.7778×10^{-4}	kW·h	kilowatt-hour
kilojoule	kJ	0.2778	W·h	watt-hour
megajoule	kJ	0.3725	hp·h	horsepower-hour
Force				
newton	N	0.2248	lb_f	pound force
Flowrate				
cubic meters per day	m^3/d	264.1720	gal/d	gallons per day
cubic meters per day	m^3/d	2.6417×10^{-4}	Mgal/d	million gallons per day
cubic meters per second	m^3/s	35.3147	ft^3/s	cubic feet per second
cubic meters per second	m^3/s	22.8245	Mgal/d	million gallons per day
cubic meters per second	m^3/s	15,850.3	gal/min	gallons per minute
liters per second	L/s	22,824.5	gal/d	gallons per day
liters per second	L/s	2.2825×10^{-2}	Mgal/d	million gallons per day
liters per second	L/s	15.8508	gal/mm	gallons per minute
Length				
centimeter	cm	0.3937	in	inch
kilometer	km	0.6214	mi	mile
meter	m	39.3701	in	inch
meter	m	3.2808	ft	foot
meter	m	1.0936	yd	yard
millimeter	mm	3.9370×10^{-2}	in	inch

(계속)

Multiply SI unit		by	To obtain U.S. customary unit	
Name	Symbol		Symbol	Name
Mass				
gram	g	3.5274×10^{-2}	oz	ounce
gram	g	2.2046×10^{-3}	lb	pound
kilogram	kg	2.2046	lb	pound
megagram (10^3 kg)	Mg	1.1023	ton	ton (short: 2000 lb)
Power				
kilowatt	kW	0.9478	Btu/s	British thermal units per second
kilowatt	kW	1.3410	hp	horsepower
watt	W	0.7376	$ft \cdot lb_f/s$	foot-pounds (force) per second
Pressure (force/area)				
Pascal (newtons per square meter)	$Pa(N/in^2)$	1.4504 ×	lb_f/in^2	pounds (force) per square inch
Pascal (newtons per square meter)	$Pa(N/in^2)$	10^{-4}	lb_f/ft^2	pounds (force) per square foot
Pascal (newtons per square meter)	$Pa(N/in^2)$	2.0885 ×	inHg	inches of mercury (60°F)
Pascal (newtons per square meter)	$Pa(N/in^2)$	10^{-2}	in H_2O	inches of water (60°F)
kilopascal (kilonewtons per square meter)	$kPa(kN/m^2)$	2.9613×10^{-4}	lb_f/in^2	pounds (force) per square inch
kilopascal (kilonewtons per square meter)	$kPa(kN/m^2)$	4.0187×10^{-3}	atm	atmosphere (standard)
		0.1450		
		9.8688×10^{-3}		
Temperature				
degree Celsius (centigrade)	℃	1.8(℃) + 32	°F	degree Fahrenheit
degree Kelvin	K	1.8(K)−459.67	°F	degree Fahrenheit
Velocity				
kilometers per second	km/s	2.2369	mi/h	miles per hour
meters per second	m/s	3.2808	ft/s	feet per second
Volume				
cubic centimeter	cm^3	6.1024×10^{-2}	in^3	cubic inch
cubic meter	m^3	35.3147	ft^3	cubic foot
cubic meter	m^3	1.3079	yd^3	cubic yard
cubic meter	m^3	264.1720	gal	gallon
cubic meter	m^3	8.1071×10^{-4}	ac·ft	acre·foot
liter	L	0.2642	gal	gallon
liter	L	3.5315×10^{-2}	ft^3	cubic foot
liter	L	33.8150	oz	ounce (U.S. fluid)

출처: Adapted from Metcalf and Eddy (2003). *Wastewater Engineering: treatment and reuse*, 4th eds., McGraw-Hill, NewYork.

2) Metric conversion factors (U.S. customary units to SI units)

Multiply U.S. customary unit		by	To obtain SI unit	
Name	Symbol		Symbol	Name
Acceleration				
feet per second squared	ft/s^2	0.3048[a]	m/s^2	meters per second squared
inches per second squared	in/s^2	2.54×10^{-2}[a]	m/s^2	meters per second squared
Area				
acre	ac	4046.8564	m^2	square meter
acre	ac	0.4047	ha[a]	hectare
square foot	ft^2	9.2903×10^{-2}[a]	m^2	square meter
square inch	in^2	6.4516	cm^2	square centimeter
square mile	mi^2	2.5900	km^2	square kilometer
square yard	yd^2	0.8361	m^2	square meter
Energy				
British thermal unit	Btu	1.0551	kJ	kilojoule
British thermal unit per kilowatt-hour	Btu/kWh	1.0551	kJ/kW·h	kilojoules per kilowatt-hour
watt-hour	W·h	3.600[a]	kJ	kilojoule
watt-second	W·s	1.000[a]	J	Joule
Force				
pound (force)	lb_f	4.4482	N	Newton
Flowrate				
cubic feet per minute	ft^3/min	4.7190×10^{-4}	m^3/s	cubic meters per second
cubic feet per minute	ft^3/min	0.4719	L[a]/s	liters per second
cubic feet per second	ft^3/s	2.8317×10^{-2}	m^3/s	cubic meters per second
gallons per day	gal/d	4.3813×10^{-5}	m^3/s	cubic meters per second
gallons per day	gal/d	4.3813×10^{-2}	L/s	liters per second
gallons per minute	gal/min	6.3090×10^{-5}	m^3/s	cubic meters per second
gallons per minute	gal/min	6.3090×10^{-2}	L[a]/s	liters per second
million gallons per day	Mgal/d	43.8126	L/s	liters per second
million gallons per day	Mgal/d	3.7854×10^{3}	m^3/d	cubic meters per day
million gallons per day	Mgal/d	4.3813×10^{-2}	m^3/s	cubic meters per second
Length				
foot	ft	0.3048[a]	m	meter
inch	in	2.54[a]	cm	centimeter
inch	in	2.54×10^{-2}[a]	m	meter
inch	in	25.4[a]	mm	millimeter
mile	mi	1.6093	km	kilometer
yard	yd	0.9144[a]	m	meter
Mass				
ounce	oz	28.3495	g	gram
pound (mass)	lb_m	4.5359×10^{2}	g	gram
ton (short: 2000 lb)	ton	0.9072	Mg	megagram (10^3 kilogram)
ton (long: 2240 lb)	ton	1.0160	Mg	megagram (10^3 kilogram)

(계속)

Multiply U.S. customary unit		by	To obtain SI unit	
Name	Symbol		Symbol	Name
Power				
British thermal unit	Btu/s	1.0551	kW	kilowatt
foot pound (force) for second	$ft \cdot lb_f/s$	1.3558	W	watt
horsepower	hp	0.7457	kW	kilowatt
horsepower-hour	$hp \cdot h$	2.6845	MJ	megajoule
kilowatt-hour	kWh	3.6000	MJ	megajoule
Pressure (force/area)				
atmosphere (standard)	atm	1.0133×10^2	$kPa(kN/m^2)$	kilopascal(kilonewton per square meter)
inches of mercury (60°F)	in Hg (60°F)	3.3768×10^3	$Pa(N/in^2)$	Pascal(newtons per square meter)
inches of water (60°F)	in H_2O (60°F)	2.4884×10^2	$Pa(N/in^2)$	Pascal(newtons per square meter)
pounds per square foot	lb_f/ft^2	47.8803	$Pa(N/m^2)$	Pascal(newtons per square meter)
pounds per square inch	lb_f/in^2	6.8948×10^3	$Pa(N/m^2)$	Newtons per square meter
pounds per square inch	lb_f/in^2	6.8948	$kPa(kN/m^2)$	kilonewtons per square meter
Temperature				
degree Fahrenheit	°F	0.555 (°F − 32)	℃	degree Celsius (centigrade)
degree Fahrenheit	°F	0.555 (°F+459.67)	K	degree Kelvin
Velocity				
feet per minute	ft/min	5.0800×10^{-3}	m/s	meters per second
feet per second	ft/s	0.3048[a]	m/s	meters per second
miles per hour	mi/h	1.6093	km/h	kilometers per hour
miles per hour	mi/h	0.44704[a]	m/s	meters per second
Volume				
acre-foot	ac-ft	1.2335×10^3	m^3	cubic meter
cubic foot	ft^3	2.8317×10^{-2}	m^3	cubic meter
cubic foot	ft^3	28.3168	L	liter
cubic inch	in^3	16.3781	cm^3	cubic centimeter
cubic yard	yd^3	0.7646	m^3	cubic meter
gallon	gal	3.7854×10^{-3}	m^3	cubic meter
gallon	gal	3.7854	L	liter
ounce (U.S. fluid)	oz	2.9573×10^{-2}	L	liter

[a] Exact conversion.

출처: Adapted from Metcalf and Eddy (2003). *Wastewater Engineering: treatment and reuse*, 4th eds., McGraw-Hill, NewYork.

부록 5. Abbreviations for units

Table 5-1 **SI PREFIXES**

Multiplication factor	Prefix†	Symbol
1 000 000 000 000 = 10^{12}	tera	T
1 000 000 000 = 10^{9}	giga	G
1 000 000 = 10^{6}	mega	M
1 000 = 10^{3}	kilo	k
100 = 10^{2}	hecto‡	h
10 = 10^{1}	deka‡	da
0.1 = 10^{-1}	deci‡	d
0.01 = 10^{-2}	centi‡	c
0.001 = 10^{-3}	milli	m
0.000 001 = 10^{-6}	micro	μ
0.000 000 001 = 10^{-9}	nano	n
0.000 000 000 001 = 10^{-12}	pico	p
0.000 000 000 000 001 = 10^{-15}	femto	f
0.000 000 000 000 000 001 = 10^{-18}	atto	a

Table 5-2 **Abbreviations for SI units**

Abbreviation	SI unit	Abbreviation	SI unit
℃	degree Celsius	kN/m^2	kiloNewton per square meter
cm	centimeter	kPa	kiloPascal
g	gram	ks	kilosecond
g/m^2	gram per square meter	kW	kilowatt
g/m^3	gram per cubic meter (= mg/L)	L	liter
ha	hectare	L/s	liers per second
J	Joule	m	meter
K	Kelvin	m^2	square meter
kg	kilogram	m^3	cubic meter
kg/capita·d	kilogram per capita per day	mm	millimeter
kg/ha	kilogram per hectare	m/s	meter per second
kg/m^3	kilogram per cubic meter	mg/L	milligram per liter (= g/m^3)
kJ	kilojoule	m^3/s	cubic meter per second
kJ/kg	kilojoule per kilogram	MJ	megajoule
kJ/kW·h	kilojoule per kilowatt-hour	N	Newton
km	kilometer	N/m^2	Netwton per square meter
km^2	square kilometer	Pa	Pascal (usually given as kiloPascal)
km/h	kilometer per hour	W	Watt
km/L	kilometer per liter		

Table 5-3 **Abbreviations for U.S. Customary Units**

Abbreviation	U.S. customary unit	Abbreviation	U.S. customary unit
ac	acre	kWh	kilowatt-hour
ac-ft	acre foot	lb_f	pound (force)
Btu	British thermal unit	lb_m	pound (mass)
Btu/ft^3	British thermal unit per cubic foot	lb/ac	pound per acre
d	day	lb/ac·d	pound per acre per day
ft	foot	lb/capita·d	pound per capita per day
ft^2	square foot	lb/ft^2	pound per square foot
ft^3	cubic foot	lb/ft^3	pound per cubic foot
ft/min	feet per minute	lb/in^2	pound per square inch
ft/s	feet per second	lb/yd^3	pound per cubic yard
ft^3/min	cubic feet per minute	Mgal/d	million gallons per day
ft^3/s	cubic feet per second	mi	mile
°F	degree Fahrenheit	mi^2	square mile
gal	gallon	mi/h	mile per hour
gal/ft^2·d	gallon per square foot per day	ppb	part per billion
gal/ft^2·min	gallon per square foot per minute	ppm	part per million
gal/min	gallon per minute	ton (2000 lb_m)	ton (2000 lb mass)
hp	horsepower	yd	yard
hp-h	horsepower-hour	yd^2	square yard
in	inch	yd^3	cubic yard

부록 6. Physical properties of selected gases and the composition of air

Table 6－1 **Molecular weight, specific weight, and density of gases found in wastewater at standard conditions (0℃, 1atm)**[a]

Gas	Formula	Molecular weight	Specific weight, lb/ft³	Density, g/L
Air	–	28.97	0.0808	1.2928
Ammonia	NH_3	17.03	0.0482	0.7708
Carbon dioxide	CO_2	44.00	0.1235	1.9768
Carbon monoxide	CO	28.00	0.0781	1.2501
Hydrogen	H_2	2.016	0.0056	0.0898
Hydrogen sulfide	H_2S	34.08	0.0961	1.5392
Methane	CH_4	16.03	0.0448	0.7167
Nitrogen	N_2	28.02	0.0782	1.2507
Oxygen	O_2	32.00	0.0892	1.4289

[a] Adapted from Perry, R. H., D. W. Green, and J. O. Maloney (eds.) (1984) *Chemical Engineers' Handbook*, 6th ed., McGraw-Hill, New York.

Table 6－2 **Composition of dry air at 0℃ and 1.0 atmosphere**[a]

Gas	Formula	Percent by volume[b,c]	Percent by weight
Nitrogen	N_2	78.03	75.47
Oxygen	O_2	20.99	23.18
Argon	Ar	0.94	1.30
Carbon dioxide	CO_2	0.03	0.05
Other[d]	–	0.01	–

[a] Values reported in the literature vary depending on the standard conditions.

[b] Adapted from *North American Combustion Handbook*, 2nd ed., North American Mfg. Co., Cleveland, OH.

[c] For ordinary purposes air is assumed to be composed of 79 percent N_2 and 21 percent O_2 by volume.

[d] Hydrogen, neon, helium, krypton, xenon.

Note: $(0.7803 \times 28.02) + (0.2099 \times 32.00) + (0.0094 \times 39.95) + (0.0003 \times 44.00) = 28.97$ (see Table 5－1).

Table 6−3 **Physical Properties of Water (SI Units)**[a]

Temp-erature, ℃	Specific weight γ, kN/m^3	Density[b] ρ, kg/m^3	Modulus of elasticity[b] $E/10^6$, kN/m^2	Dyamics viscosity, $\mu \times 10^3$, $N \cdot s/m^2$	Kinematic viscosity, $\nu \times 10^6$, m^2/s	Surface tension[c] σ, N/m	Vapor pressure P_v, kN/m^2
0	9.805	999.8	1.98	1.781	1.785	0.0765	0.61
5	9.807	1000.0	2.05	1.518	1.519	0.0749	0.87
10	9.804	999.7	2.10	1.307	1.306	0.0742	1.23
15	9.798	999.1	2.15	1.139	1.139	0.0735	1.70
20	9.789	998.2	2.17	1.002	1.003	0.0728	2.34
25	9.777	997.0	2.22	0.890	0.893	0.0720	3.17
30	9.764	995.7	2.25	0.798	0.800	0.0712	4.24
40	9.730	992.2	2.28	0.653	0.658	0.0696	7.38
50	9.689	988.0	2.29	0.547	0.553	0.0679	12.33
60	9.642	983.2	2.28	0.466	0.474	0.0662	19.92
70	9.589	977.8	2.25	0.404	0.413	0.0644	31.16
80	9.530	971.8	2.20	0.354	0.364	0.0626	47.34
90	9.466	965.3	2.14	0.315	0.326	0.0608	70.10
100	9.399	958.4	2.07	0.282	0.294	0.0589	101.33

[a] Adapted from Vennard and Street (1975).

[b] At atmospheric pressure.

[c] In contact with air.

찾아보기

ㄱ

ㄴ

ㄷ

ㄹ

ㅁ

ㅂ

ㅅ

ㅇ

ㅊ

ㅋ

ㅌ

ㅍ

ㅎ

A

B

C

D

U

V

W

X

물 문제 해결을 위한 기초와 응용
상하수도공학
| 물 관리와 기본계획 |

2016년 03월 07일 제1판 1쇄 펴냄 | 2017년 01월 31일 제1판 2쇄 펴냄
지은이 안영호 | **펴낸이** 류원식 | **펴낸곳 청문각출판**

편집팀장 우종현 | **본문편집** 이투이디자인 | **표지디자인** 유선영 | **제작** 김선형
홍보 김은주 | **영업** 함승형 · 박현수 · 이훈섭 | **인쇄** 영프린팅 | **제본** 한진제본
주소 (10881) 경기도 파주시 문발로 116(문발동 536-2) | **전화** 1644-0965(대표)
팩스 070-8650-0965 | **등록** 2015. 01. 08. 제406-2015-000005호
홈페이지 www.cmgpg.co.kr | E-mail cmg@cmgpg.co.kr
ISBN 978-89-6364-272-7 (93530) | **값** 30,000원

* 잘못된 책은 바꿔 드립니다.